U0151266

低压成套开关设备的
原理及其控制技术

第4版

张白帆　编著

机 械 工 业 出 版 社

本书秉承"阐释原理、了解规范、切合标准、掌握规则、结合场景、配置方案"的原则，详细介绍了低压成套开关设备所涉及的理论知识和工作原理，结合 IEC 标准和我国国家标准全面论述了低压开关柜的结构及设计方法，并对低压成套开关设备的主回路、辅助回路工作原理和应用方法进行了全面探讨，还对低压开关柜的现场总线组网技术、PLC 测控编程技术和电力监控技术给出了较为详尽的方案论证和阐述。

本书可供从事低压配电行业的专业电气工程人员、各类电器设计工程师、大专院校相关专业师生阅读参考。

图书在版编目（CIP）数据

低压成套开关设备的原理及其控制技术/张白帆编著. —4 版. —北京：机械工业出版社，2023.10（2024.8 重印）
ISBN 978-7-111-74091-9

Ⅰ. ①低… Ⅱ. ①张… Ⅲ. ①低压开关 – 成套设备 Ⅳ. ①TM564

中国国家版本馆 CIP 数据核字（2023）第 197171 号

机械工业出版社（北京市百万庄大街 22 号　邮政编码 100037）
策划编辑：吕　潇　　　　　责任编辑：吕　潇　刘星宁
责任校对：张晓蓉　李　杉　　封面设计：马精明
责任印制：任维东
北京中兴印刷有限公司印刷
2024 年 8 月第 4 版第 2 次印刷
184mm×260mm · 35 印张 · 893 千字
标准书号：ISBN 978-7-111-74091-9
定价：138.00 元

电话服务　　　　　　　　　网络服务
客服电话：010 – 88361066　　机　工　官　网：www.cmpbook.com
　　　　　010 – 88379833　　机　工　官　博：weibo.com/cmp1952
　　　　　010 – 68326294　　金　书　网：www.golden-book.com
封底无防伪标均为盗版　　　机工教育服务网：www.cmpedu.com

第 4 版前言

《低压成套开关设备的原理及其控制技术》这本书的第4版出版了，开心！

写第1版前言的日期是2011年11月。自那以后，低压成套开关设备的系列国家标准GB 7251不断更新，低压开关电器的系列标准GB 14048也不断更新，且均由强制性标准改变为推荐性标准（GB/T 7251、GB/T 14048）。此外，低压开关电器的技术进步和数字化技术亦深深地融进低压成套开关设备的制造和运维中。

基于以上原因，这本书也经历了从第1版到第4版的版本迭代更替，字数和插图都相应增加。

我在厦门ABB低压电器设备有限公司担任过新人的技术培训工作，同时也给某高校电气专业大三、大四的学生们上专业课，我的感觉是：校园知识与实际技术知识之间相差甚远。这其中既有知识技术方面的差别，也有对国家标准和行业规范方面的认识缺失。当我们离开校园进入职场，我们很难听到有关理论知识的研讨，在有关技术的定性和定量分析上，大家都以各种相关的国家标准和规范为准绳探讨问题，可见标准和规范是多么重要。标准和规范是理论联系实际的桥梁，也是低压成套开关设备在设计、制造和使用中的约束条件及必须遵循的技术规则。

为此，我在第3版的基础上做了必要的补充和修正，使得职场新人们在阅读本书后能更快地掌握有关低压成套开关设备的技术知识和国家标准，便于职场新人们的快速技术进步。

很巧合的是，本书第4版稿件我在2023年7月基本完成写作并提交给出版社之时，GB/T 7251.1也更换新版本了，最新版是GB/T 7251.1—2023《低压成套开关设备和控制设备 第1部分：总则》（等同于IEC 61349-1：2020）。我立刻通读了GB/T 7251.1—2023，并及时对稿件进行了审阅和修改，不想当11月初正要将更新后的稿件反馈给出版社时，得知GB/T 14048.1也将发布最新的2023版，我立刻下单购买了该标准，并继续针对性地修改了书稿中的相关内容，这些工作完成后，已经是12月下旬了。虽然此举肯定会让本书的出版时间延后，但也很庆幸本书能成为最早一批最贴切GB/T 7251.1—2023和GB/T 14048.1—2023这两部新标准的讲解有关低压开关设备的制造、使用和维护技术的出版物之一。

本书的各章都配套了我录制的有声PPT，为读者的学习提供方便。

第4版的写作得到ABB同事们的图片和资料帮助，我真心地表示感谢！另外，在写作时还参考了知乎网部分知友们的意见和建议，在此我表示感谢！

我在知乎网上的网名是Patrick Zhang，希望读者能在知乎网上和我交流互动，大家共同进步。

期望这本书在给读者带来新知识的同时，能有新的体验。如果读者能从中得到收获，我会非常开心！

谢谢大家！

张白帆
2023年12月25日
写于厦门

第3版前言

本书的第3版又要出版了。

这本书得到许多读者的欢迎，尤其是旺点电气网和知乎网的网友们，他们和我通过帖子直接对话交互，双方都受益匪浅。

我在知乎网上的网名是 Patrick Zhang。

正是和读者有了交互，我才知道读者在阅读时有什么问题，读者对何种问题特别关注。

第3版以第2版为基础，除去订正了一些遗留的差错，主要增加和修改了如下内容：

（1）在第3章中增加了有关额定短时耐受电流 I_{cw} 与额定短路接通能力 I_{cm} 的区别与联系，也即开关电器的动热稳定性之间的区别；

（2）在第3章的经验分享与知识扩展中增加了描述开关电器主触头与辅助触头的区别与联系；

（3）在第4章4.3.2节馈电回路出口处的电缆压降和短路电流计算方法部分，除了原来的K1000系数法外，增加了《工业与民用配电设计手册（第四版）》中给出的计算电缆压降的方法。

在和网友们的交互联系中，特别是那些刚刚离开校园走进职场的新人们，我觉得对短路电流认识不是很充分。要知道，不管是低压开关柜也好，低压电器也好，短路电流的冲击都是很强烈的。当然，断路器能切断短路电流，可是它需要时间，于是短路电流就会流过低压开关柜的母线系统，并且给沿途经过的其他开关电器也带来很大的影响。所以，对于初学者来说，务必要弄清有关短路电流的知识，并且认清它对开关电器和开关柜的冲击作用。

韩愈在《劝学诗》中说，"读书患不多，思义患不明。患足己不学，既学患不行"，意思就是担心书读得不多，担心思考道理不明白，担心自以为足够了不再学，担心学了以后又不继续。真的很有道理。

因此，读书真的就是一件很不容易的事，需要我们坚持下去，并持之以恒，才能起到作用。

本书的第3版在许多表述方面做了修改。和前两版一样，对相关的国家标准做了详尽的释疑。

作为作者的我，真诚地欢迎读者们继续提出宝贵意见和建议，我将在今后的修订工作中进行补充和完善。同时，我的另一本新书《老帕讲低压电器技术》也在今年年初出版了，书名来自我的英文名音译"帕特里克"。相比本书，《老帕讲低压电器技术》更偏重于对低压电器本身的讲解和应用探讨。由于我经常会在知乎网上写作，欢迎网友和知友们和我继续交互。

最后，对于参与本书编辑、出版工作的朋友们，我表示最诚挚的感谢！

张白帆

2017 年 5 月 20 日

写于厦门

第2版前言

本书第1版出版后,收到许多读者的来信,询问了大量与低压开关柜相关的技术问题。这些问题或多或少与本书的内容有一定的关系。利用出版社对这本书再版的机会,我对这本书作了一些修改。修改的主要内容如下:

第2版的内容从 GB 7251.1—2013《低压成套开关设备和控制设备 第1部分:总则》(等同 IEC 61439-1:2011)展开讨论和论述,使这本书的内容符合最新的国家标准和 IEC 标准。

第1章是本书的基础部分。低压电网属于有限容量配电系统,低压配电网中的短路电流当然不同于中、高压配电网中的短路电流。为此,在第1章中将对称的三相短路电流和非对称的单相接地故障电流放在一起进行讨论和分析,并且给出计算实例。第1章还对单相接地故障进行讨论。

本书的第2版对第1章的内容进行充实,并且增加了许多基础性知识,以及对应的国家标准摘录。

第2章讲述的是低压开关柜的结构。与第1版一样,第2版仍然以 ABB 公司的 MNS3.0 低压开关柜为范例展开讨论。由于低压开关柜的运行温升历来都是计算难点,为此第2章中增加了有关 MNS3.0 抽屉柜的温升计算方法和范例。

第6章重点描述了低压开关柜控制回路的工作原理。本书第1版的第6章中描述了基于母联的备自投程序时使用的是 ABB 公司的 PLC 编程语言。考虑到读者可能需要将备自投程序移植到其他品牌的 PLC 中,而所有 PLC 都必须支持 IEC 61131-3 图形化编程语言,所以在第2版中改用 IEC61131-3 的图形化编程语言来描述程序。这样处理后读者很容易将备自投程序移植到包括西门子、三菱、AB 和施耐德等品牌的 PLC 中去。

此外,各章的最后的"经验分享与知识扩展"范例也进行了更新。

相信本书的第2版比第1版更容易为读者所接受,也更容易学习和使用。

尝闻:"书不成诵,无以致思索之功;书不读精,无以得义理之益。"读书不但要读精,而且要将书本知识应用到日常工作中去,这才是我们阅读和学习技术书籍的最终目的。

读书从来就不是轻松的,但汲取知识的毅力可以克服重重困难。千里之行,始于足下。ABB 公司有一句口号:知识就是力量!读者若能把学到的知识化作自己的工作业绩,则我的愿望就达到了。

真诚地欢迎读者继续提出宝贵意见和建议,我将在今后的修订工作中进行补充和完善。对于参与本书编辑、出版工作的朋友们,我表示最诚挚的感谢!

张白帆

2014 年 6 月

写于厦门

第1版前言

本书为从事低压配电行业的读者们编写，介绍了有关低压成套开关设备的主要功能、工作特性、控制原理、智能化技术以及相关制造标准等方面的知识。

本书以 ABB 公司的 MNS3.0 低压成套开关设备作为分析对象向读者展开论述和分析。本书共分 8 章，主要内容是：

第 1 章重点阐述了与低压成套开关设备有关的基础知识，包括低压电网的短路分析、低压成套开关设备的各种制造标准，低压电器的通断任务和通断条件、低压电网的接地形式和人身防护等。

第 2 章重点阐述和分析了低压成套开关设备的结构和组成，以及安装和使用低压成套开关设备的必要条件和规范。

第 3 章重点阐述了常用的低压开关电器应用知识。常用的低压开关电器包括断路器、接触器、热继电器、隔离开关和自动转换开关、软起动器等。这些电器元件的介绍以 ABB 公司的产品为主，也包括部分其他公司的产品。本章还对有关的低压开关电器型式试验进行概要性阐述。

第 4 章重点描述了低压成套开关设备主回路的构成及工作原理，并叙述了相关的设计方法。本章可视为第 3 章描述的低压开关电器及主元件的应用延伸。

第 5 章是第 2~4 章内容的综合应用。本章以动力控制中心 PCC 型开关柜和电动机控制中心 MCC 开关柜为例，向读者概要地分析其设计方法。

第 6 章阐述了低压成套开关设备的辅助回路，并且对如何建立辅助回路工作电源、如何实现低压进线和母联回路的控制、如何实现馈电回路和电动机回路的控制原理等内容展开讨论。本章中还向读者介绍了用 PLC 构建低压备自投的方法，以及典型程序分析。

第 7 章描述了应用在低压成套开关设备中的各种电力仪表、遥测、遥信和遥控装置，还有电动机综合保护器等。本章也以 ABB 公司的辅助回路元器件为主展开讨论，并且给出具体的接线图。

第 8 章向读者介绍构建变电站电力监控系统的方法，重点阐述了如何构建电力监控中心和电动机控制中心。本章还用一定的篇幅向读者介绍了 ABB 公司的变电站电力监控系统 ESD3000。

此外，在每章的最后均安排了"经验分享与知识扩展"，重点介绍一些特殊应用，如低压成套开关设备主母线表面电镀锡或者电镀银的利弊、低压配电网中电动机直接起动的判据分析、组建 PCC 和 MCC 电力监控的方法、IEC60439 和 IEC61439 的主要区别以及低压成套开关设备中塑料件的阻燃特性分析等。

本书写作的原则是面向实践和面向应用，读者可以从本书的描述中了解到如何利用先进的 ABB 产品构建理想的低压电力配电设备。

当今世界的科学技术日新月异，新的科学技术不断涌现。就在本书的写作过程中，

ABB 公司又推出了最新的 MNSiS 综合智能电动机控制开关柜。本书不可能将新技术面面俱到地进行阐述，若读者需要了解书中未涉及的新问题，本书的作者将直接为您提供咨询。本书作者的电子邮箱地址是 baifan _ zhang@163. com。

　　需要着重指出的是，本书中所有资料都来源于技术样本或者网络上的公开资料，读者可在 ABB 公司的网站上获取这些技术文档。

　　真诚地欢迎读者提出宝贵意见和建议，我将在今后的修订工作中进行补充和完善。对于参与本书编辑、出版工作的朋友们，作者也给予诚挚的感谢！

张白帆

2011 年 11 月

写于厦门

本书电子资源二维码索引

目　录

第1章

低压成套开关设备的基本概念和基础知识

本章PPT

本章的内容是低压成套开关设备的基础知识。涉及短路过程，低压成套开关设备的动、热稳定性，低压开关电器的通断任务和通断条件，各类接地系统与人身安全防护等知识点。本章在描述这些知识点的同时，对相关的制造和使用标准给出要点摘录。

1.1 低压电器的分类

在电力系统的发电、输电、变电、配电和用电的各个环节中，大量使用对电路起调节、分配、控制、保护和测量作用的各种电气设备，这些电气设备统称为开关电器。按开关电器的工作电压等级可分为高压电器和低压电器两大类。我国现行标准将工作电压在交流1000V、直流1500V以下的开关电器都称为低压开关电器，简称为低压电器。

低压电器基本上包括了10大类产品，见表1-1。

表1-1 10大类低压电器

序号	名称	典型代表（ABB公司的产品型号）
1	隔离开关	OETL
2	转换开关	OT1600E03CP
3	熔断器	NT00
4	断路器	E2. 2N2500
5	控制器	AC500
6	接触器	A110 − 30 − 11
7	起动器	MS450/451
8	控制继电器	N44E
9	主令电器	M2SS1 − 10 选择开关
10	变阻器和调整器	

在配电系统中，低压成套开关设备主要由各种低压电器构成，低压电器元件的性能对低压成套开关设备起到至关重要的作用。发电设备所发出的电能中有80%以上是通过低压电器分配后使用的。平均地说，每1万kW发电设备就需要4万件各类低压电器元件与之配套。

低压电器根据要求可自动或手动接通、分断电路，可连续或断续地改变电路状态，对电路进行切换、控制、保护、检测和调节。低压电器的分类如下：

1. 按用途或被控对象分类

（1）配电电器

配电电器包括低压隔离开关、转换开关、熔断器及熔断器开关、断路器等。配电电器一般用在低压配电系统中。

（2）控制电器

控制电器包括接触器、控制继电器、起动装置及起动器、控制器、主令电器等。控制电器一般用在电气传动系统中。

2. 按动作方式分类

（1）自动切换电器

依靠电器自身参数变化或外部信号变化，低压电器自动执行接通或者分断线路的操作，也可使电动机起动、停止或反向起动等，例如接触器和继电器等。

（2）非自动切换电器

依靠人工直接操作电路的电器，例如控制按钮和选择开关等。

3. 按电器的执行机构有无触头分类

（1）带触头的电器

带触头的电器一般指断路器、接触器、中间继电器等。

（2）无触头的电器

无触头电器是指电子电器、电力电子器件等。

4. 按工作条件分类

（1）一般工业电器

（2）船用电器

（3）化工和矿用防爆电器

（4）牵引电器

对于不同类型的低压电器，其防护形式、耐湿性、耐腐蚀性、抗冲击等多项性能指标的技术要求不同。

5. 按组装方式分类

（1）装配式低压电器

将各种开关电器与其他电器设备和辅助回路组装在一起供现场使用。

（2）成套式低压电器

我们来看看国家标准 GB/T 7251.1—2023 中如何定义成套式低压电器：

> 标准摘录：GB/T 7251.1—2023《低压成套开关设备和控制设备 第 1 部分：总则》。
>
> 3.1.1 低压成套开关设备和控制设备 low-voltage switchgear and controlgear assembly
> 成套设备 assembly
>
> 由初始制造商定义，能按照初始制造商的说明组装的，由一个或多个低压开关器件和与之相关的控制、测量、信号、保护、调节等设备，以及所有内部的电气和机械的连接及结构部件构成的组合体。
>
> 注1：在本文件中，术语成套设备用于低压成套开关设备和控制设备。
>
> 注2：术语"开关器件"包括机械开关器件和半导体开关器件，例如软起动器、半导体继电器、变频器。辅助电路还可包括机电设备，如控制继电器、端子排和电子设备，如电子电机控制设备、电子测量和保护装置、总线通信、可编程逻辑控制器系统。

低压成套开关设备包括低压开关柜、低压控制柜和低压配电箱等。本书描述的对象就是低压开关柜和低压控制柜。

6. 按是否具有切断短路电流的能力来分类

（1）主动元件

可主动地切断短路电流，例如熔断器和断路器。由于主动元件切断短路电流需要一定的时间，所以主动元件也必须具有承受短路电流热冲击和电动力冲击的能力。

（2）被动元件

除了熔断器和断路器以外的所有低压电器，都是被动元件。被动元件只能被动地承受短路电流的电动力冲击和热冲击。

1.2　低压成套开关设备的标准及设计制造规程

1.2.1　IEC 出版物中有关低压电器的标准号及名称

在 IEC 出版物中有关开关电器的标准汇总见表 1-2。

表 1-2　IEC 出版物中有关开关电器的标准汇总

IEC 标准号	标准内容
IEC 60038	标准电压
IEC 60076 – 2	电力变压器 温升
IEC 60076 – 3	电力变压器 绝缘水平、电介质试验和在空气中的外部间隙
IEC 60076 – 5	电力变压器 耐受短路电流能力
IEC 60076 – 10	电力变压器 噪声水平确定
IEC 60146	半导体变换器 一般要求和线换流变换器
IEC 60255	电气继电器
IEC 60269 – 1	低压熔断器 一般要求
IEC 60269 – 2	低压熔断器 非熟练人员使用的熔断器及其附加要求（家用和类似用途的熔断器）
IEC 60287 – 1 – 1	电缆 额定电流的计算 额定电流方程式（100% 负荷率）和损耗计算通论
IEC 60364	建筑物电气装置
IEC 60364 – 1	建筑物电气装置 安全保护 基本原则
IEC 60364 – 4 – 41	建筑物电气装置 安全保护 电击防护
IEC 60364 – 4 – 42	建筑物电气装置 安全保护 热效应防护
IEC 60364 – 4 – 43	建筑物电气装置 安全保护 过电流保护
IEC 60364 – 4 – 44	建筑物电气装置 安全保护 电磁干扰和电压扰动的防护
IEC 60364 – 5 – 51	建筑物电气装置 电气设备的选择和安装 通则
IEC 60364 – 5 – 52	建筑物电气装置 电气设备的选择和安装 布线系统
IEC 60364 – 5 – 53	建筑物电气装置 电气设备的选择和安装 隔离、开关和控制
IEC 60364 – 5 – 54	建筑物电气装置 电气设备的选择和安装 接地的配置
IEC 60364 – 5 – 55	建筑物电气装置 电气设备的选择和安装 其他设备
IEC 60364 – 6 – 61	建筑物电气装置 检验和试验 – 初检

（续）

IEC 标准号	标准内容
IEC 60364 – 7 – 701	建筑物电气装置 特殊装置和场所的要求 装有浴池和淋浴的场所
IEC 60364 – 7 – 702	建筑物电气装置 特殊装置和场所的要求 游泳池和其他水池
IEC 60364 – 7 – 703	建筑物电气装置 特殊装置和场所的要求 装有桑拿浴加热器的场所
IEC 60364 – 7 – 704	建筑物电气装置 特殊装置和场所的要求 施工和拆除场所的电气装置
IEC 60364 – 7 – 705	建筑物电气装置 特殊装置和场所的要求 农业和园艺设施的电气装置
IEC 60364 – 7 – 706	建筑物电气装置 特殊装置和场所的要求 狭窄可导电场所
IEC 60364 – 7 – 707	建筑物电气装置 特殊装置和场所的要求 数据处理设备用电气装置的接地要求
IEC 60364 – 7 – 708	建筑物电气装置 特殊装置和场所的要求 停车场的电气装置
IEC 60364 – 7 – 709	建筑物电气装置 特殊装置和场所的要求 摩托艇和游艇的电气装置
IEC 60364 – 7 – 710	建筑物电气装置 特殊装置和场所的要求 医疗场所
IEC 60364 – 7 – 711	建筑物电气装置 特殊装置和场所的要求 展览馆、陈列室和展位
IEC 60364 – 7 – 712	建筑物电气装置 特殊装置和场所的要求 太阳光伏电池供电系统
IEC 60364 – 7 – 713	建筑物电气装置 特殊装置和场所的要求 家具
IEC 60364 – 7 – 714	建筑物电气装置 特殊装置和场所的要求 外部照明装置
IEC 60364 – 7 – 715	建筑物电气装置 特殊装置和场所的要求 特低电压照明装置
IEC 60364 – 7 – 717	建筑物电气装置 特殊装置和场所的要求 汽车或运输单元
IEC 60364 – 7 – 740	建筑物电气装置 特殊装置和场所的要求 游乐场中的建筑物、娱乐设施
IEC 61439 – 1	低压成套开关设备和控制设备 第1部分：总则
IEC 61439 – 2	低压成套开关设备和控制设备 第2部分：成套电力开关设备和控制设备
IEC 60446	人机界面的基本和安全原则、标志和识别 用颜色或数字识别导体
IEC 60479 – 1	电流对人和牲畜的效用 一般情况
IEC 60479 – 2	电流对人和牲畜的效用 特殊情况
IEC 60479 – 3	电流对人和牲畜的效用 通过人体和牲畜的电流效应
IEC 60529	外壳的防护等级（IP 代码）
IEC 60664	低压系统内设备的绝缘配合
IEC 60715	低压开关设备和控制设备的尺寸 开关设备和开关乃至设备的装置中用于支撑电气器件的标准安装轨道
IEC 60724	额定电压 1kV（$U_m = 1.2\mathrm{kV}$）和 3kV（$U_m = 3.6\mathrm{kV}$）电缆的短路温度限值
IEC 60755	剩余电流动作保护器件的一般要求
IEC 60831	额定电压 1kV 及以下的交流系统自愈型并联电力电容器 总则 性能、试验和额定值 安全要求 安装和运行指南
IEC 60898 – 1	家用和类似场所用过电流保护断路器
IEC 60898 – 2	交流与直流动作断路器
IEC 60934	设备用断路器 CBE
IEC 60947 – 1	低压开关设备和控制设备 总则
IEC 60947 – 2	低压开关设备和控制设备 低压断路器
IEC 60947 – 3	低压开关设备和控制设备 开关、隔离器、隔离开关和开关熔断器
IEC 60947 – 4 – 1	低压开关设备和控制设备 接触器和电动机起动器

（续）

IEC 标准号	标准内容
IEC 60947 – 4 – 2	低压开关设备和控制设备 交流半导体电动机控制器和起动器
IEC 60947 – 5 – 1	低压开关设备和控制设备 控制电路电器和开关元件 机电式控制电路电器
IEC 60947 – 5 – 2	低压开关设备和控制设备 接近开关
IEC 60947 – 6 – 1	低压开关设备和控制设备 多功能设备 自动转换开关设备
IEC 61000	电磁兼容（EMC）
IEC 61140	电击防护 电气装置和设备的通则
IEC 61557 – 1	交流 1000V 和直流 1500V 以下低压配电系统的电气安全 – 保护措施的试验、测量或监视设备 – 总的要求
IEC 61557 – 8	交流 1000V 和直流 1500V 以下低压配电系统的电气安全 – 保护措施的试验、测量或监视设备
IEC 61557 – 9	交流 1000V 和直流 1500V 以下低压配电系统的电气安全 IT 系统绝缘故障定位设备
IEC 61558 – 2 – 6	电力变压器、供电单元及类似设备的安全 通用安全隔离变压器的特殊要求

1.2.2　常用的低压电器产品所遵循的国家标准号及名称与国际标准对照

各个国家的低压电器产品，首先必须符合本国的标准，为了参与国际竞争，还必须符合国际标准 IEC 出版物的要求。

常用的低压电器产品中我国国家标准和国际标准对照见表 1-3。

表 1-3　常用的低压电器产品中我国国家标准和国际标准对照表

标准号	标准名称		与 IEC 出版物的关系
GB/T 4208—2017	外壳防护等级（IP 代码）		IEC 60529
GB/T 14048.1—2023	低压开关设备和控制设备	第 1 部分：总则	等同 IEC 60947 – 1
GB/T 14048.2—2020	低压开关设备和控制设备	第 2 部分：断路器	等同 IEC 60947 – 2
GB/T 14048.3—2017	低压开关设备和控制设备	第 3 部分：开关、隔离器、隔离开关及熔断器组合电器	等同 IEC 60947 – 3
GB/T 14048.4— 2020	低压开关设备和控制设备	第 4 – 1 部分：接触器和电动机起动器 机电式接触器和电动机起动器（含电动机保护器）	等同 IEC 60947 – 4
GB/T 14048.5—2017	低压开关设备和控制设备	第 5 – 1 部分：控制电路电器和开关元件 机电式控制电路电器	等同 IEC 60947 – 5 – 1
GB/T 14048.6—2016	低压开关设备和控制设备	第 4 – 2 部分：接触器和电动机起动器 交流半导体电动机控制器和起动器（含软起动器）	等同 IEC 60947 – 4 – 2
GB/T 14048.7—2016	低压开关设备和控制设备	第 7 – 1 部分：辅助器件 铜导体和接线端子排	等同 IEC 60947 – 7 – 1
GB/T 14048.8—2016	低压开关设备和控制设备	第 7 – 2 部分：辅助器件 铜导体和保护导体接线端子排	等同 IEC 60947 – 7 – 2
GB/T 14048.9—2008	低压开关设备和控制设备	第 6 – 2 部分：多功能电器（设备）控制与保护开关电器（设备）（CPS）	等同 IEC 60947 – 6 – 2

（续）

标准号	标准名称		与 IEC 出版物的关系
GB/T 14048.10—2016	低压开关设备和控制设备	第 5-2 部分：控制电路电器和开关元件　接近开关	等同 IEC 60947-5-2
GB/T 14048.11—2016	低压开关设备和控制设备	第 6-1 部分：多功能电器转换开关电器	等同 IEC 60947-6-1
GB/T 13539.1—2015	低压熔断器	第 1 部分：基本要求	等同 IEC 60269-1
GB/T 13539.2—2015	低压熔断器	第 2 部分：专职人员使用的熔断器的补充要求（主要用于工业的熔断器）标准化熔断器系统示例 A 至 K	等同 IEC 60269-1-87
GB/T 13539.3—2017	低压熔断器	第 3 部分：非熟练人员使用的熔断器的补充要求（主要用于家用和类似用途的熔断器）标准化熔断器系统示例 A 至 F	等同 IEC 60269-3
GB/T 13539.4—2016	低压熔断器	第 4 部分：半导体设备保护用熔断体的补充要求	等同 IEC 60269-4
GB/T 13539.6—2013	低压熔断器	第 6 部分：太阳能光伏系统保护用熔断体的补充要求	等同 IEC 60269-2-1
GB/T 16895.5—2012	低压电气装置	第 4-43 部分：安全防护　过电流保护	等同于 IEC 60364-4
GB/T 16916.1—2014	家用和类似用途的不带过电流保护的剩余电流动作断路器（RCCB）	第 1 部分：一般规则	等同 IEC 61008-1
GB/T 16916.21—2008	家用和类似用途的不带过电流保护的剩余电流动作断路器（RCCB）	第 21 部分：一般规则对动作功能与电源电压无关的 RCCB 的适用性	等同 IEC 61008-2-1
GB/T 16916.22—2008	家用和类似用途的不带过电流保护的剩余电流动作断路器（RCCB）	第 22 部分：一般规则对动作功能与电源电压有关的 RCCB 的适用性	等同 IEC 61008-2-2
GB 16917.1—2003	家用和类似用途的带过电流保护的剩余电流动作断路器（RCBO）	第 1 部分：一般规则	等同 IEC 61009-1
GB/T 16917.21—2008	家用和类似用途的带过电流保护的剩余电流动作断路器（RCBO）	第 21 部分：一般规则对动作功能与线路电压无关的 RCBO 的适用性	等同 IEC 61009-2-1
GB/T 16917.22—2008	家用和类似用途的带过电流保护的剩余电流动作断路器（RCCO）	第 22 部分：一般规则对动作功能与线路电压有关的 RCBO 的适用性	等同 IEC 61009-2-2
GB/T 10963.1—2005	家用和类似场所用过电流保护断路器	第 1 部分：用于交流的断路器	等同 IEC 60898-1
GB/T 10963.2—2008	家用和类似场所用过电流保护断路器	第 2 部分：用于交流和直流的断路器	等同 IEC 60898-2
GB/T 20636.1—2006	连接器件电器铜导线的螺纹型和非螺纹型夹紧装置的安全要求	第 1 部分：用于 0.5~35mm² 铜导线的特殊要求	等同 IEC 60999-1

（续）

标准号	标准名称		与 IEC 出版物的关系
GB/T 20636.2—2006	连接器件电器铜导线的螺纹型和非螺纹型夹紧装置的安全要求	第 2 部分：用于 35～300mm² 铜导线的特殊要求	等同 IEC 60999-2
GB/T 24274—2019	低压抽出式成套开关设备和控制设备		
GB/T 24275—2019	低压固定封闭式成套开关设备和控制设备		
GB/T 24276—2017	通过计算进行低压成套开关设备和控制设备温升验证的一种方法		

有关低压成套开关设备的我国国家标准和国际标准对照表见表 1-4。

表 1-4 低压成套开关设备的我国国家标准和国际标准对照表

标准号	内容	与 IEC 出版物的关系
GB/T 7251.1—2023	低压成套开关设备和控制设备 第 1 部分：总则	等同 IEC 61439-1
GB/T 7251.2—2023	低压成套开关设备和控制设备 第 2 部分：成套开关设备和控制设备	等同 IEC 61439-2
GB/T 7251.3—2017	低压成套开关设备和控制设备 第 3 部分：对非专业人员可进入场地的低压成套开关设备和控制设备——配电板的特殊要求	等同 IEC 61439-3
GB/T 7251.4—2017	低压成套开关设备和控制设备 第 4 部分：对建筑工地用成套设备（ACS）的特殊要求	等同 IEC 61439-4
GB/T 7251.5—2017	低压成套开关设备和控制设备 第 5 部分：对公用电网动力配电成套设备的特殊要求	等同 IEC 61439-5
GB/T 7251.6—2015	低压成套开关设备和控制设备 第 6 部分：母线干线系统（母线槽）	等同 IEC 61439-2
GB/T 7251.8—2020	低压成套开关设备和控制设备 第 8 部分：智能型成套设备通用技术要求	
GB/T 7251.10—2014	低压成套开关设备和控制设备 第 10 部分：规定成套设备的指南	等同 IEC/TR 61439-0：2013

1.2.3 低压成套开关设备的设计制造规程

规程就是规则章程，指进行或操作某件事情必须遵守的规章制度。规程必须具备可操作性。

按照标准及设计规程设计和制造的低压成套开关装置在进行出厂试验或型式试验时其内部的接线必须完整，并且其内部安装的各种低压电器、机械组件、外壳等都必须也经过型式试验测试并且被确认为合格的产品。

在工厂中组装的低压成套开关设备必须按某种被确认的形式进行制造，并且还要确保符合某种制造标准。为了方便低压成套开关设备的设计者、制造者和使用者明确这些制造标准及使用规程，一般将这些标准和规程分成不同的类别。

1. 设计规程

设计规程中包括了制造低压成套电器装置的规定和技术要求，以及相应的试验规程。主要工业国家的设计标准和规程见表 1-5。

表1-5 主要工业国家的设计标准和规程

国别	标准或规程
德国	VDE0100：额定电压至1000V强电装置的安装规程
德国	VDE0160：用电器设备的强电装置的规程
德国	VDE0660T1至T3：低压开关电器的规程
德国	VDE0660T5：交流电压至1000V和直流电压至3000V低压成套装置的规程
IEC	IEC 60439：低压成套开关设备和控制设备
英国	BS5486：交流电压至1000V成套电器装置的规程
美国	NEMA-ICS2：工业用控制和调节设备结构单元
法国	NF/VTE：低压成套电器装置

2. 基础规程

基础规程是在设计成套设备的规程中要求必须遵循的基本规定。

基础规程包括对人身保护、计算方法和试验方法、测量原理等方面的一系列规定。

最重要的基础规程有：德国的VDE0100"额定电压至1000V强电装置的安装规程"、VDE0102"标准短路的指示"；VDE0103"测量强电设备机械和热的短路稳定性的指示"；VDE0110"测量电气设备电气间隙和爬电距离的规程"；VDE0199"信号灯和按钮的标志色"；VDE0875"电气设备和电气装置抗火花干扰的规程"；IEC60364出版物"室内电气装置"等。

基础规程规定了低压成套开关设备在安全技术方面的最低要求，对于低压成套开关设备在人身防护、直接触电、间接触电、爬电距离和电气间隙等方面具有特殊意义。

3. 装备规程

装备规程考虑了在规定的使用条件下，如何应用开关装置和配电装置。

最重要的装备规程有：VDE0100"额定电压至1000V强电装置的安装规程；VDE0107"在医学领域内电气设备的安装规程"；VDE0108"住房建筑中强电设备以及工作车间内安全照明灯的安装规程"；VDE0115"电气化铁路安装规程"；VDE0118"井下煤矿生产用电气装置安装规程"；VDE0160"电气设备强电装置的规程"等。

4. 安装规程

安装规程包括对成套电器装置的装备和安装要求。

在设计低压成套开关设备时必须考虑到安装和使用的要求，也即安装规程。

最重要的安装规程有：VDE0100"额定电压至1000V强电装置的安装规程"；VDE0108"住房建筑装置中强电设备以及工作车间内安全照明灯的安装及使用"；VDE0165"在爆炸危险场所电气装置的安装规程"；IEC60364出版物"室内电气设备"等。

5. 重要的标准

重要的标准与基础规程具有同等效力并且在使用低压成套开关设备时必须遵照执行。

最重要的标准有：DIN41488"箱的分类尺寸"；DIN40705"绝缘导线和裸导线的颜色标志"；DIN40719"电路资料"；DIN40050"防护类型"；DIN50010"气候定义"；IEC529出版物"外壳防护等级的分类"；IEC144"低压开关电器的防护类型"；IEC446"绝缘导线和裸导线的颜色标志"。

1.3 低压成套开关设备的工作条件和若干主要技术参数

1.3.1 低压成套开关设备的使用条件

要正确地使用低压开关柜和控制设备，就必须满足低压开关柜的使用条件。

在 GB/T 16935.1—2008《低压系统内设备的绝缘配合　第1部分：原理、要求和试验》标准中对电气间隙的要求涉及低压开关柜主元件的安装、一次和二次载流导体的安装、低压成套开关设备内各种导电结构件的电气间隙以及人身安全防护距离等各种技术问题。这些都与低压成套开关设备的设计和制造密切相关。

除了电气间隙和冲击耐受电压的要求外，在高海拔地区使用的低压开关柜还需要考虑辐射（紫外线）、静电、绝缘、灭弧、温度、沙尘、外形和密封等各种因素，具体可参见 GB/T 20626.1—2017《特殊环境条件　高原电工电子产品　第1部分：通用技术要求》标准的要求。

1. 低压成套开关设备对安装区域海拔的要求

随着中国经济的发展，在高海拔地区使用的低压成套开关设备越来越多，例如我国的青藏铁路，超过 49.08% 的路段都在海拔 4000m 以上，沿线数十个车站所使用的高压、中压和低压开关设备安装场所的海拔自然也就在 4000m 以上。按照国家标准，低压成套开关设备安装场所的海拔不得超过 2000m。对于应用在高海拔地区的低压成套开关设备，如何突破海拔 2000m 的高度限制是一个很重要的课题。

高海拔地区空气密度低，紫外线辐射强，所以当海拔超过 2000m 后，开关设备内部的绝缘和耐压水平、开关设备的散热能力都随着海拔的增加而降低，同时各种开关电器的灭弧能力也随着海拔增加而降低。如图 1-1 所示。

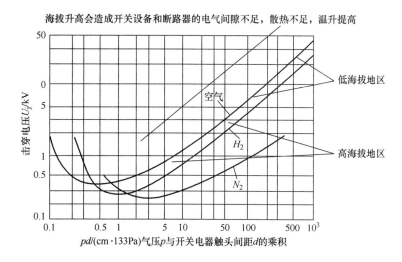

图 1-1　击穿电压与 pd（气压与触头间距的乘积）之关系

我们从图 1-1 中看到，开关电器动、静触头间和导电结构对接地金属外壳间的击穿电压与海拔的关系：海拔越高击穿电压就越低。此曲线又叫做巴申曲线，是德国科学家巴申

（Friedrich Paschen）在 1889 年总结出来的。

我们还看到击穿电压存在最小值。最小值之左侧随着真空度越高击穿电压亦越高，这就是真空断路器的基本原理。

国家标准 GB/T 16935.1—2008 中，对海拔超过 2000m 的低压开关柜内爬电距离和电气间隙给出了定量数据。

📖 标准摘录：GB/T 16935.1—2008《低压系统内设备的绝缘配合　第 1 部分：原理、要求和试验》。

表 A2　海拔修正系数

海拔/m	正常气压/kPa	电气间隙的倍增系数
2000	80.0	1.00
3000	70.0	1.14
4000	62.0	1.29
5000	54.0	1.48
6000	47.0	1.70
7000	41.0	1.95
8000	35.5	2.25
9000	30.5	2.62
10000	26.5	3.02
15000	12.0	6.67
20000	5.5	14.5

根据 GB/T 16935.1—2008 的表 A2 计算得出电气间隙及爬电距离数据见表 1-6。

表 1-6　电气间隙及爬电距离

海拔/m	电气间隙倍增系数	电气间隙/mm	爬电距离/mm
2000	1.00	10	12
3000	1.14	11.4	13.7
4000	1.29	12.9	15.5
5000	1.48	14.8	17.8

一般来说，海拔每升高 100m，低压成套开关设备内各种绝缘材料的绝缘强度降低 1%，母线和低压开关电器的温升增加 0.4K，高发热低压开关电器的温升增加 2K。所以，当低压成套开关设备安装场所的海拔超过 2000m 后，低压成套开关设备需要整体降容。

关于高原环境下低压开关电器的技术要求见 GB/T 20645—2021《特殊环境条件　高原用低压电器技术要求》、GB/T 20626.1—2017《特殊环境条件　高原电工电子产品　第 1 部分：通用技术要求》等标准。

用于计算低压开关电器随着海拔高度变化的降容系数见表 1-7。

表 1-7　低压开关电器随着海拔高度变化的降容系数

海拔/m	降容系数（低压开关电器额定电流 I_e 的倍数）
0～2000	$1.0I_e$
2000～2500	$0.93I_e$
2500～3000	$0.88I_e$
3000～3500	$0.83I_e$
3500～4000	$0.78I_e$

国家标准 GB/T 20626.1—2017 对应用在高原环境下的低压成套开关设备和低压开关电器提出了一系列特殊要求：

📖 标准摘录：GB/T 20626.1—2017《特殊环境条件　高原电工电子产品　第 1 部分：通用技术要求》

第 5.3 部分：电工电子产品的电气间隙

使用地点海拔/m		0	1000	2000	3000	4000	5000
电气间隙修正	以 0 海拔为基准	1.00	1.03	1.27	1.45	1.64	1.88
	以 1000m 为基准	0.89	1.00	1.13	1.28	1.46	1.67
	以 2000m 为基准	0.78	0.88	1.00	1.14	1.29	1.48

第 5.6 部分：工频耐受电压和雷电冲击耐受电压

工频耐受电压和雷电冲击耐受电压的海拔修正系数表

产品使用地点海拔/m		1000	2000	3000	4000	5000
海拔修正系数 K	产品试验地点海拔/m					
	0	1.11	1.25	1.43	1.67	2.00
	1000	1	1.11	1.25	1.43	1.67
	2000	0.91	1	1.11	1.25	1.43
	3000	0.83	0.91	1	1.11	1.25
	4000	0.77	0.83	0.91	1	1.11
	5000	0.71	0.77	0.83	0.91	1

在试验测试时，要按当地的海拔将工频耐受电压和冲击耐受电压乘以表中的系数 K。

【例 1-1】　设某型低压成套开关设备的额定绝缘电压 U_i 符合如下要求：$300V < U_i \leqslant 690V$，对应的工频耐受电压是 AC 1890V/5s。如果此低压成套开关设备被用在海拔 4000m 处，试问此低压成套开关设备的工频耐受电压是多少？

解：

我们设想此低压成套开关设备的原型在海拔接近零之处进行型式试验（例如上海电科所试验站，它的海拔是 4m），查 GB/T 20626.1—2017 的第 5-6 部分的表格得知海拔 4000m 处的修正系数是 1.67，于是在 4000m 处的工频耐受电压 1890/1.67 ≈ 1132V。

如果要保持工频耐受电压为 1890V/5s，则必须加大电气间隙。查 GB/T 20626.1—2017 第 5-2 部分的表得知 4000m 处的电气间隙倍增系数是 1.29，也即低压成套开关设备的最小电气间隙由 10mm 增至 10 × 1.29 = 12.9mm。

注：低压成套开关设备的工频耐受电压等级见 GB/T 7251.1—2023 的表 8 "主电路的工频耐受电压值"。

2. 低压成套开关设备周围空气温度和大气条件

根据国家标准 GB/T 7251.1—2023《低压成套开关设备和控制设备　第 1 部分：总则》（等同于 IEC 61439-1:2020），我们有如下定义：

（1）低压成套开关设备的周围空气温度

1）低压配电所户内的成套设备的周围空气温度：周围空气温度不得超过 +40℃，而且在 24h 内其平均温度不超过 +35℃。周围空气温度的下限为 -5℃。

2）低压配电所户外成套设备的周围空气温度：周围空气温度不得超过 +40℃，而且在

24h 内其平均温度不超过 +35℃。周围空气温度的下限为

——温带地区为 –25℃；

——严寒地区为 –50℃。

（2）大气条件

1）低压配电所户内成套设备的大气条件：空气清洁，在最高温度为40℃时，其相对湿度不得超过50%。在较低温度时，允许有较大的相对湿度。例如，+20℃时相对湿度为90%。但应考虑到由于温度的变化，有可能会偶尔产生适度的凝露。

2）低压配电所户外成套设备的大气条件：最高温度为 +25℃时，相对湿度短时可高达100%。

3. 污染等级

对于低压成套开关设备来说，柜内绝缘材料都按污染等级3来考虑。包括型式试验和出厂检验，爬电距离和电气间隙也一律按污染等级3的要求确定试验参数和检验参数。

（1）污染等级

根据国家标准 GB/T 7251.1—2023《低压成套开关设备和控制设备 第1部分：总则》（等同于 IEC 61439 –1：2020），我们有如下定义：

标准摘录：GB/T 7251.1—2023《低压成套开关设备和控制设备 第1部分：总则》

7.1.2. 污染等级

附录 C 中提及的污染等级是指成套设备所处的宏观环境条件。

对于外壳内的开关器件和元件，可使用外壳内微观环境条件的污染等级。

为了评定电气间隙和爬电距离，确定了以下四个微观环境的污染等级。

污染等级1：

无污染或仅有干燥的、非导电性污染。此污染无影响。

污染等级2：

一般情况下只有非导电性污染，但要考虑到偶然由于凝露造成的暂时导电性。

污染等级3：

存在导电性污染，或者由于凝露使干燥的非导电性污染变成导电性的污染。

污染等级4：

持久的导电性污染，例如由于导电尘埃、雨雪或其他潮湿条件造成的污染。

成套设备内部的微观环境可能不同于外部的宏观环境。特定类型的成套设备的污染等级在相关的成套色号被标准中给出。

注：设备微观环境的污染等级可能受外壳内安装方式的影响。当需要打开成套设备以正常使用或运行时，安装的宏观环境能对微观环境产生影响。

（2）工业用途的污染等级标准

如果没有其他规定，工业用途的成套设备一般在污染等级3环境中使用。而其他污染等级可以根据特殊用途或微观环境考虑采用。

1.3.2 低压成套开关设备的主要技术参数——额定电压和额定电流参数

低压成套开关设备的主要技术参数包括：额定电压 U_n、额定绝缘电压 U_i、额定冲击耐

受电压 U_{imp}，以及额定电流 I_{nA}。这几个主要技术参数来源于国家标准 GB/T 7251.1—2023 《低压成套开关设备和控制设备　第 1 部分：总则》和 GB/T 14048.1—2023《低压开关设备和控制设备　第 1 部分：总则》。

1. 额定电压 U_{n}、额定绝缘电压 U_{i} 和额定冲击耐受电压 U_{imp}

低压成套开关设备的额定电压 U_{n}、额定绝缘电压 U_{i} 和额定冲击耐受电压 U_{imp} 的定义来自国家标准 GB/T 7251.1—2023《低压成套开关设备和控制设备　第 1 部分：总则》，摘录如下：

📖 标准摘录：GB/T 7251.1—2023《低压成套开关设备和控制设备　第 1 部分：总则》

3.8.9.1：额定电压 rated voltage

　　U_{n}

成套设备制造商宣称成套设备主电路预定连接的电气系统最大标称值。

　　注 1：对于多相电路，指线间电压。

　　注 2：不考虑瞬态电压。

　　注 3：由于系统允差，电源电压值可超过额定电压。

　　注 4：电压分别为交流和直流应用的有效值和平均值。

3.8.9.2：额定工作电压 rated operational voltage

　　U_{e}

成套设备制造商为成套设备或成套设备的一条电路宣称的与额定电流共同确定设备使用的电压值，交流（有效值）或直流（平均值）。

　　注：对于多相电路，指线间电压。

3.8.9.3：额定绝缘电压 rated insulation voltage

　　U_{i}

由成套设备制造商为成套设备或成套设备的一条电路给出的，表征绝缘规定的（长期）耐受能力的耐受电压有效值。

　　注 1：对于多相电路，指线间电压。

　　注 2：额定绝缘电压不一定等于设备的额定工作电压，额定工作电压主要与功能特性有关。

3.8.9.4：额定冲击耐受电压 rated impulse withstand voltage

　　U_{imp}

成套设备制造商为成套设备或成套设备的一条电路规定的以表征其绝缘规定的耐受瞬态过电压能力的冲击耐受电压值。

从国家标准 GB/T 7251.1—2023 中，我们看到成套开关设备的额定电压 U_{n} 与开关柜柜内电路的额定电压 U_{e} 不同，U_{e} 属于开关柜柜内设备运行电压的范畴。此外，U_{e} 的最大值就是开关柜内额定绝缘电压 U_{i}，而开关柜柜内电路的绝缘特性所规定的耐受过电压冲击能力的电压值就是额定冲击耐受电压 U_{imp}。

低压成套开关设备的额定电压 U_{e} 一般使用 IEC 推荐的标准值。主电路的额定工作电压一般为 400V 和 690V，控制电路的额定电压则一般采用 220V 交流或直流。主电路的额定工作电压和控制回路的额定电压允许偏差为 ±10%。

低压成套开关设备的额定绝缘电压 U_{i} 与柜内电气间隙和爬电距离有关。

低压成套开关设备的额定电压要高过低压配电网标称电压 5% ~ 10%。例如低压配电网的标称电压为380V，则低压成套开关设备额定电压 U_e 的电压范围是（5%~10%）×380V≈400~418V。

关于低压配电网的标称电压，见国家标准 GB/T 156—2017 在前言中有一段说明，摘录如下：

📖 标准摘录：GB/T 156—2017《标准电压》。

IEC 60038 是一项较特殊的基础标准，它在尊重各国标准电压体系的前提下，通过协商提供了以50Hz和60Hz为基本参数的两个标准电压系列，并在每个系列中综合提供了该系列基本电压等级。各国可根据本国情况选择其中的标准电压系列和该系列的基本电压等级。我国一直采用50Hz的标准电压系列。本标准规定的大部分标准电压等级与 IEC 60038 一致，个别电压等级存在较大差异。主要差异如下：

——删掉了 IEC 序言和前言；

——根据我国实际将 IEC 标准电压230/400V 和 400/690V 分别改为220/380V 和 380/660V，同时增加了我国煤矿井下使用的 1140V（见表1）；

——鉴于我国有专门的供电电压允许偏差标准（GB/T 12325），且技术要求更严格，因此删去了 IEC 60038 的电压范围规定；

4.7 发电机的额定电压（见表7）

表7 发电机的额定电压

交流发电机额定电压/V	直流发电机额定电压/V	交流发电机额定电压/V	直流发电机额定电压/V
115	115	13800	—
230	230	15750	—
400	460	18000	—
690	—	20000	—
3150	—	22000	—
6300	—	24000	—
10000	—	26000	—

注：与发电机出线端配套的电气设备额定电压可采用发电机的额定电压，并应在产品标准中加以具体规定。

由此可见，400V 和 690V 的额定电压可以理解为发电机的端口电压，也包括变压器低压绕组的端口额定电压。

对于低压成套开关设备和控制设备内部安装的低压开关电器，它们的额定工作电压 U_e、额定绝缘电压 U_i 等参数，国家标准 GB/T 14048.1—2023 有如下规定：

📖 标准摘录：GB/T 14048.1—2023《低压开关设备和控制设备 第1部分：总则》。

5.3.1 额定电压

电器应规定几种额定电压：

注：一定型式的电器可以有一个或多个额定电压或一个额定电压范围。

5.3.1.1 额定工作电压（U_e）

电器的额定工作电压是一个与额定工作电流组合共同确定电器用途的电压值，它与相应的试验和使用类别有关。

对于单极电器，额定工作电压一般规定为跨极二端电压。对于多极电器，额定工作电压规定为相间电压。

对于某些电器和特殊用途电器，可采用不同的方法确定 U_e，具体方法在有关产品标准中规定。

对用在多相电路中的多极电器，应区分以下两点：

a）用于单一对地故障不会在一极两端出现相间全电压的系统的电器：

——中性点接地系统；

——不接地和用阻抗接地的系统。

b）用于单一对地故障会在一极两端出现相间全电压的系统（即相接地系统）的电器。

对于不同的工作制和使用类别，电器可以规定多组额定工作电压和额定工作电流或额定功率组合。

对于不同的工作制和使用类别，电器可以规定多组额定工作电压和相应的接通和分断能力。

注 1：应注意的是额定工作电压可能与电器内的实际工作电压不同（见 3.7.52）

根据 IEC60038，应规定三相系统的额定工作电压，如 230/400V（50Hz）、277/480V 或 480V（60Hz），如适用。较低值为对中性线的电压值，较高值是相同电压值。当仅标明一个电压值时，它指的是三线系统相间电压值。

注 2：某些类型的设备可能不止一个额定电压或者额定电压范围。

5.3.1.2　额定绝缘电压（U_i）

电器的额定绝缘电压是一个与介电试验电压和爬电距离有关的电压值。在任何情况下最大的额定工作电压值不应超过额定绝缘电压值。

注：若电器没有明确规定额定绝缘电压，则规定的工作电压的最高值被认为是额定绝缘电压值。

5.3.1.3　额定冲击耐受电压（U_{imp}）

在规定的条件下，电器能够耐受而不击穿的具有规定形状和极性的冲击电压峰值。该值与电气间隙有关。电器的额定冲击耐受电压应等于或大于该电器所处的电路中可能产生的瞬态过电压规定值。

注：额定冲击耐受电压优选值见表 12。

表 12　额定冲击耐受电压

额定冲击耐受电压 U_{imp}/kV	试验电压和相应的海拔				
	$U_{1.2/50}$/kV				
	海平面	200m	500m	1000m	2000m
0.33	0.35	0.35	0.35	0.34	0.33
0.5	0.55	0.54	0.53	0.52	0.5
0.8	0.91	0.9	0.9	0.85	0.8
1.5	1.75	1.7	1.7	1.6	1.5
2.5	2.95	2.8	2.8	2.7	2.5
4	4.8	4.8	4.7	4.4	4
6	7.3	7.2	7	6.7	6
8	9.8	9.5	9.3	9	8
12	14.8	14.5	14	13.3	12

注：表 12 适用于均匀电场，情况 B（见 2.5.62）。

表 19　与额定绝缘电压对应的介电试验电压

额定绝缘电压 U_i /V	交流试验电压（r.m.s） /V	直流试验电压[b,c] /V
$U_i \leqslant 60$	1000	1415
$60 < U_i \leqslant 300$	1500	2120
$300 < U_i \leqslant 690$	1890	2670
$690 < U_i \leqslant 800$	2000	2830
$800 < U_i \leqslant 1000$	2200	3110
$1000 < U_i \leqslant 1500$[a]	—	3820

注：a 仅适用于直流。

　　b 试验电压值依据 GB/T 16935.1—2008 中的 4.1.2.3.1 第 3 段。

　　c 直流试验电压仅在交流试验电压不适用时使用，见 8.3.3.4.1.3 的规定。

低压开关电器常用的额定电压见表 1-8。

表 1-8　开关电器的常用额定电压

直流电压/V	交流电压/V	直流电压/V	交流电压/V
24	24	1200	1000
60	60	1500[①]	
110	125	2400[①]	
220[①]	230[①]	3000[①]	3000[①]
440[①]	400[①]		6000[①]
660[①]	500		10000[①]
750	600[①]		

① 数据为常用数据。

　　对于低压断路器的辅助回路，在 GB/T 14048.2—2020（等同于 IEC 60947-2：2006 标准）中规定了辅助回路额定电压的优先值。辅助回路额定电压见表 1-9。

表 1-9　GB/T 14048.2—2020 中规定的辅助回路额定电压

交流电压/V	直流电压/V	交流电压/V	直流电压/V
24	24	127	—
48	48	220	220
110	110	230	—
—	125	—	250

　　额定绝缘电压 U_i 对所有的开关电器的绝缘特性有重要意义，开关电器的绝缘特性就是按照 U_i 的标准化值来设计的；额定工作电压 U_e 关系到断路器的通断能力参数，而对交流接触器则关系到工作制和使用类别。

　　在低压开关电器的产品样本中，每种设备都给出了 U_i 和 U_e 的数值。

2. 额定电流 I_e 与温升

　　与额定电压的定义类似，低压成套开关设备的额定电流与低压开关电器的额定电流不完全一致。具体见 GB/T 7251.1—2023 和 GB/T 14048.1—2023。

　　我们看 GB/T 7251.1—2023 是如何定义低压成套开关设备的额定电流的。

标准摘录：GB/T 7251.1—2023《低压成套开关设备和控制设备　第 1 部分：总则》

3.8.10.1　额定电流 rated current

成套设备制造商宣称的，在规定的条件下能承载的，成套设备各部件的温升不超过规定限值的不间断电流值。

注 1：成套设备的额定电流（I_{nA}）见 3.8.10.7；主电路的额定电流（I_{nc}）见 3.8.10.5；主电路组额定电流见 3.8.10.6。

注 2：一般情况下，在确定电路的额定电流时，不考虑电动机、变压器等的涌流。

3.8.10.2　额定峰值耐受电流 rated peak withstand current

I_{pk}

成套设备制造商宣称的在规定条件下能承受的短路电流峰值。

3.8.10.3　额定短时耐受电流 rated short–time withstand current

I_{cw}

成套设备制造商宣称的，在规定条件下，用电流和时间定义的能耐受的短时电流交流有效值或直流平均值。

注：额定短时耐受电流与 IEC TR61641 中给出的内部电弧故障额定值不同。

3.8.10.4　额定限制短路电流 rated conditional short–circuit current

I_{cc}

成套设备制造商宣称的在规定条件下在 SCPD 全部动作时间内（断开时间）能承受的预期短路电流值。

3.8.10.5　主电路额定电流 rated current of a main circuit

I_{nc}

当主电路是成套设备一个柜架单元中唯一有电流的主电路时，主电路所能承载的额定电流。

注 1：根据各自的器件标准，主电路的额定电流能低于安装在主电路中的器件的额定电流。

注 2：由于决定额定电流的因素很复杂，因此无标准值给出。

注 3：一个成套设备只能由一个单独的柜架单元组成。

3.8.10.6　主电路组额定电流 group rated current of a main circuit

I_{ng}

考虑同时加载在成套设备同一柜架单元的其他电路的相互热影响，主电路所能承载的额定电流。

注 1：在某些成套设备设计上，I_{ng} 可能等于 I_{nc}。

注 2：一个成套设备可能只由一个单独的柜架单元组成。

3.8.10.7　成套设备额定电流 rated current of an assembly

I_{nA}

在任何部件的温升不超过规定极限的情况下，能由成套设备分配的额定电流。

注：如果将来进一步增加电路，则不超过成套设备的额定电流。

3.8.10.8 设计电流（电气回路的）design current（of an electric circuit）

I_B

正常运行时电气回路承载的电流。

注：I_B通常由用户提供。

低压成套开关设备和控制设备中某支路的额定电流由该支路的主元件决定，而主元件的额定电流则由该主元件制造厂根据其内部各元器件的额定值、布置方式和应用情况来确定，只有其内部各个部件按照标准规定的试验条件下测试温升不超过限定值才允许承载上述额定电流。

我们看 GB/T 7251.1—2023 是怎么说的：

📖 标准摘录：GB/T 7251.1—2023《低压成套开关设备和控制设备 第1部分：总则》

5.3 电流额定数据

5.3.1 成套设备的额定电流（I_{nA}）

成套设备的额定电流应为下列所述情况的电流最小值：

——进线电路的总组额定电流（I_{ng}），它是单个进线电路的组额定电流，或者是成套设备内并行且同时工作的进线电路的组额定电流的总和；

——特殊布置的成套设备中主母线能分配的总电流。该电流应在各个部件的温升不超过9.2规定的限值的情况下承载。

注1：进线电路的组额定电流可能低于安装在成套设备内的（符合各自器件标准的）进线器件的额定电流。

注2：就此而论主母线是指在运行中正常连接的单个母线或单个母线的组合体，例如使用母线连接器。

5.3.2 主出线电路的额定电流（I_{nc}）

主出线电路的额定电流是当同一柜架单元内所有其他出线主电路都不带电流时，该出线电路所能承载的电流（见10.10）。该电流应在成套设备各个部件的温升不超过9.2规定的限值的情况下承载。

如果给出了电路的组额定电流 I_{ng}，则一条电路的额定电流 I_{nc} 是自愿给出的。如果指定了 I_{nc}，则可评估在轻载柜架单元单个电路上的最大允许连续负载电流，单个电路上的负载有可能允许超过 I_{ng}，但绝不允许超过 I_{nc}。

注：I_{ng} 表示在全负载柜架单元内的最大允许连续负载电流。

5.3.3 主电路组额定电流（I_{ng}）

主电路组额定电流是，在初始制造商规定的一个特定的协议中，可能由该电路连续并同时与至少同一个成套设备或成套设备的柜架单元的一个其他电路承载的电流。该电流应在成套设备各个部件的温升不超过9.2规定的限值的情况下承载。

注1：如果成套设备的设计中已经按照 IEC 61439（所有部分）之前的版本给出 RDF，则 I_{ng} 能用 $I_{nc} \times$ RDF 计算。如果声明 I_{ng}，初始制造商应说明组额定电流所涵盖的特定布置：

——同一成套设备或柜架单元中允许安装的电路/功能单元的类型、额定值和最大数量；

——各柜架单元和/或成套设备内的功能单元的布置。

注2：对于具有给定 I_{ng} 的功能单元，也能用功率损耗来说明成套设备或成套设备柜架单元的具体布置。

注3：在大多数情况下，初始制造商提供的同一类型的柜架单元能根据特定客户的需求，配备不同数量和不同类型的电路（功能单元）。通常，并不是安装在一个柜架单元的所有电路都连续且同时承载其额定电流。因此，由初始制造商规定的具体布置明确了哪些情况由 I_{ng} 值所包含连续且同时承载的主电路组额定电流应等于或大于出线电路的假定负载（等于 IEC 60364-1 中电路的设计电流 I_B）。

出线电路的假定负载应由相关成套设备标准规定。

……

为每种类型的主电路给出 I_{ng} 的另一种选择是为每种类型的主电路给出 I_{nc} 和适当的 RDF。

以上 GB/T 7251.1—2023 定义的各种电流参数，对于低压成套开关设备来说非常重要。另外，峰值耐受电流 I_{pk} 和短时耐受电流 I_{cw} 在 1.4.2 节中阐述。

GB/T 7251.1—2023 中定义的主电路组额定电流 I_{ng} 和出线电流 I_{nc} 的关系，就是额定分散系数 RDF 的关系。额定分散系数 RDF 的值见于 GB/T 7251.1—2005 的表1，虽然此表在该标准的后续版本中没有出现，但是依然具有实践意义。

📖 标准摘录：GB/T 7251.1—2005《低压成套开关设备和控制设备 第1部分：型式试验和部分型式试验成套设备》

表1 额定分散系数 RDF

主电路数	额定分散系数
2与3	0.9
4与5	0.8
69（包括9）	0.7
10及以上	0.6

【范例解析】

看如下所示的框架单元的单线图：

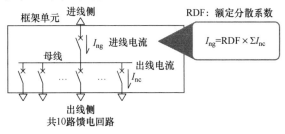

图中进线电流是 I_{ng}，出线电流是 I_{nc}。按 GB/T 7251.1—2023 的 5.3.3 条的注 1，可用 $I_{ng} = RDF \times \Sigma I_{nc}$ 来计算。

设 10 路馈电回路的电流总和 $\Sigma I_{nc} = 1000A$，查 GB7251.1—2005 的表 1 得到 RDF 值：$RDF = 0.6$，则总进线电流 $I_{ng} = 0.6 \times 1000 = 600A$，也即上图中的进线断路器额定电流取值为 $600A$。

额定电流与低压成套开关设备的柜内温升紧密关联。GB/T 7251.1—2023 中对额定电流与温升的关系做了说明，如下：

📖 标准摘录：GB/T 7251.1—2023《低压成套开关设备和控制设备 第 1 部分：总则》

9.2. 温升极限

成套设备和它的电路在特定条件下应能承载其额定电流（见 5.3.1、5.3.2 和 5.3.3），考虑到元件的额定数据、它们的布置和应用，且当按照 10.10 验证时不超过表 6 中所给出的温升限值适用于周围空气平均温度不超过 35℃。

……

表6 温升限值 (9.2)

成套设备的部件	温升/K
内装元件[a]	根据不同元件的有关要求，或（如有的话）根据制造厂的说明书，考虑成套设备内的温度
用于连接外部绝缘导线的端子	70[b]
母线和导线	受下述条件限制[f]： ——导电材料的机械强度[g]； ——对相邻设备的可能影响； ——与导体接触的绝缘材料的允许温升极限； ——导体温度对与其相连的电器元件的影响； ——对于接插式触点，接触材料的性质和表面的加工处理
操作手柄 ——金属的 ——绝缘材料的	15[c,h] 25[c,h]
可接近的外壳和覆板 ——金属表面 ——绝缘表面	30[d,h] 40[d,h]

（续）

成套设备的部件	温升/K
分散排列的插头与插座	由组成设备的元器件的温升极限而定[e]

a "内装元件"一词指：
　　——常用的开关设备和控制设备；
　　——电子部件（例如：整流桥、印刷电路）；
　　——设备的部件（例如：调节器、稳压电源、运算放大器）

b 温升极限为70K是根据10.10的常规试验而定的数值。在安装条件下使用或试验的成套设备，由于接线、端子类型、种类、布置与试验（常规）所用的不尽相同，因此端子的温升会不同，这是允许的

c 那些只有在成套设备打开后才能接触到的操作手柄，例如：不经常操作的抽出式手柄，其温升极限允许提高到25K

d 除非另有规定，在正常工作情况下可以接近但不需触及的外壳和覆板，允许其温升提高10K。距离成套设备基座2m以上的外表面和部件可认为是不可触及的

e 就某些设备（如电子器件）而言，它们的温升限值不同于那些通常的开关设备和控制设备，因此有一定程度的灵活性

f 对于10.10的温升试验，须由初始制造商在考虑元件制造商所采用的任何附加测量点和限值的基础上规定温升限值

g 如满足列出的所有判据，裸铜母线和裸铜导体的最大温升不应超过105K

我们从标准中看到了温升的限制值。

对于低压成套开关设备在进行型式试验时允许的温升限定值，见表1-10。

表 1-10　低压成套开关设备在进行型式试验时允许的温升限定值

低压成套开关设备的部件	温升/℃
内部装配的电器和铜导线	符合这些电器的各自标准 70
操作手柄	15
操作者可能接触到的金属或绝缘材料制作的外壳和盖	25
金属表面	30
绝缘表面	40

70℃的温升极限是基于标准中规定的常规试验确定的数值。在实际安装条件下，由于接线的形式、布置和试验条件不尽相同，可能出现不同的温升，所以测试时允许出现不同的温升。

装在成套开关设备内部的操作手柄、抽出式把手等，若不经常操作，只是在打开门板后才能触及，则此手柄或把手的温升允许略高一些。除非另有规定，有些在正常工作时无须触及的外壳和盖，温升界限可提高10℃。

特别提醒：温升是设备表面温度与环境温度之差，因此温升的单位既可以是摄氏度（℃），也可以是开尔文温标K。不管温升的单位采用℃还是K，两者的数值是一样的。

3. 短路电流

在成套设备中一条电路由于故障或者错误连接而造成短路故障，由此而导致的过电流被

称为短路电流。

在短路状态下短路电路的线路阻抗和短路点阻抗很小，因此短路电流很大，导线和开关电器因此而剧烈发热，有时还伴随着剧烈的电弧放电。

GB/T 7251.1—2013 在 3.8.7 条中对一条电路中出现的预期短路电流给出定义：在尽可能接近成套设备电源端，用一根阻抗可以忽略不计的导体使电路的供电导体短路时流过的电流的有效值。

我们在选配低压线路中各种开关电器时，元器件的短路分断能力都是依据预期短路电流来确定的。

另外，低压成套开关设备的短路参数主要是指主母线系统的额定峰值耐受电流 I_{pk} 和额定短时耐受电流 I_{cw}，它们决定了低压成套开关设备的动稳定性和热稳定性，具体见第2.2.3节。

1.4　低压电网条件

1.4.1　短路过程及计算低压配电网短路电流的方法

1. 无限大容量配电网的特性

无限大容量配电网是一个相对的概念，它是指电力系统的容量相对用户电网容量要大得多。如果电力系统容量大于用户电网容量 50 倍，或者短路点距离电源比较远使得系统阻抗大约为短路总阻抗的 5% ~ 10%，在这两种状态下系统母线上的电压基本不变。

我们设系统阻抗为 Z，短路总阻抗为 Z_K，并且 $Z = (5\% ~ 10\%)Z_K$，系统电压为 U_P。于是当配电网发生短路时，用户电网电压或者短路点电压 U 的表达式为

$$U = U_P \frac{Z_K}{Z_K + Z} = \frac{U_P}{1 + \frac{Z}{Z_K}} = \frac{U_P}{1 + (5\% ~ 10\%)} \approx (0.95 ~ 0.91)U_P \qquad (1-1)$$

我们看到短路前后电压 U 基本不变，我们把具有这种特性的电网称为具有无限大容量的配电网。无限大容量配电网通常是指中、高压配电网，电压 U 特指电力变压器中、高压侧的母线电压。

低压配电电源一般是 10/0.4kV 的电力变压器，相对中、高压配电网低压配电网的电源和线路阻抗要大得多，因此低压配电网不属于无限大容量配电网。

尽管如此，由于短路时间十分短暂，我们在考虑低压配电系统时仍然能按短路前后系统电压基本不变来计算短路电流，只有当发生深层短路时变压器低压侧的电压才显著跌落。即便发生了深沉短路，变压器中压侧的电压仍然保持基本不变。

所谓深层短路是指发生短路后短路电路的保护装置未动作，使得短路电路出现了稳态的短路电流，10/0.4kV 的电力变压器低压侧电压将会大幅跌落，低压配电网电源侧母线电压将跌至额定电压的 50% 以下，而低压配电网末端的电压则将跌至额定电压的 15% 以下。

2. 三相短路过程分析

无限大容量配电网的三相短路如图 1-2 所示。

供电系统发生短路故障前，电路中流过的是正常的负荷电流，这时系统处于正常运行的稳定状态。当发生短路故障后，系统进入了短路过程中。从图 1-2 中我们看到，系统中存在

电感元件,电感元件的特性就是不允许流经电感的电流产生突变,必须经过一段时间后才能由正常运行的稳定状态转入深沉短路的稳定状态。我们称此过渡过程为短路电流的暂态过程,把深沉短路过程称为短路电流的稳态过程。

我们来看图 1-3。

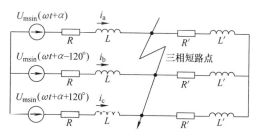

图 1-2   无限大容量系统的三相短路

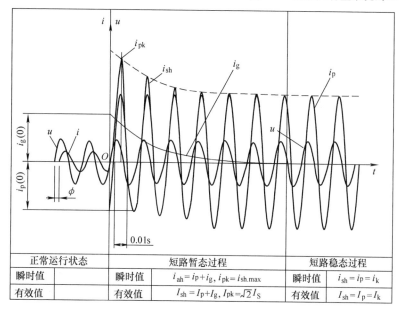

图 1-3   短路电流分析

正常运行状态		短路暂态过程		短路稳态过程	
瞬时值		瞬时值	$i_{ah}=i_p+i_g$, $i_{pk}=i_{sh.max}$	瞬时值	$i_{sh}=i_p=i_k$
有效值		有效值	$I_{sh}=I_p+I_g$, $I_{pk}=\sqrt{2}I_S$	有效值	$I_{sh}=I_p=I_k$

图 1-3 中:

i_p/I_p——短路电流交流分量瞬时值/短路电流交流分量有效值;

i_g/I_g——短路电流直流分量瞬时值/短路电流直流分量有效值;

i_{sh}/I_{sh}——短路电流全电流瞬时值/短路电流全电流有效值;

i_{pk}/I_{pk}——冲击短路电流峰值的瞬时值/冲击短路电流峰值的有效值;

I_S——短路电流在第一个半周期内的有效值;

i_k/I_k——持续短路电流瞬时值/持续短路电流有效值;

u——配电网电压;

i——配电网中正常的工作电流;

ϕ——u 与 i 之间的相位差。

图 1-3 中正常状态下 U 与 I 的波形在时间零点的左侧,这时线路中流过的电流是负荷电流 I,也即正常运行稳态过程。

当配电网在时刻零发生了短路,系统由正常运行过程转入短路暂态过程。由于短路前后电压 U 基本不变,电压 U 在短路电路的线路阻抗和短路阻抗上产生了短路电流。从图 1-3 中我们看到短路全电流 i_{sh} 分为短路电流的交流分量 i_p 和短路电流的直流分量 i_g。

短路电流交流分量 i_p 符合欧姆定律,它在任意瞬间的值均取决于电压 U 与短路阻抗之比。短路电流交流分量 i_p 的表达式如下:

$$i_p = \sqrt{2}I_p\sin(\omega t + \alpha - \varphi_k)$$

式中 i_p / I_p——短路电流交流分量（周期分量）的瞬时值/有效值；

φ_k——短路电流交流分量的阻抗角。

$$\begin{cases} I_{pm} = \dfrac{U}{\sqrt{R^2 + L^2}} \\ \varphi_k = \arctan \dfrac{\omega L}{R} \end{cases}$$

短路前的工作电流 I 在 $t = 0$ 时刻突然变大成为短路电流交流分量的初始值。根据磁链守恒定律和楞次定律，在 $t = 0$ 时刻，电感的反向电动势将产生一个与交流分量 $i_p(0+)$ 大小相等方向相反的直流电流 i_g，i_g 是一个逐渐衰减的直流电流，其衰减时间与短路线路的阻抗有关，所以 i_g 又被称为短路电流的直流分量，有时又称为短路电流的非周期分量。

短路全电流 i_{sh} 的表达式如下：

$$i_{sh} = i_p + i_g = \sqrt{2}I_{sh}\sin(\omega t + \alpha - \varphi_k) - \sqrt{2}I_{sh}\sin(\alpha - \varphi_k)e^{-\frac{t}{\tau}} \tag{1-2}$$

式中 α——当 $t = 0$ 时，电压的初相角；

φ_k——电流与电压的相位角，$\tan\varphi_k = \dfrac{\sum X}{\sum R}$；

τ——时间常数，$\tau = \dfrac{\sum L}{\sum R}$；

ω——电源角频率。

由式（1-2）可知，短路全电流 i_{sh} 包括了两部分，一部分是短路电流交流分量 i_p，另一部分是短路电流直流分量 i_g。短路电流交流分量 i_p 在电路参数为已知时它的幅值不变，短路电流直流分量 i_g 则依照指数规律衰减。因此，短路电流交流分量 i_p 的初始值越大，则短路全电流 i_{sh} 的最大值也就越大。

我们来分析短路全电流 i_{sh} 最大值 $i_{sh.\,max}$。

1）如果短路前电路处于空载状态，即工作电流 $I = 0$；

2）短路回路为纯感性回路，则感抗必电阻大得多，也即 $\tan\varphi_k = \sum X / \sum R$ 趋于无穷大，则 $\varphi_k = 90°$；

3）短路瞬间电压恰好过零，则初相角 $\alpha = 0$。

将这些初始条件代入式（1-2），得到

$$i_{pk} = i_{sh.\,max} = -\sqrt{2}I_{sh}\cos\omega t + \sqrt{2}I_{sh}e^{-\frac{t}{\tau}} \tag{1-3}$$

如果交流电的频率为 50Hz，则当短路后半个工频周期 $t = 0.01s$ 时，短路全电流 i_{sh} 取最大值 $i_{sh.\,max}$。$i_{sh.\,max}$ 又被称为冲击短路电流峰值 i_{pk}。

注意到在 $t = 0$ 时刻，电感产生的反向电动势使得短路电流的直流分量和交流分量方向相反，于是有

$$i_{sh.\,max} = (1 + e^{-\frac{0.01}{\tau}})\sqrt{2}I_{sh} = K_{sh}\sqrt{2}I_{sh} \tag{1-4}$$

式中 K_{sh}——短路冲击系数。

当短路线路中只有电感 L 而电阻 R 为零的条件下，时间常数 $\tau = \sum L / \sum R = \infty$。代入式（1-4），得到

$$(1 + e^{-\frac{0.01}{\tau}})\sqrt{2}I_{sh} = (1 + e^{-\frac{0.01}{\infty}})\sqrt{2}I_{sh} = 2 \times \sqrt{2}I_{sh} = K_{sh}\sqrt{2}I_{sh}$$

由此可推出 $K_{sh}=2$。注意此时的功率因数 $\cos\varphi_k=0$。

若短路线路中只有电阻而 $\sum X=0$，则因为 $e^{-0.01/0}=0$，代入式（1-4）可得 $K_{sh}=1$。注意此时的功率因数 $\cos\varphi=1$。

在实际的线路中 $\sum L$ 与 $\sum R$ 是同时存在的，所以必然有

$$\begin{cases} 1 < K_{sh} < 2 \\ 0 \leqslant \cos\varphi_k \leqslant 1 \end{cases} \tag{1-5}$$

从式（1-2）到式（1-5）中可知：当电压的初相角 $\alpha=0$、π 和 2π 且电流与电压的相位差 $\varphi_k=\pi/2$ 时，短路电流最大，且其功率因数为 $\cos\varphi_k=0$，此时的电路的性质为纯电感电路。

若断路器在纯电感电路下分断短路电流时恰好电压取最大值而电流正好过零，则断路器的灭弧过程最为困难。对于纯电阻电路，因为电压和电流同时过零，因此断路器的灭弧过程相对容易。

有关功率因数、电压与电流的相位差 φ_k、阻抗比、冲击系数 K_{sh} 和峰值系数 n 之间的关系，见表 1-11。

表 1-11　功率因数、电压与电流的相位差 φ_k、阻抗比、冲击系数、峰值系数之间的关系

功率因数 $\cos\varphi_k$	电压与电流的相位差 φ_k	阻抗比 $\tan\varphi_k=\dfrac{X}{R}$	冲击系数 K_{sh}	峰值系数 $n=\sqrt{2}K_{sh}$
0	90	∞	2.000	2.828
0.05	87.1	19.98	1.858	2.625
0.06	86.6	16.64	1.831	2.589
0.07	86.0	14.25	1.806	2.554
0.08	85.4	12.46	1.782	2.520
0.09	84.8	11.07	1.758	2.487
0.10	84.3	9.95	1.736	2.455
0.11	83.7	9.04	1.714	2.424
0.12	83.1	8.27	1.693	2.394
0.13	82.5	7.63	1.672	2.365
0.14	82.0	7.07	1.652	2.336
0.15	81.4	6.59	1.633	2.309
0.16	80.8	6.17	1.614	2.282
0.17	80.2	5.80	1.596	2.257
0.18	79.6	5.47	1.578	2.231
0.19	79.0	5.17	1.561	2.207
0.20	78.5	4.90	1.544	2.183
0.21	77.9	4.66	1.528	2.160
0.22	77.3	4.43	1.512	2.138
0.23	76.7	4.23	1.496	2.116
0.24	76.1	4.05	1.481	2.095
0.25	75.5	3.87	1.467	2.074
0.26	74.9	3.71	1.452	2.054

（续）

功率因数 $\cos\varphi_k$	电压与电流相位差 φ_k	阻抗比 $\tan\varphi_k = \dfrac{X}{R}$	冲击系数 K_{sh}	峰值系数 $n = \sqrt{2}K_{sh}$
0.27	74.3	3.57	1.438	2.034
0.28	73.7	3.43	1.425	2.015
0.29	73.1	3.30	1.412	1.996
0.30	72.5	3.18	1.399	1.978
0.31	71.9	3.07	1.386	1.960
0.32	71.3	2.96	1.374	1.943
0.33	70.7	2.86	1.362	1.926
0.34	70.1	2.77	1.350	1.910
0.35	69.5	2.68	1.339	1.894
0.40	66.4	2.29	1.286	1.819
0.45	63.3	1.99	1.239	1.753
0.50	60	1.73	1.198	1.694
0.60	53.1	1.33	1.127	1.594
0.70	45.6	1.02	1.073	1.517
0.80	36.9	0.75	1.032	1.460
0.90	25.8	0.48	1.007	1.424
1.00	0	0	1.000	1.414

从表 1-11 中，我们会发现功率因数从 1 减小到 0 时，冲击系数 K_{sh} 从 1.0 增大到 2.0，而峰值系数 n 则从 1.414 增大到 2.828。

在短路的稳态过程，短路电流直流分量已经衰减完毕，所以有

$$i_{sh} = i_p = i_k$$

也即在短路稳态过程中，短路全电流 I_{sh}（有效值）等于短路电流交流分量 I_p（有效值），也等于持续短路电流 I_k（有效值）。因此中、高压电网中发生三相短路时，三相短路冲击电流 $I_{sh}^{(3)}$ 的计算式是

$$I_{sh}^{(3)} = 2.55 I_p^{(3)} \tag{1-6}$$

3. 计算低压配电网三相短路电流的欧姆法

电力系统中把 1kV 以下的电网称为低压电网，低压电网短路电流的计算方法特点如下：

第一个特点：电力变压器中压侧电网为无限大容量系统，故短路前后电压基本不变。

由于低压电网的电力变压器都是降压变压器，其容量远小于中压侧电力系统的容量。又因为电力变压器低压侧绕组阻抗与线路阻抗之和远大于中压侧系统阻抗，因此电力变压器中侧为无限大容量系统。当低压电网发生短路时，中压侧母线电压在短路前后基本不变。

第二个特点：低压电网短路电流计算中不能忽略电阻。

计算中、高压电网的短路电流时，一般仅仅计算短路回路中的电抗而忽略短路回路电阻。计算低压电网的短路电流时，则要计算短路回路中所有电抗和电阻，例如变压器阻抗、母线槽阻抗、主母线阻抗，以及各开关的触头接触电阻等。

第三个特点：低压电网短路电流计算采用有名单位制法及欧姆法。

低压配电网的电压只有一级，因此低压配电网的短路电流采用欧姆法来计算。欧姆法以计算中阻抗均采用有名单位"欧姆"而得名。欧姆法计算低压配电网短路电流见表 1-12。

表 1-12　计算低压配电网三相短路电流的欧姆法

系统	对象	计算方法
中、高压系统	变压器中、高压侧的阻抗	中、高压侧属于无限大容量系统，故其阻抗为零
变压器	电阻	变压器的电阻 R_T 的近似计算表达式：$$R_T = \Delta P_K \left(\frac{U_C}{S_N} \right)^2$$ 式中　R_T——变压器电阻（Ω） ΔP_K——变压器短路损耗，由变压器说明书中查得 U_C——短路点的短路计算电压（kV） S_N——变压器的额定容量（kV·A）
变压器	电抗	变压器的电抗 X_T 的近似计算表达式： 因为 $$U_k\% \approx \frac{\sqrt{3}I_N X_T}{U_C} \times 100 \approx \frac{S_N X_T}{U_C^2} \times 100$$ 故有 $$X_T \approx \frac{U_k\% U_C^2}{100 S_N}$$ 式中　X_T——变压器电抗（Ω） $U_k\%$——变压器阻抗电压（百分位数） U_C——短路点的短路计算电压（kV） S_N——变压器的额定容量（kV·A）
电力线路和电缆	电阻	线路的电阻 R_{WL} 的计算表达式：$$R_{WL} = R_0 L$$ 式中　R_{WL}——线路的电阻（Ω） R_0——导线或者电缆单位长度的电阻（Ω/km） L——线路长度（km）
电力线路和电缆	电抗	线路的电抗 X_{WL} 的计算表达式：$$X_{WL} = X_0 L$$ 式中　X_{WL}——线路的电抗（Ω） X_0——导线或者电缆单位长度的电抗（Ω/km） L——线路长度（km）
母线槽和主母线系统	电阻	母线的电阻 R_B 的计算表达式：$$R_B = R_{B0} L$$ 式中　R_B——母线的电阻（Ω） R_{B0}——母线单位长度的电阻（Ω/km） L——母线长度（km）
母线槽和主母线系统	电抗	母线的电抗 X_B 的计算表达式：$$X_B = X_{B0} L$$ 式中　X_B——母线的电抗（Ω） X_{B0}——母线单位长度的电抗（Ω/km） L——母线长度（km）

4. 低压电网相间短路电流和单相短路电流的非对称法分析方法

当发生三相短路时，短路后的三相电流虽然增大了，但三相电流的相位差仍然为120°，电压幅值之间也维持正常的关系，只是幅值极大地增加了，时间也有些迟延。对于相间短路、单相短路和单相接地故障，我们发现很难用常规方法来分析，这时要用非对称法来分析。

（1）非对称法的原理

我们来看图1-4。

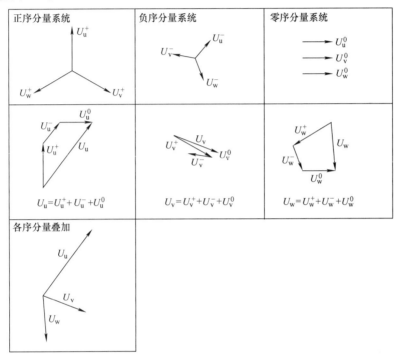

图1-4　正序分量、负序分量和零序分量

从图1-4中最上面的三个图中，我们看到正序分量系统它各个分量按顺时针安排，三相相位差为120°；负序分量系统它的各个分量按逆时针安排，三相相位差也是120°；零序分量系统它的各个分量同向。

再看中间的图：我们将正序、负序和零序的三个同名相量首尾相接，最后形成了 U_u、U_v 和 U_w 三个分量。

再看最下面的一张图：我们将这三个分量 U_u、U_v 和 U_w 叠加在一起形成新的相量图。我们看到，这新的相量图属于非对称系统。

现在我们反过来想：对于一个非对称的系统，是否可以通过分解它的正序、负序和零序相量后形成三个对称系统，然后用常规的分析方法来研究它的性质及相互关系？答案是肯定的，我们只需将图1-4从下到上来展开即可。这就是正序、负序和零序的分析方法。

令 $\alpha = e^{120°} = \angle 120°$，于是 $\alpha^2 = \angle 120° \times \angle 120° = \angle 240° = \angle -120° = e^{-120°} = -\alpha$。注意这里的相量写法，既可以写成指数式，也可以写成幅角式。

从这里我们看到，将某相量乘以 α 后相当于逆时针旋转了120°，所以定义 α 为旋转因子。我们将旋转因子应用在图1-4中，得到

$$\begin{cases} U_{\mathrm{v}}^{+} = \alpha^2 U_{\mathrm{u}}^{+} \\ U_{\mathrm{w}}^{+} = \alpha U_{\mathrm{u}}^{+} \\ U_{\mathrm{v}}^{-} = \alpha U_{\mathrm{u}}^{-} \\ U_{\mathrm{w}}^{-} = \alpha^2 U_{\mathrm{u}}^{-} \\ U_{\mathrm{v}}^{0} = U_{\mathrm{u}}^{0} \\ U_{\mathrm{w}}^{0+} = U_{\mathrm{u}}^{0} \end{cases} \qquad (1\text{-}7)$$

将这个结果代入图 1-4 中间三个式子后，得到

$$\begin{cases} U_{\mathrm{u}} = U_{\mathrm{u}}^{+} + U_{\mathrm{u}}^{-} + U_{\mathrm{u}}^{0} \\ U_{\mathrm{v}} = \alpha^2 U_{\mathrm{u}}^{+} + \alpha U_{\mathrm{u}}^{-} + U_{\mathrm{u}}^{0} \\ U_{\mathrm{w}} = \alpha U_{\mathrm{u}}^{+} + \alpha^2 U_{\mathrm{u}}^{-} + U_{\mathrm{u}}^{0} \end{cases} \qquad (1\text{-}8)$$

注意这个方程组的系数行列式：

$$\begin{vmatrix} 1 & 1 & 1 \\ \alpha^2 & \alpha & 1 \\ \alpha & \alpha^2 & 1 \end{vmatrix} = 2\alpha(1-\alpha) \neq 0 \qquad (1\text{-}9)$$

根据克莱姆法则，我们知道如果方程组的系数行列式不等于零，则方程组必有唯一解。于是有

$$\begin{cases} U_{\mathrm{u}}^{+} = \dfrac{1}{3}(U_{\mathrm{u}} + \alpha U_{\mathrm{v}} + \alpha^2 U_{\mathrm{w}}) \\ U_{\mathrm{u}}^{-} = \dfrac{1}{3}(U_{\mathrm{u}} + \alpha^2 U_{\mathrm{v}} + U_{\mathrm{w}}) \\ U_{\mathrm{u}}^{0} = \dfrac{1}{3}(U_{\mathrm{u}} + U_{\mathrm{v}} + U_{\mathrm{w}}) \end{cases} \qquad (1\text{-}10)$$

我们由此求出了 U 相或者 L1 相的三个电压分量。同理，也可以求出 V 相或者 L2 相的三个电压分量，以及 W 相或者 L3 相的三个电压分量。

U_{u}、U_{v}、U_{w} 被称为三相不对称系统的电压，U_{u}^{+}、U_{v}^{+}、U_{w}^{+} 被称为三相不对称系统的正序分量，U_{u}^{-}、U_{v}^{-}、U_{w}^{-} 被称为三相不对称系统的负序分量，U_{u}^{0}、U_{v}^{0}、U_{w}^{0} 被称为三相不对称系统的零序分量。

注意到此方法中会不断地使用迭加原理。迭加原理是电路分析所有方法中唯一与电路尺寸无关、与频率无关的分析方法。这一点非常重要。例如，我们要对电视天线来应用基尔霍夫电压定律（KVL）和基尔霍夫电流定律（KCL），但是它的电路尺寸接近于 1/4 波长，所以是大尺寸电路。大尺寸电路中各部分的电压代数和不等于零，节点的电流代数和也不等于零，KCL 和 KVL 失效，但是迭加原理依然成立。

（2）应用非对称方法计算低压系统的相间短路和单相短路

明白了正序、负序和零序的意义，我们就可以计算低压系统的相间短路和单相短路了，注意到这两种短路都属于非对称系统。

电力系统中诸元件在正序电压和电流、负序电压和电流，还有零序电压和电流的作用下呈现出某种确定的阻抗特性，这种阻抗特性被称为序阻抗。我们来看看变压器及线路的序阻抗关系：

1）变压器。

对于三角形联结变压器，零序电流呈环流流通，然而出线端并无零序电流；对于无中性

线之星形联结变压器，其各相绕组及引出线上亦无零序电流，仅对有中性线之星形联结变压器，零序电流方能流经其绕组及引出线，且中性线之零序电流三倍于绕组之零序电流。

2）线路。

线路的零序电抗比正序及负序电抗要大，且正序、负序及零序电阻也不尽相同。由于此三种电阻之间的差异很小，故予以忽略。

对于三相四线制的系统，其中性线的零序电流是相线零序电流3倍，故用单相等效电路计算中性线零序阻抗时需取3倍值。

且看正序等效定则的表达式：

$$I_{K(n)}^+ = \frac{U_\varphi^+}{Z_\Sigma^+ + Z_{\alpha(n)}} \tag{1-11}$$

式中　　(n)——短路类型；

　　　$I_{K(n)}^+$——与某类型短路电流对应的正序分量值；

　　　U_φ^+——电源相电压的正序分量，$U_\varphi^+ = U_\varphi$，即电源相电压正序分量等于相电压；

　　　Z_Σ^+——故障回路总正序阻抗，其值等于三相短路阻抗；

　　　$Z_{\alpha(n)}$——与短路类型有关的附加阻抗。

与各种类型短路对应的 $Z_{\alpha(n)}$ 和 $m_{(n)}$ 见表1-13。

表1-13　与各种类型短路对应的 $Z_{\alpha(n)}$ 和 $m_{(n)}$

短路类型	类型符号 (n)	附加阻抗 $Z_{\alpha(n)}$	短路类型系数 $m_{(n)}$
三相短路	(3)	0	1
相间短路	(2)	Z^-	$\sqrt{3}$
单相短路	(1)	$Z^- + Z^0$	3

表1-13中，Z^- 和 Z^0 为负序阻抗和零序阻抗，忽略发电机后有 $Z^- = Z^+$。

当发生非对称短路时，短路点正序电流的值与此点上各相串联附加阻抗 $Z_{\alpha(n)}$ 后的三相短路电流之值相等，也即正序等效定则。

求出 $I_{K(n)}^+$ 后，短路点的短路电流值为

$$I_K^{(n)} = m_{(n)} I_{K(n)}^+ \tag{1-12}$$

式中　$I_K^{(n)}$——某型短路电流值；

　　　$m_{(n)}$——与短路类型有关的系数，见表1-13；

　　　$I_{K(n)}^+$——与短路电流正序分量。

【例1-2】　相间短路电流与三相短路电流之比

解：

由式（1-11）和式（1-12）可知

$$I_{K(2)}^+ = \frac{U_\varphi}{Z_\Sigma^+ + Z_{\alpha(2)}} = \frac{U_\varphi}{2Z_K}$$

$$I_K^{(2)} = \sqrt{3} I_{K(2)}^+ = \frac{\sqrt{3}}{2} \times \frac{U_\varphi}{Z_K} = \frac{\sqrt{3}}{2} I_K^{(3)} \approx 0.87 I_K^{(3)}$$

故相间短路电流与三相短路电流之比是0.87。

5. 低压配电网的短路类别

在低压配电网中，短路有可能发生在三根相线之间，或者两根相线之间，也有可能发生

在相线与中性线之间。这三种情况的短路电流是不一样的。另外，短路既可能发生在低压成套开关设备的进线回路之前，也与可能发生在低压成套开关设备进线回路之后，以及馈电回路或者馈电线路中。

发生在低压进线回路或者主母线上的短路过程，我们把它称为电源侧的短路；发生在馈电线路或者下级配电设备中的短路过程，我们把它称为线路侧的短路。综合起来共有 6 种短路状态，见表 1-14。

表 1-14　低压电网的短路状态

短路类别	变压器低压侧发生的短路			线路中发生的短路		
	短路类别简图	短路电流	比值	短路类别简图	短路电流	比值
三相短路		$I_K^{(3)} = \dfrac{U}{\sqrt{3}Z}$	$\dfrac{I_K^{(3)}}{I_K^{(3)}} = 1$		$I_K^{(3)} = \dfrac{U}{\sqrt{3}Z}$	$\dfrac{I_K^{(3)}}{I_K^{(3)}} = 1$
相间短路		$I_K^{(2)} = \dfrac{U}{2Z}$	$\dfrac{I_K^{(2)}}{I_K^{(3)}} = 0.87$		$I_K^{(2)} = \dfrac{U}{2Z}$	$\dfrac{I_K^{(2)}}{I_K^{(3)}} = 0.87$
单相短路		$I_K^{(1)} = \dfrac{U}{\sqrt{3}Z}$	$\dfrac{I_K^{(1)}}{I_K^{(3)}} = 1$		$I_K^{(1)} = \dfrac{U}{\sqrt{3}\,(Z + Z_N)}$	$\dfrac{I_K^{(1)}}{I_K^{(3)}} \leq 0.5$

在表 1-14 中，Z 为线路阻抗，Z_N 为中性线 N 的线路阻抗；$I_K^{(1)}$、$I_K^{(2)}$ 和 $I_K^{(3)}$ 为单相短路、两相之间和三相之间的短路瞬态电流。

当发生三相短路时，各相电压的瞬时值不相等，彼此相差 120° 的电角度，因此各相短路电流的周期分量和非周期分量的初始值也不相等。如果三相短路时的 A 相短路电流 I_{ka} 正好取最大值，则 B 相的短路电流 $I_{kb} = 0.5I_{ka}$，但方向与 I_{ka} 相反；C 相的短路电流 $I_{kc} = 0.5I_{ka}$，方向也与 I_{ka} 相反。显然 B 相和 C 相的短路电流都小于 A 相的短路电流。

冲击短路电流峰值只能发生在一相内。其余两相中由于短路电流的周期分量较小，冲击短路电流峰值也较小。在任何瞬间，三相短路电路中的短路电流非周期分量的总和为零。

从表 1-14 中看出，在电源侧发生的最大短路电流出现在变压器低压侧接线端直接三相短路，以及单相对中性线 N 短路。

6. 计算低压配电网短路电流的方法

（1）三相短路电流的计算公式

$$I_K^{(3)} = \frac{U_P}{\sqrt{3}\,|\,Z_K\,|} = \frac{U_P}{\sqrt{3} \times \sqrt{R_K^2 + X_K^2}} \tag{1-13}$$

（2）相间短路电流的计算公式

$$I_K^{(2)} = \frac{\sqrt{3}}{2}I_K^{(3)} \approx 0.87 I_K^{(3)} \tag{1-14}$$

（3）单相短路电流的计算公式

$$I_K^{(1)} = \frac{\dfrac{U_P}{\sqrt{3}}}{\left| \dfrac{Z_K^+ + Z_K^- + Z_K^0}{3} \right|} = \frac{U_\varphi}{\sqrt{\left(\dfrac{R_K^+ + R_K^- + R_K^0}{3} \right)^2 + \left(\dfrac{X_K^+ + X_K^- + X_K^0}{3} \right)^2}} \tag{1-15}$$

式（1-13）、式（1-14）和式（1-15）中：

　　Z——短路线路的正序、负序和零序阻抗，单位均为 mΩ；

　　R——短路线路的正序、负序和零序电阻，单位均为 mΩ；

　　X——短路线路的正序、负序和零序电抗，它们的单位均为 mΩ；

　U_φ——系统标称相电压；

　$I_K^{(n)}$——单相、相间和三相短路电流，单位为 kA。

在式（1-13）、式（1-14）和式（1-15）中，正序、负序和零序阻抗包括四个部分：中压侧的系统阻抗、变压器的阻抗、低压母线阻抗和低压电缆阻抗。

以 TN – C 接地系统为考察对象。由于低压系统中不但有相线，也有 PEN 线，计算相线阻抗和 PEN 线阻抗的规律性是：

1）在低压线路中，正序、负序的三相电流是平衡的，它们不可能流过 PEN 线，因此正序和负序阻抗中只有相阻抗；

2）零序的三相电流，它们的相位相同，因此有三倍的零序电流流过 PEN 线，故零序阻抗不但有相线零序阻抗，还有三倍的 PEN 线零序阻抗；

3）线路中正序和负序阻抗相等。

由此可知，当低压配电网线路中发生单相短路时，其线路部分的阻抗计算为

$$\frac{R_K^+ + R_K^- + R_K^0}{3} = \frac{(R_{Line}^+ + R_{Line}^-) + (R_{Line}^0 + R_{PE}^0)}{3} = \frac{2R_{Line}^+ + R_{Line}^0}{3}$$

式中　R_{Line}^+、R_{Line}^-、R_{Line}^0——分别为线路中的正序、负序和零序电阻。

令

$$R_\varphi = \frac{2R_{Line}^+ + R_{Line}^0}{3}, \quad R_{PEN} = R_{PEN}^0, \quad R_{\varphi P} = R_\varphi + R_{PEN}$$

于是得到

$$R_{\varphi P} = \frac{R_K^+ + R_K^- + R_K^0}{3}$$

同理，我们可以得到电抗部分的计算式：

$$X_{\varphi P} = \frac{X_K^+ + X_K^- + X_K^0}{3}$$

式中　X_K^+、X_K^-、X_K^0——分别为线路中的正序、负序和零序电抗。

最后，我们得到线路中的相线与保护线的合成阻抗为

$$Z_{\varphi P} = R_{\varphi P} + jX_{\varphi P}$$

$Z_{\varphi P}$ 简称为相保阻抗。

（4）计算低压配电网短路线路中相保阻抗的方法及表达式

1）中压部分：中压部分不可能有中性线和 PE 线，因此相保阻抗就是相计算阻抗：

$$\begin{cases} R_{\varphi.\,M} = \dfrac{R_M + R_M + 0}{3} = \dfrac{2}{3}R_M \\ X_{\varphi.\,M} = \dfrac{X_M + X_M + 0}{3} = \dfrac{2}{3}X_M \end{cases} \tag{1-16}$$

2）变压器部分：变压器相保阻抗只有相阻抗：

$$\begin{cases} R_{\varphi.\,PT} = \dfrac{R_{KT}^+ + R_{KT}^- + R_{KT}^0}{3} = \dfrac{2R_{KT} + R_{KT}^0}{3} \\ X_{\varphi.\,PT} = \dfrac{X_{KT}^+ + X_{KT}^- + X_{KT}^0}{3} = \dfrac{2X_{KT} + X_{KT}^0}{3} \end{cases} \tag{1-17}$$

3）母线部分和电缆部分：母线的相线和 PEN 线合并阻抗：

$$\begin{cases} R_{\varphi.\,PB} = \dfrac{2R_{LB}^+ + R_{LB}^0}{3} + R_{PEN.\,B}^0 \\ X_{\varphi.\,PB} = \dfrac{2X_{LB}^+ + X_{LB}^0}{3} + X_{PEN.\,B}^0 \end{cases} \tag{1-18}$$

电缆的相线和 PEN 线合并阻抗：

$$\begin{cases} R_{\varphi.\,PC} = \dfrac{2R_{LC}^+ + R_{LC}^0}{3} + R_{PEN.\,C}^0 \\ X_{\varphi.\,PC} = \dfrac{2X_{LC}^+ + X_{LC}^0}{3} + X_{PEN.\,C}^0 \end{cases} \tag{1-19}$$

4）用相保阻抗来计算单相短路电流：

$$\begin{aligned} I_K^{(1)} = \frac{\dfrac{U_P}{\sqrt{3}}}{|Z_{\varphi P}|} &= \frac{U_\varphi}{|Z_{\varphi PM} + Z_{\varphi PT} + Z_{\varphi PB} + Z_{\varphi PC}|} \\ &= \frac{U_\varphi}{\sqrt{(R_{\varphi PM} + R_{\varphi PT} + R_{\varphi PB} + R_{\varphi PC})^2 + (X_{\varphi PM} + X_{\varphi PT} + X_{\varphi PB} + X_{\varphi PC})^2}} \end{aligned} \tag{1-20}$$

我们看到，这里是将四种相保阻抗给合并了，其中 U_φ 是系统标称相电压，取为 0.23kV，而 $I_K^{(1)}$ 就是单相短路电流，单位为 kA。

7. 计算低压配电网一级配电设备短路电流的简化方法

从以上分析中我们看出，低压配电网三相短路电流的计算十分繁复。我们要问：是否存在简化计算方法呢？答案是肯定的。

对于一级低压配电设备，我们考虑它所承受的短路电流时，应当按短路电流的最大值来考虑。为此，计算短路电流时可忽略连接变压器与低压成套开关设备进线回路之间母线槽阻抗或者电力电缆阻抗，认为变压器低压侧绕组直接与进线回路相接。低压配电网中最大短路电流发生在低压成套开关设备的主母线上，所以计算低压配电网短路电流时只需要考虑变压器短路参数即可。

电力变压器短路参数中最重要的是短路电流周期分量 I_P、冲击短路电流峰值 I_{PK} 和持续短路电流 I_k 等。为了计算方便，GB/T 7251.1—2013 标准中给出了峰值系数表。在峰值系数表中，n 是冲击短路电流峰值 I_{PK} 与短路电流稳态值 I_k 的比值，只要知道了变压器的持续短路电流 I_k，就可以利用峰值系数 n 计算出冲击短路电流峰值 I_{PK}，见表 1-15。

表 1-15　试验电流、$\cos\varphi$、时间常数 τ 和峰值系数 n 之间的关系

试验电流 $I/(kA)$	功率因数：$\cos\varphi$	时间常数 $\tau/(ms)$	峰值系数 $n = K_{sh}\sqrt{2}$
$I \leqslant 1.5$	0.95	5	1.41
$1.5 < I \leqslant 3.0$	0.90	5	1.42
$3.0 < I \leqslant 4.5$	0.80	5	1.47
$4.5 < I \leqslant 6.0$	0.70	5	1.53
$6.0 < I \leqslant 10$	0.50	5	1.70
$10 < I \leqslant 20$	0.30	10	2.0
$20 < I \leqslant 50$	0.25	10	2.1
$50 < I$	0.20	10	2.2

低压成套开关设备的峰值耐受电流与短时耐受电流之间的关系见 GB/T 7251.1—2023。

> 📖 标准摘录：GB/T 7251.1—2023《低压成套开关设备和控制设备　第 1 部分：总则》。
>
> 9.3.3　峰值电流与短路电流之间的关系
>
> 为确定电动应力，峰值电流应用短路电流的有效值乘以系数 n 获得。系数 n 的值和相应的功率因数在表 7 中给出。
>
> 表 7　系数 n 的标准值
>
> | 短路电流的有效值 I/kA | $\cos\varphi$ | n |
> |---|---|---|
> | $I \leqslant 5$ | 0.7 | 1.5 |
> | $5 < I \leqslant 10$ | 0.5 | 1.7 |
> | $10 < I \leqslant 20$ | 0.3 | 2 |
> | $20 < I \leqslant 50$ | 0.25 | 2.1 |
> | $50 < I$ | 0.2 | 2.2 |
>
> 注：表中的值适合于大多数用途。在某些特殊的场合，例如在变压器或发电机附近，功率因数可能更低。因此，最大的预期峰值电流就可能变为极限值以代替短路电流的有效值。

GB/T 7251.1—2023 的表 7 所列出的数据也可以从 GB/T 14048.1—2023 的表 16 中查到。表中的试验电流可以理解为就是变压器的持续短路电流 I_k。

现在我们来看如何从变压器参数得到对应的各项短路电流参数。

（1）计算变压器的额定电流 I_n

如果知道了电力变压器的容量 S_n，则可以根据 S_n 的值得到变压器的额定电流 I_n：

$$I_n = \frac{S_n}{\sqrt{3}U_P} \tag{1-21}$$

式中　　S_n——变压器的容量；

U_P——变压器低压侧线电压。

（2）计算变压器的短路电流 I_k

知道变压器的额定电流 I_n 后，可以计算出变压器的短路电流 I_k：

$$I_k = \frac{I_n}{U_k\%} \qquad (1\text{-}22)$$

式中　I_n——变压器的额定电流;

　　　$U_k\%$——变压器的阻抗电压。

变压器阻抗电压 $U_k\%$ 是电力变压器的一项重要参数,它是变压器额定电流 I_n 与变压器短路电流 I_k 的比值。

(3) 计算变压器的冲击短路电流峰值 i_{pk}

知道了变压器的短路电流 I_k 后,可以通过查表得出峰值系数 n,然后再计算出冲击短路电流峰值 i_{pk}:

$$i_{pk} = nI_k \qquad (1\text{-}23)$$

式中　i_{pk}——冲击短路电流峰值的有效值;

　　　n——峰值系数。

表 1-16 中列出常见的变压器容量与短路电流对应关系。

表 1-16　变压器容量与短路电流的关系（变压器低压侧线电压为交流 400V）

额定容量 $S_n/kV \cdot A$	额定电流 I_n/A	阻抗电压的额定值 $U_k\% = 4\%$		阻抗电压的额定值 $U_k\% = 6\%$	
		持续短路电流 I_k/kA	冲击短路电流峰值 i_{pk}/kA	持续短路电流 I_k/kA	冲击短路电流峰值 i_{pk}/kA
50	72	1.800	2.56	1.200	1.70
100	144	3.600	5.29	2.400	3.41
200	289	7.225	12.28	4.817	7.37
315	455	11.375	22.75	7.583	12.89
400	577	14.425	28.85	9.617	16.35
500	722	18.050	36.1	12.033	24.07
630	909	22.725	47.72	15.150	30.30
800	1155	28.875	60.64	19.250	38.5
1000	1443	36.075	75.76	24.050	50.51
1250	1804	45.100	94.71	30.067	63.14
1600	2309	57.725	127.00	38.483	80.81
2000	2887	72.175	158.79	48.117	101.05
2500	3609	90.225	198.50	60.150	132.33
3150	4547	113.675	250.09	75.783	166.72

变压器实际铭牌值与此表中的计算值略有偏差,但在允许范围之内。

从以上分析中我们看到,这种方法极大地简化了低压配电网短路电流的计算。

8. 计算短路电流的实例之一: 非对称分析方法

【例 1-3】 用非对称分析方法计算低压配电网短路电流实例,如图 1-5 所示。

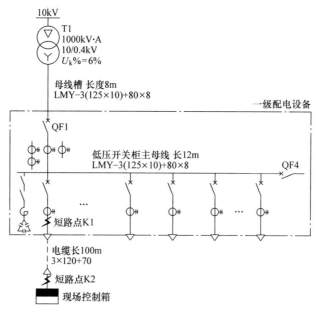

图 1-5　用于短路计算的范例图

解：

（1）计算中压侧阻抗

一般性原则：变压器一次侧系统阻抗中电阻按电抗的 10% 估算，电抗等于系统阻抗的 99.5%。若中压电网的容量为 200MV·A，则从低压侧看中压，其系统阻抗 $|Z_M|$ 为

$$|Z_M| \approx \frac{U_P^2}{S_n} = \frac{(0.4 \times 10^3)^2}{200 \times 10^6} = 0.8\text{m}\Omega$$

所以变压器 10kV 一次侧的系统阻抗为

$$\begin{cases} R_M = 0.1|Z_M| = 0.1 \times 0.8 = 0.08\text{m}\Omega \\ X_M = 0.995|Z_M| = 0.995 \times 0.8 \approx 0.796\text{m}\Omega \end{cases}$$

由此可以推得变压器 10kV 一次侧的相保阻抗

$$\begin{cases} R_{\varphi M} = \frac{2}{3}R_M = \frac{2 \times 0.08}{3} \approx 0.05\text{m}\Omega \\ X_{\varphi M} = \frac{2}{3}X_M = \frac{2 \times 0.796}{3} \approx 0.53\text{m}\Omega \end{cases}$$

（2）计算变压器阻抗

变压器的零序阻抗、正序阻抗和负序阻抗均相等，都等于短路阻抗，所以变压器的阻抗为

$$|Z_{KT}| = \frac{U_P^2 U_k\%}{S_n} = \frac{(0.4 \times 10^3)^2 \times 0.06}{1000 \times 10^3} \approx 9.6\text{m}\Omega$$

继续计算时需要知道变压器的铜损，查表得知，1000kV·A 电力变压器的铜损 ΔP_K 约为 9.8kW，以此值代入：

$$\begin{cases} R_{KT} = \frac{\Delta P_K U_P^2}{S_n} = \frac{9.8 \times 10^3 \times (0.4 \times 10^3)^2}{1000 \times 10^3} \approx 1.57\text{m}\Omega \\ X_{KT} = \sqrt{Z_{KT}^2 - R_{KT}^2} = \sqrt{9.6^2 - 1.57^2} \approx 9.47\text{m}\Omega \end{cases}$$

故得相保阻抗为

$$\begin{cases} R_{\varphi PT} = \dfrac{R_{KT} + R_{KT} + R_{KT}}{3} = R_{KT} = 1.57\text{m}\Omega \\ X_{\varphi PT} = \dfrac{X_{KT} + X_{KT} + X_{KT}}{3} = X_{KT} = 9.47\text{m}\Omega \end{cases}$$

（3）计算 B1 段母线（即母线槽）阻抗

查设计手册，得知该母线每千米长度阻抗如下：正序阻抗：电阻为 0.028mΩ，电抗为 0.170mΩ；相保阻抗：电阻为 0.078mΩ，电抗为 0.369mΩ。又知母线槽的长度 $L_{B1} = 8$m，于是可计算出母线槽的线路阻抗为

$$\begin{cases} R_{B1} = L_{B1} R_B^+ = 0.008 \times 10^3 \times 0.028 = 0.224\text{m}\Omega \\ X_{B1} = L_{B1} X_B^+ = 0.008 \times 10^3 \times 0.170 = 2.952\text{m}\Omega \end{cases}$$

母线槽的相保阻抗为

$$\begin{cases} R_{\varphi PB1} = L_{B1} R_B = 0.008 \times 10^3 \times 0.078 = 0.624\text{m}\Omega \\ X_{\varphi PB1} = L_{B1} X_B = 0.008 \times 10^3 \times 0.369 = 2.952\text{m}\Omega \end{cases}$$

（4）计算 B2 段母线（即低压成套开关设备主母线）阻抗

B2 段主母线的截面与 B1 段母线槽相同，只是长度不同，L_{B2} 为 12m，故两者计算方法一致，计算得 B2 段主母线的线路阻抗为

$$\begin{cases} R_{B2} = L_{B2} R_B^+ = 0.012 \times 10^3 \times 0.028 = 0.336\text{m}\Omega \\ X_{B2} = L_{B2} X_B^+ = 0.012 \times 10^3 \times 0.170 = 2.04\text{m}\Omega \end{cases}$$

B2 段主母线的相保阻抗为

$$\begin{cases} R_{\varphi PB2} = L_{B2} R_B = 0.012 \times 10^3 \times 0.078 = 0.936\text{m}\Omega \\ X_{\varphi PB2} = L_{B2} X_B = 0.012 \times 10^3 \times 0.369 = 4.428\text{m}\Omega \end{cases}$$

（5）计算电缆 WL 的阻抗

查设计手册，得到电缆每千米单位长度阻抗，正序：电阻 0.240mΩ，电抗 0.076mΩ；相保：电阻 0.977mΩ，电抗 0.161mΩ。因为电缆的长度 L_{WL} 是 100m，所以可计算出其线路阻抗为

$$\begin{cases} R_{WL} = L_{WL} R_{WL}^+ = 0.100 \times 10^3 \times 0.240 \approx 24\text{m}\Omega \\ X_{WL} = L_{WL} X_{WL}^+ = 0.100 \times 10^3 \times 0.076 \approx 7.6\text{m}\Omega \end{cases}$$

电缆的相保阻抗为

$$\begin{cases} R_{\varphi PWL} = L_{WL} R_{WL} = 0.100 \times 10^3 \times 0.977 = 97.7\text{m}\Omega \\ X_{\varphi PWL} = L_{WL} X_{WL} = 0.100 \times 10^3 \times 0.161 = 16.1\text{m}\Omega \end{cases}$$

（6）计算短路点 K1 的短路电流

在计算 K1 点的回路总阻抗时，我们会遇见一个问题，就是 B2 母线段的长度问题。

我们知道，在低压成套开关设备中，各个馈电回路在主母线上所处的位置不尽相同，对于具体的馈电回路 K1 来说，它的短路回路总阻抗也应根据所处位置主母线的实际长度来取值。为了计算方便，我们将 K1 点短路回路总阻抗按主母线总长度取最大值和零值来分别计算。

K1 点的短路回路总阻抗为

$$Z_{\text{K1.MAX}} = \begin{cases} R_{\text{K1}} = R_{\text{M}} + R_{\text{KT}} + R_{\text{B1}} + R_{\text{B2}} = 0.08 + 1.57 + 0.224 + 0.336 = 2.21\text{m}\Omega \\ X_{\text{K1}} = X_{\text{M}} + X_{\text{KT}} + X_{\text{B1}} + X_{\text{B2}} = 0.796 + 9.47 + 1.36 + 2.04 = 13.666\text{m}\Omega \end{cases}$$

$$Z_{\text{K1.MIN}} = \begin{cases} R_{\text{K1}} = R_{\text{M}} + R_{\text{KT}} + R_{\text{B1}} = 0.08 + 1.57 + 0.224 \approx 1.871\text{m}\Omega \\ X_{\text{K1}} = X_{\text{M}} + X_{\text{KT}} + X_{\text{B1}} = 0.796 + 9.47 + 1.36 \approx 11.63\text{m}\Omega \end{cases}$$

K1 点的三相短路电流的最大值 $I_{\text{K1.MAX}}^{(3)}$ 和最小值 $I_{\text{K1.MIN}}^{(3)}$ 分别为

$$I_{\text{K1.MAX}}^{(3)} = \frac{\dfrac{U_{\text{P}}}{\sqrt{3}}}{\sqrt{R_{\text{K1}}^2 + X_{\text{K1}}^2}} = \frac{\dfrac{0.4 \times 10^3}{1.732}}{\sqrt{(1.87 \times 10^{-3})^2 + (11.63 \times 10^{-3})^2}} \times 10^{-3} \approx 19.62\text{kA}$$

$$I_{\text{K1.MIN}}^{(3)} = \frac{\dfrac{U_{\text{P}}}{\sqrt{3}}}{\sqrt{R_{\text{K1}}^2 + X_{\text{K1}}^2}} = \frac{\dfrac{0.4 \times 10^3}{1.732}}{\sqrt{(2.21 \times 10^{-3})^2 + (13.666 \times 10^{-3})^2}} \times 10^{-3} \approx 16.69\text{kA}$$

K1 点的相保阻抗为

$$Z_{\varphi\text{PK1.MAX}} = \begin{cases} R_{\varphi\text{PK1.MAX}} = R_{\varphi\text{PM}} + R_{\varphi\text{PKT}} + R_{\varphi\text{PB1}} + R_{\varphi\text{PB2}} \\ \qquad = 0.05 + 1.57 + 0.624 + 0.936 = 3.18\text{m}\Omega \\ X_{\varphi\text{PK1.MAX}} = X_{\varphi\text{PM}} + X_{\varphi\text{PKT}} + X_{\varphi\text{PB1}} + X_{\varphi\text{PB2}} \\ \qquad = 0.53 + 9.47 + 2.952 + 4.428 = 17.38\text{m}\Omega \end{cases}$$

$$Z_{\varphi\text{PK1.MIN}} = \begin{cases} R_{\varphi\text{PK1.MIN}} = R_{\varphi\text{PM}} + R_{\varphi\text{PKT}} + R_{\varphi\text{PB1}} \\ \qquad = 0.05 + 1.57 + 0.624 = 2.24\text{m}\Omega \\ X_{\varphi\text{PK1.MIN}} = X_{\varphi\text{PM}} + X_{\varphi\text{PKT}} + X_{\varphi\text{PB1}} \\ \qquad = 0.53 + 9.47 + 2.952 = 12.95\text{m}\Omega \end{cases}$$

K1 点的单相短路电流的最大值 $I_{\text{K1.MAX}}^{(1)}$ 和最小值 $I_{\text{K1.MIN}}^{(1)}$ 分别为

$$I_{\text{K1.MAX}}^{(1)} = \frac{U_{\varphi}}{\sqrt{R_{\varphi\text{PK1}}^2 + X_{\varphi\text{PK1}}^2}} = \frac{230}{\sqrt{(2.24 \times 10^{-3})^2 + (12.95 \times 10^{-3})^2}} \times 10^{-3} \approx 17.45\text{kA}$$

$$I_{\text{K1.MIN}}^{(1)} = \frac{U_{\varphi}}{\sqrt{R_{\varphi\text{PK1}}^2 + X_{\varphi\text{PK1}}^2}} = \frac{230}{\sqrt{(3.18 \times 10^{-3})^2 + (17.38 \times 10^{-3})^2}} \times 10^{-3} \approx 13.02\text{kA}$$

（7）计算 K2 点的短路电流

与计算 K1 点短路电流时类似，K2 点的短路电流也有最大值和最小值。

K2 点的短路回路总阻抗为

$$Z_{\text{K2.MAX}} = \begin{cases} R_{\text{K2}} = R_{\text{M}} + R_{\text{KT}} + R_{\text{B1}} + R_{\text{B2}} + R_{\text{WL}} \\ = 0.08 + 1.57 + 0.224 + 0.336 + 24 \approx 26.21\text{m}\Omega \\ X_{\text{K2}} = X_{\text{M}} + X_{\text{KT}} + X_{\text{B1}} + X_{\text{B2}} + X_{\text{WL}} \\ = 0.796 + 9.47 + 1.36 + 2.04 + 7.6 = 21.27\text{m}\Omega \end{cases}$$

$$Z_{\text{K2.MIN}} = \begin{cases} R_{\text{K2}} = R_{\text{M}} + R_{\text{KT}} + R_{\text{B1}} + R_{\text{WL}} = 0.08 + 1.57 + 0.224 + 24 \approx 25.87\text{m}\Omega \\ X_{\text{K2}} = X_{\text{M}} + X_{\text{KT}} + X_{\text{B1}} + X_{\text{WL}} = 0.796 + 9.47 + 1.36 + 7.6 \approx 19.23\text{m}\Omega \end{cases}$$

K2 点的三相短路电流的最大值 $I_{\text{K2.MAX}}^{(3)}$ 和最小值 $I_{\text{K2.MIN}}^{(3)}$ 分别为

$$I_{\text{K2.MAX}}^{(3)} = \frac{\dfrac{U_{\text{P}}}{\sqrt{3}}}{\sqrt{R_{\text{K2}}^2 + X_{\text{K2}}^2}} = \frac{\dfrac{0.4 \times 10^3}{1.732}}{\sqrt{(25.87 \times 10^{-3})^2 + (19.23 \times 10^{-3})^2}} \times 10^{-3} \approx 7.17\text{kA}$$

$$I_{\text{K2. MIN}}^{(3)} = \frac{\dfrac{U_{\text{P}}}{\sqrt{3}}}{\sqrt{R_{\text{K2}}^2 + X_{\text{K2}}^2}} = \frac{\dfrac{0.4 \times 10^3}{1.732}}{\sqrt{(26.21 \times 10^{-3})^2 + (21.27 \times 10^{-3})^2}} \times 10^{-3} \approx 6.84\text{kA}$$

K2 点的相保阻抗为

$$Z_{\varphi\text{PK2. MAX}} = \begin{cases} R_{\varphi\text{PK2. MAX}} = R_{\varphi\text{PM}} + R_{\varphi\text{PKT}} + R_{\varphi\text{PB1}} + R_{\varphi\text{PB2}} + R_{\varphi\text{PWL}} \\ \qquad = 0.05 + 1.57 + 0.624 + 0.936 + 97.7 = 100.88\text{m}\Omega \\ X_{\varphi\text{PK2. MAX}} = X_{\varphi\text{PM}} + X_{\varphi\text{PKT}} + X_{\varphi\text{PB1}} + X_{\varphi\text{PB2}} + X_{\varphi\text{PWL}} \\ \qquad = 0.53 + 9.47 + 2.952 + 4.428 + 16.1 = 33.48\text{m}\Omega \end{cases}$$

$$Z_{\varphi\text{PK2. MIN}} = \begin{cases} R_{\varphi\text{PK2. MIN}} = R_{\varphi\text{PM}} + R_{\varphi\text{PKT}} + R_{\varphi\text{PB1}} + R_{\varphi\text{PWL}} \\ \qquad = 0.05 + 1.57 + 0.624 + 97.7 = 99.94\text{m}\Omega \\ X_{\varphi\text{PK2. MIN}} = X_{\varphi\text{PM}} + X_{\varphi\text{PKT}} + X_{\varphi\text{PB1}} + X_{\varphi\text{PWL}} \\ \qquad = 0.53 + 9.47 + 2.952 + 16.1 = 29.05\text{m}\Omega \end{cases}$$

K2 点的单相短路电流的最大值 $I_{\text{K2. MAX}}^{(1)}$ 和最小值 $I_{\text{K2. MIN}}^{(1)}$ 分别为

$$I_{\text{K2. MAX}}^{(1)} = \frac{U_{\varphi}}{\sqrt{R_{\varphi\text{PK2}}^2 + X_{\varphi\text{PK2}}^2}} = \frac{230}{\sqrt{(100.88 \times 10^{-3})^2 + (33.48 \times 10^{-3})^2}} \times 10^{-3} \approx 2.16\text{kA}$$

$$I_{\text{K2. MIN}}^{(1)} = \frac{U_{\varphi}}{\sqrt{R_{\varphi\text{PK2}}^2 + X_{\varphi\text{PK2}}^2}} = \frac{230}{\sqrt{(99.94 \times 10^{-3})^2 + (29.05 \times 10^{-3})^2}} \times 10^{-3} \approx 2.21\text{kA}$$

9. 计算短路电流的实例之二（本书推荐的方法）

【例 1-4】　用简便方法计算低压配电网短路电流。见图 1-5。

解:　我们对图 1-5 的 K1 点利用简化方法再次进行短路电流计算:

首先计算变压器低压侧的额定电流 I_{n}:

$$I_{\text{n}} = \frac{S_{\text{n}}}{\sqrt{3}U_{\text{P}}} = \frac{1000 \times 10^3}{1.732 \times 400} \approx 1443\text{A}$$

再计算短路电流 I_{k}:

$$I_{\text{k}} = \frac{I_{\text{n}}}{U_{\text{k}}\%} = \frac{1443}{0.06} \times 10^{-3} \approx 24.05\text{kA}$$

对于低压开关柜来说，馈电回路的分断能力可取 0.75~1.0 倍的主进线分断能力，我们不妨就按 0.75 倍来计算，于是 K1 点的三相短路电流:

$$I_{\text{K1}} = 0.75I_{\text{k}} = 0.75 \times 24.05 \approx 18.04\text{kA}$$

这里的计算得到的结果 18.04kA 比用非对称法计算获得的结果 17.45kA 要略大一些，偏差百分位数是

$$100\% \times \frac{18.04 - 17.45}{17.45} \approx 3.4\%$$

为什么会有偏差呢，其原因就是方法二忽略了母线槽的阻抗和变压器的阻抗。方法二将变压器的短路电流直接加载到低压成套开关设备中，所以方法二得到的短路电流比方法一略大，但方法二要比方法一简便得多。

本书在随后的各章节中都利用简化方法计算短路电流。

10. 有限容量低压配电网的短路电流

在许多工厂、楼宇、船舶和石油钻井平台、移动基站、机场等项目中，平时由市电电源通过变压器向负荷提供电能，当市电电源故障时则转由发电机向负荷提供电能。

不管是市电供电（变压器供电）或者发电机供电，低压电网中发生了短路都属于很严重的事故，但是变压器产生的短路电流与发电机产生的短路电流有着显著不同。由发电机供电的低压配电网短路故障电流属于有限容量配电网的短路电流。以下对发电机产生的短路电流给予简要分析。

（1）发电机供电的低压配电网短路电流分析

当发电机的外部线路在接近定子端口处发生短路时，发电机会产生接近纯感性的短路电流 i_k，同时在定子回路中产生磁通 Φ_k，其方向与正常时励磁磁通 Φ_{cx} 正好相反，由此形成去磁作用，见图 1-6。

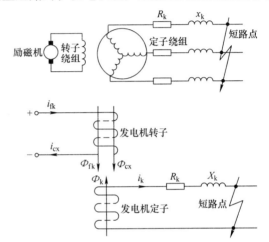

根据楞次定律（磁链守恒定律），我们知道穿过绕组的磁通不能突变，于是发电机转子的励磁绕组和阻尼绕组中都出现感应电流 i_{fk} 和 i_{dk}，产生了与 Φ_{cx} 方向相同的磁通 Φ_{fk} 和 Φ_{dk}，且有 $\Phi_k = \Phi_{fk} + \Phi_{dk}$，使得发电机气隙中的总磁通不变。

虽然短路瞬间发电机的电动势不变，但 i_{fk} 和 i_{dk} 迅速衰减，短路电流 i_k 的去磁作用显著增加，使得发电机总磁通减少，进而使发电机的感应电势和短路电流周期分量 i_p 逐渐减小。经过 $3 \sim 5s$ 的时间后，发电机进入短路后的稳定状态。

图 1-6 当外部电网发生短路时发电机内部的磁通关系

发电机都装有自动调节励磁装置，它能实现电压自动调节。当发电机外部出现短路时，发电机的端电压急剧下降，自动调节励磁装置产生动作，使得励磁电流加大，发电机端电压回升。由于自动调节励磁装置反应时间的滞后作用，以及发电机励磁绕组的电感效应，励磁电流需要经过一段时间后才能起作用。于是，发电机短路电流周期分量 i_p 先衰减后上升，最终进入稳定状态，其变化曲线如图 1-7 所示。

发电机的短路过程会经历三个不同的阶段。

阶段一：次瞬态阶段

在次瞬态阶段，短路电流会达到发电机额定电流的 $6 \sim 12$ 倍，时间是数十毫秒。在这阶段，短路电流的直流分量 i_g 从最大逐渐衰减到零。短路电流交流分量 i_p 与直流分量 i_g 共同叠加产生了冲击短路电流峰值 i_{pk}。

阶段二：瞬态阶段

在瞬态阶段，短路电流会迅速地降低到最低值 i_{pmt}，i_{pmt} 约为 I_n 的 $1.5 \sim 2$ 倍，时间是 $20 \sim 500ms$。

阶段三：稳态阶段

在稳态阶段可分为两种不同的情况。

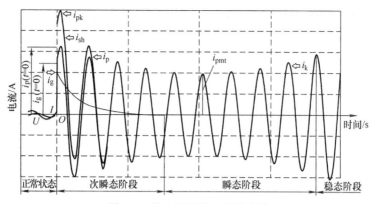

图 1-7　发电机短路电流的曲线

情况 1：

短路过程中发电机的励磁不增加，发电机定子线圈产生的磁场也不增加，不会出现过励磁现象。此时短路电流值由发电机同步电抗 X_{d} 决定，由于短路时 X_{d} 不大于两倍典型值，因此短路电流通常维持在 $0.5I_{\mathrm{n}}$ 左右。

情况 2：

发电机处于最大励磁状态或者复合励磁状态，励磁冲击电压会使得短路电流持续存在 $10\mathrm{s}$ 左右，同时短路电流值维持在 $2\sim 4I_{\mathrm{n}}$。

对于发电机来说，瞬态阶段和稳态阶段的短路电流分析是发电机短路电流估算的关键。

（2）发电机短路电流估算公式

$$\begin{cases} I_{\mathrm{k}} = \dfrac{I_{\mathrm{n}}}{X_{\mathrm{d}}} \\ i_{\mathrm{pk}} = (6\sim 12)I_{\mathrm{n}} \end{cases} \tag{1-24}$$

式中　I_{k}——发电机短路电流；

　　I_{n}——发电机额定电流；

　　X_{d}——发电机瞬态短路阻抗或稳态短路阻抗，表达为额定电压的百分位数；

　　i_{pk}——发电机产生的冲击短路电流峰值。

【例 1-5】　计算容量为 $2000\mathrm{kV\cdot A}$ 发电机的短路参数

解：对于 $2000\mathrm{kV\cdot A}$ 的发电机，其额定电流为

$$I_{\mathrm{n}} = \frac{S_{\mathrm{n}}}{\sqrt{3}U_{\mathrm{P}}} = \frac{2000\times 10^{3}}{1.732\times 400} \approx 2887\mathrm{A}$$

若发电机的短路阻抗 $X_{\mathrm{d}} = 30\%$，于是发电机的短路电流 I_{k} 为

$$\begin{cases} I_{\mathrm{k}} = \dfrac{I_{\mathrm{n}}}{X_{\mathrm{d}}} = \dfrac{2887}{0.3} \approx 9.6\mathrm{kA} \\ i_{\mathrm{pk}} = 6I_{\mathrm{n}} = 6\times 2887 \approx 17.3\mathrm{kA} \end{cases}$$

例 1-5 中短路电流 I_{k} 与发电机额定电流 I_{n} 之比就是 X_{d} 的倒数，也即 $1/X_{\mathrm{d}} \approx 3.3$。

从例 1-5 中我们看到，发电机的短路电流 I_{k} 不超过发电机额定电流 I_{n} 的 4 倍，即

$$I_{\mathrm{k}} \leqslant 4I_{\mathrm{n}} \tag{1-25}$$

式（1-25）为我们计算发电机短路电流提供了方便。

（3）多台发电机并列运行时的短路电流

发电机并列时要根据发电机进线柜在低压成套开关设备中的位置来判断主母线上流过的短路电流，所以主母线上的短路电流为

$$I_k \leq I_s \leq (N-1)I_k \tag{1-26}$$

式中　I_k——发电机短路电流；

　　　I_s——低压成套开关设备主母线上的短路电流；

　　　N——并列的发电机台数。

对于馈电回路的断路器，其短路分断能力 I_{cu} 一律按发电机短路电流之和来考虑。即

$$I_{cu} = NI_k \tag{1-27}$$

式中　I_{cu}——馈电断路器的额定极限短路分断能力；

　　　N——并列发电机的数量；

　　　I_k——发电机的短路电流。

（4）发电机短路电流与变压器短路电流的计算比较

比较式（1-22）和式（1-24），我们发现发电机短路电流计算方法和变压器短路电流计算方法很类似：对于发电机，将额定电流 I_n 除以短路阻抗 X_d 即得短路电流 I_k；对于变压器，将额定电流 I_n 除以阻抗电压 $U_k\%$ 即得短路电流 I_k。无论是 X_d 还是 $U_k\%$，它们都是用百分位数来表达的。

我们来看发电机的冲击短路电流峰值 i_{pk} 与变压器冲击短路电流峰值 i_{pk} 相比较：

$$\begin{cases} i_{pk.发电机} = (6 \sim 12)I_n = (1.5 \sim 3)I_k \\ i_{pk.变压器} = nI_k = (1.41 \sim 2.2)I_k \end{cases} \tag{1-28}$$

注意：发电机在次瞬态阶段会产生最大 3 倍 I_k 的冲击短路电流峰值 i_{pk}，而变压器在短路暂态过程产生最大为 2.2 倍 I_k 的冲击短路电流峰值 i_{pk}。可见，同等容量下发电机产生的冲击短路电流峰值大于变压器产生的冲击短路电流峰值。

我们在选用变压器低压侧进线断路器时，总是让断路器的极限分断能力 I_{cu} 大于或等于 I_k，忽略了 i_{pk}，为什么呢？因为断路器的短路接通能力 I_{cm} 等于 $2.2I_{cu}$，所以断路器能够承受短路后 10ms 时冲击短路电流峰值 i_{pk} 产生的短路电动力冲击。

对于发电机，我们必须让断路器的 I_{cu} 大于或等于 3 倍的 I_k，此断路器才能够承受短路后 20 毫秒时冲击电流峰值 i_{pk} 产生的电动力冲击。

11. 大功率电动机对短路电流的影响

电动机是供电系统中最主要也是最常用的负荷。当低压配电网发生短路时，低压配电母线的电压大幅跌落，而电动机由于转动惯量的原因，电动机的转速不能立即降到零，电动机接线盒上的电动势大于母线上的残压，于是电动机就向低压配电网的短路点反馈电流。

如果电动机的功率较大，则电动机向短路点反馈的冲击电流不能忽略。电动机馈送的冲击电流衰减很快，它能让电动机得以迅速制动停机，同时冲击电流的频率也随之迅速降低。

异步电动机产生的短路冲击电流可按下式计算：

$$i_{p.m} = N\sqrt{2}\frac{E''}{X''}K_{sh}I_n \tag{1-29}$$

式中　$i_{p.m}$——电动机短路冲击电流；

　　　E''——电动机次暂态电动势标幺值；

X''——电动机次暂态电抗标幺值;

K_{sh}——电动机反馈电流冲击系数,高压电动机取 1.4 ~ 1.6,低压电动机取 1.0;

I_n——电动机额定电流;

N——低压配电网同一段故障母线中相同容量的最大电动机数量。

对于低压电动机,常常用电动机全起动冲击电流(尖峰电流)来代替电动机短路冲击电流。也即用下式近似计算:

$$i_{p.m} \approx i'_{st} = 2i_{st}N = K_{st.max}I_nN \tag{1-30}$$

式中 $i_{p.m}$——电动机短路冲击电流;

$K_{st.max}$——电动机起动冲击电流系数,取值为 10 ~ 16.8;

I_n——电动机额定电流;

N——低压配电网同一段故障母线中相同容量的最大电动机数量。

于是当低压配电网发生短路时,短路点的总冲击短路电流为

$$i_{\sum P} = i_{pk} + i_{p.m} \tag{1-31}$$

式中 $i_{\sum P}$——短路点总冲击短路电流;

i_{pk}——冲击短路电流峰值;

$i_{p.m}$——电动机短路冲击电流。

【例 1-6】 某低压配电网的降压电力变压器容量为 2000kV·A,其阻抗电压为 6%,冲击短路电流峰值 i_{pk} 为 101kA。负载中有 2 台 75kW 电动机,电动机的额定电流为 135A。则低压成套开关设备主母线发生短路时,短路点的总冲击短路电流为

$$i_{\sum P} = i_{pk} + i_{p.m} = 101 + 16.8 \times 135 \times 2 \times 10^{-3} = 101 + 4.536 \approx 106kA$$

我们看到,电动机产生的短路冲击电流并不大。由此可知,在计算电动机对短路点产生的短路冲击电流时,仅需要对本段母线中最大功率的电动机进行计算即可,不必考虑其他小功率的电动机,更不能将所有电动机的短路冲击电流求和计入总冲击短路电流中。

1.4.2 短路电流的效应与低压成套开关设备的动、热稳定性

1. 单相电流产生的电动力分析

当电流流过低压成套开关设备内部的母线系统或者载流导体时,电流会对母线系统和载流导体产生电动力作用,低压开关柜的结构件也将承受电动作用力。

首先要明确电流电动力的作用方向。我们来看图 1-8。

先来判断磁力线方向:在图 1-8a 中,我们看到图中两支导线的电流方向是一致的。我们先用右手握住上导线,大拇指指向电流方向,其余四指指向磁力线方向,由此我们判断出:上导线在下导线周围产生的磁力线方向是流入纸面。图中用"✕"作标记;同理,我们用右手握住下导线,大拇指指向电流方向,于是下导线在上导线周围产生的磁力线方向是流出纸面的,图中用"●"作标记。

再来看作用力方向:在图 1-8a 中,我们用左手的四指指向上导线的电流方向,手心迎着下导线的磁力线方向(流出纸面),于是左手大拇指的方向指向下导线,这个方向就是电动力 F 的方向;用同样的方法我们发现作用在下导线上的电动力 F 指向上导线。也就是说,当上、下两根导线中的电流方向一致时,两导线之间会产生相吸的电动力。

用同样的方法,我们对图 1-8b 进行研究,我们发现当上、下导线中的电流方向相反时,

两导线之间会产生相斥的电动力。

结论是：当两支导线中的电流方向一致时，导线之间的作用力是相吸；反之，当两支导线中的电流方向相反时，导线之间的作用力是相斥。

计算矩形母线间短路电动力的方法源于毕奥－萨伐尔定律。见式（1-32）。

设两支铜排中流过的电流分别是 I_1 和 I_2，于是铜排之间的作用力是

$$F = 2 \times 10^{-7} K_c I_1 I_2 \frac{L}{a} \qquad (1\text{-}32)$$

式中　F——矩形铜排之间的电动力（N）；

　　　K_c——矩形铜排截面系数；

　　　I_1——第一支矩形铜排中流过的电流（A）；

　　　I_2——第二支矩形铜排中流过的电流（A）；

　　　L——矩形铜排长度（m 或 mm，与 a 的单位统一）；

　　　a——矩形铜排中心距（m 或 mm，与 L 的单位统一）。

式（1-32）中的截面系数 K_c 很关键，它反映了导体或者铜排截面对电动力的影响。我们来仔细研究一下矩形铜排截面系数 K_c 的问题，我们来看图 1-9。

图 1-9 中的右下方绘出了两支铜排。设铜排中心距是 a，宽度是 b，高度是 h。其中 b/h 和 $(a-b)/(h+b)$ 这两个参数与铜排间短路电动力密切相关。图 1-9 表达的是不同 b/h 值下矩形铜排截面系统 K_c 与 $(a-b)/(h+b)$ 的关系。

设低压成套开关设备主母线的铜排规格为：宽×厚 $= 100 \times 10$，于是对于不同的铜排中心距，我们依据图 1-9 中的数据得到如下一系列 K_c 值：

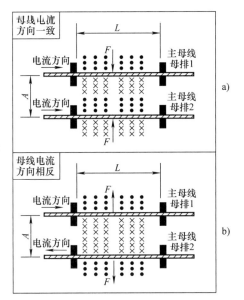

图 1-8　两根平行导线之间的电动力

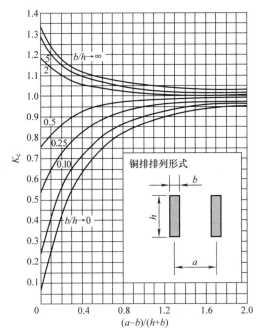

图 1-9　铜排的截面系数 K_c 计算用图

b/h	a/mm	$(a-b)/(h+b)$	K_c	b/h	a/mm	$(a-b)/(h+b)$	K_c
0.1	400	3.55	1	0.1	50	0.36	0.60
0.1	200	1.73	0.95	0.1	25	0.14	0.10
0.1	100	0.82	0.82				

我们知道低压成套开关设备带电体之间的电气间隙不得小于 25mm，所以异相铜排之间的距离最小值也为 25mm。查上表后得到 $K_c = 0.1$。将 $K_c = 0.1$ 代入式（1-32），得到

$$\begin{cases} F = 0.2 I_1 I_2 \dfrac{L}{a} \\ F = 0.2 I^2 \dfrac{L}{a} \end{cases} \tag{1-33}$$

式（1-33）中，电流 I、I_1 和 I_2 的单位是 kA，电动力 F 的单位是 N。式（1-33）的上式对应于两支铜排中电流不相等的情况，式（1-33）的下式则对应于电流相等的情况。

虽然式（1-33）是用 $100\text{mm} \times 10\text{mm}$ 的铜排截面推导出来的，但它适用于铜排宽度为 60mm、80mm、100mm 和 120mm，厚度为 6mm、8mm 和 10mm 等各种情况。式（1-33）是通用表达式。

我们再来分析短路电动力波形曲线。设电流 i 流过矩形铜排，由式 1-33 我们知道电动力 F 与电流 i 的二次方成正比，于是流过矩形铜排的电流产生的电动力 F 表达式为

$$F = Ci^2 = CI_m^2 \sin^2 \omega t = \frac{CI_m^2(1 - \cos 2\omega t)}{2} = \frac{1}{2} CI_m^2 - \frac{1}{2} C \cos 2\omega t = F' + F'' \tag{1-34}$$

式中　C——电动力系数，对于矩形母线，由式（1-33）可知 $C = 0.2L/a$；

$\quad\quad i$——流过矩形铜排的电流，$i = I_m \sin \omega t$。

$\quad\quad F$——电动力；

$\quad\quad F'$——电动力恒定分量；

$\quad\quad F''$——电动力交变分量。

电流 i 与电动力 F 的波形曲线如图 1-10 所示。

式（1-34）告诉我们，导体所受短路电动力由恒定分量 F' 和交变分量 F'' 构成。F' 反映的是交流电动力的平均值，F'' 反映的是交变量，它以两倍于电流频率而变化。我们在图 1-10 中看到 F 的方向不变（始终在时间轴的上方）但存在大小变化，F 的最大值为恒定分量的两倍，最小值为零。

短路全电流 i_{sh} 的波形和短路电动力 F 的波形如图 1-11 所示。

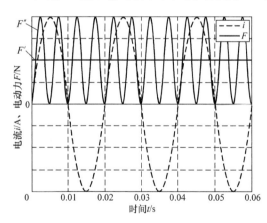

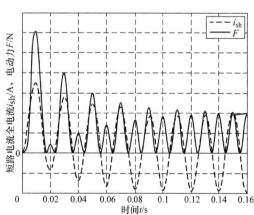

图 1-10　电流 i 的波形曲线与电动力 F 的波形曲线　　　　图 1-11　短路全电流 i_{sh} 的波形曲线和
短路电动力 F 的波形曲线

图 1-11 中，我们看到短路全电流 i_{sh}，它随着直流分量 i_g 的衰减而接近时间轴，最后只剩下交流分量 i_p。在这个过程中，短路全电流 i_{sh} 最后演变为稳态短路电流 i_k。注意到 i_{sh} 在第一个半波中出现了最大值 $i_{sh.max}$，也即冲击短路电流峰值 i_{pk}。

我们看图 1-11 中短路电动力 F 的波形，它的频率为短路电流 i_{sh} 的两倍。短路电动力 F

随时间变化的曲线分为上下两列半波，其中上列半波具有逐渐减小的峰值，而下列半波具有逐渐增大的峰值。当短路电流 i_{sh} 演变为稳态短路电流 i_k 后，电动力 F 的上、下两列半波的峰值也趋于相等。

注意：由于单相系统的两导线（母线）电流大小相等方向相反（参见图1-8的下图），故两导线（母线）间的电动力表现为斥力。

2. 三相电流产生的电动力分析

图1-12所示为三相直列导体以及电动力正方向。

设流过三相直列导线的三相电流 i_a、i_b 和 i_c 为

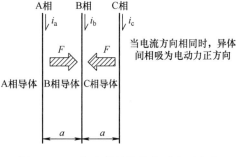

图1-12　三相直列导体及电动力正方向

$$\begin{cases} i_a = I_m \sin\omega t = \sqrt{2} I \sin\omega t \\ i_b = I_m \sin(\omega t - 120°) = \sqrt{2} I \sin(\omega t - 120°) \\ i_c = I_m \sin(\omega t + 120°) = \sqrt{2} I \sin(\omega t + 120°) \end{cases}$$

这里的 I_m 是交流电流最大值，I 是交流电流有效值，ωt 为交流电角频率。

我们注意到图1-12中作用在 A 相导体上的电动力是 B 相和 C 相导体单独电动力的叠加，而 B 相导体和 C 相导体所受到的电动力也是其他两相导体单独电动力的叠加，各导体受力见式（1-35）

$$\begin{cases} F_a = 10^{-7} K_c \dfrac{2L}{a} i_a i_b + 10^{-7} K_c \dfrac{2L}{2a} i_a i_c = c i_a i_b + \dfrac{c}{2} i_a i_c \\ F_b = 10^{-7} K_c \dfrac{2L}{a} i_a i_b + 10^{-7} K_c \dfrac{2L}{a} i_b i_c = c i_a i_b + c i_b i_c \\ F_c = 10^{-7} K_c \dfrac{2L}{2a} i_a i_c + 10^{-7} K_c \dfrac{2L}{a} i_b i_c = \dfrac{c}{2} i_a i_b + c i_a i_c \end{cases} \quad (1-35)$$

式中　F_a、F_b 和 F_c——三相导体或者母线所受到的电动力（N）；

$\quad\quad i_a$、i_b 和 i_c——流过三相导体的三相电流（A）；

$\quad\quad L$——导体或母线长度；

$\quad\quad a$——导体或者母线中心距；

$\quad\quad K_c$——导体或者母线的截面系数；

$\quad\quad c$——系数，$c = 2 \times 10^{-7} K_c L/a$。

我们把交流电流的表达式代入式（1-35），取 $F_0 = c I_m^2 = 2cI^2$，令 $dF/d\omega t = 0$ 以求得最大电动力，得到

$$F_{am} = \begin{cases} -0.808 F_0, \omega t = n\pi + 75°, n = 0、1、2、\cdots \\ 0.058 F_0, \omega t = n\pi + 165°, n = 0、1、2、\cdots \end{cases}$$

$$F_{bm} = \begin{cases} -0.866 F_0, \omega t = n\pi + 75°, n = 0、1、2、\cdots \\ 0.866 F_0, \omega t = n\pi + 165°, n = 0、1、2、\cdots \end{cases}$$

$$F_{cm} = \begin{cases} 0.058 F_0, \omega t = n\pi + 75°, n = 0、1、2、\cdots \\ -0.808 F_0, \omega t = n\pi + 165°, n = 0、1、2、\cdots \end{cases} \quad (1-36)$$

式中　F_{am}、F_{bm} 和 F_{cm}——交流电流在三相直列导体间产生的最大电动力；

$\quad\quad F_0$——与系统结构有关的基础电动力，$F_0 = c I_m^2 = 2cI^2$。

三相短路属于电路的暂态现象。二相短路电流中既有交流分量也有直流分量，合并后的暂态电流为

$$\begin{cases} i_a = \sqrt{2}I\left[\sin(\omega t + \psi - \varphi) - \sin(\psi - \varphi)\right]e^{-\frac{R}{L}t} \\ i_b = \sqrt{2}I\left[\sin(\omega t + \psi - \varphi - 120°) - \sin(\psi - \varphi - 120°)\right]e^{-\frac{R}{L}t} \\ i_c = \sqrt{2}I\left[\sin(\omega t + \psi - \varphi - 240°) - \sin(\psi - \varphi - 240°)\right]e^{-\frac{R}{L}t} \end{cases}$$

上式中的 ψ 和 φ 是交流电压相角及电压相对电流的相角，R 是系统电阻，L 是系统电感量，供配电网中一般取 $R/L = 22.311/s$；I 是电流有效值。我们由此推得最大短路电动力为

$$\begin{cases} F_{am} = F_{cm} = -2.65F_0, \psi = \varphi - 105°, \omega t = 180° \\ F_{bm} = \pm 2.80F_0, \psi = \varphi - 45°, \omega t = 180° \end{cases} \tag{1-37}$$

式中　F_{am}、F_{bm} 和 F_{cm}——三相短路电动力最大值（N）；

　　　　F_0——与系统结构有关的基础电动力，$F_0 = ci_{pk}^2 = 2cI_p^2$；

　　　　i_{pk}——冲击短路电流峰值，$i_{pk} = nI_k$；

　　　　I_p——冲击短路电流峰值的有效值。

表 1-17 是计算低压开关柜内母线短路电动力的计算式汇总。

表 1-17　计算低压开关柜内母线短路电动力的方法

参数	表达式	说明
F_{bm}	$F_{bm} = 2.80F_0$	三相母线的中间相铜排承受最大的电动力，式（1-37）
F_0	$F_0 = ci_{pk}^2 = 10^{-7}K_c\dfrac{2L}{a}i_{pk}^2$	F_0 与冲击短路电流峰值 i_{pk} 的关系，见式（1-37）的说明
i_{pk}	$i_{pk} = nI_k$	冲击短路电流峰值，见式（1-23）
I_k	$I_k = \dfrac{I_n}{U_k\%} = \dfrac{S_n}{\sqrt{3}U_nU_k\%}$	电力变压器短路电流，见式（1-21）和式（1-22）

【例 1-7】　设图 1-13 的某低压开关柜中主母线采用 80mm × 10mm 铜排，铜排厚度方向向下竖直安装，三相铜排中心距是 60mm。又知主母线总长度为 3.8m，电力变压器的容量是 1600kV·A，低压侧系统线电压是 400V，阻抗电压是 6%。求低压开关柜中间相（B 相）主母线所受到的短路电动力。

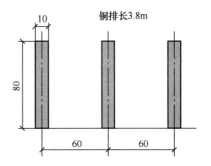

图 1-13　某低压开关柜三相主母线

解：

我们从表 1-16 中查得，1600kV·A 电力变压器低压侧额定电流 $I_n = 2309$A，短路电流 $I_k = 38.5$kA，冲击短路电流峰值 $i_{pk} = 80.81$kA。

第一步，求截面系数 K_c：

在这里，$b = 10$mm，$h = 80$mm，$a = 60$mm。于是有

$$\frac{a-b}{h+b} = \frac{60-10}{80+10} \approx 0.56, \quad \frac{b}{h} = \frac{10}{80} = 0.125$$

查图 1-9 得到，$K_c \approx 0.81$。

第二步，计算 F_0：

由表1-16，得知

$$F_0 = 10^{-7} K_c \frac{2L}{a} i_{pk}^2 = 10^{-7} \times 0.81 \times \frac{2 \times 3.8}{0.06} \times (80.81 \times 10^3)^2 \approx 67000N$$

第三步，计算B相母线所受短路电动力：

由式（1-37）和表1-16可知：

$$F_b = 2.80 F_0 = 2.80 \times 67000 = 187000N \approx 19143kgf^{\ominus}$$

故知：B相母线所受最大短路电动力为187000N，折合19143kgf，相当于19.1吨力。由此可见，当低压开关柜内母线系统发生短路时电动力很大，对开关柜结构件产生强烈的冲击。

当发生三相对称短路时，由于各相短路电流的相位不同，各相短路电流交替地改变大小和方向，三相母线之间的电动力要由电流瞬时值的大小和方向来决定，且中间相主母线承受的短路电动力比侧边相主母线承受的短路电动力要大。

注意：

由式（1-37）可知，位于主母线中间的铜排比位于外侧的铜排所承受的短路电动力要大 $2.80/2.65 \approx 1.06$ 倍。

对于四极母线系统（主母线为三相相线和N线），在相同的电流值下，单相短路的电动力大于三相短路的电动力。这是因为四极母线系统发生单相短路时，靠近N母线的相铜排与N母线铜排中同时出现大小相等反向相反的冲击短路电流峰值，所以低压开关柜内单相短路时主母线母排承受的短路电动力最大。

理论和型式试验都证明，在低压成套开关设备的四极主母线中，靠近N线铜排的相线铜排与N线铜排之间会出现最大的短路电动力，约为三相短路电动力的2倍。

因此，必须认真仔细地设计低压成套开关设备四极主母线系统的母线夹持件（母线夹）和相关柜体结构。

对于母线夹的材质也要予以关注，除了要确保母线夹的绝缘性能外，更重要的是务必确保母线夹能够承受最大短路电动力的冲击。

3. 低压成套开关设备的动稳定性

（1）与低压成套开关设备动稳定性相关的若干因素

低压成套开关设备的动稳定性是指开关设备具有抵御最大瞬时机械作用力的能力。

我们从表1-16中知道，最大短路电动力与冲击短路电流峰值的平方成正比，还与导体长度成正比。相对起低压开关柜中的主母线，低压开关电器的导电部分在长度上则要逊色多了。因此，低压成套开关设备的动稳定性主要是指主母线系统的动稳定性。

在进行低压成套开关设备的型式试验时，让低压开关柜的主母线在0.1s内流过制造厂指定的最大峰值电流。试验后低压开关柜的外形未发生明显变化，柜内导电体仍然满足电气间隙和爬电距离的要求，各个绝缘件特别是主母线的绝缘支撑也即母线夹未出现裂纹，柜内主元件未损坏，则此低压开关柜满足动稳定性要求。

低压开关柜主母线和低压开关电器抵御短路电动力的能力用峰值耐受电流来描述。在GB/T 7251.1—2023中对峰值耐受电流的定义如下：

$\ominus$　$1kgf = 9.80665N$

📖 标准摘录：GB/T 7251.1—2023《低压开关设备和控制设备　第 1 部分：总则》3.8.10.2

额定峰值耐受电流　rated peak withstand current I_{pk}

成套设备制造商宣称的在规定的条件下能够承受的短路电流峰值。

结合前面的图 1-3，我们知道冲击短路电流峰值 i_{pk} 出现在短路后 0.01s。低压成套开关设备为了能抵御冲击短路电流峰值 i_{pk} 的最大短路电动力冲击，故低压成套开关设备的额定峰值耐受电流 I_{pk} 必须大于 i_{pk}，并且忍受额定峰值耐受电流 I_{pk} 冲击的时间为 0.1s，见任何一款低压成套开关设备有关短路接通能力和分断能力的型式试验报告。

需要特别指出：**低压成套开关设备的动稳定性其符号是 I_{pk}，这里的 I 是大写。变压器产生的冲击短路电流峰值其符号是 i_{pk}，这里的 i 是小写。I_{pk} 与 i_{pk} 不能混淆。**

图 1-14 所示为 ABB 公司的 MNS3.0 低压成套开关设备的主母线照片。

大电流的母线系统往往采用若干支母线构成母线束，例如图 1-14 中每相有 4 支 60mm×10mm 的铜排。当发生短路时，每一支铜排既受到同相母线束中其他铜排给予的吸力，还受到异相铜排给予的斥力，所以每一支铜排受到的短路电动力都是复合力。

从图 1-14 中我们看到，同相母线束中面多面两支铜排之间的间隔为一倍排厚，即 10mm，因此，对于任何一支铜排来说，同相的吸力大于异相的斥力。

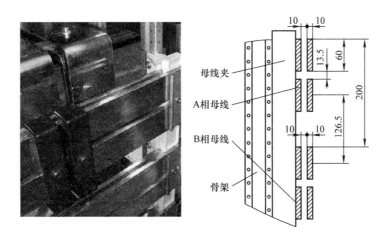

图 1-14　ABB 的 MNS3.0 侧出线低压成套开关设备后置 4000A 主母线

对于主母线来说，应当使母排所受到的应力小于材料的应力值。铜材和铝材的应力值分别为

母排材料	应力值
铜母排	$13.7 \times 10^7 \text{N/m}^2$
铝母排	$6.86 \times 10^7 \text{N/m}^2$

设邻相铜排之间的电动力应力为 σ_1，同相铜排之间的电动力应力为 σ_2，则导体中的总应力为 $\sigma_1 + \sigma_2$。于是两支母线夹之间母线的总应力为

$$\sigma = \sigma_1 + \sigma_2 = \frac{K_{c1}F_1L_1^2 + K_{c2}F_2L_2^2}{W} \tag{1-38}$$

式中　W——母线抗弯截面系数；

　　K_{c1}——邻相母线之间的截面系数；

　　K_{c2}——同相母线之间的截面系数；

　　F_1——作用于单位长度母线上的邻相母线间的电动力；

　　F_2——作用于单位长度母线上的同相母线间的电动力；

　　L_1——邻相母线之间的距离；

　　L_2——同相母线之间的距离。

在这些参数中，抗弯截面系数 W 反映了母线横截面的形状与尺寸对短路电动力所致弯曲正应力的影响。我们来看一些常见母线截面形式的抗弯截面系数：

母线截面形状类型	抗弯截面系数 W	形　状
矩形母线	$W = \dfrac{bh^2}{6}$	
圆形母线	$W = \dfrac{\pi d^3}{32}$	
管状母线	$W = \dfrac{\pi D^3}{32}(1 - d^4)$	

短路电动力对母线夹和低压开关柜结构的作用力为

$$F = F_1L_1 \tag{1-39}$$

对于母线夹来说，应当选择冲击短路电流峰值产生的短路电动力小于母线夹最小破坏力的 60%。即

$$F_{ipk} \leqslant 60\% \, F_{BB.\,Clip} \tag{1-40}$$

式中　F_{ipk}——冲击短路电流峰值对应的最大短路电动力；

　　$F_{BB.\,Clip}$——母线夹的最小破坏力。

（2）低压成套开关设备主母线的动稳定性分析实例

我们看例 1-8。

【例 1-8】 设某低压开关柜主母线排列方式如图 1-15 所示。

图 1-15 中展现了两种低压开关柜主母线铜排安装方式，其中左图铜排在开关柜后部（单面操作的开关柜）或者中部（双面操作的开关柜）上下排布，属于平躺式安装方式；右图铜排在开关柜柜顶左右排布，属于竖直式安装方式。

设供配电系统电力变压器的容量是 1600kV·A，其额定电流是 2309A，额定电压是 400V（系统线电压）/230V（系统相电压），阻抗电压是 6%，短路电流 $I_k = 38.5\text{kA}$，冲击短路电流峰值 $i_{pk} = 80.81\text{kA}$。低压开关柜主母线铜排长度均为 4.6m。

1）主母线按垂直方向排列的电动力分析。

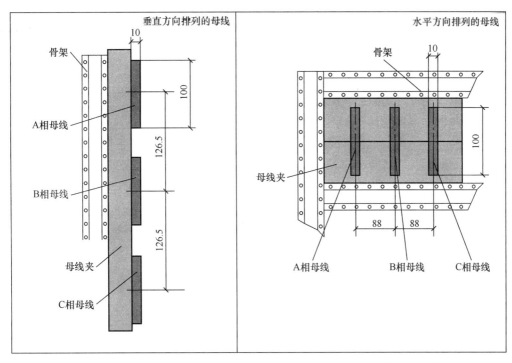

图 1-15　低压开关柜内按垂直方向和按水平方向排列的主母线布置方式

图 1-15 左图中各相主母线均采用 100mm × 10mm 的铜排构成铜排组合，我们从左到右看图 1-15 的左图，会发现这里的三相铜排属于平躺式安装，组合中各铜排的垂直方向中心距是 126.5mm。

我们先确定截面系数 K_c。结合图 1-9 得知铜排中心距 $a = 126.5$mm，铜排宽度 $b = 100$mm，铜排厚度（高度）$h = 10$mm，故有：$(a - b)/(h + b) = (126.5 - 100)/(10 + 100) \approx 0.2$，$b/h = 100/10 = 10$，由图 1-9 推得铜排截面系数 $K_c = 1.15$。

首先计算 F_0：

$$F_0 = 10^{-7} K_c \frac{2L}{a} i_{pk}^2 = 10^{-7} \times 1.15 \times \frac{2 \times 4.6}{0.1265} \times (80.81 \times 10^3)^2 \approx 54617N$$

再来计算 A 相、B 相和 C 相母线受到的最大短路电动力。

$$\begin{cases} F_{am} = 2.65 F_0 = 2.65 \times 54617 \approx 144735N \approx 14769kgf \\ F_{bm} = 2.80 F_0 = 2.80 \times 54617 \approx 152928N \approx 15605kgf \\ F_{cm} = 2.65 F_0 = 2.65 \times 54617 \approx 144735N \approx 14769kgf \end{cases}$$

我们看到，铜排受到的电动力都在 14000kgf 以上，其中 B 相母线铜排受力约 15605kgf。

注意最大电动力的方向，A 相铜排和 C 相铜排的最大受力方向均指向 B 相铜排，而 B 相铜排的最大受力方向则是上下摇摆。

2）主母线按水平方向排列的电动力分析。

我们再看图 1-15 的右图，从铜排下方往上看，我们会发现主母线铜排属于竖直式安装方式。

我们先分析截面系数。结合图 1-9 得知 $a = 88$mm，$b = 10$mm，$h = 100$mm，则 $(a - b)/(h + b) = (88 - 10)/(100 + 10) \approx 0.7$，$b/h = 100/10 = 10$，由图 1-9 推得铜排截面系数

$K_c = 0.84$。

首先计算 F_0：

$$F_0 = 10^{-7} K_c \frac{2L}{a} i_{pk}^2 = 10^{-7} \times 0.84 \times \frac{2 \times 4.6}{0.088} \times (80.81 \times 10^3)^2 \approx 57348N$$

再来计算 A 相、B 相和 C 相母线受到的最大短路电动力。

$$\begin{cases} F_{am} = 2.65 F_0 = 2.65 \times 57348 \approx 151972N \approx 15507kgf \\ F_{bm} = 2.80 F_0 = 2.80 \times 57348 \approx 160574N \approx 16385kgf \\ F_{cm} = 2.65 F_0 = 2.65 \times 57348 \approx 151972N \approx 15507kgf \end{cases}$$

我们看到，铜排受到的电动力都在 15000kgf 上下，其中 B 相母线铜排受力约 16400kgf。

3）对比主母线按垂直方向和按水平方向排列，由于垂直方向排列的母线间距是 126.5mm，大于水平方向排列的 88mm，若两间距相同，则垂直方向排列的母线受力会更大。

（3）主母线铜排安装方式与低压开关柜动稳定性的关系

由于低压开关柜所承受的最大短路电动力来源于母线短路过程，故母线的安装方式、母线夹的特性参数以及开关柜的结构件都与开关柜动稳定性密切相关。

我们在例 1-8 中看到，平躺式安装方式母线间的最大短路电动力小于竖直式安装方式。

对于图 1-15 的左图，铜排平躺式安装方式的截面系数 $K_c = 0.56$，$F_0 = 26596N$。如果我们把图 1-15 的右图的铜排中心距由 88mm 改为 126.5mm，与图 1-14 右图一致，则其截面系数 $K_c \approx 0.92$，比平躺式安装方式的截面系数 $K_c = 0.56$ 大了 1.64 倍，此时 $F_0 = 43693N$，亦比平躺式安装方式的 F_0 大了 1.64 倍。可见，铜排竖直式安装的短路电动力相比铜排平躺式安装更大，其电动力倍率恰好就是截面系数 K_c 的倍率。

我们在设计低压开关柜时，如果条件允许，主母线的铜排或者铝排尽量采用平躺式安装，这样可以减小开关柜柜体结构承受的短路电动力，提高低压开关柜的动稳定性。

由于主母线铜排或者铝排是通过母线夹传递给开关柜柜结构的，因此母线夹抵御短路电动力冲击的能力尤显重要。事实上，在做低压开关柜动稳定性型式试验时，试验过后检查开关柜是否满足动稳定性要求中，母线夹的完整性是重要判据之一。

低压开关柜结构的设计非常重要，它是确保低压开关柜动稳定性的主体。由于低压开关柜结构与各品牌有关，我们将在本书第 2 章来展开讨论。

（4）母线夹的强度核算

当发生短路时，短路电流对母线产生的巨大短路电动力是通过母线夹传递给低压开关柜结构件的。因此，母线夹必须要能够承受短路电流电动力峰值的冲击。我们看 MNS3.0 侧出线低压开关柜中某型母线夹，它的材料是不饱和聚酯模塑料（SMC），其结构如图 1-16 所示。

从图 1-16 的左视图中可以看出，母线夹截面的尺寸是 $2 \times 26mm \times 40mm = 2.08 \times 10^{-3} m^2$。我们用图 1-13 中按水平方向排列的主母线短路电动力强度值来校核此母线夹。注意到图 1-13 中每相母线为单母排，而图 1-16 中每相母线为双母排，在校核母线夹最大短路电动力时按单母排来考虑，这样可以得到母线夹受力的最大值。

若按图 1-13 水平方向排列的主母线最大短路电动力是 2906.2kgf，约等于 $2906.2 \times 9.8 = 28480.8N$，则此母线夹水平方向的断裂拉伸应力 σ_t：

$$\sigma_t = \frac{F_{BH.MAX}}{S} = \frac{28480.8}{2.08 \times 10^{-3}} \times 10^{-6} \approx 13.7MPa$$

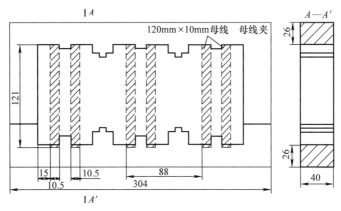

图 1-16　某型母线夹尺寸图

根据母线夹的技术要求，母线夹断裂拉伸应力 σ_t 应不小于 70MPa。图 1-16 所示母线夹产品检验报告得知，该母线夹实测的断裂拉伸应力 $\sigma_t = 104$MPa，可知在冲击短路电流峰值达 132kA 时，该型母线夹满足实际需求。

在实际使用时，我们将某型低压开关柜型式试验确定的短路电动力折算成绝缘材料（主要指母线夹）的断裂拉伸应力 σ_t，则 σ_t 不得超过绝缘材料断裂拉伸应力 σ_{t0} 的 60%。即：

$$\sigma_t \leqslant 60\% \, \sigma_{t0} \tag{1-41}$$

式中　　σ_t——根据低压开关柜最大短路电动力折算的绝缘材料断裂拉伸应力；

σ_{t0}——绝缘材料检验报告给出的断裂拉伸应力。

4. 短路电流对主母线的热冲击分析和低压成套开关设备的热稳定性

（1）短路电流对主母线的热效应计算和主母线热稳定性

当低压配电网发生短路时，短路电流使得开关柜内的母线、电缆和元器件等等导电部件温度迅速升高。尽管线路保护装置会在很短的时间内切断短路电流，但由于时间短导电部件来不及散热，所以短路电流所致导电部件的发热属于绝热过程，短路电流在开关柜内导电部件上产生的热量全部用来提高导体温度。

短路电流比正常电流大许多倍，所以导电部件的温度会上升到很高的数值。如果温度超过了低压开关设备母线系统和元器件的容忍极限，则开关设备将会受到破坏。为此，把电气设备具有承受短时的短路电流热冲击效应的能力称为开关设备的热稳定性。

我们来看导体在短路前后温度变化情况，如图 1-17 所示。

图 1-17 中，短路前的温度为 θ_L，这是由正常的负荷电流引起的。在 t_1 时刻发生了短路故障，致使导体温度迅速上升。在 t_2 时刻线路保护装置动作切断短路线路，导体温度到达最高点 θ_k。其后因为线路已经被切断，所以温度按指数曲线下降到 θ_0，直到导体与周围环境温度相同为止。

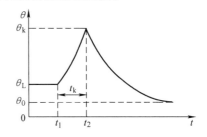

图 1-17　短路前后导体的温度变化

在低压成套开关设备中，各种载流导体都有各自的允许发热条件。表 1-18 是常用的导电材料短时最高允许温升及热稳定系数。

表 1-18 低压开关柜中常用的导电材料短时最高允许温升及热稳定系数表

导体种类及材料	长时允许温度 $\theta_L/\text{℃}$	短时允许温度 $\theta_k/\text{℃}$	短时最高允许温升 $\tau_{p.s}/\text{℃}$	热稳定系数
铜母线	70	320	250	175
铝母线	70	220	150	97
铜芯电缆及电线	65	205	150	145
铝芯电缆及电线	65	205	150	100

例如铜母线，它正常运行时的最高温度为70℃，而短路时最高允许温度为320℃。在这里，70℃对应于 θ_L，320℃对应于 θ_k，铜母线的最高允许温升 $\tau_{p.s} = \theta_k - \theta_L = 320\text{℃} - 70\text{℃} = 250\text{℃}$。

在实际计算中，我们发现短路全电流 i_{sh} 是一个变量，因此要准确地计算出短路电流流经的导体产生的热量 Q_k 很困难。为此，采用恒定的短路稳态电流 I_∞ 来等效计算短路电流所产生的热量。我们来看图 1-18。

图 1-18 中短路电流 I_k 的作用时间从 0 到 t_k，我们用假设 I_k 在 t_k 时间内产生的热量与短路稳态电流 I_∞ 在时间 t_{ima} 内产生的热量一致。于是有

$$Q_k = \int_0^{t_k} I_k^2(t) R \mathrm{d}t = I_\infty^2 R t_{ima} \tag{1-42}$$

式中 R——导体电阻；

   t_{ima}——假想的短路发热时间。

短路发热假想时间 t_{ima} 用式（1-43）来近似。

$$t_{ima} = t_k + 0.05 \left(\frac{I_k}{I_\infty}\right)^2$$

$$\begin{cases} t_{ima} = t_k + 0.05 \\ t_k = t_{op} + t_{oc} \end{cases} \tag{1-43}$$

式中 t_{op}——短路保护装置执行短路保护的最长延迟时间；

   t_{oc}——断路器的断路时间。

式（1-43）中的 I_k 是短路稳态电流，在短路终了时等于 I_∞，见图 1-18。

式（1-43）就是我们计算低压成套开关设备的热稳定性的依据。由于式（1-43）在实际使用时计算量较大，其中含有不确定因素。因此在实际工程中，可以利用图 1-19 来简化导体发热量 Q_k 的计算过程。

图 1-19 使用步骤如下：

1）先从图中找出导体流过正常负荷电流时的温度 θ_L，也可查阅手册给出的最高使用温度。

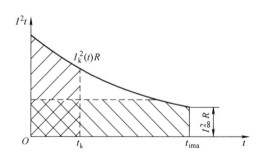

图 1-18 短路发热假想时间

2）知道 θ_L 后，向右交曲线于 a，再查得 a 点的横坐标 k_L。

3）将 k_L 的值代入式（1-44）中计算求得 k_k。

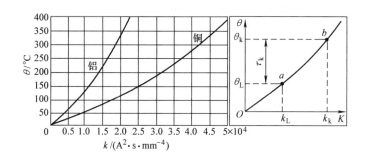

图 1-19 短路所致导体发热量的计算简图

$$k_k = k_L + \left(\frac{I_k}{S}\right)^2 t_{ima} \tag{1-44}$$

式中 k_k——短路时导体加热系数（$A^2 \cdot s \cdot mm^{-4}$）；

k_L——正常负荷时导体加热系数（$A^2 \cdot s \cdot mm^{-4}$）；

I_k——短路稳态电流；

S——导体（铜排）的截面积（mm^2）；

t_{ima}——短路发热假想时间（s），见式（1-43）。

4）根据 K_k 的值找出横坐标中的对应点，用 k_k 点的横坐标查找到曲线上的 b 点，b 点的纵坐标即为所求导体（铜排）的短路电流发热量 θ_k 值。

【例 1-9】 设电力变压器容量为 630kV·A，阻抗电压为 6%，变压器额定电流为 909A，短路电流为 15.2kA。低压成套开关设备主母线采用 $2 \times 30mm \times 10mm$ 的铜排，主母线正常工作温度为 50℃。若低压进线断路器的短路保护动作时间为 0.6s，分断时间为 0.07s。试校核主母线的热稳定性是否满足要求。

解：

我们查图 1-19 曲线，当 $\theta_0 = 50℃$ 时，$k_L = 1.0 \times 10^4 A^2 \cdot s \cdot mm^{-4}$。将 k_L 值代入式（1-44），得到

$$k_k = k_L + \left(\frac{I_k}{S}\right)^2 t_{ima} = 1.0 \times 10^4 + \left(\frac{15.2 \times 10^3}{2 \times 30 \times 10}\right)^2 \times (0.6 + 0.07 + 0.05)$$

$$\approx 1.046 \times 10^4 A^2 \cdot s \cdot mm^{-4}$$

我们将再次查阅图 1-19，得到温度值仍然在 50℃，远远低于最高短时温度 250℃（见表 1-18）。由此得出结论：此低压成套开关设备中的 $2 \times 30mm \times 10mm$ 主母线完全符合要求。

现在我们把变压器的容量提高到 1600kV·A，它的额定电流为 2309A，短路电流稳态值为 38.5kA。计算表明，k_k 值等于 1.31×10^4（$A^2 s/mm^2$）。从图 1-19 中查得短路时的温度在 75℃，符合要求。

值得注意的是：虽然 $2 \times 30mm \times 10mm$ 主母线的短路温升在变压器容量为 1600kV·A 仍然是合格的，但并不代表 $2 \times 30mm \times 10mm$ 主母线能够应用在对应配套的低压开关柜中。决定低压开关柜主母线截面的最主要参数运行温升和开关柜柜体防护等级 IP。

低压成套开关设备的主母线被封闭在开关柜内，若开关柜的防护等级 IP 值较高，则主

母线的载流量及温升都会发生变动。我们来看 ABB 公司的 MNS3.0 低压开关柜中 $2 \times 30mm \times$ 10mm 主母线载流量的变化：

主母线 规格	短时耐受电流 I_{cw}/kA	峰值耐受电流 I_{pk}/kA	IP30/IP40/（A） 35℃	IP31/IP41/（A） 35℃	IP42/IP54/（A） 35℃
$2 \times 30mm \times 10mm$	50	105	1800	1750	1450
$2 \times 40mm \times 10mm$	50	105	2000	2000	1800
$2 \times 60mm \times 10mm$	65	143	2300	2200	1850

由表中可见，选择低压成套开关设备主母线截面的关键数据是防护等级 IP 和环境温度、海拔等，并非短路电流。

（2）低压开关电器的允通能量和短时耐受电流

低压配电系统按与电力变压器的远近，分为一级、二级和三级配电系统，如图 1-20 所示。

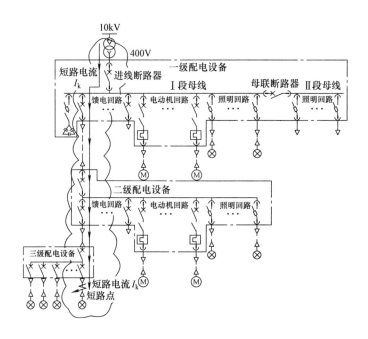

图 1-20　各级低压配电网和短路电流

我们看到图 1-20 左下侧的三级配电设备照明回路出口处发生短路，短路电流 I_k 从变压器低压绕组开始流经母线槽，再流经一级配电设备的主进线断路器、主母线、馈电断路器和馈电电缆，再流经二级配电设备的主进线断路器、配电母线、馈电断路器和馈电电缆，以及三级配电设备的进线断路器、母线和馈电断路器到达短路点。短路电流对流经路径中的导线、元器件产生热冲击作用。

当系统发生短路时，短路电流 I_k 产生的热量 Q 等于流经路径中各导电部件和开关设备所发热量的总和，即

$$Q = \sum Q_i = Q_1 + Q_2 + \cdots + Q_n = R_1 I_k^2 t + R_2 I_k^2 t + \cdots + R_n I_k^2 t \tag{1-45}$$

由于低压配电网中各导电部件和开关设备的电阻不尽相同,它们在短路电流 I_k 的冲击下所发热量也不尽相同,某些热容量较小的导电部件或者开关设备在短路电流 I_k 的热冲击下可能损毁。因此,任何导电部件和开关设备一定会有关于承载短路电流热冲击能力的参数。描述导电部件和开关设备承载短路电流热冲击能力的参数被称为短时耐受电流 I_{cw}。参见 1.3.2 节中对 GB/T 7251.1—2023 中 3.8.10.3 的摘录。

峰值耐受电流 I_{pk} 与短时耐受电流 I_{cw} 的比值就是峰值系数 n,见表 1-19。

表 1-19　系数 n 的标准值

短路电流的有效值 I/kA	$\cos\varphi$	n
$I \leqslant 5$	0.7	1.5
$5 < I \leqslant 10$	0.5	1.7
$10 < I \leqslant 20$	0.3	2
$20 < I \leqslant 50$	0.25	2.1
$50 < I$	0.2	2.2

表 1-19 中的数据摘自 GB/T 7251.1—2013《低压成套开关设备和控制设备　第 1 部分:总则》的表 1-7。

一般地,低压开关电器的短时耐受电流 I_{cw} 时间长度取为 1s。若考虑到特殊情况下短路时间有可能会比较长,则短时耐受电流时间长度也可选用 3s。若已知 1s 的短时耐受电流 I_{cw},则 t_2 时长的短时耐受电流 $I_{cw(t_2)}$ 可采用式 (1-46) 来计算:

因为

$$I_{cw}^2 \times 1 = I_{cw(t_2)}^2 \times t_2$$

所以有

$$I_{cw(t_2)} = \frac{I_{cw}}{\sqrt{t_2}} \qquad (1-46)$$

式中　I_{cw}——短路时间长度为 1s 的短时耐受电流;

$I_{cw(t_2)}$——短路时间长度为 t_2s 的短时耐受电流。

【例 1-10】　若某低压开关电器的 $I_{cw} = 50$kA,则根据式 (1-46),有

$$I_{cw(3)} = \frac{I_{cw}}{\sqrt{3}} = \frac{50}{\sqrt{3}} \approx 28.90 \text{kA}\ (短路持续时间为 3s)$$

$$I_{cw(0.6)} = \frac{I_{cw}}{\sqrt{0.6}} = \frac{50}{\sqrt{0.6}} \approx 64.55 \text{kA}\ (短路持续时间为 0.6s)$$

可见,$I_{cw(3)}$ 相对于 I_{cw} 有了大幅度的跌落,而 $I_{cw(0.6)}$ 相对于 I_{cw} 有了大幅度地增加。

我们把 I^2t 值称为允通能量,它的单位是"A^2s"。

设电源向低压配电系统提供的有功电能是 W,系统电压是 U,系统电流是 I,功率因数是 $\cos\varphi$,低压配电系统的总电阻是 $R_a = \sum_{i=1}^{n} R_i$,于是有

$$W = UIt\cos\varphi = R_a\cos\varphi I^2 t = I^2 t\cos\varphi \sum_{i=1}^{n} R_i$$

$$\frac{W}{\cos\varphi R_{\mathrm{a}}} = \frac{W}{\cos\varphi \sum\limits_{i=1}^{n} R_i} = I^2 t \qquad (1\text{-}47)$$

我们从式（1-47）中看出，式子的左边 $\dfrac{W}{\cos\varphi R_{\mathrm{a}}}$ 属于系统参量，而 $I^2 t$ 则属于强度参量，$I^2 t$ 具有能量的量纲。

低压成套开关设备不但有母线系统，还有大量的低压开关电器。低压开关电器的生产厂家通过型式试验给出产品所能承受的允通能量数据。在选用开关电器时，只需要将短路时低压开关电器实际承受的允通能量与开关电器最大允通能量参数相比较即可。见式（1-48）。

$$I_{\mathrm{k}}^2 t_{\mathrm{ima}} \leqslant I_{\mathrm{th}}^2 t_{\mathrm{th}} \qquad (1\text{-}48)$$

式中　I_{k}——稳态短路电流；

　　　t_{ima}——假想短路时间，见式（1-43）；

　　　I_{th}——元器件的最大允通能量电流；

　　　t_{th}——元器件的最大允通能量时间。

低压配电系统中具有短路保护能力的元器件是断路器和熔断器。当低压配电网出现短路时，从短路出现到保护设备切断线路的时间长度就是 t_{th}。在这段时间里，断路器或者熔断器允许通过的允通能量被称为"特定允通能量"。在各种故障条件下特定允通能量值是确定保护装置的基础，它是保护装置例如断路器中各部件的设计依据。

关于低压开关电器的允通能量和短时耐受电流等内容的描述见第3章"低压成套开关设备中常用的主回路元器件"，此处从略。

5. 低压成套开关设备的动、热稳定性总结

我们已经知道低压成套开关设备的动稳定性就是主母线的动稳定性，所以在选用低压成套开关设备时，应当使低压开关柜的动稳定性参数满足低压配电网的短路条件，即

$$I_{\mathrm{pk}} > i_{\mathrm{pk}} \qquad (1\text{-}49)$$

式中　I_{pk}——低压成套开关设备主母线的额定峰值耐受电流（kA）；

　　　i_{pk}——电力变压器的冲击短路电流峰值（kA）。

从动稳定性的范例来看，低压开关柜的水平母线后置方案要优于水平母线顶置方案。至于究竟选用水平母线后置方案还是顶置方案，要看具体情况而定。

图1-21的左图所示为低压开关柜内主母线顶置的方案。主母线顶置方案使得抽屉柜的出线电缆室安排在开关柜后部。主母线顶置方案的抽屉柜其柜宽较小，节约了配电所空间，还降低了造价。

图1-21右图所示为低压开关柜内主母线后置的方案。主母线后置方案能大幅度地提高低压开关柜的动稳定性，提高主母线的峰值耐受电流。主母线后置方案使得馈电柜电缆室可以安排在开关柜前部，还可实现开关柜双面操作，以及开关柜靠墙安装等等。低压开关柜主母线后置方案的缺点是馈电柜的宽度较宽，造价较高。

我们还知道低压成套开关设备的热稳定性就是主母线的热稳定性，所以在选用低压开关柜时，应当使低压开关柜的热稳定性参数满足低压配电网的短路条件。也即

$$I_{\mathrm{cw}} > I_{\mathrm{k}}\sqrt{t_{\mathrm{ima}}} = \frac{S_{\mathrm{n}}}{\sqrt{3}\,U_{\mathrm{p}} U_{\mathrm{k}}\%}\sqrt{t_{\mathrm{ima}}} = \frac{i_{\mathrm{pk}}}{n}\sqrt{t_{\mathrm{ima}}} \qquad (1\text{-}50)$$

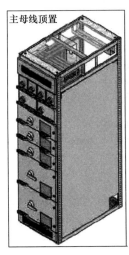

图 1-21　开关柜内的主母线位置

式中　I_{cw}——主母线的短时耐受电流（kA），短路时间长度 1s；

　　　S_n——电力变压器容量（kV·A）；

　　　U_p——电力变压器低压侧线电压（V）；

　　$U_k\%$——电力变压器阻抗电压；

　　　t_{ima}——短路电流的假想时间，见式（1-41），对于低压开关柜一般取 0.75～1s；

　　　i_{pk}——电力变压器冲击短路电流峰值 kA；

　　　n——峰值系数，见表 1-19。

【例 1-11】　已知某低压配电系统的电力变压器为 1600kV·A，阻抗电压为 6%。试确定在此情况下低压开关柜主母线的短时耐受电流值。

解：将数据代入式（1-50），得

$$I_{cw} > \frac{S_n}{\sqrt{3}U_P U_k\%}\sqrt{t_{ima}} = \frac{1600\times10^3}{1.732\times400\times0.06}(\sqrt{0.75}\sim1)\times10^{-3} \approx (33.3\sim36.7)\text{kA}$$

由此可知，低压开关柜主母线的短时耐受电流必须大于 36.7kA，可取 $I_{cw} = 40\text{kA}$。

以下几种情况下，低压成套开关设备无需校验动稳定性或者热稳定性：

1）用熔断器保护的低压成套开关设备主回路及母线系统，其热稳定性由熔断器熔体的熔断时间确定，故无需考虑热稳定性；

2）采用限流断路器的低压成套开关设备主回路，无需考虑动稳定性；

3）对于电缆，其内部为软导线，外部的机械强度相对较大，因此无需考虑动稳定性。

1.4.3　低压成套开关设备的配电方案

1. 点状和线状配电网络

低压成套开关设备按配电型式可分为两种方案：点状配电方案和线状配电方案，如图 1-22 所示。

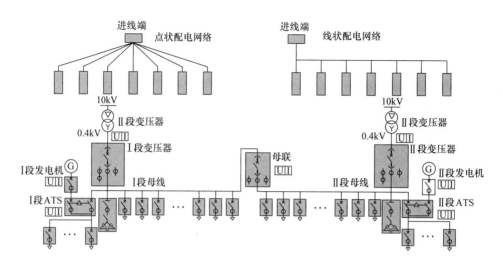

图 1-22　点状和线状配电方案

　　点状配电方案是指电力系统自一个点以辐射状向外分配电能，以此形成一个点状配电网；线状配电方案是指电力系统通过线状母线传送电能至负载，以此形成一个线状配电网。在低压成套开关设备中，所有配电网络形式都是点状配电方案和线状配电方案的组合。

　　在图 1-22 中，可以看出电力变压器、低压进线和某段母线构成点状配电形式，而两段母线、各个馈线回路则构成线状配电形式。

2. 低压成套开关设备的各种配电方案

（1）低压成套开关设备单路进线的配电方案

　　低压成套开关设备单路进线的配电形式见图 1-23。其中图 1-23a 从主母线中部进线，图 1-23d 从主母线的一端（左侧）进线。

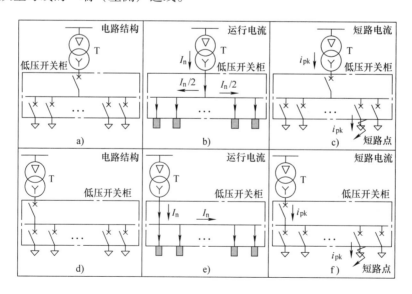

图 1-23　单路进线的配电形式

单路进线的配电方案属于点状配电方案，也是最简单的配电方案。单路进线的配电方案仅能对负荷提供最低水平的供电可靠性，因为一旦供电中断后没有冗余电源提供第二路电能支持。

因为负载在主母线上是平均分配的，所以当进线安排在主母线的中间时，我们从图1-23b看到，主母线实际载流量只有变压器额定电流的一半，这对于降低主母线的温升是有利的。

当进线安排在主母线的端点时，主母线的实际载流量等于变压器的额定电流。在图 1-23e 中，我们看到主母线左侧的电流最大，接近于变压器额定电流；主母线电流从左至右逐步递减。从整体来说，从主母线某端进线的方案与从主母线中间进线的方案相比，前者的主母线温升要高于后者。

从图 1-23 的图 c 和图 f 可以看出，当发生短路时，两种进线方案的短路电流是相同的，主母线承受的最大电流都是冲击短路电流峰值 i_{pk}，因此按两种进线方案配套的低压成套开关设备，其动稳定性要求是相同的，也即低压配电系统对低压开关柜主母线峰值耐受电流的要求是一致的。

（2）双路进线的配电方案

双路进线的配电方案如图 1-24 所示。

双路进线的配电方案中，有 2 套电力变压器与 2 套进线回路。

图 1-24a 是双路进线供电方案之 1，其中有两套电力变压器可单独供电或者并列供电。若电力变压器单独供电则两进线开关之间需要配备机械或电气合闸互锁。当某路供电中断时，系统能立即切换到另一路供电，因而提高了供电的可靠性。

图 1-24b 是双路进线供电方案之 2，其中采用了自动切换开关 ATSE 实现电源之间的自动切换。

图 1-24c 是双路进线供电方案之 3，其中采用母线联络开关（以后简称为母联开关）将母线分段运行。在此方案中，2 套电力变压器可各自为本段母线系统的负荷供电；当某电力变压器发生供电故障时，可通过闭合母联开关使得故障段母线获得能量供应。如果单侧电力变压器容量供应不充裕则需要抛掉若干不重要的三级负荷。

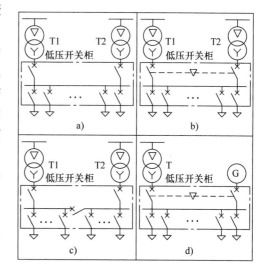

图 1-24 双路进线的配电方案

图 1-24d 是双路进线供电方案之 4，其中采用 ATSE 实现市电与发电机之间的供电切换。

现在我们对图 1-24 中的各种方案仔细分析，探讨主母线上的负荷排布方式与运行电流和短路电流之间的关系，如图 1-25 所示。

我们先看图 1-25a：图中的变压器位于低压开关柜主母线的两端，因为系统中未见母联开关，所以这两台变压器属于并列运行。又由于主母线上的负载是平均分布的，因此主母线上的运行电流就等于变压器的额定电流 I_n。

再看主母线上的短路电流。当主母线发生短路时，两台变压器从两侧向短路点注入短路电流，因此，主母线上各处的短路电流最大值均为 1 倍 i_{pk}。当馈电回路的出口处发生短路时，我们发现流过馈电单元的短路电流为 2 倍 $I_{pk}(2I_{pk})$。

我们再看图 1-25b：图中的变压器位于低压开关柜主母线的中间，主母线的运行电流等于变压器的额定电流 I_n，而主母线上的最大短路电流等于 2 倍 i_{pk}，流过馈电回路的最大短路电流也等于 2 倍 i_{pk}。

再看图 1-25c：图中两台变压器靠近主母线的 1/4 处和 3/4 处。图中主母线的运行电流为 I_n 的 1/2，在两台变压器中间的主母线上最大短路电流为 i_{pk}，在变压器外侧的主母线上最大短路电流为 2 倍 i_{pk}。图中所有馈电回路出口处的短路电流均等于 2 倍 i_{pk}。

我们由此可以得出如下结论：

1）如果低压成套开关设备的主母线上由两台以上的变压器供电，且主母线未分段，则称此主母线为未受限主母线。向未受限主母线供电的变压器可以并列运行。

2）设低压成套开关设备有 N 台变压器并列供电，则未受限主母线上的最大短路电流为

$$I_{BK.MAX} = \begin{cases} (N-1)i_{pk} \text{——位于任意变压器中间部位的未受限主母线} \\ Ni_{pk} \text{——位于变压器外侧部位的未受限主母线} \end{cases} \tag{1-51}$$

式中　$I_{BK.MAX}$——未受限主母线上的冲击短路电流峰值；

　　　N——未受限主母线上并列供电的变压器台数；

　　　i_{pk}——变压器冲击短路电流峰值。

3）母联开关的用途是将未受限主母线变成受限主母线，切断短路电流叠加的途径；提高供电的可靠性。

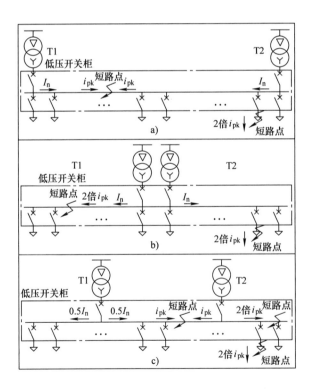

图 1-25　双路进线配电方案的运行电流和短路电流分析

4）未受限主母线上各主回路断路器的分断能力：

$$\begin{cases} I_{cu} > (N-1)I_k \text{——低压进线断路器的极限短路分断能力} \\ I_{cu} > (N-1)I_k \text{——低压母联断路器的极限短路分断能力} \\ I_{cu} > NI_k \text{——低压馈电断路器的极限短路分断能力} \end{cases} \quad (1-52)$$

式中　I_{cu}——断路器极限短路分断能力；

　　　N——向未受限主母线供电的变压器台数；

　　　I_k——变压器稳态短路电流。

【例 1-12】　已知 3 台并列运行的电力变压器容量为 1250kV·A，阻抗电压为 6%。此 3 台变压器构成的低压配电系统的短路电流分析如图 1-26 所示。

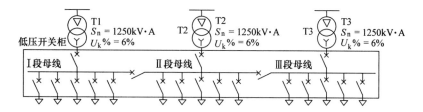

图 1-26　三进线两母联系统的短路电流分析

试确定在此情况下低压成套开关设备各段主母线的最大短路电流，并确定进线断路器、母联断路器、馈电断路器的极限短路分断能力 I_{CU} 的值。

解：计算变压器参数：

$$\begin{cases} I_n = \dfrac{S_n}{\sqrt{3}U_p} = \dfrac{1250 \times 10^3}{1.732 \times 400} \approx 1804\text{A} \\ I_k = \dfrac{I_n}{U_k\%} = \dfrac{1804}{0.06} \approx 30.1\text{kA} \\ i_{pk} = nI_k = 2.1 \times 30.1 \approx 63.2\text{kA} \end{cases}$$

1）各段主母线的运行电流：

$$I_{Bn} \geqslant \frac{I_n}{2} = \frac{1804}{2} = 902\text{A}$$

2）各段主母线最大瞬时短路电流：

主母线		左侧最大瞬时短路电流/kA	右侧最大瞬时短路电流/kA
Ⅰ段母线	独立运行	63.2	63.2
	并列运行	3×63.2 = 189.6	2×63.2 = 126.4
Ⅱ段母线	独立运行	63.2	63.2
	并列运行	2×63.2 = 126.4	2×63.2 = 126.4
Ⅲ段母线	独立运行	63.2	63.2
	并列运行	2×63.2 = 126.4	3×63.2 = 189.6

从这里我们可以看出，当主母线独立运行时，主母线上的最大瞬时短路电流等于 1 倍 i_{pk}，而当主母线并列运行时，主母线上的最大瞬时短路电流可达 3 倍 i_{pk}，等效于低压成套开关设备的动稳定性也增加了 3 倍。

3）变压器并列运行时各断路器的极限短路分断能力 I_{cu}：

断路器所在主回路		流过断路器的短路电流：NI_k/kA	断路器的极限短路分断能力 I_{CU}
进线	变压器独立运行	1 倍 $I_k = 30.1$	$I_{cu} > 30.1kA$，$I_{cu} = 35kA$
	变压器并列运行	2 倍 $I_k = 2 \times 30.1 = 60.2$	$I_{cu} > 60.2kA$，$I_{cu} = 65kA$
母联	变压器独立运行	1 倍 $I_k = 30.1$	$I_{cu} > 30.1kA$，$I_{cu} = 35kA$
	变压器并列运行	2 倍 $I_k = 2 \times 30.1 = 60.2$	$I_{cu} > 60.2kA$，$I_{cu} = 65kA$
馈电	变压器独立运行	1 倍 $I_k = 30.1$	$I_{cu} = (0.75 \sim 1.0)I_k = (25 \sim 35)kA$
	变压器并列运行	$3 \times I_k = 3 \times 30.1 = 90.3$	$I_{cu} > 90.3kA$，$I_{cu} = 100kA$

注1：在变压器并列运行条件下，当短路点在变压器低压侧，流过进线断路器的短路电流为2倍 I_k；当短路点在母线上或者馈电回路出口处，流过进线断路器的短路电流为1倍 I_k。

注2：关于低压成套开关设备主回路元器件的论述见第4章相关内容。

例1-12 说明当变压器并列运行时，低压成套开关设备中馈电回路断路器的分断能力要大于进线和母联回路断路器的分断能力。我们来看图1-27。

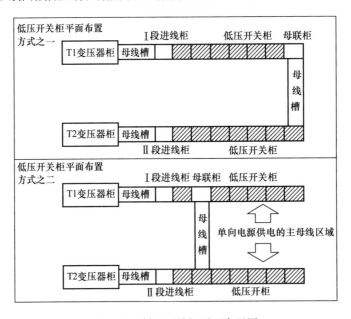

图1-27　低压开关柜平面布置图

图1-27所示为两进线单母联的低压开关柜的平面布置图，其系统图参见图1-24c。图1-27的上图中母联柜位于柜列的最右侧，而下图中母联柜位于柜列的中部。对于下图来说，母联柜右侧柜体中形成供电电源单向连通的主母线区域。

若两台变压器分别独立运行，在任何时刻两进线断路器和母联断路器只能有两台同时合闸，则系统中各部分的短路电流最大为1倍的 I_k。

若两台变压器并列运行，于是两进线和母联断路器均闭合。由前面的论述可知，当短路发生在母联柜和母线槽的左侧时，主母线上的短路电流峰值只有 1 倍 i_{pk}，进线和母联断路器的极限短路分断能力 I_{cu} 取大于 1 倍 I_k 即可，而馈电断路器的 I_{cu} 则需要大于两倍的 I_k；当短路发生在母联柜和母线槽的右侧即单向电源供电的主母线区域中，此主母线区域上的短路电流峰值有 2 倍 i_{pk}，馈电断路器的 I_{cu} 也需要大于 2 倍的 I_k。

在设计变压器并列运行的低压成套开关设备时，尽量不要让低压开关柜内形成单向电源供电的主母线区域。若柜内不得已形成了单向供电区域，则开关柜的动稳定性需要加倍。

（3）重点区域供配电方案和环形供配电方案

图 1-28 所示为重点区域供配电方案的典型范例。

图中 I 段母线和 II 段母线由两台电力变压器组成双路进线供电方案。图 1-28 中最重要的负荷都在紧急母线上。系统通过 ATSE 实现市电与发电机供电切换，于是在任何情况下紧急母线中的负荷能获得可靠的电能供应。

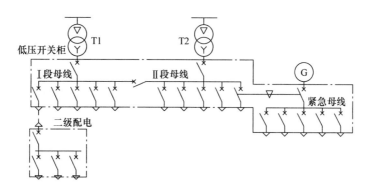

图 1-28　重点区域供配电方案

环形供配电方案能够实现最完善的供电可靠性，如图 1-29 所示。

从图 1-29 中可以看出，4 套单路进线的系统两两相联结成环形供配电网络。当本段的进线出现供电中断后，本段母线总能从两侧中的某侧系统中获取电能。

对于环形供配电方案需要注意的是：

1）若电力变压器的容量有限，则在投切母线联络开关之前要切除部分负荷；

2）各个系统中的进线开关和馈电开关之间以及进线开关和母联开关之间必须要设置比较严密的保护匹配措施，必要时要配套方向和区域保护；

3）所有为电力变压器供电的中压系统必须来自同一电网。

我们来看一个环形供配电的实例。此实例是我国某大型水利工程永久船闸的低压配电系统，如图 1-30 所示。

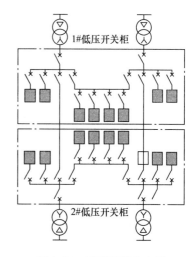

图 1-29　环形供配电方案

图 1-30 中的负载都在 211 母线、202 母线、228 母线和 219 母线上。正常状态下各变压器独立运行，电能自上而下地经过 3 台断路器传送到各段负载母线上。例如 T1 变压器的电

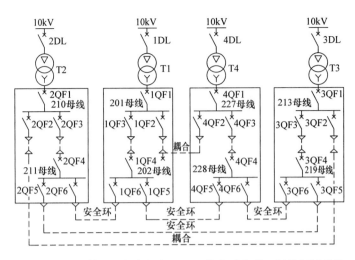

图1-30 环形供配电方案的应用——某大型水利工程的船闸项目

能经过1QF1、1QF3和1QF4三台断路器送到202母线上。

当T1变压器失压后，T4变压器的电能可经过4QF2和1QF2传送到耦合母线201上，再经过1QF3和1QF4输送到202母线上。

图1-30中安全环的用途是某段工作母线向位于左侧或右侧的相邻工作母线供电，其目的是防止耦合母线上的断路器发生故障。

图1-30中除了进线断路器外，其他断路器中的运行电流均可能由于供电关系的改变而反向，因此这些断路器均要配备方向保护以实现上下级选择性，还要配备区域保护以实现系统安全。

（4）采用不间断电源UPS构建的供配电方案

采用不间断电源UPS构建的供配电方案如图1-31所示。

UPS电源在其内部安装了电池组，有时电池组也可能外置。当外部供电电源正常工作时，外部电源整流电路对UPS内部的电池组实施充电操作，同时又通过逆变电路对负载输出正常工作电压；当外部供电电源停止供电时，则外部负载完全靠电池供电，电池供电时间视电池的容量从20min到数小时或更长的时间。当UPS本身发生故障时，UPS内部的旁路通道执行旁路操作。

在图1-31中，一般负荷由市电和发电机构建的双路进线配电系统经过ATSE开关投切供电，而重要负荷则由UPS供电。通过这样处理后，重要负荷所获取的电能在任何时刻均不会出现中断。

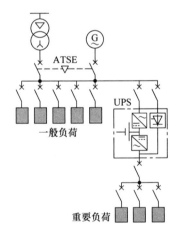

图1-31 UPS供配电方案

1.4.4 主电力变压器在低压电网中的使用条件和带负荷能力

低压配电网的电能来自于电力变压器。表1-20中列出电力变压器与低压电网相关的使用参数。

表 1-20 电力变压器与低压电网相关的使用参数

序号	项目	说明				
1	电力变压器使用条件	GB/T 1094.1 ~ GB/T 1094.5				
2	海拔	不超过1000m				
3	环境温度	最高气温 +40℃ 最低气温 -25℃（适用于户外变压器） 最低气温 -5℃（适用于户内变压器）				
4	变压器正常过负荷能力	1) 当超过负载1.3倍时，户外变压器允许过载时间为2h，室内变压器为1h 2) 当超过负载1.6倍时，户外变压器允许过载时间为30min，室内变压器为15min 3) 当超过负载1.75倍时，户外变压器允许过载时间为15min，室内变压器为8min 4) 当超过负载2.0倍时，户外变压器允许过载时间为7.5min，室内变压器为4min				
5	变压器事故过负荷能力	油浸变压器	事故过负荷百分比	30	45	60	75	100
			允许运行时间/min	120	80	45	20	10
		干式变压器	事故过负荷百分比	20	30	40	50	60
			允许运行时间/min	60	45	32	18	5
6	根据负荷性质确定台数	当配电所有一级和二级负荷时，需要安装两台以上的主变压器；三级负荷一般只安装一台主变压器				
7	装有一台主变压器的配电所的变压器容量	$S_n \geq \Sigma S_{30}$，其中 ΣS_{30} 表示30℃时负荷的视在功率总和				
8	装有两台以上主变压器的配电所的变压器容量	$S_n \geq 0.6\Sigma S_{30}$，其中 ΣS_{30} 表示30℃时负荷的视在功率总和或者 $S_n \geq \Sigma S_{30}(1+2)$，其中 $\Sigma S_{30}(1+2)$ 表示30℃时一级负荷和二级负荷的视在功率总和				
9	选用 Dyn11 联结组标号的变压器	1) 由单相不平衡负荷引起的中性线电流超过低压绕组额定电流的25% 2) 供电系统中存在较大的谐波源，3次及以上的高次谐波电流比较突出时				
10	选用 Yyn0 联结组标号的变压器	1) 三相负荷基本平衡，其低压中性线电流不超过低压绕组额定电流的25% 2) 供电系统中无显著的谐波源，3次及以上的高次谐波电流比较小				
11	变压器并列运行	1) 并列运行变压器的额定一次电压和二次电压都必须对应相等，电压偏差值不得超过±5% 2) 并列运行变压器的阻抗电压必须相等 3) 并列运行变压器的联结组标号必须相同 4) 并列运行变压器的容量最好相等或接近				

1.4.5 电网频率和高次谐波对低压电器和成套开关设备的影响

1. 有关配电网谐波的定义

随着技术的进步和人民生活的改善，在配电网中出现大量的非线性电气设备，例如变频调速设备、温度控制设备和空调设备、UPS、新型照明灯具和电气车辆等。这些新型设备除了要消耗大量的电力以外，还给配电网带来了谐波污染。

当低压电网中存在谐波时，n 次谐波电压 HRU_n 含有率和 n 次谐波电流 HRI_n 含有率的定义如下：

$$\begin{cases} HRU_n = \dfrac{U_n}{U_1} \times 100\% \\[3mm] HRI_n = \dfrac{I_n}{I_1} \times 100\% \end{cases} \tag{1-53}$$

n 次谐波电压和电流总谐波畸变率的定义如下：

$$\begin{cases} THD_U = \dfrac{\sqrt{\sum\limits_{n=2}^{\infty}(U_n)^2}}{U_1} \times 100\% \\[5mm] THD_I = \dfrac{\sqrt{\sum\limits_{n=2}^{\infty}(I_n)^2}}{I_1} \times 100\% \end{cases} \tag{1-54}$$

式中　U_n——n 次谐波电压有效值；

　　　I_n——n 次谐波电流有效值；

　　　U_1——基波电压有效值；

　　　I_1——基波电流有效值；

　　　HRU_n——n 次谐波电压含有率；

　　　HRI_n——n 次谐波电流含有率；

　　　THD_U——n 次谐波电压畸变率；

　　　THD_I——n 次谐波电流畸变率。

在三相电路中，各相电压、电流依次相差基波的 $2\pi/3$。三相电压可表示为

$$\begin{cases} u_{an} = \sqrt{2}\,U_n \sin\left(n\omega t + \varphi_n\right) \\[3mm] u_{bn} = \sqrt{2}\,U_n \sin\left[\left(n\omega t - \dfrac{2n\pi}{3}\right) + \varphi_n\right] \\[3mm] u_{cn} = \sqrt{2}\,U_n \sin\left[\left(n\omega t + \dfrac{2n\pi}{3}\right) + \varphi_n\right] \end{cases} \tag{1-55}$$

1）当 $n = 3k\,(k = 1,\ 2,\ 3,\ \cdots)$ 时，即 $n = 3,\ 6,\ 9\cdots$，此时三相电压的谐波大小和相位均相同，此谐波被称为零序谐波；

2）当 $n = 3k + 1$ 时，即 $n = 4,\ 7,\ 10\cdots$，此时 B 相电压比 A 相电压滞后 $2\pi/3$，C 相电压比 A 相电压超前 $2\pi/3$，这些次数的谐波被称为正序谐波。注意：对称三相电路的基波本身也是正序的。

3）当 $n = 3k - 1$ 时，即 $n = 2,\ 5,\ 8\cdots$，此时 B 相电压比 A 相电压超前 $2\pi/3$，C 相电压比 A 相电压滞后 $2\pi/3$，这些次数的谐波被称为负序谐波。

若三相电路是对称的，则对于各相电压来说，无论是 IT 系统还是 TN 系统[注]，相电压中都包含零序谐波，而线电压中都不含有零序谐波；对于各相电流来说，在 IT 系统下因为没

[注]　有关 IT 系统和 TN 系统，详见 1.6.2 节。

有零序电流通道，因而电流中没有零序电流，而在 TN 系统下，则零序电流将从中性线中流过。

若三相电路是不对称的，则零序、正序和负序可同时出现在线路中，但线电压中不包括零序分量，而 TN 系统的中性线将流过零序谐波电流分量。

电压谐波总量 U_H 计算公式如下：

$$U_H = \sqrt{U_2^2 + U_3^2 + \cdots + U_n^2 + \cdots}$$ (1-56)

电流谐波总量 I_H 计算公式如下：

$$I_H = \sqrt{I_2^2 + I_3^2 + \cdots + I_n^2 + \cdots}$$ (1-57)

2. 配电网中谐波的危害和产生谐波的电力设备

我们来看国家标准对配电网中谐波的规定：

📖 国家标准 GB/T 14549—1993《电能质量 公用电网谐波》标准中规定：0.4kV 的电网的电压总谐波畸变率为 5.0%，奇次谐波电压含有率为 4.0%，偶次谐波电压含有率为 2.0%。

低压电网中电压波形畸变率 THD_U 的允许值

THD_U 含量	现象
低于 5%	正常状态，无故障危险
5% ~ 8%	明显的谐波污染，可能发生故障
高于 8%	严重谐波污染，会发生故障，需要认真分析和安装消谐装置

低压电网中电流波形畸变率 THD_I 的允许值

THD_I 含量	现象
低于 10%	正常状态，无故障危险
10% ~ 50%	明显的谐波污染，可能发生故障
高于 50%	严重谐波污染，会发生故障，需要认真分析和安装消谐装置

低压电网中谐波次数及谐波电流允许值

标准电压 /kV	基准短路容量 /MV·A	2	3	4	5	6	7	8	9	10	11	12	13
0.4	10	78	62	39	62	26	44	19	21	16	28	13	24
6	100	43	34	21	34	14	24	11	11	8.5	16	7.1	13
10	100	26	20	13	20	8.5	15	6.4	6.8	5.1	9.3	4.3	7.9

标准电压 /kV	基准短路容量 /MV·A	14	15	16	17	18	19	20	21	22	23	24	25
0.4	10	11	12	9.7	18	8.6	16	7.8	8.9	7.1	14	6.5	12
6	100	6.1	6.8	5.3	10	4.7	9.0	4.3	4.9	3.9	7.4	3.6	6.8
10	100	3.7	4.1	3.2	6.0	2.8	5.4	2.6	2.9	2.3	4.5	2.1	4.1

公用电网中的谐波会产生如下危害：

1）谐波使公用电网中的元件产生了附加的谐波损耗，降低了发电、输电和用电设备的效率，大量的3次谐波流过中性线时会使线路过热甚至发生火灾。

2）谐波影响各种电气设备的正常工作。谐波对电动机除了产生附加损耗外，还会产生机械振动、噪声和过电压，使变压器局部过热。谐波使电容器、电缆等过热、绝缘老化，造成损坏。

谐波对电网的危害包括如下若干方面：

1）谐波使公用电网中的元件产生了附加的谐波损耗，降低了发电、输电和用电设备的效率，大量的3次谐波流过中性线时会使线路过热甚至发生火灾。

2）谐波影响各种电气设备的正常工作。谐波对电动机除了产生附加损耗外，还会产生机械振动、噪声和过电压，使变压器局部过热。谐波使电容器、电缆等过热、绝缘老化，造成损坏。

3）谐波会使电网中局部发生并联或串联谐振，从而使谐波放大，加重电网损坏程度。

4）谐波会使继电保护和自动装置误动，并造成仪表计量不准确。

5）谐波会对通信系统产生干扰，降低通信质量，甚至导致信息丢失，使通信系统无法工作。

图1-32所示为不同行业中会产生谐波的电力设备和装置占总电力设备的百分比。

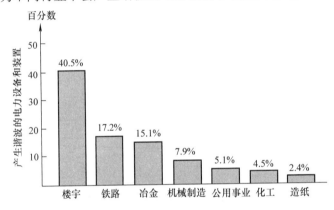

图1-32　产生谐波的电力设备和装置

我们来看看各种电力设备产生谐波的情况。

1）轻载时的电力变压器。

电力变压器产生的3的倍数次谐波只在三角形联结的回路中流通，星形联结回路中没有3的倍数次谐波；流入低压电网只有 $6k \pm 1$ 次谐波。电力变压器平时谐波量不大，只有在轻载、刚开始投运或负载剧烈变化时才会产生大量的谐波。

2）电弧炉的谐波量很大，一般为2~5次谐波。

3）荧光灯的3次谐波含量最高，荧光灯在TN-C接地方式下中性线会流过很大的3次谐波。

4）电力电子装置，例如整流装置、变频装置等产生大量的谐波。

从以上分析可见，楼宇是产生谐波的重灾区，同时以电力机车为主的铁路（包括地铁）也是产生大量谐波的重要源头。

3. 不同的电网频率和高次谐波对低压开关电器的影响

一般电网中电压的基波频率是50Hz或者60Hz，而电压的高次谐波是指频率为基波的奇数倍的电压。

如果将应用于50/60Hz电网频率的低压电器使用在其他额定频率时，必须考虑到电网频率和电流高次谐波对低压电器产生的影响。这些影响主要包括：

1）谐波会使电网中局部发生并联或串联谐振，从而使谐波放大，加重电网损坏程度；

2）谐波会使继电保护和自动装置误动，并造成仪表计量不准确；

3）谐波会对通信系统产生干扰，降低通信质量，甚至导致信息丢失，使通信系统无法工作；

4）谐波电流流过导体时会产生额外的发热，引起变压器、用电设备、电缆中的附加温升；

5）趋肤效应（集肤效应）引起的发热作用。

对于开关电器，谐波将会造成如下影响：

1）降低低压开关电器的通断能力；

2）降低低压开关电器的触头寿命；

3）改变断路器脱扣器的动作特性；

4）改变断路器电磁操作机构和电动机操作机构的工作特性。

以下分别论述。

（1）趋肤效应的影响

交流电的频率越高时电流越趋向于导线的表面，这种现象被称呼为趋肤效应（Skin Effect）。随着频率的增加，导线的有效截面将因此而减少，线路中的发热趋向于严重。

当导线流过交变电流时，根据楞次定律会在导线内部产生涡流，与导线中心电流方向相反，由于导线中心较导线表面的磁链大，在导线中心处产生的电动势就比在导线表面附近处产生的电动势大。这样作用的结果，电流在表面流动，中心则无电流，这种由导线本身电流产生之磁场使导线电流在表面流动。

我们来看式（1-58）：

$$\delta = \frac{1}{\sqrt{2\pi f \mu \sigma}} \tag{1-58}$$

式中　δ——电流穿透深度（cm）；

　　　　f——频率（Hz）；

　　　　σ——导体电导率；

　　　　μ——导体磁通率。

考虑到低压成套开关设备中的母线都有一定的温度，特别是母线搭接面的温度更高，因此我们就以母线温度是100℃来考虑。在此状态下，式（1-58）可取值如下：

$$\delta = \begin{cases} \dfrac{6.6}{\sqrt{f}}, & \cdots\cdots T = 20℃ \\[2ex] \dfrac{7.65}{\sqrt{f}}, & \cdots\cdots T = 100℃ \end{cases} \tag{1-59}$$

据此，我们可得表1-21。

表 1-21　工频和 3 ~ 7 次谐波在铜导线中的穿透深度

f频率/Hz	谐波次数	$T=20℃$时δ穿透深度/cm	$T=100℃$时δ穿透深度/cm
50	基波	0.93	1.08
150	3	0.54	0.62
250	5	0.42	0.48
350	7	0.35	0.41

由表 1-21 可知,当低压电网中有谐波存在时,导线的等效截面变小从而引起发热。

【例1-13】 在 50Hz 工频下,环境温度为 20℃时,导电铜棒的直径最大值是多少?

解:

由表 1-20 可知,在 20℃时 50Hz 工频在铜导体内的穿透深度是 9.3mm,故导电铜棒的直径 D 不得超过 20mm。若导电铜棒的直径超过 20mm,则应当采用铜管,且铜管壁厚不建议超过 10mm。

同理,对于低压开关柜中的铜排,其厚度不能超过 20mm,一般以 10mm 为最佳。

频率较高的交流电还会产生电磁感应现象,使得磁滞损耗随着频率的增加而迅速增加,其中包括各种铁心产生的损耗,电流互感器和电压互感器产生的损耗,以及与导线在临近的金属板材中产生的涡流损耗等。

(2) 高次谐波对低压成套开关设备主母线负载能力产生的影响

高次谐波将影响到低压成套开关设备主母线的载流能力。我们看式(1-60):

$$I_B(f_k) = I_0(50\text{Hz})\sqrt{\frac{50}{f_k}} \tag{1-60}$$

式中 $I_B(f_k)$ ——某频率下的母排载流量;

$I_0(50\text{Hz})$ ——50Hz 下的标准载流量;

f_k ——某高次电网基波频率或高次谐波频率。

低压成套开关设备中的主母线当频率从 50Hz(基波)变化为 550Hz(11 次谐波)时,根据式(1-60)可计算出主母线的载流量变化,见表 1-22。

表 1-22 低压成套开关设备中的主母线与频率的关系

每相主母线铜排规格 支数×宽/mm×厚/mm	载流量 I_e/A					
	50/60Hz	150Hz	250Hz	350Hz	450Hz	550Hz
2(支)×30×10	1800	1039	805	680	600	543
2(支)×60×10	2300	1328	1029	869	767	693
4(支)×60×10	3300	1905	1476	1247	1100	995
2×4(支)×60×10	5800	3349	2594	2192	1933	1749

值得注意的是,在大多数的情况下在低压电网中存在高次谐波,使得低压开关柜主母线电流中既有基波电流又有高次谐波电流,主母线因此可能出现超载过流现象。

(3) 3 次谐波对中性线母线的影响

从式(1-55)中,我们已经知道,当谐波次数是 3k 次时,三相中高次谐波电流的大小和相位均相同,即零序谐波。正是由于这个原因,三相系统的各相中出现的 3 次谐波电流总是同相同极性的,但中性线 3 次谐波电流与相线基波电流幅值相比其比值最大不超过 $\sqrt{3}$,如图 1-33 所示。

在图 1-33 中,纵坐标是中性线中 3 次谐波电流与相线基波电流幅值之比,横坐标是 3 次谐波电流在中性线电流中的含有率。由图 1-33 中可见,当纵坐标的最大值为 $\sqrt{3}$ 时,3 次谐波在中性线电流中的含有率已经超过 85%。

由此可知,当低压电网中 3 次谐波的含有率较高时,中性线的截面积要与相线截面积相等，低压成套开关设备的中性线母线的截面积也要与相线母线的截面积相等。

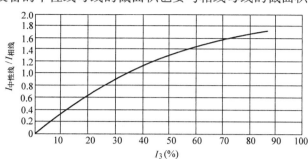

图 1-33　中性线中的 3 次谐波含量

若基波下的相线电流是 I_L，3 次谐波电流占有率是 HRI_3，则实际的相线包括基波电流和 3 次谐波电流在内的总电流 I_{3H} 和中性线电流 I_{3N} 分别为

$$\begin{cases} I_{3H} = I_L \sqrt{1 + HRI_3^2} \\ I_{3N} = 3I_L \times HRI_3 \end{cases} \tag{1-61}$$

根据式（1-61），若低压成套开关设备中的基波相电流 $I_L = 500A$，我们来计算当 HRI_3 分别取 20%、40% 和 60% 时的相线总电流 I_{3H} 和中性线电流 I_{3N}：

HRI_3（%）	20	40	60
I_{3H}（A）	510	540	585
I_{3N}（A）	300	600	900

计算表明，当线路中出现 3 次谐波后，相线电流的变化不大，但中性线电流变化剧烈。所以当低压配电网中存在谐波时，中性线截面必须加大。

（4）高次谐波对断路器负载能力产生的影响

在 50 ~ 60Hz 电网条件下设计的断路器，当使用在频率更低的配电网时，可以使用相同的电流等级。

在 100Hz 以上时，断路器的铁制零件将出现发热，在 400Hz 时铁制零件的负载能力为 50Hz 时的 50%。

当频率较高时，因为电压周期变短使得电压过零时的电弧散热时间减小，因此断路器的灭弧能力将降低。

频率还影响到断路器的其他各种脱扣器：

1）过电流热脱扣器与频率的关系在低频时基本不变，但频率高于 500Hz 时脱扣会加快。

2）电磁式脱扣器是靠动作电流在半个波峰内驱动衔铁产生动作（0° ~ 90° 电角度），随着频率从 50Hz 变到 500Hz，动作电流变化从 1 倍变化到 $\sqrt{2}$ 倍，所以高频时要调整动作时间。

3）电子式脱扣器通过测量电流互感器来测量电流，通过电子系统来进行信息处理和执行脱扣动作。

脱扣与测量有关。存在两种情况：其一是发生短路之前已有过载电流流过测量机构，其二是测量机构需要测量突现的短路涌流。两种情况相比较，后者比前者要慢若干毫秒。

因为电子系统非常灵敏，因此在 40 ~ 400Hz 的范围内，电子式脱扣器本身的工作受频率的影响较小，可以忽略不计。

（5）高次谐波对电动机的影响以及对断路器电动操作机构的影响

对于电动机来说，起动电流在50Hz时为工作电流的4～8.4倍，在150Hz时为15倍，在450Hz时为20倍。同时，频率越高功率因数越低，甚至只有0.25。

异步电动机供电电源的 THD_U 不能超过10%，否则会造成电动机严重发热。

断路器的电动操作机构有两种形式，其一是电动机操作机构，其二是电磁操作机构。

对于电磁操作机构，由于交流电磁铁的吸力与磁感应强度的二次方成正比，而磁感应强度又与电磁线圈上加载的电源频率成反比。所以当频率增加时，线圈的吸力就降低，反之就增加。因此当电网电压中含有高次谐波时将使得电磁操作机构的灵敏度降低，此时必须调整控制电压。

（6）高次谐波对交流接触器的影响

交流接触器的额定工作电流与频率的关系是

$$I_k(AC-1, f_K) = I_{50}(AC-1, 50Hz)\sqrt[10]{\frac{50}{f_K}} \qquad (1-62)$$

式中　$I_k(AC-1, f_K)$——对应于 f_K 频率下的交流接触器载流量；

$\quad I_{50}(AC-1, 50Hz)$——50Hz下的交流接触器额定电流；

$\quad\quad\quad f_K$——某高次电网基波频率或高次谐波频率。

依照式（1-62），当电源频率从50Hz（基波）变化到550Hz（11次谐波）时交流接触器工作电流的变化见表1-23。

表1-23　交流接触器的额定工作电流与频率的关系

电源频率 f_K/Hz	交流接触器在高次谐波下的工作电流相对50Hz时额定电流的倍率
50	I_{50}
150	$0.8960I_{50}$
250	$0.8513I_{50}$
350	$0.8232I_{50}$
450	$0.8027I_{50}$
550	$0.7868I_{50}$

与电磁操作机构相同，交流接触器的线圈也会因为电网电压中的高次谐波产生发热、动作拖滞和发出强烈噪声等故障。

（7）电流高次谐波对过载继电器的影响

电动机的过载一般使用热继电器来进行测量和控制，当电流比较大时则利用电流互感器的二次侧电流输送给热继电器测量回路。电动机的工作电流加热热继电器内部测温双金属片，通过测温双金属片受热弯曲变形的推动作用使得微动开关对外电路发送过载信息。

当电网中出现高次电流谐波时，热继电器就会出现较快动作的现象。特别在使用电流互感器变流的情况下，电流互感器的饱和系数越低则热继电器的动作就越提前。所以电网电压中高次谐波的成分越高则应调高热继电器的动作控制点。

（8）电流高次谐波对电容的影响

流过电容的电流与电压有如下关系：

$$I_C = \frac{U}{X_C} = 2\pi fCU \qquad (1-63)$$

式中　I_C——流过电容的电流；

　　　U——配电网电压；

　　　X_C——电容容抗；

　　　f——频率；

　　　C——电容值。

从式（1-63）中可以看出当电网电压中含有高次谐波时，因为流过电容的电流随着频率的增加而增加，所以 I_C 将会加大，从而加剧了电容器的发热。

根据标准，电容器充放电电流不能超过额定电流的 1.3 倍。

由于存在谐波，例如当 $THD_I = 10\%$ 时，在额定电压下充放电电流等于额定电流的 1.19 倍，若此时电网电压又升至 1.1 倍额定电压，则电容器的充放电电流等于额定电流的 1.3 倍，将造成电容器严重过热，甚至发生电容器爆炸事故。

（9）由高次谐波造成的变压器谐波降容率

谐波会使得变压器的噪声加大，发热趋于严重，还会降低变压器绝缘介质的绝缘能力。由此可见，谐波对电力变压器的负载能力影响很大。

低压电网中带有晶闸管类电力电子器件的负荷就是产生谐波的最主要原因，由图 1-34 中可见，当电力变压器供电的低压电网中若带电力电子元件的负荷量达到 60%，则电力变压器需要降容 50%。

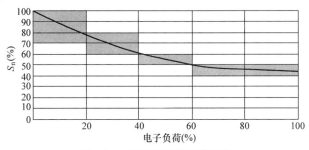

图 1-34　变压器的谐波降容率

1.5　低压开关电器的通断任务和各种不同负载的通断条件

1.5.1　低压开关电器的通断任务

低压开关电器的通断任务实质上也代表了低压成套开关设备的通断任务。这些通断任务如下：

1. 隔离通断任务

隔离通断任务是指开关电器能将配电网的电源与电气设备隔绝开来，以便电气人员在对电气设备进行检修时确保人身安全和设备安全。

这里的隔离既包括动、静触头之间的隔离，还包括带电体与接地零部件之间的电气间隙，以及带电体与相邻带电体之间的隔离。

为了能实现隔离通断任务，有关的低压开关电器的动、静触头之间必须具有明确的断点，并且其电气间隙的技术要求和爬电距离的技术要求必须符合相关的制造标准，有关电气间隙的标准参阅国际电工标准 IEC 60947 - 3 和我国国家标准 GB/T 14048.3—2008。如果在隔离期间需要确保电气设备一直处于无电状态，则执行隔离通断任务的低压开关电器其操作机构必须具有上锁的功能。

为了确保在整个隔离期间都不会出现带电状态，执行隔离通断任务的低压电器必要时可采用挂锁锁住。

2. 空载通断任务

空载通断任务是在无电流状态下接通或断开低压电网电路。

由于执行空载通断任务的低压电器一般不具备带负荷分断电路的能力，故在带负荷的状态下强制操作，其触头上产生的电弧将损坏低压电器。执行空载通断任务的低压电器如刀开关及负荷开关等，其中负荷开关具有一定的带负荷分断电路的能力。

3. 负载通断任务

负载通断任务是接通或断开正常的负荷电流。由于低压电器在进行负载通断时是带负荷的，故执行负载通断任务的低压电器必须具备接通与分断过电流的能力。确定低压电器执行带负载通断能力的标准是 GB/T 14048.1—2023（等同于 IEC 60947-1：2020），摘要如下：

AC-21：1.5 倍额定工作电流 I_e；

AC-22：3 倍额定工作电流 I_e；

AC-23：8~10 倍额定工作电流 I_e。

负载通断任务与短路电流通断任务的区别在于：前者对电路执行过载的通断任务，而后者则对电路执行短路的通断任务。

4. 电动机通断任务

通断电动机的低压开关电器应当满足各种工作制下的各型电动机。一般用于通断电动机电路的接触器都具有 AC-3 的通断能力。

在 GB/T 14048.4—2020《低压开关设备和控制设备 第4-1部分：接触器和电动机起动器机电式接触器和电动机起动器（含电动机保护器）》中的表1规定了接触器的使用类别及其代号，如下：

📖 标准摘录：GB/T 14048.4—2020《低压开关设备和控制设备 第4-1部分：接触器和电动机起动器机电式接触器和电动机起动器（含电动机保护器）》

表1 使用类别

电流	使用类别代号	典型用途举例
AC	AC-1	无感或微感负载
	AC-2	绕线式感应电动机的起动、分断
	AC-3	笼型感应电动机的起动、运行和分断
	AC-4	笼型感应电动机的起动、反接制动或反向运行、点动
	AC-5A	镇流器放电灯
	AC-5B	白炽灯
	AC-6A	变压器
	AC-6B	电容器组
	AC-7A	家用电器和类似用途的低感负载
	AC-7B	家用的电动机负载
	AC-8A	具有手动复位过载脱扣器的密封制冷压缩机中的电动机 b 控制
	AC-8B	具有自动复位过载脱扣器的密封制冷压缩机中的电动机 b 控制

注：AC-3 使用类别可用于不频繁的点动或在有限的时间内反接制动。例如机械移动，在有限的时间内操作次数不超过 1min 内 5 次或者 10min 内 10 次

5. 短路通断任务

执行短路通断任务一般采用各型断路器和熔断器。断路器是一种既能够通断负载电流、电动机电流和过载电流，还能够执行分断短路电流的开关电器。

发生短路时，断路器在出现电流峰值之前切断电路，同时有效地熄灭电弧。断路器通过电磁斥力推动脱扣器执行分断操作，同时利用电流过零熄弧或接通高电阻来限制电弧能量。

（1）电流过零熄弧式断路器

图 1-35 所示为电流过零熄弧式断路器在分断时的电流与电压过程。图中的断路器触头在 t_1 时刻断开，由于电压已经将动静触头之间的空气击穿，故触头之间出现电弧，此电弧延续到电流过零时才熄灭。所以这种断路器被称为电流过零熄弧式断路器。

绝大多数低压断路器都是电流过零熄弧式断路器。

（2）限流式断路器

图 1-36 所示为限流式断流器的熄弧过程。

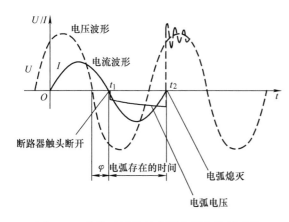

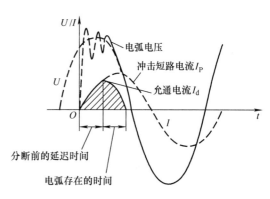

图 1-35　电流过零熄弧式断路器在分断时的
电流与电压过程

图 1-36　限流式断路器的熄弧过程

第一种限流式断路器利用安装双金属片导电排来限流。

限流的实质是将未受影响的冲击短路电流限制成较小的允许通过的电流（允通电流）。当发生短路时，由于断路器安装了双金属片构成的导电排和瞬时短路脱扣器，此时的导电排电阻变得非常大，足以将短路电流限制成为断路器能够承受的电动力和热效应，继而将较小的短路电流分断。

第二种限流式断路器利用合适的触头形状和灭弧室结构灭弧。当电弧产生后，电弧被电磁作用迅速地推到灭弧室中，灭弧室中的栅片将电弧分割成多段局部电弧，再将多段局部电弧进行强力冷却后灭弧。

当电路中出现短路电流时，断路器的保护装置触发脱扣器将断路器的主触头打开，再结合上述的多种方式灭弧。

对于低压电网，当电压在 400V 以下时，限流式断路器的灭弧能力大于电流过零熄弧式断路器，见图 1-36。

我们看到图 1-36 中阴影部分就是限流区域，它的幅值低于冲击短路电流峰值，故限流式断路器开断时产生的电弧冲击强度小于过零熄弧式断路器。不过需要注意的是：若负载是感性的，由于开断时间短容易产生开断过电压，其幅值甚至可达电源电压的 3 倍，这是限流式断路器的开断感性负载的特征。

图 1-37 所示为 ABB 公司生产的 $T_{max}XT$ T2S160R160 断路器的限流曲线。

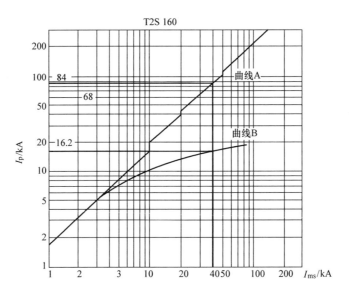

图 1-37　ABB 公司的 $T_{max}XT$ T2S160R160 断路器的限流曲线

图 1-37 中预期短路电流的真实值显示在横坐标上，短路电流的峰值显示在纵坐标上。其中曲线 A 是未加限制的短路电流峰值，曲线 B 是限流后的短路电流峰值。对于 400V 低压线路上出现的 40kA 短路电流限流后减少为 16.2kA，对于 400V 低压线路上的 84kA 预期短路电流则减少了 68kA 的电流值。

值得注意的是，图 1-37 中的曲线 A 呈现出折线的形态。观察横坐标，这里的 I_{rms} 表示对称短路电流，也就是我们熟知的短路周期分量，或者短路稳态电流。我们再观察曲线纵坐标，它是冲击短路电流 I_p，是短路电流交流分量与直流分量的叠加，所以冲击短路电流 I_p 等于 I_{rms}（短路电流周期分量乘以峰值系数 n）。

注意：冲击短路电流峰值与稳态短路电流之比或者冲击短路电流峰值与短路电流周期分量之比就是第 1 章 1.4.1 节中描述过的峰值系数 n。

再来观察图 1-37 的曲线 A，我们发现出现阶跃之处的 I_{rms} 值是 5kA、10kA、20kA 和 50kA，相应的 I_p 分别是 7.5kA/8.5kA、17kA/20kA、40kA/42kA 和 105kA/110kA，正好对应于峰值系数 n 的阶跃值 1.5/1.7、1.7/2.0、2.0/2.1 和 2.1/2.2。

我们由此可以看出，限流特性反映了断路器切断冲击短路电流峰值从而限制短路电流对线路产生的电动力冲击和热冲击的能力。

1.5.2　三相异步电动机的通断条件

1. 有关三相异步电动机的若干技术术语和机械特性

三相异步电动机在现代工业中占据重要的地位，在各行各业中安装的各类电动机中有

95%是三相笼型异步电动机。

　　三相异步电动机的通断条件表征了低压配电网参数与电动机之间的制约关系，且涉及三相异步电动机的各种技术参数、工作特性、负载特性、起动条件、调速条件和使用运行参数等。

　　表1-24对有关三相异步电动机的技术术语、工作特性和起动条件予以汇总。

表1-24　三相异步电动机的若干技术术语

技术术语	解释					
旋转磁场与同步转速之间的关系	$$n_0 = \frac{60f_1}{p}$$ 式中　n_0——旋转磁场的同步转速 　　　f_1——交流电的频率，单位为 Hz 　　　p——电动机的极对数					
	极对数	同步转速	实际转速	极对数	同步转速	实际转速
	1	3000r/min	2980r/min	4	750r/min	720r/min
	2	1500r/min	1440r/min	5	600r/min	585r/min
	3	1000r/min	985r/min	6	500r/min	480r/min
旋转方向	旋转方向取决于通入定子绕组的三相交流电源的相序，且与三相交流电源的相序方向一致。只要任意调换电动机所接交流电源的相序，则电动机的旋转方向将反向					
转差率 S	电动机转子的转速 n 一定小于旋转磁场的同步转速 n_0。异步电动机同步转速 n_0 与电动机转速 n 之差称为转速差 Δn。Δn 与 n_0 的比值被称为异步电动机的转差率 S $$\begin{cases} S = \dfrac{n_0 - n}{n_0} \\ n = n_0(1-S) = \dfrac{60f_1}{p}(1-S) \end{cases}$$ 式中　S——异步电动机的转差率 　　　n_0——旋转磁场的同步转速 　　　n——转子的转速 ● 当转子静止时，即 $n=0$ 时，$S=1$。一般电动机刚起动或堵转时，$n=0$ ● 当转子转速等于同步转速时，即 $n=n_0$ 时，S 等于 0 ● 电动机在正常状态下运行，即 $0 < n < n_0$，$0 < S < 1$ ● 异步电动机在额定状态下运行时其额定转差率 S_N 约在 $0.01 \sim 0.06$ 之间 ● 异步电动机在空载时其转差率 S 约在 $0.001 \sim 0.007$ 之间					
额定电压 U_N	异步电动机在额定工作状态下运行时加载在电动机定子绕组上的线电压					
额定电流 I_N	异步电动机在额定状态运行时，流入电动机定子绕组中的线电流					

（续）

技术术语	解释
额定功率 P_N	$$P_N = \sqrt{3}\,U_N I_N \eta_N \cos\varphi_N$$ 式中　P_N——电动机的额定功率 　　　U_N——电动机的额定电压 　　　I_N——电动机的额定电流 　　　η_N——电动机的额定效率 　　　$\cos\varphi_N$——电动机的额定功率因数 对于运行在额定电压为 380V 的异步电动机，其 η_N 和 $\cos\varphi_N$ 均为 0.8，代入上式并由此推得 $$I_N \approx 2P_N$$ 即电动机每千瓦额定功率大致对应于 2A 的额定电流 对于运行在额定电压为 220V 的单相异步电动机，其 η_N 和 $\cos\varphi_N$ 均为 0.8，代入上式并由此推得 $$I_N \approx 6P_N$$ 即单相电动机每千瓦额定功率大致对应于 6A 的额定电流
额定频率 f_N	在额定状态下运行时，电动机定子绕组所接电源的频率
额定转速 n_N	在额定状态下运行时电动机的转速，单位是 r/min
绕组接线方法	定子的三相绕组联结方法，有星形（Y）联结和三角形（△）联结两种
防护等级	防止固体和水进入电动机内部的电动机外壳防护等级，例如 IP56

绝缘等级	电动机各绕组及其他绝缘部件所用绝缘材料的等级。绝缘等级按耐热性分为 7 个等级							
	绝缘等级	Y	A	E	B	F	H	C
	最高允许温度/℃	90	105	120	130	155	180	>180

技术术语	解释
连续工作制 S1	连续工作制 S1 表示电动机按铭牌规定的额定值工作时可以长期连续运行。S1 工作制的特点是电动机以额定输出功率运行状态中保持恒定的负载状态，并且运行持续的时间远大于电动机的热稳定时间
短时工作制 S2	短时工作制 S2 表示电动机按铭牌规定的额定值工作时只能在规定的时间内短时地运行。短时工作制的时间分为 10min、30min、60min 和 90min 四种 电动机的短时工作制 S2
断续工作制 S3	断续工作制 S3 表示电动机按铭牌规定的额定值工作时，运行一段时间就要停止一段时间，即按一定的周期重复运行，每周期为 10min S3 工作制的负载持续率为 15%、25%、40% 和 60% 四种（例如 60% 表示电动机工作 6min 就要停机 4min） 在 S3 工作制下电动机按相同的工作周期运行，在每周期中包括一段恒定负载运行时间和一段停机或断能时间。由于在每周期中电动机均不能达到热稳定状态，所以在 S3 工作制中每一周期的起动电流不会对温升产生显著影响

电力拖动系统由电动机、生产机械和传动机构三大部分构成，这三大部分之间存在互相制约的关系，这些制约关系可以通过电动机的机械特性曲线直观地显现出来。表 1-25 ~ 表 1-27 对电动机的机械特性予以汇总。

表 1-25　电动机的机械特性

定义	电动机在没有人为地改变其参数时的机械特性被称为自然机械特性
特定曲线	 电动机的自然机械特性
特征点	同步转速点 N_0、起动点 S 和临界点 K
同步转速点 N_0	同步转速 N_0 点的转速是 n_0，输出转矩 T 为 0。同步转速 N_0 点又被称为理想空载点
起动点 S	起动点 S 刚刚被接通电源但转速为 0，这时的转矩被称为起动转矩 T_s，也被称为堵转转矩。起动点 S 的坐标是 $(T_s, 0)$
临界点 K	临界点 K 上的电磁转矩最大，称为临界转矩 T_k。异步电动机的临界转矩与额定转矩之比就是异步电动机的过载能力 通常起动转矩 T_s 应大于额定转矩 T_{MN} 的 1.5 倍
机械特性表达式	$$T = \frac{3pU_1^2}{2\pi f_1} f(x_1, r_1, X_2, R_2)$$ 式中　x_1——定子回路电抗 　　　r_1——定子回路电阻 　　　X_2——转子回路电阻 　　　R_2——转子回路电阻 　　　U_1——电动机定子上的端电压 　　　p——极对数 　　　f_1——电源频率 ● 输出力矩 T 与电动机定子上的端电压 U_1 的二次方成正比，即 $T \propto U_1^2$ ● 输出力矩 T 与电动机的极对数成正比，即 $T \propto p$ ● 输出力矩 T 与接入电动机的电源频率成反比，即 $f_1 \propto \dfrac{1}{T}$
电动机过载倍数	电动机的过载倍数 λ_M 是最大转矩 T_{max} 与额定转矩 T_{MN} 之比 对于一般的三相异步电动机，过载倍数 $\lambda_M = 1.6 \sim 2.2$。对于起重和冶金机械使用的三相异步电动机，过载倍数 $\lambda_M = 2.2 \sim 2.8$ 左右
电动机的额定转矩	$$T_{MN} = 9550 \frac{P_N}{n_N}$$ 式中　T_{MN}——电动机的额定输出转矩，单位为 N·m 　　　P_N——电动机的额定功率，单位为 kW 　　　n_N——电动机的额定转速，单位为 r/min

（续）

定义	电动机在没有人为地改变其参数时的机械特性被称为自然机械特性
异步电动机的转速－转矩自调整	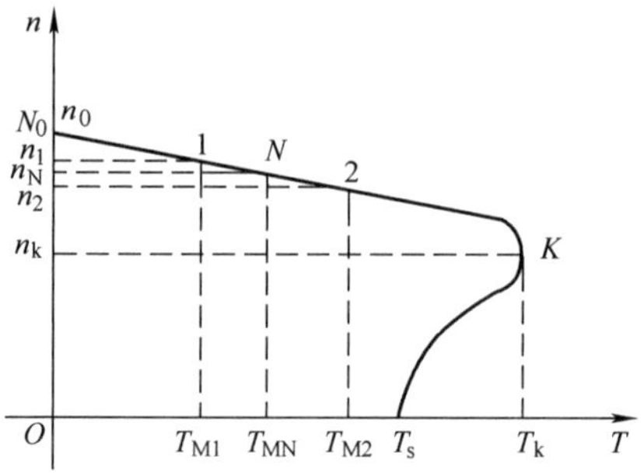 电动机的转速－转矩自调整 电动机的额定转速为 n_N，其对应的电磁转矩为 T_{MN}。若机械设备的阻转矩增加使得电动机的转速降低到 n_2。由于电动机定子旋转磁场的同步转速 n_0 并不下降，因而转子绕组切割旋转磁场的速度增加了，从而使得电磁转矩加大；反之，若机械设备的阻转矩减少使得电动机的转速提高到 n_1，则电动机也将自动减小电磁转矩
异步电动机的硬机械特性与软机械特性	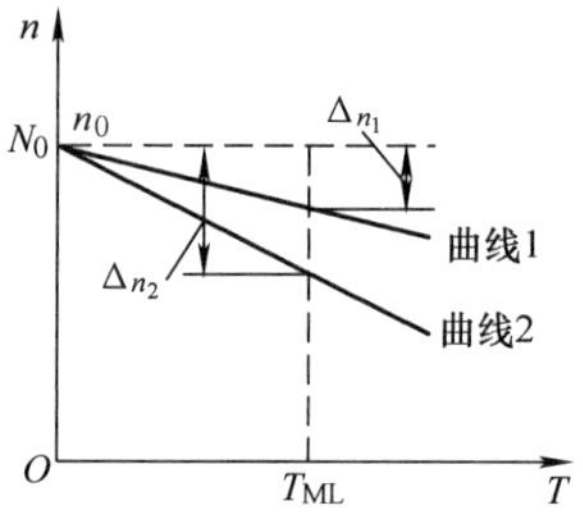 电动机的软机械特性和硬机械特性 若负载转矩增加而电动机转速下降很少则称此电动机具有硬机械特性；反之若负载转矩增加而电动机转速下降较多则称此电动机具有较软的机械特性 曲线 1 和曲线 2 表现出来的转速降落不一样，其中曲线 1 对应的转矩 T_{ML} 转速下降为 Δn_1，而曲线 2 对应的转矩 T_{ML} 转速下降为 Δn_2，$\Delta n_2 > \Delta n_1$。因此电动机特性曲线 1 具有较硬的工作特性，而电动机特性曲线 2 具有较软的工作特性 在一般的应用条件下希望电动机的特性曲线越硬越好。但对于易发生过载的场合，例如应用在起重机和卷扬机上的电动机则要求具有相对较软的特性曲线，一旦发生过载甚至堵转后不致因为电流过大而烧毁电动机 当两台电动机的额定功率相同时，转速低的电动机其电磁转矩较大

表1-26　改变电压的人工机械特性

定义	改变电压	频率与电压协调控制
同步转速	同步转速 n_0 不变	同步转速减小为 n_0'
临界转速	临界点转速 n_k 不变，故临界转差和临界转差率都不变	临界点的转速减小为 n_k'，但因为同步转速 n_0 也下降，故临界转差 Δn 基本不变

（续）

定义	改变电压	频率与电压协调控制
临界转矩 机械特性曲线	临界转矩减小为 T'_k 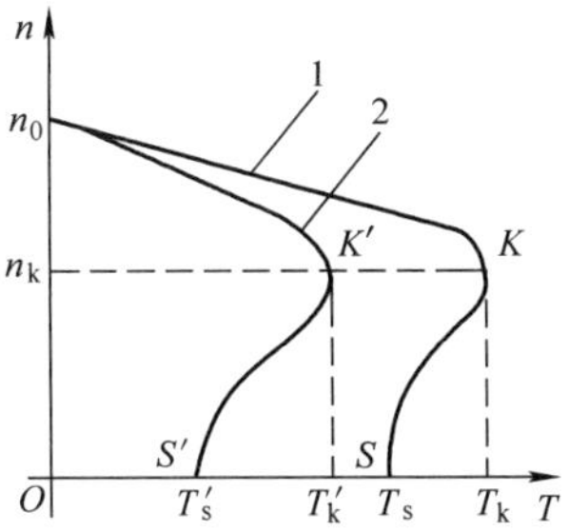 电动机在改变电压时的人工机械特性	临界转矩减小为 T'_k 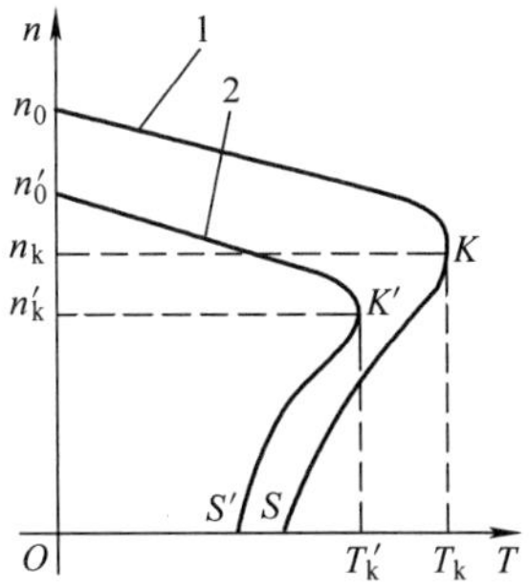 电动机在电压和频率协调控制时的 人工机械特性
结论	理想空载点不变，但临界点左移至 K' 点，起动点也随之左移至 S' 点，起动转矩减小为 T'_s 点	理想空载点下移，在电压随同频率同步地下降的情况下，临界点由 K 点移至 K' 点，起动点也由 S 点左移至 S' 点

表 1-27　负载的转矩与转速之间的关系特性

负载类型	恒转矩负载	恒功率负载	二次方律负载
转矩与转速关系	在任何转速下，恒转矩负载的负载转矩 T_L 总是保持恒定或大致恒定。这类负载多数呈现反抗性，T_L 的极性会随转速方向的改变而改变 $T_L = K$	负载转矩 T_L 在一定的速度范围内与转速 n 成反比 $T_L = \dfrac{K}{n}$	负载的阻转矩 T_L 与转速 n_L 的二次方成正比。电动机起动时转速低阻力小，因而较易起动。在额定转速附近，较小的转速变化会使机械出力有较大的变化 $T_L = T_0 + K_r n_L^2$
功率与转速的关系	$P_L = \dfrac{T_L n_L}{9550}$	$T_L = \dfrac{9550 P_L}{n_L}$	$P_L = P_0 + \dfrac{K_L n_L^3}{9550}$
负载曲线	反阻性恒转矩负载 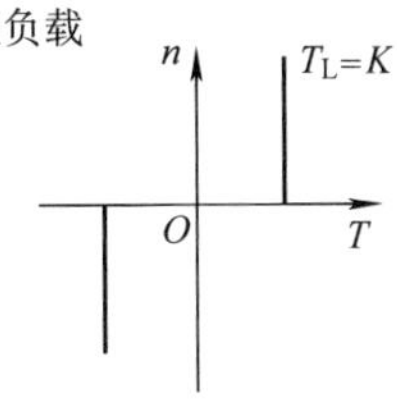 位能性恒转矩负载 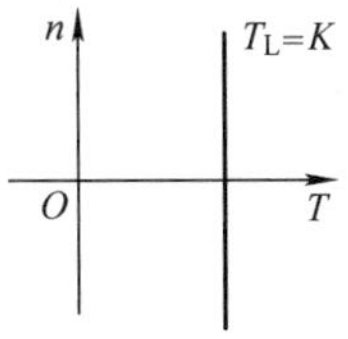 恒转矩负载的转速－转矩关系	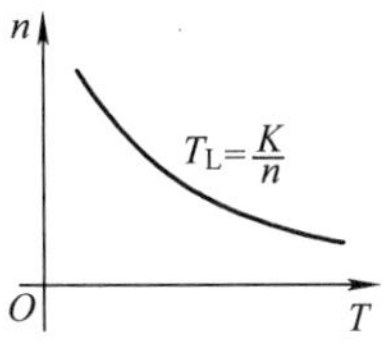 恒功率负载的转速－转矩关系	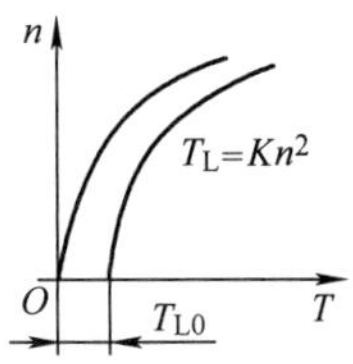 二次方律负载的转速－转矩关系

（续）

负载类型	恒转矩负载	恒功率负载	二次方律负载
机械类型	轧机、造纸机、电梯、输送带、起重机等	机床的切削、薄膜卷取机械等	风机、泵类
电动机稳定运行的条件	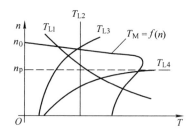 电动机稳定运行的条件 电动机在某一转速下能稳定运行的必要条件是：1）电动机产生的转矩 T_M 等于负载转矩 T_L，即要使 $T_M = f(n)$ 与 $T_L = f(n)$ 的两条机械特性有一个合适的交点；2）要保证在转速上升区间内 $T_M > T_L$ 在图中 $T_M = f(n)$ 与 $T_{L2} = f(n)$ 和 $T_{L3} = f(n)$ 的机械特性的交点 Q 是合适的 在图中 $T_M = f(n)$ 与 $T_{L1} = f(n)$ 的机械特性的交点 Q 是不合适的，因为它们有两个交点，其中 T_{L1} 与 T_M 在起动点与临界点之间的交点就是不稳定工作点：因为若因为某种原因引起转速 n 增高，则因为 $T_M > T_L$ 将使电动机继续加速直达转速飞逸；如果转速 n 降低，$T_M < T_L$ 将使电动机继续减速直至停车 在图中 $T_M = f(n)$ 与 T_{L4} 的机械特性交点是不合适的，因为两条曲线交点是不稳定的工作点		

2. 三相异步电动机的通断条件

异步电动机在起动刚开始的瞬间，异步电动机的转子尚处于静止状态，此时电动机定子绕组中流过的是冲击电流峰值 I_p，此电流相当于额定电流的 8～14 倍。所以在给电动机回路配置断路器或者熔断器时必须考虑到这种影响，如图 1-38 所示。

图中

I_n——异步电动机的额定电流；

I_s——异步电动机的起动电流；

I_p——异步电动机的起动电流峰值；

t_s——异步电动机的起动时间；

t_p——异步电动机起动电流峰值时间。

我们从图 1-38 中可以看出异步电动机的起动过程：

电动机定子绕组电流从得电开始后的 20～30ms 内出现起动电流峰值，起动电流峰值 I_p 为 8～14 倍额定电流，且异步电动机的转子尚未运转；当电动机的转子从开始旋转过渡到正常转速的起动状态，大约经历了数秒到数十秒的时间，在此起动状态下起动电流 I_s 为 4～8.4 倍额定电流 I_n；当电动机起动完成后，电动机电流迅速降低到额定电流 I_n。

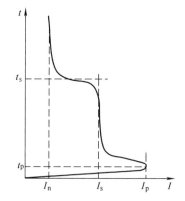

图 1-38 异步电动机直接起动时的时间-电流特性曲线

（1）异步电动机在低压电网中的起动条件

对于不频繁起动的异步电动机来说，短时大电流没有什么关系；对于频繁起动的异步电动机来说，频繁出现的短时大电流会使电动机内部发热较多而过热，但是只要限制每小时最高起动次数，电动机也是可以承受得住的。因此，如果只从电动机本身来说，是可以直接起动的。

电动机起动电流主要影响对象是低压电网的电源电压。

三相异步电动机起动电流过大会使电力变压器低压侧电压下降。若电力变压器额定容量相对较小则低压侧电压下降更多，有可能超过正常规定值（例如 $\Delta U > 15\%$ 或更多）。低压电网电压下降会影响到如下几个方面：

因为电动机的最初起动转矩 T_s 与电网电压的二次方成正比，所以电动机在负载很重时有可能无法正常起动。

影响同一配电网的其他负载：例如电灯变暗、数控和计算机设备失常、重载的异步电动机可能停止运行等。

判断电动机是否允许直接起动需要考虑多种因素，包括变压器容量、低压配电网电压、同时运行的电动机数量、工作制以及各级配电之间的电缆截面及长度等，计算时比较麻烦。当电力变压器独立配电，且容量不是太大，系统中的电动机也不太多的情况下，可用如下简易的经验公式来判断低压配电网是否允许电动机直接起动：

$$K_M = 0.75 + 0.25 S_n / P_n \tag{1-64}$$

式中 K_M——电动机的直接起动判据系数，其中

$K_M \geqslant 6$ 则允许直接起动；

$4 \leqslant K_M < 6$ 时要采用星－三角起动；

$K_M < 4$ 时建议采用软起动器起动；

S_n——电力变压器的容量，单位为 $kV \cdot A$；

P_n——电动机的容量，单位为 kW。

只有满足直接起动条件的电动机才允许直接起动，否则要采用减压起动。

将 $K_M = 6$ 代入式（1-64）中，可得 $S_n = 21P_n$。也就是说，如果变压器的容量大于电动机功率 20 倍以上，则电动机在此低压配电网中可以直接起动。

【例 1-14】   电动机电网条件之一：电力变压器的容量为 2500kV·A，电动机的功率是 75kW；电动机电网条件之二：电力变压器的容量为 1000kV·A，电动机的容量是 75kW。试求该两种电网条件下的电动机的起动判据系数。

解：将电网条件之一的数据代入式（1-64）右边，得到 75kW 电动机的起动限制条件：

$$K_M = 0.75 + 0.25 \times \frac{2500}{75} \approx 9.08$$

可知 75kW 的电机允许在该低压电网中直接起动。

将电网条件之二的数据代入式（1-64）右边，得到 75kW 电动机的起动限制条件：

$$K_M = 0.75 + 0.25 \times \frac{1000}{75} \approx 4.08$$

因为 $K_M = 4.08$，所以 75kW 的电动机不允许在该低压电网中直接起动，该电动机的起动必须配套采用某种减压起动措施，或者采用软起动器起动。

注：式（1-64）较适用于现场人员和低压开关柜制造厂人员估算电动机的起动条件。若需要准确判断，则建议还是采用规范的设计方法。

关于电动机起动经验公式有关论述见第 5 章 5.4 节"经验分享与知识扩展"。

（2）电动机的各种起动方式

我们来看电动机的各种起动方式，见表1-28。

表1-28 三相交流异步电动机的起动方式

直接起动	电动机直接起动时不需要专门的起动设备，这是三相异步电动机直接起动的最大优点。但是直接起动的电动机需要注意重载问题。所谓重载的电动机一般是指起动时间超过10s或起动电流超过6倍的负荷类型			
	在重载起动时为了避免热继电器或断路器的过载保护提前动作，一方面可适当加大过载保护整定值，另一方面还可以采取对热继电器的热敏元件实施起动屏蔽的措施			

	被拖动的机械名称	负载类型	起动电流的倍率	起动时间/s
直接起动	离心泵	标准负载	3 倍 I_n	5～15
	活塞泵	标准负载	3.5 倍 I_n	5～10
	风机	标准负载或重载	3 倍 I_n	10～40
	空调压缩机	标准负载	3 倍 I_n	5～10
	螺旋式空气压缩机	标准负载或重载	3 倍 I_n	5～20
	离心式空气压缩机	标准负载或重载	3.5 倍 I_n	10～40
	活塞式空气压缩机	标准负载	3.5 倍 I_n	5～10
	传送带运输机	标准负载	3 倍 I_n	3～10
	起重机	标准负载	3 倍 I_n	3～10
	电梯	标准负载	3.5 倍 I_n	5～10
	搅拌机	标准负载或重载	3.5 倍 I_n	5～20
	研磨机	重载	4.5 倍 I_n	5～60
	轧碎机	重载	4 倍 I_n	10～40
	压力机	重载	4 倍 I_n	20～60

星-三角减压起动

对于运行时定子绕组接成△联结的三相笼型异步电动机，为了减小起动电流，可以采用星-三角（丫-△）减速压起动的方法，即起动时定子绕组接成丫联结，起动后定子绕组接成△联结

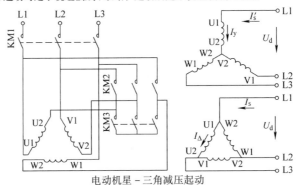

电动机星-三角减压起动

起动时首先接触器KM1闭合接通电源，接着接触器KM3闭合将电动机定子绕组接成丫联结；当电动机的转速升高到一定程度后，接触器KM3断开，接触器KM2闭合，此时电动机定子绕组的接线为△联结，电动机进入正常运行状态

	星形联结	三角形联结
绕组电压	$\dfrac{U_d}{\sqrt{3}}$	U_d
绕组电流	$\dfrac{I_\triangle}{\sqrt{3}}$	$I_\triangle$
电源电流 I_s	$\dfrac{I_\triangle}{3}$	$\sqrt{3}I_\triangle$
转矩 T	$1/3$	1

结论：丫-△起动时，定子绕组端电压和绕组电流与直接起动时相比降低到原来的 $\dfrac{1}{\sqrt{3}}$，对电源造成的起动冲击电流则降低到直接起动时的 $\dfrac{1}{3}$，起动转矩为直接起动的 $\dfrac{1}{3}$

（续）

自耦变压器减压起动		
	电动机自耦变压器减压起动	
电动机起动电压	$U_c = U_d \dfrac{W_2}{W_1}$	
电动机起动电流	$I'_s = I_s \left(\dfrac{W_2}{W_1} \right)^2$	
电动机起动转矩	$T'_s = T_s \left(\dfrac{U_C}{U_d} \right)^2 = T_s \left(\dfrac{W_2}{W_1} \right)^2$	

（自耦变压器减压起动图示）

在实际使用的自耦变压器中一般都有几组抽头供选择起动电压，抽头一般分为55%、64%、73%和40%、60%、80%等两种规格

与星-三角减压起动相比，自耦变压器起动方式可以对功率较大的电动机实现减压起动。自耦变压器起动方式的缺点是体积和重量都比较大，且价格较贵，目前已经很少使用

软起动器起动

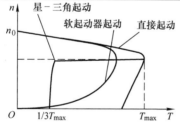 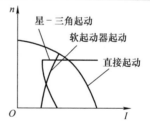

电动机软起动器起动

软起动器具有最优秀的电动机减压起动特性

从左图可以看出软起动器起动方式的起动转矩变化平稳，不会对机械设备产生转矩冲击。对比之下会发现星-三角起动方式在星形联结切换到三角形联结时转矩冲击最大，而直接起动方式在电动机刚起动的瞬间转矩冲击最大

从右图可以看出软起动器起动方式的起动电流随着转速的增加而增加，最后相对平稳地到达额定电流；而直接起动方式会对低压电网产生很大的电流冲击，而星-三角起动方式在星形接线切换到三角形接线时也会产生较大的电流冲击

软起动器也是通过调整定子绕组端电压实现电动机软起动的，虽然转矩 T 与电压的二次方成正比，但由于软起动器利用电压变化的负反馈作用控制和调整电动机转矩，因此能够获得相对较硬的机械特性曲线，由此改善了电动机的带负载能力

软起动器还能实现软停车，由此能彻底地消除泵类负载的回水水锤效应，还能够实现生产机械的缓慢停车控制

电动机各种起动方式比较

起动方式	起动电压相对值	起动电流相对值	起动转矩相对值	起动设备
直接起动	1	1	1	最简单
Y－△起动	$\dfrac{1}{\sqrt{3}}$	$\dfrac{1}{3}$	$\dfrac{1}{3}$	简单，只用于三角形联结的 0.4kV 电动机
自耦变压器起动	$\dfrac{W_2}{W_1}$	$\left(\dfrac{W_2}{W_1} \right)^2$	$\left(\dfrac{W_2}{W_1} \right)^2$	较复杂，有 3 种抽头电压可选，价格较高
软起动器起动	$0 \sim 1$	$0 \sim 1$	$0 \sim 1$	简单，价格较高

1）三相异步电动机的直接起动：

三相异步电动机的起动电流（有效值）：

$$I_s = (4 - 8.4)I_n \tag{1-65}$$

三相异步电动机的空载电流（有效值）：

$$I_{s0} = (0.2 - 0.95)I_n \tag{1-66}$$

三相异步电动机的起动时间 T_n：在正常情况下起动时间 T_n 小于 10s，在重载情况下起动时间 T_n 大于 10s，且起动电流大于 6 倍 I_n。

当运行中的三相异步电动机需要不经停机阶段直接逆向运行时则电流峰值会更大，特别当发生堵转的情况下三相异步电动机将达到最大的起动电流。

2）三相异步电动机的星 – 三角起动：当三相异步电动机按星 – 三角联结方法起动时，电动机定子绕组的接线方法为星形联结；当三相异步电动机在按星 – 三角联结方法运行时，电动机定子绕组的接线方法为三角形联结。

三相异步电动机按星形联结起动时电流降低到直接起动时的 1/3，电动机定子绕组的相电压降低到直接起动的 $1/\sqrt{3}$，电动机的起动转矩也降低到直接起动的 1/3。

星 – 三角的起动方式只能应用在三角形联结的电动机上。由于实现电动机星 – 三角的起动方式相对简单，应当优先采用。

3）通过自耦起动变压器来起动三相异步电动机：三相异步电动机在起动时以星形联结接在自耦起动变压器的抽头上，一般接在额定电压的 70% 上，在这种情况下，起动转矩降低到直接起动的 49%。

自耦起动变压器起动三相异步电动机的优点是起动转换相对星 – 三角起动方式比较平稳，起动转矩较大。但自耦变压器的体积和重量比较大，接线较多，所以已经很少采用了。

4）通过软起动器起动三相异步电动机：三相异步电动机利用软起动器起动具有许多优点，主要有：

① 可限流起动：当采用软起动器以限流方式起动电动机时，软起动器输出的电压迅速增加，直到输出电流达到限定值 I_m，接着在保持输出电流不大于 I_m 下将电压逐步提高，使电动机加速。当电动机达到额定电压和额定转速时，输出电流迅速下降到额定电流，起动过程结束。

采用软起动器起动电动机时可根据实际负载的情况进行设定，电流范围为 0.4 倍额定电流 I_e 至 8 倍额定电流 I_e，如图 1-39 所示。

因为电动机的转矩与电压的二次方成正比，若仅调整电压而不作对应处理将会造成电动机的机械特性变软，出现电动机起动转矩不足的问题。为了提高电动机低速时的转矩，软起动器对输出电压配置了负反馈，并由此大幅地提高了电动机的起动转矩。所以在各种电动机起动方式中，软起动器具有最优良的起动效果和性价比。

② 电压斜坡起动：当采用电压斜坡起动时，软起动器的电压快速地上升至初始电压 U_1，然后在设定的时间 t 内逐渐上升，电动机随着电压的上升不断加速，达到额定电压 U_e 和额定转速时起动过程结束。

图 1-40 所示为电压斜坡起动的特征曲线。

U_1 的设定范围为 0 ~ 380V，t 的设定范围为 0 ~ 600s。

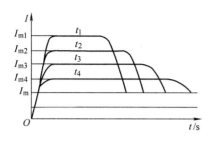

图 1-39　软起动器以限流方式起动
电动机时的电流特性

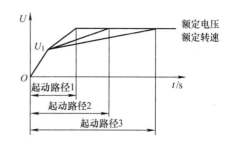

图 1-40　软起动器的电压斜坡起动特征曲线

除了以上两种常用的起动方式外，软起动器还具有斜坡限流起动、断相保护、过电流保护、过载保护等功能，以及自由停机和软停机等功能。

电动机利用软起动器起动和利用自耦变压器起动的主要性能比较见表 1-29。

表 1-29　软起动器起动和利用自耦变压器起动的主要性能比较

主要性能	软起动器	自耦减压起动器
起动电流特性曲线	I_m 设定的起动电流限流值可在 $(0.4 \sim 8)I_e$ 之间调整 I_e 为电动机的额定电流	I_c 为起动电流，不能调整 I_e 为电动机的额定电流
起动特性	软特性	硬特性，不能调整
起动电流	$(0.4 \sim 8)I_e$，可根据负载大小调整	$(3 \sim 5)I_e$ 以上，不能调整
起动冲击电流	无	2 次，约为 $7I_e$
起动电压	$0 \sim 380V$ 任意可调	$250V$ 左右，不能调整
电动机转矩特性	没有冲击转矩，力矩匀速平滑上升	力矩跳跃上升，有 2 次冲击力矩
起动方式	多种：限流、电压斜坡起动	分段式恒压起动
执行元件	晶闸管等电力电子器件	自耦起动变压器
控制元件	计算机模糊控制	继电控制
能否频繁起动	可以	一般不能

（3）各种起动方式的比较

各种电动机的起动方式见表 1-30。

表 1-30　各种电动机的起动方式比较

起动方式	起动电压相对值	起动电流相对值	起动转矩相对值	优缺点
直接起动	1	1	1	最简单
串电抗起动	Kx	Kx	空载起动	一般

（续）

起动方式	起动电压相对值	起动电流相对值	起动转矩相对值	优缺点
Y-△起动	$1/\sqrt{3}$	$1/3$	$1/3$	简单，只用于△联结的380V电动机
自耦变压器起动	$\dfrac{W_2}{W_1}$	$\left(\dfrac{W_2}{W_1}\right)^2$	$\left(\dfrac{W_2}{W_1}\right)^2$	较复杂，有3种抽头电压可选，价格较高
延边三角形起动	中心抽头	0.5	0.45	简单，但要专门设计电动机
软起动器起动	$0\sim1$	$0\sim1$	$0\sim1$	简单，起动阶段转矩较低

1.5.3　照明设备的通断条件

开关电器在接通照明设备的瞬间要允许通过较高的电流，这是开关电器在接通照明设备时必须满足的通断条件。

白炽灯使用的钨丝冷态与热态电阻相差近15倍，且白炽灯上标明的电压和功率数据是热态参数，所以在大量白炽灯构成的照明线路中，交流接触器必须满足AC-5B。

白炽灯中充入卤素后将会增加光输出量，灯的寿命也将加倍。对于高压钠灯和金属卤化物灯具，在 $5\sim10$min 的起动期间流过的电流约为额定电流的2倍。

白炽灯的电流可由式（1-67）得出

$$I_n=\begin{cases}\dfrac{P_N}{\sqrt{3}U}\text{——三相电源}\\[3mm]\dfrac{P_N}{U}\text{——单相电源}\end{cases}\qquad(1\text{-}67)$$

式中　I_n——白炽灯的额定电流；

　　　P_N——白炽灯的额定功率；

　　　U——三相电源时取线电压，单相电源时取相电压。

白炽灯的功率和电流关系见表1-31。

表 1-31　白炽灯的功率和电流关系

额定功率/kW	电流/A		额定功率/kW	电流/A	
	230V 单相	400V 三相		230V 单相	400V 三相
0.1	0.43	0.14	4	17.4	5.77
0.2	0.87	0.29	4.5	19.6	6.5
0.5	2.17	0.72	5	21.7	7.22
1	4.36	1.44	6	26.1	8.66
1.5	6.52	2.17	7	30.4	10.1
2	8.70	2.89	8	34.8	11.5
2.5	10.9	3.61	9	39.1	13
3	13	4.33	10	43.5	14.4
3.5	15.2	5.05			

荧光灯的电流可由式（1-68）得出

$$I_n = \frac{P_B + P_N}{U\cos\varphi} \tag{1-68}$$

式中　I_n——荧光灯额定电流；

　　　P_B——荧光灯镇流器的功率，一般可取为 $25\%P_N$；

　　　P_N——荧光灯灯管的功率；

　　　U——单相电源的相电压；

　　$\cos\varphi$——荧光灯灯具的功率因数。

一般来说，荧光灯灯管上标注的功率不包括镇流器的功率消耗。

对于荧光灯来说，可以并接上校正电容器来提高功率因数，见式（1-69）。

$$\cos\varphi = \begin{cases} 0.6 & \text{——没有并接功率因数校正电容} \\ 0.86 & \text{——并接了功率因数校正电容，单管或双管} \\ 0.96 & \text{——电子镇流器} \end{cases} \tag{1-69}$$

荧光灯的功率和电流关系见表 1-32。

表 1-32　荧光灯的功率和电流关系

类型	灯管功率/W	电压为230V 时的电流/A			灯管长度/cm
		电磁镇流器		电子镇流器	
		无校正电容器	有校正电容器		
单管	18	0.20	0.14	0.10	60
	36	0.38	0.23	0.18	120
	58	0.50	0.36	0.28	150
双管	2×18		0.28	0.18	60
	2×36		0.46	0.36	120
	2×58		0.72	0.52	150

对于带并联校正电容和镇流器的荧光灯灯具，其接通电流峰值为按功率计算的电流的 10 倍左右。

因此，在设计照明回路开关电器的时候必须考虑到这些工作条件。

1.5.4　电热设备的通断条件

电热设备包括用户室内取暖和电阻性工业炉等。

对于电阻性电热元件（例如电阻丝），其接通电流为 1.4 倍额定电流。考虑到电网电压可能升高 10%，电阻丝电热元件的工作电流也将相应地提高。

使用电热设备时一般使用类别为 AC-1 或 DC-1 作为设计依据，使用具有相应通断能力的开关电器就足以满足通断这种负载。因此要充分注意到电阻炉在冷态下起动的瞬间对低压电网会产生短暂而又强烈的电流冲击。

一般地，小型电热回路大多数采用单相工作，所以一般使用多极并接式开关电器，这样能提高允许的负载电流。

对于大功率的工业电阻炉，经常需要配套以晶闸管控制方式工作的电压调整器控制炉内温度。正是因为采用了晶闸管，造成电源中存在大量的谐波，污染了供电电源。所以对使用了大量工业电阻炉的工作场所，一定要配套能够消除电源谐波的装置。表 1-33 为工业电阻炉的功率和电流的关系。

表 1-33 工业电阻炉的功率和电流关系

额定功率/kW	电流/A		额定功率/kW	电流/A	
	230V 单相	400V 三相		230V 单相	400V 三相
1	4.36	1.44	100		144.34
5	21.7	7.22	200		288.68
10	43.5	14.4	630		909.35
25	108.7	36.09	1000		1443.42
50		72.17	2500		3608.55
75		108.26			

对于工业电阻炉，为了减小对低压电网的冲击，常常采用晶闸管调功器实现功率调整，并且晶闸管的触发方式采用过零触发。这样处理后，有效地抑制了高次谐波。

晶闸管的过零触发虽然能抑制高次谐波，但缺点是对电网的冲击较大，而且配电网中会出现分数次谐波。所以具体采用哪种触发方式要由现场条件来决定。图 1-41 所示为晶闸管移相式触发和过零触发的波形比较图。

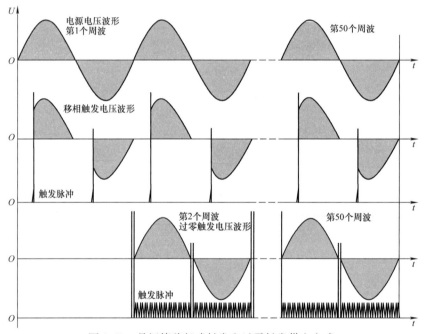

图 1-41 晶闸管移相式触发和过零触发供电方式

图 1-41 中描述了工业大功率电热装置中晶闸管的电源供电方式。其中移相式触发方式是当电压过零后，触发脉冲在延迟一段时间后触发晶闸管使之导通。调节触发脉冲延迟的时间来调节功率和工业炉炉温。移相式触发方式的缺点是因为电压被切除了一部分，由此产生了大量的谐波。

过零触发时每次电压过零就触发，电压波形基本完整，不会产生谐波。过零触发的控制功率的方式是：将每秒 50 个电压周波按温度需求来导通，温度高就减少导通的周波数，温度低就增加导通的周波数。过零触发的控温精度高，但缺点是对低压电网的冲击较大。

1.5.5 电容器的通断条件

在接通电容器时，电容器经过振荡过程后被充电到它的稳定值，此时频率从几百 Hz 提高到几千 Hz，于是在电容电路中出现极高的电流尖峰。正是由于这种原因，接通电容器对开关电器提出了特殊要求。对电容器接通后的充电电流振幅和频率起重要作用的是接通回路中的电抗、电容器电容和电网电压。

随着被接通电容器的数量增加，这些已经接通的电容器此时成为附加的能源，因此系统中的电容器充放电电流越来越大，此时往往需要配备电抗器来限制接通电流的峰值。

控制电容器的开关电器其负载能力决定于：

1）被接通的电容器与已经接入电网的电容器之间的容量比；

2）电容器之间连接导线的长度即线路电阻。

使用特殊的切换电容器接触器或电容器—接触器组合装置可以通过前置的预充电电阻将电容器接入电网，这样处理后使得电容器的充电电流得到显著的衰减，并且能达到较高的操作频率，同时对三相电网的反作用为最小。

当电容器被释放后，电容器上存储的能量也必须被释放掉，电容器同样利用放电电阻泄放掉这些电能。

1.5.6　低压小型变压器的通断条件

低压小型变压器在低压电网中使用非常广泛，常常用于控制回路辅助供电、照明系统供电或用于接地系统变换（例如医院手术室中将 TN – S 系统变换为 IT 系统）等场所。

在接通低压变压器时会出现短时的电流峰值，其中包括直流分量。在考虑低压电网的保护方案时必须充分认识到变压器负载的这一特点。图 1-42 所示为低压变压器的励磁涌流。

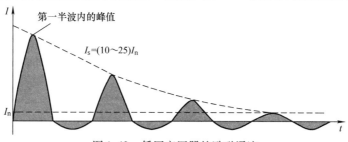

图 1-42　低压变压器的励磁涌流

图 1-42 中

I_s——变压器的励磁涌流；

I_n——变压器的额定电流。

变压器在首次送电时，其励磁涌流峰值取决于电源的电压等级、变压器的阻抗电压、变压器励磁磁通的大小和极性、变压器负荷阻抗等。

计算变压器的励磁涌流峰值可近似地用变压器的冲击短路峰值来代替，见式（1-70）：

$$I_s \approx \frac{I_n}{U_k\%} = \begin{cases} \dfrac{S_N}{\sqrt{3}U_d U_k\%} \\[2mm] \dfrac{S_N}{U_d U_k\%} \end{cases} \qquad (1-70)$$

式中　I_n——变压器额定电流；

S_N——变压器额定容量；

U_d——三相电源时取线电压，单相电源时取相电压；

$U_k\%$——变压器阻抗电压。

式（1-70）的上式为三相变压器计算励磁涌流的近似公式，下式为单相变压器计算励磁涌流的近似公式。

例如若三相变压器的阻抗电压 $U_k\%$ 为 4% 时励磁涌流 I_s 等于变压器额定电流 I_n 的 25 ~ 30 倍。对于一般的单相小型变压器，其励磁涌流一律按 25 倍的额定电流计算。低压小型变压器的额定容量和额定电流对照表见表 1-34。

表 1-34 低压小型变压器的额定容量和额定电流对照表

视在功率 S_n/V·A	阻抗电压 $U_k\%$	额定电流 I_n/A	
		0.23kV 单相	0.4kV 三相
5	5	0.022	
10	5	0.043	
25	5	0.109	
50	5	0.22	
100	5	0.43	
200	5	0.87	
630	5	2.74	0.91
1000	5	4.35	1.44
2000	4.5		2.89
5000	4.5		7.22
10000	5.5		14.43
20000	5.5		28.87
50000	5.5		72.17
100000	5.5		144.34
630000	6		909.35

考虑到通用情况，低压变压器的阻抗电压 $U_k\%$ 的一般取值为 5%，因此变压器的起动冲击电流等于变压器额定电流的 25~30 倍，起动冲击电流维持的时间一般不会大于 0.2s。

注意：低压变压器的容量越小，则阻抗电压越大，但一般不会超过 8%。

若采用低压断路器来保护低压变压器，断路器的保护脱扣只有过载长延时、短路短延时和短路瞬时等三种反时限保护参数。在这里我们用断路器的短路短延时 S 参数保护来实现断路器对变压器的起动闭锁和短路保护。

在具体的使用中将 L 参数用于变压器的常态过载保护，而 S 参数则用于变压器对起动冲击电流实施脱扣屏蔽：将 S 参数的脱扣电流设置为变压器的冲击电流，将 S 参数的延时时间设置为 0.1~0.2s，这样就能够使得断路器既能够满足变压器顺利起动又能够实现对变压器的短路保护。

显见，为变压器执行通断任务的断路器必须具备 S 参数短延时保护功能，所用断路器其使用类别必须为 B 类。见 3.5.2 节有关断路器使用类别的说明。

1.6　低压配电网的各类接地系统

1.6.1　低压配电网的系统接地和保护接地

低压配电网的接地有两种类型的基本连接点：

第一种基本连接点：低压配电网电气回路中的导体或电气设备外壳与大地连接；

第二种基本连接点：低压配电网的等电位体接地部分与代替大地的某一导体相连接，也即系统以此导体的电位为参考电位，而不以大地的电位为参考电位。

例如低压成套开关设备的外壳及骨架可作为接地体来保护其中的设备，且低压成套开关设备的外壳电位作为参考电位。

第一个基本连接点与大地连接，因此对接地电阻有要求。第二个基本连接点因为不取大地电位为参考电位，故与大地之间没有接地电阻的要求，只要求等电位联结系统具有较低的阻抗即可。

1. 低压配电系统中的两类接地

（1）系统接地

系统接地又叫做工作接地，是指低压配电网内电源端带电导体的接地，通常低压配电网的电源端是指变压器、发电机等中性点的接地。

（2）保护接地

保护接地是指负荷端电气装置外露导电部分的接地，其中负荷端电气外露导电部分是指电气装置内电气设备金属外壳、布线金属管槽等外露部分。我们来看图 1-43。

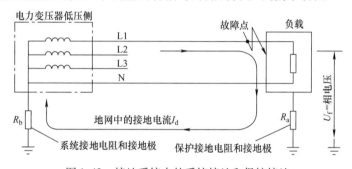

图 1-43　接地系统中的系统接地和保护接地

图 1-43 中的负载发生了 L1 相碰壳事故，负载可导电的外壳对地电压 U_f 上升为相电压，I_d 为接地电流。可以看到接地电流 I_d 从负载的外壳中经过负载侧接地电阻 R_a 流入地网，再经过系统接地电阻 R_b 返回到电源中。

系统接地的作用是：使系统取得大地电位为参考电位，降低系统对地绝缘水平的要求，保证系统的正常和安全运行。

例如当雷击时，雷电强大瞬变电磁场使得线路感应出幅值很大的瞬态过电压，虽然它持续的时间很短（以微秒计），但过电压幅值和电压变化率都很大，使得电气设备和线路都承受了极高的涌流电压冲击。当电源侧做了系统接地后，低压配电网的电源侧线路有了雷电电压对地泄放的通路，极大地降低了这一对地瞬态过电压，极大地降低了设备和线路绝缘被破坏的危险。

图 1-43 中若未做系统接地，则当系统中某相发生接地故障时，另两相对地电压将由原来的 0.23kV 相电压上升为 0.4kV 线电压，如图 1-44 所示。

由于接地电流没有返回电源的导体通路，故障电流仅为极小的线地间的电容电流，因此线路中的保护电器不动作，此过电压将持续存在。人体若触及无故障的相线，发生人身伤害的可能性极大地增加，这对线路的安全运行是很不利的。

结合图1-44，我们会发现系统的接地电阻阻值越小，对系统的安全运行越有利。规范将低压配电系统接地电阻规定为不得大于4Ω，此值有些偏大一般取0.8Ω。

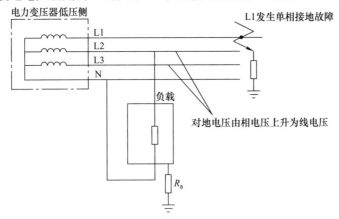

图1-44 单相接地后另外两相的电压上升

虽然系统接地后对安全运行是有利的，但是某些低压配电网的接地系统却采取不接地的方式，这种方式是为了解决特殊的应用需要，它需要配套其他一系列安全措施。

2. 低压配电网的接地范例

图1-45中我们看到，低压配电系统中有两台电力变压器，变压器的三条相线和PEN线通过母线槽引至低压成套开关设备的进线断路器。

在0.23/0.4kV低压系统中广泛采用变压器中性点直接接地的运行方式，从变压器的低压侧直接引出中性线和保护线。中性线的代号是N，保护线的代号是PE，保护中性线的代号是PEN。

中性线N取自于电力变压器低压侧按星形联结的三相绕组公共端。中性线N和相线一同为使用相电压的负荷提供电能，同时中性线上也流过三相系统中的不平衡电流和单相电流。

保护线PE则取自于接地点，其用途是保护人身安全，一般用于连接带电负荷的金属外壳、构架等，以及平时可能不带电但发生故障时可能带电的设备外露可导电部分。

保护中性线PEN为N和PE的综合，有时也被称呼为零线（TN–C系统）。

在低压成套开关设备中，我们看到PEN线在低压开关柜主母线的某处接到低压配电室的总等电位联结母线上，实现接地。注意到在整个系统中，只有在此处N（或PEN）和PE才相接，其他任何地方都N（或PEN）和PE相互之间都是绝缘的。

IEC标准规定自变压器（或发电机）中性点引出的PEN线（或N线）必须绝缘，并只能在低压配电盘内一点与接地的PE母排连接而实现系统接地，在这点以外任何之处不得再次接地，否则将有部分中性线电流通过非正规路径返回电源。

3. 非正规路径的中性线电流

未通过正规途径返回电源中性点的中性线电流被称为非正规路径中性线电流。非正规路径中性线电流可能引起如下问题：

1）非正规路径中性线电流因流过不正规导电通路可能引起电气火灾。

2）非正规路径中性线电流如以大地为通路返回电源，可能腐蚀地下基础钢筋或金属管道等金属部分。

3）非正规路径中性线电流的通路与中性线正规通路两者可形成一封闭的大包绕环，环内的磁场可能干扰环内敏感信息技术设备的正常工作。

注意：从 PEN 线引出的 PE 线因不承载工作电流，它可多次接地而不产生非正规路径中性线电流。

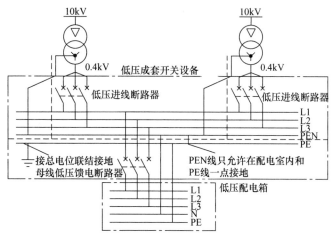

图 1-45　低压配电网的接地系统

4. 保护接地的作用

保护接地是将电气装置的外露可导电部分接地，见图 1-43。

若图 1-43 中低压电网的电压等级为 0.23/0.4kV，当其 L1 相与电气设备外壳发生碰壳事故后，设备外壳的对地电压 $U_f = 0.23kV$，人体一旦接触后会发生人身伤害事故。如果电气设备的外壳实施了保护接地，U_f 为 I_d 在 R_a 上的电压降再加上地网电压降，此值远远小于电源相电压，由此实现了人身安全防护和杜绝电气火灾的作用。

保护导体的连续性对电气安全十分重要，必须保证接地通路的完整。IEC 规定包含有 PE 线的 PEN 线上不允许装设开关和熔断器以杜绝 PE 线被切断。

关于低压配电网接地系统的国家标准是 GB/T 16895.1—2008《低压电气装置 第 1 部分：范围、目的和基本原则方式》，IEC 标准是 IEC60364 - 1：2005《建筑物电气装置 - 安全保护 - 基本原则》，这两部标准是等同使用的。两部标准均对接地系统的技术术语给出了明确的定义，见表 1-35。

表 1-35　GB/T 16895.1—2008 定义的与接地连接相关的技术术语

术语名称	意义
大地	大地上任何一点的电位取为零电位
接地极电阻	接地极与大地间的接触电阻
接地线	连接电气装置的总接地端子与接地极的保护性导线
外露导电部分	电器设备的外露导电部分，它可能被人体接触但正常情况不带电，故障状态下可能带电
保护线	用于电击防护的导线。保护线需要连接如下部分： 1）电器设备的外露导电部分 2）低压成套开关设备的外壳上可导电部分 3）接地极 4）电力变压器的中性点或电气系统的中性点 5）总接地端子
保护导体连接线	用以实现等电位联结的保护线
总接线端子	将保护线与接地极连接起来的端子或母排

将所有可能被触及的金属固定物体和电器设备的外露可导电部分做有效的保护导体连接对防止人身电击伤害是非常有效的。对于金属固定物体和电器设备外露可导电部分的分类见表 1-36。

表 1-36　金属固定物体和电器设备的外露可导电部分的分类

低压成套开关设备	各类金属门板 骨架 金属走线槽 各类金属铰链 各类安装横梁和纵梁	电缆通道和母线槽	电缆通道的金属构件 电缆的金属防护套 母线槽支撑架 母线槽外壳金属部分
电器设备的外露金属部分	金属底板 金属操作手柄 各类金属隔板	建筑物	建筑物结构件 金属或钢筋混凝土构件 钢结构 预制钢筋混凝土结构件 金属覆盖面 金属墙覆盖面

1.6.2　各类低压接地系统

1. 低压配电网的接地形式

低压配电网的接地形式需要考虑三方面的内容：

1）电气系统的中性线及电器设备外露导电部分与接地极的连接方式；

2）采用专用的 PE 保护线还是采用与中性线合一的 PEN 保护线；

3）采用只能切断较大的故障电流的过电流保护电器还是采用能检测和切断较小的剩余电流的保护电器作为低压成套开关设备的接地故障防护。

接地系统分 TN，TT 和 IT 三种类型，国家标准 GB/T 16895.1—2008《低压电气装置 第 1 部分：范围、目的和基本原则方式》和 IEC 标准 IEC60364 – 1：2005《建筑物电气装置 – 安全保护 – 基本原则》均对这些接地系统文字符号给出了明确的定义，见表 1-37。

表 1-37　接地系统文字符号的含义

第一个字母说明电源与大地的关系	
T	电源的一点（通常是中性点）与大地直接连接，T 是法文 Terre "大地" 一词的首字母
I	电源与大地隔离或电源的一点经高阻抗（例如 1000Ω）与大地直接连接，I 是法文 Isolation "隔离" 一词的首字母
第二个字母说明电气装置的外露导电部分与大地的关系	
T	电气装置的外露导电部分直接接大地，它与电源接地无直接联系
N	电气装置外露导电部分通过连接电源中性点而实现接地，此电源中性点已经接地。N 是法文 Neutre "中性点" 一词的首字母）
后续的字母表示中性导体和保护导体的配置	
S	将与中性导体或被接地的线导体（在交流系统中是被接地的相导体）分离的导体作为保护导体
C	中性导体和保护导体功能合并在一根导体中（PEN 导体）

低压配电网的接地系统包括 TN 接地系统、TT 接地系统和 IT 接地系统，而 TN 接地系统又可细分为 TN – C、TN – S 和 TN – C – S 三种。具体如图 1-46 所示。

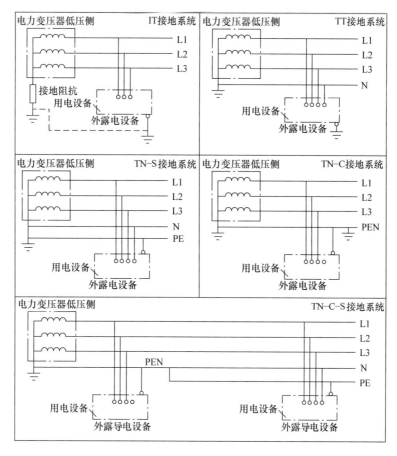

图 1-46　低压配电网的接地系统

2. TN 接地系统

按表 1-37 中符号的意义可知 TN 系统的电源中性点是不经阻抗直接接地的，同时用电装置的外露导电部分则通过与接地的中性点连接而实现接地。TN 系统按中性线和 PE 线的不同组合方式又分为三种类型：

类型 1：TN-C 接地系统

TN-C 在全系统内 N 线和 PE 线是合一的，即 PEN 线。PEN 线的名称是保护中性线，俗称就是零线。TN-C 字符中的 C 是法文 Combine "合一" 一词的首字母。TN-C 接地系统的线制图见图 1-53，接地故障保护见图 1-47。注意 TN-C 接地系统的线制是三相四线制。

类型 2：TN-S 接地系统

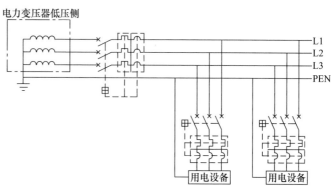

图 1-47　TN-C 接地系统的接地故障保护

TN-S 在全系统内 N 线和 PE 线是分开的，S 是法文 Separe "分开" 一词的首字母。TN-S 的线制图见图 1-53，接地故障保护见图 1-48。TN-S 接地系统的线制是三相四线制。

类型 3：TN – C – S 接地系统

TN – C – S 在全系统内仅在电气装置电源进线点前 N 线和 PE 线是合一的，也即 TN – C 接地系统中的零线 PEN。在配电网末端，零线经重复接地后分开为中性线 N 和地线 PE，并随同相线一同进入最终用电负荷的电源端。TN – C – S 的线制图见图 1-53，接地故障保护见图 1-49。TN – C – S 接地系统的线制亦为三相四线制。

TN 接地系统的特征是：

1）强制性地要求将用电设备外露导电部分和中性点接通并接地。

2）TN 接地系统中的单相接地故障电流被放大为短路故障电流，所以 TN 系统属于大电流接地系统。因此在 TN 系统下可利用断路器或熔断器的短路保护作用来执行单相接地故障保护。

3）在 TN 接地系统中发生第一次接地故障时就能切断电源。

（1）TN – C 接地系统及特征

TN – C 系统中的中性线 N 和保护线 PE 在整个过程中作为 PEN 导线敷设。TN – C 接地系统的接地故障保护见图 1-47。

TN – C 系统要求在用电设备的内部范围内设置有效的等电位环境，且需要均匀地分布接地极，所以 TN – C 能同时承载三相不平衡电流和高次谐波电流。为此，TN – C 的 PEN 线应当在用电设备内与若干接地极相连，即重复接地；其次，当 TN – C 系统的用电设备端 PEN 线断线后则外壳将带上与相电压近似相等的电压，其安全性较低。为了消除这种影响，也要求在 PEN 线上采取重复接地的措施。正是因为 TN – C 采取了 PEN 线重复接地的措施，使得系统不能使用剩余电流动作保护装置。

值得注意的是：TN – C 系统的 PEN 线定义中，"保护线"的功能优于"中性线"的功能。所以 PEN 线首先接入用电设备的接地接线端子，然后再用连接片接到中性线端子。

（2）TN – S 接地系统及特征

TN – S 系统中的中性线 N 和保护线 PE 在整个过程中各自独立分开敷设，但在电源端两者合并在一起接入电源设备的中性点，电源设备的中性点直接接地，TN – S 接地系统的接地故障保护如图 1-48 所示。

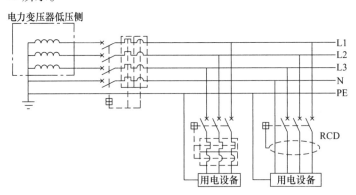

图 1-48　TN – S 接地系统的接地故障保护和剩余电流保护

（3）TN – C – S 系统

TN – C – S 系统中的中性线和保护线前部分按 PEN 导线敷设，后部分各自分开敷设，且分开后不能再合并。接地故障保护见图 1-49（居家配电的 TN – C – S 接地系统）和图 1-50

（一般的 TN – C – S 接地系统）。

TN – C – S 系统的 TN – C 部分适用于不平衡负载，而 TN – C – S 系统的 TN – S 部分适用于平衡负载。TN – C – S 系统可以配套使用剩余电流动作保护装置，但后部的 PE 线必须接到用电设备的外露金属导电部分上且不得穿过剩余电流动作保护装置零序电流互感器的铁心。

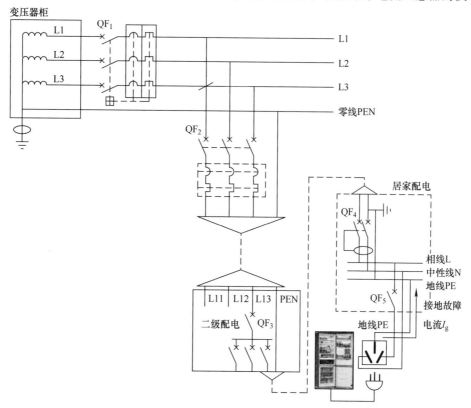

图 1-49　居家配电的 TN – C – S 接地系统和接地故障保护

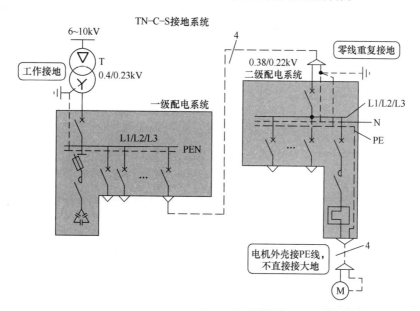

图 1-50　一般的 TN – C – S 接地系统和单相接地保护

3. IT 接地系统

按表 1-37 中符号的意义可知 IT 系统的电源中性点是不接地或者经过高阻抗（1000 ~ 2000Ω）接地的，其用电设备上的外露导电部分则直接接地，见图 1-51。

IT 系统的三条相线与地之间存在泄漏电阻和分布电容，这两种效应一起组成了 IT 系统对地泄漏阻抗。以 1km 的电缆为例，IT 系统对地泄漏阻抗 Z_g 为 3000 ~ 4000Ω。

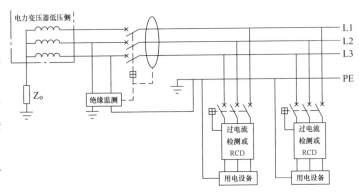

图 1-51　IT 接地系统的绝缘监测和 RCD 保护

在 IT 系统中发生单相接地的故障时，电网的接地电流很小，产生的电弧能量也很小，电力系统仍然能维持正常工作状态，一般地，IT 系统多用于对不停电要求较高的场所，例如矿山的提升机械、水泥砖窑生产机械装置以及医院手术室供电等。

IT 系统为三相三线制，见图 1-53。

由于 IT 系统的某相对地短路后另外两相对地电压会升高到接近线电压，若人体触及另外的任意两条相线后，触电电流将流经人体和大地再经接地相线返回电网，此电流很大足以致命。为此，IT 系统的现场设备必须配备剩余电流动作保护装置 RCD。

IT 接地系统的应用特性如下：

1）能提供最好的供电连续性；

2）IT 接地系统可以省略中性线的敷设，减少了投资费用；

3）当出现第一次接地故障时发出报警信息，操作人员可对系统实施必要的故障定位和故障排除，从而有效地防止了供电中断；

4）当发生第二次异相接地故障时能起动过电流保护装置或 RCD 剩余电流保护装置切断用电设备的电源。

4. TT 接地系统

按表 1-37 中符号的意义可知 TT 系统的电源的中性点是不经阻抗直接接地的，其用电设备上的外露导电部分也是直接接地的。TT 系统中系统接地和保护接地是分开设置，在电气上不相关联。

TT 接地系统的特征是应用于三相四线制且所有终端用电设备的外露可导电部分均各自由 PE 线单独接地，其线制如图 1-53 所示，接地故障保护如图 1-52 所示。

从图 1-52 中可以看出，TT 系统中电源变压器的中性点直接接地，而所有用电设备的外露导电部分与单独的接地极相连接。TT 系统的用电设备端接地极和电源接地极之间可以不相连，但也可以相连。

在 TT 系统中使用中性线时要充分注意到中性线的连续性要求：TT 系统的中性线不允许中断。若 TT 系统的用电设备必须要分断中性线，则中性线不允许在相线分断之前先分断，同时中性线也不允许在相线闭合之后再闭合。

TT 系统发生单相接地故障时，因为电网中的接地电流比较小往往不能驱动断路器或熔断器产生接地故障保护分断操作。正是由于 TT 系统的单相接地电流较小，所以 IEC 对 TT

系统最先推荐使用剩余电流动作保护装置。

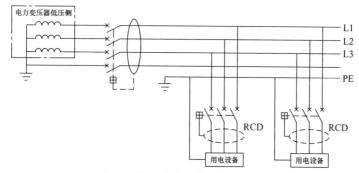

图 1-52　TT 接地系统的接地故障 RCD 保护

1）TT 电源接地系统的设计和安装较为简单，适用于由公用电网直接供电的电气装置；

2）TT 电源接地系统运行时不需要安装绝缘监测装置；

3）在 TT 电源接地系统中要使用剩余电流 RCD 保护装置，其中剩余电流在 30～100mA 可作为人身电击伤害防护，而剩余电流在 500mA 以下可作为消防测量和防护；

4）在 TT 系统中，每次发生接地故障都将出现供电中断，但供电中断仅限于故障回路。

5. 低压配电网带电导体的分类形式（配电网的线制形式）

IEC 标准中按配电系统带电导体的相数和根数进行分类。其中"相"指的是电源的相数，而"线"指的是在正常运行时有电流流过的导线。

再次强调指出：当低压配电系统正常时，接地线 PE 是没有电流流过的，所以在 IEC 的低压配电网带电导体系统形式中接地线 PE 不属于"线"的范畴。

图 1-53 所示为若干种低压配电网带电导体的形式。

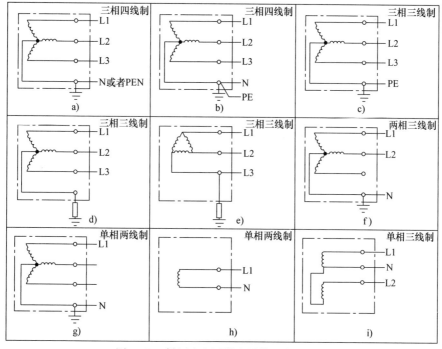

图 1-53　低压配电网带电导体系统的形式

图 1-53 中的 a、b 是三相四线制带电导体系统形式，这是应用最广的带电导体系统形式。

图 1-53a 中除了三根相线外，还有一根中性线或者兼具有中性线 N 和接地线功能的 PEN 线；图 1-53b 中除了三根相线外，还有一根中性线 N 和接地线 PE。

图 1-53c、d 和 e 是三相三线制带电导体系统形式。它们的特点是电源输出的电压仅为线电压，没有相电压。其中变压器绕组有星形和三角形两种。

图 1-53f 是两相三线制带电导体系统形式，它的特点是可以引出 120/240V 两种电压。240V 供较大负荷使用，而 120V 则供小负荷使用，对人身安全防护更为有利。

图 1-53g 和 h 是单相两线制带电导体系统形式，其中图 7 用三相变压器构成单相两线制的低压配电网带电导线系统形式，图 1-53h 则用单相变压器构成单相两线制的低压配电网带电导线系统形式。图 1-53h 因为没有中性线，因此对于用电设备来说更安全。

图 1-53i 是单相三线制带电导体系统形式，其中变压器的两个绕组间相位角为零，两绕组的连接处引出线为 N 线，因此它被称为单相三线制。

6. 各类电源接地系统的选用准则和应用范例

从人身电击伤害的角度来看各类电源接地系统，则其效果都是一样的，因此各类电源接地形式与安全准则无关。

各类电源接地系统的选用准则见表1-38。

选用电源接地系统的形式主要考虑到如下方面。

1) 某些情况下必须强制采用某种电源接地系统。例如医院的手术室必须采用 IT 系统；

2) 低压电网要求不间断供电的水平；

3) 接地系统要满足低压配电网的运行要求和运行条件；

4) 接地系统要满足低压配电网和负载的其他特性。

表 1-38　各类电源接地系统的选用准则

电气特性	TT	TN－S	TN－C	IT	说明
故障电流	—	—	—	√	IT 系统会产生非常小的第一次接地故障电流
故障电压	—	—	—	√	IT 系统第二次接地故障的接触电压等于线电压
过电压	√	√	√	√	在 IT 系统中第一次接地故障时将产生持久的相线对地的过电压
瞬时过电压	√			√	大故障电流时 TT 和 IT 可能产生瞬时过电压
PE 线的瞬时不等电位	√	—	√		TT 和 IT 在大故障电流下 PE 线会出现瞬时不等电位
发生接地故障时出现电压暂时性降落	—	√	√	√	因为 TN 系统将接地故障放大为短路故障，因此在大故障电流下会发生电压暂时性降落；IT 系统在第二次接地故障时因为已经出现相间短路，所以也会出现电压暂时性降落
人身电击防护	√	√	√	√	所有接地形式均符合标准
消防或兼有消防和人身电击保护使用的剩余电流测量及保护装置 RCD	√	√	不允许安装	√	在有火灾危险的低压电网中禁止采用 TN－C
第一次接地故障时切断电源	√	√	√	—	只有 IT 系统允许第一次接地故障时继续运行

（续）

电气特性	TT	TN－S	TN－C	IT	说明
必须使用的设备	√	—	—	√	TT 系统必须使用 RCD，IT 系统必须使用绝缘监测装置
接地极的数量	√	—	—	√	TT 系统要设两个独立的接地极，IT 系统可设置 1 个或 2 个接地极
电缆或母线的数量	—	—	√	√	TN－C 和 IT 系统的电缆或母线的数量较少
接地故障后电气设备的损坏程度	√	—	—	√	发生大故障电流后 TT 系统会发生一定程度的设备损坏，IT 系统则会产生比较严重的设备损坏

注：1. 由于大电流接地故障会增加 TN－C 系统的危险性，因此在易发生火灾的场所，例如煤矿、油田、化工等场所不能使用 TN－C 电源接地系统。
　　2. 无论采用何种电源接地系统，消防系统使用的 RCD 其整定值 $T_{\Delta n} \leqslant 500\text{mA}$。

【例 1-15】　电源接地系统应用范例——某医院的低压配电网。

图 1-54 所示为某医院的低压电网示意图。

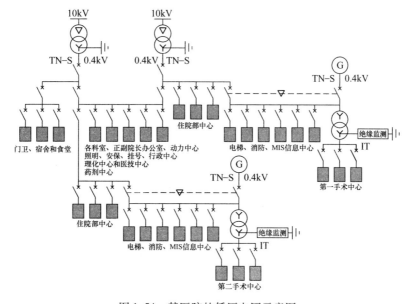

图 1-54　某医院的低压电网示意图

图 1-54 中可见，低压总进线电源的接地系统采用 TN－S，重要部门和科室采用市电进线互投供电；电梯、消防、MIS 信息中心和手术中心等一级负荷由市电和自备发电机互投确保供电；手术室的电源通过独立的电力变压器从 TN－S 系统转换为 IT 系统。

图中的手术中心的电源是利用电力变压器从 TN－S 电源接地系统中独立出来的特殊供电区域，该区域采用 IT 电源接地系统。

此示例中说明：为了满足某种特殊需求，可采用利用电力变压器从低压电网中另行组建独立区域，在独立区域中可实现最佳的电源接地系统。

【例 1-16】　电源接地系统应用范例——同一电源引出不同的接地系统。

图 1-55 所示为从 TN－C 的系统中引出不同的接地系统示意图。

图 1-55 电力变压器低压侧绕组的中性点并未接地，而是接到低压成套开关设备中，通过低压成套开关设备的 PEN 线与配电室内等电位联结工作接地。这种接法在变压器与低压

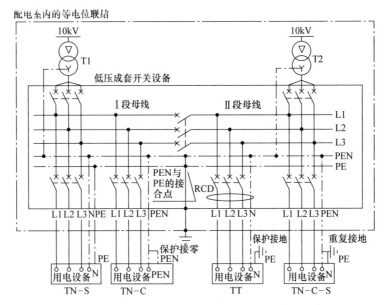

图 1-55 从 TN－C 的系统中引出不同接地系统的示意图

开关柜间距离很短时很常见，例如中小容量的干式变压器与低压成套开关设备的连接。

我们看到图 1-55 的低压开关柜内安排了 PE 线，并与 PEN 线在一点相接。

值得注意的是：接地系统一定包括电源部分、线路部分和负载部分，三者缺一不可。不能把接地系统割裂开来按上级和下级系统来讨论。

【由 TN－C 系统引出 TN－S 系统】

在图 1-55 的最左侧第一个馈电回路引出了三条相线到用电设备，同时又从 PEN 母线中引出 N 线，从 PE 母线中引出 PE 线，构成了 TN－S 系统。

注意，我们不可能从 TN－S 系统中引出 TN－C 系统。原因很简单：在 TN－S 下电力变压器接地极附近 PEN 线分开为 PE 线和 N 线，在 IEC60364《接地系统》、GB/T 16895《低压电气装置第 1 部分：基本原则、一般特性评估和定义》和规范 GB50054《低压配电设计规范》都规定：一旦 PEN 线分开为 PE 线和 N 线，就不得再次合并，而 TN－C 是以 PEN 线为其特征的。故可以从 TN－C 中引出 TN－S，但不可以从 TN－S 中引出 TN－C。

【由 TN－C 系统引出 TN－C 系统】

图 1-55 左起第二个馈电回路是 TN－C 系统，我们看到用电设备引入了三条相线和一条 PEN 线。当 PEN 线引至用电设备时与用电设备的外露导电部分（外壳）相接，由此构成用电设备的保护接零。

图 1-55 中的 PEN 线的接法是，在终端开关箱、柜内安排 PEN 排，从 PEN 排引出带中性线功能的 PEN 线接到负载的中性线接线端子上，再从 PEN 排引出带保护功能的 PEN 线到负载的外露导电部分（金属外壳）接线端子上。

这是基于国内的通用做法，相对于 TN－S 系统，TN－C 系统少了一根线，可以降低安装成本。

【由 TN－C 系统引出 TT 系统】

图 1-55 左起第三个馈电回路是 TT 系统，我们看到用电设备引入了三条相线和一条 N 线，用电设备的外壳直接接地，构成了保护接地。

【由 TN – C 系统引出 TN – C – S 系统】

图 1-55 最右边的馈电回路是 TN – C – S 系统，我们看到用电设备引入了三条相线，其中 PEN 线在接入用电设备前再次接地，然后分开为 N 线和 PE 线。

一般地，在 TN – C 和 TN – C – S 系统中，在电气装置外的低压配电线路上需要将 PEN 线做重复接地。这样做的好处是：一旦 PEN 线发生断裂，或者不同级别低压配电系统中 PEN 线上出现中性线电压降后，重复接地可降低此电位。

从图 1-55 中看出，TT 系统和 TN – S 系统内中性线是不允许做重复接地的，否则将产生非正规路径中性线电流引起不良后果。

7. 总等电位联结

IEC 标准中强调在配电所内建立总等电位联结。总等电位联结是指在建筑物内电源进线处将可导电部分互相连通，如图 1-56 所示。

建立等电位联结是为了减少人体同时接触不同电位引起的电击危险，以及防止雷电危害和抗干扰的要求。

在低压配电所内，有时用接地扁钢环绕内墙一周，以实现各处等电位。

建立变电所、配电所内的接

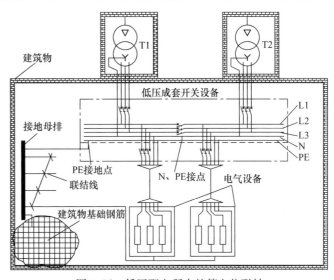

图 1-56　低压配电所内的等电位联结

地系统和等电位联结是一件很复杂的工作，而且与实际条件密切相关。

1.6.3　接地故障保护和人体电击防护

1. 带电导体间的短路与接地故障的区别

短路是指相线之间、相线与中性线之间的直接触碰，产生的电流就是短路故障电流。因为短路点的电阻很小，线路阻抗也很小，所以短路电流很大。

在 IEC 标准里，把带电导体与地间的短路称为"接地故障"。接地故障包括电气装置绝缘破损出现的故障现象，还包括电气设备外露导电部分发生相线碰壳事故时出现的故障现象。电气设备外露导电部

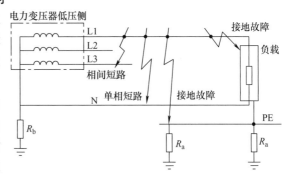

图 1-57　短路故障与接地故障的区别

分带对地故障电压时，人体接触此故障电压而遭受的电击，被称作间接接触电击。

我们来看图 1-57。

从图 1-57 中我们能看到短路与接地故障的区别。其中的"地"指的是电气装置的外露导电部分，或者建筑物内金属结构、管道，也包括大地。接地故障引起的间接接触电击事故

是最常见多发的电击事故。

间接接触电击是由接地故障引起的，其防护措施就因接地系统类型的不同而不同。间接接触电击防护措施中的一部分系在电气设备的产品设计和制造中予以配置，另一部分则是在电气装置的设计安装中予以补充，即间接接触电击的防护措施系由电气设备设计和电气装置设计相互组合来实现。

低压系统接地故障不仅会危害低压成套开关设备的安全，还会危害人身和环境安全，造成电击伤害或引发电气火灾，因此接地故障的保护要从电击防护和电气火灾防护的角度来考虑的。

2. 电击防护的一般性措施

（1）人体阻抗与安全电压

人体阻抗是阻容性的非线性阻抗，阻抗值随电压幅值、接触面积和压力大小不同而不同，且与人体皮肤的潮湿程度密切相关。关于人体电击以及人体阻抗的国家标准可参阅 GB/T 13870.1—2008《电流对人和家畜的效应 第1部分：通用部分》。标准中对人体阻抗推荐值是：$R_M = 1000\Omega$。

人体所能承受的最高电压称为电击安全电压 U_L。正常环境条件下，交流电击安全电压等于 50V，直流电击安全电压是 120V。

电击安全电压来自于 GB/T 18379—2001《建筑物电气装置的电压区段》。其中的表1规定了交流电压区段为50V，其中表2规定了直流电压区段为120V。

（2）直接接触和间接接触

直接接触是指人体与正常带电的导体接触，间接接触是指人体与电气设备正常时不带电但在故障时带电的外露部分进行接触。

（3）电气设备电击防护方式分类

电气设备电击防护方式分为0、Ⅰ、Ⅱ、Ⅲ四类，各类设备特征见表1-39。

表1-39　电气设备电击防护方式分类

设备编号	内容
0类设备	仅依靠基本绝缘作为电击防护手段的设备称为0类设备。该类设备一旦基本绝缘破坏或失效，将可能发生电击
Ⅰ类设备	除了基本绝缘外，还有保护连接措施。即设备外露可导电部件还连接了一根PE导线，例如MNS3.0的各类门板均采用黄绿色PE导线接地。一旦基本绝缘失效，还可通过保护连接所建立的防护措施进行电击防护
Ⅱ类设备	依靠双重绝缘或加强绝缘作为电击防护手段，此类设备在使用时可不考虑绝缘失效的可能性
Ⅲ类设备	采用安全特低电压供电，使设备在任何情况下都不会出现高于安全电压的电压值

3. 直接接触的防护措施

直接接触的防护措施包括：

1）将带电部分用绝缘材料完善地覆盖起来的防护措施；

2）用遮拦和隔离等防护措施。

例如 ABB 公司的 MNS3.0 低压成套开关设备中为了防止固体物进入采取了 IP3X 或 IP4X 以上的防护措施，并且带电的主母线和电气设备均采用隔板隔离，且所有金属外壳和可移动的各种金属板材均使用保护接地线与地直接连接。

3）局部防护措施：采用阻挡物阻挡人的手臂伸向带电体。

4）特殊防护措施：采用超低电压的防护措施。

4. 间接接触的防护措施

间接接触的防护措施包括：

（1）自动切断电源

为了保证能迅速而又有效地切断电源，必须根据接地通道的电压来决定和调整切断电源的速度，具体数值见表1-40。

表1-40　切断电源的时间与接地通道电压的关系表

定义		U_O	$50V < U_O \leqslant 120V$	$120V < U_O \leqslant 250V$	$250V < U_O \leqslant 400V$	$U_O > 400V$
接地系统	TN 或 IT		0.8s	0.4s	0.2s	0.1s
	TT		0.3s	0.2s	0.07s	0.04s

（2）特殊防护措施

采用超低电压的防护措施或者隔离变压器实施电气隔离。

5. 在 TT 系统中实现间接防护的方法

TT 系统的特征就是电源接地极和用电设备的接地极是分开的，当用电设备发生接地故障时，接地电流的流通路径是，接地相→用电设备的外露导电部分→用电设备的接地导线→用电设备的接地极及接地电阻 R_L→地线电流通道→电源接地极及接地电阻 R_n→电源中性线 N，如图 1-58 所示。

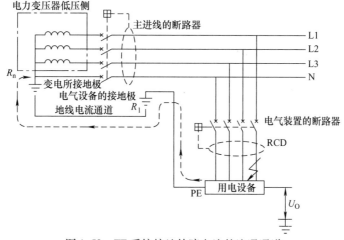

图1-58　TT 系统接地故障电流的流通通道

从图 1-58 中可见，接地电流流经了用电设备接地极 R_L 和变电所电源接地极 R_n 的接地电阻，使得 TT 系统的接地故障电流相对较小，不足以驱动电流继电器等设备，所以 TT 系统必须采用剩余电流保护装置 RCD 来自动切断电源。

在 TT 系统中采用 RCD 行使自动切断电源的接地故障防护措施时，其动作灵敏度为

$$I_{\Delta n} = \frac{50}{R_L} \tag{1-71}$$

式中　$I_{\Delta n}$——RCD 额定动作电流；

　　　　R_L——用电设备接地极的接地电阻。

【例1-17】　设配电所接地系统是 TT，电源接地极的电阻 $R_n = 4\Omega$，设用电设备接地极

的电阻 $R_L=30\Omega$，接地环路电流 I_0 为 4.5A，求接地故障的参数。

解：接地故障的参数为

$$U_0=I_0R_L=4.5A\times30\Omega=135V$$

$$I_{\Delta n}=\frac{50}{R_L}=\frac{50}{30}\approx1.67A>300mA$$

显然，用电设备外露导电部分 135V 的间接接触电压为远大于 50V 的安全电压，对操作者来说相当危险，需要配置动作电流为 300mA 的 RCD 来及时地切除此接地故障。

因为配电所电源接地极的电阻是 4Ω，接地环路电流在电源接地极电阻上产生的压降为 $4.5A\times4\Omega=18V$。若相电压 $U_n=220V$，于是发生接地故障的相线故障点上的电压是 220V – 135V – 18V $=67V>50V$。这么高的电压有可能会造成导线发热甚至引发电气火灾。

---

6. 在 TN 系统中实现间接防护的方法

TN 系统的特征就是系统内的用电设备其外露导电部分通过保护线直接与电源的接地极相连。

显然，对于 TN – C、TN – S 和 TN – C – S 系统来说保护线的连接方法是不一样的，但对于所有的 TN 系统来说，接地故障均成为相线对中性线的短路故障，所以原则上均可以采用过电流保护电器（断路器或熔断器）来切断电源。

我们来看 TN – C 系统接地故障电流的流通通道，如图 1-59 所示。

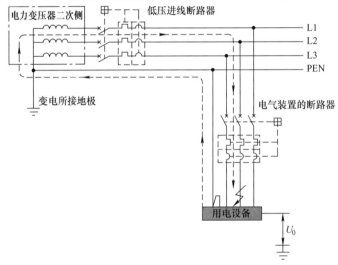

图 1-59　TN – C 系统接地故障电流的流通通道

需要注意的是，当发生接地故障而电源尚未切除之前，故障点处的接触电压 U_0 可能升高到超过 50% 的相电压。

在图 1-59 中，当 TN – C 系统中用电设备的中相对地发生了接地故障时，接地电流的流通路径是：接地相→用电设备的外露导电部分→用电设备的接地导线→PEN 线→电源中发生接地故障的相线。

一般 TN – C 系统是多点接地的，因此 TN – C 系统能够尽量降低用电设备外露导电部分的接地故障接触电压。

因为 TN 系统的接地故障实质上是短路故障，为了能够准确地决定过电流保护装置的动作参数，所以需要给出计算主回路短路电流的方法。

方法一：环路阻抗法

$$I = \frac{U}{\sqrt{(\Sigma R)^2 + (\Sigma X)^2}} \tag{1-72}$$

式中　$(\Sigma R)^2$——环路内所有电阻之和的二次方；

　　　$(\Sigma X)^2$——环路内所有感抗之和的二次方；

　　　U——相电压。

运用环路阻抗法时，首先要计算出接地故障短路电流的环路中所有元器件的阻抗，而这项工作本身就是比较困难的工作，需要查阅相关的工程图表和元器件参数等。

方法二：回路阻抗法

$$I_{SC} = I_{EC} \frac{U}{U + Z_S I_{EC}} \tag{1-73}$$

式中　I_{SC}——故障点上端的短路电流；

　　　I_{EC}——环路末端的短路电流；

　　　U——相电压；

　　　Z_S——环路阻抗。

回路阻抗法可以用环路始端已知的短路电流来计算环路末端的短路电流，且环路阻抗为各元器件阻抗的代数和。

若认为 I_{SC} 与 I_{EC} 接近相等，则回路阻抗法可近似简化为

TN 系统接地故障电流为

$$I_d = \frac{U}{Z_S} \text{或者} 0.8 \frac{U}{Z_C} \geqslant I_a \tag{1-74}$$

式中　I_d——接地故障电流；

　　　U——相电压；

　　　Z_S——接地故障电流环路阻抗，由故障点前的相线线路阻抗和故障点后保护线的线路阻抗总和；

　　　Z_C——故障回路的环路阻抗；

　　　I_a——使保护电器在规定的时间内动作的电流。

说明：

1) 从故障点接地极至电源接地极的阻抗远大于 Z_S 或 Z_C，故在计算中予以忽略。

2) 因为馈出回路的导线截面积远远小于电源和母线系统的导线截面积，因此可以用从母线到用电设备电缆或导线阻抗作为 Z_S 的近似值。

【例 1-18】　若 TN – C 接地系统中某 32A 的馈电回路出口处发生了接地故障，且从母线至故障点再至 PEN 母线的阻抗为 86mΩ，求故障电流。

解：

$$Z_S \approx 2\rho \frac{L}{S} = 86\text{m}\Omega$$

则故障电流为

$$I_d = \frac{U}{Z_S} = \frac{230\text{V}}{0.086\Omega} \approx 2674\text{A}$$

采用 ABB 公司的 Tmax XT T2N160TMD32A 断路器就足以分断此接地故障电流了。查阅样

本得知 T2N160TMD 是热磁式断路器，其瞬时短路磁脱扣电流是 $32 \times 10 - 320A$，接地故障电流是断路器短路保护动作电流的 $2674A/320A \approx 8.4$ 倍，断路器足以在不到 30ms 的时间内脱扣跳闸保护。

当低压电网采用 TN – S 系统时，在下列情况下必须使用 RCD 剩余电流保护电器：

1）不能确定环路阻抗；

2）故障电流特别小以至于过电流保护电器（例如断路器的过电流脱扣器）的动作时间不能满足系统要求。当馈电电缆截面较小；而长度又较长时会出现这种状况。

RCD 剩余电流保护电器一般均为毫安至数安之间，比接地故障电流低得多，故 RCD 剩余电流保护电器非常适合上述两种状况。

7. 在 IT 系统中实现间接防护的方法

IT 系统的特征是：电源的中性点与地绝缘，或者经过高阻接地；所有用电设备的外露导电部分经过接地极接地。

当 IT 系统发生第一次接地故障的电流很小，能满足 $I_d \leqslant 50/R_a$ 的要求而不出现危险的故障电压，既不会对人身产生电击伤害，也不会出现危害电气设备的现象，如图 1-60 所示。

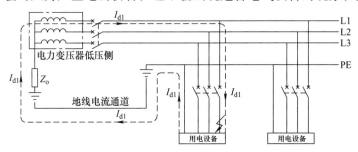

图 1-60　IT 系统第一次发生接地故障时的电流流向

由于系统存在潜在的危害，所以 IT 系统必须配备绝缘监测装置对第一次接地故障进行报警，同时要迅速地查清故障点及时予以排除。

当系统中发生第二次不同相的接地故障时，IT 系统的接地电流故障电流流向如图 1-61 所示。

在图 1-61 中，IT 系统中左边的第一个用电设备 L3 相的接地故障尚未解除，而右边的第二个用电设备 L1 相又发生了接地故障。与第一次接地故障电流的流向不同的是第一个用电设备的接地故障电流不再流经地线电流通道进入电力变压器，而是流经地线通道进入第二个用电设备的故障相再流入电力变压器。显然，此时的接地故障电流已经变为相间的短路故障电流。

IT 系统第二次发生接地故障时的接地故障电流计算方法见式（1-75）

$$I_d = 0.8 \frac{\sqrt{3} U_O}{Z_C} \tag{1-75}$$

式中　I_d——接地故障电流；

　　　U_O——相电压；

　　　Z_C——故障回路的环路阻抗。

对于 IT 系统第二次发生的接地故障，利用断路器或熔断器的短路保护就足以切断电源了。

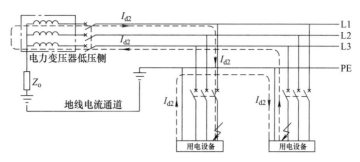

图 1-61　IT 系统第二次发生接地故障时的电流流向

若 IT 系统中的用电设备单独接地，则当发生第二次接地故障时，接地电流要流经接地极的接触电阻，接地电流的强度将因此而受到限制。此时使用断路器或熔断器来行使保护就变得非常不可靠，需要采用更灵敏的 RCD 剩余电流保护电器来实现保护操作。

为了对 IT 系统的绝缘进行监测及线路保护，在 IT 系统的进线回路配套绝缘监测装置。绝缘监测装置的原理图如图 1-62 所示。

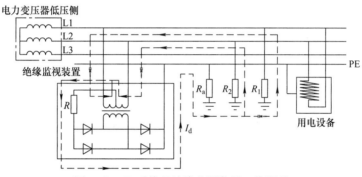

图 1-62　IT 系统的绝缘监测装置工作原理

图 1-62 中，绝缘监测装置接在 L1 相和 L2 相之间。绝缘监测装置中经过降压变压器和整流器输出一个直流电压。绝缘监测装置中的 R 与 PE 的绝缘电阻 R_a 和 L1 相的绝缘电阻 R_1 相串联，同时 R 也与 PE 的绝缘电阻 R_a 和 L2 相的绝缘电阻 R_2 相串联。当线路绝缘正常时，R_a、R_1 和 R_2 阻值很大，故测量电流 I_d 很小，R 上的压降也很小；当 L1 相或者 L2 相的绝缘被破坏后，R_1 或者 R_2 的阻值变小，测量电流 I_d 急剧变大，R 上的压降也随之增大，绝缘监视装置由此产生对应的输出信息。

绝缘监视装置能实现的功能包括：

1）监测 IT 系统的第一次接地故障，当 IT 系统的绝缘水平降至某一规定值以下时即发出告警信息；

2）可作为过电流侦测装置，当 IT 系统发生第二次接地故障时通过断路器按 TN 系统切断电源；

3）可作为剩余电流侦测装置，当 IT 系统发生第二次接地故障时通过断路器按 TT 或 TN 系统切断电源。

绝缘监测装置只能用来监测 IT 系统的对地绝缘，当不能用来监测 TN 系统和 TT 系统的对地绝缘。道理很简单：因为 TN 系统和 TT 系统的电源中性点是直接接地的，于是 R_a 和 R 就被仅仅数欧的系统接地电阻所短接，当然也就无法侦测出系统的绝缘水平了。

正因为如此，IEC 标准中不提倡 IT 系统带中性线，避免破坏绝缘监视装置对 IT 系统绝缘状况的侦测能力。

值得注意的是：

如果用在一级配电且符合 IT 接地系统的低压成套开关设备（直接连接在电力变压器低压侧执行一级配电任务）与用电设备不在同一建筑物内，当发生第一次接地故障时，见图 1-57，IT 系统事实上成为 TT 系统；

如果用在一级配电且符合 IT 接地系统的低压成套开关设备（直接连接在电力变压器低压侧执行一级配电任务）与用电设备在同一建筑物内，当发生第一次接地故障时，见图 1-58，IT 系统事实上成为 TN 系统。

如果再次发生异相的接地故障，则系统将按 TT 系统或 TN 系统的方式切断电源。

1.6.4 接地故障电流的测量方法

接地故障电流测量的依据如下：

$$
\begin{aligned}
I_G &= K_{C1}\left[\sqrt{2}I_{L1}\sin\omega t + \sqrt{2}I_{L2}\sin\left(\omega t + \frac{2\pi}{3}\right) + \sqrt{2}I_{L3}\sin\left(\omega t + \frac{4\pi}{3}\right)\right] + K_{C2}I_N'' \\
&= I_T + I_N
\end{aligned}
\tag{1-76}
$$

式中　　　　I_G——接地故障电流；

I_{L1}、I_{L2}、I_{L3}——三相电流互感器二次电流；

I_N''——中性线电流互感器二次电流；

K_{C1}——相电流互感器的电流比；

K_{C2}——中性线电流互感器的电流比；

I_T——三相不平衡电流；

I_N——中性线电流。

从式（1-76）中可以看出，I_G 实质上就是三相不平衡电流与中性线电流的矢量和，并且中性线 I_N 的电流方向与三相不平衡电流的方向相反。

一般相线电流互感器与中性线电流互感器的电流比不可能一致，因此在计算参数时需要将电流互感器的电流比输入到测算单元中。

接地故障电流的测量方法有三种，即 RS 系统测量方法、SGR 系统测量方法和 ZS 系统测量方法。三种测量方法罗列如下：

1. 测量剩余电流实现测量接地故障电流的方法：RS 系统

RS 系统的剩余电流检测方式利用电流互感器二次电流的相量和计算出接地故障电流，适用于三相平衡低压电网或三相不平衡低压电网。

RS 测量方法的原理是：

在 RS 系统中，4 只电流互感器既可安装在断路器之外，也可一体化地安装在断路器之内成为断路器专用的电流测量部件。

例如 ABB 公司的 Emax 断路器，其内部就安装了 4 只电流互感器，由此实现测量三相电流和中性线电流，同时在保护脱扣器 PR120 中对 4 项电流参数进行计算和判断，由此实现接地故障的 G 保护功能和双 G 保护功能，如图 1-63 所示。

事实上，各种品牌的低压框架断路器内部用于测量电流的电流互感器（一般为罗氏线

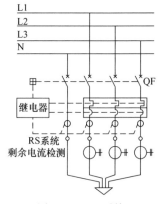

图 1-63　RS 系统

圈），其测量原理都是基于 RS 系统。

2. 通过测量 PE 线电流实现接地电流的检测方式：SGR 系统

由图 1-64 中可以看出接地故障电流的测量是通过安装在 PE 线返回电源端上的电流互感器 TA_0 实现的，TA_0 的二次电流输入到 Relay 中实现计算和输出控制。

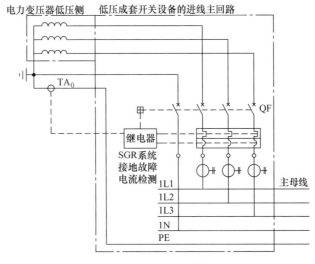

图 1-64　SGR 系统

电流互感器的中心孔可穿入保护线 PE，其二次电流输出端则连接到脱扣器对应的电流输入端口上。

显然，SGR 系统的测量结果与 RS 系统测量结果等效。

以 ABB 的 Emax 断路器为例，其电流互感器 TA_0（外接线圈和传感器）安装在断路器的外部，位于低压成套开关设备的 PE 线上，且靠近 PE 线与中性线 N 的结合点。电流互感器 TA_0 的二次电流输送到 Emax 断路器的电子脱扣器 PR122/PR123 中实现计算和控制。

3. 零序电流检测方式：ZS 系统

ZS 系统的测量方式如图 1-65 所示。

ZS 的方法需要配备零序电流互感器，并且将三相四线制的四芯电缆（三根相线，一根中性线）都穿入其中，此时零序电流互感器二次电流的数值乘以电流比后直接反映了接地故障电流的大小。显然，ZS 系统的测量结果与 RS 系统的测量结果等效。

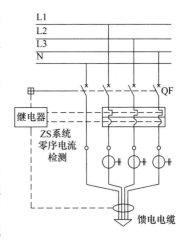

图 1-65　ZS 系统

虽然 ZS 系统能直接测量出接地故障电流，但 ZS 方法只能用在测量小电流的系统上。由于低压电网的电流大，电缆或母线的截面也大，一般的零序电流互感器无法满足低压电网的测量尺寸要求。因此在低压电网中很少使用 ZS 系统。

1.6.5　针对低压成套开关设备的人身安全防护措施

带电部件的间接接触防护的意义是：防止在终端电器或终端用电设备的机壳上出现过高的接触电压而伤及人身，同时也提出若干种有效的方法避免出现过高的接触电压。

一般地，终端电器或终端用电设备的机壳在正常情况下是不带电的，但如果带电导体的绝缘受损则将使机壳带上电，人触及带电的机壳将受电击。

IEC 60364 – 4 – 41 和 GB/T 16895.9—2000 目前都将过高的接触电压规定为

1）大于 50V 的交流电压（有效值）；

2）大于 120V 的直流电压。

IEC 60364 – 4 – 41 和 GB/T 16895.9—2000 中将上述电压定义为对地电压。对于三相三线制的不接地供电系统，则上述电压定义为当某相接地后而出现在其他导线上的电压。

对于成套低压开关设备，为了防止间接接触，首先要对电力系统配套相应的保护措施与保护绝缘，且保护措施与保护绝缘必须与系统接地方式相适应；同时，还要求所有的电气设备应具备在发生漏电时能自动切断电源，防止事故的存在和扩大。

在各种漏电保护装置中，剩余电流动作保护器 RCD 是最好的一种，它不仅适用于 TT 和 TN 接地系统，也适应某些 IT 系统。

低压成套开关设备必须具有设置良好的保护电路，所有的柜体结构、柜门及机构、抽屉、抽出式部件等非载流回路金属结构部件都必须接地，并且接地的通路必须是连续的。

在 IEC 61439 – 1：2011 和 GB/T 7251.1—2023 中把保护导体的连续通道称为接地保护导体的连续性。

低压配电网中的人身安全防护和设备防护包括两方面的内容，其一是隔离防护，其二是接触防护。

隔离防护涉及的国际电工标准是 IEC 61140，对应的国家标准是 GB/T 17045—2008；接触防护涉及的国际电工标准是 IEC 60364，对应的国家标准是 GB/T 16895；漏电电击防护的国际电工标准是 IEC 61008 – 1，国家标准是 GB/T 16916《家用和类似用途的不带过电流保护的剩余电流动作断路器（RCCB）》。

（1）直接接触防护与隔离防护型式

在 IEC 61140：2001 中描述的直接接触防护与电压等级的高低无关，也就是说该标准是在任何情况下都必须遵守的强制性标准。

当直接接触发生在干燥的气候条件下且被接触的电压在交流 25V 以下或直流 60V 以下时，或者当低压电器或低压成套开关设备安装在封闭的电气工作场所时，允许放弃直接接触防护。

根据 IEC 61140：2009 的规定，最低防护型式必须达到 IP2X。

对于直接接触的防护包括完全防护和局部防护两类。完全防护采用绝缘材料、挡板、外壳或外罩等物体对带电部件进行隔离，此时的最低防护型式为 IP2X；对于局部防护，由于局部防护只是防止偶然的接触而不可能防护故意的直接接触，虽然局部防护也用防护罩、阻挡物、栅栏和挡板等物体进行阻隔，但局部防护的防护等级低于 IP2X。

需要进行电击防护和人身安全防护的电气操作包括：

1）微型断路器 MCB 和塑壳断路器 MCCB 的操作；

2）断路器 ACB 的操作，包括面板手柄操作和按钮操作；

3）电动机控制操作，包括按钮操作和控制开关操作；

4）仪表键盘和编程键盘操作；

5）热继电器、断路器、剩余电流保护装置、电压继电器等装置的脱扣复位操作；

6）更换熔断器熔芯、更换信号灯的灯泡等操作；

7）松开或插上连接片、插接元件等操作；

8）调节选择开关和程序控制器的操作；

9）整定仪器仪表、时间继电器、温度控制器、压力控制器的调节和控制量等操作。

以上这些操作一般均由专职人员来执行，若该操作由非专职人员来实施则必须具有完全的直接接触防护。

我们来看看有关防护型式 IP 等级的意义，见表1-41。

表 1-41　防护型式 IP 等级的意义

数字	第 1 标识数字 表示防止直接接触危险部件和防止固体异物进入的防护程度		第 2 标识数字 表示防止水进入的防护程度	
	简短说明	定义	简短说明	定义
0	无防护		无防护	
1	防止手背触及危险的部位 防止直径为 50mm 和大于 50mm 的固体异物进入	直径为 50mm 的探针和球必须与危险部位保持足够的距离。 直径为 50mm 的探针和球不允许完全进入	防滴水	垂直滴落的水不允许造成有害的作用
2	防止用手指触及危险部件 防止直径大于或等于 12.5mm 的固体异物进入	直径为 12mm，长度为 80mm 的分节式试指必须与危险部位保持足够的距离。 直径为 12.5mm 的探针和球不允许完全进入	防止以 15° 角度滴落的水滴滴入	当以 15° 角度滴落的水滴不允许造成有害的作用
3	防止用工具触及危险的部件 防止直径大于或等于 2.5mm 的固体异物进入	直径为 2.5mm 的探针不允许进入 直径为 2.56mm 的探针根本不能进入	防淋水	与垂直线两侧成 60° 角度的淋水不允许造成有害的作用
4	防止用细丝触及危险的部件 防止直径大于或等于 1.0mm 的固体异物进入	直径为 1.0mm 的探针不允许进入 直径为 1.0mm 的探针根本不能进入	防溅水	来自任何方向的溅向外壳的水不允许造成有害的作用
5	防止用细丝触及危险的部件 防尘	直径为 1.0mm 的探针不允许进入 不能完全阻止尘埃进入，但尘埃的进入量不允许影响到电器的正常工作或安全性	防喷水	来自任何方向的喷向外壳的水不允许造成有害的作用
6	防止用细丝触及危险的部件 尘密	直径为 1.0mm 的探针不允许进入 尘埃不允许进入	防止强力的喷水	来自任何方向的强力喷向外壳的水不允许造成有害的作用
7			防止暂时的浸水影响	当外壳在标准规定的压力和时间条件下浸入水中时，水的进入不允许引起有害的作用
8			防止持久潜水时产生的影响	当外壳在制造厂与用户协商规定的条件下必须持久地潜在水中时，水的进入量不允许引起有害的作用。然而，协商规定的条件要比标识数字 7 更苛刻

对于 ABB 的 MNS3.0 开关柜来说，默认的 IP 防护等级为 IP40 或 IP41。

IP 防护等级中的第 1 标识数字表示防止直接接触到开关设备中危险部件和防止固体异物进入开关设备的防护程度，这是 IP 中体现人身安全防护的部分。

IP 防护等级中的第 2 标识数字表示防止水进入开关设备的防护程度，这是 IP 中体现设备安全防护的部分。

从低压开关柜的使用来看，低压配电所的工作人员都希望低压开关柜能有较高的 IP 防护等级，但较高 IP 防护等级却直接影响了低压开关柜的散热效率，造成低压开关柜全面降容，甚至会因为发热严重而造成系统停止运作或发生故障，所以低压成套开关设备的设计者和使用者在确定低压开关柜的方案和结构时务必注意到这一点。

（2）间接接触防护与低压成套开关设备中的保护导体连续性

带电部件的间接接触防护的意义是：防止在终端电器或终端用电设备的机壳上出现过高的接触电压而伤及人身，同时也提出若干种有效的方法避免出现过高的接触电压。

一般地，终端电器或终端用电设备的机壳在正常情况下是不带电的，但如果带电导体的绝缘受损则将使机壳带上电，人触及带电的机壳将受电击。IEC 60364 – 4 – 41 或 GB/T 16895.9—2000 目前都将过高的接触电压规定为：大于 50V 的交流电压（有效值），大于 120V 的直流电压。

IEC 60364 – 4 – 41 或 GB/T 16895.9—2000 中将上述电压定义为对地电压。对于三相三线制的不接地供电系统，则上述电压定义为当某相接地后而出现在其他导线上的电压。在 IEC 60364 – 4 – 41 或 GB/T 16895.9—2000 中介绍了以下保护措施：

1）采用双重绝缘或加强绝缘进行保护；

2）设置不接地的等电位连接实现局部电位平衡进行保护；

3）将电气设备安装在非导电场所内进行保护；

4）采取电气隔离措施进行保护。

📖 标准摘录：GB/T 14048.1—2023 《低压开关设备和控制设备 总则》，等同于 IEC 60947 – 1：2011，MOD。

7.1.9.3 保护接地端子的标志和识别

根据 GB/T 4026—2004 中 5.3 的规定，保护接地端子应采用颜色标志（绿—黄的标志）或适用的 PE、PEN 符号来识别，或在 PEN 情况下应用图形符号标志在电器上。

7.1.10 保护性接地要求

7.1.10.1 结构要求

对外露的导体部件（如底板、框架和金属外壳的固定部件），除非它们不构成危险，都应在电气上相互连接并连接到保护接地端子上，以便连接到接地极或外部保护导体。

电气上连续的正规结构部件能符合此要求，并且此要求对单独使用的电器和组装在成套装置中的电器都适用。

7.1.10.2 保护接地端子

保护接地端子应设置在容易接近便于接线之处，并且当罩壳或任何其它可拆卸的部件移去时其位置仍应保证电器与接地极或保护导体之间的连接。

在电器具有导体构架、外壳等的情况下，如有必要应提供相应的措施，以保证电器的外露导体部件和连接电缆的金属护套之间有电气上的连续性。

在 GB/T 7251.1—2023 中把保护导体的连续通道称为接地保护导体的连续性。

对于成套低压开关设备，为了防止间接接触，首先要对电力系统配套相应的保护措施与保护绝缘，且保护措施与保护绝缘必须与系统接地方式相适应；同时，还要求所有的电气设备应具备在发生漏电时能自动切断电源，防止事故的存在和扩大。

低压成套开关设备必须具有设置良好的保护电路，所有的柜体结构、柜门及机构、抽屉、抽出式部件等非载流回路金属结构部件都必须接地，并且接地的通路必须是连续的。

（3）低压成套开关设备中保护导体的截面要求

在 GB/T 7251.1—2023 的附录 B 中，有关于保护导体截面积计算的方法见式（1-77）。

$$S_p = \frac{\sqrt{I^2 t}}{k} \tag{1-77}$$

式中　S_p——保护导体截面积；

　　I——在阻抗可以忽略的情况下，流过保护电器的接地故障电流值（方均根值）（A）；

　　t——保护电器的分断时间（s）；

　　k——系数，它取决于保护导体、绝缘和其他部分的材质以及起始和最终温度。

式（1-77）中的 k 取值见 GB/T 7251.1—2023 附录 B 的表 B.1。

📖 标准摘录：GB/T 7251.1—2023《低压成套开关设备和控制设备　第 1 部分：总则》。

附录 B 的 B.1　不包括在电缆内的绝缘保护导体的 k 值，或与电缆护套接触的裸保护导体的 k 值

保护导体或电流护套的绝缘			
	PVC 热塑件	XLPE EPR 裸导体	丁烯橡胶
最终温度	160℃	250℃	220℃
系数 k			
导体材料：			
铜	143	176	166
铝	95	116	110
钢	52	64	60
导体的初始温度设定为 30℃			
更多的详细信息可见 IEC 60364-5-54。			

【例 1-19】　由例 1-18 知低压配电网的接地系统是 TN-C。低压成套开关设备某 32A 馈电回路出口处发生了接地故障，接地故障电流为 2674A。若断路器瞬时短路保护动作时间是 30ms，试求电气设备接地电缆的截面。

解： 设接地电缆采用 EPR，最终温度为 160℃，查表知 $k = 176$。将数据代入式（1-77），得

$$S_P = \frac{\sqrt{I^2 t}}{k} = \frac{\sqrt{2674^2 \times 0.03}}{176} \approx 2.63 \, \text{mm}^2$$

所以，电气设备的接地电缆截面采用 4mm² 即可。

在 GB/T 7251.1—2023 中对相线、N 线和 PE 线的截面有相关的规定和要求。GB 7251.1—2023 的表 5 中有如下说明：

📖 标准摘录：GB/T 7251.1—2023《低压成套开关设备和控制设备 第 1 部分：总则》

表 5 铜保护导体（PE）的最小端子连接能力

相导体的截面积 S /mm^2	相应保护导体的最小截面积 S_p（PE、PEN）/mm^2
$S \leq 16$	S
$16 < S \leq 35$	16
$35 < S \leq 400$	$S/2$
$400 < S \leq 800$	200
$800 < S$	$S/4$

负载中的谐波较大，可影响中性导体中的电流，见 8.6.1。

8.6.1 主电路

母线（裸的或绝缘的）的布置应使其不会发生内部短路。母线应至少符合要求中关于短路耐受强度的等级（见 9.3），并且，应使其至少能够承受在母线电源侧保护器件限定的短路应力。

在一个柜架单元内，主母线与功能单元电源侧或在单柜架单元的成套设备的情况下，在每个出线 SCPD 的供电端子和进线器件的负载端子之间及包括在这些单元内的元件之间的导体（包括配电母线）可根据每个单元内相关短路保护电器在负载侧衰减后的短路应力来评估，所提供的这些导体的布置应使得在正常运行条件下，尽可能避免带电部分间和/或带电部分与地之间发生内部短路（见 8.6.4）。

在带中性导体的三相电路中，中性导体的最小截面积应满足：

——如果电路线导体的截面积小于或等于 16mm^2，则与线导体相同。

——如果电路线导体的截面积大于 16mm^2，则为线导体的一半，但最小为 16mm^2。

注：当用户接受较小的中性导体时，有特定的应用。假设中性导体：

a）电流不超过线电流的 50%；

b）导体和线导体的材料相同。如果不是这种情况，中性导体应具有当中性导体与线导体相同材料时提供的至少相同的电导率或载流能力。

对于会造成零序谐波较大值的特定应用（例如三次谐波）可需要较大截面积的中性导体，因为这些线导体上的谐波会加到中性导体上，并导致高频率下的高负载电流。这种情况遵照成套设备制造商与用户间的专门协议。

在低压成套开关设备中，保护导体也即 PE 线的截面按表 1-42 选配。

表 1-42 低压成套开关设备中与外壳相连的 PE 线截面积

相导体额定电流/A	PE 线的截面积/mm^2	说明
≤20	与导线截面积相同	
≤25	2.5	
≤32	4	额定电流系指流入某功能单元或抽屉单元的总电流
≤63	6	
>63	10	

1.6.6　在低压成套开关设备中对中性线的保护及四极断路器的应用

1. 各种电源接地系统中有关中性线的保护方案

中性线的截面积与低压电网的接地形式密切相关。如果中性线的截面积规格选择正确时，一般无需为中性线配备特殊的保护措施，因为相线的保护措施足以兼顾到中性线的保护；如果中性线因为三次谐波电流的原因或中性线的截面积不够大，则中性线需要配备过载保护和短路保护。

在 TN – C 系统中，中性线在任何情况下不得断开，因为在 TN – C 系统中中性线同时也是用于保护的 PE 线；在 TT、TN – S 和 IT 系统中，当低压电网的线路发生故障时则要求断路器同时断开所有线路，其中包括中性线。

表 1-43 是在 TT、TN – C 和 TN – S 系统中断路器对中性线保护配置方案。

表 1-43　在 TT、TN – C 和 TN – S 系统中断路器对中性线保护配置方案

低压电网线制	TT	TN – C	TN – S
三相四线 $S_n < S_{ph}$	L1 L2 L3 N	L1 L2 L3 PEN	L1 L2 L3 N
三相四线 $S_n \geq S_{ph}$	L1 L2 L3 N		L1 L2 L3 N

2. 在低压成套开关设备中使用四极隔离开关和四极断路器的问题

若某低压配电网是单电源供电的，将三条相线切断后，中性线有可能会带危险电压。其原因是：

1）低压配电网内发生单相接地故障，故障电流在低压配电所内接地极电阻 R_b 上产生电压降，使中性点和中性线对地带危险电压。

2）若中压侧保护接地和低压侧系统接地共用接地装置，当中压侧发生接地故障时，其故障电流在低压配电所内接地极电阻 R_b 上产生电压降，使中性点和中性线对地带危险电压。

3）低压线路上感应的雷电过电压沿中性线进入电气装置内。

这些中性线上的危险电压可能持续时间长，或者电压幅值非常高，都可能在电气维修时引发电气事故。为此，在低压成套开关设备或者在线路的适当位置中装设四极隔离开关，用以实现中性线电气隔离。

装设四极隔离开关需要注意以下若干问题：

（1）TN – C 接地系统中不允许装设四极隔离开关

虽然采用四极开关切断中性线可保证电气维修安全，但 TN – C 系统的 PEN 线内包含 PE 线，而 PE 线是严禁切断的，因此 TN – C 系统内不允许装用四极开关。

（2）TN – C – S 接地系统和 TN – S 接地系统中可不必装设四极隔离开关

IEC 标准和我国电气规范都规定了在建筑物内设置总等电位联结的要求，一些未做总等电位联结的老建筑物因金属结构、管道等互相之间的自然接触，也具有一定的等电位联结作

用。由于这一作用，TN-C-S系统和TN-S系统可不必为电气维修安全装用四极开关。

（3）TT接地系统需要在低压成套开关设备进线处装设四极隔离开关

在TT系统内，即使建筑物内设置有总等电位联结，也需为电气维修安全装用四极开关。

因为TT系统内的中性线和总等电位联结系统是不相连通的，所以TT系统中的电源中性线带有一定的电压，设此电压为U_b。见图1-66a。

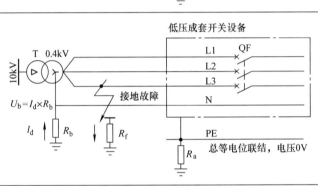

图1-66　TT系统N线上的电压U_b

当TT系统电源接入低压成套开关设备后，低压成套开关设备的外壳接入总等电位联结系统，并且总等电位联结的电压为地电位即0V。可见，低压成套开关设备的外壳被良好接地。

我们看图1-66b。当TT系统发生单相接地故障后，接地电流I_d流过变压器中性点接地极电阻R_b，于是在R_b上产生了较高的电压U_b并使得N线电压上升，有可能对人身产生伤害作用。

为此TT系统应在低压成套开关设备的电源进线处装设四极开关，即图1-66中的QF采用四极抽出式断路器，或者在断路器前加装四极隔离开关。

（4）IT接地系统

IT接地系统一般采用三相三线制，不引出N线。如果IT接地引出了中性线，当发生单相接地故障时，中性线对地电压将上升为相电压，此现象与图1-66有些类似。考虑到电气维修安全，低压成套开关设备的进线处需要选配四极进线开关。

（5）双电源切换对开关极数的要求

变压器电源和自备发电机电源之间的切换是否需要断开中性线与许多条件或因素有关，包括两电源回路的接地系统类别、两电源回路是否接入同一套低压成套开关设备、系统接地的设置方式、电源回路有无装设RCD或者单相接地故障保护等，情况较为复杂。为此，IEC标准并未做出明确的规定。

我们来看如下不同的双电源配置方案：

1）两电源安装在同一场所内，且共用相同的低压成套开关设备，则进线回路或者双电源切换回路应当采用四极开关，如图 1-67 所示。

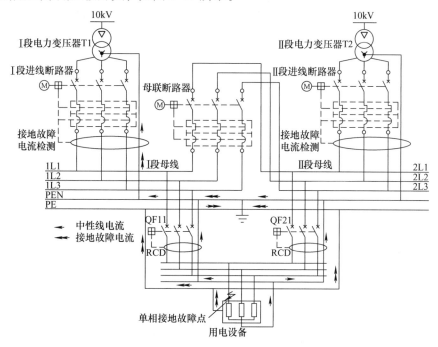

图 1-67　安装在同一场所内的双电源互投方案之故障电流

从图 1-67 中，我们看到用电设备的前端安装了两只带 RCD 保护的三极断路器 QF11 和 QF21 作双电源互投，我们假定 QF11 合闸而 QF21 分断。我们看到无论是用电设备发生了单相接地故障还是三相不平衡，单相接地故障电流或者三相不平衡造成的中性线电流均有可能流过 QF21 回路的 N 线和 PE 线。因为 QF21 的 RCD 保护作用，QF21 处于保护动作状态，无法进行有效的合闸。反之亦然。

图 1-67 中从 QF21 回路的中性线或者 PE 线流过的电流就是非正规路径的中性线电流。非正规路径的中性线电流会引起一些不良后果。例如非正规路径中性线电流所流经的通路有可能形成包绕环，包绕环内产生的磁场将可能对敏感信息设备产生干扰，同时还有可能产生断路器误动作。

解决的办法就是将 QF11 和 QF21 采用四极开关，切断故障电流流过的通路。

2）双路配电变压器互为备用电源，或者变压器与柴油发电机互为备用电源，且变压器和发电机的中性点均就近直接接地。若两套电源共用低压成套开关设备，则进线回路应当采用四极开关。

我们在第 1.6.2 节中用 GB/T 16895.1—2008 讨论过 TN-S 接地系统，下面我们再看看等同使用的 IEC60364-1-2006 是如何定义 TN-S 接地系统的。

📖 标准摘录：IEC 60364-1：2005《Low-voltage electrical installations Part 1：Fundamental principles，assessment of general characteristics，definitions》（低压电气装置，第 1 部分：基本原则、一般特性评估和定义）。

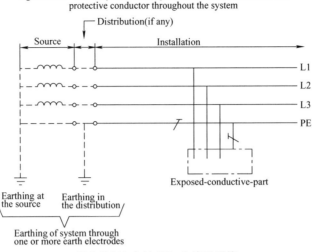

Figure 31A2－TN－S system with separate earthed line conductor and protective conductor throughout the system

IEC 60364 中的 TN－S 接地系统

图中,

Source——电源;

Installation——装置;

Earthing at the source——在电源处接地;

Earthing in the distribution——在配电系统中的接地;

Earthing of system through one or more earth electrodes——系统的接地可通过一个或者多个接地极来实现;

Exposed－conductive－part——外露可导电部分;

Distribution (if any) ——配电系统 (如果有)。

我们从中看到, TN－S 的 PE 线是可以有多点接地的。我们看到变压器的中性点可以就地直接接地, 而低压成套开关设备的进线回路中可以再次接地。

如图 1-68 所示, 我们看到低压配电网为 TN－S 接地型式, 且变压器的中性点就近接地, 从变压器引三相、N 线和 PE 线到低压成套开关设备进线回路中。低压进线断路器和母联断路器均为三极开关, 进线断路器配套了单相接地故障保护。正常使用时两进线断路器闭合而母联打开。

当低压开关设备内 I 母线上的用电设备发生单相接地故障时, 我们看到正确的路径是, 用电设备外壳→PE 线→PE 线和 N 线的结合点→I 段 N 线→I 段接地故障电流检测→I 段变压器。

由于 N 线和 PE 线结合点的不确定性, 例如此点可安装在两进线回路的进线处, 于是单相接地故障电流的非正规路径可能是, 用电设备外壳→PE 线→II 段进线 PE 线和 N 线结合点→II 段 N 线→II 段接地故障电流检测→I 段 N 线→I 段接地故障电流检测→I 段变压器。沿着这条路径流过的电流就是非正规路径的中性线电流, 它可能引起 II 段进线断路器跳闸, 使得事故扩大化。

解决的办法就是将低压进线回路和母联回路均采用四极开关, 切断故障电流流过的非正规路径, 消除事故隐患。

同理, 若将其中一台变压器更换为发电机, 则发电机的进线断路器也必须采用四极开关。

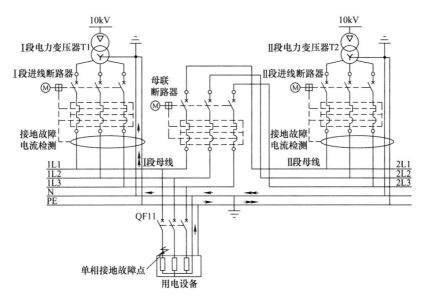

图 1-68　在 TN – S 下进线回路和母联回路应当采用四极开关

结论：

当两套电源同处一室（共地），且共用同一套低压成套开关设备，则低压成套开关设备的进线和母联回路需要使用四极开关。

3）两套电源同处一室（共地），但不共用低压成套开关设备，则二级配电设备中的电源转换开关可采用三极开关。

如图 1-69 所示，我们看到变压器与发电机在同一座低压配电所内，但两者不共用低压成套开关设备。

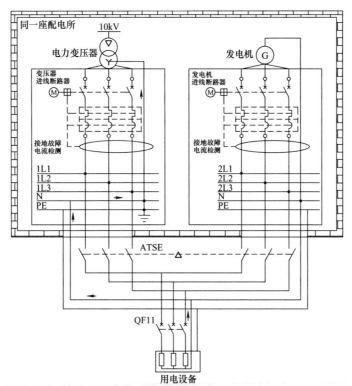

图 1-69　同处一室且不共用低压成套开关设备的两套电源系统互投切换

我们看到二级配电设备的断路器 QF11 的负载发生了三相不平衡，于是用电设备的中性线中出现了三相不平衡电流。三相不平衡电流的路径是，用电设备中性线 N 极→二级配电设备 N 线→变压器配电中性线→变压器进线回路的接地故障电流检测→变压器中性点 N。这条路径是常规的路径。

由于 ATSE 在转换上是单方向的，它只能在变压器进线和发电机进线中单选一，因此中性线电流不会出现在非常规的路径中。

在此情况下，ATSE 开关可以使用三极的产品。

1.7 过电压和低压配电网的电涌保护

1.7.1 过电压的分类

配电网的过电压是指系统中出现了超过正常电压范围的高电压值。过电压的形式有两种：其一是相对地的过电压以及中性线对地的过电压，被称为共模过电压；其二是相导体之间的过电压，被称为差模过电压。

共模过电压危害线路和电气设备的绝缘，而差模过电压不仅危害线路和电气设备的绝缘，还因为过电压在负载阻抗上产生了过电流，使得线路出现高温发热，可能会损坏电气设备，甚至引起电气火灾。

过电压包括大气过电压和系统过电压。大气过电压指的是雷击，而系统过电压则包括操作过电压、谐振过电压和工频过电压。具体分类见表 1-44。

表 1-44 过电压分类

名称	过电压类型	过电压属性	产生过电压的原因	对应的具体操作
过电压	大气过电压	雷电过电压		
	系统过电压	操作过电压	操作电容性负载	开断电容器组 开断空载长电缆 闭合空载长电缆
			操作感性负载	开断空载变压器 开断并联电抗器 开断中压电动机
		谐振过电压	线性谐振	消弧线圈谐振
			非线性铁磁谐振	线路短线 电磁式电压互感器饱和
		工频过电压	长线电容效应	
			过补偿	
			不对称过电流	
			中性点位移	
			抛负荷	

大气过电压的能量来自雷电，与系统额定标称电压无关，对中压和低压配电网和电气设备的危害极大，对高压电网的绝缘能力有一定的危害；系统过电压其能量来自于电网本身，

过电压的幅值与系统额定标称电压密切相关，它对高压和超高压系统的绝缘危害严重，对中压和低压危害较轻，因此本节将过电压的重点放在大气过电压上。

1.7.2 雷电过电压及防护措施

1. 防雷区域和划分

建筑物遭受雷击是一种常见现象，雷击会给人身和电气设备带来极大的伤害和破坏，所以需要对雷击予以必要的防护。

根据被保护空间可能遭受雷击的严重程度及被保护系统（设备）所要求的电磁环境，将被保护空间划分为若干不同的防雷区域，即 $LPZ0_A$、$LPZ0_B$、LPZ1、LPZ2、LPZ3……

（1）$LPZ0_A$

$LPZ0_A$ 指本区内各个物体都可能遭受直接雷击，因此各物体都可能导走全部雷电流，同时本区内的电磁场没有衰减。例如屋顶的避雷针就属于 $LPZ0_A$ 区域。

（2）$LPZ0_B$

$LPZ0_B$ 指本区内各个物体不可能遭受直接雷击，但本区内的电磁场没有衰减。例如避雷针屋顶避雷针附件的避雷带区域。

（3）LPZ1

LPZ1 指本区内各个物体不可能遭受直接雷击，且流经各个导体的电流比 $LPZ0_B$ 区域进一步减小。同时，本区内的电磁场可能衰减。例如建筑物内部就是 LPZ1 区域。LPZ1 区域与 $LPZ0_B$ 区域的交界面是建筑物的墙体和屋面。由于建筑物构件中的钢筋分流作用，使得 $LPZ0_B$ 区域和 LPZ1 区域内的电磁环境有很大区别。

（4）随后的防雷区 LPZ2、LPZ3……

随后的防雷区 LPZ2、LPZ3……中需要进一步减小所引导的雷电电流和电磁场。一般地，LPZ2 指的是电气设备的外壳，而 LPZ3 指的是电气设备外壳内部空间区域。

2. SPD 的特性及分类

电涌属于 EMC 电磁兼容研究的范畴。在电涌模型中电涌从干扰源经过耦合路径传递到感受器设备中。

电涌包括雷电电涌和电磁操作脉冲电涌，两者同为干扰源，在低压配电网中产生能量耦合传递到电气设备中。

电涌保护器（Surge Protective Device，SPD）是用于带动系统中限制瞬态过电压并且泄放电涌电流的一种非线性保护器件。电涌保护器又被简称为 SPD，它能够保护电气和电子系统免遭雷电或者操作过电压及涌流的损害。

SPD 专用于低压配电系统和电子信息系统，按所使用的非线性元件特性，电涌保护器分为三类。各类 SPD 曲线如图 1-70 所示。

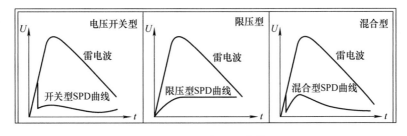

图 1-70 三类 SPD 曲线

（1）电压开关型SPD

电压型SPD在无电涌时呈现高阻状态。当出现涌流时，当涌流电压达到一定幅值时，电压型SPD突然变为低阻抗，见图1-70左图曲线。

电压型SPD具有流通量大的特点，适用于LPZ0区和LPZ1区界面的雷电电涌保护。

（2）限压型SPD

限压型SPD在无电涌时呈现高阻抗状态。当出现涌流时，随着电涌电压和电涌电流的升高，限压型SPD的阻抗持续降低，SPD的特性曲线为水平线。因此限压型SPD能够对涌流实现箝位。见图1-70的中图曲线。

限压型SPD箝位电压比电压开关型SPD要低，但流通容量较小，一般用于$LPZ0_B$及之后的电涌保护。

（3）混合型SPD

混合型SPD兼有电压开关型SPD和限压型SPD的特性，见图1-70右图曲线。

3. SPD的标准化试验

SPD在使用中其参数来源于一系列标准化试验。

（1）SPD冲击分类试验

SPD冲击分类试验的电流波形如图1-71所示。

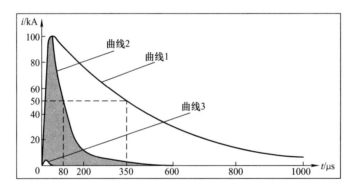

图1-71　SPD冲击分类试验的电流波形

图1-71中，

曲线1——IEC 61643-1标准推荐曲线；

曲线2——德国E DIN VDE0675推荐曲线；

曲线3——IEC 61643-1标准推荐曲线。

图1-71对应的试验电流参数见表1-45。

表1-45　SPD试验电流参数表

参数	曲线1	曲线2	曲线3
I_p/kA	100	100	5
Q/A·s	50	10	0.1
W/R/(J/Ω)	2.5×10^6	5×10^5	0.4×10^3
波形/μs	10/350	8/80	8/20

表 1-45 中，

I_p——电流峰值，单位为 kA；

Q——电荷量，即曲线下面积，单位为 A·s；

W/R——单位负载能量，单位为 J/Ω；

波形——曲线特征。

曲线 1 被称为冲击电流 I_{imp}，其波头时间为 10μs 而半峰时间为 350μs。曲线 1 很接近自然雷电放电的电流波形，常用于一级配电；曲线 3 用于二级和三级配电的电气电子系统。

（2）SPD 的三种冲击分类试验

1）Ⅰ级分类试验：用 1.2/50μs 的冲击电压、8/20μs 和 10/350μs 的冲击电流做试验，从而确定 SPD 的标称放电电流 I_n（8/20μs）和最大冲击电流 I_{imp}（10/350μs）。通过了Ⅰ级分类试验的 SPD 可用于导入雷电冲击电流的地方，适用于高暴露地点，例如 IPZ0$_A$、LPZ1区界面。

2）Ⅱ级分类试验：用 1.2/50μs 的冲击电压和 8/20μs 的冲击电流做试验，用于确定 SPD 的标称放电电流 I_n（8/20μs）和最大放电电流 I_{max}（8/20μs）。

通过了Ⅱ级分类试验的 SPD 可用于较少暴露地点。限压型 SPD 应该进行Ⅱ型分类试验。

3）Ⅲ级分类试验：当 SPD 开路时施加 1.2/50μs 的冲击电压，当 SPD 短路时施加 8/20μs 的冲击电流做试验。其中开路电压峰值与短路电流峰值之比取 2Ω。

4. SPD 的主要参数

1）最大持续工作电压 U_C——允许持续施加在 SPD 端子间的最大电压有效值。U_C 不应低于线路中可能出现的最大持续运行电压。一般地，除了工作电压外，若持续时间超过 5s 的暂态过电压就可以被认为是持续电压。

2）标称放电电流 I_n——SPD 通过 8/20μs 冲击电流的能力。一般要求 SPD 通过 I_n 达 15 次后，其特性不得超过规定值。

3）最大放电电流 I_{max}——SPD 能通过的最大 8/20μs 冲击电流峰值。SPD 在 I_{max} 冲击下不会发生实质性损坏。一般要求 I_{max} 是 I_n 的 2~2.5 倍。

4）冲击电流 I_{imp}——I_{imp} 是 SPD 能通过的最大 10/350μs 冲击电流，并且冲击过后不会发生实质性损坏。

5）电压保护水平 U_p——U_p 是表征 SPD 限制接线端子之间电压的参数。

对于电压开关型 SPD，U_p 指规定陡度电压波形下最大放电电压；对于限压型 SPD，U_p 指规定电流波形下的残压。U_p 应当低于设备的耐压。U_p 与最大持续工作电压 U_C 有关。若 U_C 过低，容易在正常工作是产生较大的泄漏电流，影响 SPD 的使用寿命。

6）响应时间——指暂态过电压开始作用于 SPD 到 SPD 开始导通放电的延迟时间，一般小于 25ns。

7）额定开断续流 I_f——I_f 是 SPD 本身能断开的预期工频短路电流。

表 1-46ABB 公司的 OVR T1 系列电涌保护器参数。

表 1-46 ABB 的 OVR T1 系列电涌保护器参数

Type1：OVR T1				
电子触发式火花间隙				
型号	OVR T1 25 – 255 – 7	OVR T1 25 – 440 – 50	OVR T1 25 – 255	OVR T1 1N – 25 – 255 OVR T1 1N – 25 – 255 – TS	OVR T1 3L – 25 – 255 – TS
型号/测试等级	T1/1				
极数	1			2	3
电网型式	TT/TN – S/TN – C	TT/TN – S/TN – C/IT	TT/TN – S/TN – C	TT/TN – S	TN – C
电流类型	AC				
标称电压 U_n	230V	400V	230V		
最大持续工作电压 U_e（LN、N、PE）	255V	440V	255V		
I_n 下的电压保护水平 L – PE	2.5kV	2kV	2.5kV	—	2.5kV
I_n 下的电压保护水平 L – N，N – PE				2.5kV/1.5kV	—
标称放电电流 I_n（8 – 20μs） L – PE	25kA			—	25kA
标称放电电流 I_n（8 – 20μs） L – N，N – PE	—			25kA/50kA	
冲击电流 I_{mp}（10/350μs） L – PE	25kA			—	25kA
冲击电流 I_{mp}（10/350μs） L – N，N – PE	—			25kA/50kA	
暂态过电压耐受特性（L – N 5s/N – PE 200ms）	400V/ –	690V	400V/ –	400V/1200V	400V/ –
额定断开续流值 I_G	7kArms	50kArms			50kArms
额定断开续流值 I_G（L – N，N – PE）	—			50/0.1kArms	
工作电流 I_n（在 U_n 下）	<1mA	<0.2mA			
短时耐受电流 I_{sc}	50kArms				
负载电流 I_{load}	—	125A			
隔离装置（gG – gL fuse）	125A				

5. 低压配电网中过电压耐受值和电涌保护

电涌保护需要考虑三个方面：

1）低压配电网可能遭受的电涌能量形式及数值大小；

2）电气设备承受电涌冲击的能力；

3）如何实现让电涌能量降低到电气设备能够承受的范围之内。

低压配电系统的保护对象是低压配电网中的各类配电设备和用电设备。按照国家标准 GB/T 16935.1—2008《低压系统内设备的绝缘配合 第 1 部分：原理、要求和试验》，将低压配电系统分成四类过电压类别，见表 1-47。

表 1-47　低压配电系统中各类设备的额定冲击电压耐受值　　　　（单位：V）

系统标称电压		从交流或直流导出线对中性点的电压	设备的额定冲击耐压过电压（安装）类别			
三相	单相		I	II	III	IV
	120～240	50	20	500	800	1500
		100	500	800	1500	2500
		150	800	1500	2500	4000
230/400		300	1500	2500	4000	6000
277/480		300	1500	2500	4000	6000
400/690		600	2500	4000	6000	8000
1000		1000	4000	6000	8000	12000
过电压类别 I		需要将过电压限制到特定低水平的设备，如电子电路或者电子设备				
过电压类别 II		由末级配电设备供电的设备，如家用电器、可移动工具等				
过电压类别 III		配电装置中的设备，如配电箱中的开关电器、电线、电缆；工业永久性用电设备，如电动机等				
过电压类别 IV		使用在配电装置电源端的设备，如低压成套开关设备中的电气仪表、继保装置、UPS 电源等				

注：表 1-47 中，系统标称电压 230/400V 一行中，I 类到 IV 类设备的冲击耐压分别是：1.5kV、2.5kV、4kV 和 6kV。

图 1-72 所示为应用在不同级别配电系统中的电涌保护配置方式。

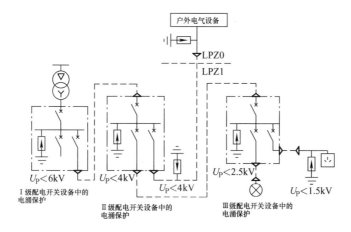

图 1-72　不同级别配电系统中的电涌保护配置方式

从图 1-72 中我们可以看出，在低压配电网中同一个电压等级下电气设备的冲击电压耐受值不尽相同，因此电涌保护要采取分散和多级的布局形式。

设置电涌保护器所遵循的原则是：

1）电涌保护器的电压保护水平应与被保护设备的冲击耐压水平相配合。

2）在两个防雷区的交接面处，应设置相应级别的电涌保护器。在 LPZ0 区和 LPZ1 区的界面处设置 I 级分类试验的 SPD，其他界面设置 II 级分类或者 III 级分类的 SPD。

3）在同一级防雷区中，考虑到雷电过电压的行波过程，要设置一处或多处电涌保护。

6. SPD 在相线、中性线和保护线之间的接线形式

SPD 在相线、中性线和保护线之间的接线形式有三种，即共模保护模式、差模保护模式和全模保护模式。见表 1-48。

表 1-48 中所列的 3 + 1 模式是不完全差模与共模混合的模式，在低压配电系统中得到广泛的应用。

表 1-48　SPD 的接线形式

接线形式	接线简图	保护对象
共模保护模式	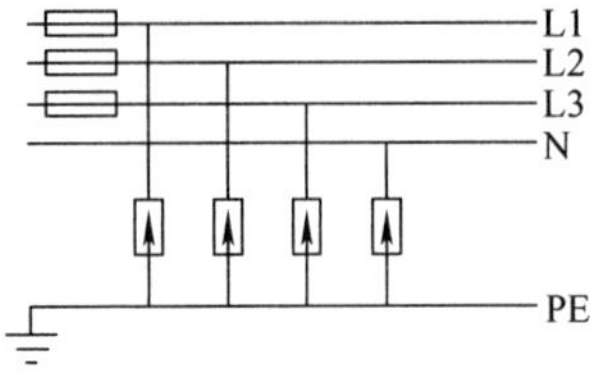	相导体与地之间、中性线导体与地之间
差模保护模式	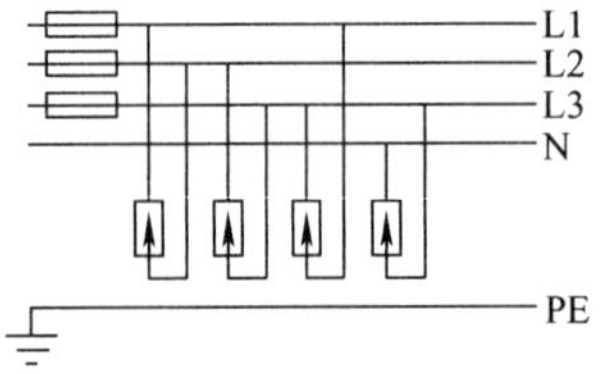	相导体之间、相导体与中性线导体之间、负载电路及元件
全模保护模式	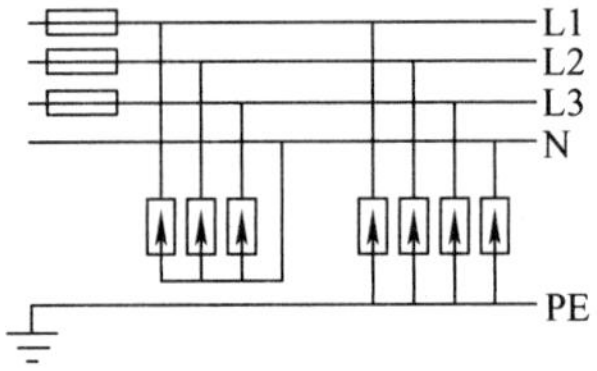	共模保护模式与差模保护模式的综合
3 + 1 模式	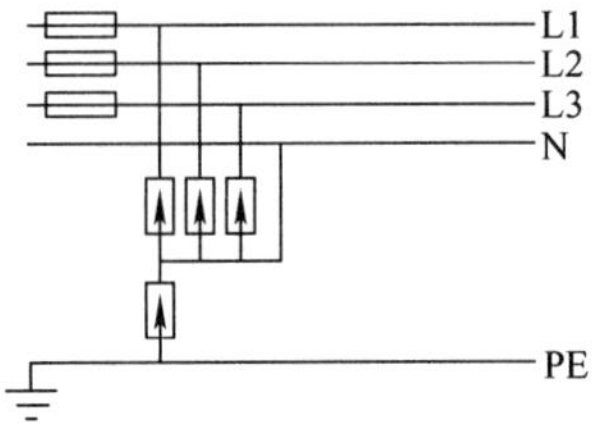	相导体与中性线导体之间，以及中性线导体与地之间

7. 选用 SPD 的若干主要参数

选用 SPD 需要注意的主要参数包括电压保护水平 U_P、流通容量和最大持续工作电压 U_c。以下分别叙述：

（1）电压保护水平 U_P

电压保护水平 U_P 应当小于被保护的冲击耐压。计算 SPD 电压保护水平见式（1-78）

$$K_1 \left(U_P + L_0 L \frac{\mathrm{d}i}{\mathrm{d}t} \right) \leqslant K_2 U_W \tag{1-78}$$

式中　K_1——SPD 与被保护设备之间电涌冲击波传递系数；

　　　K_2——配合裕度系数；

　　　U_P——SPD 电压保护水平，单位为 kV；

U_W——被保护设备的冲击耐压值，单位为 kV；

L_0——SPD 引线单位长度电感量，单位为 H/m；

L——SPD 的引线长度；

i——流过 SPD 的雷击电流，单位为 kA。

在实际使用中，常常用式（1-79）来近似计算：

$$U_P \leqslant 0.8 U_W \tag{1-79}$$

显然式（1-79）比式（1-78）方便许多。

（2）SPD 流通容量

在使用 SPD 时按雷击危险程度分级，再按照各级保护的最低流通容量来确定 SPD 的流通容量。各级 SPD 的流通容量参数见表 1-49。

表 1-49　各级 SPD 的流通容量参数

LPZ0 区与 LPZ1 区交界处		LPZ1 区与 LPZ2 区交界处，LPZ2 与 LPZ3 区交界处		
I 级保护放电电流/kA		II 级保护放电电流/kA	III 级保护放电电流/kA	IV 级保护放电电流/kA
I_{imp}（10/350μs）	I_n（8/20μs）	I_n（8/20μs）	I_n（8/20μs）	I_n（8/20μs）
≥12.5~20	≥50~80	≥10~40	≥20	≥10

使用表 1-49 时，不要将配电系统的级别与 SPD 的保护放电电流级别相混淆。

（3）SPD 的最大持续工作电压 U_c

SPD 的最大持续工作电压 U_c 不能低于系统中可能出现的最大持续运行电压，一般要高于系统标称电压 15%。除此之外，还要考虑低压系统的接地形式。

在 0.4/0.23kV 低压配电网中选用 SPD 最大持续工作电压 U_c 见表 1-50。

表 1-50　在 0.4/0.23kV 低压配电网中选用 SPD 最大持续工作电压

SPD 安装位置	TN		TT		IT	
	TN-S	TN-C	SPD 安装在 RCD 的负载侧	SPD 安装在 RCD 的电源侧	引出中性线	不引出中性线
L-N	$1.15U_d$	—	$1.55U_d$	$1.15U_d$	$1.15U_d$	—
L-PE	$1.15U_d$	—	$1.55U_d$	$1.15U_d$	$1.05U_p$	$1.05U_d$
N-PE	U_d	—	U_d	U_d	U_d	—
L-PEN	—	$1.15U_d$	—	—	—	—

表 1-50 中，U_d 和 U_p 分别为相电压和线电压，RCD 为剩余电流保护装置。

8. SPD 的级间配合

在配备了 SPD 电涌保护的低压配电网中，根据防雷区划分多级的 SPD，用以逐级消除瞬态过电压的电压幅值，逐级地泄放电涌能量。为了确保 SPD 不至于损坏，各级 SPD 需要有级间配合关系。我们来看图 1-73。

图 1-73 中，我们看到线路的第 1 级和第 2 级中分别安装了电涌保护器 SPD1 和 SPD2。按照保护的要求，SPD1 为电压型电涌保护器，SPD2 位限压型电涌保护器，并且 SPD1 要先于 SPD2 动作，否则雷电能量有可能会损坏 SPD2。

我们来看式（1-80）：

$$U_{OP1} \leqslant U_{res2} + Ri + L\frac{di}{dt} \approx U_{P2} + Ri + L\frac{di}{dt} \qquad (1-80)$$

式中　U_{OP1}——SPD1 的导通放电电压（kV）；

$\quad\quad U_{res2}$——SPD2 的残压（kV）；

$\quad\quad R$——两级 SPD 之间的线路电阻（Ω）；

$\quad\quad i$——两级 SPD 连接线上的电涌电流（kA）；

$\quad\quad L$——两级 SPD 连接线上的线路电感；

$\quad\quad U_{P2}$——SPD2 的电压保护值。

按照电磁兼容模型，SPD2 承受的电涌电压属于线路耦合。耦合电压的大小与线路阻抗（R 和 L）有关系，见式（1-80），线路越长 SPD2 上的电涌电压 U_{P2} 越小，也即线路阻抗具有去耦合作用。

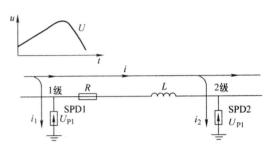

图 1-73　SPD 的级间配合

我们知道线路阻抗与线路长度成正比。如果 SPD1 与 SPD2 距离比较近，例如小于 10m，则 SPD1 与 SPD2 之间的线路必须采取措施限制电涌电流。一般地，电压型 SPD 与限压型 SPD 之间的去耦合采用电感元件，而限压型 SPD 之间的去耦合则采用电阻元件。

9. SPD 与其他线路保护装置的配合关系

（1）SPD 与熔断器的配合关系

对于低压配电网来说，当 SPD 因为过热失效时相当于短路，因此在低压成套开关设备中一般使用过电流保护电器来切除失效的 SPD。最常使用的过电流保护装置是熔断器，如图 1-74 所示。

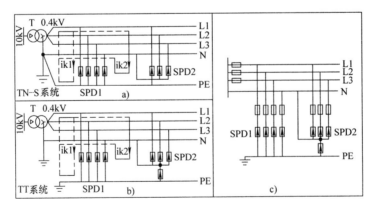

图 1-74　对失效的 SPD 用熔断器实施保护

图 1-74a 所示为 TN-S 接地系统，SPD 接线属于全模保护模式。对于 TN 系统来说，无论 SPD 是共模接法还是差模接法，一旦 SPD 失效后都会造成系统中的短路故障，所以 TN 系统中可以用熔断器来切除失效的 SPD。

由此可以得出结论：在 TN 系统中 SPD 与过电流保护装置之间可以实现协调的保护配合

关系。

图 1-74b 所示为 TT 接地系统，SPD 接线属于全模和 "3+1" 保护模式。图 1-74b 左侧是 SPD 的全模接线方式，我们看到，一旦 SPD 失效，系统中出现的是单相接地故障电流。由于 TT 系统中的单相接地故障电流很小，无法让熔断器的熔芯熔断。

为此，在 TT 系统中 SPD 接线应当采用图 1-74b 右侧的 "3+1" 模式。当 TT 系统 "3+1" 模式的某 SPD 失效后，我们看到失效的 SPD 产生的短路电流从 N 线返回电源。这样处理后，熔断器就能有效地切除失效的 SPD。

由此也可以得出结论：在 TT 系统的 SPD "3+1" 接线模式下，SPD 与过电流保护装置之间可以实现协调的保护配合关系。

需要注意的是

1）TT 系统下的 SPD "3+1" 接线模式中，接在 N 线与 PE 线之间的 SPD 要求很高，此 SPD 必须满足同时流过三相涌流。所以，"3+1" 模式中接在相线和 N 线间的 SPD 要采用限压型，而接在 N 线和 PE 线间的 SPD 要采用电压开关型。

2）当 TT 系统下的 SPD "3+1" 接线模式流过共模过电压时，SPD 的放电电压和残压都比较高。

在图 1-74c 中我们看到所有 SPD 支路中都配了熔断器。如果我们将这些熔断器拆除，利用电源侧的熔断器来实施保护，则因为主回路中的熔断器其截断电流比较大，不能对失效的 SPD 执行切除操作。由此可见，SPD 支路中最好单独配备熔断器。

（2）SPD 与 RCD 之间的配合关系

在图 1-75 中，我们看到低压成套开关设备中有两处 SPD，分别是位于低压进线断路器与变压器之间的 SPD1，以及位于馈出回路出口处的 SPD2。

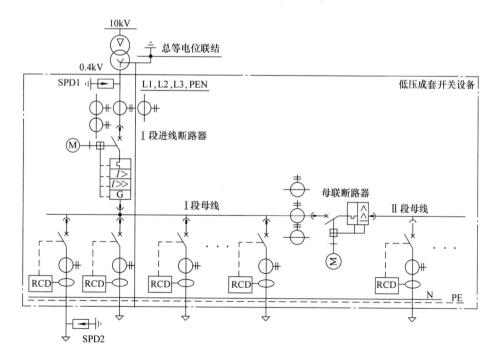

图 1-75　SPD 与 RCD 的关系

我们先来看 SPD1：SPD1 的下方是低压进线断路器，我们看到低压进线断路器的保护为四段，其中单相接地故障保护 G 等效为 RCD。于是，SPD1 相对于 RCD 位于电能输送的上游，属于 RCD 之前的电涌保护装置。

再看 SPD2，它位于馈电回路 RCD 的下方即电能输送方向的下游，所以 SPD2 属于 RCD 之后的电涌保护装置。

SPD 与 RCD 的配合关系有如下几个问题：其一是 SPD 的保护模式，其二是 SPD 与 RCD 的安装前后位置关系，其三是低压配电网的接地形式。

1）SPD 位于 RCD 的上游电源侧。

① TN 接地系统中 SPD 与 RCD 的关系：如果低压配电系统的接地形式是 TN，见图 1-75，则位于低压进线断路器的 G 保护（类似于 RCD）上游处的 SPD 可采用共模接法。对于低压进线的 G 保护来说，位于电源侧的 SPD 可以对电涌电压进行削幅，还能避免 SPD 保护动作时产生的电涌电流通过 G 保护测量系统。

同样的道理，对于馈电回路上的 RCD 来说，如果 SPD 接在 RCD 之前，则 SPD 会对母线上的电涌电压进行削幅，以此保护 RCD。

② TT 接地系统中 SPD 与 RCD 的关系：如果低压配电系统的接地形式是 TT，则 SPD 要采用"3+1"接法。其中 N 和 PE 间的 SPD 为电压开关型。

设想 10kV 侧电源采用小电流接地系统，并且与低压侧共地。于是当变压器中压侧发生碰壳事故时，接地体上将会产生较高的电压，也即接地极上的电压 $U_d = I_d R_N \leqslant 1200V$。此电压不会对低压成套开关设备的绝缘产生破坏，但却大于 SPD 的最高持续工作电压 U_c，将导致 SPD 烧毁。

图 1-76 中的 SPD 采用"3+1"接线方式。其中 N 和 PE 之间的 SPD 采用电压开关型，其用途就是防止共地中压侧小电流接地系统输送的接地故障高电压使得相线 SPD 被击穿。当电压更高的雷电涌流到来时，N 和 PE 之间的 SPD 才被击穿放电。

从图 1-76 中我们看到，任何一只相线与 N 线间的 SPD 击穿后都会发生相对地的短路，所以将 SPD 放在断路器 G 保护的前端，避免由此引起断路器单相接地故障跳闸。

我们看到 SPD 安装在 G 保护的前端，与 TN 系统类似，可以减小电涌电流对断路器 G 保护测量系统的冲击，还可降低 G 保护承受的电涌电压。

2）SPD 位于 RCD 的下游负载侧。

当 SPD 位于 RCD 的下游负载侧，SPD 泄放电涌电流时，电涌电流会成为剩余电流，使得 RCD 误动作。

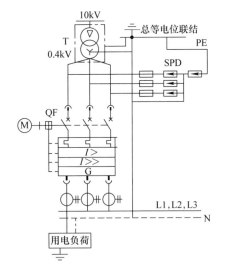

图 1-76 TT 接地系统中的 G 保护与 SPD 的关系

在这种情况下，应当采用具有防止电涌流的 RCD 元件。一般地，应当让防止电涌流的 RCD 允许通过的电涌流略小于 SPD 泄放的电涌电流。由于 RCD 测得的是载流导体瞬间电流之和，因此能确保 RCD 在电涌电流通过时不误动。

安装在 RCD 负载侧的 SPD 可采用共模接线形式。当任何一只 SPD 失效时，故障电流成为剩余电流，RCD 能立即动作予以保护。

对于 TT 接地系统，当任何一只 SPD 失效时，虽然故障电流比较小不足以驱动过电流保护装置，但驱动 RCD 却是足够的，RCD 能够立即产生动作切除失效的 SPD 元件。

1.7.3　开关在切断感性负载电路时出现的操作过电压

配电网中的感性负载普遍存在，例如隔离变压器、各种电动机等。当开关电器或者熔断器在开断感性负载电路时，会产生瞬间开断过电压，并与灭弧快慢有所关联。

我们首先看直流电路的开断过电压，见图 1-77。

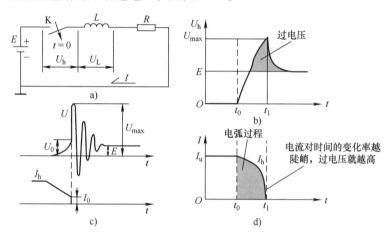

图 1-77　开断直流电路时感性负载产生的过电压

图 1-77a 中，当开关 K 打开瞬间，动、静触头间的距离很短而电场强度很高，间隙气体被击穿并产生电弧。随着动、静触头的距离加大，弧隙等效电阻越大，电弧电流迅速减小，电弧亦随之熄灭。由于电感的反向电动势 $U_L = -L \mathrm{d}I/\mathrm{d}t$ 与电流减小的变化率有关，电流变化率的绝对值 $|\mathrm{d}I_h/\mathrm{d}t|$ 越大，电感产生的反向电动势 U_L 就越大，见图 1-77b 的电压曲线。

另外，由于线路中存在导线间的分布电容，故在开关 K 开断瞬间，往往开断过电压还伴随着衰减的振荡波，如图 1-77c 所示。

我们知道，当交流电路断路时断路器会执行开断操作。特别是限流型断路器，其开断时间甚至不到半个交流电周波即十几 ms，见本书 3.5.2 节的第 20 条"断路器的限流能力"，故此时产生的过电压与直流开断过电压很近似。

我们看图 1-78。

图 1-78 中，开关触头的开断发生在 t_0 时刻，经过 t_1、t_2 和 t_3 三次过零的零休时刻，电弧终于熄灭了。在图 1-78 的 t_3 时刻右侧电压曲线上我们看到了寄生振荡波，以及过电压。在这里 U_{jf} 是弧隙气体介质恢复强度，U_{hf} 是电压恢复强度，交流电弧熄灭的条件是 $U_{jf} > U_{hf}$。虽然 U_{hf} 并未超过 U_{jf}，但交流电路中的过电压依然会对线路中的元器件产生冲击，并且电弧熄灭越快，交流配电网的开断过电压之幅值和强度就越大。

可见，选配合适的断路器很重要。若用电设备中电力电子元器件较多（例如变频器和软起动器等），不建议使用限流型断路器。

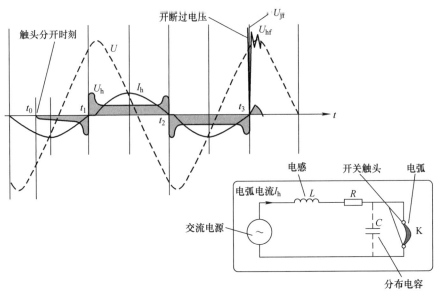

图 1-78 交流感性电路中出现的开断过电压

1.8 电气制图图符和低压成套开关设备中的电气标识

电气技术文件中包括设计、制造、施工、安装、维护、使用、管理和物流等各方面的技术资料，其中电气制图占有很重要的地位。电气制图是电气工程技术业界的信息交流语言，而电气制图的"语法"和"词汇"就是电气制图规则和电气制图图符。

由于科技的发展，电气设备和电气系统日益复杂，功能日趋完美，操作和维护却更加简单。IEC 和国际标准化组织 ISO 联合起草了将电气制图的使用范围由"电气"向"一切技术领域"扩展的一系列新标准。中国国家标准也紧随 IEC 制定和发布了一系列新"电气制图"标准，这些标准见表 1-51。

表 1-51 电气制图的标准

中国国家标准	IEC 标准	标准名称
GB/T 4728.1—2018	IEC 60617 – 1	电气图用图形符号 第 1 部分：一般要求
GB/T 4728.2—2018	IEC 60617 – 2	电气图用图形符号 第 2 部分：符号要素和常用的其他符号
GB/T 4728.3—2018	IEC 60617 – 3	电气图用图形符号 第 3 部分：导线和连接件
GB/T 4728.7—2008	IEC 60617 – 7	电气图用图形符号 第 7 部分：开关、控制和保护器件
GB/T 4728.8—2008	IEC 60617 – 8	电气图用图形符号 第 8 部分：测量仪表、灯和信号器件
GB/T 6988.1~4—2008	IEC 1082 – 1~4	电气技术文件的编制
GB/T 5094.1~4—2018	IEC 61346 – 1~4	工业系统装置与设备以及工业产品结构原则与参照代号
GB/T 6988.6—2008	—	控制系统功能表图的绘制
GB/T 18135—2008	—	电气工程 CAD 制图规则

1. 本书使用的电气制图图符

表 1-52 为本书中使用的电气制图图符。

表 1-52　本书中使用的电气制图图符（常用电气制图图符）

图形符号	说明	图形符号	说明
	导线、导体		三相电动机
	保护导线（PE 线）		整流器和逆变器
	中性线（N 线）		信号灯
	保护中性线（PEN 线）		电流表
	电容器一般符号		电压表
	三相电力电容器		控制变压器
	延时闭合的常闭触点		线圈或电磁执行器操作
	断路器		过电流保护电磁操作
	隔离开关		热执行器，例如热继电器或热过电流保护器
	熔断器		电动操作机构（电操）
	开关熔断器和熔断器开关		手动操作机构
	接插符号		手动开关的一般符号
	接地符号		合闸和分闸控制按钮
	常开触头，一般的通断功能开关		缓吸和缓放线圈
	常闭触头，一般的通断功能开关		电力变压器
	延时闭合的常开触点		电流互感器
	电抗器		

2. 电气设备类别标识和导线电气标识（见表1-53和表1-54）

表1-53 DIN 40719和IEC 60617标准中所列的电气设备类别标识

标识字母	电气设备类别	说明
C	电容器	—
F	保护装置	—
G	发电机	—
H	信号器件	HL（信号灯）
K	继电器、接触器	KA（继电器）、KM（接触器）、KH（热继电器）
M	电动机	—
P	测量仪表	PA（电流表）、PV（电压表）
Q	大电流开关电器	QF（断路器）、QC（隔离开关）
R	电阻	—
S	开关、选择器	SA（选择开关）、SB（控制按钮）
T	变压器	T（变压器）、TA（电流互感器）
U	调制器、变换器	—
X	接线端子、插头、插座	XT（接线端子）
Y	电操作的机械装置	—
Z	终端设备	—

表1-54 IEC 417标准的导线电气标识

导线		导线端头标识	电气设备接线端的标识
交流电网	相线1	L1	U
	相线2	L2	V
	相线3	L3	W
	中性线	N	N
直流电网	正	L +	C
	负	L –	D
	中线	M	M
保护导体		PE	PE
具有保护功能的中性线		PEN	
接地导线		E	E

3. 低压成套开关设备中的导线颜色标识

在低压成套开关设备中，其内部的导线颜色标识按照GB/T 7947—2010《人机界面标志标识的基本和安全规则 导体颜色或字母数字标识》来定义。

在低压成套开关设备内部的线缆一般采用黑色作为基本颜色，线头和线尾可加颜色套环进行区别。颜色色系的标定含义见表1-55。

表 1-55　低压成套开关设备内部的线缆颜色标定含义

依导线颜色标志电路时		
序号	颜色	意义
1	黑色	装置和设备的内部布线
2	棕色	直流电路的正极
3	红色	三相电路的 C 相 晶体管的集电极 二极管、整流二极管或晶闸管的阴极
4	黄色	三相电路的 A 相 晶体三极管的基极 晶闸管和双向晶闸管的门极
5	绿色	三相电路的 B 相
6	蓝色	直流电路的负极 晶体管的发射极 二极管、整流二极管或晶闸管的阳极
7	淡蓝色	三相电路的零线或中性线 直流电路的接地中线 双向晶闸管的主电极 无指定用色的半导体电路
8	黄绿双色	接地线
9	红、黑色并行	用双芯导线或双根绞线连接的交流电路
依电路选择导线颜色时		
序号	颜色	意义
1	黄色	交流三相电路的 A 相
2	绿色	交流三相电路的 B 相
3	红色	交流三相电路的 C 相
4	淡蓝色	零线或中性线
5	黄绿双色	安全用的接地线
6	红黑色并行	用双芯导线或双根绞线连接的交流电路
7	棕色	直流电路的正极
8	蓝色	负极
9	淡蓝色	接地中线
10	红色	半导体电路的晶体三极管的集电极
11	黄色	基极
12	蓝色	发射极
13	蓝色	二极管和整流二极管的阳极
14	红色	阴极
15	蓝色	晶闸管的阳极
16	黄色	控制极
17	红色	阴极 双向晶闸管的门极
18	白色	主电极
19	黑色	整个装置及设备的内部布线一般推荐
20	白色	半导体电路

4. 绘制低压成套开关设备单线图所使用的标识

单线图是将低压成套开关设备主回路三相电路用单线的简化画法绘制出来，在各级配电网系统图中使用。

在阅读低压配电系统单线图时需要注意到断路器的接插符号的位置，例如对于 MNS3.0 的 01 方案，接插符号绘制在断路器的上下方，说明断路器是抽出式的；若接插符号绘制在断路器和电流互感器组合的上下方，则说明该主回路是抽出式的。

在单线图上若只有单套电流互感器则表示该电流互感器安装在中相 L2 上，一般多用于三相平衡负载如电动机主回路中。照明回路一般需要采用三套电流互感器。

单线图标识往往与低压成套开关设备的一次方案有关。表 1-56 中的单线图对应的方案配置描述可查阅本书后续相关内容。

表 1-56　MNS3.0 低压成套开关设备中的单线图（断路器的操作机构均为手动）

单线图	意义	单线图	意义
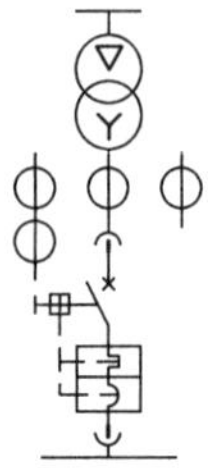	上进下出的进线主回路； MNS3.0 方案号：01 其中 L1 相第二只电流互感器用于采集无功功率补偿	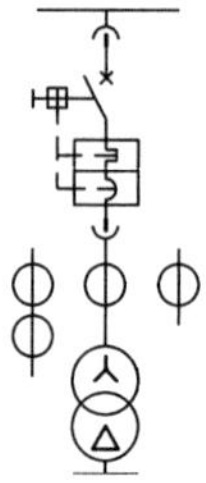	下进上出的进线主回路； MNS3.0 方案号：01
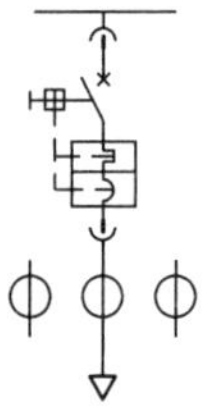	馈电主回路； MNS3.0 方案号：01 用于断路器抽出式、拔插式安装或固定式安装的馈电回路或用于母线联络	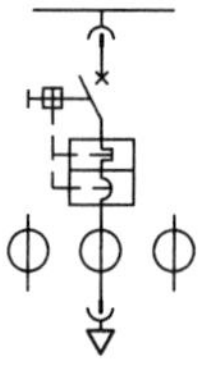	馈电主回路； MNS3.0 方案号：02 用于抽出式开关柜中的馈电回路
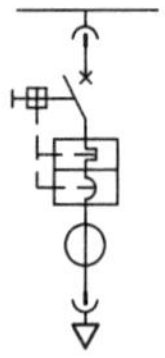	MNS3.0 方案号：03 用于馈电或照明	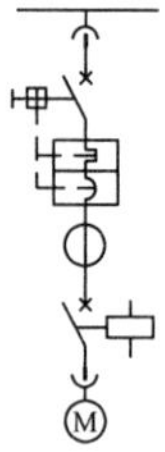	MNS3.0 方案号：04 用于电动机直接起动
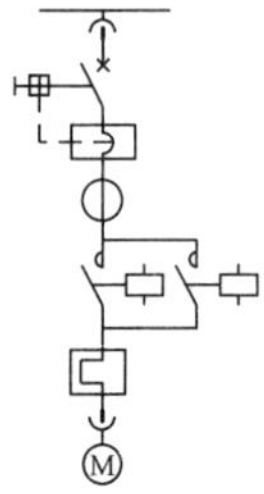	MNS3.0 方案号：07 用于电动机可逆起动	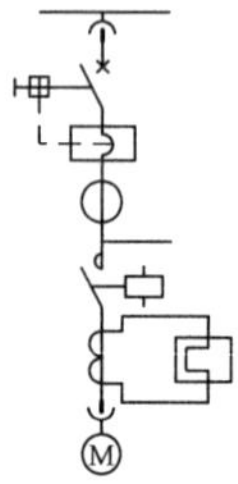	MNS3.0 方案号：09 用于电动机直接起动

（续）

单线图	意义	单线图	意义
	MNS3.0 方案号：10 用于电动机星 – 三角起动		MNS3.0 方案号：11 用于带综合保护装置的电动机直接起动
	MNS3.0 方案号：21 用于无功功率补偿		MNS3.0 方案号：22 用于带电抗器的无功功率补偿

1.9　经验分享与知识扩展

主题 1：由 10kV 中压接地故障引起的 TN 接地系统人身电击伤害事故和防范

论述正文：

若施加给电气装置的电压值超过标称额定电压则被称作过电压。

当 10kV 配电网出现接地故障后，此故障引起 0.4kV 低压配电网出现过电压，过电压持续时间长度一般在数十毫秒到秒之间。此类过电压有可能引起人身电击伤害事故，或者损坏电器设备，发生电气火灾。以下对此类过电压作简要描述。

10kV 不接地系统接地故障引起的过电压：

10kV 配电网一般采用不接地系统，其电源端带电导体不接地而负荷端外露导电部分保护接地。设想 10/0.4kV 变电所内在 10kV 侧发生如图 1-79 所示的接地故障：

图 1-79 中，我们看到低压配电网的接地系统是 TN – C。当 10kV 配电网发生了接地故障后，接地故障电流 I_d 没有返回电源的通路，它只能通过两非故障相的对地电容返回电源，

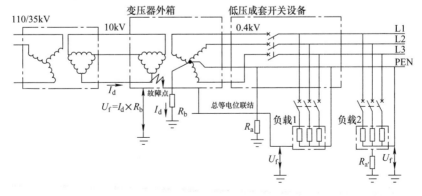

图 1-79　10kV 配电网的接地故障电压 U_f 对低压配电网的影响

即 I_d 为两非故障相线路电容电流的相量和，所以 I_d 值很小（一般情况下 I_d 值不大于 20A）。

在 10/0.4kV 配电所内有等电位联结。我们从图 1-79 中看到，10kV 接地故障在 R_b 上产生了电压 U_f，而且在配电所内包括 N 线、PEN 线和等电位联结线上都出现了 U_f，但因为人体位于等电位联结上，所以无论 U_f 值有多高，例如图 1-79 中人体触摸到负载 1 的外露导电部分时，不会引起人身电击伤害事故。

我们来看图 1-79 中在配电所外边的用电设备负载 2，在这里已经没有了等电位联结的保护，当人手接触用电设备的外露导电部分时，接触电压就是 U_f。因为 U_f 值通常不大，它对人体的电击危险也不大。

如果 10kV 侧加装了小电流接地系统后，因为小电流接地系统中测量接地故障是通过接地变压器实现的，当发生接地故障后，其 I_d 值可达数百安以上，产生的接触电压高达数百伏以上，对人体的伤害极大。

为此，我们可以采取如下两种措施：

1）措施一：将 10kV 系统和 0.4kV 系统的接地极分开。

我们从图 1-79 中看到，10kV 系统的接地极与 0.4kV 系统的接地极是合并的，因此产生了接触电压 U_f。若将 10kV 系统的接地极与 0.4kV 系统的接地极分开，使得它们在电气上不再相互影响，这样就能彻底地解决这个问题。

我们来看图 1-80。

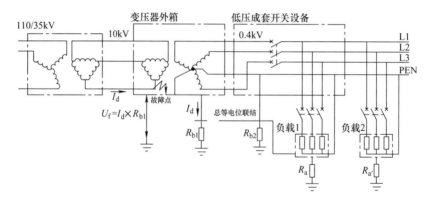

图 1-80　10kV 系统的接地极与 0.4kV 系统的接地极分开

将 10kV 系统的接地极与 0.4kV 系统的接地极分开设置，使它们在电气上互不影响，这样 R_{b1} 上的故障电压 U_f 就不可能传导到低压配电系统中引发人身电击伤害事故。

2）措施二：在 TN 系统建筑物内实施总等电位联结。

我们从图 1-80 中看到，在 10/0.4kV 配电所内因为设置了等电位联结，从而使得人体避免受到伤害。若将整个低压配电网中的 TN 接地系统都纳入等电位联结内，则可以避免人身伤害事故。

主题 2：关于 GB/T 7251.1—2023《低压成套开关设备和控制设备　第 1 部分：总则》的说明

GB/T 7251.1—2023 版与 GB/T 7251.1—2013 版相比，增加了若干内容。我们看 GB/T 7251.1—2023 的前言说明：

📖 标准摘录：GB/T 7251.1—2023《低压成套开关设备和控制设备　第 1 部分：总则》

本文件代替 GB/T 7251.1—2013《低压成套开关设备和控制设备　第 1 部分：总则》，与 GB/T 7251.1—2013 相比，除结构调整和编辑性改动外，主要技术变化如下：

——更改了文件的范围，在范围中增加了本文件不适用的说明，例如电力电子转换器系统和设备（PECS）、开关电源（SMPS）、不间断电源（UPS）、基本传动模块（BDM），成套传动模块（CDM），调速电气传动系统（PDS），和其他电子设备；（见第 1 章，2013 年版的第 1 章）；

——增加了成套设备主电路组额定电流的定义（见 3.8.10.6）；

——增加了成套设备主电路组额定电流的接口特性（见 5.3.3）；

——更改了与组额定电流这一新特性相关的要求和温升验证（见 3.8.11、5.3.1、5.3.2、5.4，2013 年版的 3.8.11、5.3.1、5.3.2、5.4；见 10.10.1、10.10.2.3、10.10.4、附录 L，2013 年版的 10.10.1、10.10.2.3、10.10.4、附录 O）；

——更改了与直流有关的相关规定（见 3.7.18、3.8.9.2、3.8.10.3、5.3.5、9.3.3、10.9.2、10.9.3、10.11.2、10.11.5.4、表 9，2013 年版的 3.8.9.2、3.8.10.3、5.3.4、9.3.3、10.9.2、10.9.3、10.11.5.4、表9）；

——更改了电击防护的相关规定，引入了电击防护的I类和II类成套设备的概念，并相应增加了此类成套设备的相应要求和验证。（见 3.7.24、3.7.25、8.4.3、10.11.5.6，2013 年版的 8.4.3、10.11.5.6）。

本文件等同采用 IEC 61439 - 1：2020《低压成套开关设备和控制设备　第 1 部分：总则》。

本文件做了下列最小限度的编辑性改动：

——纳入了 IEC 61439 - 1：2020/COR1：2021 的技术勘误内容，所涉及的条款的外侧页边空白位置用垂直双线（‖）进行了标示。

请注意本文件的某些内容可能涉及专利。本文件的发布机构不承担识别专利的责任。

本文件由中国电器工业协会提出。

本文件由全国低压成套开关设备和控制设备标准化技术委员会（SAC/TC 266）归口。

我们看到，修改之处还是比较多的。尤其是 3.8.10 关于额定电流、3.8.11 关于组额定电流及温升验证是新增的，很重要。

本书中对低压成套开关设备和控制设备进行技术探讨时所的参考和依据的国家标准就是最新版本的 GB/T 7251.1—2023。

第2章

低压开关柜的柜结构概述及部分产品简介

本章PPT

本章的内容阐述低压成套开关设备中低压开关柜的柜体结构，以及相关的各种知识。通过本章内容的阅读，我们可以了解低压开关柜的技术特性、低压开关柜主要结构和部件、低压开关柜的安装和运行，以及低压开关柜的温升、动热稳定性、型式试验和出厂检验等知识。

2.1 低压开关柜的概述

2.1.1 低压开关柜的整体结构

低压开关柜的柜体结构分为固定式和抽屉式，固定式和抽屉式还可以混合构成混装式。

固定式低压开关柜的各个馈出单元是固定安装的，不能随意抽出。它的特点是经济实用，元件安装也方便。缺点是检修时必须全套开关柜都停电。

抽屉式低压开关柜的各个馈出单元和电动机控制单元都安装在抽屉中，抽屉可按需求推入和抽出，抽屉之间还具有互换性。抽屉式低压开关柜能很好地解决不停电检修问题，缺点是价格比较高，结构也相对复杂。

抽屉式安装形式能够实现在带电状况下将可移出式部件和抽出式部件安全地从主电路上移出或插入，还可实现可移动式部件在位置间转移，这时最小的电气间隙和爬电距离应当符合标准要求。抽屉式安装形式下的可移动式部件具有连接位置和移出位置标识，而抽出式部件也有工作位置、分离位置和试验位置标识。移动式部件设置了连锁机构，它保证只有在主电路已被切断后其电器才能抽出和插入。为了防止误操作，利用锁扣机构将抽出式部件固定在规定位置上。

抽屉式低压开关柜能够方便地更换有故障的设备。

以下对智能化低压开关柜的整体结构进行描述。

1. 低压开关柜的总体尺寸

图2-1所示为低压开关柜的总体尺寸。

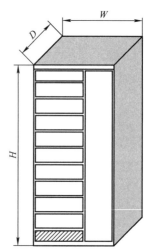

图2-1 低压开关柜的总体尺寸

在国家标准 GB/T 3047.1—1995《高度进制为 20mm 的面板、架和柜的基本尺寸系列》的表 6、表 7 和表 8 中对低压开关柜的总体尺寸系列给出了定义，见表 2-1。

常见的低压开关柜总体尺寸系列与此表基本吻合。例如 ABB 公司的 MNS3.0 低压开关柜，它柜体高度是 2200mm，柜体宽度是 400mm、600mm、800mm、1000mm 和 1200mm，柜体深度是 600mm、800mm、1000mm、1200mm。

表 2-1 低压开关柜总体尺寸系列

低压开关柜高度 H/mm	800，1000，1200，1400，1600，1800，2000，2200，2400，2600，2800
低压开关柜宽度 W/mm	280，400，480，520，600，660，800，1000，1200，1400，1600，1800
低压开关柜深度 D/mm	220，280，340，400，460，500，600，700，800，1000，1200，1400，1600，2000

低压开关柜的前后安装有柜门。柜门一般用钢板制成，门板上往往还安装了各种仪器仪表。

2. 低压开关柜的空间布局形式

低压开关柜由三个区域构成：第一是设备区，由放置主回路和辅助回路元器件的安装区域构成，或者由大规格的断路器单独构成；第二是电缆室，用于引入和馈出电缆的接线；第三是母线室，用于放置低压开关柜内的主母线，低压开关柜内部布局如图 2-2 所示。

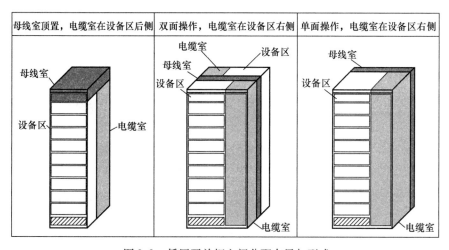

图 2-2 低压开关柜空间分配布局与型式

图 2-2 的左图是低压开关柜主母线顶置的空间布局。在顶置母线室的前下方是设备区，而后下方则是电缆室。由于低压开关柜的出线电缆室位于开关柜的后方，所以这种空间布局形式又被称为水平母线顶置的后出线低压开关柜。

图 2-2 的右图是主母线后置的空间布局。在低压开关柜的左前方是设备区，右前方是电缆室。由于低压开关柜的出线电缆室位于开关柜的右前方，所以这种空间布局型式又被称为水平母线后置的侧出线低压开关柜。

图 2-2 的中图是双面操作开关柜。我们看到这种柜型属于侧出线柜型，但不同的是，水平母线位于开关柜的中间，也因此使得主母线的散热能力变差。所以，水平母线中置的双面操作低压开关柜主母线必须要降容使用。

3. 低压开关柜的隔离形式

在 GB/T 7251.1—2023《低压成套开关设备和控制设备 第 1 部分：总则》（等同于 IEC 61439-1：2020）中解释了隔离的用途，分别是：

① 防止本功能单元的故障影响到邻近功能单元;

② 限制产生故障电弧的可能性;

③ 防止操作者误触及功能单元的带电部件;

④ 防止外界的硬物体从成套开关设备的一个单元进入另一个单元。

有关低压开关柜隔离形式的标准定义如下:

📖 标准摘录: GB/T 7251.12—2013《低压成套开关设备和控制设备 第2部分: 成套电力开关和控制设备》, 等同于 IEC 61439—2: 2011。

表 10.4 内部隔离形式

主判据	补充判据	形式
不隔离		形式 1
母线与功能单元隔离	外接导体端子不与母线隔离	形式 2a
	外接导体端子与母线隔离	形式 2b
——母线与所有功能单元隔离; ——所有功能单元互相隔离; ——外接导体端子和外接导体与功能单元隔离,但不与其他功能单元的端子隔离	外接导体端子不与母线隔离	形式 3a
	外接导体端子和外接导体与母线隔离	形式 3b
——母线与所有功能单元隔离; ——所有功能单元互相隔离; ——与功能单元密切相关的外接导体端子与其他功能单元和母线的外接导体端子隔离; ——外接导体与母线隔离; ——与功能单元密切相关的外接导体与其他功能单元和它们的端子隔离; ——外接导体彼此不隔离	外接导体端子与关联的功能单元在同一隔室中	形式 4a
	外接导体端子与关联的功能单元不在同一隔室中, 它位于单独的、隔离的、封闭的防护空间中或隔室中	形式 4b

我们来仔细看看四种隔离形式, 如图 2-3 ~ 图 2-6 所示。图中的 Incoming/Feeder 是进线和馈电回路, 较粗的是主母线, 较细的是配电母线, 带有圆圈的线是电缆连接点。

(1) 隔离形式 1 (form1)

图 2-3 所示的隔离形式 1 (form1) 中的主母线系统与功能单元是混合安装的, 所有的功能单元均未隔离。当某功能单元因故障出现电弧和金属蒸气时, 将波及到整柜所有功能单元, 包括主母线系统和配电母线系统, 因此采用隔离形式 1 的配电设备可靠性最低。

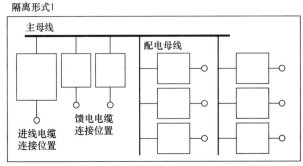

图 2-3 低压开关柜的隔离形式 1 (form1)

（2）隔离形式 2a 和 2b（form2a、form2b）

图 2-4 中有两种隔离形式，即隔离形式 2a（form2a）和 2b（form2b）。

隔离形式 2a（form2a）采取的措施是用隔板将所有功能单元与母线系统隔离，但功能单元之间不隔离，同时电缆接点与母线系统之间也未隔离。

隔离形式 2b（form2b）采取的措施是用隔板将母线系统隔离，但功能单元并未隔离。

对于隔离形式 2a（form2a）和 2b（form2b），功能单元出现的故障电弧和金属蒸气将会波及到临近的其他功能单元，但不会影响到主母线和配电母线系统。

隔离形式 2（form2）的典型代表是某些早期设计的固定式低压开关柜，例如 PGL 和 GGD 等低压成套开关设备。

（3）隔离形式 3a（form3a）和 3b（form3b）

隔离形式 3a（form3a）采取的措施是用隔板将所有功能单元与母线系统隔离，功能单元之间也隔离，但电缆接点与母线系统之间未隔离。隔离形式 3a（form3a）和 3b（form3b）如图 2-5 所示。

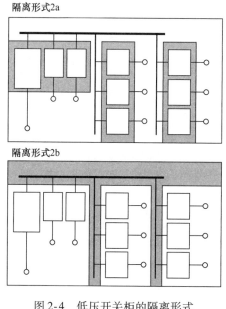
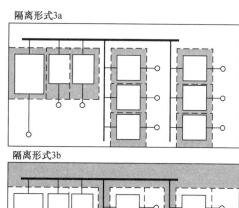
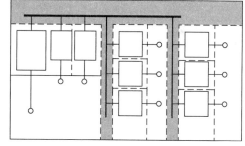

图 2-4　低压开关柜的隔离形式
2a（form2a）和类型 2b（form2b）

图 2-5　低压开关柜的隔离形式
3a（form3a）和 3b（form3b）

隔离形式 3b（form3b）采取的措施是用隔板将母线系统隔离，功能单元和功能单元相互之间也都隔离。功能单元的电缆接点与母线系统之间未隔离。

对于隔离形式 3a（form3a）和 3b（form3b），若功能单元出现故障电弧和金属蒸气，它不会波及到临近的其他功能单元，也不会影响到到主母线和配电母线系统。

由于功能单元的电缆接点与母线系统并未隔离，所以功能单元电缆接点的故障电弧和金属蒸气会影响到母线系统。

绝大多数低压开关柜都采用隔离形式 3（form3）的隔离方法。

（4）隔离形式 4a（form4a）和 4b（form4b）

隔离形式 4a（form4a）采取的措施是用隔板将所有功能单元与母线系统隔离，功能单元之间也相互隔离，电缆接点与母线系统之间也隔离，但电缆接点与功能单元之间不隔离。

　　隔离形式4b（form4b）采取的措施是用隔板将母线系统隔离，功能单元与母线之间、功能单元相互之间也都隔离。电缆接点与母线之间、电缆接点与功能单元之间也都隔离。

　　对于隔离形式4a（form4a）和4b（form4b），若功能单元出现故障电弧和金属蒸气，它不会波及到临近的其他功能单元，也不会影响到主母线和配电母线系统。

　　隔离形式4a（form4a）与隔离形式4b（form4b）的区别仅在于功能单元与自身的电缆接点之间的隔离措施，前者未隔离，而后者则隔离。如图2-6所示。

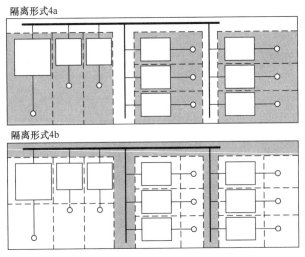

图2-6　低压开关柜的隔离形式4a（form4a）和4b（form4b）

　　采用了隔离形式4a（form4a）和4b（form4b）后，故障电弧的影响几乎被消除了，所以低压配电柜采取了隔离形式4a（form4a）或者4b（form4a）后可靠性极大地提高，缺点是低压配电柜的散热能力被削弱。

　　智能型低压开关柜普遍采用隔离形式3（form3）和隔离形式4（form4）的隔离方法。

　　低压开关柜内部隔离形式汇总如图2-7所示。

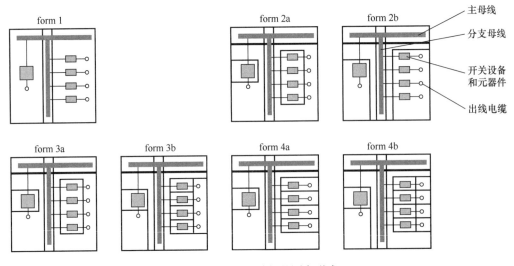

图2-7　低压开关柜的隔离形式

隔离形式 1（form1）常见于动力箱。隔离形式 1 把母线系统与配电设备内部元器件安装区域实现隔离，甚至不隔离，且元器件之间不隔离；隔离形式 2（form2）常见于一般的开关柜和配电柜中，其特点是母线系统与元器件安装区域之间实现了隔离，但元器件之间不隔离；隔离形式 3（form3）常见于抽屉式和抽出式低压成套开关柜中，其特点是母线与元器件安装区域之间实现隔离，元器件之间也实现了隔离，但各出线区域相互之间不隔离；隔离形式 4（form4）常见于抽屉式开关柜中，其特点是母线系统与元器件之间实现隔离，元器件之间也实现隔离，出线区域之间亦实现隔离。

对于低压开关柜来说，隔离形式很重要，它是确保低压开关柜正常运行的必要条件之一。

4. 低压开关柜结构和尺寸的模数化

我们知道低压开关柜中有许多尺寸关系。例如结构件的尺寸、安装孔的孔间距、各种部件的大小规格和安装位置关系等。在低压开关柜的机械结构设计中，如果这些尺寸关系和形位关系能够存在一个被称为模数的基本尺寸，其他各种尺寸关系只是这个基本模数的倍数关系，则对于低压开关柜的结构设计和安装来说，将会提供极大的便利。

低压开关柜相当于安装低压开关电器的容器，我们当然希望能在这个容器中安装尽量多的元器件，这样可以提高空间利用率，降低成本。低压开关柜内安装空间的合理利用，自然成为一个重要问题。

在智能化低压开关柜的模数化设计中存在基本的长度单位 E，它是各种长度关系中的最小基本单位。E 对应的体积空间，则是各种功能单元和抽屉的最小空间单元。一般地，智能化低压开关柜都是从高度方向采用 E 值来对应安装位置、抽屉外形尺寸和容积、各种安装结构件的规格参数等。

以 ABB 的 MNS3.0 低压开关柜为例，它的基本模数 $E = 25\mathrm{mm}$。在 MNS3.0 中若干结构件和部件与模数 E 值的关系见表 2-2。

表 2-2　ABB 的 MNS3.0 侧出线低压开关柜结构件与模数 E 值的关系

结构件	结构件尺寸 E 值	说明
骨架	长：$88E = 2200\mathrm{mm}$ 横断面尺寸：$2E \times 1E = 50\mathrm{mm} \times 25\mathrm{mm}$ 安装孔中心距：$1E$	
$8E/4$ 抽屉	高度 $8E$，宽度 $6E$	在 $8E$ 安装空间中可装 4 个抽屉单元
$8E/2$ 抽屉	高度 $8E$，宽度 $12E$	在 $8E$ 安装空间中可装 2 个抽屉单元
$8E$ 抽屉	高度 $8E$，宽度 $24E$	在 $8E$ 安装空间中可装 1 个抽屉单元
$16E$ 抽屉	高度 $16E$，宽度 $24E$	在 $16E$ 安装空间中可装 1 个抽屉单元
$24E$ 抽屉	高度 $24E$，宽度 $24E$	在 $24E$ 安装空间中可装 1 个抽屉单元
抽屉柜总安装高度	高度 $72E = 1800\mathrm{mm}$，宽度 $24E$	折合 9 个 $8E$ 安装空间

5. 低压开关柜主要技术术语解释

低压开关柜结构的主要技术术语解释见表 2-3。

表2-3 低压开关柜结构的主要技术术语解释

序号	名称	说明
1	外壳	低压开关柜外部结构件。满足规定的防护要求，保护开关柜内元器件正常工作，防止人体触及开关柜内导电部件和运动部件
2	骨架	低压开关柜的结构件，用以构建低压开关柜的基本框架结构
3	隔板	用于隔离低压开关柜内各个隔室
4	门	低压开关柜上带铰链的覆板构件，门上可安装电力仪表和控制按钮
5	母线隔室	安装主母线的空间区域
6	设备隔室	安装元器件的空间区域
7	电缆隔室	用于连接和敷设电缆的区域
8	功能单元	低压开关柜内具有某种功能的所有主回路和辅助回路组合体
9	主回路	传递电能的回路
10	辅助回路	执行控制、测量、调节和信号的回路
11	水平母线	贯穿低压开关柜的首尾，水平安装的主母线
12	配电母线	将水平母线的电能分配给各功能单元的分支母线，配电母线又称为垂直母线
13	母线系统	包括主母线及其附属件、配电母线及其附属件、连接铜排、铜柱及母线夹等
14	进线单元	把电能接受到主母线的主回路
15	馈电单元	把电能从主母线输送给出线电路的功能单元
16	固定式安装	在安装板上完成功能单元一次回路、二次回路元器件的安装，配套操作与控制面板。按固定式工艺要求安装的功能单元可实现各项设计任务，但不能在带电状态下拆卸或者抽出
17	固定式低压开关柜	按固定式安装方式组装的低压开关柜
18	抽屉式安装	在抽屉内安装功能单元一次回路、二次回路元器件，配套操作与控制面板。按抽屉式工艺要求安装的功能单元可实现各项设计任务，可实现在带电状态下拆卸或者抽出
19	抽屉式低压开关柜	按抽屉式安装方式组装的低压开关柜
20	可移开部件	能在运行时从低压开关柜中移出的部件
21	可抽出部件	能实现在低压开关柜中移动的部件。在移出位置时虽然主触头断开，但与低压开关柜外壳仍然保持机械联系。可抽出部件一般指抽屉，或者抽出式断路器
22	工作位置	可移开部件或者可抽出部件处于一次系统连接的状态
23	试验位置	可抽出部件处于一次系统断开而二次系统连接的状态，可对二次系统执行测试
24	断开位置	可抽出部件的一次系统断开而二次系统连接的状态。可抽出部件在断开位置仍然与低压开关柜的外壳保持正常的机械联系
25	抽出位置	可抽出部件完全脱离低压开关柜的机械联系和电气联系
26	运输单元	低压成套开关设备的装配组合，在运输时无需拆开，在安装现场可按运输单元来安装。运输单元有最大尺寸问题，需要与现场条件配套

2.1.2　智能化低压开关柜概述

现代工业和民用建筑对低压开关柜的要求是：在低压开关柜的投资成本方面具有经济性，在制造安装方面具有灵活性，而在使用操作方面具有安全性和可靠性，在智能化方面有独特的先进性。

1. 智能化低压开关柜的分类

（1）第一类智能化开关柜——采用智能化元器件的低压开关柜

采用智能化元器件的低压开关柜内所选用的元器件都是智能化的，例如 ABB 的 Emax2 框架断路器和 Tmax、TmaxXT 塑壳断路器，它们均由保护单元、电流计量单元、控制单元和对话单元构成。

智能化开关柜是以智能化开关器件、智能化电力仪表、电动机综合保护装置、馈电测控装置为基础，通过现场总线将各种信息汇总到柜内的通信管理中心后，再通过工业以太网与电力监控系统实现交互控制和交换信息。

利用这些方法，可以实现对各个供配电回路的电压、电流、有功功率、无功功率、功率因数、频率、电量等参数进行监测，以及对断路器的开合状态进行监视和控制，还能配合各种远程监控软件实现遥测、遥信、遥控和遥调（即"四遥"）操作。

此类开关柜的典型代表就是 ABB 的 MNS3.0。

（2）第二类智能化开关柜——具有全面信息化测控管理功能的低压开关柜

此类开关柜内信息采集摒弃了传统的电流互感器，利用各类传感器和控制器，实现三相电流、电压及相位差的采集，还可采集柜内各主回路一次搭接点的实时温度数据。这些数据经过柜内的工业以太网传输到测控单元中。

测控单元还可与各主回路（包括进线主回路、馈电主回路、电动机主回路、电容补偿主回路、ATSE 互投主回路等）进行对话，以便实时地监视系统工作状况和执行各类遥控操作。

测控单元通过工业以太网与电力监控系统实现交互控制和交换信息。

此类低压开关柜的典型代表是 ABB 的 MNS*is*。

2. 智能化开关柜的特征

无论是哪种类型的智能化开关柜，它们都需要配套合理的柜体结构设计。柜体设计主要包括如下几方面的内容：

（1）多功能的母线系统

母线系统是低压开关柜的重要组成部分。母线系统决定了低压开关柜的动热稳定性等电气参数，决定了低压开关柜的进出线方式，决定了各个主回路的连接方式，以及低压开关柜的温升等参数。目前在低压开关柜中广泛采用异形主母线，例如 ABB 的 MNS3.0 后出线柜型中采用"工"字形主母线。在低压开关柜中主母线的技术要点是：

1）着眼于提高母线系统的抗弯强度，提高主母线抵御短路电流的能力；

2）分支母线与主母线之间采用无孔连接，简化了母线系统的装配方式。同时，分支母线与各抽屉回路也采用无需打孔的抽插方式，方便了低压开关柜的使用和维护。

（2）低压开关柜柜架结构采用无螺母的连接方式

所有低压开关柜内的柜体连接均采用自攻螺钉。采用自攻螺钉除了方便开关柜柜体装配外，还提高了柜体连接强度。

（3）柜体结构广泛采用高强度同时又耐酸碱的特种型钢材料

柜体结构广泛采用以覆铝锌钢板制作的型钢骨架，当低压开关柜电流达到一定强度后还采用不导磁的材料制作型钢骨架。这些特种钢材制造的柜体骨架材料提高了低压开关柜的动热稳定性的同时，还具有良好的耐酸碱特性和耐温特性。

（4）柜体结构标准化和部件化

柜体结构标准化和部件化能大幅度地提高低压开关柜的装配速度和效率，同时也给用户带来使用和维修的方便性，便于用户备品备件的管理。

（5）元器件的智能化

智能化开关柜需要低压开关电器的智能化。低压开关电器的智能化包括以下几方面的内容：

1）低压电器的智能化：将微处理器和计算机技术引入开关电器中，用高精度的数字电子技术来代替传统的模拟电子技术，大幅度地提高了开关电器的工作性能和反应速度，极大地提高了开关电器的智能化水平。例如用电动机综合保护装置代替传统的热继电器，实现了测信控一体化，更兼有通信功能，实现了电动机过载保护开关电器的质的飞跃。

2）智能脱扣器：早期的脱扣器其用途是当电路中出现过电流时驱动断路器执行跳闸。现在的智能脱扣器不但能实现过电流保护，还能实现欠电压保护、过电压保护、接地故障保护、剩余电流保护、相不平衡保护、负功率保护、方向保护和区域保护等。

除此之外，智能脱扣器还能高精度地采集电压、电流、功率因数、功率、电能、频率、谐波、触头温度等线路参量。这些参量能以遥测信息的形式通过通信接口和现场总线发布到需要它们的后台监控系统中去。

智能脱扣器还具有采集开关量的功能，这些开关量能以遥信的形式附带 SOE 时间标签发送给远方后台，还能执行后台发布的遥控操作，能实现远方调整保护参数。

3）具有抗干扰能力和高可靠性：随着智能化开关电器技术的发展，电磁兼容（Electro Magnetic Compatibility，EMC）显得越来越重要。EMC 有两方面的要求：其一要求智能化开关电器在安装场所工作时不受外界电磁干扰引起误动作，其二要求智能化开关电器在工作时产生的电磁场不会干扰附近的其他电子设备。

现场的电磁场干扰来自各方面，包括了电气扰动、温度变化和振动等，其中电气扰动是主要干扰。干扰会通过电源回路和信号输入回路侵入智能化开关电器，因此智能化开关电器的抗干扰性能显得尤为重要。

电子产品的可靠性涉及的范围极其广泛，其中元器件的品质、设计规范、制造工艺水平都会影响到电子产品的可靠性指标。所以智能化开关电器的高可靠性突出地反映了该产品制造商的技术水平和管理水平，是衡量制造商综合水平的试金石。

3. 智能化低压开关柜的其他属性

与普通的低压开关柜类似，智能化低压开关柜也具有如下属性：

（1）PCC 型低压开关柜和 MCC 型低压开关柜

PCC 型低压开关柜英文名是 Power Control Center，即电能配送中心。

MCC 型低压开关柜英文名是 Motor Control Center，即电动机控制中心。

一般地，工作在一级配电设备中的低压开关柜都是 PCC 柜，PCC 柜的全称是动力配电中心低压开关柜。PC 柜安装的位置在总降压变电所内，用于向下级配电设备输送电能。因为 PCC 柜紧靠着电力变压器，所以 PCC 柜的分断容量较高，各项电气参数要求也较高。

与 PCC 柜交换信息的后台监控系统一般是电力监控 SCADA（Supervisory Control And Data Acquisition，监视控制与数据采集系统）。

工作在二级配电设备中的低压开关柜既有 PCC 柜也有 MCC 柜。

MCC 柜由于临近终端负荷，所以 MCC 柜的控制线路较为复杂。MCC 柜的信息往往还需要分送给不同的后台监控系统，例如电力监控 SCADA、过程控制中心 DCS 和楼宇控制中心 BAS。因此，MCC 柜的控制和信息传送远较 PCC 柜要复杂。

（2）低压开关柜的短路强度

低压开关柜在出现短路的情况下，应当能承受预期短路电流所产生的电动力冲击和热冲击。按照 GB/T 7251.1—2023（等同于 IEC 61439-1：2020）《低压成套开关设备和控制设备　第 1 部分：总则》的第 9 节"性能要求"。低压开关柜的制造厂应当给出下列短路强度的数据：

1）如果使用断路器作为短路保护器件，则应当指明保护参数和整定值，其中整定值对应于所指明的预期短路电流值；如果使用熔断器作为保护器件，则应规定最大的允许前置熔断器的参数（电流额定值、分断能力、截断电流、I^2t 等）。

2）对于低压成套开关设备和控制设备的进线单元，应给出额定冲击耐受电流峰值、额定短时耐受电流及脱扣整定时间（如果整定时间不是 1s）。

若低压开关柜有若干套进线单元，但在实际运行时不会同时投入，并且系统有若干套大功率电动机负载，则进线单元的短路强度应当根据用户提供的数据确定保护参数，同时出线单元和母线也必须确定预期短路电流值。

（3）低压开关柜的防护形式

低压成套开关设备和控制设备必须提供足够的防护等级，防止操作者触及带电部件，还要防止外来物侵入和液体溅入。

防护等级必须符合国家标准 GB/T 4208—2017《外壳防护等级（IP 代码）》和 IEC 60529：2001 中的标称防护等级规定。

（4）低压开关柜的操作面选择方式

低压开关柜能够单面操作或双面操作，其中双操作面的方式又分为共用母线的双操作面背靠背结构形式和母线相互独立的双面柜结构型式。

所谓共用母线的双操作面结构形式，其实质上是在同一台开关柜框架中既安排了共用的母线系统，又在框架的前面和后面各安排了一套操作面以及对应的双套设备区。这种双操作面结构柜型被称为母线共用的背靠背双操作面结构形式。

母线相互独立的双面柜结构型式其实质上是将两套开关柜背靠背地安装在一起，两套开关柜的后部之间一般有 100~200mm 的隔开距离，目的是作为母线系统的散热通道。

此两种方式都可以节约安装空间，但前者结构更合理但有电流容量限制，后者则没有容量限制。对于双面柜间及柜后的通道宽度要求见 GB 50054—2011《低压配电设计规范》表 4.2.5。

（5）环境条件

在选择和设计低压成套开关设备和控制设备时，要考虑到安装处的环境温度和气候条件，以及其他特殊使用条件。这些条件将决定低压成套开关设备的负载能力和降容要求。

正常使用条件下分为户内安装和户外安装两种。

1）户内安装：低压开关柜在正常条件下户内安装：户内温度不超过40℃，24 小时周期内平均温度不超过35℃，下限空气温度为-5℃。在40℃时相对湿度为50%，20℃时相对湿度为90%。

2）户外安装：低压开关柜在正常条件下户外安装：户外温度不超过40℃，24小时周期内平均温度不超过35℃，下限空气温度在温带地区为-25℃，北极地区为-50℃；仪表和继电器的工作温度不得低于5℃。户外安装的相对湿度在25℃可达100%。

（6）特殊使用条件

1）环境温度较高和相对湿度较高的场所，以及海拔超过2000m的场所；

2）温度或气压变化剧烈，在低压成套开关设备和控制设备内部发生凝露；

3）空气被尘埃、烟雾、腐蚀性微粒、放射性微粒、蒸汽或盐雾严重污染；

4）暴露在强电场或磁场中；

5）暴露在很高的温度中，或被阳光或火炉辐射；

6）受霉菌或微生物侵蚀；

7）装设在爆炸危险的场所；

8）遭受强烈振动或冲击；

9）装设在使载流容量和分断能力受到影响的地方。

对于特殊使用条件，无论存在哪一种，都应当按照相关标准要求或者由用户与低压开关柜的制造厂签订专门的协议予以解决。

2.2　与低压开关柜主母线相关的几个问题

低压开关柜的母线系统担任着电能的分配任务。

母线系统承载着运行电流，要经受电流焦耳发热的冲击，它的温升当然不能超越运行态的最高允许温升。母线的额定载流量与允许温升是相互关联的。

当短路电流流过母线时，母线必须承受短路电流的热冲击和电动力冲击。因为短路电动力与导线的长度成正比，而母线是低压开关柜中长度最长的导电部件，故母线也是开关柜中受短路电动力作用部件。因此，在国家标准GB/T 7251.1—2023《低压成套开关设备和控制设备　第1部分：总则》中，把母线承载短路电流电动力冲击和热冲击的能力叫做低压开关柜的动热稳定性，其中抵御短路电动力冲击的参数叫做峰值耐受电流，用I_{pk}表示；把抵御短路热冲击的参数叫做短时耐受电流，用I_{cw}表示，具体见本书1.4.2节。

本节探讨的几个问题是：母线载流量、温升与低压开关柜的关系，母线的表面处理。

2.2.1　关于低压开关柜母线的载流量和温升

我们看图2-8。

在图2-8中，不管是圆形截面载流导体还是矩形截面载流导体，它们的散热面积A等于去掉两个端面后的总表面积，也即A等于载流导体截面周长M与导体长度L的乘积。对于圆截面导体，它的散热面积$A = \pi DL$，这里的D是圆截面导体的直径；对于矩形截面导体，它的散热面积$A = ML = 2(a + b)L$，这里的a和b分别是截面的宽度和厚度。

再次提醒：不管是何种截面形状的导体，它们散热面积不包括两个端面。

若导体材料的电阻是R，导体材料在0℃时的电阻率是ρ_0，导体材料的电阻温度系数是α，温度是θ，流过的电流是I，通电时间是t，则导体的发热热量Q_1为

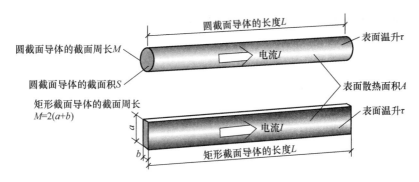

图 2-8　圆形截面导体和矩形截面导体

$$Q_1 = P_1 t = I^2 R t = I^2 t \rho_0 (1 + \alpha\theta) \frac{L}{S} \qquad (2\text{-}1)$$

导体温度升高会消耗热量。设导体的热导率是 c，质量是 m，导体表面温度是 θ，导体之前某时刻的表面温度是 θ_g，则导体温度升高所消耗的热量 Q_2 为

$$Q_2 = cm(\theta - \theta_g) \qquad (2\text{-}2)$$

导体在运行时会通过热对流、热传导和热辐射散发热量。设导体的综合散热系数是 K_t，导体表面散热面积是 A，$A = ML$；导体表面温度 θ 与环境温度 θ_0 之差也即温升是 τ，导体通电时间是 t，则导体散热所消耗的热量 Q_3 为

$$Q_3 = K_t A \tau t = K_t ML\tau t \qquad (2\text{-}3)$$

注意这里的环境温度 θ_0，在国家标准 GB/T 14048.1—2023《低压开关设备和控制设备　第 1 部分：总则》和 GB/T 7251.1—2023《低压成套开关设备和控制设备　第 1 部分：总则》中，环境温度定义为 ±40℃，一般取为 40℃。

当导体表面温度稳定后，$Q_2 = 0$，$Q_1 = Q_3$，我们由此推得导体的额定载流量 I_n 和表面最高允许温升 τ_n：

$$\begin{cases} I_n = \sqrt{\dfrac{K_t MS\tau_n}{\rho_0(1 + \alpha\theta)}} \\[3mm] \tau_n = \dfrac{I_n^2 \rho_0(1 + \alpha\theta)}{K_t MS} \end{cases} \qquad (2\text{-}4)$$

我们在式（2-4）中没有看到导线的长度 L，由此得到一个很重要的道理：导体的载流量和温升均与导体长度无关。

在低压开关柜中，一般使用的是矩形截面的铜排或者铝排。我们由平面几何知道，导体的截面积 S 与导体截面周长 M 之比叫做积周比 B。对于矩形、正方形、三角形和圆形等封闭图形，若它们的截面周长 M 均相同，则圆具有最大积周比 B。见图 2-9。

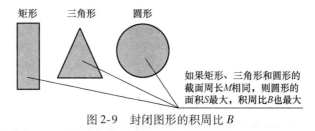

图 2-9　封闭图形的积周比 B

从图 2-9 中看到积周比 B 与截面面积、截面周长的关系，把 B 代入到式（2-4）得到：

$$\begin{cases} I_{\text{n}} = S \sqrt{\dfrac{K_{\text{t}} \tau_{\text{n}}}{\rho_0 (1 + \alpha\theta) B}} \\ \tau_{\text{n}} = \dfrac{I_{\text{n}} \rho_0 (1 + \alpha\theta) B}{S^2 K_{\text{t}}} \end{cases} \tag{2-5}$$

式（2-5）还告诉我们：若两导体的材料、导体截面积 S 和导体表面的温升都相同，则矩形截面导体的载流量大于圆形截面导体的载流量；若两导体的材料、导体截面积和流经导体的电流均相同，则矩形截面导体的表面温升低于圆形截面导体的表面温升。

和中压及高压成套开关设备不同，中压和高压开关设备的电压高故更由于低压开关柜的电压低但电流大，如何降低低压开关柜的温升是结构设计的主要问题点。可见，低压开关柜采用矩形截面的铜排和铝排作为主母线，其目的就是为了提高载流量和降低运行温升。

【例 2-1】 低压开关柜中的两根铜导体，一根是 30mm×10mm 的矩形截面铜排，另一根是与铜排等截面积的铜棒，当通过的电流均为 600A，环境温度为 40℃，综合散热系数是 9W/(m² · ℃)，试比较两根导体的表面温度。

又知铜的电阻率是 $1.7 \times 10^{-8} \Omega \cdot \text{m}$，电阻温度系数是 0.0043/℃。

解：

第一步，计算两导体的截面周长 M、截面积 S 和积周比 B。

矩形截面导体的截面周长 M 和截面积 S：

$$\begin{cases} M = 2 \times (30 + 10) \times 10^{-3} = 80 \times 10^{-3} \text{m} \\ S = 30 \times 10 \times 10^{-6} = 300 \times 10^{-6} \text{m}^2 \\ B = \dfrac{S}{M} = \dfrac{300 \times 10^{-6}}{80 \times 10^{-3}} = 3.75 \times 10^{-3} \end{cases}$$

圆铜棒导体的截面周长 M、截面积 S 和积周比 B：

$$\begin{cases} M = 2 \sqrt{\pi S} = 2 \times \sqrt{3.1416 \times 300 \times 10^{-6}} \approx 61.40 \times 10^{-3} \text{m} \\ S = 300 \times 10^{-6} \text{m}^2 \\ B = \dfrac{S}{M} = \dfrac{300 \times 10^{-6}}{61.40 \times 10^{-3}} \approx 4.8860 \times 10^{-3} \end{cases}$$

我们看到圆铜棒截面的积周比大于铜排截面的积周比。

第二步，计算温升和表面温度。

用式（2-5）来计算。

矩形截面导体：

$$\tau = \frac{I^2 \rho_0 (1 + \alpha\theta) B}{S^2 K_{\text{t}}} = \frac{600^2 \times 1.7 \times 10^{-8} (1 + 0.0043 \times 40) \times 3.75 \times 10^{-3}}{(300 \times 10^{-6})^2 \times 9} \approx 33.2℃$$

$$\theta = \theta_0 + \tau = 40 + 33.2 = 73.2℃$$

故知，矩形截面导体的表面温度是 73.2℃。

圆铜棒导体：

$$\tau = \frac{I^2 \rho_0 (1 + \alpha\theta) B}{S^2 K_{\text{t}}} = \frac{600^2 \times 1.7 \times 10^{-8} (1 + 0.0043 \times 40) \times 4.8860 \times 10^{-3}}{(300 \times 10^{-6})^2 \times 9} \approx 43.3℃$$

$$\theta = \theta_0 + \tau = 40 + 43.3 = 83.3℃$$

从计算结果可知，圆铜棒导体的表面温度是 83.3℃，比矩形截面导体的表面温度高了 10.1℃。

通过【例 2-1】，我们看到相同截面积相同材料的矩形截面导体和圆截面导体当流过相同电流时，矩形截面导体的表面温升低于圆截面导体的表面温升。究其原因，就是矩形截面导体的截面周长大于圆截面导体截面周长，使得矩形截面导体表面散热面积大于圆截面导体表面散热面积，矩形截面导体的表面散热能力优于圆截面导体所致。

需要特别指出，导体材料的温升指的是它的表面温度与环境温度之差，因此，温升的单位既可以用摄氏度℃，也可以用开尔文温标 K，且数值不变。

例如，【例 2-1】中矩形截面导体的温升是 33.2℃，它是导体表面温度 73.2℃ 与环境温度 40℃ 之差。如果我们把导体表面温度和环境温度都加上 273.15，转换成开尔文温标，其中导体表面温度是 346.35K，环境温度是 313.15K，两者之差是 33.2K，我们看到它与摄氏度温升只是单位不同，数值是一样的。

我们已经知道导体的综合散热系数是热对流、热传导和热辐射的综合，很重要。导体材料表面综合散热系数 K_t 的数值，见表 2-4。

表 2-4　综合散热系数 K_t 的数值

序号	表面情况	K_t/[W/(m²·K)]	说明
1	水平圆铜棒，直径 1～6cm	9～13	直径越大，综合散热系取值越小
2	纯铜矩形截面母线，以窄边向下竖直安装	6～9	
3	覆以绝缘漆的铸铁或钢材表面	10～14	
4	用纸包裹绝缘的线圈	10～12.5	置于油中
5	通电的叠片束	10～12.5	置于油中

对于敞开安装的低压开关柜主母线，综合散热系数 K_t 的取值一般为 12W/(m²·K)；对于密闭安装的低压开关柜主母线，综合散热系数 K_t 的取值一般为 9W/(m²·K)。

低压开关柜中的母线一般采用矩形截面的铜排或者铝排制作，见图 2-10。其目的当然就是为了降低母线的运行温升，提高母线的载流量。

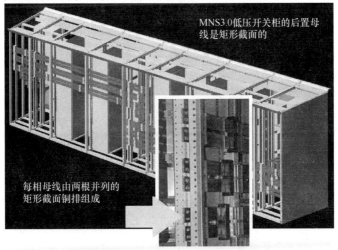

图 2-10　低压开关柜的母线一般采用矩形铜排或铝排制作

另外，母线一般采取窄边向下竖直安装，相比起宽边向下平躺安装，当流过相同的短路电流时，三相母线间的短路电动力较小，其原理见1.4.2节【例1-8】。

母线的散热无疑是非常重要的。低压开关柜的IP防护等级与母线散热关系密切，IP防护等级值越高，母线和低压开关柜内的其他元器件散热就越困难，故低压开关柜的母线载流量也要降低。所以，盲目地提高低压开关柜的IP防护等级是不划算的。

2.2.2　关于低压开关柜中母线的表面处理

低压开关柜中母线搭接面的表面处理有3个目的，其一是为了降低母线搭接面的接触电阻，其二是为了阻止电化学反应，其三是为了提高母线的最高允许运行温升。以下分别讨论。

1. 降低低压开关柜中母线搭接面接触电阻的方法

电接触理论告诉我们，两相互搭接导线之间的接触电阻表达式是

$$R_j = \frac{K}{(0.102F)^m}(\mu\Omega) \tag{2-6}$$

式中　R_j——接触电阻，它的单位是$\mu\Omega$；

　　　K——材料系数；

　　　F——电接触的压力，单位是N；

　　　m——接触形式。对于点接触，$m=0.5$；对于线接触，$m=0.5 \sim 0.8$；对于面接触，$m=1$。

我们从式（2-6）中看到，材料系数K与接触电阻成正比。常见的接触材料系数K的数值见表2-5。

表2-5　各种材料的K值

接触材料	表面状况	K值	接触材料	表面状况	K值
银－银	未氧化	60	铝－黄铜	未氧化	1900
铜－铜	未氧化	80~140	镀锡铜－镀锡铜	未氧化	100
黄铜－黄铜	未氧化	670	AgCdO12－AgCdO12－	未氧化	170
铝－铜	未氧化	980		氧化	350

我们从表2-5中看到，铜－铜与镀锡铜－镀锡铜之间的电接触K值差不多，都是100左右。而铝－铜之间，以及黄铜－黄铜之间的K值就要大得多，例如黄铜之间的K值是670，而铝－铜之间的K值在980左右。

当电流流过两相互搭接的母线系统时，我们在搭接面两个端面处可以测得搭接面的接触电压U_j，U_j的值就等于接触电阻R_j与电流的乘积。接触电压U_j对于搭接面的温升具有很重要的意义。

我们看图2-11。

图2-11中，我们看到左右两片母线相互搭接，四颗紧固螺栓使得两母线间产生搭接压力F，搭接压力越大母线间的搭接接触电阻越小。相互搭接的母线上有两种温升，其中τ_1是电流流过母线产生的温升，τ_2是母线的搭接处产生的温升。此两种温升的表达式如下：

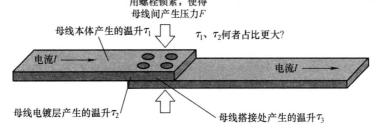

图 2-11　母线搭接处的温升

$$\begin{cases} \tau_1 = \dfrac{I^2\rho}{K_t SM}, & \text{母线本体温升} \\[4mm] \tau_2 = \tau_1 + \dfrac{U_j^2}{8LT} = \dfrac{(R_j I)^2}{8LT}, & \text{相互搭接母线在接触处产生的温升} \end{cases} \tag{2-7}$$

式中　I——流过母线系统的电流；

　　　ρ——母线的电阻率；

　　　K_t——母线的综合散热系数；

　　　S——母线的截面积；

　　　M——母线截面周长；

　　　U_j——母线接触电阻产生的接触电压；

　　　L——洛伦兹系数，$L = 2.4 \times 10^{-8} V^2/K^2$；

　　　T——母线表面临近搭接处的绝对温度。

注意到式（2-7）中母线温升 τ_1 的表达式其实就是式（2-4）。

【例2-2】　设低压开关柜中相互搭接的母线为 60mm × 10mm 的铜排，表面镀锡。母线流过的电流为 1000A。环境温度为 40℃，综合散热系数 K_t 为 9W/（m² · K），又测得母线间的接触电阻 $R_j = 5 \times 10^{-6}\Omega$。我们来算一算母线本体和母线搭接处的温升各是多少。

解：

（1）首先计算母线本体的温升 τ_1：

对于 60mm × 10mm 的铜排，它的截面积 S 是 600mm²，截面周长 M 为 140mm。按式（2-4）我们有：

$$\tau_1 = \frac{I^2\rho}{K_t SM} = \frac{1000^2 \times 1.7 \times 10^{-8}}{9 \times 600 \times 10^{-6} \times 140 \times 10^{-3}} \approx 22.49K$$

注意到母线温升与母线的长度无关！

我们把母线本体温升加上环境温度即得到母线的运行温度，为 $40 + 22.49 = 62.49℃$。

（2）再来计算温升 τ_2

首先计算母线的接触电压 U_j：

$$U_j = R_j I = 5 \times 10^{-6} \times 1000 = 5 \times 10^{-3}V$$

再来算母线的绝对温度 T，它等于环境温度 θ_0 与温升 τ_1 之和的绝对温度：

$$T = \theta_0 + \tau_1 + 273.15 = 40 + 22.49 + 273.15 = 335.64K$$

现在就可以计算母线搭接处的温升 τ_2 了：

$$\tau_2 = \tau_1 + \frac{U_j^2}{8LT} = 22.49 + \frac{(5 \times 10^{-3})^2}{8 \times 2.4 \times 10^{-8} \times 335.64} \approx 22.88K$$

我们看到，低压开关柜母线搭接处仅仅比母线本体的温升高了 $t_2 - t_1 = 22.88 - 22.49 = 0.39K$，可见母线本体的温升是主体，它占最高温升的 $100 \times \dfrac{22.49}{22.88} \approx 98.3\%$。

2. 铜镀银/铜镀锡能提高主母线铜排容许温升和抗电化学腐蚀能力的原因

我们已经知道，银的导电率高于铜，因此铜镀银主要是提高材料的表面导电率，一般用于可能出现频繁接插的地方。

其次，由于银的柔韧性非常好，镀银的表面不容易划伤，因此镀银的铜排搭接面具有良好的紧密性和导电水平，所以铜镀银具有最高的容许温升水平；对于锡，我们知道锡的柔韧性不如银但优于铜，虽然锡的导电性不如银，但因为铜镀锡后母线搭接面的紧密性能得到极大的改善，因此铜镀锡后也能提高搭接面的容许温升。

从主母线的搭接温升看，由于锡和银均具有柔韧性，因此铜镀银后的搭接效果最好，铜镀锡次之，裸铜最低。正是因为这个原因，在 GB/T 14048.1—2023《低压开关设备和控制设备 第1部分：总则》的 8.4.2.2 节中我们看到裸铜母线的温升为 60K，铜镀锡的主母线的温升为 65K，而铜镀银主母线的温升为 70K。注意这里的 K 是绝对温标（开尔文温标）。

📖 标准摘录：GB/T 14048.1—2023《低压开关设备和控制设备 第1部分：总则》，等同于 IEC 60947-1：2020，MOD。

表2 接线端子的温升极限

接线端子材料	温升极限[1)3)]
裸铜	60
裸黄铜	65
铜（或黄铜）镀锡	65
铜（或黄铜）镀银或镀镍	70
其他金属	b)

a）在实际使用中外接导体不应显著小于表9和表10规定的导体，否则会促使接线端子和电器内部部件温度较高，并导致电器损坏。为此在未得到制造厂同意的情况下应采用这种导体。

b）温升极限是按使用经验或寿命试验来确定，但不应超过65K。

c）产品标准对不同试验条件和小尺寸器件可以规定不同的温升值，但不应超过本表规定10K。

标准中所指的接线端子包括低压开关柜主母线的搭接面在内。由此可见，铜排镀锡、镀银的目的就是为了提高温升，它与提高铜排的导电性关系不大。

由于铜排镀锡或者镀银需要一定的费用，于是在很多场合下为了降低费用仅将铜排的搭接面局部镀锡或者镀银，以达到提高容许温升的效果。这样做是否合适呢？答案是否定的。其原因就是镀层边界上会引起电化学腐蚀。

（1）铜、锡和银的电化学腐蚀原理

我们看铜、锡和银的化学特性：铁（Fe）、铜（Cu）和锡（Sn）在水份（H_2O）的参与下发生如下反应：

$$Fe + O_2 \rightarrow Fe_2O_3 + H_2O \leftrightarrow Fe^{3+} + (OH)^-$$

$$Sn + O_2 \rightarrow SnO + H_2O \leftrightarrow Sn^{2+} + (OH)^-$$

$$Cu + O_2 \rightarrow CuO + H_2O \leftrightarrow Cu^{2+} + (OH)^-$$

在这个过程中伴随着电子的转移,所以此类反应被称为氧化还原反应。

由于铁、铜和锡都是弱碱,所以反应生成物的最终产物金属离子与该反应的中间生成物金属氧化物之间是可逆的,反应最终生成物金属离子有可能返回到金属氧化物状态。

因为氧化还原反应伴随着电子的转移,因此金属被水汽沾染后其表面所有的原子都有可能会形成原电池,原电池的正极就是该金属的离子,而负极就是金属本体,如图 2-12 所示。

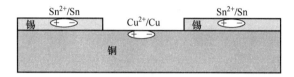

图 2-12 铜表面的原电池

从图 2-12 中我们看到 3 个原电池,其中 2 个是 Sn^{2+} 和 Sn 构建的原电池,一个是 Cu^{2+} 和 Cu 构建的原电池。原电池的电压被称为电极电位。我们看表 2-6 中银、锡和铜三种元素的电极电位数值:

表 2-6 银、锡和铜三种元素的电极电位数值

序号	化学元素	化学方程式	电极电位
1	银	$Ag^+ + 2e = Ag$	0.7995V
2	锡	$Sn^{4+} + 2e = Sn^{2+}$	0.154V
3	铜	$Cu^{2+} + e = Cu^-$	0.519V

从表 2-6 中可见银的电极电位最高,铜次之,而锡最低。

将元素按电极电位从小到大排列后所形成的表被称为金属活动顺序表,越往前的金属越活泼,越往后的金属越稳定。金属活动顺序表如下:

钾、钙、钠、镁、锂、铝、锰、锌、铁、锡、铅、铜、汞、银、铂、金

当两种金属同时存在时,不同金属产生的原电池电极电位有高有低,于是不同金属原电池之间会产生电子流的移动。电子流从电极电位较低的原电池流出注入电极电位较高的原电池中。在这个过程中,电极电位较高的金属离子被还原为金属氧化物或者金属本体。

注意原电池中电子流的方向与电流的方向是相反的。我们看图 2-13。

图 2-13 中,若原电池 φ_1 的电极电位大于原电池 φ_2,那么电子流是从 φ_2 的正极流向 φ_1 的正极,而电流却从高电位 φ_1 的正极流向低电位 φ_2 的正极。我们看看铜表面铜原电池和锡原电池中的电子转移,见图 2-14。

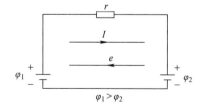

图 2-13 原电池中的电子流方向和电流方向

图 2-14 中锡的电极电位小于铜的电极电位,因此电子流将从锡原电池 Sn^{2+}/Sn 流出注入到铜原电池 Cu^{2+}/Cu 中。锡因为不断地流

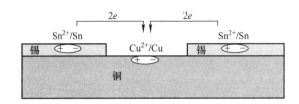

图2-14　铜表面铜原电池和锡原电池中的电子转移方向

出电子，因而锡原子被不断地离子化而出现腐蚀现象；相反，铜离子不断得到电子因而被还原为铜原子，所以铜被还原因而不被腐蚀。

当两种金属同时存在时，排在金属活动顺序表后边的金属将得到电子，而排在前边的金属将失去电子。于是排在前边的金属将被腐蚀，而排在后边的金属却能够稳定存在。这就是金属表面电化学腐蚀的原理。所以说到底，金属腐蚀属于电化学的范畴。

铜镀锡后，若表面镀锡层出现破口，因为锡比铜活泼，破口处的锡将被腐蚀；铜镀银后，若表面镀银层出现破口，因为铜比银活泼，破口处的铜将被腐蚀。

要防止某种金属被腐蚀，首先要避免该金属表面存在其他种类的金属；其次，若某金属的表面电镀覆盖了其他种类金属的镀层，则要特别注意避免出现破口。

下面进行小结：

铜比银活泼，所以银的电极电位比铜的电极电位要高，银相对铜更具有氧化性，而铜相对于银更具有还原性，因此铜与银放在一起时，银更稳定而铜则易腐蚀。

同理，锡比铜活泼，所以铜和锡放在一起时铜更稳定，锡相对于铜更易受到腐蚀。

对于裸铜，虽然铜的表面会形成无数的铜离子原电池，但所有原电池的电极电位数值均相等，故裸铜不会发生电子转移和电化学腐蚀，由此可知裸铜的抗腐蚀性最好。

结论：所有单质构成的纯金属，其表面电极电位一致，因此单质纯金属的抗腐蚀性一定好于含杂质的金属和多金属混合体。

（2）主母线采用铜镀银、铜镀锡或者裸铜的技术要求及措施

1）与主母线相连的各种导电附件必须采用相同的表面处理方法。

为了避免产生次生的电化学腐蚀，所有与主母线相连接的母线附件，例如铜柱、分支母线、加强铜排等等都必须采用同种表面处理方法。例如主母线采用裸铜，则包括铜柱、分支母线、加强排、转接母线等全母线系统均要采用裸铜。类似地，主母线采用铜镀锡和铜镀银，则全母线系统都必须采用与主母线相同的表面处理措施。

图2-15为MNS3.0侧出线低压开关柜内的镀锡主母线。

我们从图2-15中看到主母线铜排是整根

图2-15　MNS3.0内的镀锡主母线

镀锡的，避免了电化学腐蚀。

2）在低压开关柜内杜绝使用铜铝接头和搪锡工艺。

因为铜铝接头一定会存在腐蚀问题，因此在低压开关柜内使用铜铝接头，不管采取何种处理措施，哪怕用油漆包裹，时间长了一定会出现电化学。

对于搪锡，因为搪锡工艺需要对电缆接头进行加热处理，有可能破坏电线电缆外敷绝缘层；其次还需要在铜芯线上涂抹助焊剂，因此但电线电缆投运一段时间后，在锡铜界面上会出现严重的电化学腐蚀。所以在低压开关柜内尽量避免对铜导体采取搪锡处理。若必须要在电线电缆的接头处搪锡，则可改用镀锡的方式。并且接线完成后，要在搭接处包裹热缩套管以隔绝水汽。

3）低压开关柜内所有的一次接插件建议都镀锡。

低压开关柜内一次接线端子建议都镀锡。因为一次接插件的铜材尺寸小，发热严重，建议通过镀锡或者镀银来提高温升。

4）避免主母线仅在搭接面部分镀锡。

若仅在主母线的搭接面上电镀锡，这种方法易引发较严重的锡层搭接面腐蚀现象。若一定要采用这种电镀方法，则要在裸铜部位包裹热缩套管以杜绝水汽的侵入。

对镀锡后的主母线必须小心运输和仔细检查，若发现破口则必须采取相应的措施。同时，对镀锡层的厚度也要符合技术要求。

5）在开关柜的使用中要注意到湿度和温度要求。

为了确保开关柜安装后搭接面能够保持紧密接触，对开关柜所承受的振动有要求；此外，温度变化、湿度变化都会影响到各类搭接面的问题，因此在开关柜的安装和使用条件中明确指出了具体的参数。

6）避免开关柜内水汽侵入。

为了避免水汽侵入低压开关柜，建议对储存状态的低压开关柜在柜内安放电热装置，使得开关柜在停用期间能确保柜内的水汽含量和柜内温度符合技术要求。

7）主母线包裹热缩套管。

主母线在制造时应当包裹热缩套管，加强母线散热、隔绝空气和湿气，避免主母线腐蚀。

3. 关于母线系统的电接触

在低压开关柜母线系统中，存在几种类型的电接触。其一是母线之间的搭接电接触，其二是分支母线与主母线之间的搭接电接触，其三是分支母线与抽屉接插件之间的电接触。

我们看图2-16。

我们注意看图2-16的分支母线，它与主母线有电接触，而抽屉的一次接插件也插在分支母线上，可见分支母线用于从主母线得到电能并分配给各个馈电/电动机回路的任务。在这里，电接触显见是非常重要的。

我们从式（2-6）看到，接触电阻与压力密切相关：压力 F 越大，接触电阻就越小。然而，紧固母线搭接面的两颗或者四颗螺栓，如果锁紧力超过要求，则母线的搭接面会发生翘曲。因此，母线紧固螺栓的紧固扭矩存在限值。主母线搭接面必须保证搭接压力，以确保搭接面接触严密程度。

我们看国家标准 GB/T 14048.1—2023 的相关规定和描述。

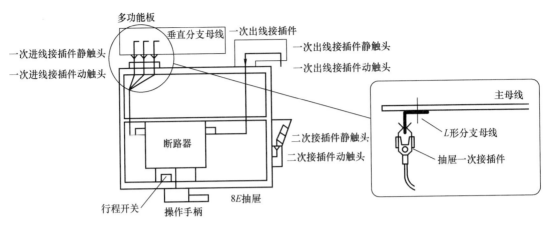

图 2-16　MNS3.0 侧出线低压开关柜母线系统与抽屉接插件之间的关系

📖 标准摘录：GB/T 14048.1—2023《低压开关设备和控制设备　第 1 部分：总则》，与 IEC 60947‑1：2020 MOD 等同使用。

表 4　验证螺纹型接线端子机械强度的拧紧力矩（见 8.3.4.2 和 8.3.2.1）

螺纹直径　mm		拧紧力矩　Nm		
米制标准值	直径范围	Ⅰ	Ⅱ	Ⅲ
1.6	$\phi \leqslant 1.6$	0.05	0.1	0.1
2.0	$1.6 < \phi \leqslant 2.0$	0.1	0.2	0.2
2.5	$2.0 < \phi \leqslant 2.8$	0.2	0.4	0.4
3.0	$2.8 < \phi \leqslant 3.0$	0.25	0.5	0.5
3.2	$3.0 < \phi \leqslant 3.2$	0.3	0.6	0.6
3.5	$3.2 < \phi \leqslant 3.6$	0.4	0.8	0.8
4	$3.6 < \phi \leqslant 4.1$	0.7	1.2	1.2
4.5	$4.1 < \phi \leqslant 4.7$	0.8	1.8	1.8
5	$4.7 < \phi \leqslant 5.3$	0.8	2.0	2.0
6	$5.3 < \phi \leqslant 6.0$	1.2	2.5	3.0
8	$6.0 < \phi \leqslant 8.0$	2.5	3.5	6.0
10	$8.0 < \phi \leqslant 10.0$	—	4.0	10.0
12	$10 < \phi \leqslant 12$	—	—	14.0
14	$12 < \phi \leqslant 15$	—	—	19.0
16	$15 < \phi \leqslant 20$	—	—	25.0
20	$20 < \phi \leqslant 24$	—	—	36.0
24	$24 < \phi$	—	—	50.0

注：第Ⅰ列：适用于拧紧时不突出孔外的无头螺钉和不能用刀口宽度大于螺钉根部直径的螺刀拧紧的其他螺钉；

第Ⅱ列：适用于用螺丝刀拧紧的螺钉和螺母；

第Ⅲ列：适用于比螺丝刀更好的工具来拧紧的螺钉和螺母。

主母线的搭接面螺栓按照表中规定的扭矩锁紧后，就能确保主母线搭接面的载流量和温升值。

4. 主母线铜排外侧包裹热缩套管，目的是提高母线的散热能力，不仅仅只是为了加强母线的绝缘性能

我们看图 2-17。

2×30mm×10mm主母线

主母线铜排的外表面包裹
了黑色热缩套管

图 2-17　MNS3.0 低压开关柜主母线外围包裹的黑色热缩套管

在图 2-17 中，我们看到了 MNS3.0 侧出线低压开关柜的最小规格主母线，每相由 2 支 30mm（宽）×10mm（厚度）铜排并联构成。我们注意到这些主母线的外围包裹了黑色的热缩套管。这些黑色热缩套管起到帮助主母线散热的作用。

在低压开关柜中，母线所处的隔室叫做母线室，它是相对狭小的区域。母线通过母线绝缘支撑件固定在开关柜骨架上。母线通过热传导散热很有限，因而主要依靠热辐射和热对流来散热。

物理学告诉我们，两个物体之间通过辐射交换的热量与表面温度 T 的四次方之差成正比，也即：

$$P = \sigma \varepsilon_f (T_1^4 - T_2^4) \tag{2-8}$$

式中　P——物体单位面积发射的功率；

　　　σ——斯忒藩 – 珀耳茨曼常数，$\sigma = 5.6696 \times 10^{-8} \mathrm{W/(m^2 \cdot K^4)}$；

　　　ε_f——发射率；

　　　T_1——发热体表面温度，单位是 K；

　　　T_2——接受辐射物体的表面温度，单位是 K。

发射率 ε_f 与发热体的表面状况以及它的颜色密切相关。绝对黑体的辐射和吸收能力最强，发射率 $\varepsilon_f = 1$。对于一般的物体，ε_f 在 0 到 1 之间。一般地，物体的表面颜色越深，表面越粗糙，物体的辐射能力也就越强。同时，ε_f 越接近 1，物体的颜色越深，物体吸收辐射的能力也就越强，而反射能力就越弱。当 $\varepsilon_f = 1$ 时，物体将接收全部能量。

有关 ε_f 见表 2-7。

注意看表 2-7 中铜（抛光的纯铜）的发射率是 0.15，抛光铝的发射率是 0.08，而黑色光滑硬橡胶的发射率是 0.945，三者相比黑色硬橡胶发射率最大。黑色热缩套管的发射率与黑色光滑的硬橡胶是类似的。

当用黑色热缩套管包覆母线时，黑色热缩套管的温度比母线要低，所以黑色热缩套管大量地吸收母线所散发的辐射热量。黑色热缩套管的外围是母线隔室温度相对较低的空气，所以黑色热缩套管又大量地向外界辐射热量。

MNS3.0 侧出线低压开关柜中采用 $2 \times 30mm \times 10mm$ 的铜母线，柜体防护等级是 IP30，环境温度是 35℃，此时的载流量是 1600A。型式试验证明，当包裹黑色热缩套管后，在相同的外部条件下载流量是 1645A。增加的数值虽然不大，但我们也从中看到热缩套管所起的作用。

注意：中压开关柜中母线包裹热缩套管用于改善电场分布，低压开关柜中母线包裹热缩套管用于散热，两者目的不同。

表 2-7 部分物体发射率 ε_f 的试验数据

物体表面	ε_f值	物体表面	ε_f值
绝对黑体	1	生锈的铁皮	0.685
煤	0.97	无光泽的铁	0.88
绿色颜料	0.95	抛光的铁	0.267
灰色颜料	0.95	镀镍抛光的铁皮	0.058
青铜色颜料	0.80	抛光的黄铜	0.6
石棉纸	0.95	抛光的纯铜	0.15
黑色磁漆	0.95	无光泽的锌	0.20
黑色有光泽的颜料	0.90	抛光的锌	0.05
白色无光泽的颜料	0.944	抛光的银	0.02
光滑的玻璃	0.937	抛光的铝	0.08
涂釉的瓷器	0.924	抛光的铸件	0.25
黑色光滑的硬橡胶	0.945	冰	0.65
粗糙氧化的铸铁	0.985	云母	0.75
氧化的铜	0.5 ~ 0.6	磨光的大理石	0.55

2.2.3 主母线短路与低压开关柜柜体短路参数的关系

低压开关柜承受和抵御短路电流电动力冲击的能力是峰值耐受电流 I_{pk}，承受和抵御短路电流热冲击的能力是短时耐受电流 I_{cw}。这两个参数非常重要，它们的定义见国家标准 GB/T 7251.1—2023。

 标准摘录：GB/T 7251.1—2023《低压成套开关设备和控制设备 第1部分：总则》

3.8.10.2

额定峰值耐受电流　　　　rated peak withstand current（I_{pk}）

成套设备制造商宣称的在规定条件下能够承受的短路电流峰值

3.8.10.3

额定短时耐受电流　　　　rated short – time withstand current（I_{cw}）

成套设备制造商宣称的，在规定的条件下，用电流和时间定义的能够耐受的短时电流有效值。

9.3.3 峰值耐受电流与短时电流之间的关系

为确定电动应力，峰值电流值应用短路电流的有效值乘以峰值系数 n 获得。峰值系数 n 的值和相应的功率因数在表7中给出。

表7　峰值系数 n 的值（9.3.3）

短路电流的有效值/kA	$\cos\varphi$	n
$I \leqslant 5$	0.7	1.5
$5 < I \leqslant 10$	0.5	1.7
$10 < I \leqslant 20$	0.3	2
$20 < I \leqslant 50$	0.25	2.1
$50 < I$	0.2	2.2

　　表中数值适用于大多数用途。在某些特殊场合，例如在变压器或发电机附近，功率因数可能更低。因此，最大的预期峰值电流就可能变为极限值以代替短路电流的有效值。

　　注意：标准中有关低压开关柜峰值耐受电流的符号 I_{pk}，与电力变压器产生的冲击短路电流峰值 i_{pk} 相比，峰值耐受电流符号中的电流 I 是大写，而冲击短路电流峰值中的电流 i 是小写。本书也按此规则使用这两个符号。

　　在低压开关柜的导电部件中，母线的任务是执行电能分配，母线同时也是载流量最大且长度最长的导电部件。注意到导体的发热效应与电流密度的平方成正比，而导体间的电动力则与导体长度成正比。当短路电流流过低压开关柜的主母线铜排时，GB/T 7251.1—2023 规定主母线铜排的温升不能超过 105K（标准中表 6 的注 1 和注 2），否则会出现铜材料软化，母线机械强度大幅下降，甚至引发更大的事故。事实上，主母线系统（主母线、母排的母线夹、分支母线及柜架结构）承受短路电流热冲击、电动力冲击的能力就代表着低压开关柜的动、热稳定性，具体分析见 1.4.2 节。

　　我们来看一个例子：

　　【例 2-3】　ABB 的 MNS3.0 侧出线低压开关柜主母线的摘录如下：

MNS 水平母线选择—3 极

I_{cw} /kA	I_{pk} /kA	母线规格 L1－L3	设计			IP30/40［A］ 35℃	IP31/41/通风型 IP42 ［A］35℃	IP54/密闭型 IP42［A］ 35℃
			后板	后排－C 型骨架	母线室深/mm			
50	105	$2 \times 30 \times 10$			200	1800	1750	1450
50	105	$2 \times 40 \times 10$			200	2000	2000	1800
65	143	$2 \times 40 \times 10$			200	2000	2000	1800
65	143	$2 \times 60 \times 10$			200	2300	2200	1850
65	143	$4 \times 40 \times 10$			200	3200	3200	2300

　　我们以 2×30mm（铜排宽度）$\times 10$mm（铜排厚度）为例来计算它在流过短路电流时的温升和同相铜排之间的电动力，并与 MNS3.0 低压开关柜样本中柜体的短时耐受电流和峰值耐受电流作比较。

　　解：

　　（1）温升计算

　　短路电流流过铜排的时间很短暂，线路过电流保护装置（断路器）会执行短路保护，故短路电流对铜排所产生的发热作用均用于提高母线的温升，其计算式如下：

$$\theta_K = \frac{1}{\alpha}\left[(1 + \alpha\theta_0)\,\mathrm{e}^{\frac{J_K^2 t_K \rho_0 \alpha}{c\gamma}} - 1\right] \tag{2-9}$$

式中 J_K——通过母线的短路电流密度；

         t_K——热稳定时间，也即短路电流流过母线的时间；

         ρ_0——母排材料在 0℃ 时的电阻率；

         α——母排材料的电阻温度系数；

         c——母排材料的比热容；

         γ——母排材料的密度；

         θ_0——短路瞬间的母排起始温度。

第一步，我们来计算电流密度。已知短时耐受电流 I_{cw} 的电流强度是 50kA，母线截面积 S 是 $2 \times 30\text{mm} \times 10\text{mm} = 600\text{mm}^2$，则电流密度为

$$J_K = \frac{I_{cw}}{S} = \frac{50 \times 10^3}{600 \times 10^{-6}} \approx 83333333\,\text{A/m}^2$$

查表得知，铜的比热容 $c = 395\,\text{W} \cdot \text{s}/(\text{kg} \cdot \text{K})$，铜的密度 $\gamma = 8.9 \times 10^3\,\text{kg/m}^3$，铜的电阻温度系数 $\alpha_0 = 0.0043/℃$，铜的电阻率 $1.7 \times 10^{-8}\,\Omega \cdot \text{m}$，设铜排短路前的运行温度为 35℃，短路电流持续时间 $t_K = 1\text{s}$。我们把它们代入上式：

$$\theta_K = \frac{1}{\alpha} \left[(1 + \alpha\theta_0) e^{\frac{J_K^2 t_K \rho_0 \alpha}{\gamma}} - 1 \right]$$

$$= \frac{1}{0.0043} \left[(1 + 0.0043 \times 35) e^{\frac{83333333^2 \times 1 \times 1.7 \times 10^{-8} \times 0.0043}{395 \times 8.9 \times 10^3}} - 1 \right] \approx 76.56℃$$

我们看到当 $2 \times 30\text{mm} \times 10\text{mm}$ 的铜排流过 50kA 的短路电流且时间长度是 1s 时，铜排表面的温度为 76.56℃，温升 $76.56 - 35 = 41.56℃ = 41.56\text{K}$，小于 105K 的限值，满足要求。

（2）电动力计算

我们看图 2-18：

我们由第 1 章 1.4.2 节的图 1-9 求得截面系数 $K_c \approx 1.05$，当某相母线流过 105kA 的峰值耐受电流时，此相母线的两支并联铜排各流过 $I_{pk}/2 =$

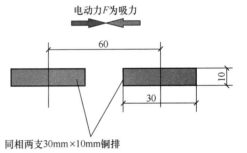

图 2-18   同相两支铜排间的电动力为吸力

$105/2 = 52.5\text{kA}$ 的短路电流。若铜排的长度 $L = 10\text{m}$，两支铜排的中心距 $a = 0.06\text{m}$，则由式 1-33 可知，两同相母线之间瞬态最大电动吸力为：

$$F = 0.2 \left(\frac{I_{pk}}{2} \right)^2 \frac{L}{a} = 0.2 \times 52.5^2 \times \frac{10}{0.06} = 91875\text{N} \approx 9375\text{kgf}$$

这个力对于铜排母线夹和低压开关柜的骨架来说是可以承受的。

（3）ABB 的 MNS3.0 侧出线低压开关柜的短时耐受电流 I_{cw} 和峰值耐受电流 I_{pk}

我们看图 2-19。

电气参数	额定电流	主母线	额定电流 I_e	至 5000A
			额定峰值耐受电流 I_{pk}	至 220kA
			额定短时耐受电流 I_{cw}	至 100kA，1s
		配电母线	额定电流 I_e	至 2000A
			额定峰值耐受电流 I_{pk}	至 176kA
			额定短时耐受电流 I_{cw}	至 80kA，1s

图 2-19   ABB 的 MNS3.0 低压开关柜的短时耐受电流和峰值耐受电流

我们看到，ABB 的 MNS3.0 侧出线低压开关柜的额定短时耐受电流是 100kA，承受 50kA 的发热短路电流的热冲击毫无问题；我们还看到 MNS3.0 侧出线低压开关柜的额定峰值耐受电流是 176kA，对于承受 105kA 的短路电流电动力冲击当然也毫无问题。

由此可见，只要低压开关柜的峰值耐受电流 I_{pk} 大于供配电线路的冲击短路电流峰值 i_{pk}，则低压开关柜完全可以承受短路电流的电动力冲击和热冲击。

2.3　ABB 的 MNS3.0 系列低压开关柜结构概述

ABB 公司的专家和工程师们充分考虑到多方面的技术应用，结合 21 世纪的最新科技研发了 MNS 低压成套开关柜并于 1973 年正式推向全世界市场，至今已有 170 万台套 MNS 低压开关柜交付使用。

MNS 低压开关柜分为 MNS3.0 侧出线柜型和 MNS3.0 后出线柜型，还有 MNS 轻型低压开关柜等三种柜型。

2.3.1　MNS3.0 侧出线低压开关柜的特点和技术数据

MNS3.0 侧出线低压开关柜柜面图如图 2-20 所示。

图 2-20 中，右数第一台是进线柜，右数第二台是无功功率补偿柜，左数第一台、第二台和第三台均为馈电抽屉柜。注意到抽屉柜的左侧是设备区，右侧是出线电缆区的门，门内就是出线电缆隔室。

图 2-20　MNS3.0 侧出线低压开关柜柜面图

1. MNS3.0 侧出线低压开关柜的特点

1）各种电器元件在 MNS3.0 侧出线低压开关柜都有对应的装入技术，结合多种 MNS3.0 柜型结构，组装出 PCC 馈电中心低压开关柜和 MCC 电动机控制中心低压开关柜，还有照明控制低压开关柜和其他用途的开关柜。

2）可以满足不同的用户需求。例如要求开关柜应用在高温高湿的环境下，或者应用在高纬度高海拔地区，有时还要求开关柜具有双面操作功能等。通过调整 MNS3.0 侧出线低压开关柜的结构件和电器单元装入方式来满足需求。

3）MNS3.0 侧出线低压开关柜具备同种功能单元可以互换的特点。同种功能单元之间的互换是靠如下因素保证的：

①同种功能单元的外部结构具有一致性；

②同种功能单元的输入输出接插件完全一致；

③加工精度保证同种功能单元的关键尺寸偏差满足互换性要求。

4）MNS3.0 侧出线低压开关柜内所有结构组件和元器件都必须采用已经通过型式试验确认的产品，MNS3.0 侧出线低压开关柜所有柜型都通过了 IEC 61439 - 1：2020 和 GB/T 7251.1—2023 规定的型式试验。

5）MNS3.0 侧出线低压开关柜提供给用户的产品都通过了严格的出厂检验。在制造厂内实现全面质量管理体系 ISO 9001，实现无漏检的质量保证。

总之，ABB 的 MNS3.0 侧出线低压开关柜具有通用的和统一的外观设计和外形尺寸，在制造上采取积木式的组合技术，在使用上能充分满足用户的各种需求，在应用上符合各种相关的国际标准和国家标准。这些因素对于制造和使用低压开关柜来说都是至关重要的。

MNS3.0 侧出线低压开关柜的技术数据见表 2-8。

表 2-8 MNS3.0 侧出线低压开关柜的技术数据

标准	通过型式试验的组装式开关柜（TTA）	GB/T 7251.1—2013 IEC 61439 - 1、IEC 61439 - 2 EN 61439 - 1、EN 61439 - 1 DIN VDE0660，第 500 部分 BS 5486，UTE63 - 412	
试验报告	中国国家强制性产品认证（CCC）&CQC 自愿认证 型式试验：ASTA，DEKRA，上海电器设备检测所 短路强度试验；ASTA，DEKRA，上海电器设备检测所 抗故障电弧试验（按 IEC TR 61641，VDE0660 第 500 部分：ASTA，DEKRA，上海电器设备检测所 船级社认证：GL，ABS，BV，DNV，CCS 核电站震动安全测试：DRL 德国宇航研究所，国家电器产品质量监督检测中心		
电气参数	额定电压	额定绝缘电压 U_i	至 1000V ac，3P；1500V dc*
		额定工作电压 U_e	至 690V ac，3P；750V dc*
		额定冲击耐受电压 U_{imp}	6kV/8kV/12kV*
		过电压等级	Ⅱ／Ⅲ／Ⅳ*
		污染等级	3
		额定频率	50～60Hz
	额定电流	主母线	额定电流 I_e	至 6300A
			额定峰值耐受电流 I_{pk}	至 264kA
			额定短时耐受电流 I_{cw}	至 120kA/1s，至 100kA/3s
		配电母线	额定电流 I_e	至 2000A
			额定峰值耐受电流 I_{pk}	至 220kA
			额定短时耐受电流 I_{cw}	至 100kA/1s
		抗故障电弧	额定工作电压	至 690V
			预期短路电流	至 100kA
			持续时间	300ms
			判定准则	电弧等级 C

（续）

结构特征	尺寸	柜体和支持构件	DIN41488
		推荐高度	2200mm，2300mm
		推荐宽度	400，600，800，1000，1200mm
		推荐深度	800，1000，1200mm
		基本模数 E	$E = 25$mm，符合 DIN43660
表面保护		柜架结构	覆铝锌板
		内部小室隔板及元件安装板	覆铝锌板、热浸锌、非金属
		安装横梁	覆铝锌板、热浸锌
		外壳	电漆亮灰色
			RAL7035 色标
防护等级		按 IEC529	IP30 ~ IP54
塑料零件		无卤素，自熄，无 CFC，阻燃	DIN VDE0304 第 3 部分、IEC707
内部小室隔离			form1 ~ form4

* 按不同电器元件情况而定。

2. MNS3.0 侧出线低压开关柜的模块化结构

在 MNS3.0 侧出线低压开关柜中对于大容量回路中的开关一般采用抽出式的框架断路器或者抽出式的塑壳断路器，由于断路器本身就具备抽出式功能，故采用此类断路器的功能单元一般需要独立组柜或采用固定隔离的安装方式。

图 2-21 是 MNS3.0 侧出线抽屉式低压开关柜中的抽屉模式图。展示了不同规格电器功能单元小室在高度和宽度上的变化。

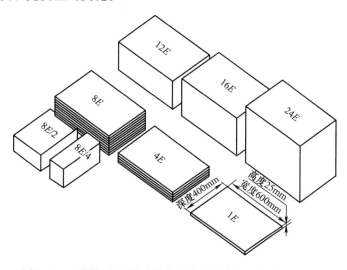

图 2-21　不同规格电器功能单元小室在高度和宽度上的变化

在 MNS3.0 侧出线低压开关柜中对于小容量回路一般都使用通用型固定安装的塑壳断路器，因为固定安装的塑壳断路器不具备抽出式功能，故需要采用某种专门的抽出式结构来进行配套。

首先在 MNS3.0 侧出线低压开关柜中划分出固定的电器功能单元小室。电器功能单元小室具有模块化的结构，配备了完备的安装结构和输入输出接口。如前所述，描述电器功能单元小室的大小规格为模数 E，E 对应的体积尺寸为：$1E = 宽 \times 高 \times 深 = 600\text{mm} \times$

$25mm \times 400mm$。

从图 2-21 中看出：所有的不同规格电器功能单元小室在尺寸上仅在高度和宽度上变化，而深度没有发生任何变化，因此，所有不同规格的电器功能单元小室均与开关柜柜体深度和主母线的位置无关。任意规格的电器功能单元小室可以在开关柜内任意组合、叠加和位置更换。

电器功能单元小室有多种规格，规格参数见表 2-9。

表 2-9　电器功能单元小室的规格参数

序号	规格定义	体积尺寸参数	适用柜型
1	4E	宽×高×深 = 600mm×100mm×400mm	抽屉柜型
2	8E/4	宽×高×深 = 150mm×200mm×400mm	抽屉柜型
3	8E/2	宽×高×深 = 300mm×200mm×400mm	抽屉柜型
4	8E	宽×高×深 = 600mm×200mm×400mm	固定隔离柜型 抽屉柜型
5	12E	宽×高×深 = 600mm×300mm×400mm	固定隔离柜型 抽屉柜型
6	16E	宽×高×深 = 600mm×400mm×400mm	固定隔离柜型 抽屉柜型
7	20E	宽×高×深 = 600mm×500mm×400mm	固定隔离柜型 抽屉柜型
8	24E	宽×高×深 = 600mm×600mm×400mm	固定隔离柜型 抽屉柜型
9	32E	宽×高×深 = 600mm×800mm×400mm	抽屉柜型

由于 MNS3.0 侧出线低压开关柜采用了电器功能单元小室的结构，所以极大地提高了功能单元的安装密度。在 1 台 MNS3.0 馈电开关柜中最多可装入 36 套 8E/4 的功能单元。

3. MNS3.0 侧出线低压开关柜中安装开关电器的两种方案

（1）第一种装入开关电器的方案——固定隔离插入式方案

将功能单元中所有元器件都安装在电器功能单元小室的底板上，底板用螺钉固定在开关柜骨架上，底板上配套了插接式母线接触夹总成用于连接垂直分支母线，而一、二次输出端子也直接安装在底板上。不同电器功能单元之间用隔板隔离。这种开关电器的装入方式被称作固定隔离插入式方案，用固定隔离插入式方案构建的开关柜被称为固定隔离插入式低压开关柜，如图 2-22 所示。

插入式方案主要被应用于船舶、水处理、数据中心等基础设施等行业中。MNS 3.0 侧出线开关柜提供了多种插入式模块供选择。

MNS3.0 固定隔离插入式开关柜的灵活性允许系统按隔离形式 2（Form2）方案装配，检修时可选择直接开门操作，适用于配电和电动机控制回路，其经济性较好，故得到广泛应用。

（2）第二种装入开关电器的方案——抽屉式方案

将功能单元所有的元器件安装在专门设计的抽屉结构中。抽屉的规格与电器功能单元小室的规格完全对应。在抽屉中配套了各种一、二次接插件和操作机构等附件，装入元器件后

固定隔离的操作面板

固定隔离的内部空间

图 2-22　MNS3.0 侧出线固定隔离插入式开关柜

的抽屉结构成为开关电器的通用容器。这种开关电器的装入方式被称作抽屉式方案。

图 2-23 就是采用抽屉方案构建的 MNS3.0 侧出线抽屉式低压开关柜。

不管 MNS3.0 侧出线低压开关柜的结构采用何种方案，MNS3.0 侧出线低压开关柜的结构均符合 IEC 61439-1：2020、GB/T 7251.1—2023 与 GB/T 7251.12—2013 的结构要求。

4. MNS3.0 侧出线低压开关柜的分隔型式

MNS3.0 侧出线低压开关柜中采用了如下隔离措施：

1）功能单元与主母线之间实现了隔离；

2）功能单元之间实现了隔离；

3）功能单元与出线电缆之间实现了隔离；

4）功能单元的出线电缆之间实现了隔离。

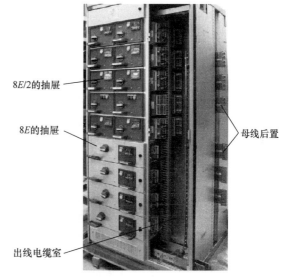

8E/2 的抽屉

8E 的抽屉

母线后置

出线电缆室

图 2-23　MNS3.0 侧出线抽屉式开关柜

显然，这种隔离措施属于类型 3（form3）和类型 4（form4）。

5. MNS3.0 侧出线低压开关柜侧出线方案的空间布局

MNS3.0 侧出线低压开关柜侧出线方案的空间布局如图 2-24 所示。

图 2-24 的左图是双面操作背靠背安装的 MNS3.0 侧出线低压开关柜空间分配与布局，图 2-24 的右图是单面操作安装的 MNS3.0 侧出线低压开关柜空间分配与布局。单面操作的 MNS3.0 侧出线低压开关柜最小柜深为 600mm，而双面操作的 MNS3.0 侧出线低压开关柜最小深度为 1m。

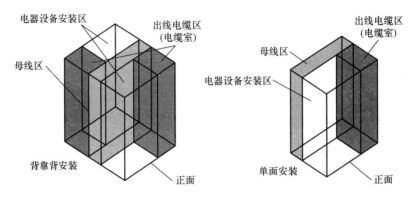

图 2-24 MNS3.0 侧出线低压开关柜侧出线方案的空间布局

双面操作的 MNS3.0 侧出线低压开关柜能够节省变电站的设备安装空间，适用于开关柜的紧凑型安装。由于双面操作方案中主母线是共用的，且相对单侧操作的柜型其散热条件较差，故在大电流情况下主母线需要降容。

6. MNS3.0 侧出线开关柜的结构

图 2-25 所示的 MNS3.0 侧出线柜型母联柜结构尺寸为：宽 × 深 × 高 = 600mm × 1000mm × 2200mm。

在图 2-25 中可见到两段水平主母线。类似的结构还有侧出线柜型结构中的进线柜和框架开关出线柜。

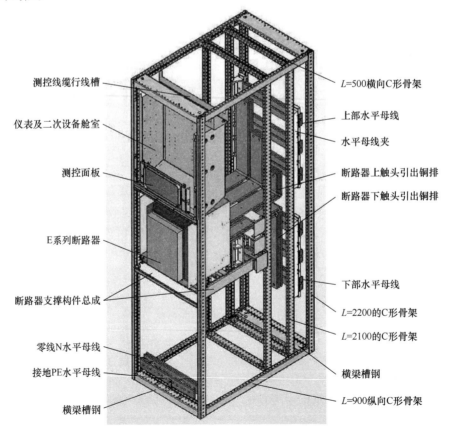

图 2-25 MNS3.0 侧出线开关柜的结构

　　MNS3.0 侧出线柜型结构中最显著的特点是水平主母线后置，水平主母线按开关柜的垂直中线对称分布。每相的水平主母线至少由两支矩形铜排构成，两支铜排上下排布。随着电流的增加，每相铜排的支数按偶数递增。

　　在 MNS3.0 侧出线柜型结构中，水平主母线可按上下和前后排列成四个主母线区域。在图中两段主母线就占用上下两个主母线区域。

　　PE 保护接地水平母线和中性线 N 水平母线在柜的前下方。

　　E 系列框架开关安装在中部，上部是二次设备舱室和测控板。

　　在断路器引出铜排和水平主母线之间有隔板（图中未绘出），使得水平主母线被隔离在独立的隔室中。

　　在图中的前横梁槽钢附近可见到二次线缆行线槽。

　　从图 2-25 中可以见到由 C 形骨架材料和横梁组建的框架结构，这些 C 形骨架和横梁均采用覆铝锌板冲压弯制。

　　图 2-26 所示为侧出线柜型方案的抽屉柜结构图，侧出线抽屉柜的结构尺寸为：宽 ×深 × 高 = 1000mm × 1000mm × 2200mm。

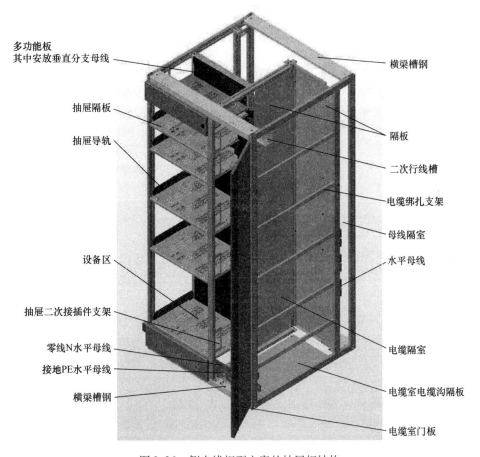

图 2-26　侧出线柜型方案的抽屉柜结构

　　从图 2-26 中可见到结构分区：前左区域为设备区，前右区域为出线电缆隔室，后部为母线隔室设备区。设备区占用的宽度为 600mm，深度为 400mm，而出线电缆隔室占用宽度为 400mm。

图 2-26 中可见出线电缆隔室与母线隔室间的隔板，以及设备区与母线隔室中间安装的多功能板。在设备区和出线电缆隔室的前下部有接地 PE 母线和中性线 N 母线；从设备区可以看到抽屉间的隔板和抽屉导轨；出线电缆隔室的右侧可以见到电缆绑扎支架；前上横梁槽钢的后部可见到二次行线槽。

设备区从上到下的高度为 1800mm 即 9 个 8E 的高度，如图示在抽屉柜中分别配置了 2 个 8E 的抽屉、2 个 16E 抽屉和 1 个 24E 抽屉。

7. MNS3.0 侧出线低压开关柜的骨架材料

骨架材料用于构建开关柜的基础结构。ABB 的 MNS 开关柜中采用 C 形骨架和安装槽钢构成框架结构。

MNS3.0 侧出线低压开关柜采用 C 形骨架拼接而成。C 形骨架的材料为覆铝锌板，其上冲压了许多安装孔。

与 C 形骨架材料配套的各种横梁、支架、支撑结构件、铰链和各种板材上面的冲孔圆心间距均为 E 的倍数，由此构建出各种类型开关柜的柜体结构。

MNS3.0 侧出线低压开关柜的高度为 2200mm，其深度系列包括 600mm、800mm、1000mm 和 1200mm 4 个规格，其宽度系列包括 400mm、600mm、800mm、1000mm 和 1200mm 5 个规格。

MNS3.0 侧出线低压开关柜结构件之间的栓接通过固定转矩的气动工具利用高强度自攻螺丝进行紧固，既便于装配，又使得整个开关柜柜体结构坚固而稳定。

8. MNS3.0 侧出线柜型的主母线和分支母线

（1）主母线

图 2-27 中可见 MNS3.0 侧出线柜型结构中的各类母线。其中水平母线位于开关柜的后部，接地 PE 水平母线和中性线 N 水平母线安排在开关柜的前下部，其中接地 PE 水平母线直接与金属骨架连接。

在 MNS3.0 侧出线结构方案中，相线、中性线和 PE 线水平母线的铜排截面积比值符合 IEC61439 - 1：2020 和 GB/T 7251.1—2023 中有相关规定：若相线截面积大于 10mm^2 则中性线铜排的截面积必须为相线铜排截面积的一半。MNS3.0 侧出线柜型结构中的铜排截面积满足此要求。

（2）垂直分支母线

在图 2-27 中绘出了馈电柜里的母线系统结构示意图，其中左侧是分支母线，该垂直分支母线的后部与主母线相连接，而前部通过插拔式母线接触夹与柜内的功能单元相连接。三条"L"形的垂直母线，分别应用于 L1、L2 和 L3 三相电源。图中还可见到多功能板本体及盖板。

图 2-28 中所示的垂直分支母线被隐蔽地安装在多功能板中，而多功能板又同时作为设备区与母线区的隔离隔板。多功能板的材质由不含卤素的阻燃塑料制成，具有优良的灭弧能力。多功能板的盖板具有 IP20 的防护等级。

9. MNS3.0 侧出线低压开关柜的隔室

在国际电工标准 IEC61439 - 1：2020 和中国国家标准 GB/T 7251.1—2023 的附录 D 中对低压开关柜的隔室有详尽的说明，MNS3.0 侧出线低压开关柜与上述标准对应地也分为若干个隔室，分别为母线隔室、开关和元器件隔室、出线电缆隔室等。

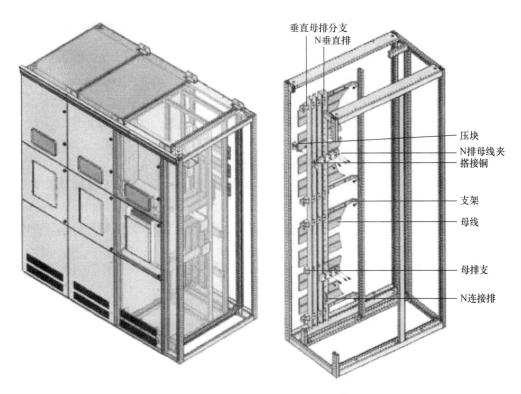

图 2-27　MNS3.0 样本中的母线系统

图 2-28　MNS3.0 侧出线柜型的对功能板和垂直母线

1）母线隔室：母线隔室有 2 种，即水平母线隔室和垂直分支母线隔室。

2）设备区开关和元器件隔室：用接地的覆铝锌板材和绝缘材料进行封闭的空间，其中安装各种功能单元；对于 MNS3.0 侧出线低压开关柜的抽屉单元，其中　次元件和二次元件也用覆铝锌板材和绝缘材料隔离封闭。

3）出线电缆隔室：用接地的覆铝锌板材和绝缘材料进行封闭的空间，其中安装和敷设各种出线电缆。出线电缆隔室通往电缆沟的窗口上安放了法兰盘，用于隔离开关柜内部空间与电缆沟外部空间，防止小动物侵入开关柜。

在 MNS3.0 侧出线低压开关柜中配备了贯穿所有开关柜的二次行线槽，其中安放和敷设二次线缆。二次行线槽由覆铝锌板材制作，并且可靠接地。

10. MNS3.0 侧出线低压开关柜的隔板和挡板

MNS3.0 的隔板又叫做侧板，用于隔离各个隔室，而挡板则用于防止操作人员对导电体的直接接触以及对电弧进行防护隔离，例如电缆小室门和后板，如图 2-29 所示。

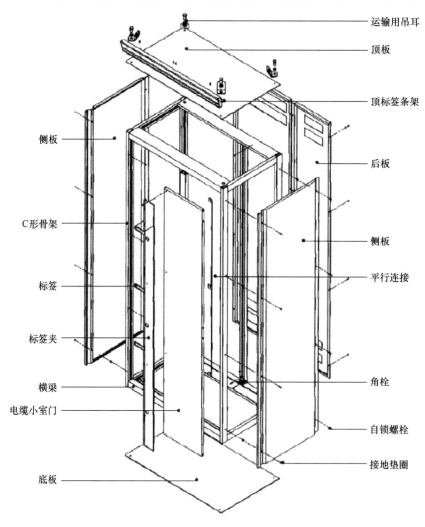

图 2-29　MNS3.0 侧出线柜型的各类隔板

1）柜间隔板：用于将相邻的开关柜相互隔离。

2）母线隔室与出线电缆隔室间的隔板：用于隔离母线隔室与出线电缆隔室。

3）回路间的隔板：用于隔离各个出线回路。

4）终端板：用于封闭一列开关柜的左右终端。

11. MNS3.0 侧出线低压开关柜的门板

门板实质上是带铰链和锁的挡板，操作人员对门板可进行开启和关闭操作。

在 MNS3.0 侧出线低压开关柜中，所有的金属门板都可靠接地，且满足 IEC 61439 - 1：2020 和 GB/T 7251.1—2023 标准中对门板等可移动部件的保护导体连续性的要求，如图 2-30 所示。

1）操作门板：包括框架断路器、塑壳断路器、ATSE 开关、变频器、软起动器和补偿电容测控仪等等的操作门板，其上安装电气仪表、信号灯、按钮和测控板等元器件。

2）MNS3.0 侧出线低压开关柜的后封板和后门板，在侧出线结构中用于将水平母线封闭，在后出线结构中用于操作人员与出线电缆间的防护隔离。

12. 功能单元

功能单元指能够完成某些电气功能且包括主回路和辅助回路的电路组合。在 MNS3.0 侧出线低压开关柜中包括几种功能单元：

图 2-30　符合 IP41 防护等级的 MNS3.0 电容柜的门板

（1）进线功能单元

把来自电力变压器或发电机的电能馈送到成套低压开关设备中的功能单元，一般属于大容量功能单元。

进线功能单元一般采用第一种抽出式方案，即利用断路器自身具备的抽出式功能构成开关柜抽出式结构，所以进线功能单元一般采用单柜单回路或固定分隔式的安装方法。

（2）母联功能单元

对分段的母线进行联络的功能单元，一般属于大容量功能单元。

母联功能单元与进线功能单元类似，一般采用单柜单回路或固定分隔式的安装方法。

（3）出线馈电功能单元

把电能输送到馈电线路、照明线路等下级电网的功能单元。出线馈电功能单元既有大容量的单元，也有小容量的单元。出线馈电功能单元既可采用单柜单回路或固定分隔式的安装方法也可采用抽屉式的安装方法。

（4）补偿电容功能单元

对无功功率进行补偿的电容器控制单元，一般采用固定分隔式的安装方法。

（5）电动机测控功能单元

对低压电动机实施测控的功能单元，可采用固定分隔式的安装方法或抽屉式的安装方法。

对各种功能单元的详细介绍可参阅关于主回路的章节。

13. MNS3.0 侧出线低压开关柜的抽屉

（1）抽屉结构

抽屉是 MNS3.0 抽屉式开关柜的主要部件，在 MNS3.0 侧出线柜型方案和后出线柜型方案中的抽屉结构和外形都是一致的。

抽屉的结构包括：抽屉侧板、抽屉门板及附件、抽屉底板、抽屉背板及插接式母线接触夹总成、抽屉隔板、二次接插件总成、抽屉闭锁装置、断路器操作机构总成和二次测控板等。

在 MNS3.0 侧出线低压开关柜中，4E 抽屉及 8E 以上抽屉的结构基本类似，图 2-31 所示为 MNS3.0 的 8E 抽屉视图。

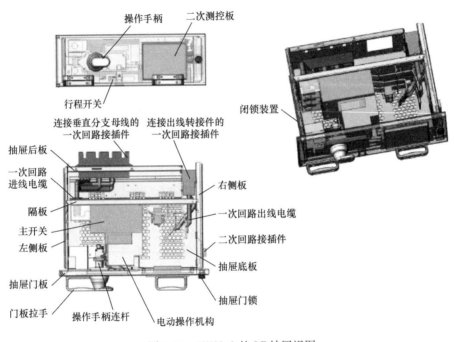

图 2-31　MNS3.0 的 8E 抽屉视图

1）抽屉底板：抽屉的结构件，抽屉底板用于安装元器件，其上冲制了安装孔及散热孔。

2）抽屉左右侧板：抽屉的结构件，左侧板上安装了闭锁装置，右侧板上安装了二次回路接插件。闭锁装置用于抽屉的抽出缓冲，避免抽屉在抽出后发生直接坠落事故。左右侧板上还弯制了抽屉的导入导出滑轨。二次接插件用于输入和输出有关抽屉内部电路在测量、控制、信号等方面的电信息。

3）抽屉门板：抽屉门板上安装了抽屉拉手、门锁、操作手柄等等附件。抽屉门板与操作机构有联动装置：当主开关处于工作位置时门板是无法打开的。

4）隔板：抽屉结构件，用于安装断路器、接触器等一次元件，同时作为抽屉内部一次系统和二次系统的内部分隔。

5）抽屉后板：抽屉的结构件，抽屉后板上安装有一次回路的接插件和接触夹。

6）操作机构：分为手动操作机构和电动操作机构，一般仅安装一种操作机构。

7）行程开关：被操作机构驱动的位置开关，在不同的操作模式和工作位置下其辅助触点能根据要求产生闭合和打开的动作。

8）二次测控板：用于安装仪表、信号灯、控制按钮和选择开关等装置。

8E/4 抽屉和 8E/2 抽屉与上述抽屉的结构不同，其中 8E/2 抽屉的结构见图 2-32。

图 2-32　MNS3.0 的 8E/2 抽屉视图

8E/2 抽屉的结构由抽屉侧板、抽屉面板及附件、8E/4 和 8E/2 抽屉底板、8E/4 和 8E/2 抽屉背板及一次和二次插接件、抽屉闭锁装置、断路器操作机构等等组成。

8E/2 和 8E/4 抽屉的面板不能打开，且测控板与抽屉面板合并使用。8E/2 和 8E/4 抽屉的底板实质是专用的铝合金型材，其下有导轨槽，而上部有元器件的安装卡轨。从图 2-28 中可见所有元器件都安装在卡轨上。

（2）抽屉内的分区

MNS3.0 的抽屉分为两个区域：一次元器件安装区域和二次元器件安装区域。一次元器件安装区域主要安装断路器、接触器及其附件，而二次元器件安装区域主要安装电流互感器和中间继电器等元件。

将一次系统和二次系统元器件分开安装的最大好处是两者相互隔离后能够使得安装更清晰且减少故障电弧对一次、二次元器件的影响，使得系统运行得更稳定。

抽屉的种类

MNS3.0 抽屉式开关柜的抽屉种类见表 2-10。

表 2-10　MNS3.0 侧出线低压开关柜中的抽屉种类规格表

序号	抽屉名称	抽屉尺寸	抽屉功率及电流
1	4E	宽 × 深 × 高 = 600mm × 400mm × 100mm	32A
2	8E/4	宽 × 深 × 高 = 150mm × 400mm × 200mm	35A
3	8E/2	宽 × 深 × 高 = 300mm × 400mm × 200mm	63A
4	8E	宽 × 深 × 高 = 600mm × 400mm × 200mm	125 ~ 250A
5	12E	宽 × 深 × 高 = 600mm × 400mm × 300mm	125 ~ 250A

（续）

序号	抽屉名称	抽屉尺寸	抽屉功率及电流
6	16E	宽×深×高 = 600mm×400mm×400mm	400A
7	20E	宽×深×高 = 600mm×400mm×500mm	400A
8	24E	宽×深×高 = 600mm×400mm×600mm	630A

（3）抽屉的操作

抽屉操作的要点如下：

1）操作者能在主回路带电的状况下将抽屉抽出或插入。

2）抽屉具备工作位、试验位、抽出位和热备位四个位置，此四个位置具备机械锁定功能，只允许操作变位，不允许自行变位。

3）抽屉中的主断路器和一次接插件与辅助回路的电源和二次接插件能随抽屉位置的变更而自动接通或断开，且满足如下关系：

① 试验位置：抽屉操作手柄位于"试验位置"时，一次和二次接插件的动静触头均紧密接触闭合，但主开关处于分断位置，例如断路器、熔断器开关或隔离开关等都处于分断状态，而二次回路的工作电源则处于接通状态。利用试验位置，操作者可以方便地测试该功能单元工作正常与否。

二次回路的工作电源受操作手柄的行程开关控制，当操作手柄指向试验位置时行程开关触点闭合，二次回路控制电源得电，此时操作者可对控制回路进行测试。

注意：在"试验位置"状态下，抽屉中的主开关断路器保持分断状态，故抽屉内的主回路不工作。

② 工作位置：抽屉操作手柄位于"工作位置"时一次和二次接插件的动静触头均紧密接触闭合。

主回路电器处于正常工作位，二次回路的工作电源也保持接通，整个功能单元都进入正常运作状态。

当操作手柄指向"工作位置"中的"分闸位"时，操作手柄的行程开关闭合，控制电源得电；当操作手柄位于"工作位置"的"合闸位"时，行程开关和断路器的辅助触点均闭合，控制电源得电。

③ 抽出位置：主回路和二次回路都处于分断状态，抽屉的机械闭锁打开，操作者可以将抽屉自由退出。

④ 热备位置：主回路和二次回路都处于分断状态，抽屉的机械闭锁保持锁定状态，整个抽屉被锁定在开关柜内且不能随机械震动而运动。操作者能够方便地将此抽屉转变为工作状态或作为其他功能单元的备份。

⑤ MNS3.0抽屉的四种操作位置标志：MNS3.0抽屉的四种操作位置标志如图2-33所示。操作者将抽屉完全推入后可以利用操作手柄指向的位置来改变功能单元的运作状态。操作手柄指向的位置包括：试验位置、工作位置、抽出位置和热备位置。

试验位置、工作位置、抽出位置和热备位置的标志如图所示。

在图2-33中，带箭头的是旋转操作手柄，外部为固定位置的状态指示盘，操作者可按逆时针方向旋转操作手柄从而改变抽屉或抽出设备的工作状态。

在图2-33中箭头所指的方向（180°方向）为工作位置中的"分闸位"，最上部（90°方向）是工作位置中的"合闸位"，最下部（270°方向）是抽出位置，在抽出位置的左侧（225°方向）是试验位置，在抽出位置的右侧（315°方向）是热备位置。

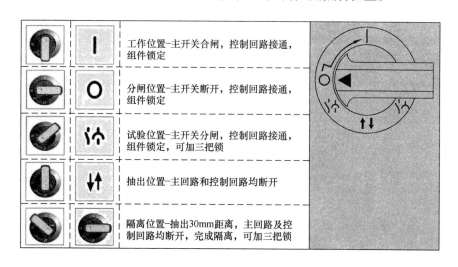

图 2-33　MNS3.0 抽屉的操作位置标志

4）若同种规格的抽屉中功能单元一致，则此类抽屉具有互换性。满足互换性的抽屉其机械尺寸偏差必须一致，抽屉抽插顺利，不允许出现过松过紧或卡死等现象。

图 2-34 所示为抽屉的试验位置和工作位置的电气性能示意图。

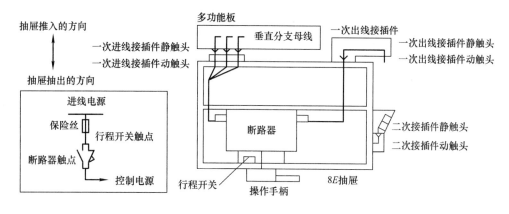

图 2-34　抽屉的试验位置和工作位置的电气性能示意图

在图 2-34 的右图的上半部分绘出了抽屉一次接插件，其中左边的是抽屉进线端一次接插件，右边的是抽屉出线端一次接插件；抽屉右侧的是二次接插件；在图 2-34 右图的下方所绘断路器操作机构旁边是微动行程开关。

注意断路器辅助触点和微动行程开关的辅助触点是并联的，并且在试验位置和工作位置微动行程开关的辅助触点都是闭合的，所以虽然在试验位置主开关断路器未闭合但行程开关辅助触点却是闭合的，故二次控制电源保持有电。见图 2-34 的左图。

从图 2-34 的右图左侧可以看见 8E 抽屉的门板及断路器操作手柄，以及安装电流表、信号灯和控制按钮的测控板；门板上还可见到抽屉的操作手柄。门板上配备了闭锁装置，当抽屉处于工作位置时门板被闭锁。

从图2-34中还可以看见抽屉的二次接插件，二次接插件可上下微调运动使得接插更为可靠。

从图2-34的右图中可见抽屉后板和一次输入接插件，一次输入接插件中安装了3套插拔式母线接触夹用于引入三相电源。

2.3.2　MNS3.0后出线低压开关柜的特点和技术数据

与MNS3.0侧出线低压开关柜柜高2200mm不同，MNS3.0后出线开关柜的主母线在柜顶，故MNS3.0后出线低压开关柜的柜高为2300mm。

此外，MNS3.0后出线低压开关柜的出线电缆室在柜体后部，这也是柜体名称的由来。

1. MNS3.0后出线低压开关柜的柜面图和柜内分区

我们从图2-35中看到MNS3.0后出线低压开关柜的柜面与图2-20的MNS3.0侧出线低压开关柜柜面是一致的，只是柜顶增加了100mm，以安放顶部水平母线。

MNS3.0后出线低压开关柜结构分区见图2-36。

图2-35　MNS3.0后出线低压开关柜柜面图

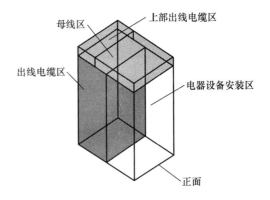

图2-36　MNS3.0后出线低压开关柜的结构分区图

2. MNS3.0后出线低压开关柜的技术数据

我们看MNS3.0后出线低压开关柜的技术数据，见表2-11。

表 2-11　MNS3.0 后出线低压开关柜的技术数据

试验报告			国家强制性产品认证（CCC）	
结构特性	尺寸	柜体及框架结构	DIN41488	
		推荐高度	2300mm	
		推荐宽度	400mm，600mm，800mm，1000mm，1200mm	
		推荐深度	1000mm，1200mm	
		基本模数	$E=25$mm，符合 DIN43660	
	防护等级	符合 GB/T 4208 和 IEC 60529	外壳防护　IP30～IP54	
			内部防护 IP20（Min）	
		内部分隔型式	至 Form4	
	金属零件	骨架/横梁的钢板厚度	2.0/2.5mm	
		内部隔板/安装板的钢板厚度	1.5/2.0/3.0mm	
		外壳	1.5mm	
	表面保护/喷涂	骨架/横梁	覆铝锌	
		内部小室隔板	覆铝锌	
		元件安装板	覆铝锌/热浸锌	
		外壳	环氧粉末喷涂 RAL7035（亮灰色）	
	塑料零件	无卤素、自熄	DIN VDE0304 第 3 部分	
		无 CFC、阻燃	IEC 707	
		内部小室分隔	至 Form4	
按客户要求特殊订制部分	母线系统	母线	全绝缘（带热缩套管）	
			镀银	
			镀锡	
	喷漆	外壳	按客户需求订制	

3. MNS3.0 后出线低压开关柜的结构图

MNS3.0 后出线低压开关柜柜内按不同的功能分为母线室、电器设备室、电缆室。主母排系统位于开关柜顶部的母线小室，如图 2-37 所示。开关柜前半部为装置小室，可安装空气断路器（ACB）或抽屉单元等。后半部为电缆小室，进出线电缆均从柜后电缆小室连接及维护。后出线方案可大大减少开关柜的排列宽度，进一步满足配电室空间布置的要求，如图 2-38 所示。

主母线系统采用矩形铜母排或铜铝复合排，主母排水平安装于柜体顶部的母线小室，每相由 2 的倍数的母排组成。采用特殊的结构设计，优化了柜体的散热通道，同时与开关柜及馈电柜的连接不需打孔，方便安装及现场的维护。柜顶主母线可分为单组或双组母线，单组母线额定电流最大为 5000A。当采用双组母线时，额定电流可达 6300A。主母线系统可实现单台包装运输，对于现场的安装提供最大的灵活性，见图 2-39。

分支母线系统为安装于多功能板中的垂直铜母线，额定电流最大可达 1500A。多功能板将垂直铜母线相互分隔开，最大限度降低短路故障的发生。

地排 PE 和中性线排 N 安装在柜体后侧电缆小室底部。中性线 N 母线按需要可安装于柜体顶部的母线小室或同地排 PE 安装一起。位于柜体后侧电缆小室底部的 PE、N 排上均带模数孔，用于电缆的连接。

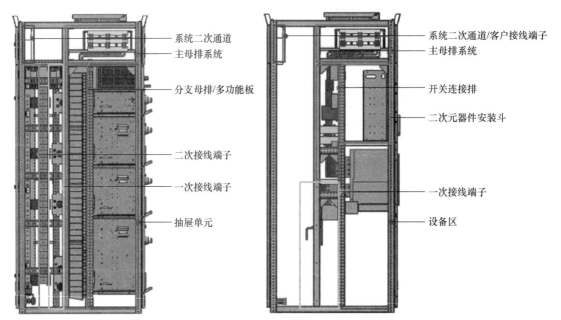

系统二次通道
主母排系统
分支母排/多功能板
二次接线端子
一次接线端子
抽屉单元

系统二次通道/客户接线端子
主母排系统
开关连接排
二次元器件安装斗
一次接线端子
设备区

图 2-37　MNS3.0 后出线低压开关柜的内部结构图

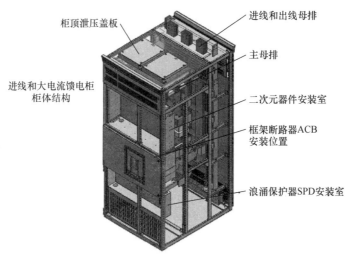

柜顶泄压盖板
进线和出线母排
主母排
进线和大电流馈电柜柜体结构
二次元器件安装室
框架断路器ACB安装位置
浪涌保护器SPD安装室

图 2-38　MNS3.0 后出线低压开关柜进线和大电流馈电柜结构

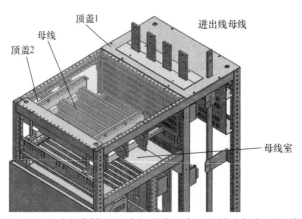

顶盖1
母线
顶盖2
进出线母线
母线室

图 2-39　MNS3.0 后出线低压开关柜进线和大电流馈电柜柜顶母线室结构

MNS3.0 后出线低压开关柜主母线及柜深见表 2-12。

表 2-12　MNS3.0 后出线低压开关柜主母线及柜深表

主母线额定电流	柜顶主母线	开关柜柜深/mm	设备区高度/mm
≤3200A	单组母线	1000	1800
4000～5000A	单组母线	1200	1800
6300A	上下双组母线	1200	1600

4. MNS3.0 后出线低压开关柜的多功能板和抽屉与 MNS3.0 侧出线低压开关柜一致

5. MNS3.0 后出线低压开关柜的进线柜和大电流馈电柜柜结构

6. MNS3.0 侧出线低压开关柜侧出线方案和后出线方案的区别

MNS3.0 侧出线低压开关柜和 MNS3.0 后出线低压开关柜的区别见表 2-13。

表 2-13　MNS3.0 侧出线低压开关柜方案和后出线方案使用区别表

安装和使用条件	MNS3.0 侧出线方案	MNS3.0 后出线方案
水平主母线的位置	后置	顶置
电器设备操作面的位置	前（双面操作时可前、后置）	前
出线电缆隔室的位置	前（双面操作时可前、后置）	后
占用变电站使用面积	较多	较少
从变压器低压侧将电源引入低压开关柜的方式	母线上进 电缆下进	在加装母线转接柜或增加进线柜深度至 1200mm 后可使用母线上进 电缆下进
出线电缆的引出方向	上出或下出	下出
靠墙安装	可以靠墙安装	不能靠墙安装

MNS3.0 的后出线方案占地较少，安装相对灵活，配置成本相对较低，这就是它的优势所在。

2.3.3　MNS3.0 侧出线低压开关柜的安装和运行条件

为了能让低压电力系统正常运作，确定低压成套设备的安装和运行条件是非常重要的。设计人员需要仔细考虑现场的运行条件和环境条件，要了解电网的全部电气数据和低压成套设备的结构数据。这样才能使被选用的低压成套设备在技术上达到最佳的使用效果而经济上得到最合理的投资价格，即获得最佳的性价比。

低压成套开关柜在其长达 15～20 年的工作寿命期间，环境对低压开关柜寿命影响不可低估。环境对低压开关柜可能产生的作用见表 2-14。

表 2-14　环境对低压开关柜可能产生的作用

环境参数	对低压开关柜可能产生的作用
低温	1）塑料变脆 2）滑润剂粘度提高
高温	1）塑料加速老化并降低机械与电气性能 2）润滑剂挥发和固化 3）电器散热受阻

（续）

环境参数	对低压开关柜可能产生的作用
空气相对湿度偏高	1）促进腐蚀，特别在高温下且湿度偏高时腐蚀作用更强 2）降低绝缘材料的绝缘性能
空气压力低	依靠空气对流来进行散热的电器和部件其散热效率会降低
太阳照射	开关柜表面喷涂的漆层会褪色
紫外线	塑料加速老化并降低机械与电气性能
凝露	1）促进腐蚀 2）降低表面电阻，降低绝缘强度，当绝缘体表面被污染时更严重
盐雾与腐蚀性气体	1）引起腐蚀 2）降低表面电阻，降低绝缘强度，当绝缘体表面被污染时更严重
沙粒和尘埃	1）机械故障，影响电器的操作动作性能 2）降低电极接触点的性能，当电压较低时情况更严重
冲击和振动	1）使电器发生误动作 2）使紧固件松动影响开关柜的稳定性

MNS3.0 低压成套开关柜对环境的要求见表 2-15。

表 2-15 MNS3.0 低压成套开关柜对环境的要求

环境参数	MNS3.0 侧出线低压开关柜中的环境参数	说明
温度	使用温度： 短时最高温度：+40℃ 24 小时的最高平均温度：35℃ 最低温度：-5℃ 储存和运输的温度： -25 ~ +55℃ 的范围之间，在短时间内（不超过 24h）可达 +70℃	当 MNS3.0 侧出线低压开关柜在高于表中所给定的温度下运行时需要降容
空气相对湿度	在 40℃ 为 50%；+20℃ 时为 90%	
大气压力	70 ~ 106kPa	标准大气压为 101.325kPA
凝露	偶然出现	在 MNS3.0 侧出线低压开关柜中采用通风或加热来防止凝露
盐雾	可在近海及海洋使用	符合 GB/T 2423.17—2008
沙粒和尘埃	不允许进入电器内	不测试
冲击和振动	抗冲击值：0.63 倍重力加速度历时 6.3 ms 正弦波振动： 5 ~ 100Hz，7min	通过德国劳埃德船级社船用标准试验

表 2-15 中 MNS3.0 的环境参数符合下列标准：IEC61439 - 1：2020，EN60439，VDE0660 第 500 部分，GB/T 7251.1—2023。

2.3.4　MNS 轻型低压开关柜

表 2-16 是 ABB 的 MNS 轻型低压开关柜和配电箱技术参数。MNS 轻型低压开关柜去除柜门后的柜面排布如图 2-40 所示。

表 2-16　MNS 轻型低压开关柜和配电箱技术参数

标准	—	通过型式试验标准	GB/T 7251. 1—2013
			IEC 61439 – 1：2011，EN 60439 – 1
			EN 50298 – 1998，EMC89/336/EECA92/31 EEC（Laboratory FIMKO）
电气参数	额定电压	额定绝缘电压 U_i	至 1000V
		额定工作电压 Ue	至 690V
		额定脉冲耐受电压 U_{imp}	至 8kV
		过电压等级	至 Ⅲ级
	污染等级	污染等级	3
电气参数	额定频率	额定频率 f	Max 60Hz
	额定电流及动热稳定性参数	主母线额定电流 I_e	至 Max 800A
		额定短时耐受电流 I_{cw}	至 Max 35kA
		额定峰值耐受电流 I_{pk}	至 Max 73.5kA
		保护回路短路分断容量	至 Max 21kA
结构特性	尺寸/mm	轻型配电箱 宽×高	400×600，500×300，500×700 600×800，700×900
		轻型配电箱 深度	150，200，250，300
		轻型开关柜 组合宽度	150，300，450，600
		轻型开关柜 高度	1975，2175（含 150mm 底座）
		轻型开关柜 深度	400
	机械强度		IK08
	振荡特性		5～50Hz，振幅 20mm/s
	表面处理		环氧粉末静电喷涂
	防护等级		IP30～IP54
	分隔形式		form1～form4
	装配形式		固定式
	安装方式		挂墙式、嵌入式、落地式

从表 2-16 有关 ABB 的 MNS 轻型低压开关柜的参数可以看出，轻型开关柜的动热稳定性参数要比 MNS3.0 侧出线低压开关柜低得多，所以轻型开关柜只能用在二级和三级负荷中。

图 2-40 MNS 轻型低压开关柜去除柜门后的柜面排布

2.4 国产的 GGD 和 GCS 低压开关柜概述

GGD 固定式低压开关柜和 GCS 抽屉式低压开关柜均是我国自主研发的柜型，在低压配电网和低压供配电系统中得到广泛应用。

2.4.1 GGD 固定式低压开关柜

GGD 固定式低压开关柜具有分断能力高、动热稳定性好、一次回路电气方案灵活等优点。GGD 开关柜的外形如图 2-41 所示。

GGD 的柜体结构采用 8MF 冷弯型钢局部焊接工艺，柜体元器件的安装空间采用模数化设计，安装孔距离为 20mm。

图 2-42 所示为 GGD 固定式低压开关柜的内部结构图。

从图 2-42 右图的左侧看到进线柜内部结构图，我们看到 GGD 低压开关柜的柜内主母线在柜顶，运行时主母线的散热良好。GGD 下部的槽孔板用于流入冷空气，而上部的槽孔板则用于排出热空气。一般来说，柜体结构防护等级越高，柜体散热就越困难。GGD 柜体结构防护等级为 IP30，分隔形式是类型 2A。

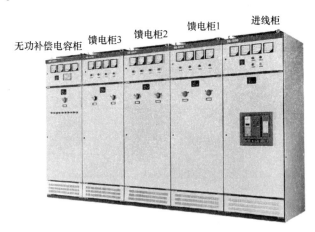

图 2-41 GGD 开关柜的外形

GGD 低压开关柜所有柜面门板和挡板均焊有接地螺栓，可通过接地黄绿色多股软铜线

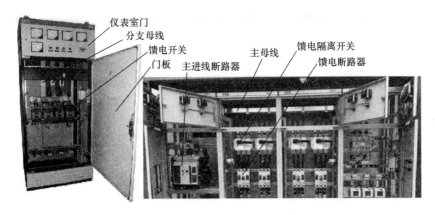

图 2-42 GGD 固定式低压开关柜的内部结构图

与柜架连接，按 GB/T 7251.1—2023《低压成套开关设备和控制设备 第 1 部分：总则》的要求实现保护导体连续性。

图 2-42 右图所示的进线柜框架断路器采用上部进线和上部出线的进出线方式。

GGD 在交流 50Hz 额定工作电压为 400V（380V）下其额定工作电流可达 3150A，可实现动力、照明及配电设备的电能分配和控制。

GGD 的结构设计、型式试验和使用要求符合 GB/T 7251.1—2023《低压成套开关设备和控制设备 第 1 部分：总则》、GB/T 7251.12—2013《低压成套开关设备和控制设备 第 2 部分：成套开关设备和控制设备》，以及 GB/T 24275—2009《低压固定封闭式成套开关设备和控制设备》。

我们从图 2-42 中看到 GGD 馈电柜内部结构：有中间的元器件安装区域，有底部的出线电缆区域，有顶部的母线区域和顶部靠前的仪表室区域，柜与柜之间有隔板。

GGD 低压开关柜的主要技术参数见表 2-17。

表 2-17 GGD 低压开关柜的主要技术参数

型号	额定电压 /V	额定电流 /A		额定短路开断电流/kA	额定短时耐受电流（1s）/kA	额定峰值耐受电流/kA
GGD1		A	1000	15	15	30
		B	600（630）			
		C	400			
GGD2	400（380）	A	1500（1600）	30	30	63
		B	600（630）			
		C	400			
GGD3		A	3150	50	50	105
		B	2500			
		C	2000			

从表 2-17 中的额定峰值耐受电流 I_{pk} 就是低压开关柜的动稳定性，而额定短时耐受电流 I_{cw} 就是低压开关柜的热稳定性，两者之比就是短路电流的峰值系数 n。我们看到额定峰值耐受电流 30kA、63kA 和 105kA 对应的峰值系数 n 分别是 2.0、2.1 和 2.1，与 GB/T 7251.1—

2023《低压成套开关设备和控制设备 第 1 部分：总则》表 7（系数 n 的值）的要求对应，说明 GGD 的动热稳定性完全符合国家标准的要求。

GGD 主回路共有 129 个方案，其中 GGD1 型低压开关柜有 49 个方案，共 123 个规格；GGD2 型低压开关柜有 53 个方案，共 127 个规格；GGD3 型低压开关柜则有 27 个方案，68 个规格。

GGD 低压开关柜的主母线额定电流在 1500A 及以下时，可以采用铝母线，额定电流大于 1500A 后采用铜母线。对于主母线额定电流在 3150A 的方案，它适用于变压器容量在 2000kVA 及以下的配电系统选用。

另外，GGD 为了适应无功功率补偿的需求，设计了 GGJ1 和 GGJ2 两种无功功率补偿柜，共 4 个主电路方案 12 个规格。

为了提高 GGD 主回路动稳定性，GGD 的母线夹采用高强度、高阻燃材料热塑成型，为套筒式模压结构，不但强度高，且爬电距离也完全满足 GB/T 7251.1—2023 的要求。

值得一提的是：GGD 支持采用新型开关电器元件。GGD 具有良好的安装灵活性，一般情况下不会因为采用新型开关电器元件造成制造和安装困难。

2.4.2　GCS 抽屉式低压开关柜

GCS 型抽屉式低压开关柜在电厂、石化、高层建筑等配电系统中得到广泛应用。GCS 抽屉式低压开关柜的外形如图 2-43 所示。

进线柜　馈电柜　馈电柜　馈电柜　馈电柜　无功补偿
电容柜

图 2-43　GCS 抽屉式低压开关柜外形

GCS 抽屉型低压开关柜的主要技术参数，见表 2-18。

表 2-18　GCS 抽屉型低压开关柜主要技术参数

项目		数据
额定电压/V	主回路（一次回路）	380（660）
	辅助回路（二次回路）	AC220、AC380、DC110、DC220
额定绝缘电压/V		690（1000）
额定频率/Hz		50
额定电流/A	水平母线	630, 1000, 1250, 1600, 2000, 2500, 3150, 3500, 4000
	垂直母线	1000
母线额定短时耐受电流（1s）/kA		50、80
母线额定峰值耐受电流（0.1s）/kA		105、176
防护等级		IP30、IP40
抽屉式功能单元的额定电流/A		32, 40, 50, 63, 80, 100, 125, 160, 200, 225, 250, 315, 400, 500, 630

我们看到，GCS 的技术参数比 GGD 要高。

1. GCS 低压抽屉式开关柜工作的环境条件（表 2-19）

表 2-19　GCS 低压抽屉式开关柜工作的环境条件

安装位置	户内安装
环境温度	周围空气温度不高于 +40℃，不低于 −5℃，并且在 24h 内其平均温度不高于 +35℃
气氛要求	空气清洁无爆炸性气体，腐蚀性气体及导电尘埃
湿度要求	相对湿度在温度为 +40℃ 时不超过 50%，在较低温度时允许有较高的相对湿度，例如 +20℃ 时为 90%，但应考虑到由于温度的变化，有可能会偶然地产生适度的凝露
海拔高度	海拔不超过 2000m
运输条件	运输和存储过程中的温度可在 −25 ~ +55℃ 范围之间，在短时间内（不超过 24h），温度可达到 +70℃

2. GCS 抽屉式开关柜的结构特点及通用尺寸（表 2-20）

表 2-20　GCS 抽屉式开关柜的结构特点及通用尺寸

框架材料	框架采用 8MF 冷轧型材，其型材的二侧面分别有模数为 20mm 和 100mm 的 Φ9 安装孔，使得框架组装灵活方便											
框架装配形式	框架的侧框装配形式设计为两种，第一种为全组装式结构，第二种为部分（侧框和横梁）焊接式结构											
柜架通用尺寸及系列	高度/mm	2200										
	宽度/mm	400			600			800			1000		
	深度/mm	600	800	1000	600	800	1000	600	800	1000	600	800	1000
功能舱室及隔离措施	装置的各功能舱室相互隔离。三种功能舱室为功能单元室、母线室和电缆室。各功能舱室的作用相对独立											
水平母线安装方式	水平主母线采用柜后平置式排列方式，以增强母线抗电动力的能力，是使装置的主电路具备高短路强度能力的基本措施											
电缆隔室	电缆隔室中的电缆进出线十分方便。当 GCS 的主母线为柜后安装时电缆既可以上进上出也可以下进下出，主母线在柜顶安装时电缆只能下进下出											
功能单元	1）抽屉高度的模数为 160mm。分为 1/2 单元，1 单元、$1\frac{1}{2}$ 单元、2 单元、3 单元，5 个尺寸系列。单元回路额定电流 400A 及以下 2）抽屉改变仅在高度尺寸上变化，其宽度、深度尺寸不变。相同功能单元的抽屉具有良好的互换性 3）每台 MCC 抽屉柜多能安装 11 个 1 单元的抽屉或 22 个 1/2 单元的抽屉 4）1/2 单元抽屉与电缆室的转接采用背板式结构 ZJ−2 型转接件 5）单元抽屉与电缆室的转接电流分档采用相同尺寸棒式或管式结构 ZJ−1 型转接件 6）抽屉面板具有分、合、实验、抽出等位置的明显标志 7）二次回路接插件，1 单元以上抽屉为 32 对，1/2 单元抽屉为 20 对，能满足控制回路及信息交换接口数量的要求 8）抽屉单元有机械连锁装置											

3. GCS 低压抽屉式开关柜的母线系统

图 2-44 所示为 GCS 低压开关柜的骨架和顶置主母线。

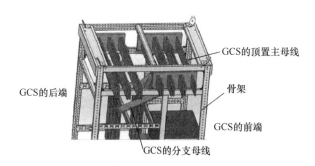

图 2-44 GCS 低压开关柜的骨架和顶置主母线

GCS 低压开关柜的水平母线规格表见表 2-21。

表 2-21 GCS 低压开关柜的水平母线规格

额定电流/A	铜母线规格 支数（宽度 mm×厚度 mm）	中性线 N 或者保护中性线规格 （宽度 mm×厚度 mm）
630，1250	2（50×5）	40×5
1600	2（60×6）	40×5
2000	2（60×10）	60×6
2500	2（80×10）	60×10
3150	2×2（60×6）	60×10
4000	2×2（60×10）	60×10

GCS 低压抽出式开关柜的柜体的动、热稳定性达到 176kA 和 80kA。

4. GCS 低压抽屉式开关柜的抽屉结构

GCS 开关柜的 1 单元抽屉结构见图 2-45。

图 2-45 GCS 开关柜 1 单元抽屉的内部结构

图 2-46 是 GCS 开关柜的 2 单元空抽屉的后视图，图 2-47 是 GCS 开关柜抽屉一次回路接插件视图。

5. GCS 低压抽屉式开关柜的主回路方案

GCS 低压抽屉式开关柜共有 33 个主回路方案，其中若干 GCS 的部分常用主回路方案如图 2-48 所示。

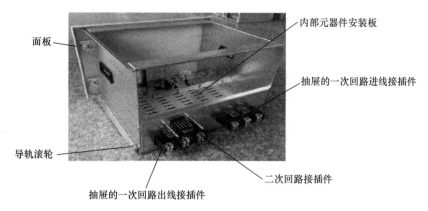

图 2-46　GCS 开关柜 2 单元空抽屉后视图

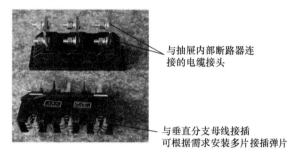

图 2-47　GCS 开关柜抽屉的一次回路接插件

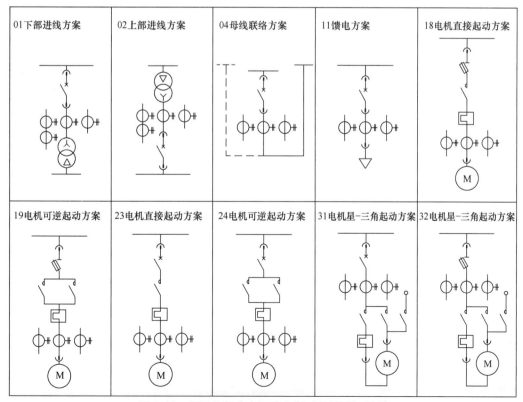

图 2-48　GCS 的部分主回路方案（单线图）摘录

图 2-48 中的方案 01 和方案 02 是低压进线主回路，01 方案是电力变压器从 GC3 低压进线开关柜下部通过电缆对低压配电系统授电，02 方案是电力变压器从 GCS 低压进线开关柜上部通过电缆桥架或者母线槽对低压配电系统授电。

图 2-48 中的 01 方案和 02 方案中的断路器一般采用框架断路器，有时也采用额定电流较大的塑壳断路器。我们从图中看到断路器上方和下方都有抽插符号，可知此处的断路器是抽出式的。

图 2-48 的 04 方案是母线联络主回路，其断路器一般也是抽出式框架断路器或者大额定电流的抽出式塑壳断路器。

图 2-48 的 11 方案是馈电主回路，我们看到电流互感器和断路器均在抽插范围之内，故知 11 方案被安装在馈电抽屉单元中。

图 2-48 的 18 方案是电动机直接起动主回路，19 方案是电动机可逆起动主回路。注意到这里的主开关是熔断器开关，交流接触器用于控制电动机的起停和正反转，热继电器用于对电动机实施过载、堵转和断相保护。

图 2-48 中的 23 方案是电动机直接起动主回路，24 方案是电动机可逆起动主回路。注意到这里的主开关是断路器，一般采用单磁断路器，交流接触器用于控制电动机的起停和正反转，热继电器用于对电动机实施过载、堵转和断相保护。

图 2-48 中的 31 方案和 32 方案是电动机星－三角起动主回路。注意 31 方案的主开关是单磁断路器，32 方案的主开关是熔断器开关。

2.5　施耐德的 Okken 低压开关柜概述

施耐德 Okken 低压开关柜是模块化结构的低压配电柜，在工业及基础设施等领域中使用很广泛。Okken 低压开关柜的柜面图如图 2-49 所示。

施耐德的 Okken 主要技术数据见表 2-22。

Okken 低压开关柜用于动力配电中心（Powor Control Center，PCC）及电动机控制中心（Motor Control Center，MCC），可靠性和稳定性很高，其人性化的设计简化了元器件的安装、开关柜的控制和系统维护。

施耐德的 Okken 低压开关柜符合 IEC 61439－1 有关低压成套开关设备的标准，符合 IEC 60529 有关开关设备外壳防护等级的标准。

图 2-49　施耐德的 Okken 低压开关柜的柜面图（摘自 Okken 的技术样本）

表 2-22　Okken 低压开关柜的主要技术数据

额定绝缘电压/V	1000	额定限制短路电流/kA	最大 150
额定工作电压/V	AC 600	接地系统	TT，IT，TN－S，TN－C
额定频率/Hz	50/60	最大进、出线开关额定电流/A	6300A
额定电流/A	6300	最大电动机容量/kW	250（400V）

2.5.1　施耐德 Okken 低压开关柜的空间布局和结构特点

Okken 低压开关柜的柜体空间由三个区域构成，分别为母线室、功能单元室和电缆室，三个区域之间完全隔开，如图 2-50 所示。

从图 2-50 可以看出，从 Okken 低压开关柜的母线室位于柜顶，前部左侧是功能单元室，前部右侧是电缆室。Okken 低压开关柜最低隔离形式为 form2b。当开关柜柜门打开时，各隔室之间的防护等级为 IP2X。

1. 母线室和母线系统

（1）母线室和水平母线

Okken 的水平母线安装在柜顶，其位置是固定的，与进线方式无关。母线室的深度为 600mm。Okken 的水平母线采用等截面积的 40mm（宽）×10mm（厚）铜排组合而

图 2-50　Okken 的三个功能隔室

成，当母线电流超过 4000A 时，母线为双排，此时 Okken 开关柜的柜深为 1000mm，如图 2-51 所示。

水平母线连接的鱼尾板

图 2-51　Okken 低压开关柜柜顶的水平母线及连接鱼尾板

Okken 低压开关柜的水平母线最大电流为 6300A，与水平母线连接的单柜垂直母线最大电流为 4000A。水平母线之间的连接采用鱼尾板，无需对水平母线打孔。Okken 低压开关柜的水平母线数据见表 2-23。

表 2-23　Okken 低压开关柜的水平母线数据

水平母线额定电流/A	6300	电磁兼容（EMC）	2 类
垂直母线额定电流/A	4000，2100，1500	防护等级	IP31/IP24/IP54
水平母线额定短时耐受电流/kA	50，80，100，150	污染等级	3 级
水平母线额定峰值耐受电流/kA	110，176，220，330	外形尺寸	
垂直母线额定短时耐受电流/kA	50，80，100	高度/mm	2200，2350
		宽度/mm	650，900，1000，1100，1150，1300
垂直母线额定峰值耐受电流/kA	110，176，220	深度/mm	600，1000，1200，1400

Okken 的主母线采取这些措施后，能够实现如卜目的：

1）提高主母线对短路电动力的承受能力，也即主母线的动稳定性；

2）保留了电缆从柜顶进入柜体所需要的通道；

3）保障了主母线的散热通道和散热能力；

4）主母线安装在柜顶，有助于减少电磁辐射。

（2）分支母线（配电母线或者垂直母线）

分支母线用于连接主母线与功能单元，是电能传输的重要通道。

分支母线位于功能单元室的后部，用 10mm 厚度的铜排制成。铜排的数量取决于配电母线的电流。630A 及其以下的功能单元与分支母线之连接采用专用接插件，分支母线上无需采取螺栓打孔等措施。分支母线的前端配套有防护等级为 IP2X 的绝缘栅格。

（3）保护导体母线

Okken 的保护导体母线也分为水平母线和垂直母线两种规格，其中水平保护导体母线与柜体骨架结构相连接，垂直保护导体母线则与电力电缆的保护芯线和接地线相连接。Okken 的保护导体母线规格见表 2-24。

表 2-24 Okken 开关柜的保护导体母线规格表

序号	规格	Okken 开关柜的额定短时耐受电流
1	40mm ×5mm	$I_{cw} \leqslant 50kA$
2	40mm ×10mm	$50kA < I_{cw} \leqslant 100kA$
3	80mm ×10mm	$I_{cw} > 100kA$

2.5.2 施耐德 Okken 低压开关柜的功能单元

Okken 功能单元的宽度通常与功能单元室等宽，高度则以 25mm 为高度模数实现标准化，由此实现了功能单元的标准化。

（1）固定式功能单元

Okken 的固定式功能单元如图 2-52 和图 2-53 所示。

Okken 的固定式安装单元一般用于 PCC 开关柜中，但也可以用于 MCC 电动机回路。固定式安装单元的特点是

图 2-52 固定式安装单元及其单线图

1）简单、经济；

2）电源引入采用小母排或者电缆，端口直接固定在分支母线（垂直母线）上；

用于配电PCC的固定式单元
只有塑壳断路器

用于电动机控制的固定式单元
有接触器、热继电器和塑壳断路器

图 2-53 PCC 固定式安装单元和电动机固定式单元

3）固定式安装单元的断路器一般采用固定式/插入式塑壳断路器；

4）固定式安装单元的出线方式为侧出线和后出线。

（2）Okken 的插入式功能单元及插入式 Polyfast 基座

插入式功能单元如图 2-54 所示。

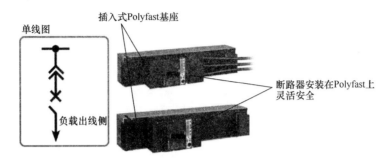

图 2-54　Okken 的插入式功能单元

我们从图 2-54 看到断路器安装在 Polyfast 或者安装板上。注意到 Polyfast 通过双夹头与垂直母线连接，而出线电缆则直接接在断路器出线端子上。这样处理后，使用者可以在进线侧母线带电的情况下拆除和分离功能单元，以检修断路器或者其他元器件。

我们知道，当固定式功能单元发生故障时，要检修或者更换元器件就必须让母线系统断电，我们不得不将低压开关柜进线断路器开断，造成了整柜以及较大面积的负载停电，从而产生事故扩大化。有了插入式功能单元，我们只需把故障回路的 Polyfast 从母线上抽出即可检修，无需整柜停电，无疑比固定式功能单元降低了检修成本且方便得多。

（3）Okken 的抽出式功能单元

Okken 的抽出式功能单元就是抽屉单元，其半模和整模抽屉如图 2-55 所示。

Okken 的抽屉通常包含若干机械机构，这些机构保证了抽屉有插入位置、试验位置、断开位置和抽出位置，并可在不同的位置加以锁定。人机接口元件集成在前面板上。

Okken 抽屉的插入位置、试验位置和抽出位置在抽屉的前面板上配备了机械指示装置。在操作时，可使用工具将抽屉前部面板打开。当抽屉

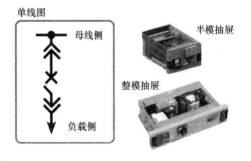

图 2-55　Okken 的半模和整模抽屉

的保护设备关闭时，由机械锁扣装置禁止抽屉移动以保证操作安全。

在试验位置，抽屉的一次回路断开二次回路接通，据此可检查二次控制回路工作是否正常。

Okken 抽屉在测试位置和抽出位置可保持 IP2X 的防护等级，其出线侧的隔离形式可达到 form3 或 form4b。

（4）Okken 低压开关柜功能单元汇总

Okken 开关柜功能单元汇总见表 2-25。

表 2-25　Okken 开关柜功能单元汇总

安装方式	应用回路	隔离类型
柜结构框架上的抽出式	馈电回路	form3 或 form4b
安装板上的固定式	馈电回路	form3 或 form4b
安装板上的插入式	馈电回路	form3 或 form4b
插入分离式 Polyfast	馈电回路和电动机回路	form2b
插入式 Polyfast	馈电回路	form4a
抽出式 Polyfast 抽屉	馈电回路和电动机回路	form3 或 form4b
抽出式抽屉	馈电回路和电动机回路	form3 或 form4b
抽出式 1/2 宽度抽屉	馈电回路和电动机回路	form3 或 form4b

施耐德 Okken 低压开关柜功能单元既可运用于馈电回路，也可应用于电动机回路。

2.6　计算和判断低压开关柜是否满足温升要求的方法

低压开关柜的温升既是型式试验的一项重要指标，又是低压开关柜运行时的重要技术参数。低压开关柜的温升与很多因素有关，例如低压开关柜主母线的运行电流，开关柜内元器件的种类、品质和安装密度，低压开关柜的 IP 防护等级和散热能力、海拔等。当低压开关柜安装处海拔低于 2000m 时，温升就主要由运行电流大小、防护等级和环境温度等参数决定了。

国家标准 GB/T 24276—2017《通过计算进行低压成套开关设备温升验证的一种方法》（等同使用于 IEC 60890）给出了一整套计算低压开关柜温升的方法，利用这种计算方法能得到具体的温升值，虽然这种方法仅适用于型式试验。

从低压开关柜的应用来说，我们仅需要知道低压开关柜是否满足温升要求即可，而不需要知道具体的温升值。以下给出判断低压开关柜是否满足温升要求的计算方法。

【例 2-4】　计算低压开关柜温升方法的范例

设范例系统图的电网参数如下：

变压器容量：	1600kV · A
变压器阻抗电压：	6%
低压配电网额定电压：	0.23/0.4kV
电源频率：	50Hz
接地系统：	TN – S
低压开关柜防护等级：	IP41
低压开关柜环境温度：	40℃
低压开关柜安装方式：	靠墙安装

范例系统图如图 2-56 所示。

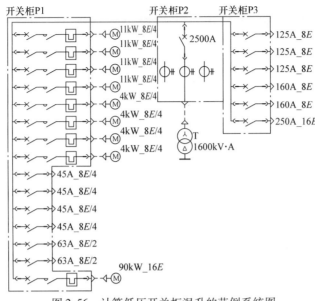

图 2-56 计算低压开关柜温升的范例系统图

解：

首先确定变压器参数，如下：

$$\begin{cases} I_N = \dfrac{S_N}{\sqrt{3}\,U_P} = \dfrac{1600 \times 10^3}{1.732 \times 400} \approx 2309A \\[3mm] I_k = \dfrac{I_N}{U_k\%} = \dfrac{2309}{0.06} \times 10^{-3} \approx 38.5kA \\[3mm] I_{pk} = nI_k = 2.1 \times 38.5 \approx 81kA \end{cases}$$

也即变压器的额定电流为 2309A，稳态短路电流为 38.5kA，冲击短路电流峰值为 81kA。

接着按照范例系统图确定出 ABB 的 MNS3.0 低压开关柜排列图，如图 2-57 所示。

图 2-57 中，P1 是 MCC 电动机控制中心，采用抽屉式低压开关柜的结构。P1 中的功能单元都是抽屉，抽屉后部配备了多功能板；低压开关柜 P2 是低压进线柜，柜中安装了低压进线断路器；P3 采用固定式低压开关柜的结构，其中的馈电功能单元均为固定安装模式。

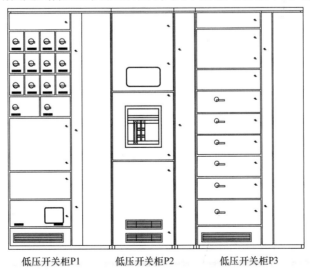

图 2-57 计算低压开关柜温升的范例排列图

计算低压开关柜温升的步骤如下：

第一步：计算主母线、配电母线、主进线断路器是否满足温升要求；

第二步：校核功能单元发热功耗，由此进一步计算出整柜中全部功能单元的发热功耗总和，以此确定整柜是否满足温升要求；

以下开始具体计算：

第一步：计算主母线、配电母线、主进线断路器是否满足温升要求。

（1）低压开关柜主母线的温升计算

主母线计算电流：$\qquad I_{\text{BUSBAR.N}} = 2500\text{A}$

主母线的规格：$\qquad$ 每相支数 × 宽度 × 厚度 $= 4 \times 60\text{mm} \times 10\text{mm}$

主母线的最大电流：$\qquad I_{\text{BUSBAR.MAX}} = 3150\text{A}$

主母线在40℃时的降容系数：$R_{\text{total}} = 0.97$（40℃）

主母线降容后的运行电流：

$$I_{\text{BUSBAR.CAL}} = I_{\text{BUSBAR.MAX}} R_{\text{total}}$$
$$= 3150 \times 0.97 = 3055\text{A} > I_{\text{BUSBAR.N}} = 2500\text{A}$$

结论：$\qquad$ 主母线降容后的运行电流大于主母线计算电流，满足要求

与主母线温升相关的技术资料如下。注意主母线的工作条件：主母线为3极，环境温度为35℃，电源频率为50Hz：

主母线规格	额定电流 I_e/A		
每相支数 × 宽度 × 厚度	IP30/IP40	IP32/42/43	IP54
$2 \times 60\text{mm} \times 10\text{mm}$	2300	2200	1850
$4 \times 60\text{mm} \times 10\text{mm}$	3300	3150	2400

当电源频率为60Hz时主母线降容系数 R_f：

IP 防护等级	IP30/IP40	IP32/42/43	IP54
60Hz 下的降容系数 R_f	0.96	0.96	0.96

主母线在不同环境温度下的降容系数 R_{total}：

三极主母线		环境温度/℃						
		20	25	30	35	40	45	50
R_{total}	IP3X/IP4X	1.09	1.06	1.03	1.00	0.97	0.94	0.90
	IP54	1.12	1.08	1.04	1.00	0.96	0.92	0.88

（2）P3 馈电柜配电母线的温升计算

P3 柜的额定电流合计：$\qquad I_{\text{FEEDER.N}} = 3 \times 125 + 2 \times 160 + 250 = 945\text{A}$

分散系数：$\qquad$ 0.7，由 GB 7251.1—2005 的 4.7 节表 1 查得

P3 柜的计算电流：$\qquad I_{\text{FEEDER.P3.CAL}} = 0.7 I_{\text{FEEDER.N}} = 0.7 \times 945 \approx 662\text{A}$

P3 柜的 L 形配电母线规格：$\quad$ 宽边长 × 窄边长 × 厚度 $= 50\text{mm} \times 30\text{mm} \times 5\text{mm}$

配电母线在 IP41 下的最大载流量：$I_{\text{FEEDER.BAR.MAX}} = 750\text{A}$（IP41）

配电母线在 40℃ 时的降容系数：$\quad R_{\text{total}} = 0.95$

配电母线降容后的运行电流：

$$I_{\text{P3. CAL}} = I_{\text{FEEDER. BAR. MAX}} R_{\text{total}}$$
$$= 750 \times 0.95 = 713\text{A} > I_{\text{FEEDER. P3. CAL}} = 662\text{A}$$

结论：　配电母线降容的运行电流大于计算电流，满足要求

（3）P1 电动机回路 MCC 柜配电母线的温升计算

P1 柜的额定电流合计：

$$I_{\text{MCC. N}}$$
$$= 4 \times 22 + 4 \times 8.5 + 170 + 4 \times 45 + 2 \times 63$$
$$= 598\text{A}$$

P1 柜多功能板内 L 形配电母线规格：　宽边长 × 窄边长 × 厚度 = 50mm × 30mm × 5mm

配电母线在 IP41 下的最大载流量：$I_{\text{MCC. BAR. MAX}} = 750\text{A}$（IP41）

配电母线在 40℃ 时的降容系数：$R_{\text{total}} = 0.95$

配电母线降容后的运行电流：

$$I_{\text{P1. CAL}} = I_{\text{MCC. BAR. MAX}} R_{\text{total}}$$
$$= 750 \times 0.95 = 713\text{A} > I_{\text{MCC. N}} = 598\text{A}$$

结论：　配电母线降容的运行电流大于计算电流，满足要求

与配电母线相关的技术资料：

ABB 的 MNS3.0 配电母线的额定电流

配电母线规格	额定电流 I_e/A		
	IP30/IP40	IP32/42/43	IP54
$50 \times 30 \times 5$	750	750	600
$50 \times 30 \times 5 + 1 \times 30 \times 10$	1500	1500	1150

当电源频率为 60Hz 时，配电母线降容系数 R_f：$R_f = 0.96$

配电母线在不同环境温度下的降容系数 R_{total}：

配电母线		环境温度/℃						
		20	25	30	35	40	45	50
R_{total}	IP3X/IP4X	1.09	1.06	1.03	1.00	0.95	0.89	0.84
	IP54	1.13	1.09	1.04	1.00	0.94	0.89	0.83

注：抽屉式低压开关柜的配电母线位于多功能板内。

（4）P2 进线柜中的进线断路器温升计算

P2 进线柜额定电流：　$I_{\text{P2. N}} = 2309\text{A}$

P2 进线柜的柜宽：　600mm

选用断路器规格：　Emax 断路器，E3N3200，3P

断路器在 IP41 下的最大电流：　$I_{\text{QF. MAX}} = 2560\text{A}$

断路器在 40℃ 时的降容系数：　$R_{\text{total}} = 0.97$（40℃）

断路器降容后的载流量：

$$I_{\text{QF. CAL}} = I_{\text{QF. MAX}} R_{\text{total}}$$
$$= 2560 \times 0.97 \approx 2483\text{A} > I_{\text{P2. N}} = 2309\text{A}$$

结论：　断路器降容载流量大于进线额定电流，满足要求

框架断路器在不同的 IP 等级下的额定电流。以 ABB 的 Emax2 断路器为例：

额定电流		低压开关柜柜宽400mm			低压开关柜柜宽600mm			低压开关柜柜宽800mm		
型号	额定电流/A	I_e/AIP 等级 30/40	I_e/AIP 等级 31/41	I_e/AIP 等级 32/42/54	I_e/AIP 等级 30/40	I_e/AIP 等级 31/41	I_e/AIP 等级 32/42/54	I_e/AIP 等级 30/40	I_e/AIP 等级 31/41	I_e/AIP 等级 32/42/54
E1	800	800	800	600	800	800	600	—	—	—
E2	1250	1250	1250	960	1250	1250	1000	—	—	—
	1600	1600	1600	1250	1600	1500	1250	—	—	—
	2000	1800	1700	1400	1900	1750	1450	—	—	—
E3	1250	—	—	—	1250	1250	1000	1250	1250	1000
	1600	—	—	—	1600	1600	1200	1600	1600	1250
	2000	—	—	—	2000	2000	1600	2000	2000	1600
	2500	—	—	—	2500	2400	2000	2500	2500	2000
	3200	—	—	—	2700	2560	2150	3200	3000	2500

当电源频率为60Hz时Emax降容系数R_f：$R_f = 0.96$

Emax2在不同环境温度下的降容系数R_{total}：

Emax2 断路器		环境温度/℃						
		20	25	30	35	40	45	50
R_{total}	IP3X/IP4X/IP54	1.10	1.06	1.03	1.00	0.97	0.93	0.90

第二步：计算功能单元的热功耗并由此求得整柜全部功能单元产生的发热功耗，以此确定整柜是否满足温升要求。

功能单元（抽屉回路）发热功耗P_{Module}的计算方法如下：

$$P_{Module} = I_e^2 R_{BM} + P_{Hold} + P_{const} \tag{2-10}$$

式中　　P_{Module}——功能单元（回路）的发热功耗；

　　　　I_e——负载的工作电流；

　　　　R_{BM}——功能单元（Module）的等效线路电阻；

　　　　P_{Hold}——接触器功耗；

　　　　P_{const}——其他负载功耗平均值。

抽屉式低压开关柜中功能单元（抽屉）发热总量$P_{Switchgear. All}$的计算方法如下：

$$P_{Switchgear. All} = RDF^2 \sum P_{Module} \tag{2-11}$$

式中　　$P_{Switchgear. All}$——低压开关柜单柜的总发热功耗；

　　　　RDF——分散系数，由GB/T 7251.1—2005的4.7节表1查得；

　　　　P_{Module}——功能单元（回路）的发热功耗。

发热量降容系数r_K的定义如下：

抽屉式低压开关柜中由小容量功能单元构成的小容量抽屉，例如$8E/4$抽屉和$8E/2$抽屉，能对低压开关柜起到加强散热的作用。因此在计算MNS3.0抽屉式低压开关柜的发热功耗时，需要将低压开关柜发热功耗乘以修正系数r_K以得到实际值。

以下是 r_K 与小容量抽屉层数的关系表：

散热系数 r_K	小容量抽屉（8E/4、8E/2）的散热水平								
具有小容量抽屉的层数	1	2	3	4	5	6	7	8	9
IP30/40，IP31/41	0.77	0.69	0.66	0.63	0.61	0.60	0.59	0.59	0.59
IP42/54	0.91	0.87	0.85	0.83	0.81	0.80	0.80	0.79	0.79

（1）P1 柜（MNS3.0 抽屉式低压开关柜）的发热计算

P1 柜的最大发热量：　　　　　　　$P_{L\_cubicle} = 435W$（IP41，40℃）

P1 柜中小容量抽屉的层数：　　　　4

P1 柜发热量的散热系数：　　　　　$r_K = 0.63$

P1 柜的理论极限发热功耗：　　　　$P_{P1.RESUIT}$

　　　　　　　　　　　　　　　　$= P_{L\_cubicle} r_K$

　　　　　　　　　　　　　　　　$= 435 \times 0.63 \approx 275W$

P1 柜的计算发热功耗：　　　　　　$P_{Switchgear.All} = 259W$

结论：　　　　　　　　　　　　　计算发热功耗小于理论极限发热功耗，满足要求

低压开关柜 P1 的极限发热功耗 $P_{Switchgear.All}$ 计算表

功能单元名称	工作电流 I_e/A	R_{BM} /mΩ	功率消耗/W			分散系数 RDF	功能单元数量	发热功率总和/W
			$I_e^2 R_{BM}$	$P_{Hold} + P_{const}$	P_{Module}			
11kW 电机回路	22	28.02	13.6	3	16.6	0.6	4	39.8
4kW 电机回路	8.5	86.62	6.3	2.2	8.5	0.6	4	20.4
90kW 电机回路	170	3.79	109.5	13	122.5	0.6	1	73.5
45A 馈电回路	44	13.52	26.2	5	31.2	0.6	4	75.6
63A 馈电回路	60	10.12	36.4	5	41.4	0.6	2	49.7
合计 $P_{Switchgear.All}$								259.0

ABB 的 MNS3.0 抽屉式低压开关柜功耗参数：

类型	额定状态下的温度/℃	$P_{L\_cubicle}$/W		
		IP30/IP40	IP31/IP41	IP42/IP54
抽屉柜低压开关柜	20	870	870	550
	25	760	760	440
	30	650	650	330
	35	550	550	250
	40	435	435	180
	45	320	320	125
	50	220	220	90

（2）P3柜（MNS3.0固定式低压开关柜）电缆室的发热计算

P3柜的最大发热量： $P_{L\_cubicle} = 670\text{W}$（IP41，40℃）

P3柜中小容量抽屉的层数： 0

P3柜发热量的散热系数： $r_K = 1$

P3柜的理论极限发热功耗： $P_{P3.RESUIT}$

$$= P_{L\_cubicle}r_K$$
$$= 670 \times 1 = 670\text{W} < P_{Switchgear.All} = 259\text{W}$$

P3柜电缆室的计算发热功耗： $P_{Switchgear.All} = 68.6\text{W}$

结论： 计算发热功耗小于理论极限发热功耗，满足要求

低压开关柜P3的极限发热功耗 $P_{Switchgear.All}$ 计算表

功能单元名称	工作电流 I_e/A	R_{BM} /mΩ	功率消耗/W			分散系数 RDF	功能单元数量	发热功耗总和/W
			$I_e^2R_{BM}$	$P_{Hold} + P_{const}$	P_{Module}			
125A 馈电回路	125	0.59	9.3	0	9.3	0.7	3	19.5
160A 馈电回路	160	0.59	15.1	0	15.1	0.7	2	21.1
250A 馈电回路	250	0.64	40	0	40	0.7	1	28.0
合计 $P_{Switchgear.All}$								68.6

ABB的MNS3.0固定式式低压开关柜功耗参数：

类型	额定状态下的温度/℃	$P_{L\_cubicle}$/W		
		IP30/IP40	IP31/IP41	IP42/IP54
固定式低压开关柜	20	1345	1345	650
	25	1175	1175	525
	30	1005	1005	425
	35	850	850	350
	40	670	670	260
	45	495	495	190
	50	340	340	130

2.7 低压开关柜型式试验的内容

1. 型式试验之一：一般性检查

检查被测低压开关柜内所安装的元器件、母线、绝缘导线和框架结构是否符合要求。

2. 型式试验之二：温升试验

温升试验时将被测低压开关柜内所有元器件连续通上8h的额定电流，其中每条电路通过的电流再乘以额定分散系数。当温度上升到稳定值时，测量此时的温度值是否符合标准要求。

在做温升试验时，只要温度变化不超过1℃/h就认为温度已经稳定。

3. 型式试验之三：介电强度试验

（1）工频电压耐受试验

试验电压施加在所有带电部件和裸露导电部件之间历时 1min，若没有发现击穿或放电现象则通过试验。

（2）冲击电压耐受试验

按 GB/T 7251.1—2023 规定的试验电压加载在被测低压开关柜上，加载的部位如下：

1）成套设备的每个带电部件和裸露导电部件之间加载试验电压

2）主电路各极之间加载试验电压

3）本功能单元的主电路及裸露导电部件与其他尚未工作的功能单元主电路及辅助电路之间加载试验电压

※ 将断路器置于工作位置的分闸位置，在电源进线与抽出部件之间加载试验电压，以及在电源端与负载端加载试验电压

若试验过程中未出现破坏性放电，则此试验被认为通过，试验电压应当符合表 2-26 和表 2-27。

表 2-26　介电试验电压值

额定绝缘电压 U_i/V	介电试验电压（交流方均根值）/V
$U_i \leqslant 60$	1000
$60 < U_i \leqslant 300$	2000
$300 < U_i \leqslant 690$	2500
$690 < U_i \leqslant 800$	3000
$800 < U_i \leqslant 1000$	3500

表 2-27　不由主电路直接供电的辅助电路试验电压值

额定绝缘电压 U_i/V	介电试验电压（交流方均根值）/V
$U_i \leqslant 12$	250
$12 < U_i \leqslant 60$	500
$U_i > 60$	$2U_i + 1000$，最小值为 1500

（3）爬电距离验证

测量相与相之间和带电导体之间的最小爬电距离。爬电距离应当符合表 2-28。

表 2-28　相与相之间和带电导体之间的最小爬电距离

额定绝缘电压 U_i/V	设备长期承受电压的爬电距离			
	材料组别			
	I	II	IIIa	IIIb
250	3.2	3.6	4	4
400	5	5/6	6.3	6.3
500	6.3	7.1	8.0	8.0
630	8	9	10	10
800	10	11	12.5	—
1000	12.5	14	16	—

4. 型式试验之四：短路耐受强度试验

将低压成套开关柜加载了按标准中规定的额定短时耐受电流和额定峰值耐受电流进行试验，若低压成套开关柜在经受了短时的机械冲击和热冲击后仍然能继续正常工作，则此试验通过。

短路耐受强度试验的对象包括：

1）主母线、垂直分支母线和中性母线；

2）保护导体；

3）功能单元。

具体试验要求和试验方法按国家标准 GB/T 7251.1—2023 的相关规定执行。

测试完毕后检查如下部件，若合格则试验通过：

（1）开关柜的框架结构及母线系统

1）低压开关柜的框架结构无任何变形，所有的紧固件未松动；

2）母线系统允许有较小的变形，变形后的母线电气间隙和爬电距离仍然在合格范围之内；

3）母线支撑件仍然完好；

4）监测仪表（一般为断路器的继保装置）未检测出故障电流；

5）所有抽屉单元仍然能满足互换性要求。

（2）开关柜的保护导体连续性

保护导体连续性未被破坏。

（3）功能单元

1）短路电流流经的功能单元，其保护器件已经动作；

2）垂直分支母线允许有较小的变形，变形后的母线电气间隙和爬电距离仍然在合格范围之内；

3）试验结束后主开关仍然能够实现正常的合分闸操作；

4）所有的绝缘材料无损坏现象；

5）所有的机械结构，包括电动操作机构、手动操作机构、连锁机构、隔板、门板等都未损坏。

5. 型式试验之五：保护电路的连续性试验

在进行短路耐受强度试验之前用压降法测出电阻值，在进行短路耐受强度试验之后再次用压降法测出电阻值，两次阻值均应不大于规定值即 0.01Ω。

6. 型式试验之六：功能单元（抽屉）互换性试验

1）用各种功能单元（抽屉）进行互换性抽插各两次；

2）在垂直母线进行短路耐受强度试验之前抽插功能单元（抽屉）1次，在垂直母线进行；

3）短路耐受强度试验之后抽插功能单元（抽屉）1次。要求抽插灵活，连接位置、试验位置和分离位置符合要求。

7. 型式试验之七：功能单元机械操作试验

功能单元（抽屉）机械操作试验的目的是验证功能单元的机械性能。功能单元（抽屉）在无载条件下连续抽插不少于 50 次。试验结束后满足以下要求为合格：

1）主电路隔离接插件与垂直分支母线的接触面无明显的机械损伤；

2）抽插机构和定位机构保持原有功能；

3）主电路在分离位置时其隔离接插件的带电导体与垂直分支母线的隔离距离符合规定；

4）保护导体的连续性不应破坏。

8. 型式试验之八：连锁机构操作试验

不同规格和类型的操作机构进行操作试验，试验次数不低于 500 次。试验后连锁机构应当符合技术要求。

9. 型式试验之九：电气间隙、爬电距离和隔离距离验证

电气间隙和爬电距离的具体数值不小于表 2-28 中所示，隔离距离的测量值应不小于规定值（20mm）。

10. 型式试验之十：防护等级试验

防护等级试验按 GB 4208—2008 进行。

11. 型式试验之十一：机械、电气操作试验

设备中的所有手动操作器件都应当操作 5 次而无异常现象出现。按设备的电气原理图要求进行模拟动作试验，试验结果应符合设计要求。

2.8　经验分享与知识扩展

主题 1：从 6kV 中压侧的故障录波来看低压开关柜的事故

论述正文：

一台 1250kV·A 的变压器，一次中压侧是 6kV，二次低压侧为 0.4kV，变压器的阻抗电压是 6%，额定电流是 1804A，短路电流是 30.1kA。低压进线断路器的额定电流是 2000A，长延时过载保护整定在 $0.8I_n = 1600A$，短延时短路保护整定在 $5I_n = 10kA$，瞬时短路保护整定值为 $8I_n = 16kA$。

某日低压开关柜的抽屉与分支母线接插处发生短路故障，且故障持续时间有半个多小时。在此期间中压断路器未保护动作，最后由低压进线断路器执行了保护动作。

故障发生时天气良好，温度也不高，低压开关柜开始时运行正常。

事故首先是一台 400A 抽屉出现短暂电弧，但低压主进线断路器和 400A 抽屉中的断路器均未跳闸保护。现场人员将抽屉断路器紧急分断后抽出检查，未发现明显的问题。推入后继续运行。

第二次短暂电弧并未引起操作人员注意，直到第三次强烈电弧引起低压进线断路器跳闸保护。事后发现低压开关柜的分支母线已经被严重损毁。

我们来看第一次故障录波记录，如图 2-58 所示。

从故障录波看，事故发生时在故障点出现了三相短路。其中电流最高瞬时值是 B 相的 500A，也即低压系统 B 相的 7.5kA。

第一次短路故障持续了 160ms。

事后检查，发现低压开关柜中一套 400A 的抽屉回路与分支母线接插处的绝缘支撑件发生严重的烧蚀破坏。因此可以断定，第一次故障是因为过热和灰尘引起爬电击穿造成的。事故发生后，电弧将灰尘吹掉使得爬电击穿现象自动停止。

我们来看第二次故障录波记录，如图 2-59 所示。

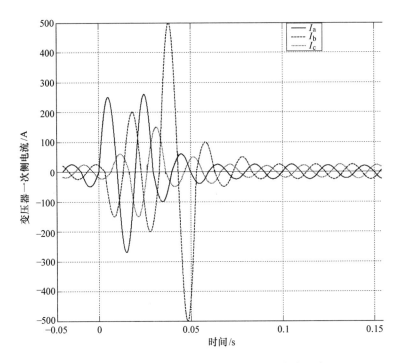

图 2-58　第一次故障时 6kV 系统记录的故障录波

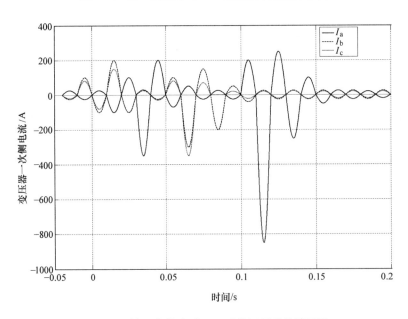

图 2-59　第二次故障时 6kV 系统记录的故障录波

图 2-59 中我们看到一个现象：B 相和 C 相的电流波形是重合的，而且与 A 相反相。此波形说明 A 相出现了相对地短路，即单相接地故障。

我们看到 A 相电流的最大值是 850A 左右，乘以变压器变比 15 后得到低压 A 相的单相接地故障电流是 12.75kA，故障存在的时间是 180ms。

由前边的描述可知，第二次故障发生在操作人员再次合闸运行之后。由于第一次故障电弧使得分支母线的绝缘支撑件绝缘能力受到严重破坏，所以第二次故障的原因就是单相接地故障。虽然故障电弧仅存在了很短暂的一段时间，但分支母线的绝缘支撑件其绝缘能力已经被完全破坏了。

我们再看第三次故障录波记录，如图 2-60 所示。

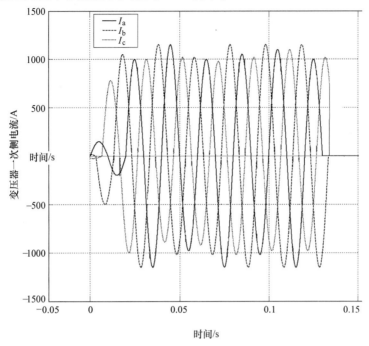

图 2-60　第三次故障时 6kV 系统记录的故障录波

第三次故障录波波形就是单纯的三相短路，6kV 侧的电流最大值是 1150A，折合到400V 低压侧相当于 17.25kA。此电流值已经超过低压进线断路器的瞬时整定值 16kA 了，于是当三相短路电流最大值连续出现了 5 个周波 100ms 后，断路器执行了短路保护。

因为短路发生在分支母线上，所以处于故障点下游的 400A 抽屉中的断路器当然不会跳闸。

值得注意的是：低压开关柜的维护和保养十分重要，应当定期地去清扫开关柜内各个部件上面的灰尘，特别是各类绝缘件上面的灰尘；定期检查低压开关柜的运行状况，一旦发现绝缘件有问题应当立即更换，消除事故隐患。

主题 2：关于低压成套开关设备中塑料件的阻燃特性

论述正文：

在低压成套开关设备中存在大量的塑料件，例如放置分支母线的多功能板、抽屉边板、隔板、通风百叶窗、各种低压开关电器的塑料结构件、母线支撑件等。

用于低压成套开关设备中的塑料包括 ABS、PS、PC 和 PPO。其中 ABS 树脂是丙烯腈、丁二烯和苯乙烯的三元共聚物，是目前产量最大，应用最广泛的聚合物，它兼具韧，硬，刚相均衡的优良力学性能。在低压成套开关设备中常常用于制造结构件；PS 是聚苯乙烯系塑料，是指其大分子链中包括苯乙烯基的一类塑料，它具有良好的透光性。在低压成套开关设备中常常用于仪器仪表的透明面板、信号灯外壳等，以及胶结剂；PC 是聚碳酸酯塑料，常用于制造电子电器的外壳，它能满足电子电器壳件对材料韧性、强度、耐热等方面的高性能要求；PPO 是聚苯醚塑料，它具有较高的耐热性，常用于制造齿轮、绝缘件、风叶等，可制成电机转子、电机机壳和变压器零件。

显然，这些材料在低压成套开关设备中的应用是极其广泛的，它们具有其他材料不可替代的种种优点。但是塑料制品有一项基本要求，就是必须具备阻燃特性。那么什么是塑料材料的阻燃特性呢？

1. 常用塑料制品中的两类阻燃剂

在常用塑料制品中有两类阻燃剂，其一是卤素加锑，其二是磷加氮。

卤素是指元素周期表中的第Ⅶ主族元素，包括氟、氯、溴、碘、砹等。在卤素中最常用的材料为溴化物，溴化物价廉而且阻燃效果非常好。在使用溴化物时常常加入锑作为配合剂，锑能增强了阻燃剂的效果。掺入卤素阻燃剂的塑料包括 ABS 和 PS 等。

磷加氮阻燃剂中氮作为磷的配合剂。掺入磷加氮阻燃剂的塑料是 PC 和 PPO 等。

2. 阻燃剂的划分

阻燃剂被划分为三种类型。

（1）阻燃划分方法之一：氧指数法

氧指数法的国家标准是：GB/T 2406.1—2008《塑料　用氧指数法测定燃烧行为　第 1 部分：导则》。其中氧指数是在规定的条件下试样在氧、氮混合气体中维持平稳燃烧所需的最低氧气浓度，以氧所占的体积百分比来表示。

（2）阻燃划分方法之二：点着温度法

点着温度法的国家标准是：GB/T 4610—2008《塑料　热空气炉法点着温度的测定》。点着温度是在规定的实验条件下，从材料中分解出的可燃气体，经过外部火焰点燃并燃烧一定的时间的最低温度，它的试样是粒度为 0.5 ~ 1.0mm 的颗粒塑料。

（3）阻燃划分方法之三：美国专业协会的 UL94 燃烧标准

美国专业协会的 UL94 燃烧标准。目前得到广泛引用。这种方法用来衡量材料的燃烧性能及特性。UL94 方法将试样水平放置或者垂直放置，用本生灯点燃，观察试样的燃烧速度，以及自熄和滴落物。依据阻燃性提高的代码顺序如下：

水平放置：94HB

垂直放置：94V - 2、94V - 1、94V - 0、94V - 5VA 和 94V - 5VB

绝大部分的工程用热塑性塑料均不用添加阻燃剂就可以通过 HB 级的测试。

我们来看 UL94 垂直燃烧试验的表格，见表 2-29。

表 2-29　UL94 垂直燃烧试验

等级	94V - 0	94V - 1	94V - 2
最大单独燃烧时间/s	≤10	≤30	≤30
5 个样本的合计燃烧时间/s（其中任何一个样本都取用 2 个时间记录）	≤50	≤250	≤250
点燃后的发光时间	≤30	≤60	≤60

图 2-61 所示为 UL94 - V 等级和阻燃剂增长的对应关系。

对于重量超过 18kg 的移动设备或者固定设备，在采用防火等级为 94V - 5V 的材料同时厚度满足 94V - 5V 等级的要求，那么防火壳体可以不用测试就可以通过 HB 级，见表 2-30。

有此可知防火等级与材料厚度有密切的关系，对某种材料除了要知道它的防火等级外，还要与材料厚度关联起来才能知道其防火阻燃能力。

表 2-30　材料防火等级

重量	材料防火等级
< 18kg	94V‑1 或者更好
> 18kg	94V‑5V

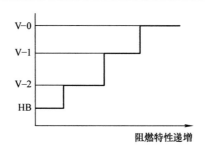

图 2-61　UL94‑V 等级和阻燃剂增长的对应关系

第3章

低压成套开关设备中常用的主回路元器件

本章PPT

本章的内容是对低压成套开关设备中常用的主回路低压开关电器的工作特性参数及使用技术数据进行阐述，重点说明了若干种的低压开关电器在使用时相互之间的配合关系，以及常用的低压开关电器型式试验对使用的影响。

3.1 有关低压开关电器的一些基本应用知识

3.1.1 与低压开关电器相关的基本概念

低压成套开关设备除了母线系统和柜架结构外，主要就是主回路中使用的各类低压开关电器了。低压开关电器作为元器件安装在低压成套开关设备中，低压成套开关设备利用低压开关电器实现其通断线路和过电流、速断保护功能。可以说，低压开关电器是低压成套开关设备的最核心部件。

1. 低压开关电器的通断任务

有关低压开关电器的通断任务可见本书第1章1.5.1节，其中包括5项通断任务，分别是隔离通断任务、空载通断任务、负载通断任务、电动机通断任务和短路通断任务。

能实现隔离通断任务和空载通断任务的低压开关电器就是隔离开关，能实现负载通断任务的低压开关电器是断路器和负荷开关。对于电动机通断任务，一般使用断路器、负荷开关、接触器和热继电器等，而短路通断任务则非断路器和熔断器莫属了。

2. 低压开关电器的结构

低压开关电器大多都是电磁式的，它的基本结构是由触头系统和电磁机构组成。

低压开关电器的触头系统存在接触电阻和电弧等物理现象，电磁机构的电磁吸力和反力则决定了低压开关电器的工作特性，而低压开关电器的触点结构、电弧和灭弧、电磁吸力和反力构成了低压开关电器的基本问题。事实上，低压开关电器的主要技术性能指标参数就是依据触头系统和电磁机构来制定的。

3. 低压开关电器的制造标准

低压开关电器有一系列制造标准，这一系列标准中最重要的就是国家标准 GB/T 14048.1～11，对应的等同使用的 IEC 标准是 IEC 60947 一系列制造标准。

正确地设计、选用和使用低压开关电器，对于低压成套开关设备的安全运行至关重要。

4. 低压开关电器的额定绝缘电压 U_i 和额定电压 U_e

在选用低压开关电器时，必须考虑被选定的器件它是否能适用于低压配电网，例如低压配电网的额定电压、额定频率、过电流（包括过载和短路）等参数。

在第 1 章 1.3 节中我们已经明确额定绝缘电压 U_i 和额定电压 U_e 的定义以及它们之间的关系。额定绝缘电压 U_i 是表征低压开关电器性能的标准电压，它给出了在规定的条件下度量低压开关电器各个部件之间的绝缘强度、电气间隙和爬电距离的名义电压值，而且这个电压值也代表着最高的额定电压值。从这里我们可以看出，低压开关电器的额定电压 U_e 一定是小于或者等于 U_i 的。

低压开关电器的额定电压 U_e 是该器件被应用到某低压配电网中的电压参数，可见额定电压 U_e 一定是多值的。具体的额定电压值由该低压开关电器的产品说明书来决定。

5. 低压开关电器的若干电流参数定义

（1）额定持续电流 I_u

I_u 是指低压开关电器在规定的条件下按长时工作制工作，其各个部件的温升不超过规定极限值时所能承载的电流值。

（2）额定工作电流 I_e

额定工作电流 I_e 是根据开关电器所使用的线路条件而确定的电流值。低压开关电器的额定工作电流 I_e 与额定电压、电网频率、额定工作制、使用类别、触头寿命、低压成套开关设备的防护等级、海拔等许多因素都有关。同时，低压开关电器的额定工作电流可以有不同的电流值。

（3）额定发热电流 I_r 和发热电流 I_c

额定发热电流 I_r 是在规定的条件下，按八小时工作制运行低压开关电器。如果低压开关电器各个部件的温度不超过规定极限值，则低压开关电器所能承载的最大电流值被称为额定发热电流。

发热电流是在约定的时间内，低压开关电器各部件的温升不超过规定的极限值时所能承载的最大电流值。

可见，额定发热电流考核的是低压开关电器的运行发热，而发热电流考核的是低压开关电器的短时发热。

（4）分断电流 I_b

分断电流 I_b 是指低压开关电器在执行分断操作时其动静主触点之间开始出现电弧时的电流值。值得注意的是：分断电流 I_b 指的是某极的电流。

（5）预期分断电流 I_{pb}

预期分断电流 I_{pb} 对应于分断过程开始瞬间所确定的预期电流。

（6）预期接通电流 I_{pm}

预期接通电流 I_{pm} 是在规定的条件下，低压开关电器接通是所产生的预期电流。

（7）额定短时耐受电流 I_{cw} 和额定短路接通能力 I_{cm}

这两个参数是紧密联系在一起的，它们代表了低压开关电器的热稳定性和动稳定性，是低压电器区别于低压开关柜的一个最主要方面。

我们已经知道，低压开关柜的动热稳定性主要表现在母线系统的动、热稳定性上。由于开关电器的外形尺寸和内部导电材料远远小于母线系统,所以作用在开关电器导电材料上的短路电动力作用不明显,而开关电器触头系统的动、热稳定性却十分显著。

开关电器触头系统的热稳定性表现在触头的导电杆和导电排上,开关电器触头系统的动稳定性表现在触头承受的电动斥力(霍姆力)和电弧烧蚀作用上。

我们来看图 3-1:

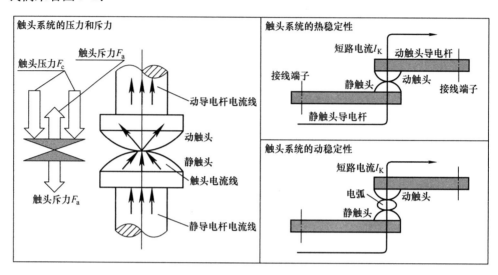

图 3-1 触头系统的热稳定性和动稳定性

图 3-1 的右上图中,当短路电流流过触头系统,包括触头和触头导电杆在内都会因此而发热。由于短路电流存在的时间很短,系统来不及散热,因此相当于绝热过程。由于热量在很短时间内剧增,它会引起材料软化。开关电器的触头系统抵御短路电流热冲击的能力叫作开关电器的热稳定性。

我们看式(3-1):

$$\theta_K = \frac{1}{\alpha} \left[(1 + \alpha\theta_0) e^{\frac{K_f I_k^2 t_k \rho_0 \alpha}{A^2 c\gamma}} - 1 \right] \tag{3-1a}$$

式中 K_f——交流附加损耗系数;

   I_k——通过触头导电杆(排)的短路电流;

   t_K——热稳定时间,也即短路电流流过触头导电杆(排)的时间;

   ρ_0——导电排导体材料在 0℃时的电阻率;

   α——导电排导体材料的电阻温度系数;

   A——导电杆(排)的截面积;

   c——导电杆(排)的比热容;

   γ——导电杆(排)的密度;

   θ_0——短路瞬间的起始温度。

注意到,开关电器在短路电流通过之前一般处于额定运行状态,所以短路瞬间的起始温度 θ_0 等于环境温度与电器的稳态运行温升之和。

注意到式(3-1a)指数项分子部分的 I_k 与分母部分的 A 之比是电流密度 J_k,所以式(3-1a)还可以写成电流密度的形式,如下:

$$\theta_K = \frac{1}{\alpha}\left[(1+\alpha\theta_0)e^{\frac{K_f J_K^2 t_K \rho_0 \alpha}{c\gamma}} - 1\right] \tag{3-1b}$$

式中　J_K——通过触头导电杆（排）的短路电流密度。

式（3-1b）在第 2 章 2.2.3 节中出现过，就是式（2-9）。

开关电器的热稳定性用 $I_{cw}^2 t_K$ 来表示，其中 I_{cw} 叫作开关电器的短时耐受电流。我们由式（3-1）可知：

$$I_{cw}^2 t_K = \frac{c\gamma A^2}{K_f \rho_0 \alpha}\ln\left(\frac{1+\alpha\theta_K}{1+\alpha\theta_0}\right) \tag{3-2}$$

由此可知，只要知道 I_{cw}、t_K、θ_K 和 A 这四个参数中任何三个，就可以得知另外一个参数。另外，热稳定时间 t_K 通常取定值，为 0.5s、1s 和 3s 等。

根据能量不变原则，有

$$I_{cw1}^2 t_{K1} = I_{cw2}^2 t_{K2} \tag{3-3}$$

利用式（3-3），我们可以计算不同短路热稳定时间下开关电器的短时耐受电流。

表 3-1 为不同材料在不同 t_K 下允许的电流密度经验值。

表 3-1　不同 t_K 下允许的电流密度经验值，单位 kA

材料	热稳定时间 t_K/s		
	1	5	10
铜	15.2	6.7	4.8
铝	8.9	4	2.8
黄铜	7.3	3.8	2.7

例如断路器短时耐受电流 I_{cw} 的时间长度是 1s，若在工程中需要采用时间长度为 3s 的短时耐受电流值 I_{cw3}，则可按式（3-3）求得。

$$I_{cw3}^2 \times 3 = I_{cw}^2 \times 1 \rightarrow I_{cw3} = \frac{I_{cw}}{\sqrt{3}} \approx 0.58\, I_{cw} \tag{3-4}$$

我们来看图 3-1 的右下图。

当过载电流或者短路电流流过触头时，会产生两种电磁斥力，一种是霍姆（Holm）力，一种是洛伦兹力。霍姆力是由于触头内电流线的收缩而产生的。我们对图 3-1 左图下部静触头电流线用右手螺旋定则判断磁力线方向，再用左手定则对上部动触头电流线判断电动力方向，我们会发现电动力合力方向向上，此力就是霍姆斥力。

霍姆是西门子公司的著名学者，他在 20 世纪 60 年代创建了电接触理论。为了纪念他，人们把触头间的电磁斥力叫做霍姆斥力，简称霍姆力。

当总电磁斥力 F_a 超过触头弹簧压力 F_c 时，触头就会斥开，并且在动静触头间产生电弧。触头斥开后，霍姆力将消失，这时电磁斥力仅仅剩下洛伦兹力。由于霍姆力占总电磁斥力的一半以上，因此触头将在触头弹簧压力 F_c 的作用下再次闭合。几次反复后，动静触头会出现熔焊和熔融金属喷溅现象，严重影响到触头的电寿命。

低压电器抵御短路电流电动力作用的能力叫作开关电器的动稳定性。

触头的电磁斥力见式（3-5）。

$$F = \frac{\mu_0}{4\pi}I^2\ln\frac{R}{r} \tag{3-5}$$

式中 F —— 触头间的电磁斥力;

     R —— 触头视在半径;

     r —— 触头接触点半径;

     μ_0 —— 真空的磁导率; 其值为 $4\pi \times 10^{-7}\mathrm{H/m}$。

【例 3-1】 设有一个点接触的触头系统, 触头视在直径为 15mm。当触头压力为 75N 时, 触头接触点的半径为 0.20mm, 试求当动静触头间通过 20kA 的短路电流时, 触头间的电磁斥力。

解: 我们将参数代入式 (3-5), 得到:

$$F = \frac{\mu_0}{4\pi}I^2\ln\frac{R}{r} = 10^{-7} \times (20 \times 10^3)^2\ln\frac{\frac{15}{2}}{0.20} \approx 145.0\mathrm{N}$$

我们看到, 这个触头是完全无法抵御 20kA 短路电流产生的电磁斥力的。

那么, 上面计算的这副触头到底能承受多大的短路电流冲击呢? 我们来计算一下:

由式 (3-5) 推得:

$$I = \sqrt{\frac{10^7 F}{\ln\frac{R}{r}}} = \sqrt{\frac{10^7 \times 75}{\ln\frac{7.5}{0.2}}} \approx 14.4\mathrm{kA}$$

也即这副开关电器触头能够承受的最大短路电流是 14.4kA。

我们来看看 GB/T 14048.3—2017 的解释。

> 📖 **标准摘录:** GB/T 14048.3—2017《低压开关设备和控制设备 第 3 部分: 开关、隔离器、隔离开关及熔断器组合电器》, 等同于 IEC 60947-3: 2015。
>
> **4.3.6.1 额定短时耐受电流 (I_{cw})**
>
> 开关、隔离器或隔离开关的额定短时耐受电流是制造厂规定的, 在 8.3.5.1 试验条件下, 电器能够短时承受而不发生任何损坏的电流值。
>
> 短时耐受电流值不得小于 12 倍最大额定工作电流。除非制造厂另有规定, 通电持续时间应为 1s。

对于交流额定短时耐受电流值是指交流分量有效值, 并且认为可能出现的最大峰值电流不会超过此有效值的 n 倍。系数 n 按照 GB/T 14048.1—2023 中表 16 的规定值。

> 📖 **标准摘录:** GB/T 14048.3—2017《低压开关设备和控制设备 第 3 部分: 开关、隔离器、隔离开关及熔断器组合电器》
>
> **4.3.6.2 额定短路接通能力 (I_{cm})**
>
> 开关或隔离开关的额的额定短路接通能力是制造厂规定的, 在额定工作电压、额定频率 (如果有的话) 和额定功率因数 (或时间常数) 下电器的短路接通能力值, 该值用最大预期电流峰值来表示。

对于交流、功率因素、预期电流峰值与有效值间的关系应符合 GB/T 14048.1—2023 中表 16 的规定。

下表是 GB/T 14048.1—2023 的表 16：

📖 标准摘录：GB/T 14048.1—2023《低压开关设备和控制设备　第 1 部分：总则》

表 16　对应于试验电流的功率因数、时间常数和电流峰值与有效值的比率 n

试验电流	功率因数	时间常数	峰值系数 n
$I \leqslant 1500$	0.95	5	1.41
$1500 < I \leqslant 3000$	0.9	5	1.42
$3000 < I \leqslant 4500$	0.8	5	1.47
$4500 < I \leqslant 6000$	0.7	5	1.53
$6000 < I \leqslant 10000$	0.5	5	1.7
$10000 < I \leqslant 20000$	0.3	10	2.0
$20000 < I \leqslant 50000$	0.25	15	2.1
$50000 < I$	0.2	15	2.2

从短时耐受电流的定义看，短时耐受电流就是当线路发生短路时低压开关电器能够在一段时间内承载和忍受的最大发热电流，它表征了低压开关电器对于短路电流的热稳定性。

这里所指的一定的热冲击时间分别为 1s 或 3s。

额定短路接通能力 I_{cm} 是一个瞬时量，它是低压开关电器能够承受的最大电流，尽管低压开关电器流过此电流后可能已经损坏。额定短路接通能力 I_{cm} 表征了开关电器对于短路电流的动稳定性。

低压开关电器的动稳定性与热稳定性之间符合如下关系：

$$I_{cm} = n I_{cw} \tag{3-6}$$

例如某框架断路器的短时耐受电流（热稳定性）$I_{cw} = 42\text{kA}$，查表 GB/T 14048.1—2023 的表 16，对应的峰值系数 $n = 2.1$，则按式（3-6）可知，该框架断路器的短路接通能力（动稳定性）$I_{cm} = 2.1 \times 42 = 88.2\text{kA}$。

6. 低压开关电器动作时间的参数

（1）断开时间

低压开关电器从断开操作开始到所有极的弧触头都分开时的时间段。这里特指的弧触头其意义在于当低压开关电器打开时，动静触头间隙里的电弧最后消亡在弧触头。

（2）燃弧时间

低压开关电器分断电路的过程中，从触头打开出现电弧的时间开始，到电弧完全熄灭为止，此时间间隔被称为燃弧时间。

（3）分断时间

从低压开关电器的断开时间开始到燃弧时间结束为止的时间间隔。

（4）接通时间

低压开关电器从闭合操作开始到电流开始流过主电路为止的时间间隔。

（5）闭合时间

低压开关电器从闭合操作开始到所有极的触头都实现接触为止的时间间隔。

（6）通断时间

从电流开始从低压开关电器最先完成闭合的某极中流过起到所有极的电弧最终熄灭为止的时间间隔。

7. 额定工作制

低压开关电器的工作制与生产机械的工作制有很大的不同，但两者之间也存在密切的关系。我们来看看标准怎么说：

> 📖 标准摘录：国家标准 GB/1 4048.1—2023《低压开关设备和控制设备 第1部分：总则》，等同于 IEC 60947-1：2020，MOD。
>
> 5.3.4.2 不间断工作制
>
> 没有空载期的工作制，电器的主触头保持闭合且承载稳定电流超过8h（数周、数月甚至数年）而不分断。
>
> 5.3.4.3 断续周期工作制或断续工作制
>
> 此工作制指电器的主触头保持闭合的有载时间与无载时间有一确定的比例值，此两个时间都很短，不足以使电器达到热平衡。
>
> 断续工作制是用电流值、通电时间和负载因数来表征其特性，负载因数是通电时间与整个通断操作周期之比，通常用百分数表示。
>
> 负载因数的标准值为：15%，25%，40%和60%。
>
> 根据电器每小时能够进行的操作循环次数，电器可分为如下等级：
>
> | 级别 | 每小时操作循环次数 | 级别 | 每小时操作循环次数 |
> |---|---|---|---|
> | 1 | 1 | 1200 | 1200 |
> | 3 | 3 | 3000 | 3000 |
> | 12 | 12 | 12000 | 12000 |
> | 30 | 30 | 30000 | 30000 |
> | 120 | 120 | 120000 | 120000 |
> | 300 | 300 | 300000 | 300000 |
>
> 对于每小时操作循环次数较高的断续工作制，制造厂应规定实际操作循环次数（如已知的话）或根据制造厂规定的操作循环次数来给出额定工作电流值，并应满足下式：
>
> $$\int_0^T i^2 \mathrm{d}t \leqslant I_{\mathrm{th}}^2 \times T \text{ 或者 } I_{\mathrm{th}}^2 \times T$$
>
> 式中 T——整个操作循环时间。
>
> 注：上述公式没有考虑通断时电弧能量。
>
> 用于断续工作制的开关电器可根据断续周期工作制的特征标明。
>
> 例如：在每5min有2min流过100A电流的断续工作可表示为100A，12级，40%
>
> 5.3.4.4 短时工作制
>
> 短时工作制是指电器的主触头保持闭合的时间不足以使其达到热平衡，有载时间间隔被无载时间隔开，而无载时间足以使电器的温度恢复到与冷却介质相同的温度。
>
> 短时工作制的通电时间的标准值为3min、10min、30min、60min和90min
>
> 5.3.4.5 周期工作制
>
> 周期工作制指无论稳定负载或可变负载总是有规律地反复运行的一种工作制。

额定工作制是对元器件或者电器设备所承受的运行条件的分类。各种工作制充分地考量了元器件的工作特性、工作时间与温升的允许程度之间的关系，给出了限定性的工作条件。所以在选用低压开关电器时，必须让低压开关电器的工作制符合技术说明书上的具体要求。

8. 使用类别

低压电器的使用类别与某电器的额定工作电流倍数、额定工作电压倍数及相应的功率因数或者时间常数、短路性能、选择性有关，也与低压开关电器额定接通和分断能力有关。

不同类型的低压开关电器元件使用类别不尽相同，主电路的低压开关电器各有其配套的使用类别。

常见的低压开关设备和控制设备使用类别表见表 3-2。

表 3-2 低压开关设备和控制设备使用类别表

使用类别		应用场合	有关标准
交流	AC-12	电阻负载和光耦合器输入回路中半导体负载的控制	GB/T 14048.5—2017
	AC-13	带变压器隔离的半导体负载控制	
	AC-14	小容量电磁负载（最大72V·A）的控制	
	AC-15	电磁负载（大于72V·A）	GB/T 14048.3—2017
	AC-20	空载时的闭合和释放	
	AC-21	阻性负载包括适度过载的通断	
	AC-22	混合的阻性和感性负载包括适度的过载通断	
	AC-23	电动机负载或其他高电感负载的通断	
	AC-1	无感或低感负载、电阻炉	GB/T 14048.4—2020
	AC-2	绕线式异步电动机的起动和停止	
	AC-3	笼形电动机的起动和停止	
	AC-4	笼形电动机的起动、反接制动或反向转动运转、点动	
	AC-140	控制维持电流≤0.2A 的小型电动机，或者接触器式继电器	GB/T 14048.10—2016
	AC-31	无感或微感负载	
	AC-33	电动机负载或者包括电动机、阻性负载和达到30%白炽灯的混合负载	
	AD-35	控制放电灯负载	
	AC-36	白炽灯负载	
	AC-40	配电线路	GB/T 14048.9—2008
	AC-41	无感或微感负载、电阻炉	
	AC-42	绕线转子异步电动机的起动和停止	
	AC-43	笼形异步电动机的起动、运行中停止	
	AC-44	笼形异步电动机的起动、反接制动、反向运行、电动	
	AC-45a	控制放电灯的通断	
	AC-45b	白炽灯的通断	
	AC-51	无感或者微感负载、电阻炉	IEC 60947-4-3
	AC-55a	气体放电灯的通断	
	AC-55b	白炽灯的通断	
	AC-56a	变压器的通断	
	AC-56b	电容器组的通断	
	AC-8a	具有手动复位过载脱扣器的密封制冷压缩机中的电动机控制	
	AC-8b	具有自动复位过载脱扣器的密封制冷压缩机中的电动机控制	
	AC-7a	家用电器和类似用途的微感负载	
	AC-7b	家用设备中的电动机负载	
交流或者直流	A	无额定短时耐受电流要求的电路保护	GB/T 14048.2—2020
	B	无额定短时耐受电流要求的电路保护	

（续）

使用类别		应用场合	有关标准
直流	DC-1	无感或低感负载、电阻炉	GB/T 14048.4—2020
	DC-3	并励电动机的起动、反接制动或反向转动、点动、电阻制动	
	DC-5	串励电动机的起动、反接制动或反向转动、点动、电阻制动	
	DC-6	白炽灯的通断	
	DC-12	电阻负载和光耦合器输入回路中半导体负载的控制	GB/T 14048.5—2017
	DC-13	电磁铁的控制	GB/T 14048.10—2016
	DC-14	在回路中带经济电阻的电磁负载控制	
	DC-20	空载时闭合和释放	GB/T 14048.3—2017
	DC-21	阻性负载包括适度过载的通断	
	DC-22	联合的阻性和感性负载包括适度的过载通断	
	DC-23	强电感负载的通断	
	DC-40	配电线路	GB/T 14048.9—2008
	DC-41	无感或者微感负载、电阻炉	
	DC-43	并励电动机的起动、反接制动、反向运转、点动、电动机动态分断	
	DC-45	串励电动机的起动、反接制动、反向运转、点动、电动机动态分断	
	DC-46	白炽灯通断	
	DC-31	阻性负载	GB/T 14048.11—2016
	DC-33	电动机负载或者混合负载（包括电动机）	
	DC-36	白炽灯负载	

9. 低压开关电器的操作频率和使用寿命

低压开关电器的操作频率与通断任务密切相关。对于不同的低压电器，其操作次数有极大的不同。例如低压配电网的主进线开关只有在检修时才脱离电网进行分闸与合闸操作，而交流接触器甚至允许每小时操作数百次以上。

在选用低压开关电器时必须合理地选择操作频率和使用寿命。

（1）低压开关电器的允许操作频率

低压开关电器每小时内可能实现的最高操作次数与负载性质有很大的关系。例如一台纺织机械的捻丝机，它要求电动机每5s就进行一次正反转操作，于是执行正反转操作的接触器每5s就要动作一次。再例如楼宇中央空调机组冷却塔风机的接触器，它就属于长时工作制的，闭合后一般一日或者数日才打开一次。

在实际应用中，了解低压开关电器在额定工作条件下允许的操作频率非常重要。若低压开关电器的操作频率远低于其工作制要求的操作频率，则该低压开关电器必然很快就损坏了。

（2）机械寿命

低压开关电器的机械寿命是以某低压电器在空载时所能达到的通断次数来定义的，它取决于机械运动的零部件磨损状况。对于断路器之类的低压电器，由于其额定电流大因而接触力也大，通断操作时需要克服的力也大，所以机械寿命相对较短；对于交流接触器之类的低压电器，由于工作时需要克服的接触力较小，所以机械寿命较长。

（3）电寿命

有关低压开关电器电寿命的定义是：将某低压电器带负载执行通断测试操作，观察该低压电器在通断过程中的触头磨损状况，当发现该低压电器的触头因为电气磨损已经报废时，则试验中所记录的通断次数被定义为该低压电器的电寿命。

电寿命与开关电器的超程有关。我们看图 3-2。

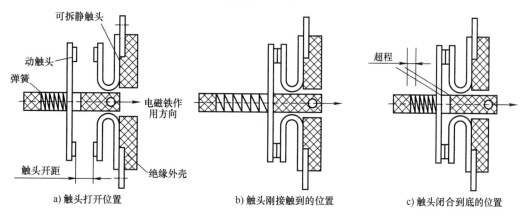

图 3-2　触头的开距与超程

图 3-2 的 a 中，触头在打开位置时动、静触头之间的最短距离是开距。开距与低压电器的介电能力有关；图 3-2 的 c 中，触头闭合后把静触头取掉，动触头在弹簧压力下能继续运行一段距离，这就是超程。因为有超程存在，即使触头材料已经磨平，但依然能确保闭合后动、静触头能接通，可见超程与开关电器的电寿命密切相关。

低压电器的触头在带负载的方式下进行通断操作，触头要承受负载接通时的电弧烧蚀，还要承受负载断开时的电弧烧蚀，同时还可能伴随着触头振动而产生的接触烧蚀。

10. 低压开关电器的污染等级

> 📖 标准摘录：国家标准 GB/1 4048.1—2023《低压开关设备和控制设备　第 1 部分：总则》，等同于 IEC 60947-1：2020，MOD。
>
> 7.1.3.2　污染等级
>
> 污染等级（2.5.58）与电器使用所处的环境条件有关。
>
> 注：电气间隙或爬电距离的微观环境确定对电器绝缘的影响，而不是电器的环境确定其影响。电气间隙或爬电距离的微观环境可能好于或差于电器的环境。微观环境包括所有影响绝缘的因素，例如：气候条件、电磁条件、污染的产生等。
>
> 对用在外壳中的电器或本身带有外壳的电器，其污染等级可选用壳内的环境污染等级。
>
> 为了便于确定电气间隙和爬电距离，微观环境可分为四个污染等级。
>
> 污染等级 1：无污染或仅有干燥的非导电性污染。
>
> 污染等级 2：一般情况仅有非导电性污染，但是必须考虑到偶然由于凝露造成短暂的导电性。

> 污染等级3：有导电性污染，或由于凝露使干燥的非导电性污染变为导电性的。
>
> 污染等级4：造成持久性的导电性污染，例如由于导电尘埃或雨雪所造成的污染。
>
> 工业用电器的标准污染等级：
>
> 除非其他有关产品标准另有规定外，工业用电器一般适用于污染等级3的环境。但是，对于特殊的用途和微观环境可考虑采用其他的污染等级。
>
> 注：电器微观环境的污染等级可能受外壳安装方式的影响。
>
> 家用及类似用途电器的标准污染等级：
>
> 除非其他有关产品标准另有规定外，家用及类似用途的电器一般用于污染等级2的环境。

低压开关电器是安装在低压开关柜中的。如果环境污染严重，那么低压开关柜和低压开关电器会因为导电性污染而降低爬电距离，严重时甚至会发生短路事故。

一般地，低压成套开关设备和低压开关电器是按污染等级3来定义污染程度的。

3.1.2　低压开关电器的触头灭弧方法和电磁机构

1. 低压开关电器的触头的接触电阻

低压开关电器的触头是执行机构的最重要部分。低压开关电器的触头用于接通和分断电路，因此要求的触头导电性和导热性都非常好。通常触头材料是铜、银和镍的合金材料，也有在铜触头的表面电镀银和镍构成的。

铜的表面极易氧化。若仅仅使用铜来做触头材料，则它将增加触头的接触电阻，使得触头的损耗和温度也随之增加。因此在中间继电器等小容量低压开关电器上，触头常常采用银质合金，它的氧化膜电阻仅仅只有铜质触头的十几分之一。

（1）膜电阻

膜电阻是触头接触表面在大气中自然氧化而生成的氧化膜。氧化膜的电阻要比触头本身的电阻大数十到上千倍，且导电性极差。这种氧化膜电阻被称为触头膜电阻。

（2）收缩电阻

由于触头表面的粗糙度造成触头的实际接触面积小于触头截面面积，从而造成触头的有效导电截面减小，当电流流过时会出现电流收缩的若干导电岛的现象。这种收缩现象增加的电阻称为触头的收缩电阻。

（3）触头的磨损

低压电器触头的磨损包括电磨损和机械磨损。

触头的电磨损是由于在通断过程的电弧烧蚀引起的触头材料损耗，电磨损取决于拉弧后通过触头间隙的电荷量及触头材质。电磨损是触头材料损耗的主因。

触头的机械磨损是由于机械摩擦作用引起的触头材料损耗，机械磨损取决于材料的硬度、触头压力及触头滑动方式等。

（4）触头的接触形式

触头的接触形式分为点接触、线接触和面接触三类，如图3-3所示。

点接触因为单位面积上的压强大，可减小触头的表面电阻，因此点接触常常用于小电流的低压开关电器中。例如接触器的辅助触点和继电器的触点。

线接触伴随着动、静触头之间的滚动摩擦，有利于去除触头表面的氧化膜。线接触一般

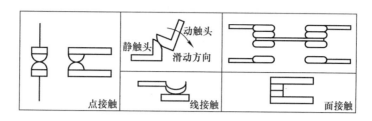

图 3-3　触头的接触形式

用于操作频繁且电流比较大的场合。例如接触器和断路器等。

面接触的触头材料一般为合金，它具有接触电阻小、抗熔焊、抗磨损、允许通过较大电流等特性。面接触一般用于中、小容量的接触器。

（5）触头的状态

触头按其原始的状态分为常开（动合）触头和常闭（动断）触头。这里所指的原始状态即低压开关电器的线圈未得电，或者开关电器未受力等情况。

低压开关电器按其触头开断电流的大小分为主触头和辅助触头。主触头用于主回路的开断，允许通过较大的电流；辅助触头用于控制回路，其开断电流一般为5A。

2. 产生触头电弧的原因和灭弧方法

当触头开断电路时的瞬间，动静触头间微小间隙中的空气被击穿，由此引发电弧。电流流过电弧区时，产生大量的热能和光能，这些能量以高温和强光的形式作用在触头上，使得触头材料被融化烧蚀，甚至出现触头粘连而不能断开，造成严重事故。

电弧产生包括四个过程：

过程之一：强电场致电子放射

触头在分开瞬间间隙很小，电路中的电压几乎都落在此空间中，其场强可达数亿 V/m。因此触头负极表面的大量自由电子在电场力的作用下进入到触头间隙中，形成电子云。

过程之二：电子运动撞击致空气电离

触头间隙中的自由电子在电场力的作用下向触头正极运动，经过一段路程后获得足够的动能。当自由电子撞击空气时，空气被电离成正负离子，并且随着时间的延续，触头间隙中的电离空气越来越多。

触头间隙中的场强越强、自由电子的运动的路程越长，则电离空气也就越多。

过程之三：热电子发射致空气温度剧烈上升

触头间被电离后的正空气离子向触头阴极运动，撞击触头阴极致使阴极温度升高，进而使阴极上更多的自由电子逸出到触头间隙中并参与对空气的电离撞击，并使得触头间隙中的空气温度剧烈上升。

过程之四：热空气高温电离形成等离子态电弧气体

随着空气温度剧烈上升超过 3000℃后，空气分子的剧烈热运动致使中性热空气分子被分解为正负离子形成等离子态的电弧气体。若触头间隙中的电弧气体中有金属蒸汽时，空气分子被离解为等离子气体的过程就更加剧烈。这个过程又被称为空气高温游离。

在上述电弧气体的形成过程中，当触头完全打开后，由于触头间的距离达到最大，电场强度减低，维持电弧要靠电子发射、电子运动撞击电离和热空气的高温游离，其中热空气的高温游离作用是维持电弧的主要因素。

在电弧等离子体发展的过程中，消电离的作用时刻都存在：正负离子会互相接近复合为正常空气分子，从而减弱电离作用；电弧的作用距离越大，散热作用越强，温度降低后维持电弧的各种作用也得到抑制。事实上，在触头间隙电弧中的电离作用和消电离作用是一对矛盾的双方，电离作用强则电弧就能发展和维持，反之消电离作用强则电弧就消散熄灭。这为低压开关电器的灭弧提供了具体的方法。

低压开关电器的灭弧方法如下：

灭弧方法之一：拉长电弧

图 3-4 中所示是交流接触器的桥式一次触头，下部的是定触头，上部的是动触头，触头中流过的电流是 I。当触头打开后，动静触头之间出现了电弧。我们用右手螺旋定则可以判断出磁力线方向是从外部进入纸面的；再用左手定则可判断出电流 I 对电弧产生的电磁力 F 方向向外，如图 3-4 中的 F 所示。

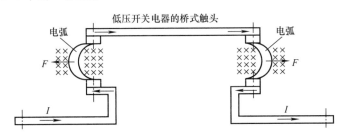

图 3-4　桥式触头中的电弧及其消散方向

电弧在力 F 的吹弧作用力下被拉长降温，同时还降低了电弧内部单位长度的电场强度，最终电弧被熄灭。

灭弧方法之二：利用冷却介质对电弧降温

图 3-5 所示为低压熔断器熔芯内的灭弧细沙，它利用细沙将电弧冷却降温直至熄灭。

灭弧方法之三：利用灭弧栅使得电弧降温灭弧

利用电磁力使得电弧进入到绝缘材料制作的灭弧窄缝中，让电弧强制降温，减小离子运动速度，加速等离子体中离子的复合作用。

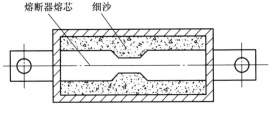

图 3-5　熔断器熔芯内填充细沙进行灭弧

图 3-6 所示为利用灭弧栅灭弧的示意图：

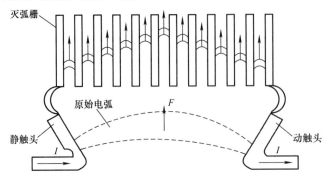

图 3-6　灭弧栅灭弧示意图

灭弧栅是一系列间距为 2～2.5mm 的钢片，它们被安放在低压开关电器的灭弧室中，彼此之间相互绝缘。

当动、静触头分开后产生了原始电弧。因为灭弧栅片的磁阻比空气小得多，因此电弧下部磁通密度远大于电弧上部的磁通密度，这种上下不对称的磁阻将电弧拉入灭弧栅中，随即电弧被灭弧栅分成许多相互连接的短电弧段。虽然每两片灭弧栅片可以看作是一对电极，因为灭弧栅电极之间是相互绝缘的，故其绝缘效果极强，使得这些短电弧段在受到灭弧栅的绝缘和冷却作用下强制降温熄灭。

灭弧栅不但能对电弧冷却降温，还能对电弧产生"阴极效应"作用。

我们知道空气分子被电离后形成带正电的正离子和带负电的电子，正离子的质量远大于电子；我们还知道交流电流每周期有两次过零。当电弧进入到灭弧栅后，因为电流过零前后触头的阴极和阳极极性要发生改变，于是正负离子的运动方向也要改变。在原先阳极附近的电子因为质量小很容易改变运动方向走向新阳极，而正离子因为质量大却不容易改变运动方向，它们几乎都停留在原先所处的位置，于是在新阴极附近因为缺少电子而出现断流，进而使得电弧被加速熄灭。

灭弧方法之四：将电弧密封在高压容器或者真空容器中

管状熔断器和真空断路器就采取这种方法灭弧。

3. 低压开关电器常用的电磁机构

电磁机构是继电器和接触器等低压开关电器的主要部件，其用途是将电磁线圈产生的电磁能转换为机械能，继而带动低压开关电器的触头产生合分操作。

图 3-7 所示为低压开关电器常用的电磁机构结构示意图。

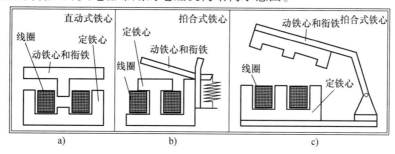

图 3-7　低压开关电器常用的电磁机构结构示意图

图 3-7a 中的直动式铁心一般用于中小型接触器和继电器中，图 3-7b 的拍合式铁心一般用于直流和交流继电器铁心，图 3-7c 的拍合式铁心用于较大容量的接触器和断路器。

4. 低压开关电器电磁机构的工作原理简述

电磁机构存在两种相反的力，一种是吸力特性，一种是反力特性。

从图 3-7 中我们看到，电磁机构中存在动铁心（衔铁）和定铁心，动铁心与定铁心之间存在气隙。

（1）吸力特性

低压开关电器电磁机构的吸力与低压开关电器的结构有密切的关系。当铁心与衔铁断面互相平行且气隙 δ 比较小时，电磁吸力近似地可用式（3-7）来求得：

$$F_\mathrm{m} = 4B^2 S \times 10^3 \tag{3-7}$$

式中　B——气隙磁通，单位为 T；

　　　S——吸力处的端面积，单位为 m^2；

　　　F_m——电磁吸力的最大值，单位为 N。

从式（3-7）中我们看到电磁吸力 F_m 与磁通密度 B 的平方成正比，当吸力处的端面积 S 为常数时，可认为吸力 F 与磁通 Φ 的平方成正比，与端面积 S 成反比，即

$$F \propto \frac{\Phi^2}{S} \tag{3-8}$$

低压开关电器的电磁机构当采取交流励磁时或者采取直流励磁时的吸力特性有很大的不同。

（2）低压开关电器电磁机构采用交流励磁

低压开关电器采用交流励磁的电磁机构时其线圈的阻抗取决于线圈的电抗，而线圈的电阻因为阻值相对较小而予以忽略，于是有

$$U = E = 4.44 f \Phi N$$
$$\Phi = \frac{U}{4.44 f N} \tag{3-9}$$

式中　U——线圈电压，单位为 V；

　　　E——线圈感应电动势，单位为 V；

　　　f——线圈外加电源的频率，单位为 Hz；

　　　Φ——气隙磁通，单位为 Wb；

　　　N——线圈匝数。

当频率 f、匝数 N 和外加电压 U 均为常数时，我们从式（3-9）看到气隙磁通 Φ 也是常数，进而由式（3-8）可知电磁吸力 F 亦为常数。

因为气隙 δ 与外加电压 U 无关，但电磁机构中存在漏磁通，故电磁吸力 F 随着气隙 δ 减小而略有增加。气隙磁通 Φ 与气隙 δ 之间的关系是：

$$\Phi = \frac{IN}{R_m} = \frac{IN\mu_0 S}{\delta} \tag{3-10}$$

式中　I——流过励磁线圈的电流，单位为 A；

　　　N——线圈匝数；

　　　R_m——磁阻，单位为 Ω；

　　　μ_0——真空磁导率；

　　　δ——气隙，单位为 mm；

　　　S——铁心端面积，单位为 m^2。

由式（3-10）可以看出，流过低压开关电器交流电磁机构的励磁线圈的电流 I 与气隙 δ 是成正比的。

我们知道，在低压开关电器交流电磁机构吸合的过程中其电流变化是很大的，因为电流线圈电感加大，因此电流随着动作过程的持续而逐渐减小。如果在吸合的过程中因为机械的原因使得动铁心未到位或者被卡住，则线圈中会流过较大的电流，严重时有可能烧毁线圈。

对于 U 形的铁心，交流电磁机构线圈的动作电流约等于额定电流的 5~6 倍；对于 E 形的铁心，交流电磁机构线圈的动作电流约等于额定电流的 10~15 倍。

（3）低压开关电器电磁机构采用直流励磁

直流电磁机构由直流电流来励磁，其励磁和磁动势 NI 均不受气隙变化的影响，其电磁吸力见式（3-11）：

$$F \propto \Phi^2 = \left(\frac{1}{\delta}\right)^2 \tag{3-11}$$

由式（3-11）可见，直流电磁机构的吸力 F 与气隙 δ 的二次方成反比。交流电磁机构的吸力特性曲线与直流电磁机构的吸力特性曲线的对比如图 3-8 所示。

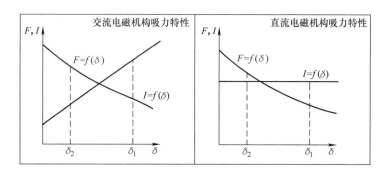

图 3-8　交流电磁机构和直流电磁机构的吸力特性曲线对比

在直流电磁机构中，励磁电流仅仅与线圈电阻有关，与气隙大小无关。直流电磁机构中的衔铁闭合前后吸力 F 变化很大，其特点是气隙 δ 越小吸力 F 就越大，而且衔铁闭合前后直流电磁机构的励磁电流不变。可见直流电磁机构的工作特性好，可靠性也高，所以直流电磁机构非常适用于动作频繁的场合。在可靠性要求比较高的场合或者动作特别频繁的场合，建议低压开关电器使用直流电磁机构。

当直流电磁机构的励磁线圈断电时，磁动势 NI 急剧地降低到接近于零，电磁机构的磁通也发生突变，因此在励磁线圈中会出现很高的反向电动势。反向电动势的数值可达线圈额定电压的 10 ~ 20 倍，很容易破环线圈和控制电路的绝缘。

为了抑制此反向电动势，一般在励磁线圈上并接一个由电阻 R 和反向泄流二极管构成的放电回路，如图 3-9 所示。

图 3-9 中除了反向泄流二极管 VD 外，电阻 R 的用途是将储藏在线圈 KA 中的磁场能消耗在电阻上，限制产生过压。电阻 R 取值为电磁操作机构直流线圈电阻的 6 ~ 8 倍即可。

1）反力特性：电磁机构将衔铁释放的力有两种，一种是弹簧的反力，另一种是利用衔铁和动铁心的重力。

2）低压开关电器电磁机构吸力特性与反力特性之间的配合：低压开关电器的电磁机构得电后通过电磁线圈使得衔铁或者动铁心吸合，在这个过程中必须让吸力大于反力。如果吸力过分地大于反力，则对低压开关电器的机械寿命产生不利影响，如图 3-10 所示。

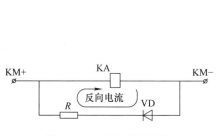

图 3-9　直流电磁机构的
励磁线圈和反向泄流二极管

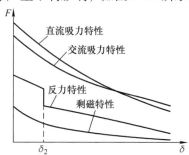

图 3-10　电磁机构的吸力特性和反力特性

当电磁机构失电后,由于铁磁体内有剩磁,使得电磁机构的励磁线圈即使在失电后仍然有一定的磁性吸力,此剩磁吸力随着气隙增大而减小。因此,当电磁机构失电后,反力必须大于剩磁吸力,才能确保衔铁或者动铁心释放。反映在特性曲线上,电磁机构的反力特性必须介于电磁吸力特性和剩磁特性之间。

不管电磁机构工作在直流电压中还是交流电压中,只要线圈两端的电压大于释放电压,原先处于闭合状态的电磁机构因为吸力大于弹簧反力,使得电磁机构维持吸合状态。这种特性对于工作在直流电源中的电磁机构表现得尤为突出。

对于工作在交流电源中的电磁机构,由于铁心中的磁通量及吸力是周期变化的,吸力在零与最大值 F_m 之间脉动。吸力中有两个分量,一个是直流分量,另一个是交流分量。交流分量的频率为工频的两倍即 100Hz。

由于直流分量和交流分量叠加的结果,使得磁通交流分量过零前后吸力和反力发生变化:若过零前吸力大于反力,则过零后反力大于吸力。于是交流电磁机构就会出现 100Hz 频率的抖动和撞击,发出极大的噪声,这显然是不允许的。为此,在铁心端面上安装一个铜质的短路环用于消除振动现象。

3.1.3 低压开关电器的主动式元件和被动式元件

低压配电系统的主回路是指实施电能传递的回路。主回路又称为一次回路,应用在一次回路中的开关电器就是主回路元器件。

1. 主动式元件

当线路中发生短路时,如果线路中某开关电器能主动地完成切断短路线路和短路电流的任务,那么这种开关电器被称为主动式元器件。

2. 被动式元件

当线路中发生短路时,如果某种开关电器只能被动地承受短路电流的冲击,或者产生了某种信号但要借助于其他元器件来完成切断短路线路的任务,那么这种开关电器被称为被动式元器件。

在图 3-11 中,我们看到在靠近电动机处发生了短路,短路电流 I_k 流过了进线断路器,流过了低压开关柜的主母线和分支母线,还流过了电动机回路断路器、接触器、热继电器、

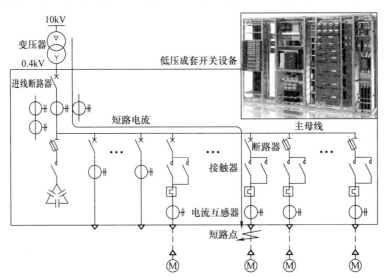

图 3-11　短路电流流过的路径和主动式元件与被动式元件

电流互感器、接线端子和馈电电缆等，但是真正能独立地完成切断短路电流的元器件只有电动机回路的断路器，或者进线断路器，其他元器件和开关柜部件只能被动地承受短路电流的冲击。所以在图 3-11 中，断路器和熔断器是主动式元件，而接触器和热继电器，还有电流互感器、主母线及一次接线端子及电缆等都是被动式元件或者部件。

在主回路中，主动式元件和被动式元器件共同配合完成各种电能输送控制的操作。当主动式元器件在切除短路电流时，它与被动式元器件之间存在动作协调配合关系。

3.2　熔断器

熔断器是主动式元件，在低压电网中起到保护电路的作用。熔断器由熔断器底座和熔断体构成。

熔断器利用熔断体串联在电路中。当线路发生过载或者短路时，熔断体的温度升高达到熔丝的熔点时，熔丝迅速熔化从而切断线路。在切断线路的过程中，往往伴随着强烈的电弧，同时使灼热的金属蒸汽向周围喷溅，有时熔断体还进一步产生爆炸性高压气体危害电器设备。为了有效地消除金属蒸气和爆炸性气体，熔断体内装入石英砂填料有效地熄灭电弧；有时还采用密闭管式无填料的熔断体，利用高温下产生的气体压力来熄弧。

熔断器在低压配电网中主要用于短路保护，同时也可作为电缆、导线的过载保护。

熔断器的分断能力高，可靠性也高，它维护方便，价格相对低廉，在低压配电网中得到广泛的应用。

1. 熔断器的分类

（1）按结构形式分类

熔断器按结构形式可分为半开启式、无填料密闭管式和有填料密闭管式三类。

有填料密闭管式的熔断器又可分为专职人员使用的熔断器、非熟练人员使用的熔断器和半导体器件保护用的熔断器三类。

专职人员使用的熔断器分为刀形触头熔断器、螺栓连接熔断器和圆筒形帽熔断器等三种，非熟练人员使用的熔断器则分为螺旋式和圆管式两种。

（2）按分断范围分类

1）全范围分断能力的熔断体——"g"熔断体：在规定的条件下，"g"熔断体能分断引起熔断体熔化的最小电流至额定分断电流之上的所有电流。"g"熔断体也被称为一般用途熔断体；

2）部分范围分断能力的熔断体——"a"熔断体：即在规定的条件下，"a"熔断体能分断时间-电流曲线上的最小电流至额定分断能力之间的所有电流。"a"熔断体也被称为后备熔断体。

3）按使用类别分类：

① 一般用途的熔断体——"G"熔断体；

② 保护电动机的熔断体——"M"熔断体。

熔断器使用两个字母来表示分断范围和使用类别，第一个字母用"g"、"a"表示分断范围，第二个字母"G"、"M"表示使用类别，例如 gG、gM、aM 等。

gG——一般用途用于全范围分断的熔断体，用于可靠地分断过载电流至额定分断能力之间的所有故障电流，常用于馈电回路实现对电线和电缆的短路保护。

gM——全范围分断的保护电动机电路的熔断体，既可用于对电动机电路的过载保护，也可用于对电动机回路的短路保护。

aM——部分范围分断的保护电动机电路的熔断体，仅用于对电动机电路的短路保护。

2. 表示熔断器性能的名词术语

（1）电路预期电流

当电路内的保护装置被阻抗可忽略不计的导线予以取代后，电路中流过的短路电流被称为预期电流。预期电流是熔断器分断能力和特性的参照量，例如 I^2t 和截断电流特性等。

（2）门限

在规定的时间内，能使熔断体熔断的试验电流范围和不能熔断的试验电流范围。

（3）熔断体的分断能力

在规定的使用和性能条件下，熔断体能够分断的预期电流值，对于用于交流电路的熔断体，熔断体的分断能力用预期电流值的有效值来定义。

（4）截断电流 I_d

在熔断体分断期间所能达到的最大瞬时电流。

（5）熔断器支持件的峰值耐受电流

熔断器支持件所能承受的截断电流。

（6）熔断体额定电流 I_e

在规定的条件下，熔断体能够长期通过而不使性能降低的电流。

（7）时间-电流特性

在规定的熔断条件下，以弧前时间或熔断时间为预期电流的曲线被称为熔断体的时间-电流特性曲线。图3-12所示为 ABB 的 OFAF 系列熔断体 gG 时间-电流特性曲线。

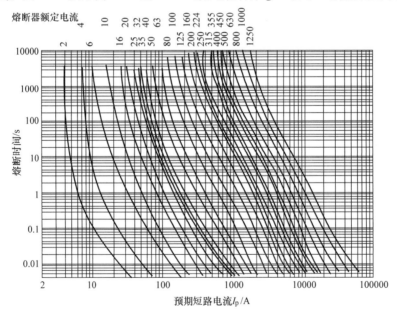

图3-12　ABB 的 OFAF 系列熔断体 gG 时间-电流特性曲线

（8）弧前时间

从熔断体开始熔断至熔断体熔断后出现电弧时的时间段。

（9）燃弧时间

电弧产生的瞬间至电弧熄灭之间的时间。

（10）熔断时间

弧前时间和燃弧时间之和。

（11）焦耳积分 I^2t

焦耳积分是指在给定时间内电流平方的积分：$I^2t = \int_{t_0}^{t_1} i^2 \mathrm{d}t$。弧前的 I^2t 是熔断器弧前时间内的焦耳积分，熔断的 I^2t 是熔断器熔断时间内的焦耳积分。

（12）约定不熔断电流 I_{nf}

在规定时间内熔断体能承受而不熔断的规定电流值。

（13）约定熔断电流 I_f

在规定时间内能引起熔断体熔断的规定电流值。

（14）恢复电压

在电流分断后出现在熔断器端子间的电压。

恢复电压有两个连续的时间段：第一个阶段存在瞬时电压，第二个阶段仅存在工频或直流恢复电压。

（15）瞬态恢复电压

在具有明显瞬态特性时间阶段内的恢复电压。

根据电路和熔断器特性瞬态恢复电压可以是振荡的和非振荡的。

图 3-13 所示为熔断器的特性曲线和熔断器分断短路电流的示意图：

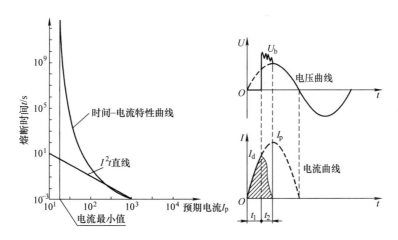

图 3-13　熔断器的特性曲线和熔断器分断短路电流的示意图

图 3-13 的左图可见熔断器的熔断时间在电流取最小值时需要无限长的时间，随着曲线向右下方伸展，在电流最大值时熔断时间迅速地减小到毫秒数量级。因为熔断器能在很小的灭弧空间中分断极高的短路电流，所以熔断器具有良好的短路保护和分断能力，也因此使得熔断器成为非常重要的短路保护元器件。

图 3-13 的右图中 I_d 是熔断器分断过程中达到的最大电流瞬时值，也就是熔断器的截断电流，I_p 是冲击短路电流峰值。从图中可见短路电流 I_d 远未达到 I_p 时就开始熔断，其中熔断器的熔体在 t_1 时间段中熔化，在 t_2 时间段中进行灭弧。

直线 I^2t 被称为等热值直线，在这条直线上的任何一点熔体都会熔化。

我们来看熔断器熔体的熔断电流与熔断时间的关系表，见表 3-3。

表 3-3 熔体的熔断电流与熔断时间对应关系

熔断电流	$1.25I_e$	$1.6I_e$	$2I_e$	$2.5I_e$	$3I_e$	$4I_e$
熔断时间	∞	1h	40s	8s	4.5s	2.5s

表 3-3 中：I_e——熔断体的额定电流。

截断电流 I_d 与环境温度的关系：环境温度越高，则截断电流 I_d 将会相应地降低。

截断电流 I_d 表征了熔断体对应的最大瞬时熔断电流。当流过熔断器电流大于或等于 I_d 时，其焦耳积分 I_d^2t 中的 t 取值为最短的弧前时间。显然，对于不同的 I_p 来说，I_d^2t 近似地保持为常数。据此，可以简化使用熔断器的设计和计算。

3. 熔断器截断电流和限流比的计算方法

图 3-14 所示为熔断器截断电流计算方法。

在图 3-14 中，横坐标是预期短路电流 I_p，左侧纵坐标是熔断器截断电流 I_d，右侧纵坐标是熔断器熔芯的额定电流。

值得注意的是，这里的预期短路电流 I_p 是不带直流分量的，如果熔断器被用在一级配电低压成套开关设备中，那么就要将 I_p 乘以峰值系数。

设图 3-14 中选定的熔断器熔芯额定电流为 100A，预期短路电流为 50kA。又设此熔断器被用在一级配电

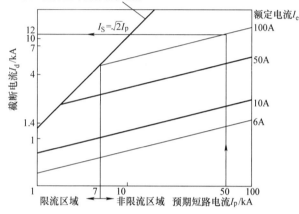

图 3-14 熔断器截断电流计算方法

设备中，它的上方就是低压成套开关设备的主母线，短路电流中一定包含直流分量，所以预期短路电流必须要乘以峰值系数 n，峰值系数 n 的定义见本章 3.1.1 节中有关短时耐受电流 I_{cw} 解释数据。

对应于 50kA 的预期短路电流，查阅峰值系数表后得知 $n = 2.1$，代入冲击短路电流峰值 i_{pk} 的计算式，得到 $i_{pk} = 2.1I_d = 2.1 \times 50 = 105$kA，同时我们从图 3-14 中看到熔断器的截断电流 I_d 是 12kA，于是此熔断器的限流比是

$$K_s = \frac{I_d}{i_{pk}} \times 100\% = \frac{12}{105} \times 100\% = 11.4\%$$

即此例中熔断器的限流比为 11.4%。

我们再看图 3-14，如果短路电流是 70kA，熔断器的额定电流是 63A。查表得知峰值系数 $n = 2.2$，再从图 3-14 图中查得截断电流大约为 11kA，于是有：

$$K_s = \frac{I_d}{i_{pk}} = \frac{11}{2.2 \times 70} \times 100\% \approx 7.1\%$$

由此可见，熔断器具有良好的短路保护能力。

图 3-15 所示为 ABB 公司的 gG 熔断器时间 – 电流特性曲线。

图 3-15 中直线 $I_p\sqrt{2}$ 表示不带直流分量的预期短路电流，$2I_p\sqrt{2}$ 表示带直流分量的预期短路电流。

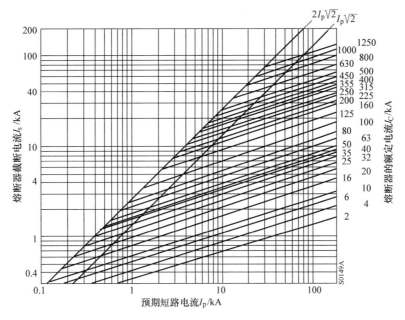

图 3-15　ABB 公司的 gG 熔断器时间–电流特性曲线

4. 熔断器的选用方法

熔断器的选用一般原则是：

1）按合适的电压等级和配电系统中能出现的最大短路电流来选用熔断器。

2）gG、gM 和 aM 熔断体的选用：

gG 熔断体属于一般用途的可实现全范围分断的熔断体，它兼有过电流保护功能，主要用于线路保护；

gM 熔断体可实现全范围保护电动机，既可用于对电动机电路的过载保护，也可用于对电动机回路的短路保护。gM 熔断体还可以保护照明回路；

aM 熔断体只能在部分范围分断的保护电动机，所以用在电动机主回路时需要在回路中配套热继电器。

3）当熔断器是按上下级安装时，需要考虑选择性配合关系。

g 类熔断体的过电流选择比有 1.6∶1 和 2∶1 两种。一般地，专职人员使用的带刀口的熔断体过电流选择比为 1.6∶1，而带螺栓连接的熔断体和圆筒形熔断体其过电流选择比为 2∶1。例如，上级熔断体为 400A，若选择过电流选择比为 1.6∶1 时下级熔断体的额定电流不得大于 400/1.6 = 250A；若选择过电流选择比为 2∶1 时，下级熔断体的额定电流不得大于 200A。

① 应用在变压器进线回路的熔断器：对于低压成套开关设备的变压器进线回路，在实际使用一般采用断路器作为主进线开关，极少采用开关熔断器。对于功率比较小的电力变压器，配套熔断体的方法见表 3-4。

表 3-4　变压器进线回路的熔断器选择方法

项目	计算公式	说明
变压器额定电流 I_n	$I_n = \dfrac{S_n}{\sqrt{3} U_p}$	U_p 是变压器低压侧线电压
变压器短路电流 I_k	$I_k = \dfrac{I_n}{U_k\%}$	—

（续）

项目	计算公式	说明
变压器的冲击短路电流峰值 i_{pk}	$i_{pk} = nI_k$	n 是峰值系数
熔断体的额定电流 I_e	$I_e = (1 \sim 1.5)I_n$	—
熔断体的截断电流 I_d	—	查熔断体电流 – 时间曲线求得截断电流
熔断体的限流比	$K = \dfrac{I_d}{i_{pk}} \times 100\%$	—

熔断体选择完毕后，还要根据变压器的额定电流选择开关熔断器组合隔离开关部分的额定电流和短路电流接通能力 I_{cm} 这两个参数。

② 应用在电动机回路的熔断器：对于单台的电动机主回路，应当按电动机的起动电流倍数来考虑让熔断体的截断电流大于或等于电动机的起动冲击电流，熔断体的额定电流应当等于（$1.5 \sim 3.5$）I_n，这里的 I_n 是电动机的额定电流。

如果开关熔断器组合需要驱动多台电动机主回路，则可按式（3-12）来计算额定电流：

$$I_e = (2.0 \sim 2.5)I_{n.\,max} + \sum I_n \tag{3-12}$$

式中 I_e——熔断体额定电流；

    $I_{n.\,max}$——最大功率的电动机额定电流；

    I_n——其余多台电动机的额定电流。

如果最大功率的电动机有多台，则 $I_{n.\,MAX}$ 要乘以相应的倍数。

③ 应用在硅整流器件和晶闸管保护的快速熔断器：对于用于硅整流装置的熔断器，一般熔芯多采用快速熔断器。值得注意的是：快速熔断器的额定电流使用交流有效值来定义的，而晶闸管或者硅整流器件的额定电流却是用平均值来表示的，于是这些器件前方电源侧的快速熔断器额定电流应当按式（3-13）来选择：

$$I_e = K_d I_{d.\,max} \tag{3-13}$$

式中 I_e——快速熔断器额定电流；

    K_d——硅整流器件和晶闸管的保护系数，见表3-5；

    $I_{d.\,max}$——流过硅整流器件的最大整流电流或者流过晶闸管的最大电流。

表3-5 用于硅整流器件和晶闸管的 K_d 保护系数

整流电路的形式	单相半波	单相全波	单相桥式	三相半波	三相桥式	双星形六相
K_d	1.57	0.785	1.11	0.575	0.816	0.29
晶闸管电路						
导通角/°	180	150	120	90	60	30
单相半波	1.57	1.66	1.83	2.2	2.78	3.99
单相桥式	1.11	1.17	1.33	1.57	1.97	2.82
三相桥式	0.816	1.828	0.865	1.03	1.29	1.88

3.3 隔离开关和开关熔断器组合

3.3.1 隔离开关概述及选用

1. 隔离开关概述

在对电气设备和电气装置进行检修时，必须保持这些设备和装置处于不带电的状态，以确保操作人员的人身安全。为此，可以利用隔离开关将电气设备和装置从电网中脱开并且隔离，用于实现隔离的低压开关电器就是隔离开关。

隔离开关的动、静触头之间的距离和间隙必须满足相关标准的技术要求。我们来看看国家标准 GB/T 14048.3—2017 对隔离开关的定义：

> 📖 标准摘录：GB/T 14048.3—2017《低压开关设备和控制设备　第 3 部分：开关、隔离器、隔离开关及熔断器组合电器》，等同于 IEC 60947-3：2005，IDT
>
> 2.1　（机械）开关　switch（mechanical）
>
> 在正常电路条件下（包括规定的过载工作条件），能够接通、承载和分断电流，并在规定的非正常电路条件下（例如短路），能在规定时间内承载电流的一种机械开关电器。开关可以接通但不能分断短路电流。
>
> 2.2　隔离器　disconnector
>
> 在断开状态下能符合规定的隔离功能要求的机械开关电器。
>
> 注 1：此定义与 IEV 441-14-05 的区别在于指的是隔离功能而不是隔离距离。
>
> 注 2：如分断或接通的电流可忽略，或隔离器的每一极的接线端子两端的电压无明显变化时，隔离器能够断开和闭合电路。隔离器能承载正常电路条件下的电流，也能在一定时间内承载非正常电路条件下的电流（短路电流）。

隔离开关主要用于线路隔离，它的触头开合位置需要有明确的标识，为此隔离开关面板上往往配套观察窗来观察触头状况。对于带有灭弧室的隔离开关，它具有一定的接通和分断交流电路的能力。对于含有熔断器的开关组合电器，则能进行有载通断和短路保护能力。图 3-16 所示为若干款 ABB 的隔离开关（开关熔断器和熔断器开关）外形，我们能看到它操作面的观察窗：

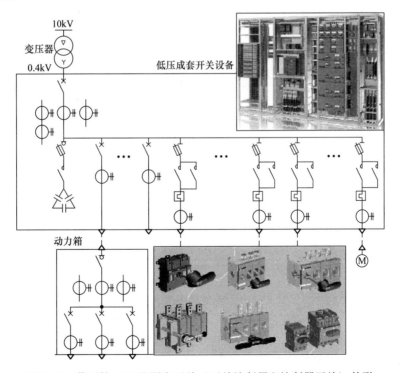

图 3-16　若干款 ABB 的隔离开关（开关熔断器和熔断器开关）外形

我们来看 ABB 的 OETL 隔离开关参数，见表 3-6。

表 3-6 ABB 的 OETL 隔离开关部分参数

项目	工作条件	技术条件	单位	开关型号	
				OETL1250M	OETL3150
额定绝缘电压和额定工作电压	AC − 20/DC − 20	污染等级 3	V	1000	1000
介电强度		50Hz 1min	kV	8	8
额定冲击耐受电压			kV	8	8
额定发热电流 I_{th}	AC − 20	环境温度40℃，自由空气	A	1250	3150
	AC − 20	环境温度40℃，封闭环境	A	1250	2600
	AC − 20	环境温度60℃，封闭环境	A	1000	2300
额定工作电流	AC − 21A	690V	A	1250	3150
		1000V	A	1000	1000
	AC − 22A	500V	A	1250	1600
		690V	A		
	AC − 23A	500V	A		
		690V	A	800	
额定开断容量	AC − 23A	高达500V	A	6400	6400
		690V	A	2500	4800
额定限制短路电流 I_p (R. M. S) 配熔断器 gG/aM		50kA@415V	kA	105	140
		50kA@500V	kA	105	140
		50kA@690V	kA	105	105
额定短时耐受电流 I_{cw} (R. M. S)		690V 0.25s	kA	56	
		690V 1s	kA	50	80
额定短路合闸容量 I_{cm}		415V	kA	105	176
		500V	kA	105	140
		690V	kA	105	105
功率损耗/极		运行电流为额定工作电流	W	40	140
机械寿命		开合次数除以2	Open	6000	12000

我们来探讨表 3-6 中的参数意义：

额定绝缘电压和额定工作电压

从表中我们看到两者都是 1000V，符合额定电压小于或等于额定绝缘电压的要求。

介电强度

介电强度测试是低压成套开关设备制造厂在产品出厂前必须做的质检项目。对于工作在 400V 的低压成套开关设备，其一次元器件必须通过 8000V、1min 的耐压测试。

额定发热电流和额定工作电流

这是在 AC − 20（无载开闭切换）工作条件下给出的数据，我们看到随着环境温度上升，隔离开关的额定工作电流会出现降容，且开关额定电流越大降容越厉害。

额定限制短路电流

从表 3-6 中的条件看，隔离开关的前方配套了熔断器。当线路中出现冲击短路电流 I_p 的瞬间，熔断器尚未开始熔断保护，I_p 将流过熔断器和隔离开关，此项参数表征了 OETL 对短路电流电动力冲击的动稳定性，以及隔离开关能承受的冲击短路电流极限值。

额定短时耐受电流

根据 GB/T 14048.3—2017 有关短时耐受电流的要求："短时耐受电流值不得小于 12 倍最大额定工作电流。除非制造厂另有规定，通电持续时间应为 1s。"，我们会发现表 3-6 中的数据是远远大于 12 倍额定工作电流，故由此得知表中的数据来源于型式试验。

额定短路合闸容量

此参数就是额定短路接通能力 I_{cm}，它表征了此表中的隔离开关最大接通电流。从表中看 I_{cm} 随着额定电压的升高而出现降容。

2. 隔离开关的选用

隔离开关的主要参数包括额定绝缘电压、额定工作电压、额定工作电流、额定通断能力、额定短时耐受电流、额定短路合闸容量、使用类别、操作次数和安装尺寸及操作性能等。

1）隔离开关的额定绝缘电压和额定工作电压不得低于低压配电网电压；

2）隔离开关的额定工作电流不小于线路的计算电流；

3）隔离开关的极数和操作方式由现场需求决定；

4）用于二级和三级配电设备的隔离开关，其通断能力选择为 4 倍额定电流。对于一级和二级配电设备的隔离开关，应当配套熔断器以提高其极限分断能力。

3.3.2　开关和熔断器的组合及选用

1. 开关熔断器和熔断器开关

如果隔离开关和熔断器的串联组件中居于前位的动、静触点与居于后位的熔断器之间没有动作关系，则称此开关组件为开关熔断器；如果开关的动触点由熔体或者带熔体的载熔件构成，则称此开关组件为熔断器开关；如果开关组件在增设辅助元件如操作杠杆、弹簧、弧刀等，则称此开关组件为负荷开关。负荷开关具有在非故障条件下接通或者分断负荷电流的能力，以及一定的短路保护功能。

开关与熔断器可以组合在一起使用。若开关在前熔断器在后，则这种组合产品被称为开关熔断器；若熔断器在前，或者熔断器安装在开关的活动部件上，这种组合产品被称为熔断器开关。有时又把开关熔断器称为负荷开关。开关熔断器与熔断器开关的区别如图 3-17 所示。

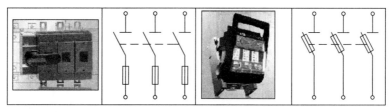

图 3-17　开关熔断器（左）和熔断器开关（右）

开关熔断器所遵循的标准是 GB/T 14048.3—2017，在这部标准中对隔离开关及熔断器组合电器有明确定义：

标准摘录：GB/T 14048.3—2017《低压开关设备和控制设备 第3部分：开关、隔离器、隔离开关及熔断器组合电器》。

2.3.1 隔离器 disconnector

在断开状态下能符合规定的隔离功能要求的机械开关电器。

注1：如分断或接通的电流可忽略，或隔离器的每一极的接线端子两端的电压无明显变化时，隔离器能够断开和闭合电路。隔离器能承载正常电路条件下的电流，也能在一定时间内承载非正常电路条件下的电流（短路电流）。[IEC 60050 - 441：1984，441 - 14 - 05，引用隔离功能代替隔离距离]

2.3.2 熔断器组合电器 fuse - combination unit

由制造商或按其说明书将一个机械开关电器与一个或数个熔断器组装在同一个单元内的组合电器。[IEC60050 - 441：1984，441 - 14 - 04]

2.3.3 开关熔断器组 switch - fuse

开关的一极或多极与熔断器串联构成的组合电器。[IEC 60050 - 441：1984，441 - 14 - 14]

2.3.3.1 单断点开关熔断器组 switch - fuse single opening

仅在电路中熔断体的一侧提供断开的开关熔断器组。

注1：当拆卸熔断器时，应确保安全预防措施。

2.3.3.2 双断点开关熔断器组 switch - fuse double opening

在电路中熔断体的两侧均提供断开的开关熔断器组。

注1：当拆卸熔断器时，应确保安全预防措施。

2.3.4 熔断器式开关 fuse - switch

用熔断体或带有熔断体载熔件作为动触头的一种开关。[IEC 60050 - 441：1984，441 - 14 - 17]

2.3.4.1 单断点熔断器式开关 fuse - switch single opening

仅在电路中熔断体的一侧提供断开的熔断器式开关。

注1：当拆卸熔断器时，应确保安全预防措施。

2.3.4.2 双断点熔断器式开关 fuse - switch double opening

在电路中熔断体的两侧均提供断开的熔断器式开关。

注1：当拆卸熔断器时，应确保安全预防措施。

2.3.5 隔离器熔断器组 disconnector - fuse

隔离器的一极或多极与熔断器串联构成的组合电器。[IEC 60050 - 441：1984，441 - 14 - 15]

2.3.5.1 单断点隔离器熔断器组 disconnector - fuse single opening

仅在电路中熔断体的一侧提供断开，以满足隔离功能规定要求的隔离器熔断器组。

注1：当拆卸熔断器时，应确保安全预防措施。

2.3.5.2 双断点隔离器熔断器组 disconnector - fuse double opening

在电路中熔断体的两侧均提供断开，以满足隔离功能规定要求的隔离器熔断器组。

2.3.6 熔断器式隔离器 fuse - disconnector

用熔断体或带有熔断体的载熔件作为动触头的一种隔离器。[IEC 60050 - 441：1984，44 - 14 - 18]

2.3.6.1

单断点熔断器式隔离器 fuse - disconnector single opening

仅在电路中熔断体的一侧提供断开，以满足隔离功能规定要求的熔断器式隔离器。

注1：当拆卸熔断器时，应确保安全预防措施。

2.3.6.2　双断点熔断器式隔离器 fuse - disconnector double opening

在电路中熔断体的两侧均提供断开，以满足隔离功能规定要求的熔断器式隔离器。

2.3.7　隔离开关熔断器组 switch - disconnector - fuse

隔离开关的一极或多极与熔断器串联构成的组合电器。[IEC 60050 - 441：1984，441 - 14 - 16]

2.3.7.1　单断点隔离开关熔断器组 switch - disconnector - fuse single opening

仅在电路中熔断体的一侧提供断开，以满足隔离功能规定要求的隔离开关熔断器组。

注1：当拆卸熔断器时，应确保安全预防措施。

2.3.7.2　双断点隔离开关熔断器组 switch - disconnector - fuse double opening

在电路中熔断体的两侧均提供断开，以满足隔离功能规定要求的隔离开关熔断器组。

2.3.8　熔断器式隔离开关 fuse - switch - disconnector

用熔断体或带有熔断体的载熔件作为动触头的一种隔离开关。[IEC 60050 - 441：1984，441 - 14 - 19]

2.3.8.1　单断点熔断器式隔离开关 fuse - switch - disconnector single opening

仅在电路中熔断体的一侧提供断开，以满足隔离功能规定要求的熔断器式隔离开关。

注1：当拆卸熔断器时，应确保安全预防措施。

2.3.8.2　双断点熔断器式隔离开关 fuse - switch - disconnector double opening

在电路中熔断体的两侧均提供断开，以满足隔离功能规定要求的熔断器式隔离开关。

2.3.9　单极操作的三极电器 single pole operated three pole device

按本部分由三个单独能操作的单极开关和/或隔离单元组成的机械单元，并可作为一个整体用于三相系统。

注1：该机械单元可以作为电力配电系统单独相的开闭和（或）隔离，但不能用作三相设备主电路的开闭。

2. 开关熔断器（负荷开关）的转移电流问题

开关熔断器（负荷开关）有转移电流问题。我们来看图3-18：

当低压电网发生三相短路时，由于三相电流之间存在相位差，必然会出现某相熔断器的熔断体先熔断。例如图3-18中的 A 相。如果负荷开关 - 熔断器组合产品能实现熔断体熔断后自动关联负荷开关跳闸，且 B 相和 A 相的熔断体并未熔断，

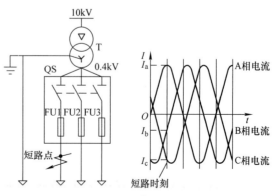

图3-18　负荷开关的转移电流问题

于是负荷开关的 B 相和 C 相触头将承担分断短路电流的任务。此时的 B 相和 C 相电流被称为转移电流，显然，负荷开关将承担起分断较大电流的操作任务。

对于低压电网的负荷开关来说，由于低压系统的电流大，而且负荷开关的熄弧能力差，因此工作在低压电网的负荷开关不具备分断转移电流的能力。当某相熔断体熔断后，负荷开关只能采取将熔断体熔断信号发送给控制系统去执行相应的操作。

3. ABB 的 OS 系列开关熔断器简介

表 3-7 为 ABB 的 OS 开关熔断器性能说明。我们看到，开关熔断器组合的优势就是结构的简单设计和使用的灵活方便。

表 3-7 ABB 的 OS 系列部分开关熔断器技术参数

项目	工作条件	技术条件	单位	开关型号	
				OS125	OS160
额定绝缘电压和额定工作电压	AC－20	污染等级 3	V	1000	1000
介电强度		50Hz 1min	kV	10	10
额定冲击耐受电压			kV	12	12
额定发热电流	环境温度 40℃熔断器处于最大功率损耗状态	自由空气	A/W	125/12	160/12
		封闭环境	A/W	125/12	160/10，135/12
		封闭环境	A	150	175
额定工作电压	AC－20		V	1000	1000
额定工作电流	AC－21A	500V	A	125	160
		690V	A	125	160
	AC－22A	500V	A	125	160
		690V	A	125	160
	AC－23A	500V	A	125	160
		690V	A	125	160
额定功率	AC－23A 适用于三相 1500r/min 的标准异步电动机	230V	kW	37	45
		400V	kW	55	75
		415V	kW	55	75
		500V	kW	75	90
		690V	kW	110	132
额定开断容量	AC－23A	500V	A	1280	1280
		690V	A	1280	1280
额定限制短路电流 I_p（R.M.S）和相应的最大截断电流峰值		熔断器额定电流	A	OFAA 规格为 125A QFAM 规格为 160A	OFAA 规格为 125A QFAM 规格为 160A
		冲击电流为 80kA@415V	kA	29	29
		熔断器额定电流	A	OFAA 规格为 125A QFAM 规格为 160A	OFAA 规格为 125A QFAM 规格为 160A
		冲击电流为 100kA，500V	kA	22	22

（续）

项目	工作条件	技术条件	单位	开关型号	
				OS125	OS160
额定限制短路电流 I_p（R.M.S）和相应的最大截断电流峰值		熔断器额定电流	A	OFAA 规格为 100A QFAM 规格为 125A	OFAA 规格为 100A QFAM 规格为 125A
		冲击电流为 50kA，690V	kA	16	16
		熔断器额定电流	A	OFAA 规格为 100A QFAM 规格为 125A	OFAA 规格为 100A QFAM 规格为 125A
		冲击电流为 80kA，690V	kA	18.5	18.5
额定短时耐受电流 I_{cw}，1s		R.M.S 值	kA	5	5

3.4 双电源互投开关 ATSE

1. ATSE 开关概述

ATSE 的全称是 Automatic Transfer Switching Equipment，即自动转换开关。国家标准对 ATSE 的定义如下：

标准摘录：GB/T 14048.11—2016《低压开关设备和控制设备第 6-1 部分：多功能电器 转换开关电器》，等同于 IEC 60947-6-1：2005，MOD。

由一个（或几个）转换开关电器和其他必需的电器组成，用于检测电源电路，并将一个或多个负载电路从一个电源自动转换到另一个电源的电器。

◇有两路电源接入，正常使用时，始终有一路电源保持接通状态。

◇具有电源状态检测功能，能够同时检测两路电源的状态参数（电压、频率）。

◇常用电源出现故障时（失压、过压、欠压、断相、频率偏差），能够自动将负载从常用电源自动转换到备用电源。

按照国标 GB/T 14048.11—2016 规定，ATSE 包括其本体和控制器。ATSE 本体可分为 PC 级或 CB 级两个级别。PC 级的 ATSE 是一套独立的装置，它能够接通、承载、但不能用于分断短路电流。CB 级则由两套断路器构成，因为断路器配备了过电流脱扣器，所以 CB 级的 ATSE 能够接通并用于分断短路电流。

ATSE 的主要特点见表 3-8。

表 3-8 ATSE 的主要特点

分类名称	类别 1
额定电流	1~5000A
极数	3 极型和 4 极型
功能特点	PC 级 ATSE，CB 级 ATSE

（续）

分类名称	类别1
结构原理及组成部件	接触器型 ATSE，断路器型 ATSE，负荷开关型 ATSE，PC 级一体化 ATSE
使用类别	AC – 31 和 AC – 33
工作位置	两段式 ATSE 和三段式 ATSE

2. ATSE 在转换电源时的中性线重叠问题

我们已经知道，TN 系统有三种形式：TN – C、TN – S 和 TN – C – S。其中 TN – C 将 PE 和 N 联在一起组成 PEN 线作为保护接地或保护接零。

我们来看图 3-19。

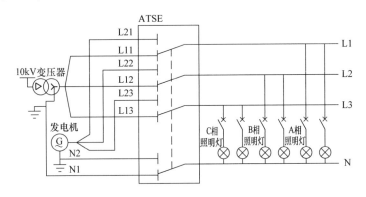

图 3-19　ATSE 中性线重叠问题的说明

图 3-19 中电源是 TN 系统：其中有发电机和电力变压器供电电源，还有 ATSE 和三相照明负载。

设想原先低压电网由市电供电，现在因为某种原因需要切换到发电机 G 供电，并且发电机 G 已经起动。在 ATSE 切换的过程中，若 N1 线先脱离，随后相线才相继脱离，于是会出现这样的时刻：负载侧的 N 将会出现中性点偏离，使得负载侧的 N 线上出现较高的电压，有可能会损坏照明灯具或者电力设备。

这种现象在电网切换的过程中时常会出现，究其原因，就是因为 ATSE 先于相线切换 N 线，致使用户侧 N 线带上较高电压，严重时甚至发生人身伤害事故。

若 ATSE 从发电机电源切换到市电电源时也先于相线切换 N 线，则同样会出现上述现象。

为了避免出现上述现象，ATSE 在实施分断操作时让相线的分断操作超前于 N 线；而 ATSE 在实施闭合操作时，让相线的闭合操作滞后于 N 线。两者的时间差不小于 20ms。

注意：这里所指的时间差是 ATSE 开关自身的动作时间差，而不是发电机起动落后于市电失压故障的时间差。

对于 CB 级的 ATSE，因为它是用两台断路器加上控制器构成，因此不可能解决中性线重叠问题。

有些 PC 级的 ATSE 开关能够将相线相对于 N 线的投退完成时间按 5ms 的时间间隔进行整定。例如，可以将分闸设定为相线触点超前 N 线触点 25ms 动作，将合闸过程设定为 N 线触点超前相线触点 45ms 动作，这样就确保不会出现中性线重叠问题。

有些 ATSE 开关还能在电压过零时实现投切转换，此时因为电网电压最低不会出现冲击电压。

3. ATSE 的应用场合

对 ATSE 开关要求较高的场合一般是高档楼宇项目、机场、会展、移动和电信等，特点是照明设备和通信设备多，经受不起 N 线上的瞬间高压冲击。

ATSE 开关有三极和四极的两种规格，这两种规格应用的场合如下：

（1）应用场合之一：市电与发电机通过 ATSE 互投

若低压配电网采用 TN-S 的接地系统，并且低压进线侧断路器配备了接地故障保护，则 ATSE 和断路器必须使用四极的元件规格；若低压配电网采用 TN-C 的接地系统，则因为 N 线不得断开，所以 ATSE 和断路器都必须使用三极的元件规格。

（2）应用场合之二：馈电回路的双电源互投

若馈电回路需要两路电源互投，且电源来自两段母线，则可以采用三级的 ATSE 开关。

4. ASCO 和 GE 的两款 ATSE 产品

目前最先进 ATSE 开关是美国生产的 ASCO-ATSE 开关。我们来看图 3-20 和表 3-9。

表 3-9　ASCO 公司的部分 ATSE 技术参数

额定电流/单位：A		短时参数及带载切换能力				
		用熔断器保护		用断路器保护	短时耐受电流	
切换开关	旁路隔离抽出型开关	短路电流/kA	熔断器额定电流/A	短路电流/kA	数值/kA	延时周波数/延时时间（ms）
30	—	100	60	10	—	—
70，100，125，150，200	—	200	200	22	—	—
230	—	100	300	22	—	—
—	150，260，400	200	600	42	—	—
		200	800			
260，400，600	—	200	600	50		
		200	800			
800，1000，1200	600，800，1000，1200	200	1600	65	36	18/36
1600，2000	1600，2000	200	3000	100	65	30/60
3000	3000	200	4000	100	65	30/60
4000	4000	200	6000	100	65	30/60

注：30~230A 转换时间为 1.5 周波，260~4000A 转换时间为 3 周波。

ASCO7000 系列 ATSE 开关的外形如图 3-20 所示。

从表 3-9 中我们看到 ASCO-ATSE 的短时耐受电流时间长度均为 30 周波。

再看 GE 公司的 ATSE 开关技术参数，见表 3-10。

图 3-20 ASCO7000 系列 ATSE 开关的外形

表 3-10 GE 公司的 ATSE 开关技术参数

GE Zenith ZTG 开关		CCC 认证短路参数		
ZTG 系列开关型号	额定电流/A	额定短时耐受电流 /kA	额定短路电流 /kA	额定限制短路电流值 /kA
标准转换开关 ZGS	40, 80, 100, 150, 200, 225	10	17	25
	400	30	63	42
	800	42	88	50
	1000, 1200	24	50.4	65
	1600, 2000, 3000	50	105	N/A
延时转换开关 ZGD	40, 80, 100, 150, 225, 400	30	63	42
	800	42	88.2	50
	1000, 1200	24	50.4	65
	1600, 2000, 3000	50	105	N/A

GE 公司的 ATSE 开关外形如图 3-21 所示。

GE 公司的 ATSE 开关采用中性线先合后分技术来实现中性线重叠,其示意图如图 3-22 所示。以下做简要说明:

图 3-22a 是 GE - ATSE 的原始状态,图中可见 GE - ATSE 的输出公共端被接到变压器 T1 一侧;图 3-22b 开始转换过程。从图中可见 GE - ATSE 的相线触点被置于零位,与变压器 T1 三相的接触已经实现脱离,但 ATSE 的 N 线触点仍然保闭合,维持在变压器 T1 的中性线上;图 3-22c 中可见 GE - ATSE 的相线触点仍然保持在中间

图 3-21 GE 公司的 ATSE 开关外形

的零位状态，但 GE – ATSE 的 N 线触点已经切换到变压器 T2 一侧；图 3-22d 中可见 GE – ATSE 的相线触点也切换到变压器 T2 侧。至此，GE – ATSE 完成了从变压器 T1 转换到变压器 T2 的过程。

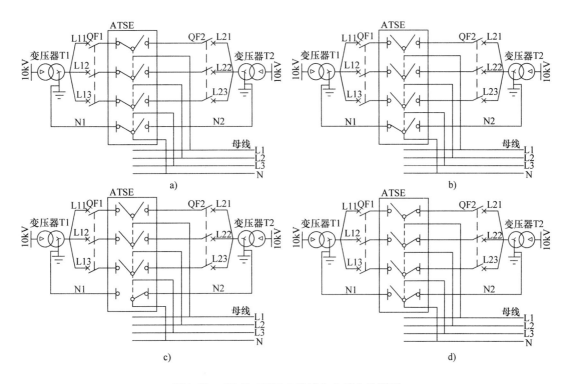

图 3-22　GE 的 ATSE 中性线先合后分的说明

a）转换前变压器 T1 供电　　b）转换中——相线脱离，中性线保持

c）转换中——相线脱离，中性线切换　　d）转换后变压器 T2 供电

从表 3-8 的 ASCO 公司 ATSE 参数和表 3-9 的 GE 公司 ATSE 参数中我们能看出如下几点：

1）ATSE 不能独立地分断短路电流，ATSE 必须配套断路器或者熔断器。PC 级的 ATSE 具有一定的带载切换能力，只有 PC 级的 ATSE 才具有中性线重叠功能或者中性线先合后分功能。

2）ATSE 参数中的短时耐受电流 I_{cw} 其时间是 30 个周波，即 $20 \times 30 = 600 \text{ms}$，折合到 1s 的短时耐受电流相当于乘以 0.7746 倍。以 ASCO 的 1600A 开关为例，它的短时耐受电流是 36kA，折合到 1s 后的短时耐受电流是 27.9kA。

3）ATSE 的额定电流范围可从 30 ~ 4000A。

5. 对 CB 级 ATSE 智能控制器 DPT/SE 和 DPT/TE

DPT/SE 和 DPT/TE 是 ABB 公司的产品，符合的标准是 IEC 60947 – 6 – 1 和 GB/T 14048.11。其中 DPT/SE 用于两路市电或者市电与发电机供电的自动切换，DPT/TE 则用于两进线单母联的两路市电自动切换。

DPT/SE 和 DPT/TE 的技术参数和基本功能见表 3-11。

表 3-11 DPT/SE 和 DPT/TE 的技术参数和基本功能

			DPT/SE	DPT/TE
	制造标准	—	IEC 60947 – 6 – 1 和 GB/T 14048.11	
	级别	—	CB 级	—
技术参数	工作电压	控制回路	230V/AC – 50Hz	—
		主回路	400V/AC – 50Hz/60Hz	—
	控制回路触点的分断能力	阻性负载	5A/220V/AC – 50Hz	—
		感性负载 $\cos\varphi = 0.4$	2A/220V/AC – 50Hz	—
	机械寿命	—	5000 次	—
基本功能	电流范围		≤6300A	≤6300A
	转换模式	—	自动	自动
	延时控制		√	√
	失电压转换		√	√
	断相转换		√	√
	市电——发电机转换		√	√
	断路器状态指示		√	√
	自投自复		√	√
	拒动报警		√	√
	断相报警		√	√
	外接开关量变位报警		√	√

DPT/SE 电路图：

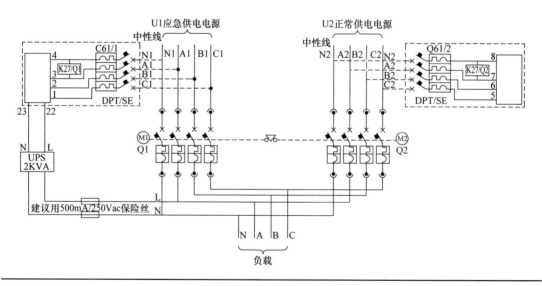

DPT/SE 能对市电进线和发电机进线延时互投，操作模式包括自动模式、正常供电模式、应急供电模式和关断模式；DPT/TE 能对两进线的电压进行监测，在出现失压对进线断路器执行分断操作，对母联断路器后执行延迟闭合操作。当低压配电网的电压恢复后对进线断路器和母联断路器执行恢复操作。操作模式也包括自动模式和关断模式，也具备报警功能。

3.5 断路器

3.5.1 断路器概述

1. 断路器概述

断路器是一种能够接通、承载和分断正常运行电路中的电流，也能在非正常运行的电路中（过载、短路）按规定的条件接通、承载一定时间和分断电流的开关电器。

低压电网中的断路器，从结构类型可分为3种型式：第一种是空气绝缘框架断路器，国际上通用名是 Air Circuit Breaker，简称为 ACB 断路器；第二种是塑壳断路器，国际上通用名是 Moulded Case Circuit Breaker，简称为 MCCB 断路器；第三种是微型断路器，国际上通用名是 Micro Circuit Breaker，简称为 MCB 断路器。

断路器作为一种全功能的开关电器，其基本功能见表 3-12。

表 3-12 断路器基本功能

功能		条件
隔离控制	包括各种功能性控制	断路器脱扣器的内置功能
	紧急通断控制	
	设备维护控制和闭锁功能	
	远程控制	对脱扣线圈实施远程控制
保护	过载保护	
	短路保护	
	绝缘监测及接地故障保护	脱扣器中带剩余电流检测功能
	欠电压保护	带欠电压脱扣线圈
测量	模拟量	断路器电子脱扣器的内置功能
	开关量	断路器电子脱扣器的内置功能
显示和人机对话		断路器电子脱扣器的内置选项

断路器在制造和使用方面遵循的标准是 IEC 60947 – 2：2003，对应的国家标准是 GB/T 14048.2—2020《低压开关设备和控制设备 第2部分：断路器》，这两部标准是等同使用的。对于家庭使用的断路器，其标准是 IEC 60898。

断路器用作合分电路时，依靠扳动手动操作机构的手柄（简称为手操）或者利用电动操作机构（简称为电操）使得断路器的动、静触头闭合或者断开。如图 3-23 所示。

当断路器所在线路出现过载（过负荷）时，断路器中的双金属元件受热（或者通过它近旁的发热元件使得双金属元件受热）产生变形、弯曲，打开锁扣使得断路器跳闸。这种脱扣被称为热脱扣，一般用于断路器的过载保护。

当断路器所在线路中出现短路时，短路电流流过磁脱扣线圈产生电磁吸力，推动并打开锁扣使得断路器跳闸。断路器的磁脱扣器用于执行短路保护。

当断路器所在线路出现电压低于 $70\% U_n$（额定电压）时，欠电压脱扣器将触发断路器执行跳闸操作。这种脱扣被称为 YU 欠电压脱扣器，一般用于断路器的欠电压保护。

当操作者需要从远方来操作断路器跳闸时，可以利用分励脱扣器。分励脱扣器 YO 可实现断路器的远距离操作。

从图 3-23 中可以看见断路器热脱扣器、磁脱扣器、分励脱扣器 YO、欠电压脱扣器 YU，这四种脱扣器是低压断路器的最基本脱扣器。

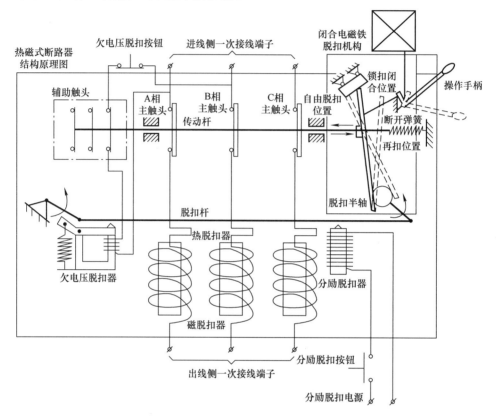

图 3-23 带热磁式脱扣器的断路器操控模式图

断路器在低压电网中的主要任务是对线路进行短路保护和过载保护，还有剩余电流保护和失电压保护。各种保护操作均通过脱扣器实施，所以脱扣器是断路器中的最重要的组成部分。

具有热脱扣器和磁脱扣器的断路器被称为热磁式断路器。热磁式断路器利用热脱扣器的可调动作门限值实现线路过载保护，利用磁脱扣器可调动作门限值实现线路短路保护。

图 3-24 所示为某国产品牌热磁式塑壳断路器的内部结构。

从图 3-24 中我们看到了过载保护热脱扣器的双金属片，看到了短路保护磁脱扣器的线圈、衔铁和操动机构推杆。它们和操动机构及手动操作手柄一起，构成了塑壳断路器的合分闸操作机构和脱扣保护机构。图 3-25 所示为某国产品牌热磁式塑壳断路器的触头系统。

图 3-25 中，我们看到了某国产品牌热磁式塑壳断路器的静触头和动触头，还有灭弧罩和上部接线端子。

我们来认识断路器电子式脱扣器工作原理，先看图 3-26 所示的电子式脱扣器工作流程图。

断路器的电子式脱扣器中安装了微处理器，利用微处理器配套外部电子电路实现过载和短路电流的测量和线路保护。

在图 3-26 中，电流采样信号通过空心电流互感器（罗氏线圈）获得。之所以采用空心

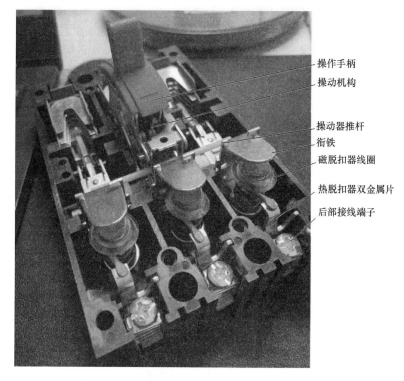

图 3-24　某国产品牌热磁式塑壳断路器的内部结构

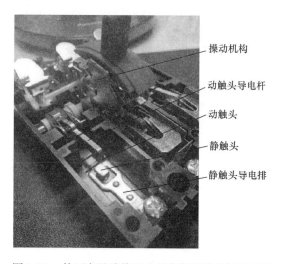

图 3-25　某国产品牌热磁式塑壳断路器的触头系统

电流互感器是为了避免在测量过载和短路电流时铁磁电流互感器磁通饱和效应。罗氏线圈在高压、中压和低压断路器以及继电保护中使用很普遍。罗氏线圈与电流互感器磁滞回线的区别如图 3-27 所示。

罗氏线圈采集电流信息具有如下特点：

1）不存在磁路饱和现象；

2）线性度好，标定参量相对容易；

3）瞬态感应能力强，对瞬态电流变化反应灵敏，可用于测量短路电流，以实现低压、

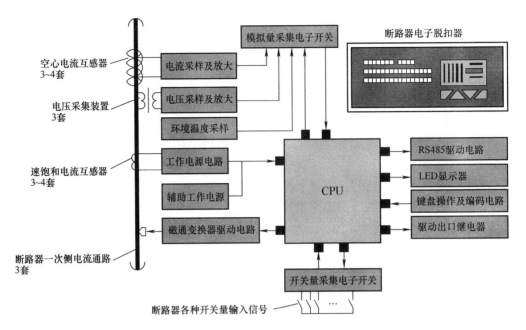

图 3-26 断路器电子式脱扣器工作流程图

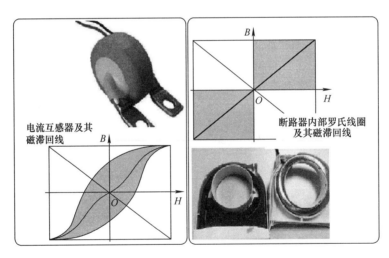

图 3-27 罗氏线圈与电流互感器磁滞回线的区别

中压和高压的线路保护；

4）可测量的电流值变化范围宽泛，从 1mA ~ 1000kA 可直接测量；

5）测量相位差在中频时小于 0.1°；

6）线圈的绝缘电压达到 10kV；

7）当二次线圈开路时，区别于普通电流互感器它不会出现过电压；

8）不存在过载问题；

9）安装尺寸小，维护方便。

由于罗氏线圈的导线本体电阻受热后会增加，影响到测量精确度，需要加以温度补偿。罗氏线圈特别适合于单片机测量，故罗氏线圈测量电流在断路器的电子式脱扣器中得到广泛运用。

图 3-26 中电压采集装置用于三相电压测量，以实现欠电压和过电压保护，以及电参量监测。

断路器的工作电源来自速饱和电流互感器获取的能量。采用速保护电流互感器的目的是避免当断路器的一次回路中流过较大的电流时对电源系统产生破坏性冲击。

图 3-26 中，电流、电压等模拟量通过模拟量采集电子开关输入到 CPU 中，CPU 对模拟量采集电子开关发出选通控制实现高速循环输入各种模拟量；断路器的各种开关量则从开关量采集电子开关输入 CPU。

CPU 的输出包括：LED 显示器显示测控信息和模拟量信息，键盘操作及编码电路用于实现人机对话，驱动出口继电器则用于执行各种脱扣操作，而 RS485 驱动电路则用于与上位系统交换信息。

带电子式脱扣器的断路器操作模式图如图 3-28 所示。

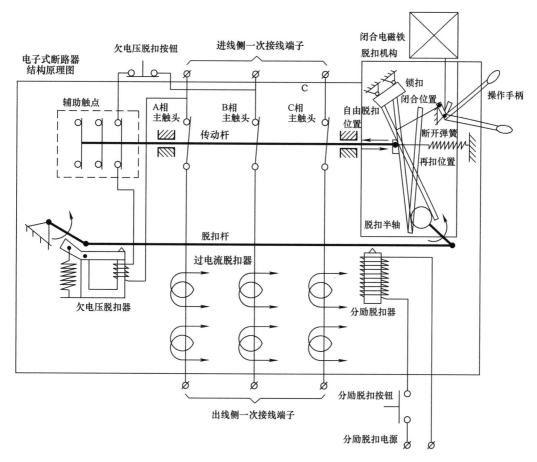

图 3-28　带电子式脱扣器的断路器操作模式图

图 3-28 中的过电流脱扣器若发现电流越限（包括过载电流越限或者短路电流越限）后，电子脱扣器就驱动操动机构执行断路器的过载保护跳闸或者短路保护跳闸。图 3-28 中的欠电压脱扣器和分励脱扣器与图 3-23 的热磁式断路器相同，用于断路器行使欠电压保护跳闸和远程控制跳闸。

2. 低压断路器的分类

（1）断路器按使用类别分类

使用类别 A 是指断路器不具有可调延时的短路保护，而使用类别 B 则具有可调延时的短路保护。

（2）断路器按安装方式分类

可分为固定安装式断路器和抽出式断路器等。

图 3-29 左图是某品牌固定式框架断路器，右图是 ABB 公司的 Emax2 抽出式框架断路器，图中可见其本体能从壳体中抽出，壳体中亦可见到轨道及主电路接线端子抽插活门。

固定式框架断路器
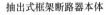
抽出式框架断路器本体

抽出式框架断路器的壳体框架

图 3-29　固定式和抽出式框架断路器

在实际使用时，若断路器本体可抽出，则有利于实现电气隔离，便于检修和更换。

在实际运用工程中，框架式断路器 ACB 大多采用抽出式结构，塑壳断路器 MCCB 及微型断路器 MCB 大多采用固定式结构。

（3）断路器按用途分类

可分为配电保护断路器、电动机保护断路器、家用和类似用途的断路器和剩余电流保护断路器等。

用于配电保护的断路器必须符合 GB/T 14048.2—2020 标准及 IEC 60947-2 标准，而用于电动机保护的断路器还要满足 GB/T 14048.4—2020 及 IEC 60947-4 标准。对于微型断路器，它必须符合 GB 10963.2—2008 和 IEC 60898-2 标准，即《家用和类似场所使用的过电流保护断路器　第2部分：用于交流和直流的断路器》

（4）断路器按接线方式分类

可分为板前接线断路器、板后接线断路器、插入式接线断路器、抽出式接线断路器和导轨式接线断路器等。

（5）断路器按极数分类

可分为单极断路器、双极断路器、三极断路器和四极断路器。见图 3-30。

图 3-30　单极、双极和三极断路器

3.5.2　断路器的主要技术术语和参数设置方法

1. 额定绝缘电压 U_i、额定工作电压 U_e 和额定冲击耐受电压 U_{imp}

额定绝缘电压 U_i、额定工作电压 U_e 和额定冲击耐受电压 U_{imp} 的定义见第 1 章 1.3 节。

一般额定电压是指相间电压，即线电压。中国国内大多数电压为交流 50Hz 380V（在变压器或者发电机的端口处空载电压为 400V），以及矿用负载电压为交流 50Hz 660V（变压器或发电机的端口处空载电压为 690V）。国外的电压还有 415V 和 480V 等。

2. 断路器的工频耐压

当断路器处于打开状态时，对断路器的进出线之间、断路器各极之间进行工频耐压测试；当断路器处于闭合状态时，将断路器各级并接后进行各极与金属外壳间的工频耐压测试。

测试电压应当根据绝缘电压等级来制订。当断路器的绝缘电压 U_i 大于 300V 但小于或等于 660V 时，实施工频耐压测试的电压为 2500V，测试时间为 1min。测试时不允许出现闪络或击穿。

为了真正实现绝缘配合，IEC 还规定了冲击耐受电压。

3. 额定电流 I_n 和额定持续电流 I_u

额定电流 I_n 是断路器制造厂声明的能在规定的条件下长期运行的最大电流值，且当断路器长期流过额定电流时其运行温度不会超过规定极限。

IEC 60947-2 标准中规定额定电流 I_n 通常等于断路器的额定持续电流 I_u。

4. 断路器壳架（或框架）等级电流

> 📖 标准摘录：GB/T 14048.2—2020《低压开关设备和控制设备 低压断路器》
>
> 2.1.1　壳架等级　frame size
>
> 表示一组断路器特性的术语，其结构尺寸对几个电流额定值者相同，壳架等级以相应于这组电流额定值的最大值 A 表示。在一壳架等级中，宽度可随极数而不同。

壳架等级电流是由断路器的壳架外型决定的，并且用断路器额定电流中的最大值来表示。见表 3-13。

表 3-13　部分 ABB 的 Emax 断路器的额定电流

断路器型式	额定不间断电流 I_u	额定电流 I_n/A								
		400	630	800	1000	1250	1600	2000	2500	3200
E1B	800	T	T	T	—	—	—	—	—	—
	1000~1250	T	T	T	T	T	—	—	—	—
	1600	T	T	T	T	T	T	—	—	—
EIN	800	T	T	T	—	—	—	—	—	—
	1000~1250	T	T	T	T	T	—	—	—	—
	1600	T	T	T	T	T	T	—	—	—
E2B	1600	T	T	T	T	T	T	—	—	—
	2000	T	T	T	T	T	T	T	—	—

（续）

断路器型式	额定不间断电流 I_u	额定电流 I_n/A								
		400	630	800	1000	1250	1600	2000	2500	3200
E2N	1000~1250	T	T	T	T	T	—	—	—	—
	1600	T	T	T	T	T	T	—	—	—
	2000	T	T	T	T	T	T	T	—	—
E2S	800	T	T	T	—	—	—	—	—	—
	1000~1250	T	T	T	T	T	—	—	—	—
	1600	T	T	T	T	T	T	—	—	—
	2000	T	T	T	T	T	T	T	—	—
E2L	1250	T	T	T	T	T	—	—	—	—
	1600	T	T	T	T	T	T	—	—	—
E3N	2500	T	T	T	T	T	T	T	T	—
	3200	T	T	T	T	T	T	T	T	T
E3S	1000~1250	T	T	T	T	T	—	—	—	—
	1600	T	T	T	T	T	T	—	—	—
	2000	T	T	T	T	T	T	T	—	—
	2500	T	T	T	T	T	T	T	T	—
	3200	T	T	T	T	T	T	T	T	T
E3H	800	T	T	T	—	—	—	—	—	—
	1000~1250	T	T	T	T	T	—	—	—	—
	1600	T	T	T	T	T	T	—	—	—
	2000	T	T	T	T	T	T	T	—	—
	2500	T	T	T	T	T	T	T	T	—
	3200	T	T	T	T	T	T	T	T	T

注：图中 T 表示可选。

断路器壳架电流等级额定值是指壳架能够承受的最高过电流脱扣整定值。例如：ABB 的 MCCB 塑壳断路器 T6S630 其壳架电流额定值为 630A，而 ACB 断路器 E2N2000 的壳架电流额定值为 2000A。

我们看国家标准中给出的壳架等级电流的定义：

标准摘录：GB/T 14048.2—2020《低压开关设备和控制设备　第 2 部分：断路器》。

2.1.1　壳架等级　frame size

表示一组断路器特性的术语，其结构尺寸对几个电流额定值者相同，壳架等级以相应于这组电流额定值的最大值 A 表示，在一壳架等级中，宽度可随极数而不同。

5. 断路器额定电流

在规定的条件下保证断路器正常工作的电流。额定电流反映了断路器脱扣器的额定整定值。

例如 E1B 断路器型式，它的壳架电流为 1600A，额定电流分别为 800A、1000~1250A

和 1600A。每一种额定电流又可以有若干种整定值，例如 800A 的额定电流具有 400A、630A 和 800A 三种整定值。

6. 额定频率

在我国内地，配电网的额定频率为 50Hz，我国香港特别行政区，电力系统的额定频率为 60Hz。

7. 断路器温升

断路器通过壳架等级电流中的最大额定电流，且延续一段时间后，它的各个部件温度升高的规定值。这里所指的各个部件包括一次接线端子、操作手柄、欠电压线圈、分励脱扣器线圈等。

8. 过载保护 L 参数

在断路器特性曲线中的 "L" 区域被称为过载长延时保护 L 参数整定曲线，如图 3-31 所示。

断路器的热延时过载脱扣器，其整定值为 L 反时限参数。L 反时限参数可在一定电流范围内加以整定，有时也可能采用固定值。L 反时限参数确定了热延时过载脱扣器的特性曲线。

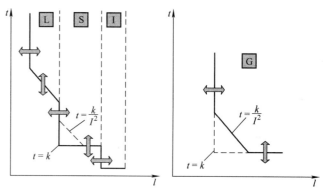

图 3-31　断路器的时间–电流特性曲线

IEC 60947 – 2 和 GB/T 14048.2、GB/T 14048.4 中对配电用断路器的长延时过电流脱扣器反时限动作特性作了规定，见表 3-14 ~ 表 3-17。

表 3-14　断路器的长延时过电流脱扣器反时限动作特性

脱扣电流倍数		约定时间/h
约定不脱扣电流 I_r	约定脱扣电流 I_{rth}	
1.05	1.30	2（$I_n > 63A$）
		1（$I_n \leqslant 63A$）

表 3-15　IEC 60947.4：2002 和 GB/T 14048.4 – 2020 中用于直接起动电动机的断路器的反时限动作特性

过载脱扣器	整定电流倍数				周围空气温度
	A	B	C	D	
热磁和电磁式 无周围空气温度补偿	1.0	1.2	1.5	7.2	+40℃
热磁式，有空气温度补偿	1.05	1.2	1.5	7.2	+20℃

注：1. 在 A 倍整定电流时，从冷态开始在 2 小时内不动作；当电流接着上升到 B 倍整定电流时，应在 2 小时内动作。

2. 脱扣级别为 10A 的过载脱扣器在整定电流下达到热平衡后通以 C 倍整定电流，应在 2 分钟内动作。

3. 对于脱扣器级别为 10、20 和 30 级的过载脱扣器在整定电流下达到热平衡后通以 C 倍整定电流值，应当分别在 4 分钟、8 分钟和 12 分钟动作脱扣。

4. 从冷态开始，脱扣器在 D 倍整定电流下应当按下表给出的极限值内脱扣。

表 3-16　热、电磁式固态过载继电器的脱扣级别和脱扣时间对照表

级别	按上表 D 列规定条件下的脱扣时间 T_n/s
10A	$2 < T_n \leqslant 10$
10	$4 < T_n \leqslant 10$
20	$6 < T_n \leqslant 20$
30	$9 < T_n \leqslant 30$

表 3-17　断路器的脱扣器电流参数的设定范围

脱扣器类型	过载保护	短路保护
热磁式	固定值：$I_{r1} = I_n$	固定值：$I_2 = 7 \sim 10$ 倍 I_n
热磁式	可整定范围：$0.7 I_n \leqslant I_{r1} < I_n$	整定范围： 低整定值：$2 \sim 5$ 倍 I_n 标准整定值：$5 \sim 10$ 倍 I_n
电子式	长延时整定范围： $0.4 I_n \leqslant I_{r1} < I_n$	短延时可整定范围： $1.5 I_{r1} \leqslant I_{r2} < 10 I_{r1}$ 瞬时固定值范围：$I_{r3} = (12 \sim 15) I_{r1}$

9. 可调延时短路保护 S 参数

在断路器特性曲线的"S"区域被称为短路短延时电流保护 S 参数整定曲线。

S 区域曲线中流过的电流为短路电流。S 区域的保护参数可设定为定时限（$t = k$）或反时限（允通能量曲线 $I^2 t = k$）。在定时限方式下，只要短路电流超过给定值则立即发生保护脱扣动作，而反时限方式下则延迟一段时间才发生保护脱扣动作。

10. 瞬时短路保护 I 参数

在断路器特性曲线中的"I"区域被称为短路电流瞬时保护 I 参数曲线。

在 I 区域中低压系统发生了严重的短路故障，流经断路器的短路电流超过线路允许的最大允许值，断路器必须立即分断，所以 I 区域的脱扣过程必须在瞬间完成的。

11. 接地故障 G 保护参数

特性曲线的右图中"G"区域的曲线被称为接地故障反时限参数整定，有时被简称为 G 参数整定。

G 曲线与 S 曲线相同，也可将保护方式设定为定时限（$t = k$）或反时限（允通能量曲线 $I^2 t = k$）。在定时限方式下，只要接地故障电流超过给定值则立即发生保护脱扣动作，而反时限方式下则延迟一段时间才发生保护脱扣动作。

单相接地故障 G 保护通常与三段保护合并为四段保护。

12. 剩余动作电流

在规定的条件下，能够使得剩余电流保护装置动作的剩余电流值。

13. 剩余不动作电流

在规定的条件下，使得剩余电流保护装置不动作的剩余电流值。

14. 寿命

开关电器的寿命包括电寿命和机械寿命。有关开关电器的寿命定义见本章 3.1.1 节。

一台开关电器的机械寿命用其允许的操作循环次数来表征，而且开关电器操作时主电路

不加负载。开关电器的机械寿命与机械运动部件的磨损有关：开关电器所需要的控制力越大，材料的磨损和应力也越大。

对于断路器来说，由于断路器的主触点需要较高的触点压力和加大的质量才能确保可靠工作，因此断路器的机械寿命就受到很大的限制。

开关电器的电寿命用其不需要维修和更换任何零部件所能够达到的有载通断操作循环次数来表征。触点在带载情况下通断，在接通时会发生触点弹跳，会产生接通烧损；在断开时会发生电弧烧损和触点熔焊。无论是接通烧损还是断开烧损，它都与通断操作时的电压、电流以及时间有关。

我们来看 Emax2 开关的机械寿命和电寿命参数，如图 3-32 所示。

			E1 B-N-S			E2 B-N-S				E2 L	
额定不间断电流 (40 ℃)		[A]	800	1000-1250	1600	800	1000-1250	1600	2000	1250	1600
机械寿命 正常维护作业下		[操作次数 x 1000]	25	25	25	25	25	25	25	20	20
操作频率		[每小时操作次数]	60	60	60	60	60	60	60	60	60
电气寿命	(440 V ~)	[操作次数 x 1000]	10	10	10	15	15	12	10	4	3
	(690 V ~)	[操作次数 x 1000]	10	8	8	15	15	10	8	3	2
操作频率		[每小时操作次数]	30	30	30	30	30	30	30	20	20

图 3-32　Emax2 开关的机械寿命和电寿命

15. 断路器型式试验时的专业术语 "O"、"t" 和 "CO" 的解释

"O"：试验时已经预先调整好短路电流，断路器接入试验线路并合闸，短路电流流过断路器。若断路器能自动分断并熄弧，则认为 "O" 试验通过。

"t"：表示 "O" 试验与 "CO" 试验之间的时间间隔，一般为 3min。

"CO"：试验表示断路器接通短路电流后立即分断，其目的是测试断路器在经受短路电流峰值的冲击时是否会因为电动力和热冲击的影响而损坏。若断路器合闸后能够顺利分断和熄弧，则认为 "CO" 试验通过。

16. 极限短路分断能力 I_{cu}

极限短路分断能力 I_{cu} 是指在规定的条件下（电压、电流、功率因数等）断路器的分断能力，并且分断后不考虑断路器能否继续承载它的额定电流。I_{cu} 这个参数表征了断路器的极限分断能力，同时对断路器来说也是破坏性试验。

极限短路分断能力 I_{cu} 的试验程序是：O—t—CO，即打开 – 延时 – 闭合后立即打开。这里的 t 延迟休息时间一般不小于 3min。

试验线路如果处于 O 程序，断路器处于分断状态。CO 试验时使断路器合闸，然后立即分断。这里的合闸 C 是考核断路器在经受了接通电流（峰值电流）以后，是否会因为峰值电流产生的电动斥力冲击和热冲击而损坏。如果断路器能够在合闸后立即分断，并且还能熄灭电弧，则说明该断路器的 CO 试验成功。

17. 运行短路分断能力 I_{cs}

运行短路分断能力是指在规定的条件下（电压、电流、功率因数等）断路器的分断能力，并且分断后断路器还能继续承载它的额定电流。由此可见，I_{cs} 表征了断路器的重复分断能力。

运行短路分断能力 I_{cs} 的试验程序是：O—t—CO—t—CO，即打开 – 延时 – 闭合后立即

打开 - 延时 - 闭合后立即打开。

与极限短路分断能力 I_{cu} 的试验程序相比，运行短路分断能力 I_{cs} 的试验程序多了一个 CO。当试验顺利完成后，还需要做工频耐压验证、温升验证、过载脱扣器性能验证和操作性能验证。操作性能验证是在同样的工作电压加载了额定电流，让断路器反复操作的次数为电寿命的 5%。试验合格的判定标准是：每个试验程序都合格，并且断路器的外壳不应破碎，但允许有裂缝。

18. 极限短路分断能力 I_{cu} 和额定运行短路分断能力 I_{cs} 之间的关系

I_{cu} 表征了断路器在闭合状态下能够分断的极限短路电流值，并且分断后断路器有可能已经损坏；I_{cs} 则表征了断路器在闭合状态下能够分断的短路电流值，并且分断后断路器仍然能正常工作。在实际使用断路器时，最重要的参数是额定运行短路分断能力 I_{cs}。

值得注意的是：在 IEC 60947 - 2 标准中提供的极限短路电流值是指冲击短路电流的交流分量的有效值，也就是最高预期短路电流，并且其中不包含直流暂态分量。

在实际的低压电网中，I_{cu} 的大小与短路回路的 $\cos\varphi$ 密切相关。在 GB/T 14048.2 和 IEC 60947 - 2 标准中给出了相关的表，具体见表 3-18。

表 3-18 I_{cu} 与 $\cos\varphi$ 的关系

I_{cu}	$\cos\varphi$
$6kA < I_{cu} \leqslant 10kA$	0.5
$10kA < I_{cu} \leqslant 20kA$	0.3
$20kA < I_{cu} \leqslant 50kA$	0.25
$50kA < I_{cu}$	0.2

在 GB/T 14048.2 和 IEC 60947 - 2 标准中，规定 I_{cs} 占 I_{cu} 的比值序列为 25%、50%、75% 和 100%。一般地，断路器的 I_{cs} 占 I_{cu} 的比值为 50% ~ 75%。查阅 ABB 公司断路器的产品样本会发现在多数情况下 I_{cs} 和 I_{cu} 两者相等，这显示了 ABB 在断路器制造方面的技术水平和能力。

在使用断路器时，究竟是 I_{cu} 还是 I_{cs} 更能代表断路器的分断能力呢？答案应当是 I_{cu}。

往往断路器的壳体电流越大，则其 I_{cu} 也越大。设想短路电路中预期短路电流为 65kA，其额定电流为 2000A。若按 I_{cs} 选择某型断路器，其 I_{cu} 为 75kA 而 I_{cs} 为 65kA，但该断路器的额定电流为 2500 ~ 3200A，显然无法对该电路中出现的过载电流实施有效保护；若按 I_{cu} 选择某型断路器，则其额定电流为 1000 ~ 2000A，正好覆盖实际电路中的额定电流，完全能够满足过载保护的要求。

I_{cs} 常用于上下级配合时上级断路器对短路电流的后备保护：若下级电路中发生短路时且下级断路器出现故障未跳闸，则上级断路器的 I_{cs} 能确保本级断路器能够承受短路电流的冲击且及时地启动短路后备保护实现跳闸。

19. 额定短时耐受电流 I_{cw}

额定短时耐受电流 I_{cw} 的定义见本章 3.1.1 节。

当额定电流 $I_n \leqslant 2500A$ 时，额定短时耐受电流 I_{cw} 取 $12I_n$ 或者 5kA 中的最大者；当额定电流 $I_n > 2500A$ 时，I_{cw} 为 30kA，延时时间不应小于 0.05s，延时时间的优选值是 0.05—0.1—0.25—0.5—1s。

短时耐受电流仅适用于 B 类断路器, 即具有短路短延时保护特性的断路器。

20. 断路器的限流能力

利用断路器的限流能力能有效地阻止短路电路中的预期最大故障电流, 仅允许小于或等于被限制数值要求的电流通过。

通过断路器的限流作用, 短路电流极大地减少了允通电流 I^2t 的数值, 而当预期短路流过未加限流作用的断路器时, 短路电流产生的热冲击将加载在短路电路中, 将对电路产生破坏作用, 所以要实施限流保护。

图 3-33 中 B 是预期短路电流 I_k, A 是限流后的短路电流, 我们看到曲线 A 所反映的短路电流相对预期短路电流 B 来说其幅值已经被极大地削弱了, 不再对线路产生危害。

曲线 A 的有效值相对曲线 B 的有效值之比被称为限流比, 限流比一般在 25% ~ 75% 之间, 由此可见具有限流作用的断路器其工作特性非常类似于熔断器。

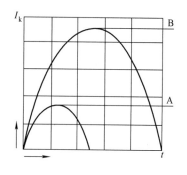

从图 3-34 的左图可见短路电流中预期交流分量为 100kA, 而冲击短路电流峰值则高达 141kA。当此预期交流分量受到限制后的冲击短路电流峰值为 75kA。

图 3-33　预期短路电流和限流后的电流

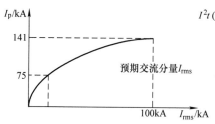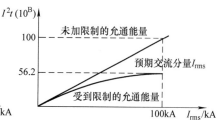

图 3-34　限流断路器的限流性能曲线

从图 3-34 的右图可见未加限制时的允通能量高达 100×10^8, 而加以限制后允通能量被限制为 56.2×10^8。

因为限流型断路器具有限流作用, 所以限流型断路器不再具有短时耐受电流这个参数。

限流型断路器在分断短路电流时的电流和电压过程如图 3-35 所示。

第一种限流式断路器利用安装双金属片导电排来限流。

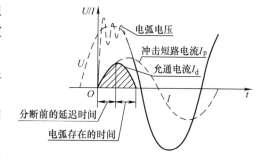

图 3-35　限流型断路器分断短路电流时的电流和电压过程

限流的实质是将未受影响的冲击短路电流限制成较小的允许通过的电流。当发生短路时, 由于断路器安装了双金属片构成的导电排和瞬时短路脱扣器, 此时导电排受热使得电阻变得非常大, 足以将短路电流限制成为断路器能够承受的电动力和热效应, 继而将较小的短路电流分断。

第二种限流式断路器利用合适的触头形状和灭弧室结构灭弧。当电弧产生后,电弧被电磁作用迅速地推到灭弧室中,灭弧室中的栅片将电弧分割成多段局部电弧,再将多段局部电弧进行强力冷却后灭弧。

当电路中出现短路电流时,断路器的反时限保护装置触发脱扣器将断路器的主触点打开,再结合上述的多种方式灭弧。

当电压在400V以下时,限流式断路器的灭弧能力大于电流过零熄弧式断路器。虽然限流式断路器的灭弧能力大于电流过零熄弧式断路器,但限流式断路器不能实现可调时限的短路保护,所以限流式断路器均属于使用类别为A的断路器。

21. 额定接通能力 I_{cm}

额定接通能力 I_{cm} 为断路器在额定电压下能建立的最高电流瞬时值。额定接通能力 I_{cm} 定义为断路器额定极限分断能力 I_{cu} 的 K 倍。K 系数的值与峰值系数 n 的值相同,峰值系数 n 等于冲击短路电流峰值,i_{pk} 与短路电流稳态值 I_k 之比,见第1章1.4.1节。

GB/T 14048.2 和 IEC 60947-2 中规定了在不同的短路电流功率因数下额定接通能力 I_{cm} 与额定极限短路分断能力 I_{cu} 之间的关系见表3-19。

表3-19　I_{cu} 与 I_{cm} 的关系

I_{cu}	$\cos\varphi$	$I_{cm} = KI_{cu}$
$6\text{kA} < I_{cu} \leq 10\text{kA}$	0.5	$1.7I_{cu}$
$6\text{kA} < I_{cu} \leq 20\text{kA}$	0.3	$2I_{cu}$
$20\text{kA} < I_{cu} \leq 50\text{kA}$	0.25	$2.1I_{cu}$
$50\text{kA} < I_{cu}$	0.2	$2.2I_{cu}$

例如ABB的Emax2系列断路器E4S4000断路器,其在额定电压230/400V时额定极限分断能力 I_{cu} 为75kA,则此时对应的额定接通能力 I_{cm} 为165kA,大于 $2 \times 75 = 150\text{kA}$。

短路接通能力 I_{cm} 从字面理解,似乎是当发生短路时还要把断路器接通。其实,短路接通能力 I_{cm} 指的是当发生短路时由于断路器开断线路需要一定的时间(最快也不短于15ms),而短路电流最大值 I_{pk} 出现的时间是短路后10ms,故断路器必须要承受冲击短路电流峰值 I_{pk} 的冲击。我们看图3-36。

在图3-36中,主母线A点上发生短路,如果变压器的短路电流稳态值 I_k 大于50kA,查表得到峰值系数 $\eta = 2.2$,即冲击短路电流峰值 i_{pk} 等于2.2倍的 I_k。冲击短路电流峰值 i_{pk} 出现的时间是短路后10ms。

虽然主开关QF能分断此短路电流,但由于断路器分断时间比较长(大约是40~70ms),冲击短路电流峰值 i_{pk} 必定会在断路器执行开断动作

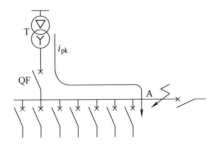

图3-36　断路器短路接通能力 I_{cm} 说明

之前流过断路器,所以断路器的短路接通能力 I_{cm} 必须要大于冲击短路电流峰值 i_{pk}。

断路器的额定极限短路分断能力 I_{cu} 总是取值为大于或等于短路电流稳态值 I_k,所以只要断路器的短路接通能力 I_{cm} 大于或等于2.2倍极限短路分断能力 I_{cu},那么断路器就一定能够承受冲击短路电流峰值 i_{pk} 的电动力冲击。

以下给出断路器一系列线路保护参数之间的大小关系:

$$I_1 \leq I_n < I_2 < I_3 < I_{cw} \leq I_{cs} \leq I_{cu} < I_{cm} \tag{3-14}$$

式中　I_1——断路器过载长延时保护电流整定值；

I_2——断路器短路短延时保护电流整定值；

I_3——断路器短路瞬时保护电流整定值；

I_{cw}——断路器额定短时耐受电流；

I_{cs}——断路器额定运行短路分断能力；

I_{cu}——断路器额定极限短路分断能力；

I_{cm}——断路器额定短路接通能力；

I_n——断路器的额定电流。

在式（3-14）中，I_1一般取 $0.4 \sim 1.05I_n$（电子式脱扣器）或者 $0.7 \sim 1.05I_n$（热磁式脱扣器），I_2一般取 $1 \sim 8I_n$（热磁式脱扣器）或者 $1 \sim 10I_n$（电子式脱扣器），I_3一般取$1.5 \sim 15I_n$。

在式（3-14）中，断路器的长延时 L 参数、短延时 S 参数和瞬时 I 参数整定值都必须小于断路器的短时耐受电流 I_{cw}。其原因是前三者是系统参数，它们体现了断路器对故障线路执行保护的能力和作用，而后者 I_{cw} 则是断路器自身对短路电流热冲击的耐受能力，它体现了断路器的热稳定性。

同理，I_{cs}、I_{cu} 和 I_{cw} 都属于断路器自身对短路电流的电动力作用的抵御能力，它们体现了断路器的动稳定性。许多种类的断路器已经能够实现 $I_{cw} \leqslant I_{cs} \leqslant I_{cu}$。例如 ABB 的 Emax2 系列 E1 和 E2 断路器，如图 3-37 所示。

断路器		E1			E2			
		E1B	E1N	E1S	E2B	E2N	E2S	E2L
极数	[No.]	3 - 4			3 - 4			
N极载流能力 (4极)	[% Iu]	100			100			
I_u　(40 ℃)	[A]	800-1000-1250-1600	800-1000-1250-1600	800-1000 1250	1600-2000	1000-1250-1600-2000	800-1000 1250-1600-2000	-1250-1600
U_e	[V~]	690	690	690	690	690	690	690
I_{cu}　(220...415V)	[kA]	42	50	65	42	65	85	130
I_{cs}　(220...415V)	[kA]	42	50	65	42	65	85	130
I_{cw}　(1s)	[kA]	42	50	65	42	55	65	10
(3s)	[kA]	36	36	42	42	42	42	–

图 3-37　E1 和 E2 断路器的 I_{cu}、I_{cs} 和 I_{cw}

22. 断路器的使用类别 A 和使用类别 B

依照 GB/T 14048.2—2020 标准，将断路器分为使用类别 A 和使用类别 B。

　　标准摘录：GB/T 14048.2—2020《低压开关设备和控制设备　第 2 部分：断路器》，等同于 IEC 60947 - 2：2006，IDT。

4.4　使用类别

断路器的使用类别是根据断路器在短路情况下是否特别指明用作串联在负载侧的其他断路器通过人为延时实现选择性保护而规定。

表4 使用类别

使用类别	选择性的应用
A	在短路情况下，断路器无明确指明用作串联在负载侧的另一短路保护装置的选择性保护，即在短路情况下，选择性保护无人为短延时，因而无4.3.5.4要求的额定短时耐受电流
B	在短路情况下，断路器明确作串联在负载侧的另一短路保护装置的选择性保护，即在短路情况下，选择性保护有人为短延时（可调节）。这类断路器具有4.3.5.4要求的额定短时耐受电流

注：1. 与每档额定短路电流值有关的功率因数或时间常数已在表11中给出

2. 须注意表1中使用类别A和B的 I_{cs} 要求的最小百分数的不同要求；

3. 属使用类别A的断路器，可有一定的人为的短延时，且短时耐受电流应比表3要求的小，以满足除短路条件之外的选择性。在此种情况下，试验应包括试验程序Ⅳ（见8.3.6），并且在规定的短时耐受电流下进行。

4. 选择性不必保证一直到断路器的极限短路分断能力（例如存在瞬时脱扣器动作时），但至少要保证表3规定值及以下的选择性。

因为短路延时保护S参数是可以人为地改变短路电流保护设定值和脱扣时间设定值的，所以把具有S短路保护参数的断路器称为符合"使用类别B"，把不具有S短路保护参数的断路器称为符合"使用类别A"。

使用类别B的应用目的是为了满足与其他断路器在时间上的选择性，当短路发生时B类断路器会延迟短路脱扣跳闸的时间，但短路电路的允通电流必须小于断路器的 I_{cw}。

通常使用类别A是指塑壳MCCB断路器，而使用类别B是指框架ACB断路器。

A类断路器和B类断路器的特性曲线如图3-38所示。

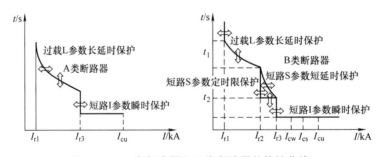

图3-38 A类断路器和B类断路器的特性曲线

从图3-38左图的特性曲线中看出，A类断路器仅仅只有过载反时限保护参数 I_{r1} 和瞬时短路保护参数 I_{r3}；从图3-38的右图中可以看出，B类断路器则具有过载反时限保护参数 I_{r1}、短路短延时保护参数 I_{r2}、瞬时短路保护参数 I_{r3}。其中注意 I_{cw} 的值介于 I_{r3} 和 I_{cs} 之间。

23. 断路器的欠电压脱扣器和分励脱扣器

通常把欠电压脱扣器用于监视电压、闭锁电路和遥控脱扣。当电路操作电压 U_c 降低到

$0.35 \sim 0.7 U_c$ 时断路器分断。如果操作电压取自电网，则电网电压消失或下降时将断路器瞬时地分断。欠电压脱扣可以带延时功能，延时时间从 $0.1 \sim 1s$。

分励脱扣器可用作断路器的遥控分断或就地手动按钮分断。

24. 断路器能够正常使用的条件和安装条件

（1）环境温度

周围空气温度的上限不超过 40℃，下限不低于 -5℃，24 小时的平均值不超过 35℃。

（2）海拔

安装地点的海拔不超过 2000m。

（3）大气湿度

大气的相对湿度在周围空气温度为 40℃ 时不超过 50%，在较低的温度下，可以有较高的湿度，最湿月的平均最大相对湿度为 90%，同时该月的平均最低温度为 25℃。在考虑上述条件时必须要注意到断路器表面可能因为温度变化而凝露。

（4）工作场所的振动：无明显的颠簸、冲击和振动的场合

（5）污染等级

污染等级为 3 级，无腐蚀金属和破坏绝缘的气体和导电尘埃。

25. 断路器本体功耗

断路器在通以最大额定电流时其本身发热产生的功率损耗。通常以三相总功率来表示。

26. 电气间隙

具有电位差的两个导电部件之间的最短直线距离。

27. 爬电距离

具有电位差的两导体之间沿着绝缘材料表面的最短距离。

电器产品的电气间隙与电器的额定冲击耐受电压 U_{imp} 和电源系统的额定电压密切相关，也与安装类别相关。安装类别有四个等级：其一是信号水平级，其二是负载水平级，其三是配电水平级，其四是电源水平级。

相对地的电压为 220V 而安装类别为三级或四级时，U_{imp} 分别为 4.0kV 和 6.0kV。

28. 飞弧距离

当断路器分断很大的短路电流时，其动、静触头处会产生电弧。虽然电弧会被吸入灭弧室予以冷却，但在电弧未完全熄灭之前，有一部分电弧或电离气体会从断路器电源端的喷弧口喷出损伤开关柜柜体结构。因此，通常都在安装断路器时要留下足够的空间，这个空间距离就被称为飞弧距离。

ABB 的所有断路器都具有零飞弧特征。

29. 电流过零熄弧式断路器

当发生短路时，首先要求断路器在电流峰值之前切断电路，同时对产生的电弧进行有效的熄灭。前者一般通过电磁斥力推动脱扣器使断路器行使分断操作，而后者则可以利用电流过零熄弧或在回路中接通一个高电阻的办法限制电弧的能量。

图 3-39 所示为电流过零熄弧式断路器在分断时的电流与电压过程。其中断路器触头在 t_1 时刻断开，由于电压已经将动静触头之间的空气击穿，故触头之间出现电弧，此电弧延续到电流过零时才熄灭。所以这种断路器被称为电流过零熄弧式断路器。

30. 断路器的过载保护 L 参数设定方法

我们知道，配电型断路器遵循的标准是 IEC 60947 - 2：2002，它保护的对象就是馈电电

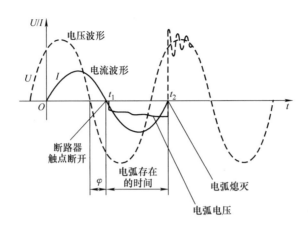

图 3-39　电流过零熄弧式断路器在分断时的电流与电压过程

缆。馈电电缆允许过载的倍数及容忍过载的时间长度见表 3-20。该表就是断路器对电缆实施过载保护时参数整定来源的设计依据。

表 3-20　馈电电缆过载前 5h 允许的过载倍数及时间

电缆截面积 /mm²	过载前 5h 内的负荷率（%）				
	0		50		70
	过载时间（h：min）		过载时间（h：min）		过载时间（h：min）
	0.5	1	0.5	1	0.5
50 ~ 95	1.15				
120 ~ 240	1.25		1.2		1.15
240 以上	1.45	1.2	1.4	1.15	1.3

按照 IEC 60947 – 2，对于热磁式脱扣器的断路器，其过载保护参数 I_1 的可调范围是 $0.7 \sim 1.05 I_n$；对于电子式脱扣器的断路器，其过载保护参数 I_1 的可调范围是 $0.4 \sim 1.05 I_n$。

31. 断路器的可延时短路保护 S 参数的设定方法

两只断路器上下级联用于线路保护，如果下级断路器的出口处发生了短路，我们总希望距离短路点最近的断路器先跳闸，于是断路器之间就需要有短路保护选择性匹配关系。

一般地，处于级联上端的断路器需要采用可调延时的短路保护，可调延时的短路保护其电流整定范围是 $1 \sim 10$ 倍 I_n。

若断路器的负载中不但有馈电回路，同时也有电动机回路，则需要用到断路器的短延时 S 短路保护。计算短延时 S 参数保护的公式为

$$I_2 \geqslant 1.1(I_L + 1.35 K_M I_{MN}) \tag{3-15}$$

式中　I_2——短延时脱扣整定电流；

　　　I_L——线路计算电流；

　　　K_M——线路中功率最大的一台电动机的起动电流比；

　　　I_{MN}——最大的一台电动机的额定电流。

【例 3-2】　假定线路中最大功率的电动机为 55kW，其额定电流 $I_{MN} = 98A$，计算电流 $I_L = 400A$，K_M 为 6，试确定线路保护断路器的短路延时保护参数 I_2。

解：代入式（3-15）后得到：

$$I_2 \geqslant 1.1(I_L + 1.35K_M I_{MN}) = 1.1(400 + 1.35 \times 6 \times 98) \approx 1313.2A \approx 3.28 I_L$$

我们发现 I_2 为额定电流 I_n 的 3.28 倍，所以我们将此断路器的 S 参数整定到 4 倍 I_n 即可，至于延迟脱扣的时间则要另行确定。

一般地，将断路器的短路延时 S 保护参数整定值 I_2 取为额定电流的 3 ~ 4 倍即可。

32. 断路器的短路瞬时保护 I 参数的设定方法

当线路中发生了较大的短路时，我们期望断路器能尽快地切断短路电路，于是可利用断路器短路瞬时脱扣来实现这一目的。MCCB 塑壳断路器的瞬时脱扣整定值范围是 1.5 ~ 12 倍 I_n，ACB 框架断路器的瞬时脱扣整定值范围是 1.5 ~ 15 倍 I_n。

如果断路器的负载中同时存在馈电和电动机回路，那么计算瞬时脱扣整定值的公式是

$$I_3 \geqslant 1.1(I_L + 1.35K_p K_M I_{MN}) \tag{3-16}$$

式中　I_3——瞬时电流；

　　　I_L——线路计算电流；

　　　K_M——线路中最大的一台电动机的起动比；

　　　I_{MN}——最大的一台电动机的额定电流；

　　　K_p——电动机的起动冲击电流的峰值系数，其值可取 1.7 ~ 2。

【例 3-3】　如果电动机的功率是 55kW，其额定电流是 98A，线路计算电流 $I_L = 400A$，电动机起动比 K_M 为 6，试确定线路保护断路器的短路延时保护参数 I_3。

解：代入式（3-16），得到：

$$I_3 \geqslant 1.1(I_L + .1.35K_p K_M I_{MN}) = 1.1(400 + 1.35 \times 2 \times 6 \times 98) \approx 2186.4A \approx 5.5 I_L$$

我们发现 I_3 为断路器额定电流 I_n（低压配电网计算电流 I_L）的 5.5 倍，所以我们将此断路器的 I 参数整定到 6 倍 I_n 即可。

一般地，将断路器的短路瞬时 I 保护参数整定值 I_3 取为额定电流的 6 倍即可。

断路器脱扣器的整定值是按线路中的负荷来决定的。如果我们将电动机的功率改为 75kW，那么结果当然就不一样了。

一般地，框架断路器的短延时保护电流整定最大值不能超过 10 倍额定电流，而瞬时值保护电流整定最大值不超过 15 倍额定电流。

3.5.3　ACB 框架断路器——ABB 的 Emax2 断路器

图 3-40 所示为 ABB 的 Emax2 系列断路器 E1 ~ E6 的基本技术数据。

1. 保护特性

ABB 的 Emax2 断路器 3 种综保装置 PR121、PR122 和 PR123 的保护特性见表 3-21。

断路器

			E1			E2				E3					E4			E6	
			E1B	E1N	E1S	E2B	E2N	E2S	E2L	E3N	E3S	E3H	E3V	E3L	E4S	E4H	E4V	E6H	E6V
极数	[No.]		3~4	3~4	3~4	3~4	3~4	3~4	3~4	3~4	3~4	3~4	3~4	3~4	3~4	3~4	3~4	3~4	3~4
N极载流能力(4极)	[%Iu]		100			100				100					50			50	
I_u	[A]	(40℃)	800-1000-1250-1600	800-1000-1250-1600	800-1000-1250	1600-2000	1000-1250-1600-2000	800-1000-1250-1600-2000	1250-1600-2000	2500-3200	1000-1250-1600-2000-2500-3200	800-1000-1250-1600-2000-2500-3200	800-1250-1600-2000-2500-3200	2000-2500	4000	3200-4000	3200-4000	4000-5000-6300	3200-4000-5000-6300
U_e	[V]		690	690	690	690	690	690	690	690	690	690	690	690	690	690	690	690	690
I_{cu}	[kA]	(220、415V)	42	50	65	42	65	85	130	65	75	100	130	130	75	100	150	100	150
I_{cs}	[kA]	(220、415V)	42	50	65	42	65	85	130	65	75	85	100	130	75	100	150	100	125
I_{cw}	[kA]	(1s)	42	50	65	42	55	65	10	65	75	75	85	15	80	85	100	100	100
I_{cw}	[kA]	(3s)	36	36	65	42	42	42	—	65	65	65	65	—	80	75	75	85	85

N极具有全额定电流的断路器

			E4S/f	E4H/f	E4V/f	E6H/f
极数	[No.]		4	4	4	4
N极载流能力(4极)	[%Iu]		100	100	100	100
I_u	[A]	(40℃)	4000	3200-4000	3200-4000	4000-5000-6300
U_e	[V]		690	690	690	690
I_{cu}	[kA]	(220、415V)	80	100	150	100
I_{cs}	[kA]	(220、415V)	80	100	100	100
I_{cw}	[kA]	(1s)	80	85	85	85
I_{cw}	[kA]	(3s)	75	75	75	100

隔离开关

			E1B/MS	E1N/MS	E2B/MS	E2N/MS	E2S/MS	E3N/MS	E3S/MS	E3V/MS	E4S/MS	E4H/MS	E4V/MS	E6H/MS	E6V/MS
极数	[No.]		3~4	3~4	3~4	3~4	3~4	3~4	3~4	3~4	3~4	3~4	4	3~4	4
I_u	[A]	(40℃)	800-1000-1250-1600	800-1000-1250-1600	1600-2000	1000-1250-1600-2000	1000-1250-1600-2000	1000-1250-1600-2000-2500-3200	1000-1250-1600-2000-2500-3200	800-1250-1600-2000-2500-3200	4000	3200-4000	3200-4000	400-5000-6300	400-5000-6300
U_e	[V]		690	690	690	690	690	690	690	690	690	690	690	690	690
I_{cu}	[kA]	(1s)	36	50	42	55	65	65	75	85	75	100	75	85	100
I_{cs}	[kA]	(3s)	36	50	42	42	42	65	65	65	75	75	75	85	85
I_{cm}	[kA]	(220、440V)	88.2	105	88.2	121	143	143	165	280	165	220	220	220	220

采用于交流高站 1150V AC 的断路器

			E1B/E	E2B/E	E2N/E	E3H/E	E4H/E	E6H/E
极数	[No.]		3~4	3~4	3~4	3~4	3~4	3~4
I_u	[A]	(40℃)	800-1000-1250-1600	1600-2000	1250-1600-2000	1250-1600-2000-2500-3200	3200-4000	4000-5000-6300
U_e	[V]	(1150V)	690	690	690	1150	1150	1150
I_{cu}	[kA]	(1s)	36	42	42	30(*)	65	65
I_{cs}	[kA]	(1150V)	36	20	30	30(*)	65	65
I_{cw}	[kA]	(1s)	105	30	30	30(*)	143	143

采用于交流高站 1150V AC 的隔离开关

			E1B/E MS	E2B/E MS	E2N/E MS	E3H/E MS	E4H/E MS	E6H/E MS
极数	[No.]		3~4	3~4	3~4	3~4	3~4	3~4
I_u	[A]	(40℃)	800-1250	1600-2000	1250-1600-2000	1250-1600-2000-2500-3200	3200-4000	4000-5000-6300
U_e	[V]	(1150V)	750(3p)-1000(4p)	1150	1150	1150	1150	1150
I_{cw}	[kA]	(1s)	20	20	30	50	65	65
I_{cm}	[kA]	(1000V)	42	40	63	105	143	143

采用于交流高站 1000V DC 的隔离开关

			E1B/E MS	E2B/E MS	E2N/E MS	E3H/E MS	E4H/E MS	E6H/E MS
极数	[No.]		3~4	3~4	3~4	3~4	3~4	3~4
I_u	[A]	(40℃)	750(3p)-1000(4p)	750(3p)-1000(4p)	750(3p)-1000(4p)	750(3p)-1000(4p)	750(3p)-1000(4p)	750(3p)-1000(4p)
U_e	[V]	(750V)	20	25	25	40	65	65
I_{cw}	[kA]	(1s)	42	52.5	52.5	52.5		
I_{cm}	[kA]	(1000V)	42			105		

图 3-40 ABB 的 Emax2 系列断路器 E1 ~ E6 的基本技术数据

表 3-21　Emax2 断路器的 PR121、PR122 和 PR123 部分保护特性

保护参数	保护性能	PR121/P	PR122/P	PR123/P
L	过载保护，具有反时限长延时脱扣特性	■	■	■
S1	第一重反时限或定时限的选择性短路保护	■	■	■
S2	第二重反时限或定时限的选择性短路保护			■
I	瞬时短路保护，可调脱扣电流门限	■	■	■
G	接地故障可调延时保护	■	■	■
RC	剩余电流		可选	可选
D	可调延时短路电流方向性保护			■
U	相不平衡保护		■	■
OT	超温保护		■	■
UV	欠电压保护		可选	■
RV	剩余电压保护		可选	■

Emax2 开关的 PR122/P 脱扣器保护功能及参数设置如图 3-41 所示。

PR122/P 的保护功能及参数设置

保护功能		脱扣门限值	门限值间隔	脱扣时间	时间间隔	可以被关闭	相关值 $t=f(I)$	热记忆	区域选择
L	过载保护	I_1= 0.4…1 x I_n	0.01 x I_n	电流 I = 3 x I_1 t_1 = 3 s…144 s	3 s(1)	–	$t=k/I^2$	■	–
	允许偏差	在 1.05 和 1.2 x I_1 之间脱扣		±10% Ig≤4 x I_n ±20% Ig>4 x I_n					
S	选择性短路保护								
		I_2= 0.6…10 x I_n	0.1 x I_n	t_2= 0.05 s…0.8 s(2)	0.01 s	■	$t=k$	–	■
	允许偏差	±7% Ig≤4 x I_n ±10% Ig>4 x I_n		应选误差较小的数据： ±10% 或 ±40 ms					
		I_2= 0.6…10 x I_n	0.1 x I_n	t_2= 0.05 s…0.85 s	0.01 s	■	$t=k/I^2$	■	–
	允许偏差	±7% Ig≤4 x I_n ±10% Ig>4 x I_n		±15% Ig≤4 x In ±20% Ig>4 x In					
I	瞬时短路保护								
		I_3= 1.5…15 x I_n	0.1 x I_n	瞬时	–	■	$t=k$	–	–
	允许偏差	±10%		≤30 ms					
G	接地故障保护			电流 I = 4 x I4 (t=k/I2)					
		I_4= 0.2…1 x I_n	0.02 x I_n	t_4= 0.1 s…1 s	0.05 s	■	$t=k$	–	■
	允许偏差	±7%		应选误差较小的数据： ±10% 或 ±40 ms					
		I_4= 0.2…1 x I_n	0.02 x I_n	t_4= 0.1 s…1 s	0.05 s	■	$t=k/I^2$	–	■
	允许偏差	±7%		±15%					
Rc	剩余电流保护								
		I_d= 0.3-0.5-0.7-1-2-3-5-7-10-20-30 A		t_d= 0.06-0.1-0.2-0.3-0.4-0.5-0.8-1-3-4-4.8 s	–	■	$t=k$	–	–
	允许偏差	±10%							
OT	超温保护	不可设置	–	瞬时	–	–	temp = k	–	–
U	相不平衡保护								
		I_6= 5%…90%	0.1 x I_n	t_4= 0.5 s…60 s	0.5 s	■	$t=k$	–	–
	允许偏差	±10%		应选误差较小的数据： ±20% 或 ±100 ms					

图 3-41　Emax2 开关的 PR122/P 脱扣器保护功能及参数设置

2. PR122/P 的 L – S – I 保护曲线

图 3-42 所示为 PR122/P 的 L – S – I 曲线之一，其中 S 参数是定时限的。

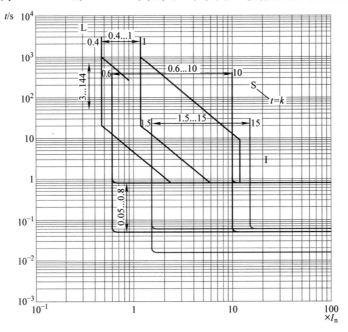

图 3-42　PR122/P 的 L – S – I 曲线之一

从图 3-42 的曲线中可以看出：

1）L 参数允许用拨码开关从 0.4 ~ 1 倍 I_n 之间取值。

2）当选定某条电流参数后，例如最左边的一条红色曲线，该曲线从 0.4 ~ 2.1I_n 之间的曲线是反时限的。反时限曲线中时间 t 与电流之间的关系是 $t = \dfrac{K}{I^2}$。显然，当过载电流越大时，L 脱扣动作的时间就越短，这也是反时限的意义所在。

L 参数脱扣时间的长短可通过拨码开关从 3 ~ 144s 中取值。

3）L 反时限曲线与允通电流的关系

从反时限公式中可以推得 $I^2t = K$ = 常数，说明反时限曲线的允通能量被限制为小于系统短路发热极限的某一常数，因此 L 参数反时限曲线完全满足短路发热要求。

4）I 参数短路保护电流值允许用拨码开关从 1.5 ~ 15 倍 I_n 中取值。

因为 I 参数脱扣曲线平行于时间轴，所以 I 参数脱扣曲线是定时限的，并且脱扣时间的长度由系统决定而不可人为调节。

定时限曲线中时间 t 与电流 I 之间的关系是 $t = K$。

注意：具有 L – I 保护曲线的断路器属于使用类别 A，具有使用类别 A 的断路器一般应用在低压成套开关设备的馈电回路和母联回路。

具有 L – S – I 保护曲线的断路器属于使用类别 B，具有使用类别 B 的断路器一般应用在低压成套开关设备的进线回路中。

3. PR122/P 的 G 保护特性曲线

G 保护可以是定时限的，也可以是反时限的，如图 3-43 所示。

接地故障电流要通过零序电流互感器来测量，对于低压进线主回路，零序电流互感器安

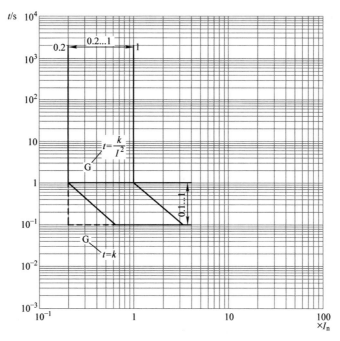

图 3-43　PR122/P 的 G 保护特性曲线

装在变压器中性线的接地点上。

从图 3-43 中可以看出，上述 PR122/P 的接地保护只能对进线端实现接地保护，但对负载端的接地故障则无法测量和保护。在 PR123/P 中设置了双接地保护即双 G 功能，其测量除了依靠安装在进线侧的零序电流互感器以外，还在脱扣器中设置了内部电流传感器测量零序电流，这样处理后就可对负载端出现的接地故障进行保护。

4. Rc 保护：剩余电流防护

属于人身安全防护的范畴。因为 ACB 断路器一般都用于大电流通断条件下，因此剩余电流防护是可选项。

5. D 保护：可调延时的方向性短路保护

我们来看图 3-44 中的进线开关 QF1 的方向性短路保护功能。

对于 QF1 来说，A 点发生短路属于发生在电源侧的短路，而 B 点属于发生在负载侧的短路，C 点属于发生在下级电网中的短路。D 保护就是让断路器能够识别和区分短路发生在上级还是下级，以便采取不同的 S 保护。

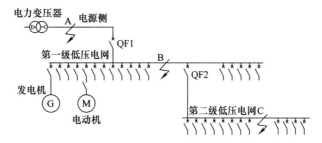

图 3-44　可调延时的方向性短路保护

6. U 保护：电流的相不平衡保护

当脱扣器发现电网中出现两相或三相电流不平衡时能够发出一个报警信息。一般多应用于照明回路比较多的楼宇变电所或住宅小区变电所。

7. OT 保护：超温保护

OT 保护用于对脱扣器自身出现超温时给出报警信息，以便提醒避免脱扣器发出误动作信息。

UV、OV 和 RV：UV 是欠电压保护，OV 是过电压保护，而 RV 是中性线上的剩余电压保护。

RV 的意义是：低压 TN 接地方式都属于星形接线，即三相四线制。当低压系统发生接地故障时，低压成套开关设备中的 N 线或 PEN 线上的电压与电力变压器的中性线接地点的电位之间会有电压差，该电压差被称呼为剩余残压。RV 报警的功能是对剩余残压进行报警。

8. RP 保护：逆功率保护

我们来看图 3-45 所示的逆功率保护：

我们看到电能的正功率方向是从电源侧指向负载侧。当低压电网中存在大功率的电动机或发电机时，有可能会出现电能从负载侧指向电源侧，即负载能量反馈到电网。一般来说用户除了在非正常的状态下以外并不具备向电源反送电的能力。逆功率保护的意义就是当发生逆功率时向用户报警，并且逆功率报警中的电流大小及时间长短都是可调的。

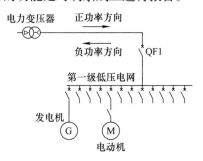

图 3-45　逆功率保护

9. Emax2 框架断路器的测量功能及维护事件及数据

图 3-46 所示为 Emax2 断路器的测量功能。从图中可以看出 PR122/P 和 PR123/P 的测量功能是很强的，能够实现多项测量功能。其中谐波测量可达 40 次。

值得注意的是，在需要使用 PR122/P 进行遥测时，必须配置 PR120/V 测量模块和 PR120/D - M 通信模块，这样就可以使用 RS485/MODBUS - RTU 协议将数据发送到电力监控系统中去了。

测量	PR121/P	PR122/P	PR123/P
电流 (相电流、中性线电流、线电流、接地电流)		■	■
电压 (相电压、线电压、剩余电压)		可选	■
功率 (有功功率、无功功率、视在功率)		可选	■
功率因数		可选	■
频率及峰值系数		可选	■
能量 (有用功、无用功、视在功、计表)		可选	■
谐波计算 (显示谐波波形图和谐波次数)			■
维护事件及数据			
事件即时值标志	可选	■	■
按时间顺序存储事件	可选	■	■
操作次数及触头磨损记录		■	■

图 3-46　Emax2 断路器的测量功能

对于维护事件及数据，其中"事件即时值标志"又被称为"SOE"事件的时间标签。当发生断路器投退变位时，PR122/P 将自动记录下这一时刻的时间序列，时间序列包括：年 - 月 - 日 - 时 - 分 - 秒 - 毫秒。电力监控系统可通过通信读取 SOE 时间标签记录。

10. Emax2 断路器的附件及功能

Emax2 断路器的这些功能方便了用户的使用，同时也加强了断路器的基本功能，见表 3-22。

表 3-22　Emax2 断路器的附件及功能

附件名称	功能	说明
分闸线圈 YO 和合闸线圈 YC	实现就地通过按钮控制断路器分闸和合闸操作，也可实现遥控操作	—
欠电压脱扣器 YU 线圈	实现对电网电压的监视，当电网失压时可将断路器分闸	$35\% \sim 70\% U_n$ 时断路器分闸 $85\% \sim 110\% U_n$ 时断路器合闸
辅助触点	用于传递断路器状态	4、10 或 15 个合分状态辅助触点
断路器的工作位置、试验位置和抽出位置的电气信号	用于传递断路器位置状态	—
储能弹簧信号	显示合闸后储能弹簧的状态	—
欠电压脱扣器释能信号	欠电压脱扣器释能状态	—
保护动作电气信号	保护动作状态	—
断路器外加中性线电流传感器	用于三极断路器，与过电流脱扣器相连完成中性线保护	—
剩余电流保护用零序电流互感器	用于实现剩余电流保护功能	—
机械连锁机构及连锁柔性电缆	用于机械互锁	—

3.5.4　MCCB 塑壳断路器——ABB 的 Tmax XT 断路器

MCCB 塑壳断路器以 ABB 公司的 Tmax XT 系列展开论述。

1. 配电型 Tmax XT 断路器的保护特性

图 3-47 所示为 ABB 公司的 Tmax XT T4N250R250 的配电用热磁式脱扣器的特性曲线。该型断路器属于 MCCB 类型，一般用于构建馈电回路的线路保护。

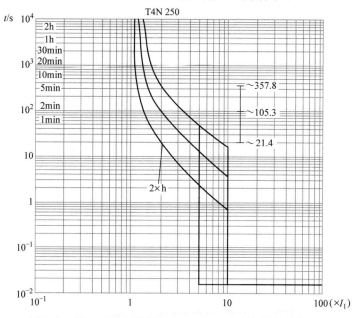

图 3-47　Tmax XT 断路器 T4N250R250 的脱扣器特性曲线

图 3-47 中的横坐标为过载电流相对于额定电流的倍数，纵坐标为热磁式脱扣器的动作时间。

Tmax XT T4N250R250 型号中的 R250 指出厂热脱扣整定值为 250A。通过热脱扣调节器可选择门限值 I_1，图中将过载保护门限电流 I_1 选为 $0.9I_n$（225A）；通过磁脱扣调节器可选门限值 I_3，I_3 的可选范围为（5~10）I_n，图中将短路保护门限值 I_3 选为 $10I_n$，相当于 2500A。

图 3-47 中的曲线簇的下边线是处于热态下的断路器过载保护曲线，而曲线簇的上边线则是处于冷态下的断路器过载保护曲线。按图示当整定过载电流为 $2I_1$ 时，热状态下脱扣时间在 21.4s 到 105.3s 之间，冷状态下脱扣时间在 105.3s 到 357.8s 之间。

当发生短路故障时，若短路电流为 2500A 则断路器的磁脱扣将立即产生动作使断路器分闸。

值得注意的是：

1）图 3-47 中的 L 参数是反时限的，而 I 参数则是定时限的。

2）图 3-47 中的断路器属于配电型断路器，它符合 IEC 60947-2 标准，对应的国家标准是 GB/T 14048.2—2020《低压开关设备和控制设备 第 2 部分：低压断路器》。

2. 电动机型 MCCB 断路器的保护特性

图 3-48 所示为异步电动机运行特性曲线：

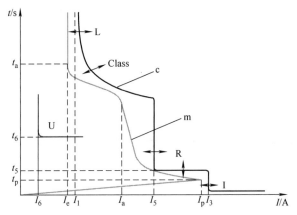

图 3-48 异步电动机运行特性曲线

在图 3-48 中：

I_1——L 功能脱扣电流（长延时过载保护）；

I_3——I 功能脱扣电流（瞬时短路保护）；

I_5——R 功能脱扣电流（堵转保护）；

t_5——R 功能脱扣时间（堵转保护脱扣时间）；

I_6——U 功能脱扣电流（断相或相不平衡保护）；

t_6——U 功能脱扣时间（断相或相不平衡保护脱扣时间）；

I_e——电动机额定工作电流；

I_a——电动机起动电流；

I_p——电动机起动电流瞬时峰值；

t_a——电动机起动时间；

t_p——电动机起动阶段瞬态时间；

m——电动机起动典型曲线；

c——带电子脱扣器的电动机保护断路器的脱扣曲线；

Class——带电子脱扣器的电动机保护，可关闭；

L——L 功能（过载长延时保护），不可关闭；

R——R 功能（堵转保护功能），可关闭；

I——I 功能（瞬时短路保护），不可关闭；

U——断相或相不平衡保护，可关闭。

从图 3-48 中能看出 MCCB 断路器对异步电动机的保护功能。通过多个门限值与时间值的设定得到一条非常接近电动机起动和运行的功能曲线，由此实现对异步电动机较好的保护功能。

图 3-49 所示为 Tmax XT T4 和 T5 电动机型断路器的保护特性曲线。我们能看出它与配电型断路器的特性曲线有较大的区别：

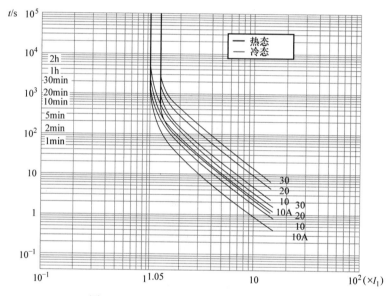

图 3-49　电动机型断路器的保护特性曲线

（1）电动机型断路器的过载保护 L 功能

图 3-49 所示为 T4 250 电子脱扣器 PR222MP 的 L 功能曲线，其中左边的曲线簇是断路器热态曲线，右边的曲线簇是断路器冷态曲线。

注意：保护电动机的电动机型断路器对应的标准是 IEC 60947 - 2 和 IEC 60947 - 4，其中长延时过载保护 L 参数和堵转保护 R 参数符合 IEC 60947 - 4 标准，而短路瞬时脱扣 I 参数则符合 IEC 60947 - 2 标准。

电子脱扣器 PR222MP 的 L 功能实现电动机的过载保护，并且符合 IEC 60947 - 4 - 1 的标准和划分等级。L 功能具备温度补偿，对缺相和相不平衡敏感。L 功能具备热记忆功能，以便电动机在分闸后重新起动实现温度的连续计算。

电动机必须选择起动等级，起动等级决定了过载脱扣的时间。我们来看 GB/T 14048.4—2020 标准中相关内容：

📖 标准摘录：GB/T 14048.4—2020《低压开关设备和控制设备　第4-1部分：接触器和电动机起动器，机电式接触器和电动机起动器（含电动机保护器）》。

表2　过载继电器的脱扣级别

级别	在8.2.3.1.5.1 表3中D列规定条件下的脱扣时间 T_p/s	在8.2.3.1.5.1 表3中D列规定条件下用于更严格允差（公差带E）的脱扣时间 T_p/s
2	—	$T_p \leqslant 2$
3	—	$2 < T_p \leqslant 3$
5	$0.5 < T_p \leqslant 5$	$3 < T_p \leqslant 5$
10A	$2 < T_p \leqslant 10$	—
10	$4 < T_p \leqslant 10$	$5 < T_p \leqslant 10$
20	$6 < T_p \leqslant 10$	$10 < T_p \leqslant 20$
30	$9 < T_p \leqslant 30$	$20 < T_p \leqslant 30$
40		$30 < T_p \leqslant 40$

注：1. 根据继电器的类型，在8.2.1.5条中给出了脱扣条件；
　　2. 对于转子变阻式起动器，过载继电器通常接在定子电路中。因此，过载继电器不能有效地保护转子电路，特别是电阻器（通常，起动器在故障条件下起动时，电阻器比转子本身和开关电器更易损坏），因此，转子电路的保护应符合制造厂和用户的协议（见8.2.1.1.3）。
　　3. 对于两级自耦减压起动器，起动用自耦变压器一般仅在起动时间内使用，如在故障条件下起动时，自耦变压器不能受到过载继电器的有效保护。因此，自耦变压器的保护应符合制造厂和用户的协议（见8.2.1.1.4）。
　　4. 考虑到不同的热元件特性和制造误差，可选择 T_p 的最小值。

电动机型断路器脱扣器 PR222MP 的过载保护必须符合 IEC 60947-4-1 和 GB/T 14048.4 中电动机起动等级的规定，见表3-23。

表3-23　电动机型断路器的过载保护等级

过载电流相对 I_1 的倍率	等级	脱扣时间 t_1/s
$7.2I_n$	10A	4
—	10	8
—	20	16
—	30	24

（2）电动机型断路器的堵转保护 R 功能和断相/相不平衡 U 功能

图3-50所示为电子脱扣器 PR222MP 的 R 和 U 功能曲线。

注意图3-50中的 R 功能的参数整定范围是（3～10）倍 I_1，U 功能的参数整定范围是（0.4～1.0）倍 I_1。

R 功能实现了电动机在运转过程中的堵转保护。根据电动机是在起动阶段或在运行阶段出现堵转故障，R 保护设置了两种保护模式：

1）起动阶段模式：R 保护与 L 保护相联系。当电动机在起动阶段发生堵转故障时，在 L 脱扣的时间范围内，R 保护被限制；当超过 L 脱扣的时间限制后，R 保护被激活。R 保护的脱扣时间是 t_5，断路器在 t_5 时间过后产生脱扣分闸操作。

2）运行阶段模式：在电动机的运行阶段出现堵转，则 R 立即被激活。当至少一相的电流越过设定值并且时间超过 t_5 后，断路器立即产生脱扣分闸操作。

R 保护通过 PR222MP 的面板设置从3倍的 I_1 到10倍的 I_1 电流门限值，还可通过面板设置从1s、4s、7s和10s的 t_5 脱扣时间。

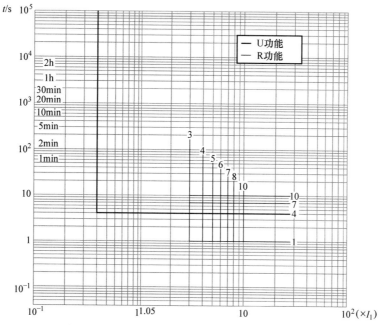

图 3-50　电子脱扣器 PR222MP 的 R 和 U 功能曲线

U 功能的作用是精确地控制断相和三相电流不平衡。当一相或两相的电流降到低于 L 功能设定的电流 I_1 的 0.4 倍并且持续时间 4s 后 U 保护脱扣动作。

（3）I 功能：短路保护

图 3-51 所示为电子脱扣器 PR222MP 的 I 功能曲线。I 功能的参数整定范围是 $6 \sim 13 I_n$。

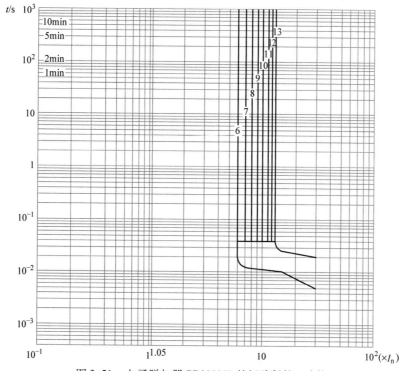

图 3-51　电子脱扣器 PR222MP 的短路保护 I 功能

当相间出现短路或某单相电流越过设置的门限时 I 功能提供保护动作。

I功能的脱扣电流最大可达脱扣器额定电流的13倍。I功能的参数可通过电了脱扣器PR222MP的面板设定。

电动机型MCCB断路器还有一款单磁的产品，它的脱扣器只有瞬时短路保护I参数项，用于对电动机回路的短路保护，而电动机的过载保护和堵转保护由热继电器去执行。图3-52所示为ABB的单磁断路器T2 160 – T3 250 – MA 的保护特性曲线。

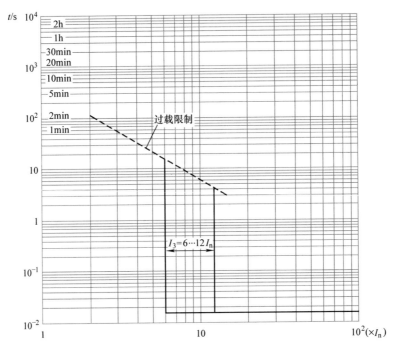

图3-52 可调门限的 ABB 单磁断路器 T2 160 – T3 250 – MA 特性曲线

需要着重指出的是：电动机型断路器的短路保护功能对应的标准是 IEC 60947 – 2，等同使用的国家标准是 GB/T 14048.2《低压开关设备和控制设备　低压断路器》。事实上，包括单磁断路器在内，所有用于短路保护的断路器其制造标准都是 IEC 60947 – 2 和 GB/T 14048.2。

（4）Tmax XT 断路器的附件及功能（见表3-24）

表3-24　Tmax XT 断路器的附件及功能

附件名称	功能	说明
分闸线圈 YO 和合闸线圈 YC	实现就地通过按钮控制断路器分闸和合闸操作，也可实现遥控操作	—
欠电压脱扣器 UVR 线圈	实现对电网电压的监视，当电网失压时可将断路器分闸	$35 \sim 70\% U_n$ 时断路器分闸 $85 \sim 110\% U_n$ 时断路器合闸
辅助触点 AUX	用于传递断路器状态	—
电磁操作机构 MOS	用于 T1 ~ T3 断路器	用于电动合分闸
储能电动操作机构 MOE/MOE – E	用于 T4 ~ T6 断路器	用于电动合分闸
旋转手柄操作机构 RHD/RHE	用于 T1 ~ T6 断路器手动操作	—
剩余电流脱扣器 RC221/RC222	用于实现剩余电流保护功能	—
剩余电流继电器 RCQ/RCD	用于实现剩余电流保护功能	—
机械连锁机构	用于机械互锁	—

Tmax XT 断路器的这些功能方便了用户的使用，同时也加强了断路器的基本功能。

3.5.5　MCB 微型断路器

微型断路器工作的场所被称为符合家用或类似用途的用电场所，一般都属于电路的末端，即三级配电设备。这种电路的低压用电设备、保护电器的选择、安装和使用所依据的标准是 IEC 60898。IEC 60898 对应的国家标准是 GB/T 10963《家用及类似场所用过电流保护断路器》

对于用电设备的正常运行来说，只需要采取一般的合、分电路就可以了。但因为三级配电设备的线路电压较低，同时用电终端的线路和电器设备易老化，很容易出现过载、短路等危险现象，这就需要保护电器予以保护。通常在这种情况下使用的保护电器就是微型断路器 MCB。

微型断路器其符号是 MCB，来源于其英文名称 Miniature Circuit Breaker 的词头缩写。微型断路器更广为人知的名称是空气开关。

线路终端故障电路危害性的表现是：

1）危害人身安全

2）危害电气设备。包括：

① 由于线路或者设备的过载而出现的过高的温升；

② 由于线路或者设备的短路而出现的过高温升；

③ 当故障电流出现时，因过高的电弧能量使得故障处燃烧，或者因为能量过于集中使得绝缘材料中形成爬电电流而引起火灾；

④ 在出现线路欠电压或者过电压时可能发生的危险，包括过电压引起的相间或相地之间的绝缘击穿；当电压下降到 70% 额定电压以下时引起电动机温升提高或者堵转，或者控制设备失灵。

微型断路器 MCB 的保护特性就是按照应用在以上这些场合而设计的。

作为家用或者类似用途的断路器，对线路过载保护特性应当满足如下要求：

1. MCB 的过载保护

MCB 的过载保护计算方法见式（3-17）：

$$\begin{cases} I_B \leqslant I_n \leqslant I_Z \\ I_2 \leqslant 1.45 I_Z \end{cases} \tag{3-17}$$

式中　I_B——被保护线路的计算负荷电流；

I_n——低压断路器的额定电流；

I_Z——被保护导体允许的持续电流；

I_2——保证断路器可靠动作的电流。

MCB 断路器投入运行是规定：约定不脱扣电流 $I_1 = 1.13 I_n$，约定不脱扣时间 $t \geqslant 1\text{h}$（当 $I_n \leqslant 63\text{A}$ 时）或者 $t \geqslant 2\text{h}$（当 $I_n > 63\text{A}$ 时）。

对于末端有单相电动机的场合，因为断路器对于电动机的过载也必须保护，而且短路保护还要能躲过电动机的起动电流。因此规定：$I_3 = 2.55 I_n$，约定脱扣时间：$1\text{s} < t < 60\text{s}$（当 $I_n \leqslant 32\text{A}$ 时）或者 $1\text{s} < t \leqslant 120\text{s}$（当 $I_n > 32\text{A}$ 时）。

2. MCB 的短路保护

短路保护就是设置的保护装置必须在短路电流可能对导体绝缘、连接端子和连接位置以及电缆周围造成有害的发热之前就能切断短路电流。

一般地，必须使得过电流保护装置所具有的短路通断能力与安装处可能出现的最大短路电流相符合，而且要能在规定的时间内切断短路电流，还能在这段时间内将短路电流限制在 $\int i^2 dt$ 的允通值内（允通能量或者开关电器的短时耐受电流）。

我们来看式（3-18）：

$$I^2 t < K^2 S^2 \qquad (3-18)$$

式中　K——应用的导体材料与绝缘材料常数，一般 PVC 绝缘的铜导体 $K=115$，PVC 绝缘的铝导体 $K=76$，普通橡胶铝导体 $K=87$；

　　　　S——导体的截面积。如果短路持续时间小于 $0.1s$，则应考虑短路电流的非周期分量的影响

只要能满足式（3-18），MCB 断路器就能完全实现短路保护。

微型断路器的脱扣特性包括 B 特性、C 特性、D 特性和 K 特性等，如图 3-53 所示。

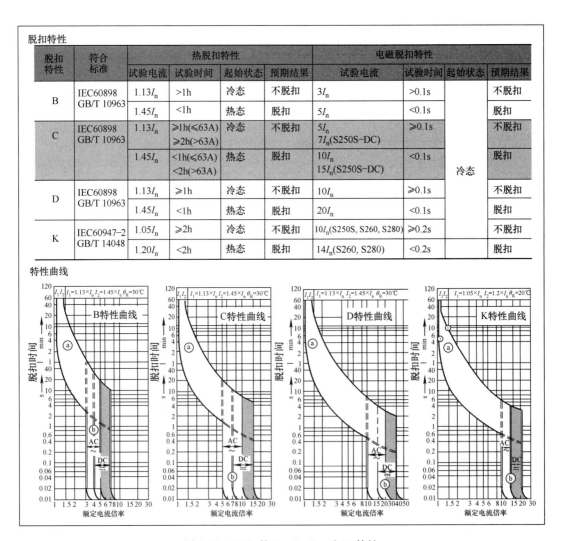

图 3-53　MCB 的 B、C、D、和 K 特性

（1）B 型脱扣特性

B 型脱扣特性的脱扣电流为 $3I_n \sim 5I_n$，是标准特性。一般用于住宅建筑和专用建筑的插座回路。

（2）C 型脱扣特性

C 型脱扣特性的脱扣电流为 $5I_n \sim 10I_n$，优先用于接通大电流的电器设备，例如照明灯和电动机。

（3）D 型脱扣特性

D 型脱扣特性的脱扣电流为 $10I_n \sim 50I_n$，适用于产生脉冲的电器设备，例如变压器、电磁阀和电容器等。

（4）K 型脱扣特性

K 型脱扣特性的脱扣电流为 $10I_n \sim 14I_n$，适用于电动机负载。

这些脱扣形式意味着：小于 $3I_n$（或者 $5I_n$ 或者 $10I_n$）时不能动作（过电流出现的时间大于 1s 时不动作），大于 $5I_n$（或者 $10I_n$ 或者 $14I_n$ 或者 $50I_n$）时必须动作（过电流出现的时间小于 0.1s 时动作）。

在线路末端的电动机起动时，可能引起电压降落，标准规定其电压降不应低于 8% ~ 10%，即电动机端子处的电压不得低于 90% U_n。为此，电缆的工作电流载流量至少应等于 $I_n + I_{st}/3$，式中的 I_n 为额定电流，I_{st} 为电动机起动电流。一般地，小型电动机的起动电流为 4 ~ 8.4 倍 I_n，平均值取为 $6I_n$。

电动机的起动冲击电流可按 2 ~ 2.35 倍起动电流来计算，断路器的电磁脱扣整定值应当大于或等于此值，即 $2.35 \times 6I_n = 14.1I_n$，K 脱扣特性满足此要求。

3.5.6　漏电断路器概述

1. 三相不平衡电流、剩余电流与人体电击防护

剩余电流保护电器（Residual Current Operated Protective Devices，RCD）是针对低压系统接地故障的一种保护电器，又称为漏电保护电器。

剩余电流保护电器的核心部分为剩余电流检测元件，三相不平衡电流的测量方法如图 3-54 所示。

图 3-54 中，从断路器引出的三相线路以及中性线 N 均穿过零序电流互感器，再接到用电设备上。

我们知道当三相平衡时，三相电流之和为零，于是 N 线的电流也为零；而当三相电流不平衡时，三相电流之和与中性线 N 电流大小相等而方向相反，即

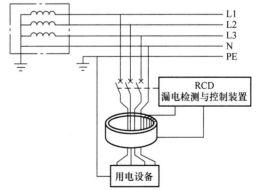

图 3-54　三相不平衡电流的测量方法

$$\dot{I}_A + \dot{I}_B + \dot{I}_C = \dot{I}_N \tag{3-19}$$

现在我们将三相电缆和中性线 N 电缆同时都穿过零序电流互感器，那么此时零序电流互感器的二次绕组电流代表什么电流呢？

$$\dot{i}_X = \dot{i}_A + \dot{i}_B + \dot{i}_C + \dot{i}_N \tag{3-20}$$

式（3-20）中的 $\dot{i}_X$ 就是线路或者用电设备对地的漏电流，也被称为剩余电流。

当线路工作正常时，因为 $\dot{i}_X = \dot{i}_A + \dot{i}_B + \dot{i}_C + \dot{i}_N \approx 0$，所以正常情况下系统的剩余电流基本为零；当线路中发生漏电时，$\dot{i}_X = \dot{i}_A + \dot{i}_B + \dot{i}_C + \dot{i}_N \neq 0$，则从零序电流互感器中就能测量出剩余电流。

需要注意的是，要测量剩余电流，必须将三条相线及中性线 N 都穿过零序电流互感器，或者直接测量变压器的中性线接地极电流。

因为中性线在正常工作时也可能有电流流过，因此当有 N 线时，应当将中性线 N 和所有的相线都接入 RCD 剩余电流检测元件。

剩余电流包括两类不同类型的漏电电流，一类是因为电器设备绝缘破坏而产生的漏电电流，又称为设备漏电电流；另一类是人体发生直接电击时从人体上流过的漏电电流。前者对低压电网的消防和设备保护有重要意义，而后者则对人体保护有重要意义。

当人体接触到带电导体时，如果流过的电流为 40 ~ 50mA，且维持时间为 1s，则会对人体产生电击伤害。在 IEC 60364 标准中，将人体电击伤害电流再乘以 0.6 的系数，得到 50 × 0.6 = 30mA 电流，且定义此电流为人体电击伤害的临界电流值。

防止人体被电击的开关电器就是剩余电流动作保护器，简称为漏电开关。

2. 漏电开关的型式

漏电开关按动作型式可分为三种：RCCB 剩余电流动作断路器、RCBO 剩余电流动作断路器和剩余电流动作继电器。它们的区别是：

1）RCCB 剩余电流动作断路器：剩余电流动作断路器不带过载保护和短路保护，仅有漏电保护。

2）RCBO 剩余电流动作断路器：RCBO 剩余电流动作断路器带过载保护和短路保护，还带有漏电保护。

3）剩余电流动作继电器：剩余电流动作继电器无过载保护和短路保护，也不能直接合分电路，仅有漏电报警功能。一般与其他电器（例如断路器或者接触器等）组合实现漏电保护功能。

漏电断路器按测量和控制方式可区分为三种：电磁式漏电断路器 RCD、电子式漏电断路器 RDC 和混合式漏电断路器 RCD。它们的区别是：

1）电磁式漏电断路器 RCD：电磁式 RCD 由零序电流互感器（零序电流互感器）、铁心、衔铁、永久磁铁、去磁线圈等组成断路器的脱扣器。电磁式 RCD 的灵敏度较差，很难做到 30mA 以下；从漏电开始到断路器跳闸需要的时间在 0.1s 以内，无延迟时间。

2）电子式漏电断路器 RCD：电子式 RCD 同样安装了零序电流互感器（零序电流互感器）。当发生漏电时，零序电流互感器二次绕组输出漏电电流信号给电子测量元件，再通过电子元件将漏电信号放大后驱动中间继电器或者断路器的分励线圈，使得开关电器或者断路器跳闸。

3）混合式漏电断路器 RCD：发生漏电时，分相的零序电流互感器二次绕组能输出剩余电流。脱扣器是电磁式结构，包括铁心、衔铁、永久磁铁、去磁线圈等等。当零序电流互感器检测到剩余电流后，电子元件将剩余电流信号放大后去激励去磁线圈，再通过衔铁使得断路器脱扣跳闸。

这种方式常常用于 ACB 和 MCCB 断路器的漏电测量和保护。

电磁式 RCD 和电子式 RCD 的比较见表 3-25。

表 3-25　电磁式 RCD 和电子式 RCD 的比较

内容	电磁式 RCD	电子式 RCD
灵敏度	30mA 以下制造困难	高灵敏，可做到 6mA 以下
实现延时动作	困难	容易
辅助电源	不需要	需要
电压对特性的影响	无影响	有影响
温度对特性的影响	没有影响	有影响，需要温度补偿
重复操作对特性的影响	较大	小
耐压试验	可进行工频耐压测试	受电子元件的限制，不得施加工频耐压测试
耐感应或雷击的性能	强	较差，需要增设过电压吸收装置
耐机械冲击和振动的性能	一般	强
可靠性	受加工精度影响较大	取决于电子元件的可靠性
对零序电流互感器的要求	高	低
制造技术	精密	制造方便容易
价格	高	较低

3. 额定漏电动作电流和额定漏电不动作电流

RCD 的额定漏电动作电流和额定漏电不动作电流的示意图如图 3-55 所示。

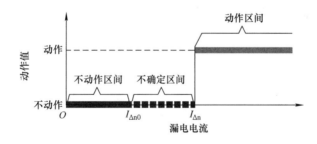

图 3-55　RCD 的额定漏电动作电流和额定漏电不动作电流的示意图

（1）额定漏电动作电流 $I_{\Delta n}$

额定漏电动作电流 $I_{\Delta n}$ 是指在规定的条件下，漏电开关必须动作的漏电电流值。

一般地，额定漏电动作电流值的范围为 5～20000mA，其中 30mA 及以下属于高灵敏度类型，主要用于人体的电击防护；50～1000mA 属于中等灵敏度，用于兼有人体电击防护和漏电设备消防防护；1000mA 以上属于低灵敏度，用于漏电消防防护和接地故障监视。

（2）额定漏电不动作电流 $I_{\Delta n0}$

额定漏电不动作电流 $I_{\Delta n0}$ 指在规定的条件下，漏电开关必须不动作的漏电电流值。

值得注意的是：额定漏电不动作电流 $I_{\Delta n0}$ 总是与额定漏电动作电流 $I_{\Delta n}$ 成对地出现的，其优选值为 $I_{\Delta n0} = 0.5 I_{\Delta n}$。

一般地，从 $I_{\Delta n0}$ 到 $I_{\Delta n}$ 之间的电流为不能确认动作的区间，若某试验电流正好落在此区间内，则漏电开关有可能动作，也可能不动作。

（3）分断时间

分断时间与漏电开关的用途有关。分断时间分为"间接电击保护用漏电保护器"和"直接电击保护用漏电保护器"两类，具体分类见表3-26和表3-27。

表 3-26　间接电击保护用漏电保护器的最大分断时间

$I_{\Delta n}/A$	I_n/A	最大分断时间/s		
		$I_{\Delta n}$	$2I_{\Delta n}$	$5I_{\Delta n}$
≥0.03	任何值	0.2	0.1	0.01
	≥40	0.2	—	0.15

表 3-27　直接电击保护用漏电保护器的最大分断时间

$I_{\Delta n}/A$	I_n/A	最大分断时间/s		
		$I_{\Delta n}$	$2I_{\Delta n}$	0.25A（电流）
≤0.03	任何值	0.2	0.1	0.04

在"最大分断时间"栏下的电流值是指漏电开关的试验电流值。例如，当通过漏电开关的电流值等于额定漏电动作电流 $I_{\Delta n}$ 时，动作时间不大于0.2s，而当通过的电流为 $5I_{\Delta n}$ 时，动作时间不大于0.04s。

在使用以上参数时，应当特别注意从 $I_{\Delta n0}$ 到 $I_{\Delta n}$ 的电流区间。若工程设计中要求漏电保护电器在通过的剩余电流大于等于 I_1 时必须动作，而当通过的剩余电流小于或等于 I_2 时必须不动作，则在配置和选用漏电保护电器时应使得 $I_1 \geq I_{\Delta n}$ 和 $I_2 \leq I_{\Delta n0}$。

4. 不同的接地形式下对 RCD 的需求

（1）IT、TT 和 TN 接地系统对 RCD 的需求

IT 系统的特点是变压器的中性点不接地或者经过高阻接地，而负载的外露导电部分则通过保护线直接接地。当 IT 系统发生单相接地故障时，接地电流很小，其电弧能量也极小，所以 IT 系统属于小电流接地系统。一般用于对不停电要求高的场合，如图3-56所示。

当 IT 系统的某相接地后，人体若同时触及另一相，则人体的接触电压相当于线电压，因而流过人体的电流很大足以致命，为此可装设 RCD 保护人身安全。

一般地，在矿井下要求 IT 系统必须配 RCD，并且在电源侧还要装绝缘监视装置。

TT 系统的特点是变压器中性点直接接地，而负载侧的外露导电部分也直接接地，如图3-57所示。

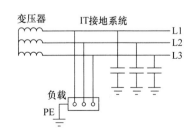

图 3-56　IT 接地系统和 RCD 的关系

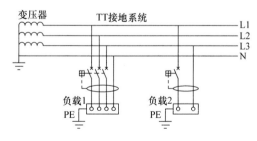

图 3-57　TT 接地系统和 RCD 的关系

TT 系统中发生单相接地故障时，因接地电流需要流经负载侧的接地极和变压器中性点的接地极，所以其接地电流较小，不足以启动断路器的短路保护，所以 TT 系统也属于小电流接地系统。

IEC 首先推荐在 TT 系统中使用 RCD。

TN－S 系统的特点是变压器中性点直接接地，并且引三条相线、中性线 N 和 PE 线到负载侧。中性线和 PE 线在变压器接地极分开后就相互绝缘，并且一直延伸到负载侧，如图 3-58 所示。

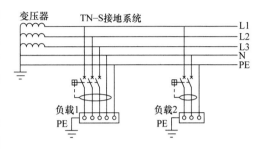

图 3-58　TN－S 接地系统和 RCD 的关系

TN－S 系统中发生单相接地故障时，因为接地电流几乎等于短路电流，所以 TN－S 系统属于大电流接地系统，系统中发生单相接地故障时可用断路器的短路保护来切断线路。

若在 TN－S 系统中使用 RCD，则 N 线和三相线必须同时穿过零序电流互感器，或者单相的相线和 N 线同时穿过零序电流互感器。

对于 TN－C 系统，虽然变压器的中性点直接接地，但是因为 PE 和 N 组成单根的 PEN 线引入到负载中，为了防止 PEN 断线而在 PEN 线中出现过电压，因此 PEN 线必须重复接地。正因为如此，使得 TN－C 系统不得安装 RCD。

对于 TN－C－S 系统，它的前部为 TN－C 系统，PEN 线在某处接地后引出为 N 线和 PE 线，由此形成 TN－C－S 系统，它适合于不平衡负载。

TN－C－S 系统可用 RCD，但是 PEN 线和后部的 PE 线不得穿过 RCD 的零序电流互感器铁心。

（2）剩余电流保护的选用和分级选择性保护

RCD 的线路保护系统见表 3-28。

表 3-28　RCD 的线路保护

分类	电路范围	额定工作电流/A	额定剩余电流/mA	说明
线路	总线路	200 以上	300～500	接地保护为主，兼有部分涉及相线的触电保护
		100～200	200	
		100 以下	100	
	分支回路	100 以上	100	接地保护为主，兼有部分涉及相线的触电保护
		60～100	50～75	
		60 以下	30，50	主要用作触电保护
照明线路	单相照明线路	40 以下	30，50，75	—
	三相四线制分支开关	60 以下	50，75	
电路末端	动力设备	40～60	30，50，75，100	75mA 以上应当将电动机外壳接地
		20～40	30，50	—
		20 以下	30	
	动力照明	40～50	30，50，75	
	混合线路	40 以下	30，50	

5. ABB 的剩余电流保护电器

RCD 通常附设在组件中或与组件成套组装。

对于使用在低压配电网进线回路的剩余电流动作保护器，RCD 需要配备延时功能，具有延时功能的剩余电流动作保护器的级别为 A，型号为 RCDs。

对于低压配电网下级回路中的剩余电流动作保护器，RCD 需要配备瞬动功能，具有瞬动功能的剩余电流动作保护器级别为 B。

RCD 可与断路器一起构建剩余电流动作保护，此时 RCD 的灵敏度必须与接地电阻相配合。

ABB 的剩余电流动作保护器 RCDs 如图 3-59 所示。

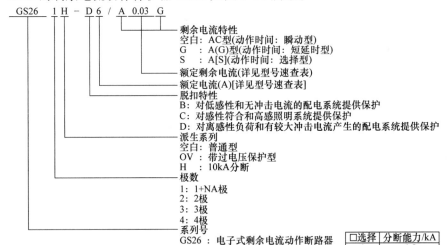

GS26 1H - D6 / A 0.03 G

剩余电流特性
空白：AC型(动作时间：瞬动型)
G：A(G)型(动作时间：短延时型)
S：A[S]型(动作时间：选择型)
额定剩余电流(详见型号速查表)
额定电流(A)[详见型号速查表]
脱扣特性
B：对低感性和无冲击电流的配电系统提供保护
C：对感性符合和高感照明系统提供保护
D：对离感性负荷和有较大冲击电流产生的配电系统提供保护
派生系列
空白：普通型
OV：带过电压保护型
H：10kA分断
极数
1：1+NA极
2：2极
3：3极
4：4极
系列号
GS26：电子式剩余电流动作断路器
DS26：电磁式剩余电流动作断路器
DS9□：剩余电流动作保护器
F20：剩余电流动作保护器

□选择	分断能力/kA
4	4.5
5	6
7	10

系列	极数	派生系列	特性	额定电流(A)											分断能力/kA	剩余电流特性	额定剩余电流/A	动作时间	额定过压
				6	10	16	20	25	32	40	50	63	80	100					
GS26	1		-B													/	0.03		
	1		-C													/A	0.01	G	
	2,3,4																0.1		
	1,2,3,4														6	/	0.03		
	1,2,3,4															/A	0.03	G	
	2,3,4															/A	0.3	S	
	1,2,3,4		-D													/	0.03		
	1,2,3,4		-D													/A	0.03	G	
	1,2,3,4	H	-C,-D												10	/	0.03		
	2,3,4	H	-C													/A	0.3	S	
	1	OV	-C,-D												6	/	0.03		280V
DS26	2,3,4		-B													/	0.03		
			-C												6	/	0.03		
																/A	0.3	S	
			-D													/	0.03		
																/A	0.3	S	
	2,3,4	H	-C,-D												10	/	0.03		
			-C													/A	0.3	S	
DS9	41,51		-C												4,5,6		0.03		
	71														10		0.03		
F20	2,4	AC-													/		0.03		
																	0.1		
																	0.3		

图 3-59　ABB 的 RCDs 型号速查表

6. RCD 间的配合

当配电网上发生某回路接地故障时，与短路保护的上下级配合类似，在配电网上下级之间也需要对 RCD 实施剩余电流保护的选择性配合。RCD 选择性配合的目的是只让靠近故障点的 RCD 脱扣跳闸而上级 RCD 和远离故障点的 RCD 不跳闸。如图 3-60 所示。

RCD 之间的选择性是依据如下规则来确定的:

1) 两只 RCD 额定剩余动作电流值之间的比值大于 2;

2) 上级的接地故障保护装置需要采用具有延时特性的 RCDs。

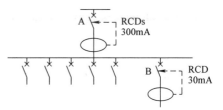

图 3-60   两级配电的 RCD 上下级配合

对各级 RCD 之间可按灵敏度来确定优选值,这些优选值分别是 30mA、100mA、300mA 和 1A;除了采用电流优选值的方法外,还可以采用用不同的脱扣跳闸时间来实现选择性配合。

以图 3-60 的两级配电为例,A 极:使用带延迟功能的 RCDs 用于间接接触和接地故障防护;B 极:使用瞬时动作的高灵敏 RCD 用于间接接触和接地故障防护。

3.6 交流接触器和热继电器概述

3.6.1 交流接触器

1. 交流接触器概述

接触器是一种用来自动接通或断开带负载电路的电器,它可以频繁地接通或分断交流、直流电路,可以实现远距离操作控制,还可以配合继电器实现定时操作、联锁操作、各种定量控制和失、欠电压保护等。

交流接触器的主要控制对象是电动机,也可以用来控制其他电力负载,例如电热器、照明电器、电容器等。

交流接触器具有控制容量大、过载能力强、寿命长、设备简单经济等特点,是电力拖动与自动控制电路中使用最为广泛的低压电器之一。

图 3-61 所示为交流接触器的模式图。

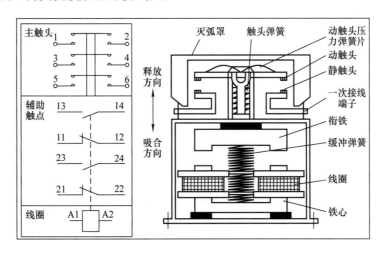

图 3-61   交流接触器的模式图

在图 3-61 中，我们看到接触器的主触头属于双断点的桥式结构。当线圈带电后，衔铁向下运行带动动触头拍合在静触头上。由于动、静触头中的电流方向相反，所以电流在两者之间会产生电动斥力。动触头的压力弹簧片用于消除电动斥力的影响。

当线圈失电后，动、静主触头在缓冲弹簧、触头弹簧和电动斥力的共同作用下返回到释放位置。在主触头打开的瞬间，动、静触头之间将产生电弧，灭弧罩的用途就是熄弧。

交流接触器的额定接通能力是指在规定的条件下能接通的电流值，而此时的触头不发生熔焊、不出现明显的烧损，且没有太强的飞弧。

接触器的额定分断能力是指接触器在规定的条件下能分断的电流值，而此时不出现触头被烧损到无法运行的程度，也不出现太强的飞弧现象。

交流接触器的电寿命是表示接触器耐抗电磨损能力的一个参数，用带载情况下的通断循环次数来表示。测量交流接触器的电寿命时不允许检修和更换零件。

图 3-61 左图的上部是一次触头，中间是二次触头，下部是驱动线圈。

2. 交流接触器的分类

（1）按主触点的极数分类

单极、双极、三极、四极和五极接触器。

单极接触器主要用于单相负荷，如照明回路和电焊机等负载；双极接触器用于绕线转子异步电动机的转子回路，起动电机时用来短接起动绕组；三极接触器用于三相电动机的控制；四极接触器用于三相四线制的照明线路，以及双速电动机；五极接触器用来组成电动机的自耦变压器起动电路，还用来控制双速电动机控制电路以变换绕组接法。

（2）按灭弧介质分类

分为空气绝缘式接触器、真空式接触器等。

依靠空气绝缘的接触器用于一般的负载，而采用真空绝缘的接触器则用于特殊环境下，例如煤矿、石化以及电压为 660V 和 1140V 等特殊场合。

（3）按有无触头分类

可分为有触头的接触器和无触头的接触器。常见的接触器均为有触头的接触器，而无触头的接触器则利用晶闸管作为电路的通断元件，常用于易燃易爆的场合。

3. 接触器的基本技术参数

（1）额定电压

交流接触器的额定电压指交流接触器主触头的额定工作电压，应当等于负载的额定工作电压。交流接触器一般有若干个额定电压值，在技术说明书中会同时列出相应的额定电流或控制功率。

通常最大工作电压即为额定电压，例如：220~230V、230~240V、380~400V 和 400~415V 等。

（2）额定电流

接触器的额定电流指交流接触器主触头的额定电流值。常用的额定电流等级为 9A、12A、16A、26A、30A、40A、50A、63A、75A、95A；110A、145A、150A 、175A、210A、260A；300A、375A、550A、1000A、1350A、1650A 和 2000A 等。

（3）接触器的接通和分断能力

接触器的接通和分断能力包括最大接通电流和最大分断电流两个指标。

最大接通电流是指触头闭合且不会造成触头熔焊的最大电流值，最大分断电流是指触头断开时能可靠地灭弧的最大电流。一般通断能力是额定电流的 5~10 倍。

通断能力与电压等级有关，电压等级越高则通断能力越小。

例如在 AC-2、AC-3 和 AC-4 下工作的交流接触器应当能满足 AC-3 类最大额定工作电流 8 倍的过电流。630A 及以下的接触器承载时间是 10s，630A 以上的接触器承载时间会略微缩短。交流接触器的使用类别和通断条件见表3-29。

表 3-29　交流接触器的使用类别和通断条件

使用类别	用途分类	额定工作电流 I_n/A	接通条件			分断条件		
			I/I_n	U/U_n	$\cos\varphi$ 或者 L/R，注1	I_b/I_n	U_r/U_n	$\cos\varphi$ 或者 L/R，注1
AC-1	无感或者微感负载、电阻炉	全部值	1.5	1.1	0.95	1.5	1.1	0.95
AC-2	绕线转子异步电动机起动、运行和停止	全部值	4	1.1	0.65	4	1.1	0.65
AC-3	笼型异步电动机起动、运行和停止	$I_n \leqslant 17$	10	1.1	0.65	8	1.1	0.65
		$17 < I_n \leqslant 100$	10	1.1	0.35	8	1.1	0.35
		$100 < I_n$	8 注2	1.1	0.35	6 注3	1.1	0.35
AC-4	笼型异步电动机起动、反接制动和点动	$I_n \leqslant 17$	12	1.1	0.65	10	1.1	0.65
		$17 < I_n \leqslant 100$	12	1.1	0.35	10	1.1	0.35
		$100 < I_n$	10 注4	1.1	0.35	8	1.1	0.35

表 3-29 中　I——接通电流；

　　　　　I_n——额定电流；

　　　　　I_b——分断电流；

　　　　　U——接通前电压；

　　　　　U_n——额定电压；

　　　　　U_r——恢复电压。

注：1. $\cos\varphi$ 的误差为 ±0.05，L/R 的误差为 ±15%；

　　2. I 或者 I_b 的最小值为 1000A；

　　3. I_b 的最小值为 800A；

　　4. I 的最小值为 1200A。

（4）动作值

接触器的动作值分为吸合电压和释放电压

吸合电压是指在接触器吸合前缓慢地增加线圈电压使交流接触器吸合的最小电压；释放电压是指缓慢地降低线圈电压使交流接触器释放的最大电压。一般规定吸合电压不得低于线圈额定电压值的 85%，释放电压则不高于线圈额定电压值的 70%。

（5）操作频率

接触器的操作频率指每小时允许操作次数的最大值

每小时允许操作次数可分为：1 次/h、3 次/h、12 次/h、30 次/h、120 次/h、300 次/h、600 次/h、1200 次/h 和 3000 次/h。操作频率影响到交流接触器的电寿命，还影响到交流接触器线圈的温升。

（6）工作制

接触器有四种工作制，分别是八小时工作制、不间断工作制、断续周期工作制和短时工作制。

八小时工作制是接触器的基本工作制，约定发热电流参数就是按八小时工作制确定的；不间断工作制较八小时工作制严酷得多，接触器的触点容易出现氧化而线圈容易出现过热。在不间断工作制下，接触器需要降容使用；断续周期工作制的负载率则分别为标准值的15%、25%、40%和60%；短时工作制下触点的通电时间标准值分别为10min、30min、60min和90min等四种。

（7）使用类别

接触器有四种标准使用类别，分别是AC-1、AC-2、AC-3和AC-4。其中AC-3用于电动机的直接起动和运行，AC-4则是电动机的可逆起动、反接制动和点动。

（8）机械寿命和电寿命

接触器的机械寿命是指在正常维护和更换机械零件之前所能承受的无载循环操作次数，接触器的电寿命是指在标准使用状态下，无需修理或者更换零件的带载操作次数。

在无其他规定的条件下，接触器AC-3使用类别的电寿命次数应当不少于相应机械寿命次数的1/20。

4. 控制电路参数

吸合线圈额定电压：接触器正常工作时线圈上所加的电压值。

交流接触器工作时线圈上所加的电压经常与主回路电压一致，但也可能不一致，有时还可能采用直流电源。这要由现场条件和设计决定。

交流接触器线圈加载的电压是标准值，见表3-30。

表3-30　交流接触器线圈加载的电压标准数据

—	电源性质			电压范围/V		
交流	24	36	48	110	127	220
直流	24	48	110	125	220	250

5. 交流接触器的选用

1）选择接触器的极数。

2）选择主电路的参数，包括额定工作电压、额定工作电流、额定通断能力和耐受过载能力。

3）选择合适的控制电路参数。

4）选择合适的电寿命和使用类别。

5）对于电动机用接触器，要根据电动机运行的情况来分别考虑。

对于单向运行的电动机，例如风机、水泵类负载，可按AC-3类别来选用交流接触器；

对于可逆的电动机，其反向运转、点动和反接制动时接通电流可达8倍额定电流以上，因此要按AC-4类别来选用交流接触器。当电动机的功率不大于630kW时，接触器应当能承受8倍额定电流至少运行10s。

对于一般的电动机，工作电流均小于额定电流，虽然电动机的起动电流可达额定电流的4~8.4倍，但是时间短，对接触器主触点的烧蚀作用不大，所以选择交流接触器额定电流大于电动机额定电流的1.25倍即可。

绕线转子异步电动机接通电流及分断电流都是2.5倍额定电流，可选用使用类别为AC-2的交流接触器。

6）电热设备的交流接触器可按 AC – 1 使用类别来选取，选用接触器时使得接触器的额定电流大于或等于 1.2 倍电热装置的额定电流即可。

7）对于切换电容器接触器，因为电容器的充电电流可达 1.43 倍额定电流，因此选用切换电容器接触器时要按 1.5 倍电容器额定电流来考虑。

6. ABB 的 A 系列交流接触器使用参数

ABB 的若干种 A 系列交流接触器技术参数表如图 3-62 所示。

		A9	A12	A16	A26	A30	A40	A45	A50	A63	A75	A95	A110
		AL9	AL12	AL16	AL26	AL30	AL40	–				–	
		–			–			AF50	AF63	AF75	AF95	AF110	
额定工作电压/V		690						1000(690适用于AF…接触器)				1000	
额定频率范围/Hz		25…400											
约定(自由空气)Conventional free-air thermal current 发热电流I_n 导体截面	IEC 60947-4-1,open contactors, θ≤40℃ A with conductor cross-sectional area mm²	26	28	30	45	65	65	100	100	125	125	100	160
		4	4	4	6	16	16	35	35	50	50	35	70
额定工作电流/A 接触器环境温度 U_{omax} 690V-50/60≤Hz	fr air temperature in contactor θ≤40℃	25	27	30	45	55	60	70	100	116	125	70	160
	θ≤55℃	22	25	27	40	55	60	60	85	95	105	60	145
	θ≤70℃	18	20	23	32	39	42	50	70	80	85	50	130
导体截面/mm²		2.5	4	4	6	10	16	25	35	50	50	25	70
使用类别AC-3 接触器环境温度≤55℃ 额定工作电流AC-3 3相电动机	220-230-240V /A	9	12	17	26	33	40	40	53	65	75	40	110
	380-400V /A	9	12	17	26	32	37	37	58	65	75	37	110
	415V /A	9	12	17	26	32	37	37	50	65	75	37	110
	440V /A	9	12	16	26	32	37	37	45	65	70	37	100
	500V /A	9	12	14	22	28	33	33	45	55	65	33	100
	690V /A	7	9	10	17	21	25	25	35	43	45	25	82
	1000V /A	–	–	–	–	–	–	23	25	25		–	30
额定功率P_o AC-3 1500r/min 50Hz 1800r/min 60Hz 3相电动机	220-230-240V /kW	2.2	3	4	6.5	9	11	11	15	18.5	22	25	30
	380-400V /kW	4	5.5	7.5	11	15	18.5	18.5	22	30	37	45	55
	415V /kW	4	5.5	9	11	15	18.5	18.5	25	37	40	55	59
	440V /kW	4	5.5	9	15	18.5	22	22	25	37	40	55	59
	500V /kW	5.5	7.5	9	15	18.5	22	22	30	37	45	55	59
	690V /kW	5.5	7.5	9	15	18.5	22	22	30	37	40	55	75
	1000V /kW	–	–	–	–	–	–	30	35	37		40	40
额定工作电流I_o/A 不带热过载继电器		11	16	22	30	40	50	–	63	85	95	120	140
额定接通能力		10×I_o AC-3(IEC 60947-4-1)											
额定分断能力		8×I_o AC-3(IEC 60947-4-1)											
短路保护对不带热过载继电器的接触器不含电机保护 U_0≤500V a.c.-gG tybe fuse /A		25	32	32	50	63		80	100	125	160	160	200
额定短时耐受电流 环境温度40℃ 自由空气从冷态	1s /A	250	280	300	400	600		1000				1320	1320
	10s /A	100	120	140	210	400		650				800	800
	30s /A	60	70	80	110	225		370				500	500
	1min /A	50	55	60	90	150		250				350	350
	15min /A	26	28	30	45	65		110	110	135	135	160	175
极限分断能力 cosφ=0.45 I_o≥100A时cosφ=0.35	440V /A	250			420	820		900	1300			1160	
	690V /A	90			170	340		490	630			800	
每极功耗	AC-1 /W	0.8	1	1.2	1.8	2.5	3	2.5	5	6.5	7	6.5	7.5
	AC-3 /W	0.1	0.2	0.35	0.6	0.6	1.3	0.65	1.3	1.5	2	2.7	3.6
极限电气操作频率 -AC-1	次/h	600						600(300为AF…)				300	
-AC-3	次/h	1200						600(300为AF…)				300	
-AC-2,AC-4	次/h	300						150				150	
机械寿命 -百万操作循环次数		10											
-极限操作频率	次/h	3600(300为AF…接触器)											

图 3-62　ABB 的 A 系列交流接触器技术参数简表

3.6.2 热继电器

1. 热继电器概述

电动机在实际运行中若出现过载，则电动机的转速将下降，绕组中的电流将增大，从而使电动机的温度升高。若过载电流不大且过载时间较短，电动机绕组中的温升不会超过允许值，则此类过载是容许的；若过载时间长，或过载电流大，则电动机的绕组温升就会超过允许值，这将造成电动机绕组绝缘老化，缩短电动机的使用寿命，严重时甚至会烧毁电动机，因此必须对电动机进行过载保护。

热继电器利用电流的热效应原理实施过载保护。当出现电动机不能承受的过载时，过载电流流过热继电器的热元件引起热继电器产生保护动作，配合交流接触器切断电动机电路。

热继电器的形式多样，常用的有双金属片式和热敏电阻式，目前使用最多的是双金属片式，同时有的规格还带有断相保护功能。

双金属片热继电器主要由主双金属片、热元件、复位按钮、动作机构、触点系统、电路调节旋钮、复位机构和温度补偿元件等构成。

当电动机正常运行时，热元件产生的热虽然能使主双金属片弯曲，但是弯曲产生的推动力不足以使热继电器的触头动作。当电动机过载时，双金属片的弯曲位移加大，推动导板使常闭触头断开，通过控制电路使得交流接触器断电分闸从而切断电动机的工作电源，由此保护了电动机。我们来看图3-63。

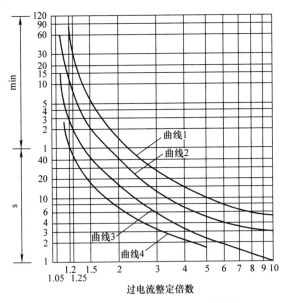

图3-63 热继电器过载反时限动作特性

图3-63中

曲线1——三相笼型异步电动机容许的过载反时限动作特性；

曲线2——热继电器的冷态过载反时限动作特性；

曲线3——热继电器的热态过载反时限动作特性；

曲线4——热继电器的断相保护特性曲线。

可以看出，使用热继电器对三相笼型异步电动机进行过载保护时，必须与交流接触器配合使用，热继电器的过载保护曲线2和3不能与电动机容许的过载反时限曲线1有交点。

热继电器遵循的标准是 IEC 60947 – 4 和 GB/T 14048.4—2020。

📖 **标准摘录**：GB/T 14048.4—2020《低压开关设备和控制设备　第 4 – 1 部分：接触器和电动机起动器　机电式接触器和电动机起动器（含电动机保护器）》。

5.7.3.2　过载继电器

d. 根据表 2 分类的脱扣级别或在 7.2.1.5.1 表 3 中 D 列规定的条件下脱扣时间超过 30s 时的最大脱扣时间，单位为 s；

表 2　热、电磁或固态过载继电器的脱扣级别和脱扣时间

级　　别	在 7.2.1.5.1 表 3 中 D 列规定条件下的脱扣时间 T_p/s
10A	$2 < T_p \leqslant 10$
10	$4 < T_p \leqslant 10$
20	$6 < T_p \leqslant 20$
30	$9 < T_p \leqslant 30$

注：1. 按继电器的类型，在 7.2.1.5 条中给出了脱扣条件；

2. 对于转子变阻式起动器，过载继电器通常接在定子电路中。因此，过载继电器不能有效地保护转子电路，特别是电阻器（通常，起动器在故障条件下起动时，电阻器比转子本身和开关电器更易损坏），因此，转子电路的保护应符合制造厂和用户的协议（7.2.1.1.3）。

3. 对于两级自耦减压起动器，起动用自耦变压器一般仅在起动时间内使用，如在故障条件下起动时，自耦变压器不能受到过载继电器的有效保护。因此，自耦变压器的保护应符合制造厂和用户的协议。

4. 考虑到不同的热元件特性和制造误差，可选择 T_p 的下限值。

标准中给出的脱扣级别为 10A 的热继电器用于轻载电动机，脱扣级别为 10 的热继电器用于一般的电动机，脱扣级别为 20 和 30 的热继电器可用于重载起动的电动机。

2. 热继电器的选择原则

热继电器主要用于电动机的过载保护，使用中应当考虑电动机的工作环境、起动情况、负载性质等因素，主要有以下几个方面：

（1）热继电器用于保护长时工作制的电动机

1）按电动机的起动时间来选择热继电器：热继电器在电动机起动电流为 $6I_n$ 时的返回时间 t_f 与动作时间 t_d 之间有如下关系：

$$t_f = (0.5 - 0.7)t_d \tag{3-21}$$

式中　t_f——热继电器动作后的返回时间，单位为 s；

　　　t_d——热继电器的动作时间，单位为 s。

按电动机的起动电流为 $6I_n$ 时具有三热元件的热继电器动作特性见表 3-31。

表 3-31　电动机的起动电流为 $6I_n$ 时具有三热元件的热继电器动作特性

整定电流	动作时间		工作条件
$1.0I_n$	不动作		冷态
$1.2I_n$	<20min		热态
$1.5I_n$	<30min		热态
$1.5I_n$	返回时间 t_f	≥3s	冷态
		≥5s	
		≥8s	

注：如果三热元件的热继电器用于两极通电时，则按 $1.2I_n$ 选取，但整定电流要调高 10%。

表 3-30 的环境条件是海拔不大于 1000m，环境温度为 40℃。

2）按电动机额定电流来选择热继电器及整定热继电器保护参数：一般地，热继电器的整定电流可按式（3-22）来选择：

$$I_{FR} = (1.05 \sim 1.1)I_n \tag{3-22}$$

式中　I_{FR}——热继电器整定值；

　　　I_n——电动机额定电流。

对于过载能力比较差的电动机，通常按电动机额定电流的 60% ~ 80% 来选择热继电器的额定电流。

3）按断相保护要求来选择热继电器：对于星形接法的电动机，建议采用三极的热继电器；对于三角形接法的电动机，应当采用带断相保护装置的热继电器，即脱扣级别为 20 或者 30。

具有断相保护的热继电器其动作特性见表 3-32。

表 3-32　具有断相保护的热继电器其动作特性

额定电流		动作时间	试验条件
任意两极	第三极		
$1.0I_n$	$0.9I_n$	不动作	冷态
$1.15I_n$	0	<20min	冷态（以 $1.0I_n$ 下运行稳定后开始）

注：热继电器的复位时间：不大于 5min，手动复位时间不大于 2min；电流调节范围是 66% ~ 100%。

当电动机出现断相时，电动机各绕组的电流、流过热继电器的电流及热继电器保护状况。见表 3-33。

表 3-33　电动机断相时各绕组的电流、流过热继电器的电流及热继电器保护状况

序号	接线方式	负载率	动作条件	线路侧线电流相对倍率	电动机绕组电流相对倍率	流过热继电器的电流相对倍率		热继电器动作状况		
						两极	三极	两极	三极	断相保护
1	Y、△	100%	正常三相	1	1	1	1	不动作	不动作	不动作
2	Y	100%	图A	1.73	1.73	1.73	1.73	能	能	能
3	△	100%	图B	1.73	2.00	1.73	1.73	能	能	能
4	△	100%	图C	1.50	1.50	0.87	1.50	不能	能	能
5	△	80%	图C	1.20	1.20	0.69	1.20	不能	临界	能
6	△	85%	图B	1.47	1.70	1.47	1.47	能	能	能
7	△	78%	图B	1.35	1.56	1.35	1.35	能	能	能
8	△	66%	图B	1.14	1.32	1.14	1.14	不能	不能	不能

图 A　　　　　　　　　　　图 B　　　　　　　　　　　图 C

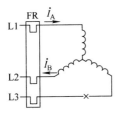
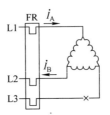
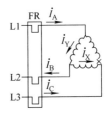

（2）热继电器用于保护重复短时工作制的电动机

对于重复短时工作制的电动机，例如起重电机，由于电动机不断重复起动使得温升加剧，热继电器双金属片的温升跟不上电动机绕组的温升，则电动机将得不到可靠的过载保护，电动机的过载保护不宜选用双金属片热继电器，而应当选用过电流继电器或能反映出绕组实际温度的温度继电器来实施保护。

（3）选择用于重载起动电动机保护的热继电器

当电动机起动惯性矩较大时，例如用于风机、卷扬机、空压机和球磨机等设备的电动机，其起动时间较长，一般在5s以上，甚至可达1min。为了使热继电器在电动机起动期间不动作，可采用多种方法，见表3-34。

表3-34　用于电动机重载起动的热继电器配套方法

方法编号	配套方法	说明
1	热继电器经过饱和电流互感器接入	起动时间一般在20～30s，最长可达40s
2	起动时利用接触器将热继电器热元件接线端子短接，正常运行时再断开接触器	用于长时间的起动，需要配套时间继电器，可用于反复起动过程。电动机起动时热继电器无法进行过载保护
3	热继电器经过电流互感器接入，起动时用中间继电器将热继电器热元件接线端子短接，正常运行时再断开中间继电器	
4	采用脱扣级别为30的热继电器	

注：方法编号2和3可用普通热继电器和普通电流互感器。

3. 热继电器及交流接触器与执行短路保护的元件之间的配合关系

对于电动机主回路，一般主元件的配置中用断路器或熔断器进行短路保护，用交流接触器控制电动机的合分和运行，用热继电器对电动机实施过载保护。

当电动机或者电动机回路引至电动机的电缆发生短路时，短路电流将流过短路保护元件（断路器或者熔断器），也流过交流接触器和热继电器，但只有短路保护元件才能切断短路电流，而交流接触器和热继电器只能承受短路电流的冲击。

为此，执行短路保护的元件和交流接触器、热继电器之间需要有短路保护协调配合。关于短路保护协调配合见本章的3.9.4节和第4章的4.4.2节。

4. ABB 的若干种热继电器参数

ABB 的 TA 系列热继电器选型表如图3-64所示。

表中 SU－30 系列配套了过饱和电流互感器，而 DU 系列则采用电子式热元件，它可选择脱扣级别。

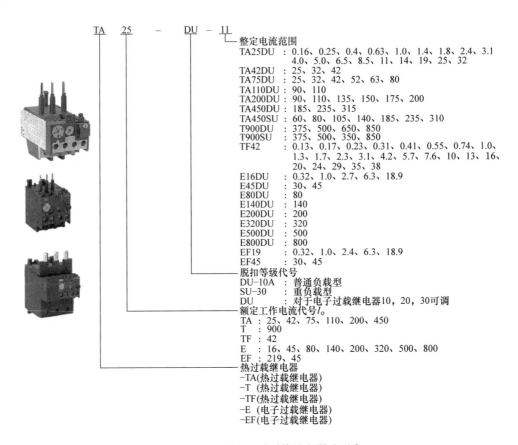

图3-64 ABB的TA系列热继电器选型表

3.7 电流互感器和电压互感器

1. 概述

电流互感器和电压互感器属于测量电器,是联系一次系统与二次系统的关键设备。从原理上讲,电流互感器和电压互感器又称为仪用特殊变压器。

电流互感器的符号是CT,电压互感器的符号是PT。

在低压成套开关设备中,电流互感器和电压互感器的功能有

1)用来使得低压成套开关设备中的二次设备与一次电路(主电路)直接实现绝缘。二次设备包括电流表、电压表和各类继电器等。这样处理后,可以实现把一次电路(主电路)的高电压直接引入到仪表、继电器等二次设备中,还可以有效地防止仪表和继电器等二次设备的故障影响到一次回路,既提高了低压成套开关设备的工作可靠性,又有效地保障了人身安全。

2)用来扩大仪表、继电器等装置的量程。例如0~5A的交流电流表,我们想让它扩大量程,只需要配套电流互感器即可。当然,扩大量程后的电流表仪表盘上的刻度必须按电流互感器的变比来调整;同理,对于0~100V的交流电压表,我们想让它扩大量程,也只需配套电压互感器即可,而电压表的刻度盘同样要按电压互感器变比来调整。

2. 电流互感器工作原理分析

（1）电流互感器的基本结构和原理

我们看图 3-65。

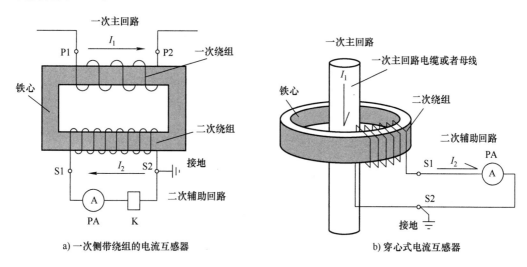

a) 一次侧带绕组的电流互感器　　　　　　b) 穿心式电流互感器

图 3-65　电流互感器的基本结构和原理

我们从图 3-65a 中看到，电流互感器一次绕组的匝数很少。我们从图 3-65b 中看到，电流互感器的一次回路甚至可以采用将电缆或者母线直接穿过铁心的方式。从图 3-65 的 a 和 b 中我们看到，电流互感器二次绕组的匝数多、线径细，二次绕组在外部与电流表、继电器等元件串联形成闭合回路。由于电流表和继电器的线圈阻抗很小，电流互感器工作时它的二次回路接近于短路状态，这是电流互感器的工作特征。电流互感器二次绕组的额定电流有 5A 和 1A 两种规格。

电流互感器的一次电流 I_1 与二次电流 I_2 之间的关系是

$$I_2 = \frac{N_2}{N_1}I_1 \approx K_i I_2 \tag{3-23}$$

式（3-23）中，N_1 和 N_2 为电流互感器一次绕组匝数和二次绕组匝数，K_i 为电流互感器一、二次电流变比，即 $K_i = I_{1N}/I_{2N}$，例如 50A/5A、200A/1A 等。

应用在低压成套开关设备中的电流互感器常见接线方式如图 3-66 所示。

1）单相式接线，如图 3-66 所示。一般电流采集点安排在中间的 B 相，适用于三相负荷平衡的线路中，可供测量电流、电能或过负荷保护装置使用。

2）两相式接线，如图 3-66b 所示。当不接 B 相的电流表时，可同时测量 A 相和 C 相的电流。

当接入 B 相的电流表时，电流互感器的接线方式又叫做两相 V 形接线，也称为不完全星形接线，常见于 6～10kV 的开关柜中，低压开关柜中不多见。

我们从图 3-66 的 b 下方的相量图中看到，电流互感器二次公共线上的电流相量为 $I_A + I_C = -I_B$，反映的就是未接电流互感器的那一相的电流，当然方向是相反的。

3）三相式接线，如图 3-66 的 c 所示。这种接线十分常见，应用广泛，常见于低压三相四线的 TN 接地系统中，且三相负荷不平衡。图 3-66 的 c 接线可用作过电流保护。

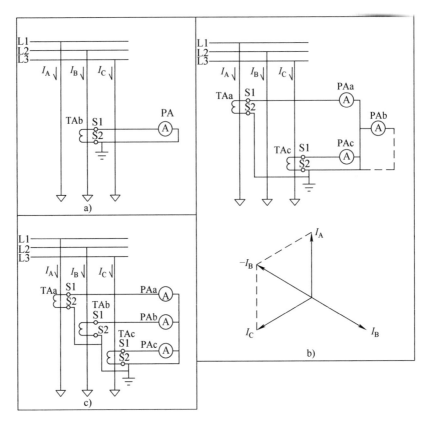

图 3-66 在低压成套开关设备中的电流互感器接线

（2）电流互感器测量误差分析

1）误差的定义。从电流互感器的变比公式中可以看到一次电流 $I_1 = K_i I_2$，其中没有考虑到误差的影响。定义电流互感器的相对测量误差的公式如下：

$$\Delta I\% = \frac{K_i I_2 - I_1}{I_1} \times 100\% \tag{3-24}$$

除了测量值的误差以外还有测量角误差。测量角的误差定义是：将二次电流相量旋转 $180°$ 后与一次电流相量做夹角偏差测量，并规定一次电流相量落后时取正值。在实用中测量角误差可以忽略。

2）误差与准确度等级。根据误差的大小，将电流互感器按测量精确度要求分成 0.2 级、0.5 级、1 级、3 级和 B 级。其中 0.2 级为精密测量级，0.5 级为计量级，1 级为变、配电所中常用的测量仪表准确度等级，3 级为一般供电系统中常用的指示仪表准确度等级，B 级为继电器保护装置使用的准确度等级。

值得注意的是：当电流互感器的一次回路流过额定电流时，测量误差才满足标称准确度等级。例如，当变比为 1000/5、误差为 0.5% 的电流互感器，其一次电流为 1000A 时，测量误差 $\Delta I\% \leqslant 0.5$。

3）误差分析。电流互感器的传变特性见图 3-67 的左图，其等效电路见图 3-67 的右图。

电流互感器的传变特性具有非线性特征。从图 3-67 左图可以看出：当一次电流越大时，实际传变特性与理想传变特性的偏差越大，误差也因此而越大；从右图可以看出：误差的大

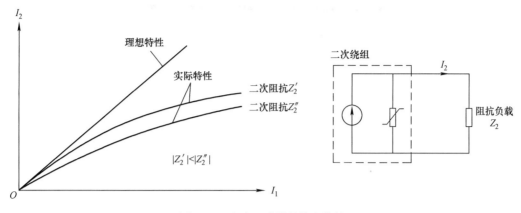

图 3-67　电流互感器的传变特性

小还取决于二次回路的阻抗。电流互感器的二次侧相当于具有非线性内阻抗的电流源，电流源的电流与一次电流之比等于变比。二次电流 I_2 是从电流源内阻抗分流得到的，因此二次阻抗越大，内阻抗分流所占的分量就越多，测量误差也就越大。

因此，必须限制二次阻抗的数值不超过限度。一般地，二次回路的负载不能超过两级，否则将使测量误差变大。例如，一只电流表加上一只电度表是允许的，但若再加上一只无功电度表则将超出阻抗允许值，此时会加大测量误差。

（3）电流互感器的二次回路在使用时不得开路，其二次侧某端（一般是 S2 端）必须接地

电流互感器在使用时，由于其二次回路串联的是电流线圈，阻抗很小，所以电流互感器工作时接近于短路状态。

我们由图 3-67 的左图可以列写出电流互感器的磁动势平衡方程式：$I_1 N_1 - I_2 N_2 = I_0 N_1$。注意到当电流互感器一次侧电流 N_1 产生的磁动势 $I_1 N_1$ 中，绝大部分被二次电流 I_2 产生的磁动势 $I_2 N_2$ 所抵消，所以总的磁动势 $I_0 N_1$ 很小，励磁电流（也即空载电流）I_0 仅仅只有一次电流 I_1 的百分之几。

当电流互感器二次侧发生开路时，$I_2 = 0$，于是 $I_0 = I_1$。注意到 I_1 是一次电路也即主电路的负荷电流，它取决于一次电路的负载容量，与电流互感器二次负荷变化没有关系，所以 I_0 突然增大到 I_1，比正常工作时的 I_0 的值增加几十倍，励磁磁动势 $I_0 N_1$ 当然也增大几十倍。这样产生的后果是：

1）电流互感器铁心由于磁通量剧增而过热，产生剩磁，降低铁心准确度等级。

2）因为电流互感器的二次绕组匝数远比它的一次绕组匝数多，所以二次侧开路时会感应出危险的高电压，威胁到操作人员和设备的用电安全。

因此，电流互感器在正常工作时不允许开路，不允许接入熔断器和任何开关。

电流互感器的二次侧必须有接地端口。一般地，接地端口是 S2 端口。其目的是防止电流互感器一次绕组、二次绕组之间的绝缘击穿后产生的高电压危及人身和设备的安全。

另外，在使用电流互感器时，要注意到电流互感器一次绕组和二次绕组的端子极性，也即同名端。

国家标准 GB 1208—2006《电流互感器》规定，电流互感器一次绕组的端口 P1 和 P2，与二次绕组的端口 S1 和 S2 满足同名端的关系。也即：P1 与 S1、P2 与 S2 互为同名端。

（4）部分 ABB 的 LN 系列低压电流互感器数据（见表 3-35）

表 3-35　ABB 的 LN 系列电流互感器应用数据表

型号	额定电流比	额定电压 /kV	准确级	容量 /(V·A)	外形尺寸/mm 宽	外形尺寸/mm 厚	外形尺寸/mm 高	穿孔尺寸 /mm
LN2	5/1（5）	0.69	0.5	2.5	59	30	78	φ23 或 30.5×11
	10/1（5）							
	15/1（5）							
	20/1（5）							
	30/1（5）							
	40–60/1（5）							
	75–100/1（5）							
	150/1（5）							
	200–300/1（5）				5			
LN3	30/1（5）	0.69	0.5	2.5	75	44	97	φ30.6 或 42×11
	40–60/1（5）							
	75–100/1（5）							
	150/1（5）							
	200–400/1（5）				5			
	500–800/1（5）				10			
LN4	200–400/1（5）	0.69	0.5	5	86	45	106	52×31
	500–800/1（5）				10			
	1000/1（5）		0.2		15			
	1200/1（5）				20			

3. 电压互感器工作原理分析

在低压成套开关设备中使用电压互感器不太多，400V 的 TN 系统中一般不用电压互感器，只有当电压为 690V 时才使用。

（1）电压互感器的基本结构和原理

我们看图 3-68。

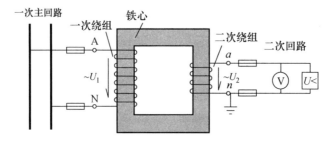

图 3-68　电压互感器的基本结构

我们从图 3-68 中看到，电压互感器 PT 其实就是降压变压器。电压互感器的一次绕组匝数多，二次绕组的匝数少。一次绕组并联接在一次电路中，而二次绕组则并联接在电压表、电压继电器等电压线圈上。由于电压线圈的阻抗一般都很大，所以电压互感器工作时其二次侧接近于开路，也即空载状态。

电压互感器的二次电压额定值为 100V。

电压互感器的一次电压 U_1 与其二次电压 U_2 的关系是

$$U_1 = \frac{N_1}{N_2}U_2 = K_u U_2 \tag{3-25}$$

式中　N_1——电压互感器一次绕组的匝数；
　　　N_2——电压互感器二次绕组的匝数；
　　　K_u——电压互感器的电压比，也即一次绕组和二次绕组的电压比，例如 800V/100V 和 10000V/100V。

（2）在低压成套开关设备中电压互感器的接线

低压成套开关设备中单相电压互感器的测量电路如图 3-69 所示。

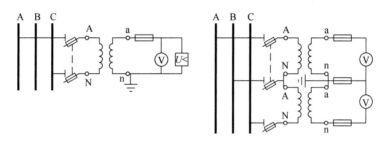

a) 单相电压互感器测量电路　　　b) 两个单相电压互感器接成 V/V 形电路

图 3-69　单相电压互感器测量电路

图 3-69a 用于单相电压的显示和测控，图 3-69b 用于三相的电压显示。

在使用电压互感器时，一定要注意电压表的显示值与电压互感器的变比是配套的。

（3）电压互感器的二次回路在使用时不得短路，其二次侧某端（一般是 n 端）必须接地

电压互感器的本质其实就是变压器，其二次侧一旦短路则会产生很大的短路电流，因此电压互感器的二次侧不允许短路。

3.8　软起动器

当第一台电动机出现时，工程师们就一直在寻找一种方法，避免电动机在起动时出现电气和机械方面的若干问题。例如因为起动电流的冲击造成电压大幅度降低，还有电动机起动时出现的机械应力冲击等。

在未出现软起动器之前，这些问题始终不能完善地解决。而软起动器的出现后，不但解决了电动机软起动还解决了电动机的软停车，以及力矩控制、模拟量输出问题和元器件紧凑型安装的问题。

我们来看图 3-70。

图中：

ST——软起动器；

SB_1、SB_2——起动按钮和停止按钮；

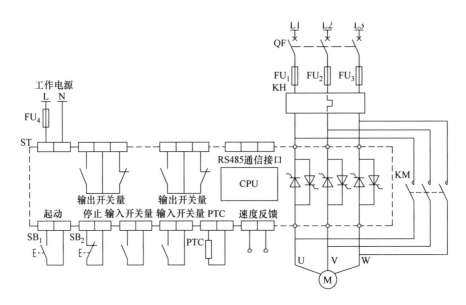

图 3-70　软起动器的工作原理

PTC——电动机定子线圈中预埋的热敏电阻；

KH——热继电器；

KM——旁路交流接触器（可按 AC – 1 使用类别配套，但一般用 AC – 3 类别）；

FU_1 ~ FU_3——软起动器一次回路前接快速熔断器。

我们看到在软起动器 ST 内有 6 只两两反并联的晶闸管，有的产品采用双向晶闸管，这些晶闸管按照移相控制原理控制和调节其导通角，由此实现对电动机的电压和电流按预先设计好的起动曲线平滑起动。用软起动器起动电动机后，基本上消除了电流的跃变，减小了对电网的冲击，减小了电动机对负载的机械冲击。

软起动器除了能实现软起动外，还能实现软停止、限流起动、脉冲突跳起动、斜坡起动、泵类和风机类起动、制动、节能运行和故障诊断等等。软起动器具有可编程输入输出触点、模拟量输入输出触点、转速反馈和控制、电动机热敏电阻 PTC 输入接点。软起动器的面板上有 LCD 液晶数字显示、键盘操作等人机交互，还有 RS485 的通信接口，可用 MODBUS – RTU、PROFIBUS 等协议与外界交换信息。

1. 软起动器的工作特性

我们来看软起动器的工作特性，如图 3-71 所示。

当交流笼型异步电动机在软起动后，软起动器是通过控制加载在定子绕组的平均电压来控制电动机的电流和转矩的。软起动器能使电动机的起动电流按照预先设计好的斜坡平稳地上升，转矩逐渐增加，转速也逐渐提高，直到起动完成。

图 3-71 中软起动器输出的电压曲线 1、曲线 2 和曲线 3 斜坡不同，于是电动机的起动转矩也不同，曲线 3 比曲线 1 更平稳，但起动时间较长。

（1）起动转矩可测可调

软起动器可通过调整电流斜率曲线，得到不同的起动特性曲线，可满足不同的电动机起动特性，减小对低压配电网的冲击。

（2）恒流起动和限流起动

软起动器起动过程中，可对低压配电网的电压波动进行补偿，使得电动机在起动过程中

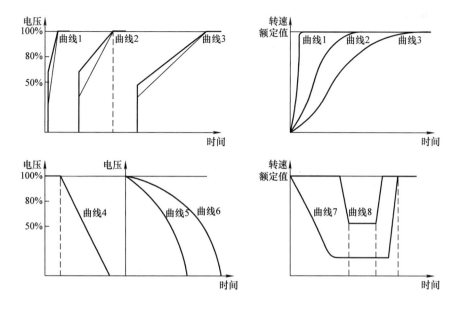

图 3-71　软起动器的工作特性曲线

保持电流恒定。恒流起动可用于重载的电动机起动。

限流起动则用于轻载起动的电动机，使得电动机在起动时其最大电流不超过预先给定的限流值 I_{max}。限流值 I_{max} 可根据电网容量及电动机负载等情况来确定，一般取 $1.5I_e \sim 5I_e$ 之间。限流起动可在实时的配电网电压下发挥电动机的最大起动转矩，缩短起动时间，实现最优的软起动效果。

（3）软停车和准确定位停车

软停车可实现电动机的斜坡减速停车，以此实现电动机的平稳减速，避免机械震荡和冲击。如图 3-72 所示。软停车的典型代表是用于消除水泵机组停机时回水冲击。

有些场合下负载的转动惯量较大，或者对负载的停车位置有准确要求，则可以采取快速制动停车的办法。软起动器在快速停车时向电动机定子绕组通入直流电，以实现快速制动。

在软停车的方式下，如果软起动器配备了旁路接触器，则应当将控制方式切换到软起动器。

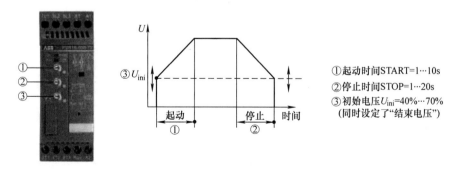

图 3-72　PSR 系列软起动器面板上对电动机实施软起动和软停车

2. ABB 的软起动器产品概述

ABB 的软起动器包括三种型号，分别是 PSR、PSS 和 PST（B）。三种型号的软起动器涵盖了电动机电流从3A到1810A的所有起动类型，如图3-73所示，PSR起动能力表如图3-74所示。

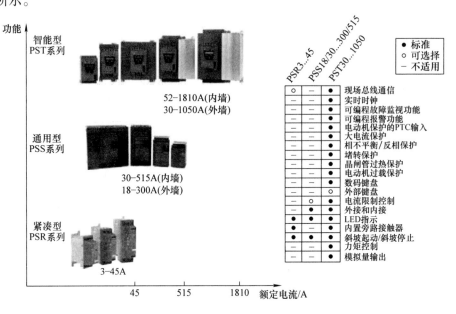

图3-73　ABB生产的PSR系列软起动器

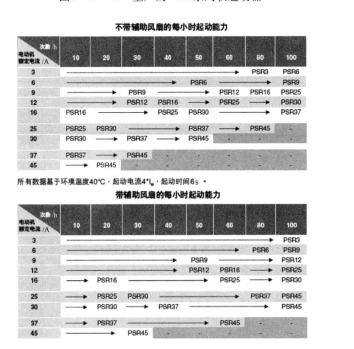

图3-74　PSR起动能力表

显然，每小时使用软起动器起动电动机的次数比起常规元器件（丫－△起动方式或自耦变压器起动方式）来要多得多，而使用辅助风扇后每小时电动机能起动的次数更是被大幅度地提高，且对电动机和电网的电冲击能减到最小，对机械设备的冲击也减到最低。所以，利用软起动器起动电动机具有极大的优势。

3.9　若干种低压开关电器的型式试验

3.9.1　断路器短路接通和分断能力型式试验

1. 断路器短路接通和分断能力型式试验的试验线路及试验参数的调整

断路器短路接通和分断能力型式试验的试验线路如图 3-75 所示。

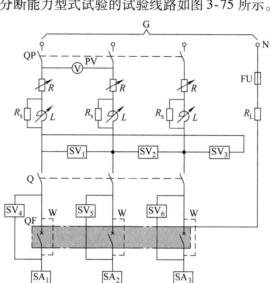

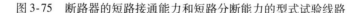

图 3-75　断路器的短路接通能力和短路分断能力的型式试验线路

图 3-75 中，G 是电源；PV 是电压测量装置；R 是可调电阻；L 是可调电抗器；R_s 是分流电阻器；$SV_1 \sim SV_6$ 是电压传感器；Q 是接通电器；QF 是被测断路器；W 是整定用临时连接线；$SA_1 \sim SA_3$ 是电流传感器；FU 是熔断器；R_L 是限制故障电流的电阻器。

调整电路时用阻抗可以忽略不计的临时连接线 W 来代替被试断路器 QF，连接线要尽量靠近 QF 的一次接线端子。调整可调电阻 R 和可调电抗 L，使得从试验整定波形图上能确定某相的电流为预期接通电流。

在这里有一个关键因素，就是试验电路的功率因数。只有准确地测定了功率因数后才能根据 GB/T 14048. 1—2023 或者 GB/T 7251. 1—2023 换算出峰值系数 n，然后进一步确定出峰值电流。冲击系数 n 的确定方法可参见本书第 1 章 1.4.1 节中的表 1-11。

2. 试验程序

当试验电路调整好后，就用被测断路器取代连接电缆 W，接着就可以进行短路接通和分断能力试验了。断路器的型式试验是按程序进行的，程序如下：

对于额定运行短路分断能力的型式试验，试验过程是：额定运行短路分断能力、操作性能、验证介电耐受能力、验证温升、验证过载脱扣器；

对于额定极限段分断能力的型式试验，试验过程是：验证过载脱扣器、验证极限短路分断能力、验证介电耐受能力、验证过载脱扣器。

我们先看额定运行短路分断能力 I_{cs} 的试验。这个试验适用于使用类别为 A 或 B 的断路器。

I_{cs} 试验程序是：额定运行短路分断能力试验、操作性能验证试验、验证介电耐受能力试验、验证温升试验、验证过载脱扣器试验。

I_{cs} 试验的操作程序为：O—t—CO—t—CO。这里的 O 表示打开操作，t 表示适当的延时，CO 表示闭合后经过一段适当的时间间隔后立即打开。

对于额定运行短路分断能力的试验 I_{cs} 来说，t 的时间长度为3min。如果断路器的前方还配备了熔断器，则应该在每次动作后更换熔芯，t 会适当延长。

我们再看断路器的额定极限短路分断能力 I_{cu} 的试验。这个试验同样适用于使用类别为 A 和 B 的断路器。注意：对于 B 类断路器，其额定极限短路分断能力 I_{cw} 要比额定短时耐受电流 I_{cw} 要高。

断路器的额定极限短路分断能力的型式试验所进行的项目是：验证过载脱扣器、验证极限短路分断能力、验证介电耐受能力、验证过载脱扣器。

额定极限短路分断能力的试验操作程序为：O—t—CO。

3. 试验波形分析

试验波形分析如图 3-76 所示。

图 3-76 中 A_1 为预期接通电流峰值，$A_2/2\sqrt{2}$ 为预期对称分断电流有效值；$B_1/2\sqrt{2}$ 为外部所施加的电压的有效值，而 $B_2/2\sqrt{2}$ 为分断后电源电压的有效值，即工频恢复电压。工频恢复电压应当在断路器所有的极电弧消失后的第一个完整周波中观察到。

图 3-76 中的 $A_2/2\sqrt{2}$ 其实就是预期短路电流的交流分量的有效值，而预期接通电流峰值就是图中的 A_1。在三相电路中，A_1 应当取三相中 A_1 的最大值。

在图 3-76 最上边的一张图中，第一个周波明显比后边的周波高一截，这两个波形的差值：

$$I_g = A_1 - \frac{A_2}{2\sqrt{2}} \qquad (3-26)$$

式中　A_1——预期接通电流峰值；

A_2——预期短路电流交流分量；

I_g——预期短路电流直流分量。

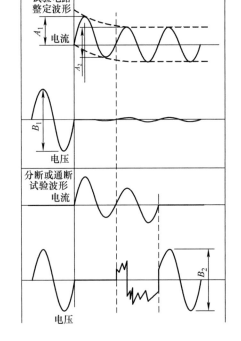

图 3-76　断路器短路接通和分断能力试验波形图

式（3-26）中的差值就是直流分量 I_g。直流分量 I_g 叠加在交流分量 A_2 上形成的最高值就是冲击短路电流峰值 A_1。

直流分量 I_g 是会衰减的，从波形图看出此直流分量衰减得很快。这说明试验站的变压器其负载几乎为零，只是为试验供电而已。为什么呢？因为直流分量衰减的时间常数等于 L/R，这里的 L 是变压器和导线的电抗，R 是变压器和导线的电阻，时间常数短恰好说明了其供电的单一性。

从图 3-76 波形图中可以识别出断路器的短路接通能力 I_{cm}、断路器的极限短路分断能力 I_{cu}、断路器的运行短路分断能力 I_{cs} 和断路器的分断能力 I_{cn} 这四个参量。

例如我们要测 I_{cm}，于是按照断路器的参数取短路电流值，记录下此时的波形，波形就能反映出具体的 I_{cm} 参数。所以，对于每次的 O 和 C，我们都要仔细去看它的波形，由此分析出断路器的具体参数和性能。

试验中的两个 CO 与一个 CO 的区别很大，前者相当于对断路器进行两次考验，而后者只有一次；其次，前者试验时所用的模拟短路电流较小，后者较大，故 I_{cs} 用于表达断路器执行短路分断后能够重复使用的技术参数，而后者则用于只能执行一次性分断操作的技术参数。

4. 试验结果的判定

断路器短路接通和分断能力试验的过程中和结束后，断路器应当符合生产厂商的技术说明。在试验中不允许出现伤害操作者的电弧，也不允许出现持续燃弧，断路器各极之间也不允许和框架之间有飞弧或闪络。

短路试验结束后，断路器的状况应当符合每一道试验及验证程序所规定的各种外在状态及技术状态，而且要每一道试验结果均合格，才能判此断路器合格。

3.9.2　断路器短时耐受电流的型式试验

电网发生短路时要求保护电器能迅速动作切断短路电路，但是切断短路电路是需要时间的，所以就要求主电路上的电器能在短时间内承受短路电流的热冲击而不致损坏。

开关电器中的导体被短路电流加热的特征是：电流大且时间短，所以开关电器来不及散热，短路电流所产生的热量几乎全部都变成导体的剧烈温升。当温升超过限度后，开关电器的某零部件会发生熔焊、热变形，由此使得机械机构强度大为降低，绝缘材料也迅速老化和降低性能，由此产生了严重事故。

我们来看式（3-27）：

$$\tau = \frac{K_{ac}R}{cm} \times I^2 t \tag{3-27}$$

式中　τ——开关电器的发热体温升；

　K_{ac}——附加损耗；

　R——发热体电阻；

　c——发热体的比热；

　m——发热体的质量；

　I——短路电流；

　t——时间。

从式（3-27）可看出开关电器在绝缘的情况下，温升 τ 与 $I^2 t$ 成正比。

短时耐受电流的持续时间一般规定为 1s，有时也采用 3s。

1. 断路器短时耐受电流能力的试验电路

断路器短时耐受电流能力的试验电路如图 3-77 所示。图 3-77 中，G 是电源，QP 是保护开关，PV 是电压测量装置，R 是可调电阻，L 是可调电抗，$SV_1 \sim SV_6$ 是电压传感器，Q 是合闸开关，QF 是被测断路器或其他电器，W 是整定用的临时线，$SA_1 \sim SA_3$ 是电流传感器。需要指出的是，SV 是具有测量、记录和瞬间连续拍摄功能的电压传感器；同理，SA 也是具有测量、记录和瞬间连续拍摄功能的电流传感器。

注意图中的接地点，此点必须是唯一的。

2. 断路器短时耐受电流能力试验过程

第一步当然是测试参数的调整了。在图 3-77 中用阻抗值可忽略不计的临时连接线 W 代替被测电器 QF，W 的两端必须尽可能地靠近被测电器的上下口一次接线端子。调整电阻 R 和电抗 L，通过拍摄的预期电流波形使得试验电流达到规定的测试值。如果需要测量短时耐受电流在通电后第一个周波的最大值电流，则需要采用选相合闸装置。

试验时必须要测量出试验电路的功率因数，然后根据功率因数与冲击系数 n 的关系，确定出电流峰值的对应值，也即 i_{pk}，同时也由此参数调整电路。在断路器短时耐受电流能力型式试验中的冲击系数 n 的确定方法与断路器短路接通和分断能力型式试验相同，见第 1 章 1.4.1 节中的 7。

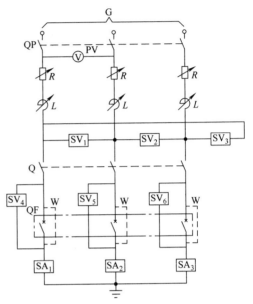

图 3-77　断路器短时耐受能力试验电路

如果被选择的电流周期分量有效值大于或小于要求值，则可调整通电时间，使得 I^2t 的值不变。这显然是合理的，它就是双曲线中的一支，要么调整 I^2，要么调整时间 t，使得测量和试验结果能保证就可以了。

在实际试验时，有时不必采用选相合闸装置。因为三相中必定有某相能获得最大值，尽管其他两相相差 120°，其电流必定小于此最大电流值。

第二步就是测试了。

在描述测试前，我们先看看断路器型式试验的内容是什么：

1）验证过载脱扣器；

2）额定短时耐受电流；

3）验证温升；

4）最大短时耐受电流时的短路；

5）验证介电耐受能力；

6）验证过载脱扣器。

这里描述的是第二个试验，即额定短时耐受电流试验。

在进行额定短时耐受电流试验时，断路器应当处于闭合位置，而且预期电流就等于额定短时耐受电流 I_{cw}。

试验步骤如下：

被测试的断路器 QF 触头闭合→保护开关 QP 触头闭合→光线示波器起动并进入测试状态→合闸开关 Q 闭合→试验电流已经出现，并且持续到规定的时间，然后保护开关 QP 自动脱扣断开，从而切断试验电流→合闸开关 Q 断开→光线示波器停止拍摄→分析和计算示波图数据，得到 I_{cw} 的测试值。

在此试验过程中，被测断路器必须自始至终处于闭合状态。如果没有采用选相合闸装置，则必须做多次试验，直到试验参数满足要求为止。试验站规定：每进行 3 次测试后可以更换被测断路器。

最后一步是试验结果的判定。试验中断路器的触头不得发生熔焊，机械部件和绝缘件应该没有发生损伤和变形，而且能继续正常工作，以进行后续的测试试验。

3. 有关断路器短时耐受电流能力试验的几个问题

问题 1：

我们知道，在做大电流试验时，试验电路中各部分都会发热，而串联电路中电流处处相等。于是就带来一个问题？凭什么认为测试结果是被测断路器的短时耐受电流，而不是前后连接导线及其他设备的短时耐受电流？

回答：

这就是临时导线 W 的重要用途。

我们来回想一下测小阻值电阻的阻值时，我们使用单臂电桥或双臂电桥，为什么呢？如果用普通万用表去测量小阻值电阻，因为测量仪表表棒的接触电阻阻值都大于被测电阻的阻值，所以测量出来的具体数值就不可能是被测电阻阻值的准确值。

双臂电桥利用一些较为特殊的方法消除了接触电阻，同时还要在测试前做一些必要的校准操作。我们看到在短时耐受电流型式试验的 W 线以及前期的调整过程其实就相当于双臂电桥测量前的校准工作。

正是有了这些测量预备，所以型式试验的测量值确实就是被测元器件的实际值。

问题 2：

此试验步骤符合使用类别为 B 的断路器。对于使用类别为 A 的断路器，以及限流型断路器，如何进行此项测试？

回答：

因为 B 类断路器具有短延时保护，因此短时耐受电流对 B 类断路器有意义。对于 A 类，特别是限流型开关，短时耐受电流是没有意义的。

问题 3：

当测试时需要关断断路器的各项保护吗？

回答：

是的，必须关断这些保护。例如我们在做短时耐受电流的测试时，其时间长度是 1s，若断路器的瞬时脱扣还在，则断路器的保护动作会是的试验无法进行下去。

问题 4：

既然短时耐受电流实际上反映的是开关设备或者断路器在短路电流冲击下的发热，那么它与开关柜或者断路器在运行时的发热有何不同？

另外，当变压器产生出冲击短路电流 i_{pk} 时，如果刚刚好短路前电流过零，那么这个时候岂不是就没有直流分量了吗？因为发热作用是有时间性的，能否认为 i_{pk} 是想象中的最大值，计算发热时要用它的综合值来考虑？

回答：

这个差别是本质性质的。

低压开关柜在正常运行时流过额定运行电流，电流流过导体时就会产生热效应，例如各种电器、导线和电缆、铜排、仪表等都会发热。其次，电流能产生磁场，在低压开关柜中磁场往往以涡流的形式作用在开关柜的钢质骨架上，由此也会引起发热。

低压开关柜中规定元器件的最高使用温度为55℃，而金属部分则为60℃。这里的金属部分包括裸铜主母线，如果主母线镀锡，则温升容许值可达65℃，镀银则温升容许值可达70℃。具体可参见 IEC 61439 - 1：2011 或者 GB/T 7251.1—2023。

低压开关柜的散热与环境温度、海拔、防护等级、元件排列密度和散热方式等都有关系，是一个很综合的参量，需要在设计之初就认真对待。

问题5：

如果短路发生在电流过零的时刻，那么可否认为短路电流中就没有了直流分量？因为发热是需要时间的，能否认为 i_{pk} 是想象中的最大值，计算发热时要用短路电流的综合值来考虑？

回答：

这个观念是错误的。某相在短路瞬间过零，但是其他两相却没有过零，短路电流将由其他两相中的大者决定。

其次，i_{pk} 是冲击短路电流的峰值，它对低压电器和低压开关柜的冲击是以电动力来体现的，低压电器和低压开关柜抵御 i_{pk} 的能力被称为动稳定性。短路电流到达稳态后，其值就等于周期分量。短路电流周期分量的有效值就是产生热量的原因，如果时间长达1s，则此电流就成为某开关电器或者低压开关柜某导电部件的短时耐受电流。

问题6：

断路器的 I_{cs}、I_{cu}、I_{cm}、I_{cw}、I_{cn} 的定义和它们的意义

回答：

断路器的壳体电流是 I_n，它是某断路器壳体所能流过的最大运行电流；

每一种断路器一般都配套有过载保护参数，它的电流整定值就是 I_1。对于热磁断路器来说，I_1 的范围在 0.7 ~ 1.05I_n 之间；对于电子式断路器脱扣器来说，I_1 的整定值在 0.4 ~ 1.05 之间。

如果断路器具备短路短延时功能，则短延时参数的电流整定值是 I_2，I_2 的范围在 1 ~ 10I_n 之间；

当线路中出现了很大的短路电流，此时断路器的瞬时脱扣将起作用。与瞬时脱扣对应的电流整定值是 I_3；

以上这些电流都与断路器作为主动元件有关，也就是断路器能通过脱扣来切断这些电流。这些电流按从小到大的次序排列为：

$$I_1 \leqslant I_n < I_2 < I_3$$

如果断路器能够经受住长达1s的短路电流热冲击，那么对应的断路器参数是 I_{cw}，即断路器的短时耐受电流；

如果断路器切断了短路电流后，其所有的结构件仍然正常，并且能够再次合闸使用，则对应的断路器参数被称为断路器额定运行短路分断能力 I_{cs}；

如果断路器切断了短路电流后，其结构件发生了永久性的损坏，并且不能再使用了，必须予以更换。与此对应的参数被称为断路器的额定极限短路分断能力 I_{cu}；

如果在线路已经发生短路的条件下，或者断路器作为隔离开关使用时，将断路器再次合闸，并且断路器能够承受此电流的冲击，则对应的断路器参数是短路接通能力 I_{cm}。

我们把这一系列电流参数从小到大排列起来就是：

$$I_1 \leqslant I_n < I_2 < I_3 < I_{cw} \leqslant I_{cs} \leqslant I_{cu} < I_{cm}$$

这个式子非常重要，它就是前面提及的式（3-14），它叫作低压断路器的参数不等式。低压断路器的参数不等式是理解和应用断路器的一把钥匙，是我们在设计配套和使用维护低压断路器时必须掌握的基本公式。

请注意如下事实：按照 IEC 60947-2-2008 的规定，$I_{cm} = 2.2I_{cu}$。并且，I_{cm} 这个参数也是隔离开关和 ATSE 开关的最主要参数。

3.9.3 接触器过载耐受能力的型式试验

1. 试验线路

当电动机起动时，电动机的转子还未旋转，此时电动机的电流最大，其值就是起动冲击 I_p，I_p 一般为电动机额定电流的 8~14 倍。见图 3-43，异步电动机运行特性曲线。

对于接触器来说，按照 GB/T 14048.4—2020 IEC 60947-4：2002，接触器的一次触头应该能承受 10 倍的额定电流，此电流就是为了克服电动机起动冲击电流而设置的。

接触器过载耐受能力试验的电路图如图 3-78 所示。

图 3-78 的上图是试验线路的一次系统，其中 QP 是保护开关；KMC 是控制接触器；TV 是自耦变压器；T 是调节电流的变压器；KM 是被测接触器；W 是整定临时连接线；SA 是电流传感器；TA 是电流互感器；PA 是电流表。

图 3-78 的中图是试验线路的控制系统，其中 FU 是熔断器；SBT 是起动按钮；SBP 是停止按钮；KMS 是起动接触器；TV 是自耦变压器；TC 是控制变压器；PV 是电压表；S_1 是手动开关；KM 是被测接触器；S 是测量和试验控制按钮；KMC 是测量和试验的控制接触器；S_2 是手动开关，S_2 打开为测量，闭合为试验；KT 为时间继电器。

2. 试验过程

整个试验过程简单描述如下：首先被测接触器 KM 的触头置于断开位置，S_2 处于测量位置，接上连接线 W 后，闭合保

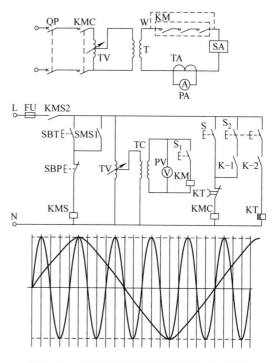

图 3-78　接触器过载耐受能力试验的电路图

护开关，再按下按钮 S 使得 KMC 闭合。调节自耦变压器 TV，使得试验电流等于被测试接触器预期的最大过载电流时，放开控制按钮 S。

试验时先撤除 W 临时线，接着按下 S，通电时间一般为 10s 再打开 S。在 S 按下时同时启动示波器拍摄记录预期测量电流。

最有意思的是波形分析。我们来看图 3-78 的下图，在测量临时线时，光线示波器记录为 20mm/s，而测试时则调整为 100mm/s，两者正好相差 5 倍波长。图中，波长较短的是校准电流，而波长较长的是试验电流。这样处理后，很容易看出两者的曲线。比较后者曲线相对于前者曲线的高度，我们就可以判断出接触器所承受的过载电流值了。

3. 试验结果的判定

1）经过数次试验后，取最小比值作为结论值，此值必须大于接触器的给定值

2）试验后接触器触头不得熔焊，结缘部件也不得破坏，弹性部件性能不变

3）测试后必须满足接触器的产品标准要求

4）测试后接触器的一次回路必须能满足标准工频耐压的后续试验

满足上述四条则接触器合格，否则为不合格产品。

我们由此可以看出，认为接触器具有短路保护功能的看法错误的，其来源就在这里。从型式试验的测试中，我们就没看到与冲击短路电流峰值相关的测试，从另一个侧面也看出，接触器就是为了对负荷执行运行和停止的操作的。

4. 有关接触器过载耐受能力型式试验的几个问题

问题1：

低压开关柜的型式试验是包括开关柜柜体结构和元器件分开做的吗？是不是一次回路的元件才做型式试验，而二次回路的元器件就不用做型式试验？

回答：

型式试验是对某种低压电器及部件的功能能力做测试，虽然我们看到的都是一次系统，但二次控制系统也并不能脱离试验而独立。所以，除了纯机械方面的试验，例如机械寿命试验等，型式试验是对包括一次和二次系统同时做测试的。

问题2：

从接触器的过载能力型式试验看，接触器不但要能够执行一般的电动机正常运行的合分操作，还要执行类似正反转等操作，由于电动机起动电流可达6倍起动电流，而正反转时电动机电流是有可能达到8倍以上的，所以接触器的过载能力型式试验以10倍为限，是这样吗？

回答：

其实这个试验是针对AC-4做的，即电动机直接起动电路。

问题3：

试验电路中调节电流的变压器是做什么用的？是产生较大的电流吗？

回答：

是。这个试验中的一次系统是与电压无关的。又因为接触器需要流过很大的电流，所以用变流变压器来升流。

3.9.4 接触器与执行短路保护的低压开关电器之间的协调配合型式试验

1. 接触器与执行短路保护的低压开关电器之间的协调配合型式试验

若电动机主回路引至电动机的电缆发生了短路，于是短路电流就流过主电路，包括断路器、接触器和热继电器，或者熔断器、接触器和热继电器。短路电路中的断路器和熔断器是能够主动切断短路电流的，而接触器和热继电器则不能，它们只能承受短路电流的冲击。我们把断路器和熔断器等能够主动切断短路电流的元件称为主动式元件，而把接触器、热继电器等只能承受短路电流的元件称为被动式元件。

对于电动机主回路而言断路器或者熔断器的用途就是执行短路保护；接触器的任务就是闭合与分断电路，所以接触器的最大过载能力在AC-4时是10倍；热继电器的任务是对电动机过载执行保护。

当电动机的进线端子前方电缆发生短路时，熔断器的熔芯应该要熔断。假如电动机回路

的辅助回路电源取自于主回路,则此时加载在接触器线圈两端的电压几乎为零,接触器就会因此而释放。如果接触器的释放时间小于熔断器的熔断时间,或者接触器的释放时间小于断路器的分断时间,则接触器将承担起分断短路电流的任务。接触器的分断能力很低,接触器的一次触头有可能出现严重烧蚀损毁,因此一定要杜绝让接触器执行短路分断任务。

需要注意的是:虽然由主动元件去分断短路电流,但是在分断期间,接触器一定要能够承受短路电流的冲击。这种关系其实也是过电流保护的选择性。

对于短路电路中的被动元件,要与短路电路中的主动元件之间实现协调配合。这种协调配合关系的试验被称为 SCPD,其意义是验证被动元件在规定的使用和性能条件下与某主动元件的 SCPD 动作期间,承受预期短路电流的冲击而不损坏,而且也不能出现事故扩大化。

在对某开关电器进行 SCPD 型式试验时,要用该开关电器制造厂给出的参数来执行,而且与某开关电器配合的上级过电流保护电器(熔断器或断路器)也由制造厂指定,在 SCPD 动作时间某开关电器能够承受的预期短路电流值也由制造厂指定。

2. 接触器的 SCPD 试验电路

图 3-79 所示为接触器的 SCPD 试验电路。

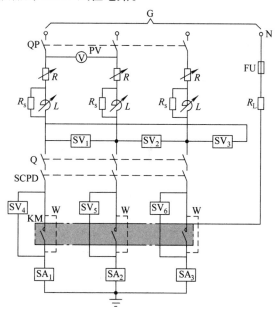

图 3-79　接触器的 SCPD 试验电路

在图 3-79 中,G 是电源,PV 是电压表,R 是可调电阻,L 是可调电抗,R_s 是分流电阻,$SV_1 \sim SV_6$ 是电压传感器,Q 是接通开关,SCPD 是短路保护电器,KM 是被测试接触器,W 是临时接线,$SA_1 \sim SA_3$ 是电流传感器。

在做 SCPD 试验时有两项内容,即预期电流 r 测试和预定限制短路电流 q 测试。对于保护配合协调关系为 TYPE1 的试验,每次都允许更换新的元件;对于保护配合协调关系为 TYPE2 的试验,当进行 r 的 O – CO 试验时要使用同一台被测元件,当进行 q 的 O – CO 试验时可以使用新的元件。

3. 试验过程及关系描述

(1)只有接触器的限制短路电流试验

预期电流 r 试验

● 接触器 KM 的控制线圈通电而处于闭合位置,此时 SCPD 处于闭合位置,接通 Q 使得短路电流流过被测线路和元件，再有 SCPD 来分断短路电流。在此过程中，接触器 KM 和 SCPD 协调配合完成一次分断操作

• Q 被接通闭合，SCPD 也闭合，接触器 KM 处于分断位置。将接触器线包带电使之闭合接通短路电流，再由 SCPD 分断短路电流。在此过程中，接触器 KM 和 SCPD 协调配合完成了一次接通和分断的操作

额定限制短路电流 q 试验

额定限制短路电流 q 试验的过程同 r 试验。

（2）既有接触器，又有热继电器的限制短路电流试验

我们看图 3-80：

对于热继电器来说，SCPD 试验是验证其时间 - 电流特性曲线与主动式元件（断路器或者熔断器）时间 - 电流特性曲线交点上的选择性保护性能及相应的协调配合类型。

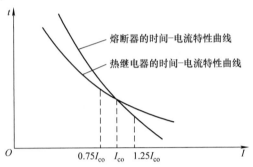

图 3-80 中的交点是热继电器和熔断器两条时间 - 电流特性曲线的重合点，此点的电流被称为交接电流 I_{co}。当电流小于 I_{co} 时，热继电器会产生动作；当电流大于 I_{co} 时，应当是熔断器动作。这里的下限是 $0.75I_{co}$，上限是 $1.25I_{co}$。

图 3-80 热继电器与熔断器的交接电流

在 I_{co} 的左侧，应当由热继电器带动接触器执行分断动作；在 I_{co} 的右侧，应当由熔断器或者断路器执行分断动作。考虑到试验误差后，在型式试验中确定了两个试验点，最小点的试验电流 $0.75I_{co}$ 和最大点的试验电流 $1.25I_{co}$。

1）最小点和最大点电流测试：试验从冷态开始。将热继电器和接触器接好，并且使得热继电器动作时能够将接触器断开。试验时接触器和 SCPD 闭合，然后接通试验电流。试验必须要进行两次，分别以最小点试验电流和最大点试验电流来测试。

2）交接电流 I_{co} 的测试：将试验电流整定到 I_{co}，然后通电 50ms，间隔时间按不同的电流等级（100 ~ 1600A），为 10 ~ 240s，具体值由试验站提供的标准关系表决定，然后在重复测试，直到完成 3 次试验。

我们来看图 3-81：

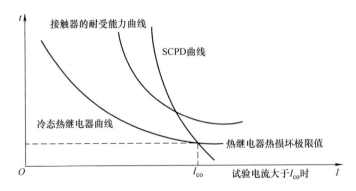

图 3-81 SCPD 试验中各曲线之间的关系

我们知道，接触器的耐受过载电流的能力是以时间-电流特性曲线来表示的，见图中的中间曲线。左边的曲线是热继电器的时间-电流平均曲线，表明热继电器的脱扣时间与过载电流的关系。显见，当电流小于 I_{co} 时，热继电器的曲线必须位于 SCPD 曲线的左侧。一旦越过 SCPD 曲线，则热继电器将会永久性地损坏。

从这里我们也可以进一步看出，热继电器和接触器是短路电流的被动承受者，它们不能去主动地切断短路电流。虽然接触器有一定的分断能力，但根据 GB/T 14048.4 或者 IEC 60947-4，接触器的最大过载电流倍数仅为 10 倍而已。只有熔断器或者断路器才是切断短路电流的主动元件。

4. 限制短路电流试验结果判定

我们来看国家标准 GB/T 14048.4—2020 对保护匹配关系的规定。

📖 标准摘录：GB/T 14048.4—2020《低压开关设备和控制设备　第4-1部分：接触器和电动机起动器　机电式接触器和电动机起动器（含电动机保护器）》。

8.2.5.1　短路条件下的性能（额定限制短路电流）

用短路保护电器（SCPD）作为后备保护的接触器和起动器，以及综合式起动器，综合式开关电器、保护式起动器和保护式开关电器，其额定限制短路电流性能，应根据 9.3.4 所述试验方法进行验证。试验规定为：

a）预期电流"r"，见表 13；

b）额定限制短路电流 I_q（仅当 I_q 大于预期电流"r"时，才进行 I_q 电流试验）。

SCPD 的额定值应适用于任何给定的额定工作电流、额定工作电压及相应的使用类别。

协调配合类型（保护型式）有如下两种，其试验方法见 9.2.4.2.1 和 9.3.4.2.2。

a）"1"型协调配合，要求接触器或起动器在短路条件下不应对人及设备引起危害，在未修理和更换零件前，允许不能继续使用；

b）"2"型协调配合，要求接触器或起动器在短路条件下不应对人及设备引起危害，且应能继续使用，允许触头熔焊，但制造厂应指明关于设备维修所采取的方法。

注：选用不同于制造厂推荐的 SCPD 时，协调配合可能会无效。

我们再来看 SCPD 限制短路电流试验结果的判定：

1）SCPD 分断故障电流时熔断元件 FU 未熔断；

2）元件的外部绝缘和元器件整体未受到破坏或碎裂；

3）按照 IEC 60947-4 定义的对于 TYPE1，壳体未击穿，但接触器受破坏是允许的，每次试验后，允许更换接触器；

4）对于 TYPE2，只允许接触器的触头发生熔焊，而且用螺丝刀很容易拨开；短路试验前后，热继电器的电流整定值倍数及脱扣特性不允许被破坏；试验后，接着做介电试验，电压为 $2U_n$（不得小于 1000V）保持 1min。

5. 对于 SCPD 在交接电流协调配合试验判定

1）最小点试验时 SCPD 应当不动作，而热继电器能将接触器脱扣；

2）最大点试验时 SCPD 应当在热继电器之前动作，热继电器和接触器的配合关系应当满足制造厂的规定；

3）接触器和热继电器应当能通过介电试验；

4）对于接触器的时间 – 电流耐受能力，应当具有如下特性：试验电流大于 I_{co}；接触器的时间 – 电流特性在电流小于 I_{co} 时应当位于冷态热继电器时间 – 电流特性平均曲线的上方。

3.10 经验分享与知识扩展

主题1：如何选择隔离变压器电源侧的断路器

在图 3-82 所示的低压配电系统中，我们看到 10/0.4kV 主变的容量是 2500kV·A，低压母线上又配置了 3 套容量为 300kV·A 的隔离变压器。现在我们来选择低压进线主回路的断路器，以及驱动和保护隔离变压器的断路器。

论述正文：

图 3-82 中的电力变压器变比是 10kV/400V，容量是 2500kV·A，阻抗电压为 6%。于是可计算得出如下结论：

根据第 1 章式（1-21）计算变压器的额定电流：

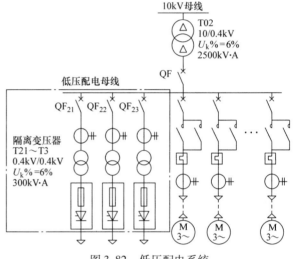

图 3-82 低压配电系统

$$I_n = \frac{S_n}{\sqrt{3}U_n} = \frac{2500 \times 10^3}{1.732 \times 400} \approx 3609\text{A}$$

根据第 1 章式（1-22）计算变压器的短路电流：

$$I_k = \frac{I_n}{U_k\%} = \frac{3609}{0.06 \times 10^3} \approx 60.2\text{kA}$$

由此可知低压进线断路器的额定电流可取 4000A，极限短路分断能力 I_{cu} 可取 65kA。

根据第 1 章式（1-23）计算变压器的冲击短路电流峰值：

$$i_{pk} = nI_k = 2.2 \times 60.2 \approx 132.4\text{kA}$$

由此我们知道低压配电柜的主母线额定峰值耐受电流必须大于 132.4kA，并且低压进线断路器的短路接通能力 I_{cm} 不小于 132.4kA。

再看隔离变压器，它的容量是 300kV·A，变比是 1:1，阻抗电压为 6%，于是可以计算得出如下结论：

变压器的额定电流：$I_n = \dfrac{S_n}{\sqrt{3}U_n} = \dfrac{300 \times 10^3}{1.732 \times 400} \approx 433\text{A}$

变压器的短路电流：$I_k = \dfrac{I_n}{U_k\%} = \dfrac{I_n}{0.06} \approx 16.7I_n = \dfrac{16.7 \times 433}{10^3} \approx 7.2\text{kA}$

当隔离变压器在首次送电时会出现励磁涌流。在计算变压器的空载励磁电流时可近似地用短路电流来取代，于是可确定变压器的励磁电流大约为额定电流的 16.7 倍，符合设计规范 15～30 倍 I_n 的要求。

现在我们来选隔离变压器的断路器：

我们将 7.2kA 除以 10，得到 720A，故断路器的额定电流取 800A。因为低压系统的短路电流是 60.2kA，而隔离变断路器的前级还有进线断路器，故隔离变断路器的分断容量不大于 60kA。

隔离变压器空载励磁电流存在的时间不大于 0.2s。为了防止送电时断路器因励磁启动速断保护而无法合闸，故取隔离变断路器的短路短延时保护电流 I_2 大于 7.2kA，短延时动作时间不小于 0.25s 即可。

检索 ABB 的 T 开关参数后选择 T6H800 断路器，其额定电流为 800A，在 380/415V 时极限短路分断能力 I_{cu} 为 70kA，并且采用 PR221DS – LSI 脱扣器。我们来看 PR221DS – LSI 的参数，如图 3-83 所示。

图 3-83　T 开关脱扣器 PR221DS – LSI 的参数

我们看到其中的 S 参数是 1~10 倍 I_n，而时间是 0.1~0.25s，正好合适。于是我们就可以选用这款断路器 T6H800，PR221DS – LSI。

如果我们只是简单地选用 PR221DS – LI 脱扣器，极有可能这台用于隔离变压器保护的断路器每次送电时就立即跳闸。

主题 2：开关电器主触头与辅助触头的异同点

1. 开关电器主触头与辅助触头的位置不同

（1）开关电器的主触头位于主回路

主回路的任务是执行电能的传递和控制。因此开关电器的主触头要承受短路电流和过载电流的冲击, 会出现较强过电压。

主触头必须满足开关电器的动稳定性要求, 且可以容忍较大的温升。

（2）辅助触头（触点）位于辅助回路

辅助回路的任务是执行信号的放大、控制和传输。因此开关电器的辅助触头必须确保小电流信号传递的准确性, 并且能容忍控制回路中电器线圈产生的吸合冲击电流, 以及短路电流的冲击。

我们看图 3-84。

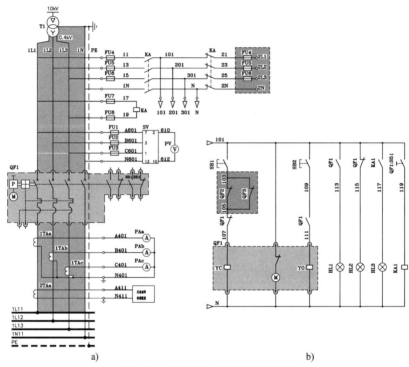

图 3-84 主回路与辅助回路示意图

图 3-84a 中部是断路器 QF 的主触头, 还有断路器的热磁脱扣器。显见, 断路器的主触头需要合分配电线路的运行电流, 当发生短路故障时还要承受短路电流的冲击。

图 3-84b 辅助回路中我们看到有三只信号灯, 控制信号灯点燃与否的就是断路器辅助触点。

由于断路器的主触头用于合分数百安培乃至于数千安培的电流, 而辅助触头则用于合分 5A 以下的电流, 所以开关电器的主触头和辅助触头在接通和分断电流方面完全不具有可比性。

2. 开关电器主触头与辅助触头的材质不同

主触头材料以银、钨合金为主, 能够经受电弧的冲击, 且动、静触头之间具有互补性, 以提高抗熔焊能力。

辅助触头则以银基合金为主, 以提高触头导电性。

断路器主触头以线接触为主。线接触的触头具有摩擦性, 可以磨掉触头的氧化层, 确保接触良好; 辅助头则以点接触为主。

3. 开关电器主触头与辅助触头的动热稳定性不同

我们来看触头的动热稳定性是怎么回事:

当短路电流流过触头时，触头材料会因此而发热，甚至熔焊。如果触头正处于开断中，则触头材料熔融后会形成金属桥，接着金属桥拉断并起弧。爆炸性的电弧气体会将熔融触头材料喷溅出去，还会出现金属蒸汽性电弧。

某开关电器主触头材料与上级执行线路保护的开关电器动作时间的协调配合关系叫作 SCPD 配合关系。这种关系是主触头所特有的，也是开关电器在做协调配合型式试验是必须做的。

对于辅助触头则不必做 SCPD 型式试验。

所以，主触头一般会配灭弧罩，但辅助触头不配灭弧罩。毕竟，辅助触头的开断的电流一般来说不大于 5A。

我们看图 3-85。

我们看上边的触头。伸出我们的右手，对于左侧的电流线，大拇指向下用右手螺旋定则来判断它的磁场方向，我们发现左侧是进纸面的，右侧是从纸面出来的。再用左手定则来判断下边的左侧电流线电动力方向，我们发现它的电动力垂直于电流线指向 4 点和 5 点中间的方向。此电动力可以分解为两个方向，一个是水平向右，一个是垂直向下。

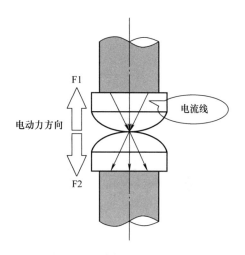

图 3-85　电流线与电动力方向示意图

同理，我们判断出下边右侧电流线电动力电动力分力方向，一个向左，一个向下。

两个分别向左向右的电动力分力相互抵消，而向下的电动力分力形成合力作用在下边触头上。

按照相同的方法，我们能分析出上边的触头受到垂直向上的电动力。

这就是触头斥力，它叫作霍姆力。霍姆力的方向正好与触头受到的反力相反。

对于额定电流，触头斥力小于操作机构施加的反力，因而不会出现任何问题。但当触头流过短路电流时，触头斥力可能大于反力触头将因此而斥开，触头斥开后会出现电弧。由于触头斥开后电流减小，反力大于斥力，触头将返回。如此反复后，触头将出现局部熔焊。

这就是触头的动稳定性。对于主触头，触头的动稳定性其实就是开关电器的动稳定性。

开关电器的辅助触头是不必考虑动稳定性的。

开关电器主触头与辅助触头的开距不同，超程不同，因而额定绝缘电压不同，电寿命也不同。

开距指的是触头在打开条件下动静触头间的最短距离，它代表了动静触头间隙介质的绝缘能力；超程指的是触头闭合后将静触头撤离，动触头能够继续运动的距离。超程与触头的电寿命有关。

一般地，某具体的开关电器，它的主触头开距大于辅助触头开距，它的辅助触头超程大于主触头超程。因此，对于某具体的开关电器而言，主触头承受的电压值大于辅助触头，而主触头的电寿命则小于辅助触头的电寿命。

由此可见，主触头与辅助触头是有本质区别的。

第4章

低压成套开关设备主回路

本章 PPT

不管是大型发电厂、变电站或者是一台开关柜，其电气部分都包括一次电路和二次电路两部分。

一次电路是指用来传输和分配电能的电路，它由各种一次设备通过连接导体连接而成。一次电路又叫作主回路、主电路、一次线路和主接线等。主回路又被定义为传送电能的所有导电回路。

二次电路是指对一次设备进行控制、保护、测量、指示、信号传递及通信的电路。二次电路就是辅助回路。辅助回路又被定义为除了主回路以外的所有控制、测量、信号和调节等回路。

低压成套开关设备中的主回路包括：进线回路、母线联络回路、双电源互投回路、馈电回路、电动机控制回路、无功补偿回路等。

本章将对低压成套开关设备中主回路的构成、工作特性和使用条件予以阐明和分析。

4.1 低压成套开关设备中的进线主回路和母联主回路

1. 进线主回路

图 4-1 所示为两进线和单母联组成的低压系统。图中可见两低压进线和母联开关，还可见 I 段和 II 段主母线，以及母线上的馈电回路和补偿电容回路。

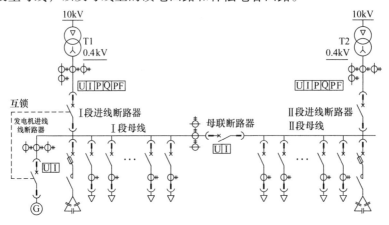

图 4-1　两进线和单母联组成的低压系统

从图4-1中可见到发电机进线开关，并且发电机进线开关与Ⅰ段进线开关存在互锁关系。

两进线配套的测量仪表包括：电压 U、电流 I、有功功率 P、无功功率 Q 和功率因数 PF，母联和发电机进线配套的测量仪表包括：电压 U 和电流 I。

两进线在 A 相中多配套了 1 只电流互感器，用于为补偿电容回路的控制装置提供电流信息。

（1）进线主回路的进出线方式

以图4-2中的"上进下出"为例：这里的"上进"是指电力变压器的低压侧电源引至进线回路断路器上部一次接线端子，而断路器下部一次接线端子则连接至水平母线。

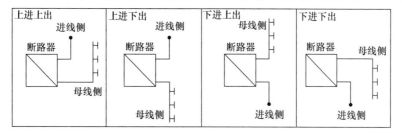

图4-2　进出线方式

图4-3中可见断路器下部一次接线端子连接了电缆 U 形连接铜排，来自于变压器的电缆就搭接在 U 形连接铜排上。断路器的上部一次接线端子通过连接铜排连接到水平母线上。这是一台典型的下进上出进线回路。

（2）进线回路中的断路器

低压进线断路器一般采用抽出式框架断路器 ACB，断路器上下端的接插符号表示抽出式结构。若低压进线回路的电流比较小，则也可以采用塑壳断路器 MCCB。

1）线路保护方式：断路器的保护方式包括长延时过载 L 保护、短延时短路 S 保护、瞬时短路速断 I 保护和接地 G 保护。

2）断路器操作方式：断路器的操作方式分为断路器本体手动操作和电动操作两种方式。电动操作机构中包括：储能电动机、电动弹簧储能机构、YC 合闸线圈、YO 分闸线圈等。

3）进线断路器的保护方式：进线断路器一般采用三段或者四段的线路保护方式，即 L–S–I 或者 L–S–I–G。

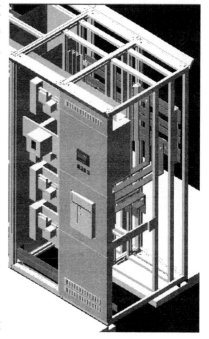

图4-3　低压进线开关柜的模式图

（3）低压开关柜内的保护接地形式

保护接地形式为 TN–S 或 TN–C。若采用 TN–S，则将电力变压器的低压侧中性线直接接地后分为 N 线和 PE 线连同三条相线一同引入低压开关柜；若采用 TN–C，则将电力变压器的低压侧中性线与接地线合并为 PEN 后连同三条相线一同引入低压开关柜。

在低压开关柜内，主母线包括相线主母线铜排 L11/L12/L13，还包括中性线 N 铜排和保护接地线 PE 铜排或者 PEN 铜排。

（4）低压进线回路的电参量测量

低压进线主回路的测量的具体内容包括：

电压测量：三相电压 U_a、U_b、U_c、U_{ab}、U_{bc}、U_{ca}。

电流测量：三相电流 I_a、I_b、I_c，零序电流 I_n。

功率、电能和功率因数测量：三相有功功率 P、三相无功功率 Q、三相有功电能 W、三相功率因数 PF。

频率测量和谐波测量：频率 F 和谐波的百分率。

对电流的测量依靠进线回路的电流互感器。系统共配置的 4 只电流互感器，其中 3 只用于电流测量，1 只用于补偿电容控制器的电流测量。电压测量的采集点位于电力变压器的低压侧，测量回路上配备了熔断器。其他测量则通过电流波形和参量以及电压波形和参量联合计算获得。

零序电流的测量通过接在中性线上的零序电流互感器进行。

测量既可依靠断路器外部的电流、电压测量回路进行，也可依靠断路器脱扣器的测量系统来实现。

测量值的显示可采用普通测量表计或多功能数字表计，若选用断路器自身测量则电参量将显示在保护单元的面板上。

（5）低压进线回路的参数选择

低压成套开关设备主进线回路断路器的参数选择关系到低压配电的全局，它关系到低压开关柜内的主母线载流量，关系到各级断路器保护参数的选择及保护匹配，同时还对配电线路的过载、欠电压、失电压、短路保护和接地故障保护等参数产生影响。因此，主进线回路是事关全局的重要功能单元。

低压开关电器需要执行断开短路电流的任务。对于断路器来说，额定极限短路分断能力是指当断路器在 1.1 倍额定工作电压、额定频率以及规定的功率因数时能断开的短路电流。它应当不小于安装地点的短路全电流的有效值。

如前所述，当低压电网发生短路时，超过额定电流数倍乃至于十几倍的短路电流流过低压断路器和低压成套开关柜各有关部件，对低压电器和低压成套开关柜产生巨大的短路电动力冲击和热冲击。短路过程结束后，低压成套开关设备需要继续工作，所以额定短路分断能力和短时耐受电流就是衡量低压开关电器的动热稳定性的技术指标。

电力变压器的额定电流、短路电流和冲击短路电流峰值的计算方法见本书 1.4.1 节的式（1-21）~式（1-23）。

我们来看断路器的时间 – 电流特性曲线，如图 4-4 所示。

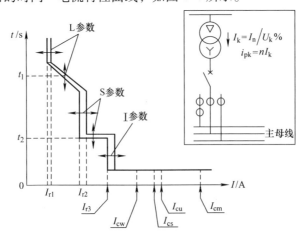

图 4-4　低压进线断路器的时间 – 电流特性曲线

断路器的过载长延时 L 参数的脱扣电流为 I_{r1}，短路短延时 S 参数的脱扣电流为 I_{r2}，短路瞬时 I 参数的脱扣电流为 I_{r3}。

从图 4-4 中可以看出：$I_{r3} < I_{cw} < I_{cu}$，即短时耐受电流 I_{cw} 居于断路器的 I 参数脱扣电流 I_{r3} 和额定极限短路分断能力 I_{cu} 之间。由于断路器的额定短路接通能力峰值 I_{cm} 等于断路器额定极限短路分断能力 I_{cu} 与峰值系数 n 的乘积，所以当冲击短路电流峰值 i_{pk} 流过断路器时，断路器仍然能保持正常而不至于损坏。

这一点是非常重要的。因为断路器分断短路电流的瞬时脱扣时间是 12 ~ 30ms 左右，因此冲击短路电流峰值 i_{pk} 一定会流过断路器，断路器必须要具有承受冲击短路电流的能力。

冲击短路电流峰值 i_{pk} 流过断路器后将被引至低压成套开关设备的水平主母线上，所以低压成套开关设备的水平主母线也必须要能够承受 i_{pk} 的冲击。

断路器的动热稳定性用额定短时耐受电流 I_{cw} 来表达，额定短时耐受电流 I_{cw} 应当满足式 (4-1)：

$$I_{cw}^2 T \geq I_k^2 \ (T_k + 0.05) \tag{4-1}$$

式中　I_{cw}——开关电器的额定短时耐受电流；

　　　I_k——持续短路电流；

　　　T_k——短路时间；

　　　T——开关电器的热稳定试验时间。

在断路器的样本中对额定短时耐受电流 I_{cw} 给出两个试验时间，即 1s 和 3s。根据本书 1.4.1 节的描述，我们已经知道冲击短路电流存在的时间仅仅只有 0.1 ~ 0.2s 左右，取允通电流为 I_{cw} (1s)，代入式 (4-1) 后我们可以得出结论：

$$I_{cw}(1s) \geq (0.71 \sim 0.92) I_k \tag{4-2}$$

式中　I_{cw}——断路器短时耐受电流；

　　　I_k——变压器产生的短路电流。

对用于低压进线的断路器，只要其额定短时耐受电流大于变压器产生的持续短路电流 I_k 的 (71% ~ 100%) 即可满足要求。

结合本书 1.4.1 节的相关内容，我们就可以得到进线主回路断路器的参数配置方案，见表 4-1。

表 4-1　根据变压器容量计算和确定进线断路器规格参数

内容	计算公式
变压器容量 S_n	$S_n = \sqrt{3} U_n I_n$
变压器额定电流 I_n	$I_n = \dfrac{S_n}{\sqrt{3} U_n}$
变压器短路电流 I_k	$I_k = \dfrac{I_n}{U_k\%}$
变压器冲击短路电流峰值 i_{pk}	$i_{pk} = n I_k$
进线断路器额定电流 I_{nQF}	$I_{nQF} \geq I_n$
进线断路器极限短路分断能力 I_{cu}	$I_{cu} \geq I_k$
进线断路器短时耐受电流 I_{cw}	$I_{cw} \geq (0.71 \sim 1.00) I_k$
进线断路器短路接通能力 I_{cm}	$I_{cm} = n I_{cu}$

表 4-2 是常见的电力变压器参数表。

表 4-2 电力变压器的参数

变压器的额定功率 S_n/kV·A	变压器二次侧线电压 U_p 为 400V（AC）		
	额定电流 I_n/A	持续短路电流 I_k/A	
		阻抗电压的额定值 $U_k\% = 4\%$	阻抗电压的额定值 $U_k\% = 6\%$
50	72	1805	1203
100	144	3610	2406
200	288	7220	4812
315	455	11375	7583
400	578	14450	9630
500	722	18050	12030
630	910	22750	15160
800	1156	28900	19260
1000	1444	36100	24060
1250	1804	45125	30080
1600	2312	57800	38530
2000	2890	72250	48170
2500	3613	90325	60210
3150	4552	11380	75870

【例 4-1】 设某电力系统的变压器规格为 $S_n = 1250$kV·A，变压器的阻抗电压为 4% 或 6%。求解低压进线断路器的选用规格。

解：根据表 4-2 可知：

变压器的额定功率 S_n/kV·A	变压器二次侧线电压 U_n 为 400V（AC）		
	额定电流 I_n/A	持续短路电流 I_k/kA	
		阻抗电压 $U_k\% = 4\%$	阻抗电压 $U_k\% = 6\%$
1250	1804	45.1	30.1

若变压器阻抗电压取 6%，则短路电流 $I_k = 30.1$kA，冲击短路电流峰值 $i_{pk} = 63.2$kA。我们来看 ABB 的 Emax2 系列断路器的技术数据，如图 4-5 所示。

从图 4-5 中可以看出，选择 E2N2000 断路器是最合适的，注意它的极限短路分断能力为 65kA，此值远大于变压器的计算短路电流 30.1kA。

我们已经知道在故障状态下冲击短路电流峰值 i_{pk} 一定会流到低压开关柜的主母线上，那么低压成套开关设备的主母线又应当如何取值呢？我们来看表 4-3。

我们看 IP31 ~ IP41 栏中，与工作电流 1804A 对应主母线额定电流是 2100A，主母线的额定冲击短路电流峰值 i_{pk} 为 150kA，完全满足抵御 63.2kA 的冲击短路电流峰值电动力的要求。在设计低压成套开关设备进线主回路时，不但要考虑到断路器各项短路参数技术指标，还要考虑到低压成套开关设备主母线承受冲击短路电流峰值 i_{pk} 的能力。

冲击短路电流峰值 i_{pk} 不会对断路器产生破坏作用。从图 4-5 中我们看到 E2N2000 断路器的额定短路接通能力 I_{cm} 在 400V 时为 143kA，足以抵御冲击短路电流峰值 i_{pk} 的冲击作用。我们还看到 E2N2000 断路器的 $I_{cw} = 55$kA，此值远大于 $0.92I_k = 0.92 \times 30.1 = 27.7$kA，故能满足热稳定性和允通能量的要求。

系列产品的共同特性		
电压		
额定工作电压 U_e	[V]	690 ~
额定绝缘电压 U_i	[V]	1000
额定冲击耐受电压 U_{imp}	[kV]	12
运行温度	[°C]	-25 ~ +70
储存温度	[°C]	-40 ~ +70
频率 f	[Hz]	50 ~ 60
极数		3 - 4
型式		固定式 - 抽出式

			E1			E2			
性能水平			B	N	S	B	N	S	L
电流：额定不间断电流 (40 ℃) I_u	[A]		800	800	800	1600	1000	800	1250
	[A]		1000	1000	1000	2000	1250	1000	1600
	[A]		1250	1250	1250		1600	1250	
	[A]		1600	1600			2000	1600	
	[A]								2000
4极断路器的N极容量	[%I_u]		100	100	100	100	100	100	100
额定极限短路分断能力 I_{cu}									
220/230/380/400/415 V ~	[kA]		42	50	65	42	65	85	130
440 V ~	[kA]		42	50	65	42	65	85	110
500/525 V ~	[kA]		42	50	65	42	55	65	85
660/690 V ~	[kA]		42	50	65	42	55	65	85
额定运行短路分断能力 I_{cs}									
220/230/380/400/415 V ~	[kA]		42	50	65	42	65	85	130
440 V ~	[kA]		42	50	65	42	65	85	110
500/525 V ~	[kA]		42	50	65	42	55	65	65
660/690 V ~	[kA]		42	50	65	42	55	65	65
额定短时耐受电流能力 I_{cw}	(1s)	[kA]	42	50	65	42	55	65	10
	(3s)	[kA]	36	36	65	42	42	42	–
额定短路合闸能力 (峰值) I_{cm}									
220/230/380/400/415 V ~	[kA]		88.2	105	143	88.2	143	187	286
440 V ~	[kA]		88.2	105	143	88.2	143	187	242
500/525 V ~	[kA]		75.6	75.6	143	84	121	143	187
660/690 V ~	[kA]		75.6	75.6	143	84	121	143	187
使用类别 (根据IEC 60947-2)			B	B	B	B	B	B	A

图 4-5　ABB 的 Emax2 系列 E1 断路器和 E2 断路器的技术数据

表 4-3　某型低压成套开关设备中主母线的电流参数表

母线的额定电流 I_e/A			额定短时耐受电流	额定峰值耐受电流
IP30 ~ IP40	IP31 ~ IP41	IP42 ~ IP52	I_{cw}/kA	i_{pk}/kA
1800	1700	1500	50	105
2100	2000	1700	75	150

（6）选择低压进线回路断路器的级数

若低压系统的接地方式为 TN - C，则低压进线采用三级断路器；若低压系统的接地方式为 TN - S 并且采用四段的 LSIG 保护，则低压进线要采用四极断路器，相应地主母线也要采用四极的母排配置方案。

（7）低压进线回路与母联回路的互锁关系和互锁方式

进线回路断路器和母联回路断路器的投退需要满足一定的逻辑关系，以两进线单母联的系统为例，若Ⅰ、Ⅱ段进线断路器的符号是 QF1 和 QF2，母联断路器的符号是 QF3，则三者之间的合闸互锁关系如下：

$$\begin{cases} \mathrm{QF1}_{合闸} = \overline{\mathrm{QF2}} + \overline{\mathrm{QF3}} \\ \mathrm{QF2}_{合闸} = \overline{\mathrm{QF1}} + \overline{\mathrm{QF3}} \\ \mathrm{QF3}_{合闸} = \overline{\mathrm{QF1}} + \overline{\mathrm{QF2}} \end{cases} \tag{4-3}$$

式中　　$QFx = 1$——该断路器处于闭合状态；

　　　　$QFx = 0$——该断路器处于打开状态；符号上方加横杠表示求反；

　　　　$QFx_{合闸}$——断路器的合闸线圈。

式（4-3）的物理意义是：三台断路器在任何时刻只允许两台断路器同时合闸。

进线、母联之间的互锁关系可通过三种方式建立：

1）互锁方式之1：机械互锁：通过机械结构（拉杆或钢丝软线）建立互锁关系。机械互锁性能可靠，但有控制距离的限制。

2）互锁方式之2：电气互锁：电气互锁无需机械结构件，只需要将控制电缆在3台断路器的二次控制回路中建立互锁关系即可。电气互锁没有距离限制，安装方便，控制灵活。特别是当系统中配套了以PLC作为逻辑控制单元后，可以实现任意复杂程度的互锁关系。

3）互锁方式之3：合闸钥匙互锁：断路器的本体合闸按钮可以用钥匙锁定或解锁。为3台需要互锁的断路器仅配套2把钥匙，则可实现合闸钥匙互锁。

（8）低压进线回路的四遥

低压进线回路可实现四遥操作，即遥测、遥信、遥控和遥调操作。其中遥测是指远方测量各种电参量和模拟量；遥信是指各种开关量，例如断路器的状态、保护动作状态、选择开关状态、低电压信号等等开关量；遥控是指远方对断路器实现合分闸操作；遥调是指远方采集和设定保护参数。实现四遥的方法有多种：

1）通过断路器脱扣器实现四遥功能：断路器的脱扣器按要求配上对应的通信模块、数据采集模块，并且对通信接口进行定义后就可实现四遥功能。

2）通过进线单元的智能仪表实现三遥功能：通过进线单元配置的智能仪表能够实现三遥功能，即遥测、遥信和遥控，但不能实现遥调功能。

一般进线回路配置的电流互感器其过载倍数为2倍额定值。当进线主回路流过相当于$6 \sim 15$倍I_n的短路电流时，电流互感器将进入饱和状态而无法实现测量短路电流的功能。因此利用智能仪表只能测量一般的工作电流和过载电流。

测量短路电流必须利用断路器脱扣器来实现。断路器内部测量互感器采用罗氏线圈，它不具有饱和特性，可以准确地测量短路电流。

3）利用传感器加上PLC实现三遥功能：利用传感器加上PLC能够实现类似智能仪表的遥测、遥控和遥信功能，但同样不能实现遥调功能及遥测短路电流的功能。

2. 母联主回路

如果说低压进线回路断路器的保护对象主要是电力变压器，那么母联断路器的保护对象就是低压成套开关设备中的主母线。

（1）母联回路断路器的进出线方式

对于MNS侧出线低压开关柜来说，其母线是后置的。当主母线中的电流比较小时，两段主母线分别安排在母线小室的上部和下部，母联断路器的进出线一次接线端子通过连接铜排连分别连接主母线上；当电流比较大时，则每段的主母线都将占满母线小室的上部和下部，母联断路器的进出线一次接线端子将通过连接铜排连接到各段主母线的上部和下部铜排上。

我们来看图4-6。

图4-6中可见低压成套开关设备的两段主母线以母联为中心对称地安排在母线室的上部和下部，母联断路器利用连接铜排与两段主母线分别搭接。

在很多情况下，母联主回路与低压进线主回路不在同一列开关柜中，母联主回路可通过电缆或者母线槽与另列开关柜中的主母线相连，此时母联断路器的进出线方式与进线断路器进线方式类似。

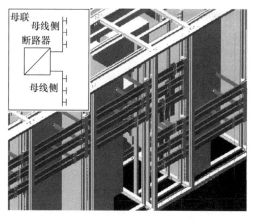

图 4-6　母联回路断路器的进出线方式

（2）母联回路中的断路器

低压母联回路的断路器与进线回路的断路器相同，一般采用抽出式框架断路器，当电流比较小时也可采用塑壳断路器。

1）保护方式：母联断路器的保护对象是母线，所以母联断路器常常采用 L－I 保护方式，即采取长延时过载 L 保护和瞬时速断短路 I 保护。

2）断路器操作方式：断路器的操作方式分为断路器本体手动操作和电动操作两种方式。电动操作机构中包括：储能电动机、电动弹簧储能机构、YC 合闸线圈、YO 分闸线圈等。

3）低压开关柜内的保护接地形式：当低压成套开关设备的保护接地形式为 TN－S，若低压进线回路采用四段保护方式，则母联必须采用四极断路器；若低压成套开关设备的保护接地形式为 TN－C，且进线断路器采用三段保护，则母联可以采用三极断路器。

4）母联回路的电气测量：母联回路电气测量的具体内容包括：

电压测量：三相电压 U；

电流测量：三相电流 I_a、I_b、I_c。

母联回路共配置的 3 只电流互感器用于电流测量。

因为有两段母线，所以母联回路一般不采集母线电压参量。若一定要采集电压参量则电压信号的采集点一般固定于某段母线上。电压测量回路中配备了熔断器对电压信号回路进行保护。

电压和电流参量的测量可借助于测量仪表，也可依靠断路器自身的保护装置来采集信息。

5）母联回路的四遥：低压母联回路也可实现遥测、遥信、遥控和遥调操作。

（3）低压母联回路与进线回路的互锁关系和互锁方式

与进线回路断路器相同，母联回路断路器的投退需要满足一定的电气逻辑关系。对于两进线单母联的系统，其合闸互锁逻辑见式（4-3）。

与进线回路相同，母联回路的互锁关系也可通过机械互锁、电气互锁和合闸钥匙互锁来实现。

母联回路与进线回路的投退模式有四种，分别是：手投手复模式、手投自复模式、自投手复模式和自投自复模式。

这里所指的"投"是针对母联断路器的：当某段进线失压后，首先分断进线断路器，然后投入母联断路器；这里所指的"复"是针对进线断路器：当某段进线的电压恢复后，首先分断母联断路器，然后闭合进线断路器。

进线和母联的投退关系又被称为备用电源自动投切，简称为"备自投"操作。

备自投操作的电气逻辑关系可利用时间继电器和中间继电器来建立，也可利用 PLC 来建立。由于 PLC 可以建立比较复杂的电气逻辑关系，因此在电气逻辑关系比较复杂或者进线母联的投退操作必须要有足够的时间准确性和可靠性时，建议采用 PLC 来实施备自投投退操作。

进线和母联的操作有时还要求具有倒闸功能：即当进线回路出现电压异常进线断路器分断后，母联自动闭合；当进线电压恢复后，首先将进线断路器闭合然后才将母联退出。这样能使得母线上始终有电压，负荷能在不失电的状态下从备用电源供电转为正常电源供电。

倒闸操作的最显著特征是两电力变压器将出现短暂的并列运行状况。为此，能够实现倒闸功能的电力变压器的接线方式和阻抗电压必须一致，并且要由同一路中压电源供电。

3. MNS 低压开关柜中的进线主回路和母联主回路方案

我们来看 ABB 的 MNS3.0 样本中的进线和母联主回路元器件配置方案，见表 4-4。

表 4-4　ABB 的 MNS3.0 低压开关柜中的若干进线和母联主回路断路器配置方案

断路器	I_{cu}(kA) 400V	额定电流 /A	进线和馈电			母联		
			柜宽/mm	柜深/mm	占用设备高度	柜宽	柜深	占用设备高度
E1B800/3P	42	800	400	800	85E	400	800	85E
E1B800/4P	42	800	600	800		600	800	
E2N1250/3P	65	1250	400	800		400	800	
E2N1250/4P	65	1250	600	800		600	800	
E2N1600/3P	65	1600	400	800		400	800	
E2N1600/4P	65	1600	600	800		600	800	
E3N2500/3P	65	2500	600	800		600	800	
E3N2500/4P	65	2500	800	800		800	800	
E4H4000/4P	100	4000	1000	800		1000	1200	
E6H5000/4P	100	5000	1200	1000		1200	1200	
E6H6300/3P	100	6300	1200	1000				

可以看出，这是一个很紧凑的方案。例如额定电流在 1600A 以下 3 极断路器的方案中，低压开关柜的柜宽仅仅才 400mm。

值得注意的是，开关柜的深度取决于电缆沟的宽度。电缆沟的宽度加上 200mm 即是开关柜的深度。例如电缆沟的宽度为 600mm，则开关柜的深度必须为 800mm；电缆沟的深度为 800mm，则开关柜的深度必须为 1000mm。

4.2　双电源互投主回路

ATSE 一般用于双电源互投。从图 4-7 所示为 ATSE 在市电供电与发电机电源执行互投操作。

1. 构建低压配电网中的 ATSE 双电源互投

从本书第 3 章的 3.4 节中我们已经知道 ATSE 不具备分断能力，所以 ATSE 不能在带载状态下分断电路，其电源侧必须加装主动式元件——断路器或者熔断器。当电源容量较小时，例如变压器容量小于 630kV·A 的进线回路，或者二级配电设备中的进线回路，则可以直接使用 ATSE 执行电源切换。

图 4-7 中，当市电 T1 变压器失压后，低压总配电的 I 段母线失压，MCC 系统的 QF5 释放，QF6 闭合，ATSE 立即会切换到 II 段母线供电。

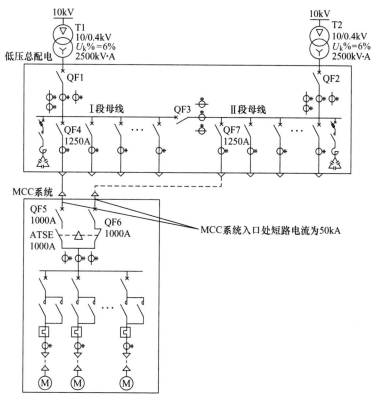

图 4-7　在双路市电供电主用电源、备用电源间执行切换的 ATSE 开关

我们来分析图 4-7 的电路：容量为 2500kV·A 的电力变压器在低压侧的额定电流是3609A，短路电流是 60.2kA，冲击短路电流峰值是 132.4kA。图中的 ATSE 处于二级配电的MCC 系统中，并且 MCC 系统的入口处短路电流强度为 50kA。

我们来看第 3 章 3.4 节的表 3-8，其中 1000A 的 ASCO 开关短路电流是 65kA，所以图中的 ATSE 用 ASCO 正好合适。

如果我们在 2500kV·A 电力变压器引入低压总配电的入口处也使用 ASCO 开关就不合适了。虽然我们看到 4000A 的 ASCO 其短路电流达到了 100kA，因为 ATSE 只能承受短路电流而不能分断短路电流，所以 QF1 和 QF2 必须使用断路器。

我们看到进线断路器 QF1、QF2 和母联断路器 QF3 构成了 CB 级的 ATSE，它们之间的投退关系被称为备自投操作，简单的备自投操作可用第 3 章 3.4 节中描述的 ABB 的 DPT/TE 来实现。

ATSE 与 DPT/TE 配套虽然能实现简单的进线断路器、母联断路器备自投操作和控制，但其功能相对单一。若备自投的投退关系较为复杂，例如备自投操作时需要对侦测测量表计熔断器的熔断状况、需要侦测中压断路器的投退状况及变压器运行保护状态、还有发生短路故障时母联断路器的后加速退出、三级负荷总开关的切除和投入、操作模式的选择和转换（自投自复、自投手复、手投自复和手投手复）、倒闸操作（变压器短时并列运行）及同期操作等等，DPT/TE 是难以胜任的。在这种情况下还是使用常规的控制方法为好，或者用

PLC来实现备自投程序控制。

在使用 DPT/SE 和 DPT/TE 时注意到要为器件的工作电源配套 2kV·A 的 UPS，使得在市电电源出现失压时控制回路仍然有电能供应，便于执行对应的备自投投退操作。

2. 市电与发电机通过 ATSE 互投

ATSE 的中性线重叠功能和中性线先合后分技术很重要，它可以避免负载受到不必要的N 线瞬间过压冲击。注意到满足这些功能的 ATSE 一定是 PC 级的。

若低压配电系统采用 TN-S 的保护接地方式，并且进线侧的断路器都配备了接地故障保护，则一定要切断 N 线上流过的接地电流。在 TN-S 接地系统下，若某段母线上的馈电回路在某处出现接地故障，因为接地极阻抗的原因有可能在 PE 线上和 N 线上流过杂散的接地电流，使得本段母线的进线断路器不跳闸而它段母线的进线断路器却跳闸。

采取的方法是将进线断路器、母联断路器和 ATSE 开关均选择四极开关，以此切断流过N 线的杂散接地电流通道。

3. 馈电回路的双电源互投

若馈电回路需要两路电源互投，且电源来自两段母线，则可以采用 3 极的 ATSE 开关执行两段母线电源的互投操作。

4.3 馈电主回路

在低压电网中数量最多的就是馈电回路。

馈电回路的任务是将母线上的电能馈送到远方某处的用电设备处，该用电设备既可能是终端电气设备，也可能是下级低压配电网。因为上级和下级配电网之间一般通过电缆连接，所以馈电回路的保护对象是电线和电缆。

图 4-8 所示为 MNS3.0 侧出线固定安装式柜型中的馈电回路。图中可见 T 系列断路器及操作机构、多功能测量仪表（后部视图）、合分闸和故障信号灯以及电流互感器等。图中安装柜的右侧是出线电缆室及出线电缆接线端子。

图 4-8　MNS3.0 低压成套开关设备固定式安装类型的馈电回路

馈电回路的主开关既可采用断路器，也可采用负荷开关。馈电回路的电缆终端有时会接零序电流互感器用于电缆线路的单相接地保护。

4.3.1　馈电断路器的保护选择性

在图 4-9 中有 3 处发生了短路事故。若此 3 处短路点执行保护跳闸的断路器不按图所示而是跳其上游电源处的断路器，则将造成事故的扩大化。第一处短路发生在一级配电设备的输出电缆中，其上下游分别是一级配电设备的馈电断路器和二级配电设备的进线断路器；第二处短路发生在二级配电设备的主母线中，而第三处短路则发生在最终用电设备上，有时也可能发生在三级配电设备上。

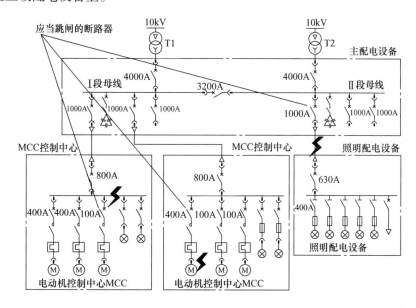

图 4-9　上下级断路器之间的保护选择性问题

当某断路器其下游或终端用电设备发生短路故障时，正常情况下应当是离短路点最近的上游断路器先跳闸，且应尽力避免更上级的断路器发生保护跳闸而造成停电事故扩大化。为了做到这一点，上下级断路器的保护参数之间显然需要建立某种关系，这种关系被称为断路器之间的保护参数选择性匹配，简称为选择性。

断路器与选择性相关的标准见 IEC 60947-2 和 GB/T 14048.2。

如果两台串接的断路器只是在达到规定的短路电流值之前呈现选择性，这种情况被称为局部选择性；如果两台串接的断路器对所有短路电流值均呈现选择性，这种情况被称为完全选择性。

在低压电网上下级断路器之间采用完全保护选择性或者局部选择性取决于断路器保护参数中的电流的大小和脱扣延迟时间的长短，有时还可以辅以电气逻辑控制等相关技术予以完善。

1. 通过 L 参数、S 参数和 I 参数实现选择性（如图 4-10 所示）

图 4-10 中：

I_{1A}——A 断路器的过载长延时 L 参数反时限脱扣电流；

I_{2A}——A 断路器的短路 S 参数反时限脱扣电流；

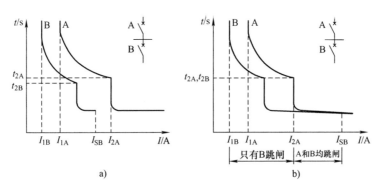

图 4-10 上下级断路器之间的选择性

I_{1B}——B 断路器的过载长延时 L 参数反时限脱扣电流;

I_{SB}——B 断路器的最大短路电流;

t_{2A}——A 断路器的短路 S 参数反时限延迟时间;

t_{2B}——B 断路器的短路 S 参数反时限延迟时间。

在图 4-10a 中,断路器 B 的最大短路电流 I_{SB} 被完全地限制在 A 断路器的短路 S 参数反时限脱扣电流 I_{2A} 的范围之内,当断路器 B 出现了短路后,只有 B 断路器跳闸而 A 断路器不会跳闸,系统具有完全选择性。

在图 4-10b 中,断路器 B 的最大短路电流 I_{SB} 超过了 I_{2A} 的范围,则系统具有局部选择性。当断路器 B 出现了短路后,则有可能断路器 B 和断路器 A 均跳闸。

1) 方法 1——通过 L 参数实现过载电流的后备保护方案(如图 4-11 所示)。

图 4-11 中:

I_{2B}——B 断路器的短路 S 参数反时限脱扣电流;

I_{2A}——A 断路器的短路 S 参数反时限脱扣电流;

I_{SB}——B 断路器的最大计算短路电流。

若上下级断路器的过载反时限脱扣器 L 参数之比大于 2,即:

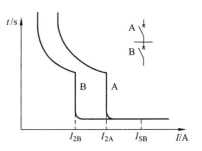

$$\frac{I_{1A}}{I_{1B}} > 2 \qquad (4-4)$$

图 4-11 上下级断路器之间实现
过载后备保护匹配方案

式中 I_{1A}——断路器 A 的过载保护参数门限值;

I_{1B}——断路器 B 的过载保护参数门限值。

由式(4-4)可以看出,若上级断路器 A 的过电流门限大于下级断路器 B 的过电流门限 2 倍以上,则可在上下级断路器之间实现过载电流的后备保护。

这里所指后备保护的意义是:当下级断路器发生过载时,若下级断路器(低整定值)因为某种原因未进行有效的保护跳闸,则可由上级断路器(高整定值)实现后备的过载保护跳闸。

上下级断路器的过载电流后备保护只能在两台级连的断路器之间实现。例如图 4-9 中一级配电设备的馈电回路与二级配电设备的进线断路器之间。

2) 方法 2——通过 S 参数的延时实现短路选择性匹配方案(如图 4-12 所示)。

图 4-12 中说明了通过调整断路器的 S 参数可实现短路选择性保护匹配,但通过调整 S 参数的延时实现短路选择性保护是存在问题的:随着电路级数的增加,往电源方向的延时时

间尺度也越来越长。一般来说，上级与下级断路器的 S 参数延时时间偏差 Δt 不小于 70ms 才能保证两者之间实现完全选择性。

图 4-12 中：

I_{2A}——A 断路器的短路 S 参数反时限脱扣电流；

I_{2B}——B 断路器的短路 S 参数反时限脱扣电流；

I_{SB}——B 断路器的最大计算短路电流。

3）方法 3——结合方法 1 和方法 2 的选择性匹配方案，如图 4-13 所示。

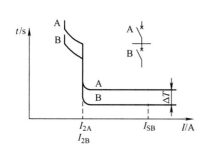

图 4-12　通过 S 参数的延时
实现短路选择性匹配方案

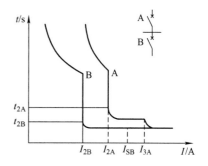

图 4-13　结合方法 1 和方法 2
的选择性匹配方案

图 4-13 中：

I_{2A}——A 断路器的短路 S 参数反时限脱扣电流；

I_{2B}——B 断路器的短路 S 参数反时限脱扣电流；

I_{3A}——A 断路器的短路 I 参数瞬时脱扣电流；

I_{SB}——B 断路器的最大计算短路电流；

t_{2A}——A 断路器的短路 S 参数反时限延迟时间；

t_{2B}——B 断路器的短路 S 参数反时限延迟时间。

通过分析，得到以下三条要点：

要点 1：A 断路器具有三段 L – S – I 保护功能，而 B 断路器则具有两段 L – S 保护功能。

要点 2：A 断路器的 S 参数反时限延迟时间 t_{2A} 必须要大于 B 断路器的 S 参数反时限延迟时间 t_{2B}，即

$$t_{2A} > t_{2B} \tag{4-5}$$

要点 3：B 断路器的最大计算短路电流 I_{SB} 小于 A 断路器的短路 I 参数瞬时脱扣电流，即：

$$I_{2A} < I_{SB} < I_{3A} \tag{4-6}$$

这样配置后 A 断路器与 B 断路器之间能够实现完全选择性。

4）选择性配合的要点：

要点 1：使用类别为 A 的断路器只能通过瞬时 I 参数脱扣器的动作电流来实现局部选择性。

要点 2：因为 I 参数脱扣器中含有 20% 的误差，所以电流分级的划分至少要相差 1.5 倍。

要点 3：在实际的应用中，若上级断路器的容量大于下级断路器容量 2.5 倍以上，就可认为上级断路器与下级断路器之间满足完全选择性。

要点4：若上级断路器采用热磁式保护脱扣器，而下级断路器采用电子式保护脱扣器，则上级断路器热磁保护脱扣器的时间延迟足以保证上下级具有完全选择性。

要点5：若上级断路器和下级断路器取为同型号同规格，则实际上不可能实现两者的完全选择性。这是因为两者的最大计算短路电流相等，即 $I_{SA} = I_{SB}$，所以当短路发生时两者一定会同时跳闸，所以此时的选择性属于局部选择性。为此，可以选择下级断路器为限流型的。当下级断路器的下游发生短路时，受限制的峰值电流会引起下级断路器 I 脱扣器动作，但不足以引起上级断路器动作。

要点6：分级配合时间应当充分考虑到脱扣器的工作原理以及断路器的结构型式。

电子脱扣器在考虑到离散性后断路器之间的分级配合时间为 70 ~ 100ms。短延时 S 参数的动作电流至少应当整定到后接断路器额定值的 1.5 倍。

要点7：在 500ms 的时间范围内，允许有 7 台串接的断路器可分级配合。

2. 短路电路中断路器的选择性和欠电压之间的关系

当发生短路时，在短路位置上电网电压骤然降落，剩余电压取决于短路电路的短路阻抗。在深度短路状态下，短路阻抗以及短路位置上的电压实际上趋近于零。一般来说，在短路时会出现电弧，按经验认为电弧电压为 30 ~ 70V。只要短路还存在，电网电压顺着能量流的方向沿着母线段而降低到局部值，此值决定于其间的线路电阻和短路点的距离。

图 4-14 所示为当发生深度短路时，在含有短路的低压开关设备中的电压情况。

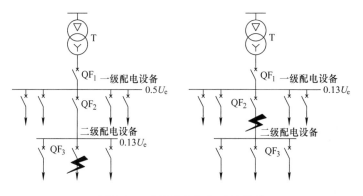

图 4-14　选择性和欠电压的关系

图 4-14 的左图中显示了发生在二级配电设备中的短路，此时二级配电设备母线上的电压降到 $0.13U_e$，而一级配电设备母线上的电压则降到 $0.5U_e$，短路点上游的 QF_3 断路器会分断。如果 QF_3 断路器采用零点熄弧式断路器，则分断经历的时间为 30ms，如果采用限流型断路器，则分断经历的时间最多为 10ms。

在图 4-14 的右图中显示了发生在一级配电设备馈电回路出口处的短路故障，此时馈电断路器 QF_2 将会保护分断。QF_2 断路器需要设置短延时 S 脱扣器，其脱扣延时时间最少为 70ms。在 QF_2 还未断开的这段时间内，二级配电设备母线上的电压将会降低到 $0.13U_e$。

如果电网电压降低到 0.35 ~ 0.7 倍额定值且持续时间长达 20ms，则安装了失压脱扣器的断路器就会全部分断。同样，如果额定控制电压在 5 ~ 30ms 的这段时间里下降到低于 75% 的额定值，则电路中的交流接触器将全部断开。

因此，在使用选择性过电流保护装置的同时最好再配套失压脱扣器。为了防止电源闪断产生误动作，低压成套开关设备中最好配套具有分断延时功能的交流接触器。

若低压电网中应用了分断时间不超过 30ms 的限流型断路器则可放弃上述这些要求。

4.3.2　馈电回路出口处的电缆压降和短路电流计算方法

1. 馈电回路出口处的电缆电压降计算方法

当馈电电流流过电缆时电缆的阻抗上产生一定的压降。因此下级配电设备的进线端口处的电压一定会低于上级配电设备出口端口的电压。

> 📖 标准摘录：GB/T 12325—2008《供电质量供电电压偏差》。
>
> 4.1　35kV 及以上供电电压正、负偏差绝对值之和不超过标称电压的 10%。
>
> 注：如供电电压上下偏差同号（均为正或负）时，按较大的偏差绝对值作为衡量依据。
>
> 4.2　20kV 及以下三相供电电压偏差为标称电压的 ±7%。
>
> 4.3　220V 单相供电电压偏差为标称电压的 −10% ~ +7%。
>
> 4.4　对供电点短路容量较小、供电距离较长以及对供电电压偏差有特殊要求的用户，由供、用电双方协议确定。

一般地，对于照明馈电回路，电缆上的电压降不能大于电源电压的 3% ~ 5%；对于电热馈电回路和电动机回路，电缆上的电压降不能大于电源电压的 6% ~ 8%。

在《工业与民用供配电设计手册》（第四版）的第九章表 9.4-3 中，有如下公式：

$$\begin{cases} \Delta U\% = \dfrac{\sqrt{3}}{10U_n}\left(R_0\cos\varphi + X_0\sin\varphi\right)IL = \Delta U_a\% IL, & \text{三相平衡负载线路} \\ \Delta U\% = \dfrac{2}{10U_{nph}}\left(R_0\cos\varphi + X_0\sin\varphi\right)IL \approx 2\Delta U_a\% IL, & \text{接于相电压的单相负载线路} \end{cases} \tag{4-7}$$

式中　$\Delta U\%$——线路电压损失百分数；

$\Delta U_a\%$——三相线路每 1A·km 的电压损失百分数；

U_n——标称线电压（kV）；

U_{nph}——标称相电压（kV）；

R_0——三相线路单位长度的电阻（Ω/km）；

X_0——三相线路单位长度的感抗（Ω/km）；

I——负载计算电流（A）；

L——线路长度（km）；

$\cos\varphi$——功率因数。

计算电缆的电压降参数时可查阅表 4-5，计算矩形母线电压降参数时可查阅表 4-6。

表 4-5　1kV 交联聚乙烯绝缘铜电缆用于三相 0.4kV 系统的电压降

截面积 /mm²	电阻 $\theta_n = 80℃$ /(Ω/km)	感抗 /(Ω/km)	电压降[%/(A·km)]					
			$\cos\varphi$					
			0.5	0.6	0.7	0.8	0.9	1.0
4	5.332	0.097	1.253	1.494	1.733	1.971	2.207	2.430
6	3.554	0.092	0.846	1.005	1.164	1.321	1.476	1.620
10	2.175	0.085	0.529	0.625	0.722	0.816	0.909	0.991

（续）

截面积 /mm²	电阻 $\theta_n = 80℃$ /(Ω/km)	感抗 /(Ω/km)	电压降[%/(A·km)]					
			cosφ					
			0.5	0.6	0.7	0.8	0.9	1.0
16	1.359	0.082	0.342	0.402	0.460	0.518	0.574	0.619
25	0.870	0.082	0.231	0.268	0.304	0.340	0.373	0.397
35	0.622	0.080	0.173	0.199	0.224	0.249	0.271	0.284
50	0.435	0.080	0.131	0.148	0.165	0.180	0.194	0.198
70	0.310	0.078	0.101	0.113	0.124	0.134	0.143	0.141
95	0.229	0.077	0.083	0.091	0.098	0.105	0.109	0.104
120	0.181	0.077	0.072	0.078	0.083	0.087	0.090	0.082
150	0.145	0.077	0.063	0.068	0/071	0.074	0.075	0.066
185	0.118	0.077	0.057	0.060	0.063	0.064	0.064	0.054
240	0.091	0.077	0.051	0.053	0.054	0.054	0.053	0.041

表 4-6　铜矩形母线用于三相 0.4kV 系统的电压降

截面积 宽×厚 /(mm×mm)	电阻 $\theta_n = 80℃$ /(Ω/km)	感抗 （Ω/km）		电压降[%/(A·km)]					
		竖放	平放	cosφ					
				0.5	0.6	0.7	0.8	0.9	1.0
40×4	0.132	0.212	0.188	0.114	0.113	0.111	0.106	0.096	0.060
40×5	0.107	0.210	0.187	0.107	0.106	0.102	0.096	0.086	0.049
50×5	0.087	0.199	0.174	0.098	0.096	0.093	0.085	0.075	0.040
50×6.3	0.072	0.197	0.173	0.094	0.092	0.087	0.080	0.069	0.033
63×6.3	0.062	0.188	0.163	0.088	0.086	0.081	0.074	0.063	0.028
80×6.3	0.047	0.172	0.146	0.079	0.076	0.071	0.064	0.053	0.021
100×6.3	0.039	0.160	0.132	0.072	0.069	0.065	0.058	0.048	0.018
63×8	0.047	0.185	0.162	0.084	0.080	0.075	0.068	0.056	0.021
80×8	0.037	0.170	0.145	0.076	0.072	0.067	0.060	0.049	0.017
100×8	0.031	0.158	0.132	0.069	0.066	0.061	0.055	0.044	0.014
125×8	0.027	0.149	0.121	0.065	0.062	57	0.051	0.041	0.012
63×10	0.039	0.182	0.160	0.081	0.077	0.072	0.064	0.052	0.018
80×10	0.031	0.168	0.143	0.073	0.070	0.065	0.057	0.046	0.014
100×10	0.026	0.156	0.131	0.068	0.064	0.059	0.052	0.042	0.012
125×10	0.022	0.147	0.123	0.063	0.060	0.055	0.048	0.038	0.010

【例4-2】　电缆电压降计算范例。

图 4-15 中所示二级配电设备的进线回路正常运行电流为 1000A，电动机的额定功率为 55kW，额定电流为 98A。电动机起动系数 $K_M = 5$。又知电缆长度为 50m，电缆截面积为 50mm²。设二级配电入口处电压降 ΔU_N 等于 6V。求电动机接线盒处的总电压降百分位

数 $\Delta U\%$ 。

解1：

（1）当电动机正常运行时

设电动机正常运行时的功率因数为 0.8，又知道 $50mm^2$ 电缆的长度为 50m，电动机的额定电流为 98A。查表 4-5 得知 $\Delta U_a\% = 0.180$，代入式（4-7）：

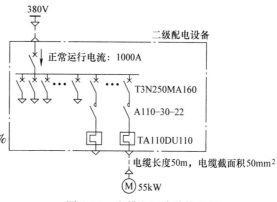

图 4-15 电缆电压降计算范例

$$\Delta U\% = \Delta U_a\% IL = 0.180 \times 98 \times 0.050 = 0.882\%$$

又知道此时二级配电系统的运行电流为 1000A，母线采用长度为 10m 的 63×10 铜母线，竖直安装。查表 4-5 得知 $\Delta U_a\% = 0.064$，代入式（4-7）：

$$\Delta U\% = \Delta U_a\% IL = 0.064 \times 1000 \times 0.01 = 0.64\%$$

于是总线路压降为 $400 \times (0.882 + 0.64)\% \approx 6.1V$。

因此电动机接线盒处的电压为 $380 - 6.1 \approx 374V$

（2）当电动机起动时

设电动机起动时的功率因数为 0.5，又知道电动机的起动电流倍率为 5 倍，故电动机起动电流为 $5 \times 98 = 490A$。查表 4-5，得知电缆的电压降 $\Delta U_a\% = 0.131$。将这些值代入式（4-7），求得电缆的电压降：

$$\Delta U\% = \Delta U_a\% IL = 0.131 \times 5 \times 98 \times 0.050 \approx 3.21\%$$

查表 4-6，得知母线的电压降 $\Delta U_a\% = 0.081$。注意到原先的母线电流 1000A 中已经包含了电动机的运行电流，故当电动机起动时，实际母线电流为 $1000 + 4 \times 98 = 1392A$。将这些值代入式（4-7），求得母线的电压降：

$$\Delta U\% = \Delta U_a\% IL = 0.081 \times 1392 \times 0.01 \approx 1.13\%$$

于是总线路压降为 $400 \times (3.21 + 1.13)\% = 400 \times 4.34\% \approx 17.4V$。

因此电动机接线盒处的电压为 $380 - 17.4 \approx 363V$

我们看到线路压降百分数为 4.34%，小于 6%，满足要求。

另外，在欧美大多采用 K_{1000} 系数法。K_{1000} 系数法相对以上方法更加简便，此法对每千米电缆的电压降系数 K_{1000} 见表 4-7：

表 4-7 每千米电缆上的电压降系数 K_{1000}

电缆横截面积 /mm²	单相电路			三相平衡电路		
	电动机回路		照明回路 正常工作	电动机回路		照明回路
	正常工作	起动		正常工作	起动	
铜芯电缆	$\cos\varphi = 0.8$	$\cos\varphi = 0.35$	$\cos\varphi = 1$	$\cos\varphi = 0.8$	$\cos\varphi = 0.35$	$\cos\varphi = 1$
1.5	24	10.6	30	20	9.4	25
2.5	14.4	6.4	18	12	5.7	15
4	9.1	4.1	11.2	8	3.6	9.5
6	6.1	2.9	7.5	5.3	2.5	6.2
10	3.7	1.7	4.5	3.2	1.5	3.6
16	2.36	1.15	2.8	2.05	1	2.4

（续）

电缆横截面积 /mm²	单相电路			三相平衡电路		
	电动机回路		照明回路 正常工作	电动机回路		照明回路
	正常工作	起动		正常工作	起动	
铜芯电缆	$\cos\varphi = 0.8$	$\cos\varphi = 0.35$	$\cos\varphi = 1$	$\cos\varphi = 0.8$	$\cos\varphi = 0.35$	$\cos\varphi = 1$
25	1.5	0.75	1.8	1.3	0.65	1.5
35	1.15	0.6	1.29	1	0.52	1.1
50	0.86	0.47	0.95	0.75	0.41	0.77
70	0.64	0.37	0.64	0.56	0.32	0.55
95	0.48	0.30	0.47	0.42	0.26	0.4
120	0.39	0.26	0.37	0.34	0.23	0.31
150	0.33	0.24	0.30	0.29	0.21	0.27
185	0.29	0.22	0.24	0.25	0.19	0.2
240	0.24	0.2	0.19	0.21	0.17	0.16
300	0.21	0.19	0.15	0.18	0.16	0.13

K_{1000}系数法计算电缆压降的方法如下：

$$\Delta U = LK_{1000}I_n \tag{4-8}$$

式中　ΔU——电缆压降（V）；

　　　L——电缆长度（km）；

　　K_{1000}——按电缆截面积查表求得的值；

　　　I_n——额定电流。

利用K_{1000}系数法重新计算例4-2如下：

解2：

（1）当电动机正常运行时

根据表4-7可查得$K_{1000} = 0.75$，又知道电缆的长度为50m，电动机的额定电流为98A。代入式（4-8）：

$$\Delta U_{CABLE} = LK_{1000}I_n = 0.05 \times 0.75 \times 98 \approx 3.7V$$

计算表明电动机正常运行时电缆压降ΔU_{CABLE}为3.7V，电动机接线端子处的电压为

$$U_{MOTOR} = U_P - (\Delta U_N + \Delta U_{CABLE}) = 400 - (6 + 3.7) = 389.3V$$

于是线路总电压降的百分位数是

$$\Delta U\% = 100\% \times \frac{\Delta U_N + \Delta U_{CABLE}}{U_P} = 100\% \times \frac{6 + 3.7}{400} \approx 2.4\%$$

可见，电动机接线端口处的电压比电源线电压降低了2.4%，这个值小于8%，符合要求。

（2）当电动机起动时

当电动机起动时，流过电缆的电流为K_M倍电动机额定电流，同时一级配电与二级配电之间的电压降ΔU_N也相应增加了。于是有

$$\Delta U_{CABLE} = K_M LK_{1000}I_n = 5 \times 0.05 \times 0.75 \times 98 \approx 18.4V$$

与此同时，一级配电到二级配电的线路压降ΔU_N也增加了，设$\Delta U_{N.START}$为电动机起动时一级、二级配电间的电压降，我们来计算$\Delta U_{N.START}$：

$$\Delta U_{\text{N.START}} = \frac{[1000 + (K_{\text{M}} - 1)I_{\text{n}}]}{1000} \times \Delta U_{\text{N}} = \frac{[1000 + (5-1)\times 98]}{1000} \times 6 = \frac{1392}{1000} \times 6 \approx 8.4\text{V}$$

则电动机端口处的电压 U_{MOTOR} 为

$$U_{\text{MOTOR}} = U_{\text{P}} - (\Delta U_{\text{N.START}} + \Delta U_{\text{CABLE}}) = 400 - (8.4 + 18.4) = 373.2\text{V}$$

于是线路总电压降的百分位数是：

$$\Delta U\% = 100\% \times \frac{\Delta U_{\text{N.START}} + \Delta U_{\text{CABLE}}}{U_{\text{P}}} = 100\% \times \frac{8.4 + 18.4}{400} \approx 6.7\%$$

可见，电缆上的电压降无论在电机运行时或者起动时都没有超过限值。若电动机处于重载起动则为了避免电缆和电机发热建议将电缆截面积由 50mm^2 改为 75mm^2。

注：二级配电系统运行电流 1000A 中包括 55kW 电动机的额定电流 98A，故当电动机起动时要减去一倍额定电流，由此出现 $(K_{\text{M}} - 1)I_{\text{n}}$ 计算式。

比较两种方法，其本质其实是一样的，但 K_{1000} 系数法相对简便。

2. 馈电电缆两端短路电流的关系

当短路电流流过馈电电缆时电缆始端和终端的短路电流不可能相等。表 4-8 所示为 0.4kV 低压电网中按电缆的截面、长度和始端短路电流推算出终端短路电流的列表。求解电缆始端和终端短路电流的方法如图 4-16 所示。

首先在图 4-16 上表中找到电缆截面，在向右找到电缆长度。接着在下表中找到电缆始端的短路电流，最后在下表电缆终端短路电流的数据区中找到与上表电缆长度对应的数值。此值就是此电缆终端的短路电流值。

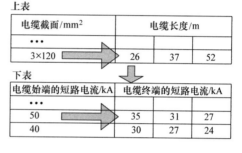

上表			
电缆截面/mm^2	电缆长度/m		
···			
3×120	26	37	52

下表			
电缆始端的短路电流/kA	电缆终端的短路电流/kA		
···			
50	35	31	27
40	30	27	24

图 4-16　电缆短路电流计算示例

计算电缆终端的短路电流很重要。当电缆终端发生短路时，整条线路中的短路电流都等于终端短路电流，所以在设置上级断路器的短路短延时参数时应当考虑到电缆终端的短路电流值。若不加以考虑，一旦下级断路器保护失效，则上级断路器也因为设置参数过大而无法实现选择性保护和后备保护的作用。

【例 4-3】　电缆两端短路电流计算范例

图 4-17 中变压器的容量为 2000kV·A。若馈电电力电缆的截面积为 $3\times 150\text{mm}^2$，电缆长度为 30m。求解断路器 QF3 的极限短路分断能力 I_{cu}。

解：

步骤 1：

根据第 1 章 1.4.1 节的计算步骤计算一级配电设备主母线的短路电流：

$$I_{\text{k}} = \frac{S_{\text{n}}}{\sqrt{3}U_{\text{p}}U_{\text{k}}\%} = \frac{2000 \times 10^3}{1.732 \times 400 \times 0.06} \approx 48.1\text{kA} < 50\text{kA}$$

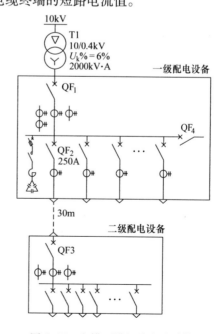

图 4-17　电缆两端短路电流计算

表4-8 0.4kV 低压电网中按电力电缆的截面、长度和始端短路电流推算出终端短路电流

电缆长度/m

电缆每相截面积/mm²																				
1.5	21	14.6	10.3	7.3	5.2	3.6	2.6	1.8	1.3											
2.5	34	24	17.2	12.1	8.6	6.1	4.3	3.0	2.1	1.5	1.1									
4	55	39	27	19.4	13.7	9.7	6.9	4.9	3.4	2.4	1.7	1.2								
6	82	58	41	29	21	14.6	10.3	7.3	5.2	3.6	2.6	1.8								
10	137	97	69	49	34	24	17.2	12.2	8.6	6.1	4.3	3.0	2.2	1.7						
16	220	155	110	78	55	39	27	19.4	13.8	9.7	6.9	4.9	3.4	2.4	1.9	1.3				
25	343	243	172	121	86	61	43	30	21	15.2	10.8	7.6	5.4	3.8	2.7	1.9				
35	480	340	240	170	120	85	60	43	30	21	15.1	10.5	7.5	5.3	3.8	2.6	1.8			
50		461	325	231	163	115	82	58	41	29	20	14.4	10.2	7.2	5.1	3.6	2.7			
70				340	240	170	120	85	60	43	30	21	15.1	10.7	7.5	5.3	3.9			
95					326	231	163	115	82	58	41	29	20	14.5	10.2	7.2	5.1	2.6		
120					412	291	206	146	103	73	52	37	26	18.3	12.9	9.1	6.5	3.2	2.3	1.6
150					448	317	224	159	112	79	56	40	28	19.8	14.0	9.9	7.0	3.5	2.5	1.8
185					529	374	265	187	133	94	66	47	33	23	16.6	11.7	8.3	4.2	2.9	2.1
240					659	466	330	233	165	117	83	58	41	29	21	14.6	10.3	5.2	3.7	2.6
300						561	396	280	198	140	99	70	50	35	25	17.6	12.4	6.2	4.4	3.1
2×120						583	412	292	206	146	1.3	73	52	37	26	18.3	12.9	6.5	4.6	3.2
2×150						634	448	317	224	159	112	79	56	40	28	20	14.0	7.0	5.0	3.5
2×185						749	530	375	265	187	133	94	66	47	33	23	16.6	8.3	5.9	4.2
3×120							619	438	309	219	155	110	77	55	39	27	19.4	9.7	6.9	4.9
3×150							672	476	336	238	168	119	84	60	42	30	21	10.5	7.5	5.3
3×185								562	398	281	199	141	100	70	50	35	25	12.5	8.8	6.2

100	90	80	70	60	50	40	35	30	25	20	15	10	7	5	3	2	1
0.9	0.9	0.9	0.9	0.9	0.9	0.9	0.9	0.9	0.9	0.9	0.9	0.8	0.8	0.8	0.7	0.6	0.5
1.3	1.3	1.3	1.3	1.3	1.2	1.2	1.2	1.2	1.2	1.2	1.2	1.1	1.1	1.0	0.9	0.8	0.6
1.8	1.8	1.8	1.8	1.8	1.7	1.7	1.7	1.7	1.7	1.7	1.6	1.5	1.4	1.3	1.1	1.0	0.6
2.5	2.5	2.5	2.5	2.5	2.4	2.4	2.4	2.4	2.3	2.3	2.2	2.0	1.9	1.7	1.4	1.1	0.7
3.5	3.5	3.5	3.4	3.4	3.4	3.3	3.3	3.2	3.2	3.1	2.9	2.7	2.4	2.1	1.6	1.3	0.8
4.9	4.8	4.8	4.8	4.7	4.6	4.5	4.5	4.4	4.2	4.1	3.8	3.4	3.0	2.5	1.9	1.4	0.8
6.7	6.7	6.6	6.6	6.5	6.3	6.1	6.0	5.8	5.6	5.32	4.9	4.2	3.6	3.0	2.1	1.6	0.9
9.3	9.2	9.1	8.9	8.7	8.5	8.1	7.9	7.6	7.3	6.8	6.1	5.1	4.2	3.4	2.3	1.7	0.9
12.6	12.5	12.2	12.0	11.6	11.2	10.6	10.2	9.8	9.2	8.4	7.4	5.9	4.7	3.7	2.5	1.8	0.9
17.0	16.7	16.3	15.8	15.2	14.5	13.5	12.9	12.2	11.2	10.1	8.7	6.7	5.2	4.0	2.6	1.8	1.0
22	22	21	20	20	18.3	16.8	15.8	14.7	13.4	11.8	9.9	7.4	5.6	4.3	2.7	1.9	1.0
29	28	27	26	24	22	20	18.8	17.3	15.5	13.4	11.0	8.0	6.0	4.5	2.8	1.9	1.0
37	35	34	32	29	27	24	22	20	17.4	14.9	11.9	8.5	6.2	4.6	2.9	1.9	1.0
45	43	40	38	35	31	27	24	22	19.1	16.1	12.7	8.9	6.4	4.7	2.9	2.0	1.0
54	51	47	44	39	35	30	27	24	21	17.0	13.3	9.2	6.6	4.8	2.9	2.0	1.0
62	58	54	49	44	38	32	29	25	22	17.8	13.7	9.4	6.7	4.9	2.9	2.0	1.0
70	65	59	54	48	41	34	30	27	23	18.4	14.1	9.6	6.8	4.9	3.0	2.0	1.0
77	71	64	58	51	43	36	32	27	23	18.8	14.3	9.7	6.9	4.9	3.0	2.0	1.0
82	75	68	61	53	45	37	33	28	24	19.2	14.5	9.8	6.9	4.9	3.0	2.0	1.0
87	79	71	63	55	46	38	33	29	24	19.4	14.7	9.8	6.9	5.0	3.0	2.0	1.0
90	82	74	65	56	47	38	34	29	24	20	14.8	9.9	6.9	5.0	3.0	2.0	1.0
93	84	75	66	57	48	39	34	29	25	20	14.8	9.9	7.0	5.0	3.0	2.0	1.0
100	90	80	70	60	50	40	35	30	25	20	15	10	7	5	3	2	1

步骤2：

查表4-8，从【每相导线截面积】中检索到 3×150，再横向查找到 30m 所在单元格，再从此单元格向下延伸查找到与【始端短路电流】50kA 所在横行的交点单元格，其值 38kA 即为所求结果。可见电缆阻抗限制了短路电流，QF3 断路器的 I_{cu} 取值大于 38kA 即可。

4.4 电动机主回路

4.4.1 电动机控制主回路

1. 电动机主回路方案

在 MNS 低压成套开关设备的样本中，电动机主回路由多种方案构成，如图 4-18 所示。

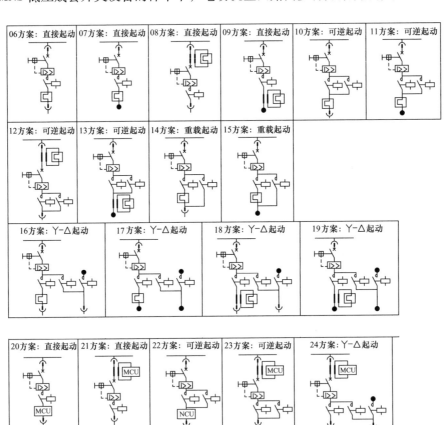

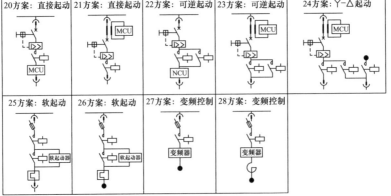

图 4-18 MNS 低压成套开关设备中各种电动机主回路方案

2. 06 方案、08 方案和 07 方案、09 方案

这 4 个方案是 MNS 低压成套开关设备中电动机直接起动的主回路方案。

06 方案和 08 方案应用于抽屉式开关柜中，06 方案中热继电器安装在一次回路，08 方案中热继电器安装在电流互感器的二次回路中。

07 方案和 09 方案应用于固定安装的开关柜中，07 方案中热继电器安装在一次回路，09 方案中热继电器安装在电流互感器的二次回路中。

06 方案和 07 方案适用于 0.08 ~ 11kW 的电动机直接起动主回路，08 方案和 09 方案适用于 0.37 ~ 250kW 的电动机直接起动主回路。从单线图中可以看出，主回路中配套的断路器保护方式均为单磁的，可以使用 MCB 和 MCCB 断路器。MCB 一般采用 ABB 的 MO325 系列断路器，MO325 的使用配置方案见表 4-9。

表 4-9　MO325 使用配置方案

电动机参数		MO325 参数			接触器参数
额定功率 kW	额定电流 A	断路器型号	整定范围	电磁脱扣	型号
2.2	5	MO325 - 6.3	4.5 ~ 6.5	94.5A	A26 - 30 - 22
3 ~ 4	9.0	MO325 - 9.0	6.0 ~ 11	135A	
5.5	11.5	MO325 - 12.5	10 ~ 14	187.5A	
7.5	15.5	MO325 - 16	13 ~ 19	232.5A	
9	18.3	MO325 - 20	18 ~ 25	300A	
11	22	MO325 - 25	18 ~ 25	375A	A30 - 30 - 22

MO325 技术数据	条件	数值
额定绝缘电压 U_i	—	690V
额定工作电压 U_e	—	690V
额定冲击耐受电压 U_{imp}	—	6kV
额定持续发热电流 I_{th}	—	25A
额定频率	—	50/60Hz
额定电流范围 I_e	—	0.1 ~ 25A
额定运行短路分断能力 I_{cs}	AC440V	25kA
断相保护		有
电磁脱扣设定值	—	7.5……$12I_n$ 9……$14I_n$ 10……$15I_n$ 12.5……$17.5I_n$
欠电压脱扣器	不脱扣值	≥85% U_c
	脱扣值	35 ~ 75% U_c

（续）

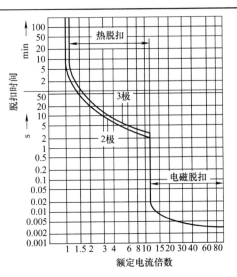

说明：MO325 的脱扣特性曲线只有右侧的电磁脱扣部分，没有左侧的热脱扣部分

我们看到 06 方案～09 方案中都配套使用了热继电器作为电动机的过载保护。

3. 10 方案、12 方案和 11 方案、13 方案

这四个方案均应用于电动机正反转起动主回路。除了多使用一只接触器外，一次回路配置方案与 06 方案～09 方案相同。

4. 06 方案、08 方案、14 方案和 07 方案、09 方案、15 方案

14 方案应用于 MNS 抽屉式开关柜中重载起动电动机主回路，另外，06 方案和 08 方案也可应用于电动机的重载起动；15 方案应用于 MNS 固定式开关柜中重载起动电动机主回路，另外，07 方案和 09 方案也可应用于电动机的重载起动。

如果电动机起动电流超过 6 倍额定值，或者起动时间超过 10s，则此电动机的起动过程被称为重载起动。对于重载起动的电动机主回路方案，其中的热继电器需要采取专门措施。国家标准 GB/T 14048.4—2020《低压开关设备和控制设备　第 4-1 部分：接触器和电动机起动器　机电式接触器和电动机起动器（含电动机保护器）》中 5.7.3.2 节的表 2 有专门定义，详见第 3 章 3.6.2 节，此处摘录如下：

级别	脱扣时间/s
10A	$2 < T_p \leqslant 10$
10	$4 < T_p \leqslant 10$
20	$6 < T_p \leqslant 20$
30	$9 < T_p \leqslant 30$

表中的级别 20 和级别 30 为重载起动电动机专用的热继电器，其过载保护的脱扣动作时间比较长，用以躲过电动机起动电流的冲击。

在 14 方案和 15 方案中，当电动机重载起动时，右侧起动旁路接触器的任务是将左侧运行接触器及热继电器短接，短接时间常常用时间继电器预先设定。当电动机起动完成后，右侧的起动旁路接触器释放，左侧的运行接触器及热继电器投入运行。

若将 06 方案、08 方案和 07 方案、09 方案应用于电动机的重载起动，则热继电器必须使用 20 级别和 30 级别的，以便让热继电器的热过载保护脱扣时间大于电动机起动时间，以实现电动机的重载起动。

我们来看在额定电压为 400V 短路电流为 50kA 下的电动机轻载和重载直接起动配置方案比较，见表 4-10。

表 4-10　在额定电压为 400V 短路电流为 50kA 下的电动机轻载和重载直接起动配置方案

400V-50kA，电动机轻载起动及常规起动，配合类型 2								
电动机		Tmax XT 塑壳断路器		接触器	热继电器			组合后
额定功率 /kW	额定电流 /A	型号	磁脱扣整定值/A	型号	型号	电流整定值/A		最大电流/A
						最小值	最大值	
0.37	1.22	T2S160MF1.6，FF	21	A9	TA25DU1.4	1	1.4	1.4
7.5	15.2	T2S160MA20	210	A30	TA25DU19	13	19	19
22	42	T2S160MA52	547	A50	TA75DU52	36	52	50
45	83	T2S160MA100	1200	A95	TA110DU110	80	110	110
110	193	T4S320 PR221-I In320	2720	A210	E320DU320	100	320	210
132	232	T5S400 PR221-I In400	3200	A260	E320DU320	100	320	260
355	610	T6S800 PR221-I In800	8000	AF750	E800DU800	250	800	750

400V-50kA，电动机重载起动，配合类型 2								
电动机		Tmax XT 塑壳断路器		接触器	热继电器			组合后
额定功率 /kW	额定电流 /A	型号	磁脱扣整定值/A	型号	型号	电流整定值/A		最大电流/A
						最小值	最大值	
0.37	1.1	T2S160MF1.6	21	A9	TA25DU1.4[①]	1	1.4	1.4
7.5	15.2	T2S160MA20	210	A30	TA450SU60	13	20	20
22	42	T2S160MA52	547	A50	TA450SU60	40	60	50
45	83	T2S160MA100	1200	A110	TA450SU105	70	105	100
110	193	T4S320 PR221-I In320	2720	A260	E320DU320	100	320	220
132	232	T5S400 PR221-I In400	3200	A300	E320DU320	100	320	300
355	610	T6S800 PR221-I In800	8000	AF750	E800DU800	250	800	750

① 电动机起动时配合相同规格的旁路接触器。

从表 4-10 中我们看到，3kW 及以下的电动机重载起动主回路需要在热继电器一次回路并接旁路接触器，5.5～75kW 电动机重载起动主回路需要采用类型 30 的热继电器。对于 90kW 以上的电动机起动主回路，无论是常规起动或者是重载起动，其热继电器均为类型 30，故主回路配置方案相同。

5. 电动机星三角起动主回路 16 方案～19 方案

在 MNS3.0 样本中，电动机星－三角（Y－△）起动主回路 16 方案和 18 方案用于配套抽屉式开关柜，17 方案和 19 方案用于配套固定式开关柜。16 方案~19 方案由以下主元件构成：断路器、电流互感器、丫接触器和△接触器、主接触器及热继电器。

16 方案和 19 方案可用于 18.5~200kW 的丫–△起动电动机回路。16 方案和 19 方案在额定电压为 400V 短路电流为 50kA 下的配置方案见表 4-11。

表 4-11　在额定电压为 400V 短路电流为 50kA 下的电动机丫–△起动配置方案

电动机		Tmax XT 断路器		接触器			热继电器	
额定功率/kW	额定电流/A	型号	磁脱扣整定值/A	主回路	△	丫	型号	电流范围/A
18.5	36	T2S160 MA52	469	A50	A50	A26	TA75DU25	18~25
22	42	T2S160 MA52	547	A50	A50	A26	TA75DU32	22~32
55	98	T2S160 MA100	1200	A75	A75	A40	TA75DU63	45~63
110	194	T3S250 MA200	2400	A145	A145	A95	TA200DU135	100~135
200	370	T5S630 PR221–I In630	4410	A210	A210	A185	KORC 4L 235/4 + TA25DU4.0	2.8~4.0
355	610	T6S800 PR221–I In800	8000	AF400	AF400	A260	G41 310/4 N1 + TA25DU4.0	2.8~4.0

注：表中接触器与断路器的配合方式为类型 2。

6. 用电动机综合保护器 MCU 的电动机主回路 20 方案~24 方案

电动机综合保护器 MCU 可实现对电动机全面保护，也可与主回路元器件配合实现各种电动机的起动方式。20 方案和 21 方案为直接起动主回路，22 方案和 23 方案为可逆起动主回路，24 方案是星三角起动主回路。直接起动主回路和可逆起动主回路可配置为一般电动机起动回路和重载电动机起动回路。

这里所采用的电动机综合保护器 MCU 是 ABB 的 M10X，其中 M101 仅具有电流采集功能，而 M102 具有电流采集和电压采集功能。

7. 带软起动功能的 25 方案、26 方案及带变频器的 27 方案和 28 方案

这里有 4 个方案，其中 25 方案和 26 方案用于带软起动器的电动机主回路，27 方案和 28 方案则用于带变频器的电动机主回路。

由于软起动器和变频器内部都有晶闸管，需要快速熔断器予以保护，所以主开关均采用 ABB 的 OS 熔断器开关。例如 22kW 的电动机主回路，可配备 ABB 的 OS 63D12 熔断器开关。

4.4.2　电动机控制主回路元器件之间的协调配合

有关电动机主回路断路器（熔断器）与接触器之间的协调配合关系可参见第 3 章 3.9.4 节，以下做简单回顾：

1. 接触器和热继电器之间的配合类型

当三相异步电动机主电路中发生过载或短路故障时，由于接触器有可能会发生触头熔焊现象，因此 GB 14048.4—2020（等同使用的 IEC 标准是 IEC 60947–4–1：2009）标准中给出了两种配合类型：

（1）配合类型 1

允许在过载或短路故障过程中电动机起动器内部的元器件损坏，但更换元器件后能恢复正常运行。

（2）配合类型 2

只允许在过载或短路故障过程中电动机起动器内部的接触器发生触头熔焊，用简单工具修理后能恢复正常运行。

对于 MNS3.0 低压成套开关设备来说，电动机起动器就是电动机主电路或主回路。

2. 电动机控制主回路的基本配置：断路器＋接触器＋热继电器

电动机主回路的最基本配置是断路器＋接触器＋热继电器的组合，组合的脱扣特性曲线如图 4-19 所示。组合的脱扣特性描述如下：

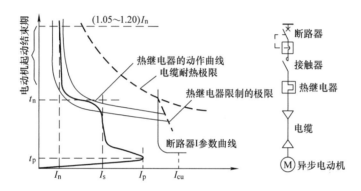

图 4-19　断路器＋接触器＋热继电器组合的脱扣特性

1）当电动机刚起动时，从起动刚开始 30ms 范围内电动机主回路中将出现起动冲击电流峰值 I_p，其值大约为 8 ~ 12 倍 I_n，断路器的 I 参数必须大于 I_p，否则会造成电动机起动时断路器误跳闸。

2）电动机的起动电流 I_s 为 4 ~ 8.4 倍 I_n。

3）当电动机起动完成后，电动机进入额定运行状态。热继电器的热过载保护整定值应当在（1.05 ~ 1.20）倍 I_n 之间。热继电器的整定值必须确保当过载电流为 1.05 倍 I_n 时在两个小时内不跳闸，而当过载电流为 1.20 倍 I_n 时在两个小时内一定跳闸。

4）当电动机发生短路时，虽然短路电流会受到电缆的限制，但断路器的 I 参数必须对此短路电流实施保护动作。I 参数的整定电流 I_3 应当不小于 I_p，即不小于 12 倍 I_n。一般将 I 参数设置为 12 ~ 15 倍 I_n。

最重要的是：热继电器的允通电流的极限值必须大于 I_3，也就是必须使热继电器的热耐受极限电流在断路器 I 参数整定值的右侧，以确保断路器能对热继电器实施保护。

5）当电动机发生了过载时，热继电器和接触器将长时间地流过过载电流，最终由热继电器发出保护信息驱动接触器跳闸，接触器的触头上将出现电弧；类似地，当电动机发生短路时，断路器执行了短路保护跳闸，但短路电流同样也流过了热继电器和接触器。

若热继电器和接触器满足类型 1，则在过载或短路过程中，热继电器或接触器可能会损坏，用户必须在事后给予维护更换；若在过载或短路过程中热继电器和接触器满足类型 2，则热继电器或接触器不一定会损坏，用户只需简单地维护好接触器的触头即可。

4.5 电容补偿主回路

许多用电设备除了从电源中取得有功功率外，也取用了无功功率。例如变压器和电动机中在对铁心励磁时产生了无功功率，而电压调整器和变频器中的晶闸管及大功率晶体管等电力电子元件在对电源电压进行控制中产生了无功功率。无功功率的输送是不经济的，因为它不可能转换为其他能量形式，所以需要对无功功率进行补偿。

在图 4-20 中，电阻消耗了电源的有功功率，而电感则在一周期的某段时间内吸收电源能量，在其他时间内向电源及负载释放能量，本身并不消耗能量。所以无功功率表征了电源和负载电感之间交换能量的幅度和规模，如图 4-20 所示，图中是用有功能量和无功能量来表达的，其中有功能量（无功能量）是有功功率（无功功率）与时间的乘积。

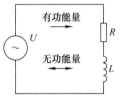

图 4-20　有功能量和无功能量

电源向负载提供无功功率是阻感负载内在的需要，同时也对电源产生一定的影响。

在三相电路中，阻性负载吸收了有功功率，而感性负载则作用于无功能量的吸收与释放。无功功率流动的方向是电源与感性负载之间，见图 4-21。

对于对称三相电路，在任意时刻各相的无功分量瞬时值之和恒等于零，因此可以认为无功能量并不流经中性线，无功能量仅在三相之间流动。

无功功率会使电流和视在功率增大，从而增加发电机、变压器等电源设备及导线的容量。无功功率会使总电流增加，因而使设备及线路损耗 ΔP 增加

$$\begin{cases} I = I_p + I_q \\ \Delta P = I^2 R = (I_p^2 + I_q^2)R = \dfrac{P^2}{U^2}R + \dfrac{Q^2}{U^2}R \end{cases} \quad (4\text{-}9)$$

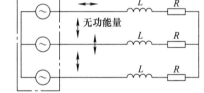

图 4-21　无功能量的流动方向

式（4-9）中（Q^2/U^2）R 这部分损耗就是由无功功率引起的。

无功功率会使线路及变压器的电压降增大，如果是冲击性的无功功率负载，还会使电压产生剧烈波动，使供电质量下降。

有功功率 P 与视在功率 S 之比值可用功率因数来表示：

$$\cos\varphi = \frac{P}{S} \quad (4\text{-}10)$$

其中，φ 与电流和电压之间的相位角度差是一致的。

需要补偿的无功功率 Q 可按下式计算出来：

$$Q = \sqrt{S^2 - P^2} \quad (4\text{-}11)$$

在电网中，当接上或断开感性用电设备时功率因数就发生了变化，补偿的要求是使得有功功率 P 与视在功率 S 之比 $\cos\varphi$ 不得低于规定的值。利用具有相同功率的电容器可补偿无功功率，并使功率因数接近 1。

一般电容器都用法拉作为它的主单位，但用在补偿电容器的计算上一般都采用电容器的

功率作主单位。电容器容量与电容器功率之间的换算方法如下：

$$Q_C = \frac{U^2}{X_C} = 2\pi f C U^2 \qquad (4\text{-}12)$$

式中　f——为低压电网的频率；

　　　U——低压电网的电压；

　　　Q_C——补偿电容器的功率，单位为 kvar；

　　　C——电容器的容量。

当式（4-12）中的数值取值为 $f = 50$；$U = 400$ 时，则 C（单位为 μF）取值为

$$C \approx 20 Q_C \qquad (4\text{-}13)$$

4.5.1　无功补偿方式及确定补偿电容的容量

按补偿电容安装的位置可分为就地补偿和集中补偿。就地补偿一般将补偿电容安装在就地设备附近，而集中补偿则将补偿电容安装在低压成套开关柜中。集中补偿方式所配置的补偿电容的容量要小于就地补偿方式所配置的补偿电容容量，并且电容器的功率与用电设备所产生的无功功率能够相互匹配。

以下是低压成套开关设备中补偿电容容量的计算方法：

1. 确定补偿电容容量的方法一

首先计算确认功率因数 $\cos\varphi$：

$$\cos\varphi = \frac{1}{\sqrt{1 + \left(\dfrac{\alpha Q}{\beta P}\right)^2}} \qquad (4\text{-}14)$$

式中　P——企业的计算有功功率；

　　　Q——企业的计算无功功率；

　　　α、β——年平均有功、无功负荷系数，其中 α 取值为 $0.7 \sim 0.75$，β 取值为 0.76。

采用人工补偿后，最大的计算负荷功率因数应当在 0.9 以上。

对于已经生产的企业，确定平均功率因数的计算方法如下：

$$\cos\varphi = \frac{W_m}{\sqrt{W_m^2 + W_{rm}^2}} = \frac{1}{\sqrt{1 + \left(\dfrac{W_{rm}}{W_m}\right)^2}} \qquad (4\text{-}15)$$

式中　W_m——月有功电能的消耗量，即有功电能表的读数（kW · h）；

　　　W_{rm}——月无功电能的消耗量，即无功电能表的读数（kvar · h）。

知道了功率因数 $\cos\varphi$ 后，再确定电容器的容量 Q_C

$$Q_C = P(\tan\varphi_2 - \tan\varphi_1) \qquad (4\text{-}16)$$

补偿后的功率因数为

$$\cos\varphi = \frac{1}{\sqrt{1 + \left(\dfrac{Q_C - Q}{P}\right)^2}} \qquad (4\text{-}17)$$

在上式的计算过程中，按三角学可推算出 $\cos\varphi$ 与 $\tan\varphi$ 之间的关系：

$$\tan\varphi = \frac{\sin\varphi}{\cos\varphi} = \frac{\sqrt{1 - \cos^2\varphi}}{\cos\varphi}$$

2. 确定补偿电容容量的方法二——简便的计算方法

（1）针对电力变压器的无功功率补偿

通常在确认低压开关柜内的电容器容量时只需要进行大致的计算即可，因为低压开关柜内的补偿电容器必须保留有足够的调整的容量。补偿电容器容量与变压器视在功率之间的经验公式是：

$$Q_C = 0.3\alpha S \tag{4-18}$$

式中　S——电力变压器的视在功率；

　　　α——同时性因数。

在一般情况下，可取同时性因数 $\alpha = 1$。

【例 4-4】　补偿电容简便计算范例

若电力变压器的视在功率 S 为 1000kV·A，试确认补偿电容容量。

解：将数据代入式（4-18）：

$$Q_C = 0.3\alpha S = 0.3 \times 1 \times 1000 \times 10^3 = 300 \times 10^3 \text{var}$$

计算出低压开关柜内的补偿电容器容量为 $Q_C = 300\text{kvar}$。

（2）针对电动机回路的就地电容补偿

在实际电力系统中包括异步电动机在内的绝大部分电器设备的等效电路可以看作电阻 R 与电感 L 的串联电路，其功率因数为

$$\cos\varphi = \frac{R}{\sqrt{R^2 + X_L^2}} = \frac{R}{\sqrt{R^2 + (\omega L)^2}} \tag{4-19}$$

当 R、L 电路并联接入 C 后，该电路的电流方程如下：

$$I = I_C + I_{RL} \tag{4-20}$$

图 4-22 所示为补偿的向量图。

从图 4-22 中的左向量图可以看出，I 与 U 的相位差变小了，即供电回路的功率因数提高了。

图 4-22 中的左向量图为欠补偿，即电流向量滞后于电压向量；右向量图为过补偿，即电流向量超前于电压向量。

通常不希望出现过补偿，这样会使变压器的二次电压升高，并且容性的无功功率同样要造成电能损耗，还会增大电容的温升和损耗，影响电容寿命。

表 4-12 是电动机负载为改善功率因数而需要配置的补偿电容器容量：

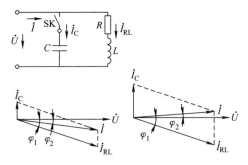

图 4-22　过补偿和欠补偿

表 4-12　电动机负载的补偿电容器容量表

补偿前的功率因数 $\cos\varphi_1$	补偿后的功率因数 $\cos\varphi_2$				
	0.8	0.85	0.9	0.95	1
	每千瓦电动机功率所对应的电容器容量/kvar				
0.40	1.54	1.67	1.81	1.96	2.29
0.42	1.41	1.54	1.68	1.83	2.16
0.44	1.29	1.42	1.56	1.71	2.04

（续）

补偿前的功率 因数 $\cos\varphi_1$	补偿后的功率因数 $\cos\varphi_2$				
	0.8	0.85	0.9	0.95	1
	每千瓦电动机功率所对应的电容器容量/kvar				
0.46	1.18	1.31	1.45	1.60	1.93
0.48	1.08	1.21	1.34	1.50	1.83
0.50	0.98	1.11	1.25	1.40	1.73
0.52	0.89	1.02	1.16	1.31	1.64
0.54	0.81	0.94	1.08	1.23	1.56
0.56	0.73	0.86	1.00	1.15	1.48
0.58	0.66	0.78	0.92	1.08	1.41
0.60	0.58	0.71	0.85	1.00	1.33
0.62	0.52	0.65	0.78	0.94	1.27
0.64	0.45	0.58	0.72	0.87	1.20
0.66	0.39	0.52	0.66	0.81	1.14
0.68	0.33	0.46	0.59	0.75	1.08
0.70	0.27	0.4	0.54	0.69	1.02
0.72	0.21	0.34	0.48	0.64	0.96
0.74	0.16	0.29	0.43	0.58	0.91
0.76	0.11	0.24	0.37	0.53	0.86
0.78	0.05	0.18	0.32	0.47	0.80
0.80	—	0.13	0.27	0.42	0.75
0.82	—	0.08	0.21	0.37	0.70
0.84	—	0.03	0.16	0.32	0.65
0.86	—	—	0.11	0.26	0.59
0.88	—	—	0.06	0.21	0.54
0.90	—	—	—	0.15	0.48

　　对于一般的电动机负载其功率因数为 0.7，若需要将功率因数补偿到 0.9，则从表中可以查得 0.54kvar。若有功功率为 100kW，则补偿电容容量为 54kvar。

　　对于三相交流异步电动机，其补偿功率 Q_C 不允许大于空载无功功率的 90%，避免因为电动机停机造成补偿过度后的出现的过电压。

　　对于补偿电动机负载的补偿电容，也有简化的近似计算公式：

$$Q_C \leqslant 0.35 P_n \tag{4-21}$$

式中　Q_C——补偿电容的容量；

　　　P_n——电动机的功率。

4.5.2　带电抗的补偿电容

　　图 4-23 所示为带电抗的补偿电容等效电路图。

　　一般地，电流谐波源都具有恒流源性质。图中的 I_n 为 n 次电流谐波源，

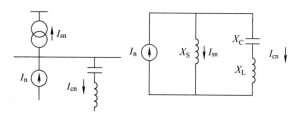

图 4-23　带电抗的补偿电容等效电路图

X_C 为电容的容抗，X_L 为电抗的感抗。先将 X_L 忽略，当 $X_{sn} - X_{cn}$ 时，并联电容器与系统阻抗发生并联谐振，I_{sn} 和 I_{cn} 均远大于 I_n，谐波电流被放大。此时谐振点的谐波次数为

$$n = \sqrt{\frac{X_C}{X_S}} \tag{4-22}$$

当谐振源的谐波次数等于 n 时，系统将引起谐振；若谐振源的谐波次数接近 n 时，虽然不引起谐振，但也会导致该谐波被放大。

抑制谐波放大的办法是给并联电容串接电抗器，改变并联电容与系统阻抗的谐振点，以避免谐振，因此带电抗的补偿电容的意义就在于抑制谐波源的 n 次谐波。若系统中没有谐波源，就没有必要采用带电抗的补偿电容器。

当 $X_L = X_C$ 时电路谐振。若系统等效电感和电容分别为 L、C，见图 4-23，则谐振频率 f_0 为

$$f_0 = \frac{1}{2\pi \sqrt{LC}} \tag{4-23}$$

结合图 4-24 和图 4-25，我们可以得出如下结论：

1）串联谐振时阻抗 $Z = R$，为最小，且呈现阻性。

2）谐振时电流达到最大，$I_0 = U/R$。

3）谐振时电感与电容两端的电压大小相等，相位相反，电阻上的电压等于电源电压。

4）谐振时，由于 $X_L = X_C$，电感的瞬时功率和电容瞬时功率数值相等，符号相反，所以总无功功率等于零。

5）若外部有能量维持电路的谐振，则该电路将称为谐振源；若外部没有能量维持电路的谐振，则该电路将吸收外部电网中频率为 f_0 的谐波。

6）在谐振频率 f_0 的左侧，总阻抗呈现感性，在谐振频率 f_0 的右侧，总阻抗呈现容性。

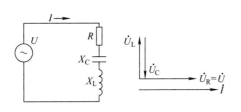

图 4-24 电容和电感在低压电网中的谐振关系

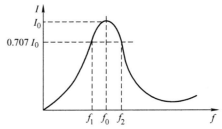

图 4-25 谐振电流与频率的关系

在含有谐波的低压电网中需要进行无功功率补偿时，必须采用将补偿电容器串接电抗器的办法来消除谐波的影响，同时电抗器还起到对流经电容器的电流进行限流的作用。

电抗器的扼流作用率 p 用百分数来表达。扼流作用率 p 的定义是在 50/60Hz 基波下电抗器的感抗与容抗之比，见式（4-24）。

$$\begin{cases} p = \dfrac{X_L}{X_C} \times 100\% \\ f_{res} = \dfrac{f_1}{\sqrt{p}} \end{cases} \tag{4-24}$$

对于 n 次谐波，可以利用扼流作用率 p 给出电抗器与补偿电容器的串联谐振频率 f_{res}。

我们知道，电抗的感抗 $X_L = 2\pi f L$，即电抗的感抗 X_L 与频率 f 成正比；电容的容抗 $X_C =$

$\dfrac{1}{2\pi fC}$，即电容的容抗 X_C 与频率 f 成反比。

在低压配电网中，谐波电流是以占基波电流的含有率来定义的。低压配电网中的谐波，以 5 次和 7 次谐波含有率较大，9 次及以上的谐波在低压配电网中因为含有率较小，其幅值也小。

设 5 次谐波的含有率为 20%，于是对于 5 次谐波来说，有

$$X_{C5} = \frac{1}{2\pi f_5 C} = \frac{1}{2\pi 5 f_1 C} = \frac{X_C}{5} \tag{4-25}$$

也就是说，5 次谐波的容抗仅为基波容抗的五分之一。那么谐波电流呢？虽然 5 次谐波的电流占有率仅为基波的 20%，但因为容抗仅为基波容抗的 20%，所以 5 次谐波电流与基波电流一样大。

对于 50Hz 的低压配电网，其中绝大多数的负载都是感性的。感性负载与补偿电容并联后，总体上还是呈现出感性。但对于某次谐波来说，由于容抗大幅度地减小，因此整个电流有可能呈现出容性。同时，电路中的某电感有可能对某次谐波产生串联谐振。因为谐振时阻抗很小，电流很大，有可能烧坏用电设备和电容补偿柜里的各种元器件。

当补偿电容串联了电抗后，串联回路的总阻抗比不串电抗时的阻抗小，因而电流会增大。对于谐波来说，容抗降低而感抗增大，总阻抗呈现出感性，由此避免了谐波谐振现象。

我们来看 5 次谐波，一般感抗 X_L 取为容抗 X_C 的 6% ~ 7%，即扼流作用率 $p = 6\%$ ~ 7%。我们以 7% 来考虑，于是有：

$$2\pi fL = 0.07 \frac{1}{2\pi fC}$$
$$L = \frac{0.07}{(2\pi f)^2 C} \approx \frac{7}{C} \times 10^{-7} \tag{4-26}$$

若 C 的单位为 μF，则式（4-26）中电抗值为

$$L = \frac{7}{C} \times 10^{-7} = \frac{700}{C} \text{mH}$$

显见，只要知道电容 C 的值，电抗的电感量 L 很容易计算出来。

现在我们来考虑 5 次谐波的总阻抗。我们知道 5 次谐波的感抗 $X_{L5} = 5X_L$，$X_{C5} = X_C/5$，于是两者串联后的总阻抗为

$$X_{L5} - X_{C5} = 5X_L - \frac{X_C}{5} = 5 \times 0.07 X_C - 0.2 X_C = 0.15 X_C$$

我们看到总阻抗的符号为正值，说明电抗和电容串联后电路的阻抗偏感性。

现在我们假定电路中出现了 3 次谐波，且有：$X_{L3} = 3X_L$，$X_{C3} = X_C/3$，于是两者串联后的总阻抗为

$$X_{L3} - X_{C3} = 3X_L - \frac{X_C}{3} = 3 \times 0.07 X_C - 0.33 X_C = -0.12 X_C$$

我们看到总阻抗的符号为负值，也即对于 3 次谐波而言，电抗和电容串联后电路的阻抗偏容性。

为了让电抗和电容串联后总阻抗在 3 次谐波下呈现感性，我们必须改变电抗的感抗占容抗的比值。设感抗占容抗的 12%，于是有

$$X_{L3} - X_{C3} = 3X_L - \frac{X_C}{3} = 3 \times 0.12X_C - 0.33X_C = 0.03X_C$$

现在，电抗和电容器串联后的总阻抗呈现出感性。

设高次谐波的次数为 n，电抗电感量与电容量的比值为 p，于是总阻抗满足感性的条件是

$$X_{Ln} - X_{Cn} = nX_L - \frac{X_C}{n} = npX_C - \frac{X_C}{n} = \left(np - \frac{1}{n}\right)X_C > 0$$

上式右边不等式表示总阻抗应当呈现出感性。由此可以解出：

$$p > \frac{1}{n^2} \tag{4-27}$$

根据式（4-27），我们可以得到表 4-13：

表 4-13　谐波次数与 p 值的关系

谐波次数	$n = 3$	$n = 5$	$n = 7$	$n = 9$	$n = 11$
计算 p 值	11%	4%	2%	1.2%	0.3%
实际 p 值	12%～14%	6%～7%	5.6%		

在 ABB 公司的标准产品中，电抗器的扼流作用率 p 有三种规格：5.67%、7% 和 14%，此三个规格对应的频率见表 4-14。

表 4-14　电抗器扼流作用率 p 与被消除谐波频率的关系

电抗器扼流作用率（%）	谐振频率/Hz	被消除的谐波
5.67	210	5～7 次谐波
7	189	5 次谐波
14	133	3 次谐波

值得注意的是，当补偿电容配备了电抗器后，电容和电抗的质量要求也需要提高。道理是显然的：谐波既然可以被吸收，但若电容和电抗的质量较低则反而被谐波的共振作用产生的过流和电压尖峰给损坏。因此，补偿电容需要有设计安全电压系数，一般取 12%。

X_C 与系统感抗 X_{SL} 产生的谐振频率 f_{sn} 应当被包含在 X_C 与电抗 X_L 产生的谐振频率 f_{res} 范围之内。

对于补偿电容的相关参数计算方法见表 4-15。

表 4-15　低压无功补偿电容相关参数计算表

带电抗的无功功率补偿电容	参数名称	符号	计算公式	单位
母线 A点　熔断器 接触器 电抗器 B点　补偿电容器	系统电压	U_a	低压配电网母线电压，给定值	V
	补偿电容容量	Q_a	单只补偿电容的容量，给定值	kvar
	额定频率	f	低压配电网的频率，给定值	Hz
	补偿电容充电电流	I	$I = \dfrac{Qa \times 10^3}{\sqrt{3}\,Ua}$	A
	熔断器电流	I_{FU}	$I_{FU} > 1.5I$	A
	电抗器 p 值	p		$\% X_C$
	电抗器电感值	L	$L = \dfrac{(2\pi f)^2 p}{C} \times 10^7$	mH

（续）

带电抗的无功功率补偿电容	参数名称	符号	计算公式	单位
	谐振点频率	f_0	$f_0 = \dfrac{1}{\sqrt{0.01p}}$	次数
	补偿电容上端口 B 点的工作电压	U_b	$U_b = \dfrac{U_a}{1 - 0.01p}$	V
	B 点无功等效补偿量	Q_b	$Q_b = \dfrac{Q_a}{1 - 0.01p}$	kvar
	设计安全电压	U_m	由补偿电容品质决定的安全系数，给定值	%
	补偿电容实际电压	U_C	$U_C = U_b(1 + 0.01U_m)$	V
	补偿电容实际容量	Q_C	$Q_C = \left(\dfrac{U_c}{U_b}\right)^2 Q_b$	kvar
	补偿电容的电容值	C	$C = \dfrac{Q_C}{2\pi f U_C^2} \times 10^9$	V

【例 4-5】 补偿电容参数计算范例

设低压配电网的额定电压为 400V，低压配电网的谐波是 5 次，单只无功补偿电容的容量是 12.5kvar，低压配电网的额定频率为 50Hz，补偿电容的设计安全电压 U_m 为 12%，计算补偿电容的参数。

解： 根据表 4-14，可确定 p 值为 7；又知低压配电网的电压为 400V，单只无功补偿电容的容量为 12.5kvar，低压配电网的频率为 50Hz。结合表 4-15，计算补偿电容的充电电流 I 等参数为

$$I = \frac{Q_a \times 10^3}{\sqrt{3}\,U_a} = \frac{12.5 \times 10^3}{1.732 \times 400} \approx 18.04\mathrm{A}$$

选择熔断器的额定电流下限值 I_{FU}，实际选用的熔断器额定电流必须大于此值：

$$I_{FU} > 1.5I = 1.5 \times 18.04 = 27.06\mathrm{A}$$

计算谐振点频率 f_0：

$$f_0 = \frac{1}{\sqrt{0.01p}} = \frac{1}{\sqrt{0.01 \times 7}} \approx 3.78\mathrm{Hz}$$

计算补偿电容上端口 B 点电压 U_b：

$$U_b = \frac{U_a}{1 - 0.01p} = \frac{400}{1 - 0.01 \times 7} \approx 430.1\mathrm{V}$$

计算补偿电容上的无功等效补偿量 Q_b：

$$Q_b = \frac{Q_a}{1 - 0.01p} = \frac{12.5}{1 - 0.01 \times 7} \approx 13.44\mathrm{kvar}$$

计算补偿电容上的实际电压 U_C：

$$U_C = U_b(1 + 0.01U_m) = 430.1 \times (1 + 0.01 \times 12) \approx 481.7\mathrm{V}$$

计算补偿电容的实际容量 Q_C：

$$Q_C = \left(\frac{U_C}{U_b}\right)^2 Q_b = \left(\frac{481.7}{430.1}\right)^2 \times 13.44 \approx 16.86\mathrm{kvar}$$

计算补偿电容的电容值 C：

$$C = \frac{Q_C}{2\pi f U_C^2} \times 10^9 = \frac{16.86}{2\pi \times 50 \times 481.7^2} \times 10^9 \approx 231.3\mu F$$

由计算可知：补偿电容上的电压是远高于低压配电网额定电压的。究其原因，是因为补偿电容上的电压等于低压配电网母线上的电压 U_a 与电抗上的电压 U_L 之相量和，因此补偿电容的耐压值必须要乘以设计安全电压这个系数。

另外还要注意到，在补偿电容的实际容量要大于母线处计算补偿电容容量。

4.5.3　在低压成套开关柜中的电容补偿器单元 RVC/RVT

ABB 的无功功率补偿控制器是 RVC/RVT，其外形如图 4-26 所示，RVC 与 RVT 的区别是 RVT 带 RS485 通信接口，可以实现 MODBUS – RTU、CanOpen 等现场总线数据交换能力。RVC/RVT 的工作原理如下：

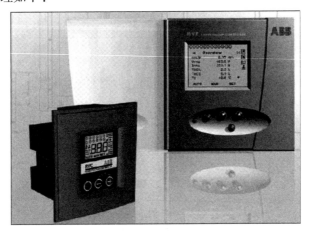

图 4-26　ABB 的无功功率补偿控制器 RVC/RVT 的外形

若按照电容补偿容量约等于 1/3 的负载容量计算，低压电网中每投退 60kW 的负载就需要投退 20kvar 的补偿电容。

ABB 的无功补偿电容器的容量有两种规格：12.5kvar 和 25kvar。

从补偿精度来看显然补偿电容越小越好，这样就能够针对负载变化给予细致的调节。但补偿电容的容量太小显然是不现实的。另外，从经济性出发，又希望电容柜能安放最大容量的补偿电容。

一般地，无功补偿器均具有 12 个输出继电器，可以实现 12 步的无功补偿容量投切。考虑到补偿电容被从电网上退出后不能再次投入，必须让补偿电容上的残余电压释放完后才允许第二次投入。因此，常规无功补偿器的 12 个输出继电器是按"1—2—3—4……11—12"循环的，以避免无功补偿电容再次投入。

RVC/RVT 是按照以下方案设置的：第 1 个继电器和第 2 个继电器均带 12.5kvar 的补偿电容，从第 3 个继电器到第 12 个继电器均带 25kvar 的补偿电容，各个继电器相对于第 1 个继电器上的补偿电容的容量比值是"1—1—2—2—2……2—2"。

设想电网目前没有任何负载，于是补偿电容将按电力变压器容量对应的功率因数投入对应的容量，若电网中增加 $3 \times 12.5 = 37.5$kW 的负载则第一个继电器动作投入 12.5kvar 的补偿电容，若电网中又增加了 37.5kW 的负载则第一个继电器释放同时投入其他位投入的

25kvar 补偿电容，若电网中再次增加了 37.5kW 的负载则第二个继电器动作投入 12.5kvar 的补偿电容，后续投切过程依次类推。

换句话说，RVC/RVT 使用第 1 个继电器和第 2 个继电器上的补偿容量作为电网无功功率的微调和循环，而第 3 个继电器到第 12 个继电器上的补偿容量作为电网无功功率的常规补偿电容。这样一来，既实现了无功功率的微调补偿，又实现了循环投切，还满足了最大无功补偿容量的要求。

4.6　经验分享与知识扩展

主题：选配低压成套开关设备主回路参数

【例 4-6】　我们来看图 4-27。

图中可见距离低压成套开关设备 500m 处有一台 55kW 的电动机，按照 ABB 的电动机参数，此电动机的额定电流 I_{MN} 是 98A。试问这台电动机能直接起动吗？

1. 核算低压配电网与低压成套开关设备主回路的参数

（1）计算系统电流参数

系统的总电流：$300 + 200 + 98 = 598A$

我们假定此电流就是系统计算电流，因此无需再用分散系数或者需要系数加以处理。于是系统的总视在功率是：$S = \sqrt{3}\,UI = 1.732 \times 400 \times 598 \approx 414.3 \text{kV} \cdot \text{A}$

取电力变压器的裕度系数为 1.2，于是电力变压器的容量为

$$S_n = 1.2S = 1.2 \times 414.3 = 497.2 \text{kV} \cdot \text{A}$$

由此可见，电力变压器最合适的容量是 630kV · A，也即如图 4-27 中所示。

（2）核算电力变压器参数

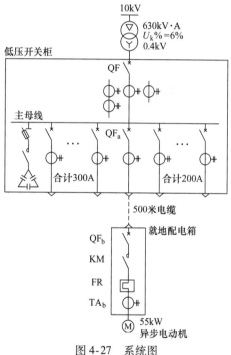

图 4-27　系统图

从图 4-27 中用式（1-21）计算可得变压器额定电流：

$$I_n = \frac{S_n}{\sqrt{3}\,U_d} = \frac{630 \times 10^3}{1.732 \times 400} \approx 909\text{A}$$

同理用式（1-22）计算可得变压器的短路电流：

$$I_k = \frac{I_n}{U_k\%} = \frac{909}{0.06} \times 10^{-3} \approx 15.2 \text{kA}$$

检索 GB/T 7251.1—2023《低压成套开关设备和控制设备　第 1 部分：型式试验和部分型式试验　成套设备》的峰值系数 n，见第 1 章 1.4 节，根据 $I_k = 15.2\text{kA}$ 得知峰值系数 n 取为 2.0。我们看到系统中还有一台 55kW 的电动机，它也会贡献出短路电流。若按 14 倍额定电流来考虑电动机的冲击短路电流，我们得到系统的冲击短路电流峰值是：

$$i_{pk} = nI_k + 14I_{MN} = 2.0 \times 15.2 + 14 \times 98 \times 10^{-3} \approx 31.8\text{kA}$$

（3）计算一级配电系统低压成套开关设备进线断路器参数

低压进线断路器 QF 的额定参数如下：

额定电流 I_n：1000A；

极限短路分断能力 I_{cu}：≥ 15.2kA；

短时耐受电流 I_{cw}：$\geq 0.92 \dfrac{i_{pk}}{n} = 31.8/2.0 \approx 15.9$kA；

短路接通能力 I_{cm}：$\geq 2.0 I_{cu} = 2 \times 15.2 = 30.4$kA

若采用 ABB 的框架断路器，则选用 E1B1000 断路器，其额定电流为 1000A，额定极限短路分断能力 I_{cu}、额定短时耐受电流 I_{cw} 和额定运行短路分断能力 I_{cs} 均为 42kA，短路接通能力 I_{cm} 为 88.2kA，且为全系列断路器中的最小值。

可以看出，E1B1000 的各项短路参数都远大于系统参数，满足要求。

我们再来看看进线断路器的各项线路保护参数，此进线断路器可采用 RP121/P LSIG 线路保护脱扣器：

我们按式（3-15）和式（3-16）来确定低压进线断路器 QF 的短延时和瞬时保护参数：

$$\begin{cases} I_2 \geq 1.1(I + 1.35 K_M I_{MN}) = 1.1 \times (598 + 1.35 \times 5 \times 98) \approx 1385.5\text{A} \\ I_3 \geq 1.1(I + 1.35 K_P K_M I_{MN}) = 1.1 \times (598 + 1.35 \times 2 \times 5 \times 98) \approx 2113.1\text{A} \end{cases}$$

故短延时保护 S 参数电流取为 $1.5 I_n$，瞬时保护 I 参数取为 $3 I_n$。

选择低压开关柜主母线的额定电流大于或等于 1000A，峰值耐受电流大于 31.8kA，短时耐受电流大于 $0.92 I_k \approx 14$kA，也即低压成套开关设备的动热稳定性都必须符合要求。

我们可以看出，此参数对于低压开关柜来说不难实现。例如 ABB 的 MNS2.0 低压开关柜和 MNS3.0 低压开关柜，它的主母线的峰值耐受电流是 220kA，短时耐受电流是 100kA；ABB 的 MD190（安亚）低压开关柜它的峰值耐受电流和短时耐受电流与 MNS2.0 完全一致。这三种开关柜的动热稳定性都远远超过系统要求。

PR121/P 的面板如图 4-28 所示。

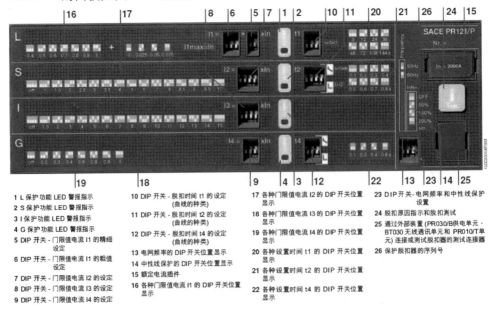

1 L 保护功能 LED 警报指示	10 DIP 开关 - 脱扣时间 t1 的设定（曲线的种类）	17 各种门限值电流 I2 的 DIP 开关位置显示	23 DIP 开关 - 电网频率和中性线保护设置
2 S 保护功能 LED 警报指示	11 DIP 开关 - 脱扣时间 t2 的设定（曲线的种类）	18 各种门限值电流 I3 的 DIP 开关位置显示	24 脱扣原因指示和脱扣测试
3 I 保护功能 LED 警报指示	12 DIP 开关 - 脱扣时间 t4 的设定（曲线的种类）	19 各种门限值电流 I4 的 DIP 开关位置显示	25 通过外部装置（PR030/B供电单元、BT030 无线通讯单元和 PR010/T单元）连接或测试脱扣器的测试连接器
4 G 保护功能 LED 警报指示	13 电网频率的 DIP 开关位置显示	20 各种设置时间 t1 的 DIP 开关位置显示	26 保护脱扣器的序列号
5 DIP 开关 - 门限值电流 I1 的精细设定	14 中性线保护的 DIP 开关位置显示	21 各种设置时间 t2 的 DIP 开关位置显示	
6 DIP 开关 - 门限值电流 I1 的粗值设定	15 额定电流插件	22 各种设置时间 t4 的 DIP 开关位置显示	
7 DIP 开关 - 门限值电流 I2 的设定	16 各种门限值电流 I1 的 DIP 开关位置显示		
8 DIP 开关 - 门限值电流 I3 的设定			
9 DIP 开关 - 门限值电流 I4 的设定			

图 4-28　Emax2 脱扣器 PR121/P 面板 DIP 开关对应的脱扣倍率

（4）无功功率补偿电容的容量 Q_C

按式（4-16）可得无功功率补偿电容的容量值：

$$Q_C = 0.3 S_n = 0.3 \times 630 = 185 \text{kvar}$$

Q_C 可取 200kvar 标准配置。

2. 电动机回路断路器之间的保护配合

我们看到电动机回路电缆的上下端的 QF_a 和 QF_b 断路器之间需要有保护匹配关系。

若上下级断路器之间的过载长延时保护参数满足 $I_{1A} > 2I_{1B}$，则上下级断路器之间可实现过载电流的后备保护。

对于短路参数，要使得 QF_a 断路器的 S 参数电流值 I_{2A}、QF_b 断路器的最大计算短路电流 I_{JB} 和 QF_a 断路器的瞬时短路保护参数电流 I_{3A} 之间满足如下关系：

$$I_{2A} < I_{JB} < I_{3A}$$

同时，QF_a 断路器的短延时保护时间 t_{2A} 和 QF_b 断路器的短延时保护时间 t_{2B} 之间满足如下关系：

$$t_{2A} > t_{2B}$$

考虑到 I 参数脱扣器中含有 20% 的误差，所以上下级断路器的短路保护电流分级的划分至少要相差 1.5 倍，而短路保护的时间分级要相差 70～100ms。

3. 判定电动机能否直接起动

我们用第 1 章 1.5.2 节的式（1-62）来判定。根据 55kW 电动机的参数电动机直接起动判定公式，得到：

$$K_m = 0.75 + 0.25 \frac{S_n}{P_n} = 0.75 + 0.25 \times \frac{630}{55} \approx 3.6$$

可见这台 55kW 的电动机不允许直接起动，只能采用星三角或者软起动器起动。本例中，我们设计采用星 - 三角起动方式。

4. 核算电缆参数

查阅《电线、电缆及其附件实用手册》（中国电力出版社，2000 年 1 月第一版，ISBN 7508301943）第 18 页表 1-38，此表的名称是：VV - T \ VLV - T 型 0.6～1kV 电力电缆的外径、重量及参数。其中若干种电缆的参数见表 4-16。

表 4-16　若干种电缆参数

电缆规格	载流量		K_{1000} ($\cos\varphi = 0.35$)
	空气中敷设/A	埋地敷设/A	
$3 \times 25 + 1 \times 16 \text{mm}^2$ 电缆	72.1	117.7	1.3
$3 \times 35 + 1 \times 25 \text{mm}^2$ 电缆	97.5	147.3	1.0
$3 \times 50 + 1 \times 25 \text{mm}^2$ 电缆	121.9	183.4	0.75
$3 \times 70 + 1 \times 16 \text{mm}^2$ 电缆	152.6	220.5	0.56
$3 \times 95 + 1 \times 50 \text{mm}^2$ 电缆	188.7	263.9	0.42
$3 \times 240 + 1 \times 120 \text{mm}^2$ 电缆	361.5	423.1	0.21
$3 \times 300 + 1 \times 150 \text{mm}^2$ 电缆	410	458.2	0.18

我们已经知道电动机的额定电流 I_n 是 98A，假定我们采用空气中敷设的方法，并且设在系统主母线处当所有负载都加载后电压降 $\Delta U_B = 5V$，又知电缆长度 L 是 500m。

电动机运行时:

当电动机运行时 $3 \times 70 + 1 \times 25 \mathrm{mm}^2$ 电缆终端的压降是

$$\Delta U = LK_{1000}I_\mathrm{n} = 0.5 \times 0.56 \times 98 \approx 27.44 \mathrm{V}$$

再加上主母线的电压降 $U_\mathrm{BUSBAR} = 5\mathrm{V}$,于是总电压降 ΔU_LINE 是

$$\Delta U_\mathrm{LINE} = \Delta U + U_\mathrm{BUSBAR} = 27.44 + 5 = 32.44 \mathrm{V}$$

于是我们得到电动机接线端子处的电压降百分比 $\Delta U\%$ 为

$$\Delta U\% = 100\% \frac{\Delta U_\mathrm{LINE}}{U_\mathrm{P}} = 100\% \times \frac{32.44}{400} \approx 8.1\%$$

已知电动机接线端子处的电压降不得超过 8%,所以 $3 \times 70 + 1 \times 25 \mathrm{mm}^2$ 电缆不能使用。将电缆规格换为 $3 \times 95 + 1 \times 50 \mathrm{mm}^2$,计算表明它的电压降百分比 $\Delta U\% = 6.4\%$,满足要求。

电动机起动时:

已经知道 55kW 电动机采用星 – 三角起动,起动电流只有运行电流的 $1/\sqrt{3}$,而电源电流是运行电流的 1/3。据此我们可以得出结论:使用 $3 \times 95 + 1 \times 50 \mathrm{mm}^2$ 电缆完全能满足要求。

5. 电动机端口电压

已知 $3 \times 95 + 1 \times 50 \mathrm{mm}^2$ 电缆的压降百分比是 6.4%,于是电动机接线端子处的电压为

$$U_\mathrm{MOTOR} = U_\mathrm{P}(1 - \Delta U\%) = 400 \times (1 - 0.064) = 374.4 \mathrm{V}$$

这个值当然是满足要求的。

第5章

设计和配置低压成套开关设备的方法

本章PPT

本章的内容是从用户的需求出发，结合低压配电系统的特点，给出设计和配置低压成套开关设备的一般性方法，并且用范例阐明了在设计和配置低压开关柜时需要注意的要点。

5.1 设计低压成套开关设备的一般性原则

构建和设计低压成套开关设备时需要关注一些综合应用问题。

1. 负荷分级

电力负荷应根据供电的可靠性要求及中断供电在人身伤害、政治、经济上所造成的影响进行分级，见表5-1。

表5-1 电力负荷分级表

分级	应符合的情况	供电要求
一级负荷	1) 中断供电将造成人身伤亡 2) 中断供电将在政治和经济上造成重大损失。例如：重大设备损坏、重大产品报废、连续生产过程被打乱且需要长时间才能恢复 3) 中断供电将影响有重大政治、经济意义的用电单位正常工作。例如：重要交通枢纽、重要通信枢纽、大型体育场馆、经常用于国际活动的大量人员集中公共场所等用电单位	一级负荷应当由两路电源供电。当一路电源发生故障时，另一路电源不应同时受到损坏 一级负荷中特别重要的负荷，除了由两路电源供电外，尚应增设应急电源，并严禁将其他负荷接入应急供电系统
二级负荷	1) 中断供电将在政治、经济上造成较大损失 2) 中断供电将影响重要用电单位的正常工作	二级负荷建议由两路电源供电
三级负荷	不属于一级和二级负荷者均为三级负荷	一般要求

对于具体的民用建筑来说，一般一级负荷就是可能产生人身伤害的设备，如电梯和消防设备等；二级负荷则包括常用的空调机组、水泵机组、扶梯、办公照明、居民生活用电等；三级负荷一般是指广告照明及夜景照明等。

2. 配电分级

配电分级是指处于相同的配电设备内，并且具有相同的短路分断容量的电器设备。

从低压电网的进线回路开始到最终用电负荷一般有三级配电设备：

一级低压成套配电设备又被称为PC低压成套开关设备。一级配电设备担任了电能的接受、电能的分配和电能的馈送任务，一般安装在总变配电所或总降压变电所内。

二级配电设备是车间级或区间级的配电中心，一般由馈电中心（Power Control Centre，PCC）开关柜和电动机控制中心（Motor Control Centre，MCC）开关柜组成。

三级配电设备是就地照明配电箱、动力配电箱或入户配电箱，其控制对象是最终用电设备。

各级配电设备之间往往用电缆连接。

图5-1所示为一个低压电网的系统图。图中可见整个低压电网中存在三级配电设备，而用电设备既包括电动机还包括照明设备。

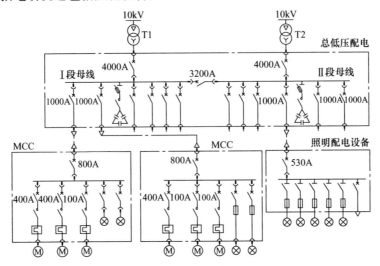

图5-1 配电设备分布

在设计民用建筑或工矿企业的低压电网时，有时设计部门或用户并不一定会提供系统图，而是提供低压电网的负荷表，其中包括了最终用电设备的性质（电动机或照明）、功率和数量。低压成套开关设备的制造商要根据负荷表设计出符合要求的低压成套开关设备，甚至包括提供电力变压器的容量和规格。

本节内容是如何利用负荷表来设计低压成套开关设备的计算方法。

3. 利用需要系数和同时系数计算配电负荷的方法

用设备功率需要系数和同时系数直接求出计算负荷。这种方法比较简便，应用广泛，尤其适用于变电所的负荷计算。

采用需要系数和同时系数计算低压电网的计算负荷时，对于处于末级的用电设备组采用需要系数计算负荷参数，然后利用同时系数在二级配电设备中计算获取相关的计算负荷参数，最后还是利用同时系数计算获取一级配电设备或总配电室的计算负荷参数。

以下是计算方法：

（1）步骤1：利用需要系数计算用电设备组的计算负荷及计算电流

$$\begin{cases} 有功功率\ P_e = K_X P_{ne} \\ 无功功率\ Q_e = P_e \tan\varphi \\ 视在功率\ S_e = \sqrt{P_e^2 + Q_e^2} \\ 计算电流\ I_e = \dfrac{S_e}{\sqrt{3}\,U_n} \end{cases} \tag{5-1}$$

式中　P_e——乘以需要系数后得到的用电设备组的计算有功功率；

　　　P_{ne}——用电设备的实际有功功率；

　　　Q_e——乘以需要系数后得到的用电设备组的计算无功功率；

　　　S_e——乘以需要系数后得到的用电设备组的计算视在功率；

　　　K_X——需要系数；

　　　U_n——线电压；

　　　I_e——设备组的计算电流。

（2）步骤2：利用同时系数计算二级配电设备（车间变电所）的计算负荷

$$\begin{cases} \text{有功功率 } P_C = K_{\Sigma P}\Sigma(P_e) \\ \text{无功功率 } Q_C = K_{\Sigma Q}\Sigma(Q_e) \\ \text{视在功率 } S_C = \sqrt{P_C^2 + Q_C^2} \\ \text{计算电流 } I_C = \dfrac{S_C}{\sqrt{3}U_n} \end{cases} \qquad (5\text{-}2)$$

式中　$\Sigma(P_e)$——二级配电设备所属的各个设备组计算有功功率的总和；

　　　$\Sigma(Q_e)$——二级配电设备所属的各个设备组计算无功功率的总和；

　　　P_C——二级配电设备（车间变电所）的计算有功功率；

　　　Q_C——二级配电设备（车间变电所）的计算无功功率；

　　　S_C——二级配电设备（车间变电所）的计算视在功率；

　　　I_C——二级配电设备（车间变电所）的计算电流；

　　　$K_{\Sigma P}$——二级配电设备的同时系数；

　　　$K_{\Sigma Q}$——二级配电设备的同时系数。

（3）步骤3：利用同时系数计算一级配电设备（总配电所）的计算负荷

$$\begin{cases} \text{有功功率 } P_n = K_{\Sigma P}\Sigma(P_C) \\ \text{无功功率 } Q_n = K_{\Sigma Q}\Sigma(Q_C) \\ \text{视在功率 } S_n = \sqrt{P_n^2 + Q_n^2} \\ \text{计算电流 } I_n = \dfrac{S_n}{\sqrt{3}U_n} \end{cases} \qquad (5\text{-}3)$$

式中　$\Sigma(P_C)$——各个二级配电设备计算有功功率的总和；

　　　$\Sigma(Q_C)$——各个二级配电设备计算无功功率的总和；

　　　P_n——一级配电设备（总配电所）的计算有功功率；

　　　Q_n——一级配电设备（总配电所）的计算无功功率；

　　　S_n——一级配电设备（总配电所）的计算视在功率；

　　　I_n——一级配电设备（总配电所）的计算电流；

　　　$K_{\Sigma P}$——有功功率同时系数；

　　　$K_{\Sigma Q}$——无功功率同时系数。

在以上计算方法中，对于二级配电设备（车间变电所），有功功率的同时系数 $K_{\Sigma P}$ 取 0.8 ~ 0.9，无功功率的同时系数 $K_{\Sigma Q}$ 取 0.93 ~ 0.97；对于一级配电设备（配电所或总降压变电所），有功功率的同时系数 $K_{\Sigma P}$ 取 0.85 ~ 1，无功功率的同时系数 $K_{\Sigma Q}$ 取 0.95 ~ 1。当简化计算时，同时系数 $K_{\Sigma P}$ 和 $K_{\Sigma Q}$ 都按 $K_{\Sigma P}$ 取值。

式中 $\tan\varphi$ 与 $\cos\varphi$ 的关系是

$$\tan\varphi = \frac{\sin\varphi}{\cos\varphi} = \frac{\sqrt{1-\cos^2\varphi}}{\cos\varphi}$$

需要系数的计算表见表 5-2 ~ 表 5-6。

表 5-2　民用建筑照明负荷需要系数表

建筑物名称	K_X	说明
单身宿舍楼	0.6 ~ 0.7	一开间内 1 ~ 2 盏灯，2 ~ 3 个插座
一般办公楼	0.7 ~ 0.8	一开间内 2 盏灯，2 ~ 3 个插座
高级办公楼	0.6 ~ 0.7	—
科研楼	0.8 ~ 0.9	一开间内 2 盏灯，2 ~ 3 个插座
教学楼	0.8 ~ 0.9	三开间内 6 ~ 11 盏灯，1 ~ 2 个插座
图书馆	0.6 ~ 0.7	—
托儿所、幼儿园	0.8 ~ 0.9	—
小型商业、服务业用房	0.85 ~ 0.9	—
综合商场、服务楼	0.75 ~ 0.85	—
食堂、餐厅	0.8 ~ 0.9	—
高级餐厅	0.7 ~ 0.8	—
一般旅馆、招待所	0.7 ~ 0.8	一开间内 1 盏灯，2 ~ 3 个插座，集中洗手间
高级旅馆、招待所	0.6 ~ 0.7	单间客房内 1 ~ 3 盏灯，2 ~ 3 个插座，带洗手间
旅游和星级宾馆	0.35 ~ 0.45	单间客房内 4 ~ 5 盏灯，4 ~ 6 个插座，带洗手间
电影院、文化馆	0.7 ~ 0.8	—
剧场	0.6 ~ 0.7	—
礼堂	0.5 ~ 0.7	—
体育馆	0.65 ~ 0.75	—
展览厅	0.5 ~ 0.7	—
门诊楼	0.6 ~ 0.7	—
一般病房楼	0.65 ~ 0.75	—
高级病房楼	0.5 ~ 0.6	—
锅炉房	0.9 ~ 1	—

表 5-3　民用建筑用电设备的需要系数表

序号	用电设备分类		K_X	$\cos\varphi$	$\tan\varphi$
1	通风和采暖用电	各种风机、空调器	0.7 ~ 0.8	0.8	0.75
		恒温空调箱	0.6 ~ 0.7	0.95	0.33
		冷冻机	0.85 ~ 0.9	0.8	0.75
		集中式电热器	1.0	1.0	0
		分散式电热器（20kW 以下）	0.85 ~ 0.95	1.0	0
		分散式电热器（100kW 以上）	0.75 ~ 0.85	1.0	0
		小型电热设备	0.3 ~ 0.5	0.95	0.33
2	给排水用电	各种水泵（15kW 以下）	0.75 ~ 0.8	0.8	0.75
		各种水泵（15kW 以上）	0.6 ~ 0.7	0.87	0.57
3	起重运输用电	客梯（1.5t 及以下）	0.35 ~ 0.5	0.5	1.73
		客梯（2t 及以上）	0.6	0.7	1.02

（续）

序号	用电设备分类		K_X	$\cos\varphi$	$\tan\varphi$
3	起重运输用电	货梯	0.25 ~ 0.35	0.5	1.73
		输送带	0.6 ~ 0.65	0.75	0.88
		起重机械	0.1 ~ 0.2	0.5	1.73
4	锅炉房用电		0.75 ~ 0.85	0.85	0.62
5	消防用电		0.4 ~ 0.6	0.8	0.75
6	厨房及卫生用电	食品加工机械	0.5 ~ 0.7	0.80	0.75
		电饭锅、电烤箱	0.85	1.0	0
		电炒锅	0.70	1.0	0
		电冰箱	0.60 ~ 0.7	0.7	1.02
		热水器（淋浴用）	0.65	1.0	0
7	机修用电	修理间机械设备	0.15 ~ 0.2	0.5	1.73
		电焊机	0.35	0.35	2.68
		移动式电动工具	0.2	0.5	1.73
8	通信及信号设备	载波机	0.85 ~ 0.95	0.8	0.75
		传真机	0.7 ~ 0.8	0.8	0.75
		电话交换台	0.75 ~ 0.85	0.8	0.75
		客房床头电气控制箱	0.15 ~ 0.25	0.6	1.33

表 5-4　照明用电需要系数表

建筑物名称	K_X	建筑物名称	K_X
生产厂房（有天然采光）	0.8 ~ 0.9	科研楼	0.8 ~ 0.9
生产厂房（无天然采光）	0.9 ~ 1	宿舍	0.6 ~ 0.8
商店、锅炉房	0.9	仓库	0.5 ~ 0.7
办公楼、展览馆	0.7 ~ 0.8	医院	0.5
设计室、食堂	0.9 ~ 0.95	学校、宾馆	0.6 ~ 0.7

表 5-5　九层及以上高层民用建筑需要系数表

户数	K_X	户数	K_X
<20	>0.6	50 ~ 100	0.4 ~ 0.5
20 ~ 50	0.5 ~ 0.6	>100	<0.4

表 5-6　化学和石油化工工业的需要系数表

用电设备名称	K_X	$\cos\varphi$	$\tan\varphi$
气体压缩机（连续运行）	0.95	0.85	0.62
连续运行的泵	0.9	0.85	0.62
一年内间断使用在1000h以下的泵	0.6	0.8	0.75
一年内间断使用在500h以下的泵	0.3	0.8	0.75
一年内间断使用在100h以下的泵	0.1	0.8	0.75

（续）

用电设备名称	K_X	$\cos\varphi$	$\tan\varphi$
卫生通风机	0.65	0.8	0.75
容量在 28kW 以下的生产用通风机和泵	0.8	0.8	0.75
给水泵和排水泵	0.8	0.85	0.62
混合气体压缩机	0.9	0.90	0.49
空气压缩机	0.8 ~ 0.9	0.90	0.49
循环气体压缩机	0.9	0.90	0.49
冷冻机	0.8 ~ 0.9	0.90	0.49
水泵	0.8 ~ 0.9	0.85	0.62
鼓风机	0.8 ~ 0.9	0.85	0.62
破碎机	0.75 ~ 0.9	0.80	0.75
合成炉	0.7 ~ 0.85	0.95	0.32
硅整流器	0.75 ~ 0.85	0.9 ~ 0.94	0.35 ~ 0.49
试验变压器	0.50	0.50	1.73
球磨机	0.75 ~ 0.9	0.80	0.75

4. 利用分散系数和同时系数计算配电负荷的方法

虽然需要系数和同时系数法是设计部门实施负荷计算的主要方法，但若已经获得了低压电网的系统图，这时低压成套开关设备的制造商只需要根据图纸提供的计算电流来确定进线主回路的电流定额即可。这时可采用"额定分散系数"法和同时系数法来确定配电负荷。

GB/T 7251.1—2023 中对额定分散系数有如下描述：

> 📖 标准摘录：GB/T 7251.1—2023《低压成套开关设备和控制设备　第 1 部分：总则》，等同于 IEC 61439 – 1：2020。
>
> 5.4　额定分散系数（RDF）
>
> 额定分散系数是由成套设备制造商根据发热的相互影响给出的成套设备的出线电路可以持续并同时承载的额定电流的标幺值。
>
> 标示的额定分散系数能用于：
> - 电路组；
> - 整个成套设备
>
> 额定分散系数乘以电路的额定电流应等于或者大于出线电路的计算负荷。出线电路的计算负荷应在相关成套设备标准中给出。
>
> 注 1：出线电路的计算负荷可以是稳定持续电流或可变电流的热等效值（见附录 E）。
>
> 额定分散系数适用于在额定电流（I_{nA}）下运行的成套设备。
>
> 注 2：额定分散系数可识别出多个功能单元在实际中不能同时满负荷或断续地承载负荷。
>
> 更详细的资料见附录 E。

额定分散系数的值，如下：

主电路数	分散系数	主电路数	分散系数
2 与 3	0.9	6 ~ 9（包括9）	0.7
4 与 5	0.8	10 及以上	0.6

在低压电网中可以认为额定相电压为定值，因而额定电流 I_n 与额定电压 U_n 的乘积为额定视在功率 S_n，若定义分散系数为 K_S，则有

$$\begin{cases} I_n = K_S \Sigma I_L \\ S_n = K_S \Sigma S_L \end{cases} \tag{5-4}$$

式中 I_n——低压电网总进线主回路的额定电流；

S_n——低压电网的总视在功率；

K_S——分散系数；

ΣI_L——被选定负荷的额定电流总和；

ΣS_L——被选定负荷的额定视在功率总和。

【例 5-1】 若一级配电的低压开关柜母线上 20 套馈电回路电流最大值的总和为 1000A，求解主进线断路器的额定电流 I_n，以及供电变压器容量参数，补偿电容器容量。

解：

因为馈电回路数为 20 套，由 GB/T 7251.1—2023 可查得额定分散系数 $K_S = 0.6$。将数值代入式（5-4），得

$$\begin{cases} I_n = K_S \sum I_{Load} = 0.6 \times 1000 = 600A \\ S_n = \sqrt{3}U_n I_n = 1.732 \times 400 \times 600 \approx 415.7 kV \cdot A < 500 kV \cdot A \end{cases}$$

计算表明：低压总进线的额定电流为 600A，低压电网的视在功率为 415.7kV·A。根据这些数值，选配电力变压器的容量 S_{TR}，补偿电容容量 Q_C，还有低压进线断路器的额定电流 $I_{INCOMING}$。如下：

$$\begin{cases} S_{TR} = 500 kV \cdot A \\ Q_C \approx 0.3\alpha S_{TR} = 0.3 \times 1 \times 500 = 150 kvar \\ I_{INCOMING} \geq \dfrac{S_{TR}}{\sqrt{3}U_n} = \dfrac{500 \times 10^3}{1.732 \times 400} \approx 721.7A \end{cases}$$

解得变压器容量小于 500kV·A，无功补偿电容的容量为 150kvar，低压进线断路器的额定电流为 800A。显然，利用分散系数法确定主进线的额定电流比起需要系数法要简单许多。

对于住宅公寓楼的配电系统还有同时系数的计算方法，这种方法适用于接地系统为 TN 的 230/400V 的低压电网。同时系数见表 5-7。

表 5-7 住宅公寓楼配电设备的同时系数

用电设备的数量	同时系数 K_S	用电设备的数量	同时系数 K_S
2 ~ 4	1	25 ~ 29	0.46
5 ~ 9	0.78	30 ~ 34	0.44
10 ~ 14	0.63	35 ~ 39	0.42
15 ~ 19	0.53	40 ~ 49	0.41
20 ~ 24	0.49	≥50	0.40

利用住宅公寓配电设备的同时系数计算出来的数值一般用于二级和三级配电系统，不适用于一级配电系统。

5. 单相负载的处理方法

对于三相不平衡电网，例如照明回路，在计算电流时需要折算到三相负荷中。可用式 (5-5)来折算：

$$\begin{cases} P = 3\text{Max}(P_a, P_b, P_c) \\ I = \dfrac{P}{\sqrt{3}U_p\cos\varphi} \end{cases} \tag{5-5}$$

式中 P_a ——A 相功率；

  P_b ——B 相功率；

  P_c ——C 相功率；

  P ——折算后的计算功率；

  U_p ——电网线电压；

  I ——计算电流；

  $\cos\varphi$ ——功率因数，一般取 0.8。

【例 5-2】 设 A 相的负载功率为 20kW，B 相的负载功率为 10kW，C 相的负载功率为 5kW，试求计算电流。

解：三相中最大功率是 $P_a = 20$kW，于是计算电流为

$$I = \frac{P}{\sqrt{3}U_p\cos\varphi} = \frac{3 \times 20 \times 10^3}{1.732 \times 400 \times 0.8} \approx 108.3\text{A}$$

5.2 低压成套开关设备的设计范例

本节给出了一个应用实例，利用本书中介绍的 MNS 低压成套开关设备知识以及各种 ABB 的元器件建立一套应用工厂企业的低压配电设备。

1. 系统要求

根据用户的负荷表配置出合适的低压配电系统，选配合适的低压开关电器元件。

以某小型玻璃厂为例，其负荷表见表 5-8。

表 5-8 某小型玻璃厂的负荷表

供电区段		功率/kW	类型	数量	K_x	$\cos\varphi$	$\tan\varphi$
原料车间	原料破碎机	17	三相笼型	2	0.75	0.8	0.75
	传送带	5	三相笼型	2	0.6	0.75	0.88
	自动称料机	12	三相笼型	1	0.75	0.8	0.75
	原料混合机	7.5	三相笼型	1	0.75	0.8	0.75
	料仓振动给料机	0.6	三相	10	0.75	0.5	1.73
	自控及工艺监控室	25	三相	1	0.9	0.9	0.49
	车间照明	4	—	单路	0.9	1	—
	车间办公室及空调	25		1	0.7	0.8	0.75
	职工更衣室	12.5		1	0.9	1	—

（续）

供电区段		功率/kW	类型	数量	K_X	$\cos\varphi$	$\tan\varphi$
熔化车间	南北给料机	2.2	三相笼型	2	0.75	0.8	0.75
	窑炉炉壁散热风机	22	三相笼型	1	0.7	0.8	0.75
	重油喷枪风机	7.5	三相笼型	4	0.7	0.8	0.75
	重油雾化风机	7.5	三相笼型	4	0.7	0.8	0.75
	助燃风机	75kW	三相笼型	2	0.7	0.8	0.75
	窑炉炉压调节风阀电动机	2.2	三相笼型	1	0.75	0.8	0.75
	烟道启闭阀电动机	2.2	三相笼型	1	0.7	0.8	0.75
	自控及工艺监控室	10	—	1	0.9	0.9	0.49
	车间照明	4kW	—	单路	0.9	1	—
	车间办公室及空调	25	—	1	0.7	0.8	0.75
	职工更衣室	12.5	—	1	0.9	1	—
成型和切割车间	玻璃压延机	22	三相笼型	1	0.75	0.8	0.75
	玻璃退火保温电加热器	10	三相	2	0.9	1	—
	玻璃传送辊调速电动机	12	三相笼型	12	0.75	0.8	0.75
	玻璃切割机	10	三相笼型	2	0.75	0.8	0.75
	玻璃装箱机	10	三相笼型	2	0.75	0.8	0.75
	吊机	2.2	三相笼型	2	0.25	0.5	1.73
	自控及工艺监控室	10	—	1	0.9	0.9	0.49
	车间照明	4	—	单路	0.9	1	—
	车间办公室及空调	25	—	1	0.7	0.8	0.75
	职工更衣室	12.5	—	1	0.9	1	—
办公楼	办公室照明	10	—	多路	0.9	1	—
	中央空调	22.5	三相笼型	4	0.7	0.8	0.75
	DCS 控制中心	12.5	—	1	0.9	0.9	0.49
	数据中心	15	—	1	0.9	0.9	0.49
	会议室照明	2	—	多路	0.7	1	—
机修车间	各类机床电动机	2.2	三相笼型	10	0.15	0.5	1.73
	电焊机	10	—	5	0.35	0.35	2.68
	车间照明	4	—	单路	0.9	1	—
	车间办公室及空调	25	—	1	0.7	0.8	0.75
	职工更衣室	12.5	—	1	0.9	1	—
油库	蒸汽锅炉	5	三相笼型	2	0.75	0.8	0.75
	重油油泵	11	三相笼型	10	0.75	0.8	0.75
	输油控制中心及保安室照明	25	—	1	0.9	1	—

2. 根据用户负荷表利用需要系数和同时系数计算低压配电电网参数（见表5-9）

表5-9　按用电设备组统计计算有功功率、计算无功功率、计算视在功率和计算电流

供电区段		功率/kW	计算有功功率/kW	计算无功功率/kW	计算视在功率/kW	计算电流/A
原料车间	原料破碎机	17	12.75	9.56	15.94	23
	传送带	5	3	2.64	4.00	5.77
	自动称料机	12	9	6.75	11.25	16.23
	原料混合机	7.5	5.625	4.22	7.03	10.14
	料仓振动给料机	0.6	0.45	0.78	0.78	1.13
	自控及工艺监控室	25	22.5	11.03	25.06	36.17
	车间照明	4	3.6	0	3.6	5.2
	车间办公室及空调	25	17.5	13.13	21.88	31.58
	职工更衣室	12.5	8.02	0	8.02	11.58
熔化车间	南北给料机	2.2	1.65	1.24	2.06	3.0
	窑炉炉壁散热风机	22	15.4	11.55	19.25	27.79
	重油喷枪风机	7.5	5.25	3.94	6.56	9.47
	重油雾化风机	7.5	5.25	3.94	6.56	9.47
	助燃风机	75	52.5	39.38	65.63	94.73
	窑炉炉压调节风阀电动机	2.2	1.65	1.24	2.06	3.0
	烟道启闭阀电动机	2.2	1.54	1.16	1.93	2.79
	自控及工艺监控室	10	9	4.41	10.02	14.46
	车间照明	4	3.6	0	3.6	5.2
	车间办公室及空调	25	17.5	13.13	21.88	31.58
	职工更衣室	12.5	8.02	0	8.02	11.58
成型和切割车间	玻璃压延机	22	16.5	12.38	20.63	29.78
	玻璃退火保温电加热器	10	9	0	9	12.99
	玻璃传送辊调速电动机	12	9	6.75	11.25	16.24
	玻璃切割机	10	7.5	5.63	9.38	13.53
	玻璃装箱机	10	7.5	5.63	9.38	13.53
	吊机	2.2	0.55	0.95	1.10	1.59
	自控及工艺监控室	10	9	4.41	10.02	14.46
	车间照明	4	3.6	0	3.6	5.2
	车间办公室及空调	25	17.5	13.13	21.88	31.58
	职工更衣室	12.5	11.25	0	11.25	16.24

（续）

供电区段		功率/kW	计算有功功率/kW	计算无功功率/kW	计算视在功率/kW	计算电流/A
办公楼	办公室照明	10	9	0	9	12.99
	中央空调	22.5	15.75	11.81	19.69	28.42
	DCS 控制中心	12.5	11.25	5.51	12.53	18.09
	数据中心	15	13.5	6.62	15.04	21.71
	会议室照明	2	1.4	0	1.4	2.02
机修车间	各类机床电动机	2.2	0.33	0.57	0.66	0.95
	电焊机	10	3.5	9.38	10.01	14.45
	车间照明	4	3.6	0	3.6	5.2
	车间办公室及空调	25	17.5	13.13	21.88	31.58
	职工更衣室	12.5	11.25	0	11.25	1.60
油库	蒸汽锅炉	5	3.75	2.81	4.69	6.77
	重油油泵	11	8.25	6.19	10.31	14.88
	输油控制中心及保安室照明	25	22.5	0	22.5	32.48

3. 统计计算负荷

原料车间配电系统：

$$
\begin{cases}
P_C = K_{\Sigma P} \Sigma(P_e) \\
\quad = 0.8 \times (2 \times 12.75 + 2 \times 3 + 9 + 5.63 + 10 \times 0.45 + 22.5 + 3.6 + 17.5 + 8.02) \\
\quad \approx 81.8\text{kW} \\
Q_C = K_{\Sigma Q} \Sigma(Q_e) \\
\quad = 0.93 \times (2 \times 9.56 + 2 \times 2.64 + 6.75 + 4.22 + 10 \times 0.78 + 11.03 + 0 + 13.13 + 0) \\
\quad \approx 62.62\text{kvar} \\
S_C = \sqrt{P_C^2 + Q_C^2} = \sqrt{81.8^2 + 62.62^2} \approx 103.02\text{kV} \cdot \text{A} \\
I_C = \dfrac{S_C}{\sqrt{3}U_n} = \dfrac{103.02 \times 10^3}{1.732 \times 400} \approx 148.70\text{A}
\end{cases}
$$

配电系统名称	P_C/kW	Q_C/kvar	S_C/kV·A	I_C/A
原料车间	81.80	62.62	103.02	148.70
熔化车间	165.61	134.15	180.90	261.11
成型和切割车间	171.96	115.39	207.09	298.92
办公楼配电	78.52	55.21	95.99	138.55
机修车间	39.72	52.41	65.76	94.92

（续）

配电系统名称	P_C/kW	$Q_C/kvar$	$S_C/kV \cdot A$	I_C/A
油库配电	90.00	62.79	109.74	158.40
合计	627.61	482.57		

取总配电所计算有功功率和计算无功功率的同时系数　$K_{\Sigma P} = K_{\Sigma Q} = 0.85$
总有功功率　$P_C = K_{\Sigma P}\sum(P_e) = 0.85 \times 627.61 \approx 533.47kW$
总无功功率　$Q_C = K_{\Sigma Q}\sum(Q_e) = 0.85 \times 482.57 \approx 410.18kvar$
总视在功率　$S_C \approx 672.93kV \cdot A$
总电流　$I_C = 971.32A$

令总低压配电所总有功功率同时系数 $K_{\Sigma P}$ 和总无功功率同时系数 $K_{\Sigma Q}$ 均为 0.85，于是有总有功功率 P_n 为

$$P_n = K_{\Sigma P}\sum(P_e) = 0.85 \times 627.61 \approx 533.47kW$$

总无功功率 Q_n 为

$$Q_n = K_{\Sigma Q}\sum(Q_e) = 0.85 \times 482.57 \approx 410.18kvar$$

总视在功率 S_n 为

$$S_n = \sqrt{P_n^2 + Q_n^2} = \sqrt{533.47^2 + 410.18^2} \approx 672.93kV \cdot A$$

总电流 I_n 为

$$I_n = \frac{S_n}{\sqrt{3}U_n} = \frac{672.93 \times 10^3}{1.732 \times 400} \approx 971.32A$$

4. 低压配电网的短路参数分析和低压成套开关设备的设计要点

从以上分析中我们已经知道了系统的总电流为 971.32A，总视在功率也即 S_{30} 为 672.93kV·A。根据这些数据，我们来设计一级配电的低压成套开关设备。

（1）负荷分级和变压器选用

考虑到玻璃企业在生产过程中一旦停电会造成熔融的玻璃液凝固而造成重大经济损失，因此低压电网中的负荷大多数为一级和二级负荷。

为此，将所有负荷均按常用和备用双份来设计。为了表述方便，我们将一级配电设备的两段母线配置为完全对称。

低压电网采用双路电力变压器供电方案，按照第1章1.4.4中表1-20有关说明，选择变压器的视在功率 S_N 大于或等于计算值总视在功率 S_{30}，也即取变压器容量 S_N 为 800kV·A，变压器的阻抗电压 $U_k\%$ 为 6%。计算得到变压器的额定电流是 1155A，短路电流是 19.25kA，对应的峰值系数 $n = 2.0$，故冲击短路电流峰值 $i_{pk} = 38.5kA$。

（2）计算短路电流

因为在熔化车间有两台75kW的电动机，当一级配电设备的主母线发生短路事故时，除了变压器向短路点提供短路电流外，这两台电动机将贡献出额外的短路电流，其短路电流为额定电流的 10～15 倍，可按电动机的起动冲击电流来核算。

对于75kW的电动机，其冲击电流 I_P 为

$$I_P = 15I_n \approx 15 \times 2P_n = 15 \times 2 \times 75 = 2250A$$

在低压电网中若存在多台大功率电动机时，为了计算方便，可将这多台电动机的短路电流与电源产生的短路电流归并到一起计算。

对于本系统，一级配电设备主母线上的冲击短路电流 i_{pk} 为

$$i_{pk} = \frac{nS_N}{\sqrt{3}U_N U_k\%} + 2I_P = \frac{2 \times 800}{\sqrt{3} \times 400 \times 0.06} + 2 \times 2.25 \approx 43kA$$

系统原先的短路电流为 19.25kA，根据 1.4.1 节有关内容可知峰值系数 $n=2$，再考虑到两台 75kW 电动机贡献的短路电流后，冲击短路电流又增加了 4.5kA，最终达到了 43kA 的水平。

冲击短路电流峰值决定了低压成套开关设备的动稳定性。

再看短路电流 I_k。计算短路电流时无需考虑峰值系数 n，但需要考虑电动机贡献的短路电流。具体计算如下：

$$I_k = \frac{S_N}{\sqrt{3}U_N U_k\%} + 2I_P = \frac{800}{\sqrt{3} \times 400 \times 0.06} + 2 \times 2.25 \approx 23.75kA$$

即低压配电系统中短路电流规模为 24kA 的水平。一级配电设备中所有的断路器其极限短路分断能力 I_{cu} 必须以此短路电流作为设计参照。

（3）低压电网总配电室 PCC 低压开关柜的设计要点

从低压电网的总配电室 PCC 低压开关柜馈电到各个车间和区间配电室的馈电开关，必须考虑到上下级的短路保护配合以及电动机负载额外增加的短路电流的影响。

馈电开关采用 L-I 短路保护。

总配电室 PCC 低压开关柜的一段与二段负载完全一致，两段母线上的负载互相作为对方的备份。

（4）车间和区域配电室中的 MCC 低压开关柜设计要点

MCC 低压开关柜中的进线部分按双电源设计，为了达到要求的分断能力，双电源按 CB 级的 ATSE 设计。

（5）低压配电网的接地形式

全低压配电网按 TN-S 接地形式来考虑。

（6）低压配电网系统图

低压配电系统图如图 5-2 所示。

5. 低压开关柜及主要元器件的选型

（1）电力变压器参数

电力变压器额定功率和接线：800kV·A，Y11 接线，一次侧与二次侧相位差为 330°。

电力变压器一次侧/二次侧额定电压：10kV/0.4kV。

电力变压器的阻抗电压：6%。

电力变压器的额定电流：1155A。

电力变压器的持续短路电流：$I_k = 19.25kA$。

（2）低压开关柜选型

低压开关柜选择 ABB 的 MNS3.0 侧出线抽屉柜，其主母线的峰值耐受电流为 250kA，远远超过系统的冲击短路电流峰值 43kA，满足低压开关柜的动稳定性要求。

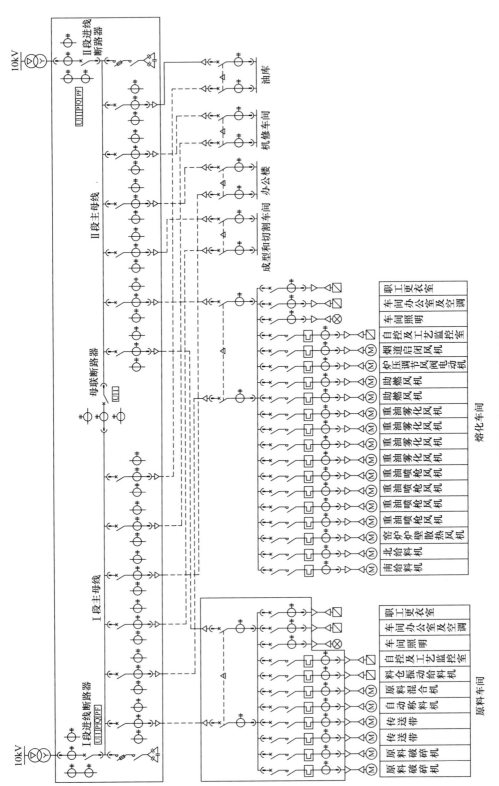

图 5-2 低压配电系统图

（3）进线断路器和母联断路器选型

已知一级低压配电系统的短路电流是 20kA。低压进线断路器和母联断路器选型参照第 4 章 4.1 节"低压成套开关设备中的进线主回路和母联主回路"，选配方案如下：

进线断路器：E1.2B1600/4P，$I_{cs} = I_{cu} = I_{cw} = 42\text{kA}$，采用 PR121/P LSIG 保护脱扣器。

母联断路器：E1.2B1600/4P，$I_{cs} = I_{cu} = I_{cw} = 42\text{kA}$，采用 PR121/P LI 保护脱扣器。

注意到 E1.2B1600 断路器的短路接通能力 $I_{cm} = 88.2\text{kA}$，远远超过了低压系统的冲击短路电流峰值 43kA。

考虑到低压配电系统的接地方式是 TN-S，而且低压进线断路器的保护方式是 LSIG 四段，根据第 1 章 1.6.6 节所描述的 TN-S 下断路器极数与中性线要求相关内容，低压进线和母联选用四极断路器。同时，低压成套开关设备也采用四极主母线。

（4）补偿电容器的选型

补偿电容取值为：$Q_C = 0.3S_n = 240\text{kvar}$，采用 250kvar 标配电容柜。电容抽屉采用普通不带电抗的规格。

各个车间级配电所配套采用就地无功补偿。

（5）核实电动机起动条件

核实低压电网能够允许的最大直接起动电动机的容量。根据第 1 章 1.5.2 节有关异步电动机在低压电网中的起动条件公式（1-64），我们来核实该低压配电网中的电动机起动条件：

对于 22kW 的电动机，低压电网的起动限制是

$$K_M = 0.75 + 0.25\frac{S_n}{P_n} = 0.75 + 0.25 \times \frac{800}{22} = 9.84$$

故在此低压电网中，容量小于或等于 22kW 的电动机均允许直接起动。

对 75kW 的电动机，低压电网的起动限制是

$$K_M = 0.75 + 0.25\frac{S_n}{P_n} = 0.75 + 0.25 \times \frac{800}{75} = 3.42$$

可知 75kW 的电动机必须采用减压起动措施，因为该电动机应用于风机系统，因此建议采用星-三角起动方式或者软起动方式，主要推荐软起动方式。

为此，电动机回路均按如下方案配置：

1）22kW 及以下的电动机回路均采用直接起动方案。

2）75kW 的电动机回路采用软起动器起动方案。

25kW 及以下的电动机主回路采用 MNS3.0 样本中的方案 05，参见第 4 章 4.4.1 节的表 4-10 和表 4-11，配置结果如下：

序号	功率/kW	抽屉容量	断路器	交流接触器	热继电器
1	2.2	8E/4	MS325-6.3	A12	—
2	5	8E/4	MS325-12.5	A26	—
3	7.5	8E/4	MS325-16	A26	—
4	11	8E/4	MS325-25	A30	—
5	17（重载）	8E/2	T2S160MA52	A50	TA450SU80（CT 绕两圈）
6	22（重载）	8E/2	T2S160MA52	A50	TA450SU60

75kW 的电动机配备软起动器起动，软起动器采用 ABB 的 PSS105/181-500，配置方案如下：

软起动器：PSS105/181 - 500；

快速熔断器：170M3019；

隔离开关熔断器组：OESA250R03D80；

主接触器：A110；

旁路接触器：A110；

热继电器：TA110DU90；

电流互感器：PSCT - 150。

软起动器所在开关柜的尺寸：宽×深×高 = 400×1000×2200，其中深度可在600、800、1000之间选取（单位均为 **mm**，下同）。

6. 主配电室 PCC 低压开关柜的配置方案

P1：进线柜　开关柜尺寸：宽×深×高 = 400×1000×2200；

　　　断路器：E1.2B1600/4P　YO　YC；

　　　仪表：IM300。

P2：电容柜　开关柜尺寸：宽×深×高 = 600×1000×2200；

　　　仪表：RVC。

P3：抽屉柜　开关柜尺寸：宽×深×高 = 1000×1000×2200。

抽屉配置：

抽屉位置	名称	抽屉性质和尺寸	断路器	操作机构
A	原料车间	馈电/8E	T2S160TMD160, 3p	电操 YC、YO
B	熔化车间	馈电/16E	T5S400In320, 3p	电操 YC、YO
C	成型和切割车间	馈电/16E	T5S400In320, 3p	电操 YC、YO
D	办公楼	馈电/8E	T2S160TMD160, 3p	电操 YC、YO
E	机修车间	馈电/8E	T2S160TMD100, 3p	电操 YC、YO
F	油库	馈电/8E	T2S160TMD160, 3p	电操 YC、YO

P4：母联柜　开关柜尺寸：宽×深×高 = 400×1000×2200；

　　　断路器：E1.2B1600/4P　YO　YC。

P5：抽屉柜　开关柜尺寸：宽×深×高 = 1000×1000×2200。

抽屉配置：

抽屉位置	名称	抽屉性质和尺寸	断路器	操作机构
A	原料车间	馈电/8E	T2S160TMD160, 3p	电操 YC、YO
B	熔化车间	馈电/16E	T5S400In320, 3p	电操 YC、YO
C	成型和切割车间	馈电/16E	T5S400In320, 3p	电操 YC、YO
D	办公楼	馈电/8E	T2S160TMD160, 3p	电操 YC、YO
E	机修车间	馈电/8E	T2S160TMD100, 3p	电操 YC、YO
F	油库	馈电/8E	T2S160TMD160, 3p	电操 YC、YO

P6：电容柜　开关柜尺寸：宽×深×高 = 600×1000×2200；

　　　仪表：RVC。

P7：进线柜　开关柜尺寸：宽×深×高 = 400×1000×2200；

　　　断路器：E1.2B1600/4P　YO　YC；

　　　仪表：IM300。

说明：

主配电室低压开关柜中的一段母线和二段母线上的馈电柜抽屉互为备用；

进线回路配备仪表 EM－PLUS，通过 RS485/MODBUS 总线与 DCS 控制中心连接；

IM300 采集的遥测信息包括：三相电压、三相电流、三相有功功率、三相无功功率、三相有功电能、三相无功电能、频率、功率因数、谐波；

IM300 采集的遥信信息包括：断路器状态和保护动作状态；

主配电室低压开关柜中配备 FC610 采集馈电回路断路器的状态量，以及执行馈电回路断路器的遥控操作。

按要求将所有开关柜均按 MNS3.0 侧出线低压开关柜设计，其中主母线为 $2 \times 30 \times 10$ 规格。

总配电室 PCC 型 MNS3.0 低压开关柜的柜面排列如图 5-3 所示，低压配电系统见图 5-2。

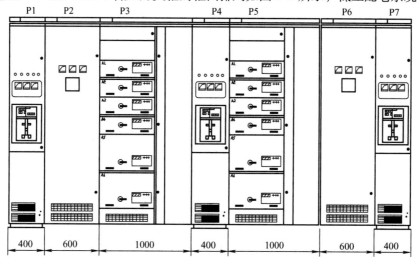

图 5-3　总配电室 PCC 型 MNS3.0 低压成套开关设备的柜面排列图

7. MCC 电动机测控中心的配置方案

（1）原料车间 MCC 配电柜

P1：进线柜　开关柜尺寸：宽×深×高＝$400 \times 1000 \times 2200$；

　　断路器：T2S160R160/3P TM 2 台组成 ATS；

　　DPT：DPT－160/S3NR160TM10TH 3P－FFC。

P2：MCC 抽屉柜　开关柜尺寸：宽×深×高＝$1000 \times 1000 \times 2200$。

抽屉配置：

抽屉位置	名称	容量/抽屉尺寸	断路器	接触器	热继电器
A1	原料破碎机	17kW/8E/2	T2S160MA52	A50	TA450SU60（2T）
A2	原料破碎机	17kW/8E/2	T2S160MA52	A50	TA450SU60（2T）
B1	传送带	5kW/8E/4	MO325－12.5	A26	—
B2	传送带	5kW/8E/4	MO325－12.5	A26	—
B3	自动称料机	12kW/8E/4	MO325－25	A30	—
B4	原料混合机	7.5kW/8E/4	MO325－16	A26	—
C1	料仓振动给料机	0.6kW/8E/4	MO325－2.5	A9	TA25DU2.4
C2	料仓振动给料机	0.6kW/8E/4	MO325－2.5	A9	TA25DU2.4
C3	料仓振动给料机	0.6kW/8E/4	MO325－2.5	A9	TA25DU2.4
C4	料仓振动给料机	0.6kW/8E/4	MO325－2.5	A9	TA25DU2.4
D1	料仓振动给料机	0.6kW/8E/4	MO325－2.5	A9	TA25DU2.4
D2	料仓振动给料机	0.6kW/8E/4	MO325－2.5	A9	TA25DU2.4
D3	料仓振动给料机	0.6kW/8E/4	MO325－2.5	A9	TA25DU2.4

（续）

抽屉位置	名称	容量/抽屉尺寸	断路器	接触器	热继电器
D4	料仓振动给料机	0.6kW/8E/4	MO325 – 2.5	A9	TA25DU2.4
E1	料仓振动给料机	0.6kW/8E/4	MO325 – 2.5	A9	TA25DU2.4
E2	料仓振动给料机	0.6kW/8E/4	MO325 – 2.5	A9	TA25DU2.4
E3	料仓振动给料机（备用）	0.6kW/8E/4	MO325 – 2.5	A9	TA25DU2.4
E4	料仓振动给料机（备用）	0.6kW/8E/4	MO325 – 2.5	A9	TA25DU2.4
F1	自控及工艺监控室	25kW/8E/2	T2S160TMD63，3P	A50	—
F2	车间照明	4kW/8E/4	T2S160TMD20，3P	—	—
F3	职工更衣室	12.5kW/8E/4	T2S160TMD32，3P	—	—
G1	车间办公室及照明	25kW/8E/2	T2S160TMD63，3P	—	—
G2	车间办公室及照明（备用）	25kW/8E/2	T2S160TMD63，3P	—	—

（2）熔化车间 MCC 配电柜

P1：进线柜　开关柜尺寸：宽×深×高 = 400×1000×2200；

　　断路器：T5S400R320/3P TM 2 台组成 ATS；

　　双电源控制器：AC31 PLC07KR51/220 编程。

P2：MCC 抽屉柜　开关柜尺寸：宽×深×高 = 1000×1000×2200。

抽屉配置：

抽屉位置	名称	容量/抽屉尺寸	断路器	接触器	热继电器
A1	南给料机	2.2kW/8E/4	MO325 – 12	A12	—
A2	北给料机	2.2kW/8E/4	MO325 – 12	A12	—
A3	窑炉炉壁散热风机（重载）	22kW/8E/2	T2S160TMD63，3P	A50	—
B1	重油喷枪风机	7.5kW/8E/4	MO325 – 16	A26	—
B2	重油喷枪风机	7.5kW/8E/4	MO325 – 16	A26	—
B3	重油喷枪风机	7.5kW/8E/4	MO325 – 16	A26	—
B4	重油喷枪风机	7.5kW/8E/4	MO325 – 16	A26	—
C1	重油雾化风机	7.5kW/8E/4	MO325 – 16	A26	—
C2	重油雾化风机	7.5kW/8E/4	MO325 – 16	A26	—
C3	重油雾化风机	7.5kW/8E/4	MO325 – 16	A26	—
C4	重油雾化风机	7.5kW/8E/4	MO325 – 16	A26	—
D1	窑炉炉压调节风阀电动机	2.2kW/8E/4	MO325 – 12	A12	—
D2	烟道启闭阀电动机	2.2kW/8E/4	MO325 – 12	A12	—
D3	车间照明	4kW/8E/4	T2S160TMD20，3P	—	—
D4	职工更衣室	12.5kW/8E/4	T2S160TMD32，3P	—	—
E1	车间办公室及照明	25kW/8E/2	T2S160TMD63，3P	—	—
E2	车间办公室及照明（备用）	25kW/8E/2	T2S160TMD63，3P	—	—

P3：助燃风机柜　开关柜尺寸：宽×深×高 = 400×1000×2200；

　　软起动器：PSS105/181 – 500；

　　快速熔断器：170M3019；

　　隔离开关熔断器组：OESA250R03D80；

　　主接触器：A110；

　　旁路接触器：A110；

　　热继电器：TA110DU90；

　　电流互感器：PSCT – 150。

P4：助燃风机柜　开关柜尺寸：宽×深×高 = 400×1000×2200；

　　软起动器：PSS105/181 – 500；

快速熔断器：170M3019；

隔离开关熔断器组：OESA250R03D80；

主接触器：A110；

旁路接触器：A110；

热继电器：TA110DU90；

电流互感器：PSCT – 150。

5.3　选用低压成套开关设备时需要考虑的问题

选用低压成套开关设备的方法见国家标准 GB/T 7251.10—2014《低压成套开关设备和控制设备 第 10 部分：规定成套设备的指南》。此标准等同使用的 IEC 标准是 IEC/TR 61439 –0：2013。

选用低压成套开关设备时应当注意到以下几个方面的问题：

第一：遵循的标准问题

主要包括：《低压成套开关设备和控制设备》GB/T 7251 系列标准、《低压开关设备和控制设备》GB/T 14048 系列标准、《旋转电机整体结构的防护等级（IP 代码）分级》GB/T 4942—2021、《电子设备台式机箱基本尺寸系列》GB/T 3047.6—2007、《电工电子产品环境试验》GB/T 2423 系列标准、《人机界面标志标识的基本和安全规则　操作规则》GB/T 4205—2010。

第二：基本试验

主要包括：抗故障电弧试验、抗震实验、温升试验、短路耐受电流试验、短路分断能力试验等。具体可见 2.7 节。

第三：基本要求

1. 接地系统要求和额定电压要求

1）接地系统的要求；

2）额定电压和额定绝缘电压的要求。

2. 系统的分断能力要求

当配电系统中出现短路电流时，短路电流会对低压成套配电设备的主母线和分支母线产生巨大的电动力冲击和热冲击，继而影响到柜体结构的稳定性。此外，当开关电器在开断短路电路时会产生电弧，而电弧也会对低压成套开关设备造成强烈的高温气体热冲击和巨大压力冲击。

低压成套开关设备抵御短路电流的冲击能力是用热稳定性和动稳定性来确定的。

低压成套开关设备抵御短路电流热冲击和电动力冲击的几个最主要参数包括：

1）额定短时耐受电流 I_{cw}；

2）额定峰值耐受电流 I_{pk}；

3）成套设备额定限制短路电流 I_{cc}。

对于低压成套开关设备来说，额定短时耐受电流的时间长度一般取 1s。在某些情况下若额定短时耐受电流的时间长度为 3s，则可按式（1-46）换算。

在配套低压成套开关设备的元器件时，要充分注意到元件之间的短路保护 SCPD 协调配合关系。关于 SCPD 的说明见 3.9.4 节。

3. 低压成套开关设备的人身电击防护

低压成套开关设备的人身电击防护包括基本防护和故障防护。所谓基本防护指的是低压成套开关设备对人体的直接接触防护，所谓故障防护指的是低压成套开关设备对人体的间接接触防护。

关于人身用电安全防护的原理见1.6.3节。

低压成套开关设备的防护涉及保护导体连续性的问题。我们来看标准怎么说：

标准摘录：GB/T 7251.10—2014《低压成套开关设备和控制设备 第10部分：规定成套设备的指南》。

7.3.2.1 成套设备内部故障

每个成套设备将包括一个防护措施，成套设备内部故障时，它会自动将故障电路和/或整个成套设备的电源切断。

对于有适当防护的电路，成套设备所有外露导电部分将连接在一起。注意如下：

a）当成套设备的一部分移动时，成套设备其余部分的保护电路（接地连续性）不应中断。

b）在盖板、门、遮板和类似部件上面，如果没有安装超过特低电压限制的电气装置，通常的金属螺钉连接和金属铰链连接被认为足以确保连续性。

如果在盖板、门、遮板等部件上装有电压值超过特低电压限制的器件时，则采取附加措施以保证接地连续性。使用特别为此设计并验证的保护导体（PE）或类似电气连接。

不能用器件的固定方法将器件的外露可导电部分与保护电路连接，则采用截面积足够大的导体连接到成套设备的保护电路上。

成套设备尺寸很小的外露可导电部分（不超过50mm×50mm）不构成危险，因而不必连接到保护导体上。如螺钉、铆钉、铭牌、小器件等。

如果这种连接的电阻小于0.1Ω，则外露可导电部分到进线保护电路的连接认为是足够的。

上述标准摘录十分重要，它具有辨别保护导体是否符合规范的指导意义。

我们知道，低压成套开关设备的门板上往往安装了电力仪表，那么这些电力仪表的外壳如何接地？是不是需要用一条接地导线将电力仪表的外壳与开关柜内的接地体连接起来？

根据GB/T 7251.10的7.3.2.1条，我们知道是不必要的，因为门板的铰链满足保护导体连续性的要求。

所以，上述标准摘录对于实际开关柜的制作和验收具有指导意义。

4. 电气隔离的要求

电气隔离的目的在于将所有的元器件都封装在低压开关设备内部，而低压开关设备的外壳则满足完全绝缘的要求，并且与成套设备接触不会导致电击。

电气隔离涉及低压成套开关设备的IP防护等级问题。

在设计和确定开关设备的防护等级时，应当充分认识到高防护等级具有两面性：提高防护等级有利于人身安全隔离和防水防尘，但会提高开关电器和母线系统的温升，往往高防护等级下需要对柜体和开关电器的带载能力进行降容。

5. 低压成套开关设备的安装环境要求

户内低压成套开关设备的环境温度上限是40℃，下限是－5℃；户外低压成套开关设备的环境温度上限是40℃，下限是－25℃。

户内低压成套开关设备的最大相对湿度在40℃时上限是50%，户外低压成套开关设备的最大相对湿度在25℃时上限是100%。

低压成套开关设备的工作海拔不得超过 2000m，超过后需要降容。具体降容值要参考某型低压开关柜的型式试验数据。

低压成套开关设备的污染等级一般按污染等级 3 来考虑。

低压成套开关设备的电磁兼容性环境一般按 A 类环境来考虑。所谓 A 类环境指的是低压开关设备放置在高压、中压开关设备相同的工作场所；如果低压开关设备放置在低压公共主电网连接到直流电源设备处，则此类电磁兼容环境属于 B 类。

A 类电磁兼容的 EMC 通用标准是 IEC 61000 - 6 - 2 和 IEC 61000 - 6 - 4，B 类电磁兼容的 EMC 通用标准是 IEC 61000 - 6 - 1 和 IEC 61000 - 6 - 3。

6. 低压成套开关设备内部要求

低压成套开关设备内部通过挡板和隔板进行隔离，具体形式见 GB/T 7251.10—2014 的附录 B。

低压成套开关设备内部中性导体与相导体的比值一般按相导体截面为 16mm² 来判定。相导体小于 16mm² 时，中性线导体与相导体等截面；反之，相导体截面超过 16mm² 时，则中性导体的截面为相导体截面的 50%。

这里需要考虑 3 次谐波的影响。具体见 1.4.5 节的描述。

7. 低压成套开关设备的额定分散系数 RDF

这个问题对于低压成套开关设备的制造厂很有意义。

分散系数是在实际制造时采取的一种很实用的方法，它表明所有出线回路不会同时全载运行，因而不需要为实际应用提供过度设计的低压成套开关设备。额定分散系数规定了成套开关设备内部一组电路的平均负载条件。具体见 GB/T 7251.1—2023《低压成套开关设备和控制设备　第 1 部分：总则》有关分散系数的说明。

最典型的代表就是主进线开关的额定电流。当额定分散系数为 0.9 的条件下，出线总负荷不超过成套设备的额定电流时，设备内部总进线开关的额定电流可按 0.9 倍总出线负荷来选取。

由 GB/T 7251.10—2014《低压成套开关设备和控制设备　第 10 部分：规定成套设备的指南》13.4 条可知，分散系数可由用户规定，或者由成套开关设备的制造商规定。具体包括电路组合及整套开关设备。

5.4　经验分享与知识扩展

主题：低压笼型异步电动机直接起动经验公式的讨论

论述正文：

在第 1 章中，我们看到电动机直接起动判据式（1-64），这个公式可用于判定低压配电网中的电动机能否直接起动。本论述将对这个问题给予较为详细的说明。

笼型异步电动机直接起动的一个判据公式

我们来看如下关系式：

$$\begin{cases} \dfrac{S_n}{U_k\%} = \dfrac{S_Q}{\Delta U\%} \\ S_Q = K_m S_{N.\,MOTOR} + \beta S_n \\ P_{N.\,MOTOR} = S_{N.\,MOTOR} \cos\varphi_{N.\,MOTOR} \end{cases} \tag{5-6}$$

式中 S_n——变压器的容量；

$\Delta U\%$——变压器输出电压的压降；

$U_k\%$——变压器的阻抗电压；

K_m——电动机起动电流倍率；

β——除了电动机外其他负载所占变压器容量的比值；

S_Q——当电动机起动时变压器输出的容量；

$S_{N.MOTOR}$——电动机的额定容量；

$P_{N.MOTOR}$——电动机的输出功率；

$\cos\varphi_{N.MOTOR}$——电动机功率因数。

根据阻抗电压的定义可知：变压器的阻抗压降与变压器的输出容量成正比，也就是式（5-6）的第一个表达式的意义；

式（5-6）的第二个表达式的意义是电动机起动时变压器输出容量，它包括正在起动的电动机部分容量和其他负载部分的容量；

式（5-6）的第三个表达式的意义是电动机的功率与电动机额定容量之间的关系。

我们从式（5-6）的第三个表达式中解出 S_{NM}，再将 S_{NM} 代入到式（5-6）的第二个表达式中，最后将 S_Q 代入到式（5-6）的第一个表达式中，经过整理，得到下式：

$$P_{N.MOTOR} = \frac{(\Delta U\% - \beta U_k\%)S_n\cos\varphi_{N.MOTOR}}{K_m U_k\%} \approx 0.133\left(\frac{\Delta U\%}{U_k\%} - \beta\right)S_n$$

令 $\cos\varphi_{N.MOTOR} = 0.8$，$K_m = 6$，$K_{T-M} = \dfrac{S_n}{P_{N.MOTOR}}$，从上式推得如下关系式：

$$\Delta U\% = U_k\%\left(\frac{7.5}{K_{T-M}} + \beta\right) \tag{5-7}$$

式（5-7）就是电动机直接起动的判据公式，注意式（5-7）中的自变量是 K_{T-M}，也即变压器容量与电动机功率之比。

仔细观察式（5-7），它的左边变压器输出电压降的百分位数，右边是变压器阻抗电压、变压器容量与电动机功率之比以及变压器负载率等，这些量都与电动机能否直接起动密切相关。

我们将一系列参数值代入式（5-7）中，得到表5-10。

表5-10 变压器、电动机的容量功率比与变压器输出电压降的关系

$\Delta U\%$	$U_k\%$	β	P_{NM} 与 S_n 的关系
4	6	0.6	$P_{NM} \approx 0.009S_n$ 或者 $S_n \approx 111.11P_{NM}$
6	6	0.6	$P_{NM} \approx 0.053S_n$ 或者 $S_n \approx 18.9P_{NM}$
8	6	0.6	$P_{NM} \approx 0.098S_n$ 或者 $S_n \approx 10.2P_{NM}$
10	6	0.6	$P_{NM} \approx 0.142S_n$ 或者 $S_n \approx 7.04P_{NM}$
4	4.5	0.6	$P_{NM} \approx 0.039S_n$ 或者 $S_n \approx 25.64P_{NM}$
6	4.5	0.6	$P_{NM} \approx 0.098S_n$ 或者 $S_n \approx 10.20P_{NM}$
8	4.5	0.6	$P_{NM} \approx 0.157S_n$ 或者 $S_n \approx 6.37P_{NM}$
10	4.5	0.6	$P_{NM} \approx 0.216S_n$ 或者 $S_n \approx 4.63P_{NM}$

作为对照，我们来看看第一章的式（1-64），如下：

$$K_M = 0.75 + 0.25\frac{S_n}{P_n}$$

将式（1-64）在 $K_M = 6$ 时的参数计算出来，我们很容易发现，式（1-64）所对应的变

压器输出电压降 $\Delta U\%$ 是 5.74%，接近于 6%。由此可知，式（1-64）的应用限定条件是在变压器输出电压降小于 6%，同时电动机的起动电流比等于 6。

我们来看图 5-4，它就是表 5-10 的图像。

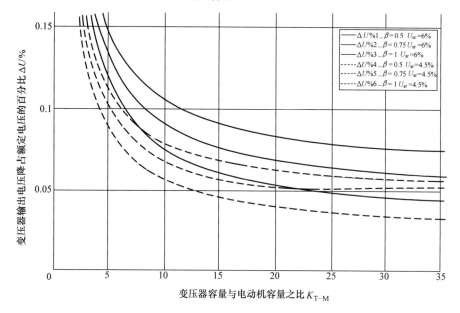

图 5-4　变压器、电动机的容量功率比与变压器输出电压降的关系

从图 5-4 中，我们看到变压器和电动机的容量功率比 K_{T-M} 的下限值与变压器阻抗电压关系密切，它随着阻抗电压的降低而迅速减小，同时它还随着输出电压降百分比的降低而增加。

我们首先明确电压偏差与电压波动不同之处。电压偏差存在时间相对较长，属于渐进的过程。一般来说，低压成套开关设备母线上的电压偏移在 ±5% 内是允许的。电压波动是瞬时的，且电压波动的幅度比较大。电动机起动造成的母线电压跌落属于电压波动的范围。

在 GB/T 12325—2008《电能质量供电电压偏差》第 4.3 条规定，220V 单相供电电压偏差为标称电压的 −10% ~ +7%。此要求同样适用于低压三相四线制的电源电压。

既然标准规定了电压波动的下限是 10%，我们就用这个限定值来仔细看看图 5-4。我们发现图中 6 条曲线在 $\Delta U\% = 10\%$ 时对应的横坐标数值不尽相同。我们通过式（5-7）计算得到如下数据：

电压降百分位数 $\Delta U\%$	变压器负载率 β	变压器阻抗电压 $U_k\%$	变压器容量与电动机功率之比 K_{T-M}
10	50%	6	11.25
	75%		8.18
	100%		6.42
	50%	4.5	6.14
	75%		5.09
	100%		4.35

从上表中我们看到，当变压器阻抗电压一定时，随着负载率递增，变压器支持电动机起动的能力越来越弱；而当负载率一定时，变压器阻抗电压越低，变压器支持电动机起动的能力也越来越弱。

第6章

低压成套开关设备的辅助回路及控制原理

本章PPT

本章的内容是阐明低压成套开关设备辅助回路的一般性设计方法，同时给出了低压开关柜中各种主回路的控制电路设计范例。本章还给出了用继电器分立元件和用PLC程序构建低压配电网备自投控制的方法。

6.1 低压成套开关设备的辅助回路一般性问题

在低压成套开关设备中的电气回路由主回路和辅助回路两部分构成，有时又将主回路称为一次回路，将辅助回路称为二次回路。主回路用于低压成套开关设备中接受、分配和控制电能，主回路的特点是高电压和大电流。辅助回路用于低压成套开关设备中的信号传递、线路测控和电参量采集。辅助回路的特点是低电压和小电流。

低压成套开关设备中辅助回路的分类方式如下：

1）辅助回路按功能分类：包括控制回路、测量回路、保护回路和信号回路；

2）辅助回路按操作电源分类：包括交流电源回路和直流电源回路。

1. 低压成套开关设备辅助回路的工作条件

辅助回路开关电器的使用类别见表6-1，此表摘自GB/T 14048.5—2017《低压开关设备和控制设备第5-1部分：控制电路电器和开关元件，机电式控制电路电器》的表1。

表6-1　GB/T 14048.5—2017的表1对辅助回路开关电器使用类别的描述

电流种类	使用类别	典型用途
交流	AC-12	控制电阻性负载和光电耦合隔离的固态负载
	AC-13	控制有变压器隔离的固态负载
	AC-14	控制小容量电磁铁负载（≤72V·A）
	AC-15	控制交流电磁铁负载（>72V·A）
直流	DC-12	控制电阻性负载和光电耦合的固态负载
	DC-13	控制电磁铁负载
	DC-14	控制电路中有经济电阻的电磁铁负载

辅助回路开关电器在正常情况下的通断条件见表6-2，此表摘自GB/T 14048.5—2017《低压开关设备和控制设备第5-1部分：控制电路电器和开关元件，机电式控制电路电器》的表4。

辅助回路开关电器在非正常情况下的通断条件见表6-3，此表摘自GB/T 14048.5—2017《低压开关设备和控制设备第5-1部分：控制电路电器和开关元件，机电式控制电路电器》

的表 5。

表 6-2　GB/T 14048.5—2017 的表 4，对辅助回路开关电器正常通断条件的描述

电流种类	使用类别	正常使用条件（标准条件下的负载）						最小通电时间
		接通			分断			周波数
		I/I_e	U/U_e	$\cos\varphi$ 或 L/R	I/I_e	U/U_e	$\cos\varphi$ 或 L/R	（50 或 60Hz 时）
AC	AC-12	1	1	0.9	1	1	0.9	2
	AC-13	2	1	0.65	1	1	0.65	
	AC-14	6	1	0.3	1	1	0.3	
	AC-15	10	1	0.3	1	1	0.3	
DC	—	—	—	$T_{0.95}$/ms	—	—	$T_{0.95}$/ms	时间/ms
	DC-12	1	1	1	1	1	1	25
	DC-13	1	1	6P	1	1	6P	$T_{0.95}$
	DC-14	10	1	15	1	1	15	25

注：I—元器件接通或者分断的电流；U—元器件接通前的空载电压；I_e、U_e—元器件的额定工作电流和额定工作电压；$P = U_e I_e$—稳态功率消耗（W）；$T_{0.95}$—达到 95% 稳态电流的时间。

"$T_{0.95} < 6P$" 中 P 的意义是：若辅助回路的供电电源为直流，则开关电器通电后达到稳定状态的功率消耗。$T_{0.95}$ 是指辅助回路中的开关电器在通电后达到 95% 稳定电流时的时间长度，单位是 ms。

在直流回路中，元器件线圈的时间常数 $\tau = L/R$，其中 L 是元器件的线圈电感，而 R 是元器件的线圈电阻。由于 $\tau = L/R$ 不易求得，故 GB/T 14048.5—2017 给出了 $T_{0.95} < 6P$ 这一经验公式。

当某元器件线圈功率为 50W 时，根据经验公式可知其时间常数 $\tau = 300\text{ms}$。因为一般元器件的线圈功率均不大于 50W，故可以认为在直流供电的辅助回路中元器件从通电至稳定最长时间为 300ms。

表 6-3　GB/T 14048.5—2017 的表 5，对辅助回路开关电器非正常通断条件的描述

使用类别	接通			分断			最小通电时间	接通和分断操作	
	I/I_e	U/U_e	—	I/I_e	U/U_e	—	循环次数（在 50Hz 或 60Hz 间）	操作循环次数	每分钟操作循环次数
AC	—	—	$\cos\varphi$	—	—	$\cos\varphi$	—	—	—
AC-12	—	—	—	—	—	—	—	—	—
AC-13	10	1.1	0.65	1.1	1.1	0.65	2	10	6
AC-14	6	1.1	0.7	6	1.1	0.7	2	10	6
AC-15	10	1.1	0.3	10	1.1	0.3	2	10	6
DC	—	—	$T_{0.95}$/ms	—	—	$T_{0.95}$/ms	ms	时间	
DC-12	—	—	—	—	—	—	—	—	—
DC-13	—	—	—	—	—	—	—	—	—
DC-14	10	1.1	15	10	1.1	15	25	10	6

注：I_e：额定工作电流；U_e：额定工作电压；稳态功率消耗（W）：$P = U_e \times I_e$；I：接通或分断的电流；U：接通前的电压；$T_{0.95}$：达到 95% 稳态电流的时间（ms）

2. 辅助回路的工作电流和短路保护

辅助回路必须配备短路保护措施，无论是辅助电路的设备或者是辅助电路的线路。

由于辅助回路的电源一般均取自主回路进线侧，所以辅助回路短路保护的计算电流必须与主回路进线断路器相同。

图6-1所示为低压成套开关设备中各部分的短路保护，图中电压信号采集回路和主进线断路器控制辅助回路均接在电力变压器的低压侧，因此电压信号采集回路的短路保护参数必须与低压进线断路器短路保护参数一致；同理，电动机控制辅助回路和馈电控制辅助回路均接在主母线上，因此辅助回路的短路保护参数必须与其进线断路器的短路保护参数保持一致。

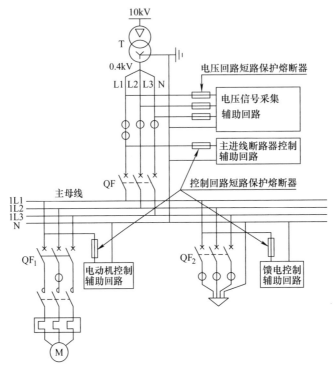

图6-1　低压成套开关设备中各部分的短路保护

若短路保护开关电器不采用熔断器开关而是采用微型断路器MCB，则MCB的分断能力也必须与主进线断路器保持一致。

在低压成套开关设备中，辅助回路工作电流的具体数值可参照见表6-4。

表6-4　低压成套开关设备辅助回路的工作电流选择表

回路性质	额定电流	辅助回路负载
电压信号的采集回路	2A	电压表
控制回路	5~6A	各类继电器、接触器线圈和信号灯等
断路器操作回路	10A	断路器储能电机或合分闸电磁铁
辅助回路隔离电源	S_n/U	单相隔离变压器或控制变压器
	$S_n/\sqrt{3}U$	三相隔离变压器或控制变压器

【例6-1】　若电力变压器的容量为2500kV·A，且阻抗电压 $U_k\% = 6\%$ ，计算和确定进

线断路器的电压信号采集辅助回路的熔断器参数。

解： 1）按照 1.4.1 节中的式（1-21）和式（1-22）计算确定变压器的短路电流 I_k

$$\begin{cases} I_n = \dfrac{S_n}{\sqrt{3}\,U_p} = \dfrac{2500 \times 10^3}{1.732 \times 400} \approx 3609 \text{A} \\ I_k = \dfrac{I_n}{U_k\%} = \dfrac{3609}{0.06} \times 10^{-3} \approx 60.15 \text{kA} \end{cases}$$

2）确定进线断路器的极限短路分断能力：$I_{cu} > I_k$，取 $I_{cu} = 75 \text{kA}$。

3）确定进线断路器的短路瞬时 I 脱扣参数：$I_3 = 12 I_n = 12 \times 3609 \approx 43.3 \text{kA}$

4）确定电压信号采集辅助回路的熔断器额定电流为 2A，预期短路电流为 43.3kA，从图 6-2 中查找两者交点的左侧纵坐标可知截断电流 I_d 大约为 1.05kA。由此可计算熔断器的限流比为 2.4%。

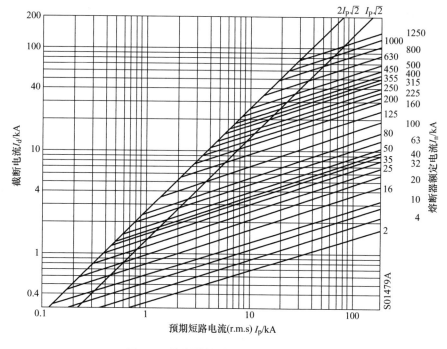

图 6-2 熔断器的时间 – 电流特性曲线

5）确定主进线断路器控制辅助回路的熔断器额定电流为 10A，预期短路电流为 43.3kA，从图 6-2 中查找截断电流 I_d 大约等于 2.1kA，限流比为 4.8%。

由此可见，若利用 MCB 微型断路器作为辅助回路的保护电器是很不合适的。MCB 的分断能力远小于熔断器，不能实现可靠的短路保护。

3. 低压成套开关设备辅助回路的标准电压和工作电源

辅助回路的电源涉及到诸如断路器、接触器、中间继电器、仪器仪表、各种测控装置的工作电源，所以辅助回路的电压稳定性尤为重要。

GB/T 14048.2—2020（与 IEC 60947-2：2006 等同使用）中规定了辅助回路额定电压的优先值，辅助回路额定电压见表 6-5。

表 6-5 GB/T 14048.2—2020 中规定的辅助回路额定电压

交流电压/V	直流电压/V	交流电压/V	直流电压/V
24	24	127	—
48	48	220	220
110	110	230	—
—	125	—	250

当环境温度在 $-5 \sim 40\text{℃}$ 的范围内，使用交流电源的电磁操作低压开关电器，例如交流接触器等，其可靠吸合电压必须确保在 $85\% U_e \sim 110\% U_e$ 范围内，其释放电压必须确保在 $20\% U_e \sim 75\% U_e$ 范围内；使用直流电源的电磁操作低压开关电器其释放电压不得低于 $10\% U_e$。

图 6-3 所示为建立辅助回路工作电源的方法。低压成套开关设备中辅助回路工作电源可通过两种途径建立：第一种途径是从两电力变压器低压侧获取电能，经过双电源互投电路后建立辅助回路的工作电源 L_W/N_W；第二种途径是从 I 段母线和 II 段母线上获取电能，经过双电源互投电路后建立辅助回路的工作电源 L_W/N_W。一般来说，第一种途径建立的工作电源稳定性较好，在低压电网中作为重要回路的工作电源；第二种途径建立的工作电源常用于母联回路和母线上的馈电回路。

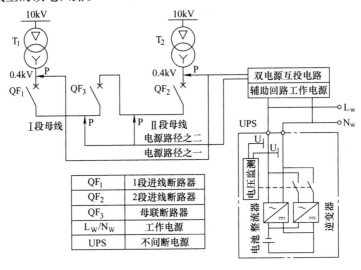

图 6-3 建立辅助回路工作电源的方法

近年来，随着低压成套开关设备的智能化程度逐步提高，开关柜内智能元器件使用数量与日俱增，当使用这些智能元器件时希望与上层系统的信息交换在任何时刻都能通畅。因此，在智能化低压成套开关设备中趋向于使用第一种途径建立的工作电源，有时还将工作电源配套在线式不间断电源（UPS）后为全系统辅助回路供电。

在线式不间断电源内部具有整流器和逆变器。整流器的用途是将交流电压整流后变为直流电压对电池充电，逆变器的用途是将电池上的直流电压变换为交流电压。如图 6-4 所示。

图 6-4 中，单独闭合旁路开关 K_1 可实现电源输入端与 UPS 输出端直接连接输出；单独闭合直接输出旁路开关 K_2 和输出开关后，可实现直接调控输出；单独闭合运行开关 K_3，还有电池开关 K_4 以及输出开关后，可实现确保输出的同时向电池充电。若输入端失压，则电

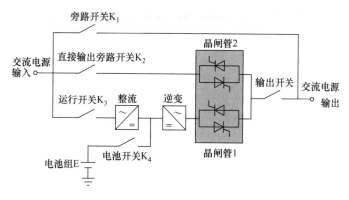

图 6-4　在线式 UPS 的工作原理图

池通过逆变器确保供电一段时间。

UPS 的电池容量有限，电池容量的规格决定于 UPS 断电后维持交流输出的时间长度，时间长度分为 20min、1h、2h 和 4h 等不同规格。

辅助回路电源还与低压电网的接地形式有关。对于 TN – C 系统，中性线 N 在任何情况下都不得断路，因此中性线 N 可直接连接到工作电源中；对于 TN – S 系统，双电源互投电路不但要互投相线，同时也要互投中心线 N。TN – S 的系统中双电源互投电路对中性线互投的原则是：不能让两套电源的中性线发生工作连接，以避免出现接地故障测控装置误动作问题。

4. 低压成套开关设备辅助回路中的各种接插件、端子和线位号

造成电压跌落的一个重要原因就是辅助回路电源通路接触不良。

由于辅助回路的电压低电流小，因此接触部位的自清洁效应相对较弱，接触点产生的接触电弧不能有效地来清洁表面的污垢和氧化层，有可能使电流的流通能力受到影响。

在 MNS3.0 低压成套开关设备中，很多地方存在活动接触点。例如，MNS3.0 抽屉的辅助回路接插件、框架断路器的辅助回路接插件、各种直接插接的接线端子等。

我们知道，电接触的接触电阻表达式是

$$R_{\mathrm{j}} = \frac{K_{\mathrm{j}}}{(0.102F)^{m}} \tag{6-1}$$

式中　R_{j}——接触电阻（$\mu\Omega$）；

K_{j}——接触材料系数，部分常见的 K_{j} 值见表 6-6；

F——接触压力（N）；

m——接触形式，其中，点接触时 $m = 0.5 \sim 0.6$，线接触时 $m = 0.7$，面接触时 $m = 1$。

表 6-6 是常用材料的电接触材料系数表。

表 6-6　常用材料的电接触材料系数 K_{j} 值

接触材料	表面状况	接触材料系数 K_{j}	接触材料	表面状况	接触材料系数 K_{j}
银 – 银	未氧化	60	铝 – 黄铜	未氧化	1900
铜 – 铜	未氧化	80 ~ 140	镀锡的铜 – 镀锡的铜	未氧化	100
黄铜 – 黄铜	未氧化	670	AgCdO12 – AgCdO12	未氧化	170
铜 – 铝	未氧化	980		氧化	350

从表6-6中我们看到，氧化对电接触材料接触电阻的影响很大。

【例6-2】 设被二次回路接线端子连接的某截面积导线是镀锡铜芯线，铜芯线与接线端子的电接触属于线接触，接线端子螺丝对导线施加的电接触压力是21N。测得该导线流过的电流为5A时导线表面温度 θ 为32℃，环境温度 θ_0 为25℃，求接线端子电接触处的温度 θ_j。

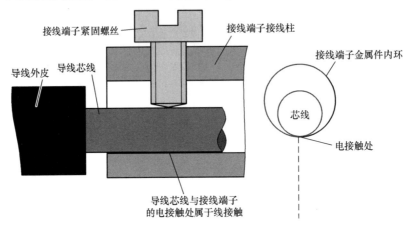

【例6-2】附图　导线与接线端子连接模式图

解：

我们从【例6-2】附图中看到，导线与接线端子的连接接触形式属于线接触，$m = 0.7$。

第一步我们用式（6-1）来计算接触电阻：

$$R_j = \frac{K_j}{(0.102F)^m} = \frac{100}{(0.102 \times 21)^{0.7}} \approx 58.67\mu\Omega$$

第二步我们需要知道计算电接触触点处温升的公式，如下：

$$\tau_2 = \tau_1 + \frac{U_j^2}{8LT} \tag{6-2}$$

式中　τ_1——导线芯线的温升（K）；

　　τ_2——电接触处的温升（K）；

　　U_j——接触电压（V）；

　　L——洛伦兹系数，它的值是 2.4×10^{-8}（V^2/K^2）；

　　T——导线芯线的绝对温度（K）。

我们首先计算接触电压 U_j：

$$U_j = IR_j = 5 \times 58.67 \times 10^{-6} \approx 2.934 \times 10^{-4}V$$

我们再来计算导线相对环境温度的温升：

$$\tau_1 = \theta - \theta_0 = 32 - 25 = 7℃ = 7K$$

注意：对于温升来说，尽管温升的单位取为℃或者开尔文温标K，但数值是一样的。

再计算导线的绝对温度：

$$T = \theta + 273.15 = 32 + 273.15 = 305.15K$$

于是有：

$$\tau_2 = \tau_1 + \frac{U_j^2}{8LT} = 7 + \frac{(2.934 \times 10^{-4})^2}{8 \times 2.4 \times 10^{-8} \times 305.15} \approx 7.0015K$$

由此得到结果，导线在接线端子内部电接触处的温度 θ_j 为：

$$\theta_j = \tau_2 + \theta_0 = 7.0015 + 25 = 32.0015℃ \approx \theta$$

计算结果表明，该导线与接线端子电接触处的温度与导线自身温度几乎一致，两者的温升也几乎一致，这也说明了为何国家标准 GB/T 14048.5—2017《低压开关设备和控制设备第 5 部分：机电式控制电路电器》中定义了低压控制电器的内部导电结构的温升就等于该电器内部引出的导电结构/导电杆接线端子处的温升。

另外，采用多股芯线以提高电接触的接触面积，会改变接触形式 m 的取值，显然对于减小接触电阻降低电接触处的温度是有利的。

例 6-2 的结论不但适用于继电器的接线端子，也适用于低压成套开关设备辅助回路中的各种接插件和接线端子。

为了保证辅助回路接插件的应用可靠性，MNS3.0 中的接插件采取了如下措施：

（1）采用合适的触头材料

因为辅助回路的电压较低，因此要求电接触材料要具有优良的导电性，一般辅助回路的电接触材料均使用铜镀银或银镍合金 $AgNi_{10}$。银镍合金 $AgNi_{10}$ 呈现银白色，其中银占 90% 而镍占 10%，镍的作用是增强电接触材料的强度。

（2）对辅助触头施加较大的压力

辅助回路的触头采用点接触方式，同时利用弹簧机构加大接触压力。

辅助回路触头机构中的动、静触点簧片电流方向必须保持一致。根据左手定则可知，流经动、静触点簧片的电流其的电动力方向为相吸，能够起到加大接触压力的效果。

（3）采用可自动调整接触点的滑动触头支持件

对于 MNS3.0 抽出式低压成套开关设备中的抽屉回路，其辅助回路与外部电路的联系比较多，这些联系不但涉及系统控制，还包括测量和信息交换。抽屉辅助回路的输入与输出是通过二次接插件实现的，其中电流测量回路的电压仅为若干伏，而通信总线的电压也为 $\pm 5V \sim \pm 15V$。因此，MNS3.0 抽屉的辅助回路接插件不但要具备良好的接触性能，还要求具备能自动调整接触点的滑动支持件。

（4）低压成套开关设备辅助回路中的接线端子

在低压成套开关设备辅助回路中存在大量的接线端子，接线端子的用途是：

1）用于线路转接：图 6-5 中 $TA_a \sim TA_c$ 是电流互感器，$PV_a \sim PV_c$ 是电压表，$PA_a \sim PA_c$ 是电流表，$FU_1 \sim FU_3$ 是熔断器。

一般地，电流互感器安装在低压成套开关设备的开关柜内，而电压表、电流表和控制按钮信号灯等都安装在门板上。因为门板属于低压成套开关设备的可转动部件，因此安装在门板上的各种低压开关电器和设备必须采用接线端子进行转接。

以图 6-5 中第 1 号到第 5 号电流输入回路的端子为例：电流互感器 $TA_a \sim TA_c$ 的输入端接线在第 1 号到第 4 号端子的左侧，第 1 号到第 4 号端子的右侧引至电流表 $PA_a \sim PA_c$。电流互感器和电流表在接线端子上实现了线路转接过渡。

2）用于扩充线路接线点数量：图 6-5 中的第 9 号和第 10 号属于中性线 N 线的扩充接点数量的接线端子，其特征是接线端子中有连接片。

3）用于电流测量回路的可靠接地：图 6-5 中的第 4 号和第 5 号属于保护接地的接线端子，其上也配置了连接片。

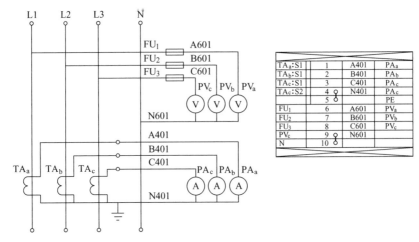

图 6-5　用于线路转接的端子

4）用于安排较大电流的输入与输出。

（5）线位号

线位号用于识别某根导线，以及确认电路上某点的电位编码。

例如图 6-5 中的 A401～C499 的线位号专用于电流输入输出线，而以 A601～C699 的线位号专用于电压输入输出线，其余用于控制线。

6.2　电气逻辑关系和布尔逻辑代数表达式

在低压成套开关设备中，各种开关量之间往往存在电气逻辑关系。电气逻辑关系遵循的是布尔逻辑关系，也即逻辑代数。在逻辑代数里，变量的值只取 0 和 1 这两个数。由逻辑变量构成的逻辑表达式和函数式被称为逻辑函数。

在逻辑表达式里的逻辑关系有三种，分别是"与"（AND）、"或"（OR）和"非"（NOT）。逻辑运算就是变量与变量、变量与常量之间的运算关系，各种输入输出逻辑关系通过逻辑运算来实现。

1. 逻辑与、逻辑或和逻辑非的定义

（1）逻辑与——触点串联

逻辑与（AND）也称为逻辑乘。逻辑与的基本定义是：决定逻辑运算结果的全部条件都满足时，逻辑状态才能转换。

例如 $K = A$ and B 或者 $K = AB$ 表示当 A 和 B 均为 1 时 $K = 1$，否则 $K = 0$。

（2）逻辑或——触点并联

逻辑或（OR）也称为逻辑加。逻辑或的基本定义是：在决定逻辑运算结果的各种条件中，只要有任何一个得到满足，则逻辑状态就会转换。

例如 $K = A$ or B 或者 $K = A + B$ 表示当 A 或者 B 中任何一个为 1 时 $K = 1$。

（3）逻辑非——动断触点

逻辑非（NOT）也称为逻辑反。逻辑非的基本定义是：逻辑运算的结果是以取反为条件，当条件不具备时结果会发生，而当条件具备时结果反而不会发生。

例如 $K = \bar{A}$ 表示当 $A = 1$ 时 $K = 0$，而当 $A = 0$ 时 $K = 1$

我们看图 6-6 所示的电气逻辑范例图：

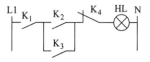

图 6-6 中，信号灯 HL 点燃的条件是：K_1 闭合，同时 K_2 或 K_3 中至少有 1 个闭合，再加上 K_4 保持闭合状态，即 HL 点燃的逻辑关系式如下：

图 6-6　电气逻辑范例图

$$HL = K_1 (K_2 + K_3) \overline{K_4}$$

式中，$\overline{K_4}$ 读作逻辑非，而 $K_2 + K_3$ 则为逻辑或的关系，K_1 与其他变量是逻辑与的关系。

2. 逻辑代数的基本定理（见表 6-7 和表 6-8）

表 6-7　逻辑代数的基本运算定理

表达式	定理名称	运算规则
$A + 0 = A$	0 – 1 律	变量与常量的关系
$A * 0 = 0$		
$A + 1 = 1$		
$A * 1 = A$		
$A + A = A$	同一律	
$A * A = A$		
$A + \overline{A} = 1$	互补律	特殊规律
$A * \overline{A} = 0$		
$\overline{\overline{A}} = A$	还原律	
$A + B = B + A$	交换律	与代数相同，但规则不同
$A * B = B * A$		
$(A + B) + C = A + (B + C)$	结合律	
$(A * B) * C = A * (B * C)$		
$A * (B + C) = A * B + A * C$	分配率	
$A + B * C = (A + B) * (A + C)$		
$\overline{A + B} = \overline{A} * \overline{B}$	德·摩根律	
$\overline{A * B} = \overline{A} + \overline{B}$		

表 6-8　常用逻辑变换公式，可用于化简电路

表达式	说明
$A + AB = A$	在与或表达式中，若其中一项包含另一项，则该项是多余的。例如表达式中的 B
$A + \overline{A}B = A + B$	两个乘积项相加时，若一项取反后是另一项中的因子，则此因子是多余的。例如 $\overline{A}$
$\overline{A}B + AB = A$	两个乘积项相加时，若两项中仅有一个变量取反，其他项均相同，则可用相同的变量代替这两项
$AB + \overline{A}C + BC = AB + \overline{A}C$	若两个乘积项中分别包含了 A 和 $\overline{A}$，此两项的其余因子组成第 3 个乘积项时，则第 3 个乘积项是多余的
$AB + AC = (A + C)(A + B)$	"与或"和"或与"的转换

3. 元器件线圈状态与触头状态

在分析逻辑控制电路时，元件状态是以线圈通电与否来判定的。某元件的线圈未通电时被称为原始状态。当元件的线圈通电后，元件的常开触头（动合触头）闭合，同时常闭触头（动断触头）打开。

对于开关电器，规定正逻辑为：线圈通电为 1 状态，断电为 0 状态；元件的常开触头闭合时为 1 状态，断开时为 0 状态。开关电器的线圈和触头的状态用同一字符表达。例如接触器的符号是 KM，则 KM 同时也表示接触器的触头。

4. 控制系统的逻辑表达式

我们来看逻辑表达式（6-3）：

$$QF_{1YC} = SB_{11} * \overline{QF_1} * (\overline{QF_2} + \overline{QF_3}) \tag{6-3}$$

式中　QF_{1YC}——QF_1 进线断路器的合闸线圈；

　　　　QF_1——QF_1 进线断路器的主触头和辅助触头状态；

　　　　QF_2——QF_2 进线断路器的主触头和辅助触头状态；

　　　　QF_3——QF_3 母联断路器的主触头和辅助触头状态；

　　　　SB_{11}——QF_1 断路器的合闸控制按钮触头状态。

式（6-3）的意义是：QF_1 未合闸时 $\overline{QF_1} = 1$，且 QF_2 和 QF_3 至少有 1 台处于打开状态即 $(\overline{QF_2} + \overline{QF_3}) = 1$；当按下合闸控制按钮 SB_{11} 后，QF_{1YC} 的值等于 1，QF_1 也随即执行闭合操作，等 $\overline{QF_1} = 0$ 后，断路器闭合的过程结束。

在 QF_1 的合闸逻辑中，$(\overline{QF_2} + \overline{QF_3})$ 体现了 QF_1、QF_2 和 QF_3 之间的互锁逻辑。

QF_1 的分闸逻辑是

$$QF_{1YO} = QF_1 * (SB_{12} + \overline{K_U * T_{OFF}(1 \rightarrow 0, \ t = 1s)}) \tag{6-4}$$

式中　QF_{1YO}——QF_1 进线断路器的分闸线圈（分励线圈）；

　　　　QF_1——QF_1 进线断路器的主触头和辅助触头状态；

　　　　SB_{12}——QF_1 断路器的分闸控制按钮触头状态；

　　　　K_U——接在 I 段进线变压器低压侧的低电压继电器；

　　　　T_{OFF}——断电延时的时间继电器，动断触头，延时时间长度为 1s。

式（6-4）的意义是：因为 $QF_1 = 1$，所以 QF_1 处于合闸状态，若分闸按钮 SB_{12} 被按下，或者欠电压继电器 K_U 在侦测到电压降低且经过断电延时时间继电器 T_{OFF} 延迟 1s 后，其触头由闭合变为打开，即 $\overline{K_U} = 1$，则 QF_1 的分闸线圈 $QF_{1YO} = 1$，QF_1 随即执行分断操作。当 $QF_1 = 0$ 后分闸过程结束。

6.3　低压成套开关设备辅助回路中常用的低压开关电器

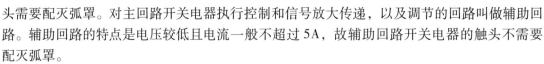

我们已经知道，低压成套开关设备的主回路指的是传递和控制电能的回路，其特点是电流大、电压高且开断电弧强烈，故主回路开关电器的触头需要配灭弧罩。对主回路开关电器执行控制和信号放大传递，以及调节的回路叫做辅助回路。辅助回路的特点是电压较低且电流一般不超过 5A，故辅助回路开关电器的触头不需要配灭弧罩。

辅助回路的开关电器包括各类电磁继电器，还有信号灯、控制按钮、转换开关等主令电器，以及接线端子等。

目前，智能型辅助回路元器件被大量应用用，例如，有各类多功能电力仪表、数据采集模块和电动机保护装置。这些智能型辅助回路元器件的应用给低压成套开关设备的测控带来了全新的操控模式。

本节探讨常用的电磁继电器（包括中间继电器和时间继电器）、接线端子、电参量采集模块和智能型电动机保护模块等。

6.3.1 电磁继电器

电磁继电器是辅助回路低压开关电器中的重要系列产品，它们属于控制回路元器件。电磁继电器的功能是当输入激励量达到限值时其线圈吸合，使得电路中被控参量发生预定的阶跃变化。

1. 电磁继电器的特性

我们看图6-7。

图6-7中，输入信号 X 可以是电压、电流等参量。当 X 从0开始增大到 $X = X_f$ 时电磁继电器不发生变位，电磁继电器的触点依然保持在原位，即输出 $Y = Y_0$；当 $X = X_1$ 时，继电器的输出变位，动合触点闭合而动断触点打开，也即 $Y = Y_1$。为了确保可靠吸合，X 的值继续上升到额定输入量 X_d，以确保电磁继电器稳定工作在吸合位置。

当 X 由 X_d 减小到 $X = X_1$ 时，继电器依然保持吸合状态即 $Y = Y_1$；当 X 继续减小到 $X = X_f$ 时，继电器发生变位，其触点返回到原始状态，即 $Y = Y_0$。

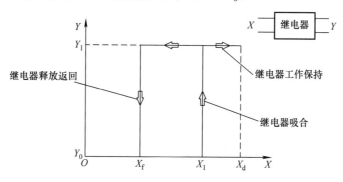

图6-7 电磁继电器的继电特性

关于电磁继电器，有以下要点值得我们关注。

1）电磁继电器的额定参数：包括额定电压和额定电流，吸合电压和吸合电流，释放电压和释放电流。

2）电磁继电器的动作特性：

① 动作值 X_1：使得继电器有输出或者输出状态翻转的输入量，见图6-7中的 X_1。

② 返回值 X_f：返回值就是释放电压或者释放电流。使得继电器的输出量消失或者其输出状态翻转回到原始状态的最大输入量，见图6-7中的 X_f。

一般地，中间继电器的吸合电压和释放电压就是它的动作值和返回值，过电流继电器的动作值大于其返回值，而低电压继电器的动作值小于它的返回值。

③ 返回系数：继电特性的返回值与动作值之比，即

$$K_f = \frac{X_f}{X_1} \tag{6-5}$$

返回系数反映了继电器的吸合特性与反力特性配合紧密程度。

对于一般的电磁继电器，返回系数 K_f 在 $0.1 \sim 0.4$ 之间。当输入参量波动时不至于使得继电器产生误动作；对于低电压继电器，返回系数 K_f 在 0.6 以上。我们设低电压继电器的 $K_f = 0.7$，吸合电压为额定电压的90%，则当电压低于额定电压的 $0.7 \times 90\% = 63\%$ 时，欠

电压继电器释放返回，起到欠电压保护的作用。可见，对于不同的应用场合配套不同的返回系数，且返回系数针对不同的继电器有不同的值。

④ 储备系数：额定工作输入量 X_d 与动作值输入量 X_1 之比，即

$$K_c = \frac{X_d}{X_1} \tag{6-6}$$

当输入量发生波动时，储备系数确保了电磁继电器保持其动作输出值并可靠地工作。输入量的额定值应当高于继电器的动作值。例如，电压继电器的额定工作电压是 220V，动作值的最小值为 170V，则储备系数 $K_c = 220/170 \approx 1.29$。

⑤ 吸合和释放时间：一般继电器的吸合时间和释放时间在 0.04s ~ 0.15s 之间。

⑥ 灵敏度：指继电器在整定值下动作所需要的最小功率或者安匝数。

2. 电磁继电器的种类

电磁继电器是电气控制设备中使用量最多的一种继电器，如图 6-8 所示。

图 6-8 中我们看到了电磁继电器的线圈，还有线圈铁心、电磁继电器线圈支架铁轭、衔铁和铁心磁极气隙构成的磁路，以及反力弹簧和电磁继电器触点。

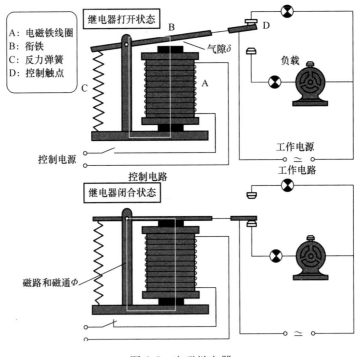

图 6-8 电磁继电器

当图 6-8 中的工作电源开关闭合使得电磁继电器线圈通电后，线圈在磁路中产生了磁通。线圈中心部位是铁心，磁通流过铁心后在其极面上产生电磁吸力，电磁吸力克服反力弹簧产生的反力将衔铁吸引至极面上，同时使得动触点与静触点闭合，继而实现外部电路的控制。当线圈失电后，电磁吸力消失，衔铁在反力弹簧的作用下复位，触点断开切断外部电路。

电磁继电器按电磁线圈电流的种类不同可分为直流继电器和交流继电器，按其在电路中所起作用分为电压继电器、电流继电器和中间继电器。

1）电压继电器：在控制电路电压达到规定值时动作，以接通或者分断被控电路。

2）电流继电器：在控制电路电流达到规定值时动作，以接通或者分断被控电路。

3）中间继电器：中间继电器的本质是电压继电器。中间继电器的触点对数较多，在控制电路中用以扩大控制路数和数量。

4）时间继电器：当加载在时间继电器线圈上的输入电压信号发生变化后，其触点的变化会延迟一段时间。按时间继电器动作的机理，可分为通电延时时间继电器和断电延时时间继电器，还有脉冲型时间继电器。

需要指出，速度继电器、温度继电器等继电器均不属于电磁继电器的范畴。另外，热继电器的本质属于主回路元器件，也不属于电磁继电器。

3. 电压继电器和电流继电器的整定参数

人为地调节电压继电器和电流继电器的动作值被称为整定值，见表 6-9。

表 6-9 电压和电流继电器参数整定值

继电器类型	电流类型	可调量	调整范围	触点数量	复位方式
电压继电器	直流	动作电压	吸合电压 30% ~ 50% U_n 释放电压 7% ~ 20% U_n	不少于 1 对	自动
过电压继电器	交流		105% ~ 120% U_n		
电流继电器	直流	动作电流	吸合电流 30% ~ 65% I_n 释放电流 10% ~ 20% I_n		
过电流继电器	交流		110% ~ 350% I_n		自动或非自动
	直流		70% ~ 300% I_n		

6.3.2 ABB 的 CT 系列时间继电器

表 6-10 是 ABB 的 CT 系列时间继电器简要说明。

表 6-10 ABB 的 CT 系列时间继电器简要说明

项目	型号及规格	参数
额定控制供电电压	CT – D（输出 1 常开 1 常闭）	AC24 ~ 240V/DC24 ~ 48V
	CT – D（输出 2 常开 2 常闭）	AC/DC12 ~ 240V
额定频率		50 ~ 60Hz
电源故障缓冲时间		最小 20ms
时间段范围		1）0.05 ~ 1s 2）0.5 ~ 10s 3）5 ~ 100s 4）0.5 ~ 10min 5）5 ~ 100min 6）15 ~ 300s 7）0.5 ~ 10min
恢复时间		小于 50ms
重复精度		$\Delta t < \pm 0.5\%$
供电电压误差范围内计时误差的精度		$\Delta t < 0.005\%/\Delta U$
温度范围内计时的精度		$\Delta t < 0.06\%/\text{℃}$
专用于电动机丫 - △ 起动的时间范围	CT – SDD	固定：50ms
	CT – SAD	可调：20 ~ 100ms，级差 10ms

（续）

项目	型号及规格	参数	
CT – MFD. 12	24 ~ 48VDC；24 ~ 240VAC	1C/O，2LED	7 个时间段：
CT – MFD. 21	12 ~ 240VAC/DC	2C/O，2LED	0.05s ~ 100h
专用于通电延时的时间继电器			
CT – ERD. 12	DC24 ~ 48V；AC24 ~ 240V	1C/O，2LED	7 个时间段：
CT – ERD. 22		2C/O，2LED	0.05s ~ 100h
专用于断电延时的时间继电器			
CT – AHD. 12	DC24 ~ 48V；AC24 ~ 240V	1C/O，2LED	7 个时间段：
CT – AHD. 22		2C/O，2LED	0.05s ~ 100h
专用于通电脉冲延时的时间继电器			
CT – VWD. 12	DC24 ~ 48V；AC24 ~ 240V	1C/O，2LED	7 个时间段： 0.05s ~ 100h
CT – EBD. 12		1C/O，2LED	2 × 7 个时间段：
CT – TGD. 22		2C/O，2LED	0.05s ~ 100h
专用于电动机丫 – △起动转换的时间继电器			
CT. SDD. 22	DC24 ~ 48V；AC24 ~ 240V	2C/O，2LED	转换时间固定为 50ms
CT – SAD. 22	DC24 ~ 48V；AC24 ~ 240V	2C/O，2LED	转换时间可调，具有 7 个时间段： 0.05s ~ 10min

我们看 ABB 的 CT 系列时间继电器动作时序图，如图 6-9 所示。

图 6-9a 是通电延时的时间继电器时序图。当时间继电器线圈电压从零上升到额定值时，通电延时的时间继电器开始进入延时态，若线圈电压的维持时间超过延时时间 t 后，通电延时的时间继电器触点立即变为闭合（或打开）。

当通电延时的时间继电器线圈电压从额定值降至零后，其触点立即返回打开（或闭合）。

图 6-9b 是断电延时的时间继电器时序图。当断电延时的时间继电器在线圈加载了额定电压后其触点则立即闭合（或打开）。

当断电延时的时间继电器线圈电压从额定值降低到零时，断电延时的时间继电器进入延迟等待，当线圈失压时间超过延迟时间 t 后，其触点变位打开（或闭合）。

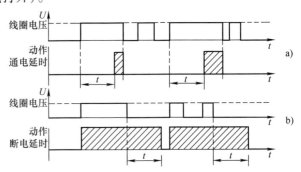

图 6-9　通电延时时间继电器和断电延时时间继电器的时序图

通电延时的时间继电器逻辑表达式为：TON（$0 \rightarrow 1$，$t = t_0$），断电延时的时间继电器逻辑表达式为：TOF（$1 \rightarrow 0$，$t \rightarrow t_0$），式中的 t_0 为延时时间设定值。

6.3.3　ABB 的中间继电器

中间继电器的用途是对信号进行放大、传输和记忆，因此中间继电器要具有足够的电流导通能力和多组触点扩展能力。

图 6-10 所示为 ABB 的 N 系列中间继电器的简要说明。

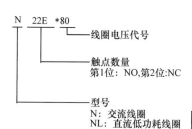

系列	触点数量								
	22	31	40	44	53	62	71	80
N								
NL								

备注：
1) NO：常开触点
　 NC：常闭触点
2) N...NL：中间继电器主要用于控制回路

代号	电压
81	24V 50/60Hz
83	48V 50/60Hz
84	110V 50Hz/110～120V 60Hz
80	220～230V 50Hz/230～240V 60Hz
88	230～240V 50Hz/240～260V 60Hz
85	380～400V 50Hz/400～415V 60Hz
86	400～415V 50Hz/415～440V 60Hz

代号	电压	代号	电压
80	12	86	110
81	24	87	125
82	42	88	220
83	48	89	240
21	50	38	250
84	60		
85	75		

图 6-10　ABB 的 N 系列中间继电器的简要说明

ABB 的 N 系列中间继电器的简要技术数据见表 6-11。

表 6-11　ABB 的 N 系列中间继电器技术数据

型号		触点数		额定工作电流/A		线圈功率	
		NC 常开触点	NO 常闭触点	AC-15220V	400V	吸合 VA	保持 VA/W
N 中间继电器－交流操作	N22E	2	2	4	3	70	8/2
	N31E	3	1	4	3	70	8/2
	N40E	4	0	4	3	70	8/2
NL 中间继电器－直流操作	NL22E	2	2	4	3	3.0	3.0
	NL31E	3	1	4	3	3.0	3.0
	NL40E	4	—	4	3	3.0	3.0

6.3.4　ABB 的全电量测控仪表、遥信、遥测和测控综合模块

在智能型低压成套开关设备中，无论是进线主回路，还是馈电主回路或者电动机主回路，都需要配套测控模块，这些测控模块通过通信接口实现与监控系统的数据交换。测控内容包括开关量的检测即遥信信息、模拟量的检测即遥测信息，还有继电器量的输出控制即遥控参量。

在 ABB 的 MNS3.0 低压成套开关设备中常用的测控装置见表 6-12。

这些测控仪表和装置可满足各种低压成套开关设备主回路的测控要求。

表 6-12　应用在 MNS3.0 低压成套开关设备中的智能测控仪表和装置

名称	型号与规格	用途及功能
全电量电力测控仪表	FC610	采集 U/I/P/Q/F/PF/kWh/kvar·h、3～31 次谐波
	BM300	RS485 接口、MODBUS-RTU 通信规约
多路遥信及继电器输出控制模块	MB550	4 个 24V 遥信开关量和 2 个继电器输出控制量 RS485 接口、MODBUS-RTU 通信规约

（续）

名称	型号与规格	用途及功能
多路遥信及继电器输出控制模块	MB551	4个240Vac遥信开关量和2个继电器输出控制量 RS485接口、MODBUS - RTU通信规约
电动机综合保护单元	M102 - M M102 - P	电动机综合保护单元，可用于获取电动机回路的保护、遥测、遥信和遥调信息 RS485接口、MODBUS - RTU通信规约 RS485接口、PROFIBUS - DP通信规约

1. ABB的多功能电力仪表

（1）FC610多功能电力仪表

FC610既可用于低压进线回路的遥测、遥信和遥控，也可用于低压馈电回路的遥测、遥信和遥控。FC610的功能说明见表6-13。

表6-13 FC610的功能说明（摘自ABB FC610的技术样本）

功能	测量三相电流、三相电压及零序电流，并以测量值为基础计算出有功功率、无功功率、视在功率、功率因数、有功电能、无功电能、视在电能，可测量频率、3~31次谐波等参量 配备外接测量模块后可测得母线温度、触头温度和环境温度 具有2路无源干接点输入，可监视2路断路器状态及保护动作状态 具有2路继电器量输出，可用于合分断路器。 具有RS485接口，与上位机数据交换可通MODBUS - RTU通信协议实现	
过电流监控告警功能	FC610监控电力系统中的电流幅值是否超过某个阈值 测量过电流的电流有效值 I_{rms} 是基于每一通道1/2周期有效值进行的。过电流阈值和迟滞值是按额定电流 I_n 的百分比来定义。当任意一相电流有效值高于阈值，FC610发出过电流告警。当所有相电流的有效值等于或低于阈值减去迟滞值的差值，过电流告警消失	
电流不平衡监控功能	一般地，系统中的相电流（基波分量）有效值以及连续相电流之间的相位角不全是相等的，FC610提供对电流幅值不平衡的监控功能 电流不平衡阈值和迟滞值是按百分比来定义。当电流不平衡的有效值高于阈值，FC610发出电流不平衡告警；当电流不平衡的有效值等于或低于阈值减去迟滞值的差值，电流不平衡告警消失	
电压跌落监控	电压跌落是指电力系统中某点的电压幅值暂时跌落到低于一个阈值。电压中断是电压跌落的一个特例 测量电压跌落的电压有效值 U_{rms} 是基于每一通道1/2周期有效值进行的。电压跌落阈值和迟滞值是按额定电压 U_n 的百分比来定义。其中 U_{resid} 是当前的剩余电压，即实际测量电压 单相系统中，当 U_{dip} 下降到阈值以下，FC610发出电压跌落告警；当 U_{dip} 等于或高于阈值与迟滞值之和，电压跌落告警消失 三相系统中，任意一相的 U_{dip} 下降到跌落阈值以下，FC610发出电压跌落告警；当三相的 U_{dip} 等于或高于阈值与迟滞值之和，电压跌落告警消失	
电压骤升监控	电压骤升是指电力系统中某点的电压幅值暂时上升到某一个阈值之上 测量电压骤升的电压有效值 U_{rms} 是基于每一通道1/2周期有效值进行的。电压骤升阈值和迟滞值是按额定电压 U_n 的百分比来定义 单相系统中，当 U_{dip} 上升到阈值以上，FC610发出电压骤升告警；当 U_{dip} 等于或低于阈值减迟滞值的差值，电压骤升告警消失 三相系统中，任意一相的 U_{dip} 上升到跌落阈值以下，FC610发出电压骤升告警；当三相的 U_{dip} 等于或低于阈值减迟滞值的差值，电压骤升告警消失	

（续）

电压中断监控	电压中断，即监测系统中某点的电压降低到中断阈值以下 测量电压中断的电压有效值 U_{rms} 是基于每一通道 1/2 周期有效值进行的。电压中断的阈值和迟滞值是按额定电压 U_n 的百分比来定义 单相系统中，当 $U_{interruption}$ 下降到阈值以下，FC610 发出电压跌落告警；当 $U_{interruption}$ 等于或高于阈值加迟滞值之和，电压跌落告警消失 三相系统中，任意一相的 $U_{interruption}$ 下降到跌落阈值以下，FC610 发出电压跌落告警；当三相的 $U_{interruption}$ 等于或高于阈值加迟滞值之和，电压跌落告警消失
相序保护 （仅对 FC610）	FC610 的相序保护是监控回路的电压、电流的相序，防止因接线错误而造成损失。FC610 未检测到电流之前，相序保护是基于电压检测，当 FC610 检测到电流后，相序保护是基于电流检测 该保护功能的正确相序规定如下： ● 电压：L1 相母线（A 相母线），L2 相母线（B 相母线），L3 相母线（C 相母线） ● 电流：I_a，I_b，I_c 如果该功能使能，当 FC610 检测到的电压或电流相序同以上规定不符时，则发出告警指令
开关柜内温度监控以及抽屉主回路接插件温度监控	FC610 通过扩展模块热点监控模块 MT561，监测开关柜内或者抽屉内的环境温度，防止开关柜内或者抽屉元器件温度过高，进而导致过热故障。FC610 监控开关柜内或者抽屉内环境的温度值，决定是否触发环境温度保护告警 FC610 通过扩展模块热点监控模块 MT561，监测抽屉主回路（一次回路）接插件的温度，防止其温度过高，进而导致抽屉主回路（一次回路）接插件烧毁 抽屉一次回路接插件的温度测量是通过内嵌置红外测温传感器 IR 实现。FC610 监控抽屉一次回路接插件的温度值，决定是否触发一次回路接插件的温度过热保护
母排温度保护	FC610 通过扩展模块无线测温模块 MT564，监测开关柜内的铜排温度，包括主母排、ACB 柜的铜排以及固定式回路的出线铜排等，防止搭接不良导致铜排温度升高，进而烧毁开关柜 母排温度测量是通过自供电的无线测温模块 WT01 实现，数据通过 zigbee 无线传输至 MT564。FC610 监控母排的温度值，决定是否触发母排温度保护
模拟量输入信号监控功能	FC610 实时监控模拟量输入输出模块 MA552 中模拟量的输入情况，并根据预设的告警值发出相应的信号
漏电保护功能	FC610 实时监控漏电保护继电器模块 MR580 中剩余电流的情况，根据预设的告警值和脱扣值发出相应的信号，实现漏电保护功能
逻辑块	FC610 通过逻辑块功能可以自由编程从而实现复杂的逻辑功能，灵活的控制 逻辑块功能提供了多种逻辑功能块，包括： ● 实现 2 个输入信号与 1 个输出信号的逻辑关系 ● 实现 3 个输入信号与 1 个输出信号的逻辑关系 ● 计时器 该功能块包含三种工作模式：通电延时输出（TON），断电延时输出（TOFF）和脉冲输出（TP）

（续）

计时器类型	时序图	备注
TP	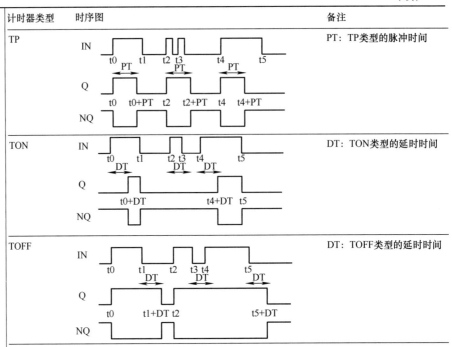	PT：TP类型的脉冲时间
TON		DT：TON类型的延时时间
TOFF		DT：TOFF类型的延时时间

逻辑块

- 计数器

该功能块将根据输入信号变化，每来一个有效计数输入信号，计数器的数值按照设置的计数器模式加 1 或减 1

- 闪烁器

当输入信号有效时，该功能块将根据设定的占空比和频率输出信号。比如占空比为 50%，频率为 0.5Hz，则输出占空比为 50%，频率为 0.5Hz 的矩形波

逻辑块功能还提供了多种操作功能，包括：

- 主开关状态

该功能用于监测主开关的反馈状态，是电平检测模式

- 主开关故障

该功能用于监测主开关的反馈状态，是电平检测模式

- 继电器输出

该功能将信号状态映射到 FC610 的输出继电器，输出继电器将根据输入信号的状态吸合或释放

逻辑功能块与操作功能的输入量，可选择的范围涵盖了以下各种类型：

功能

- 布尔量 – 是/否
- 时钟信号
- 数字量输入信号
- 2 输入信号真值表输出量
- 3 输入信号真值表输出量
- 计数器输出量
- 定时器输出量
- 闪烁器输出量
- 告警信号
- 馈电单元状态（合闸，分闸，故障）

FC610 需要输入的信息包括：三相电压和三相电流。电流信号引自电流互感器的二次侧。对于低压进线主回路，电压信号引自电力变压器的低压侧；对于馈电主回路，电压信号引自低压成套开关设备的主母线。

图 6-11 是应用在低压成套开关设备低压进线主回路中的 FC610。

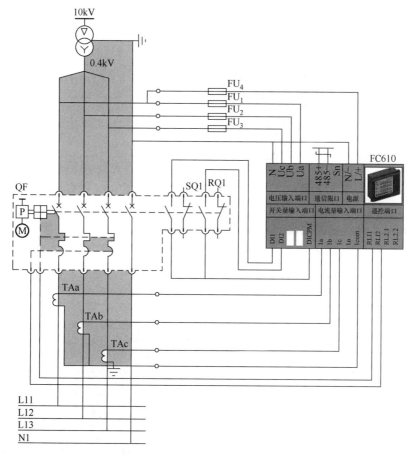

图 6-11　应用在低压成套开关设备低压进线主回路中的 FC610

从图中我们看到断路器的状态和保护动作状态遥信信息输入到 FC610 的 DI 输入端口，三相电流量输入到 FC610 的电流输入端口，电压量输入到 FC610 的电压输入端口，FC610 的出口继电器 RL11 ~ RL22 可对断路器执行合闸和分闸操作。

当 FC610 应用在低压成套开关设备中时，FC610 可实现遥信、软遥信及 SOE 时间标签等功能。

FC610 的 DI1 ~ DI2 测量的是开关量，对于电力监控系统而言开关量就是遥信量。当系统中的电压、电流等模拟量发生越限时，FC610 也能给出告警信息，这些告警信息被称为软遥信。

当遥信开关量发生变位时，FC610 会自动将日期和时间也同时记录下来作为 SOD 事件记录。开关量变位所对应的 SOE 时间标签，即使 FC610 的工作电源发生掉电也不影响已经保存的记录。

用户可通过 RS485/MODBUS 通信接口和通信规约读取事件记录信息。

在低压成套开关设备中 FC610 的遥控对象一般是各类断路器的电动操作机构，因此 FC610 一般采用脉冲型动作方式来实施遥控操作。

FC610 可通过 IO – BUS 总线连接器连接扩展模块，如图 6-12 所示。这些扩展模块分别是：开关量遥信继电器量遥控模块 MB551、模拟量输入输出模块 MA552、温度热点监控模块 MT561、无线测温模块 MT564 和漏电保护继电器模块 MR580。

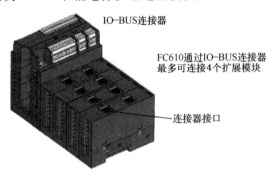

IO-BUS连接器

FC610通过IO-BUS连接器
最多可连接4个扩展模块

连接器接口

图 6-12　IO – BUS 总线连接器

（2）BM300 多功能电力仪表

BM300 多功能电力仪表应用于 6 ~ 10kV 中压和 0.4V 低压供配电系统，其功能见表 6-14。

表 6-14　BM300 的功能说明（摘自 ABB BM300 的技术样本）

功能	
测量三相电流、三相电压及零序电流，并以测量值为基础计算出有功功率、无功功率、视在功率、功率因数、有功电能、无功电能、视在电能，可测量频率、3 ~ 31 次谐波等参量 　具有 4 路开关量 DI 遥信量输入接口，2 路继电器遥控 RL 接口。DI 量变位配套 SOE 功能 　具有 RS485 接口，与上位机数据交换可通 MODBUS – RTU 通信协议实现	

2. 用于低压成套开关设备馈电回路的 ABB 遥信、遥测和遥控模块

（1）MB551 遥信、遥控模块

MB551 是执行开关量的遥信信号采集和遥控操作的模块，其 4 路遥信无源开关量的电压范围是 AC 110 ~ 240V，如图 6-13 所示。

（2）MR580 漏电保护继电器模块

MR580 用于漏电侦测和保护，如图 6-14 所示。MR580 通过零序电流互感器监测三条相线电流 I_a、I_b、I_c 与中性线电流 I_n 产生的剩余电流 $I_{\Delta n}$，这里的剩余电流 $I_{\Delta n}$ 其实就是漏电流 I_g。若剩余电流越限，则经过可预先设定的延迟时间后启动外控继电器 R0a – R0b 动作，驱动执行线路保护的电器（交流接触器控制线圈或者断路器的分闸分励线圈）执行保护跳闸操作。

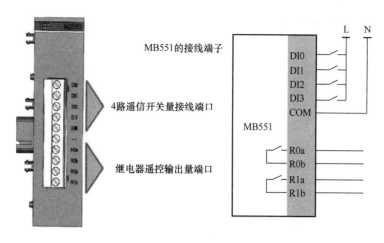

图 6-13　MB551 开关量遥信信号采集和遥控操作模块

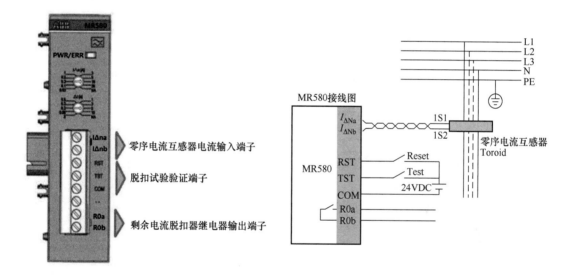

图 6-14　MR580 漏电保护继电器模块

（3）开关柜抽屉温度监控模块 MT561 和母线无线测温传感器模块 MT564

温度监控模块 MT561 可用于低压开关柜抽屉一次回路进出线接插件温度和温升监控。

图 6-15 所示为 ABB 的 MNS3.0 抽屉式低压开关柜的 4*E* 抽屉背部视图，我们看到了右侧一次侧进线接插件，和左侧一次侧出线接插件，接插件插头和插座金属件搭接发热相对较高，是开关柜抽屉内元器件和部件发热监控的重点。温度监控模块 MT561 的红外温度传感器被集成在抽屉背板内部，见图 6-15。

MT561 通过红外温度传感器（如图 6-16 所示）监测抽屉内的一次回路接插件的温度。MT561 有 2 个通道，每个通道最多可以连接 6 个红外测温传感器，可用于同时监测进线侧和出线侧一次回路接插件的温度。MT561 通过 I/O BUS 总线连接器的接口直接连接至 FC610。

对于 MNS3.0 的母线系统，可用无线测温模块 MT564 实现无线测温，如图 6-17 所示。

图 6-17 中我们看到 WT01 无线测温传感器安装在母线上，通过无线网络与温度热点监控模块 MT564 传递温度信息。每个 MT564 连接 4 个无线测温传感器 WT01，可获取 4 个母线

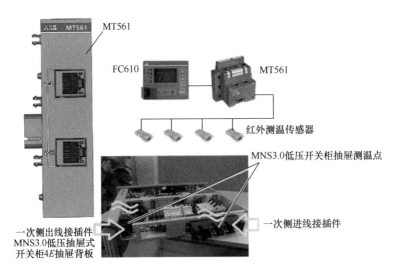

图 6-15 MNS3.0 抽屉式低压开关柜的 4E 抽屉背部视图

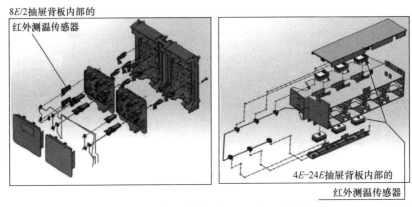

图 6-16 MNS3.0 抽屉背板内部集成的红外温度传感器

测温点的实时温度值。

MT564 具有 2 个继电器输出控制点，可通过继电保护装置或者断路器对超温的母线系统实施跳闸保护。MT564 - WT01 对母线的测温和控温范围是 - 5 ~ 150℃。图 6-17 中可见 MT564 的端子图，我们看到它的 2 组继电器常开输出接点。

图 6-18 所示为 MT564 的网络拓扑图。我们看到 MT564 可通过 IO - RUS 连接器直接与智能电力仪表 FC610 连接并交换数据，把母线的温度显示出来，并可通过工业以太网把母线温度数据传输给电力监控系统。

（4）工业以太网模块 MS572

MS572 用于在 ABB 的 MNS3.0 低压开关柜中构建工业以太网数据交换系统。图 6-19 所示为 MS572 的面板及端子排布。

MS572 上有 2 组 RJ45 以太网通信网口，可在开关柜内实现工业以太网数据通信和交换，通信协议为 MODBUS - TCP。

MS572 还有 RS485 通信接口，可与智能模块交换信息，通信协议为 MODBUS - RCU。

关于 RS485 通信总线和 RJ45 以太网总线，以及 MODBUS - RTU 及 MODBUS - TCP，请参见本书第 7.2 节 "数据通信概述" 部分内容。

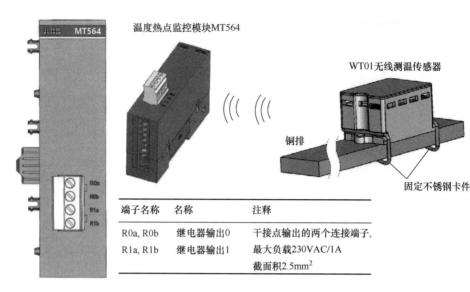

端子名称	名称	注释
R0a, R0b	继电器输出0	干接点输出的两个连接端子,
R1a, R1b	继电器输出1	最大负载230VAC/1A 截面积2.5mm²

图 6-17　MT564 无线测温模块和无线测温传感器 WT01

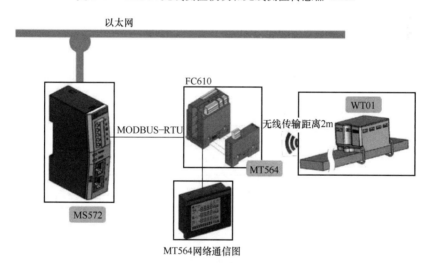

图 6-18　MT564 的网络拓扑图

用 MS572 构建的 RS485 通信网络如图 6-20 所示。

（5）利用扩展模块 FC610 和功能扩展模块构建开关柜馈电回路的数据采集系统

从图 6-21 中我们可以看到，断路器的辅助触点有两种，分别是状态辅助触点 S 和保护动作辅助触点 F，我们可以利用扩展模块 FC610 来采集这些信息。若所有馈电回路都需要采集两种辅助触点状态参量时，我们可利用功能扩展模块 MB551 来实现。

断路器的合闸和分闸电动操作机构需要占用 2 组遥控通道，所以 FC610 最多能够提供 1 套断路器的遥控操作。若多路断路器需要遥控，则可用 MB551 扩展。

对于三相电流和电压可用 FC610 直接采集即可。

3. ABB 的 IPD 系列电动机综合保护装置——M102-M（P）

电动机综合保护装置已经得到广泛的应用。从结构看，电动机综合保护装置是基于微处理器技术，采用模块化设计而成的智能装置。电动机综合保护装置的保护精度高，可与计算机系统联网，实现自动化控制和管理。

端子号	名称	描述
FE	FE	功能接地用于RS485屏蔽
A	A	串行RS485 A (−)
B	B	串行RS485 B (+)
ETH1		以太网1,带状态LED指示
ETH2		以太网2,带状态LED指示
LED指示		
PWR	绿色	电源开启
TX/RX	橙色	串口接收数据
	绿色	串口发送数据
	关	串口没有接收/发送数据

图 6-19　MS572 的面板及端子排布

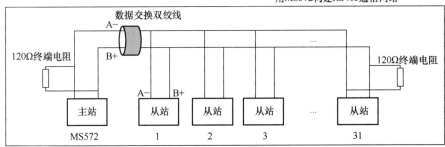

图 6-20　用 MS572 构建 RS485 通信网络

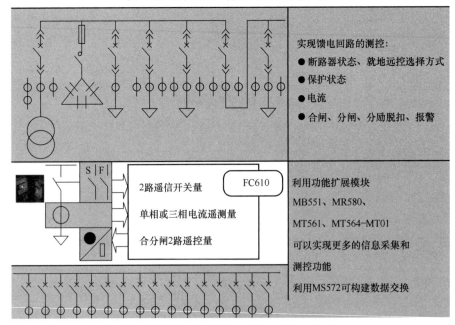

图 6-21　利用扩展模块 FC610 和功能扩展模块可实现进线和馈电回路的数据采集

我们先看看电动机需要什么样的保护:

1）当发生三相电源电压断相和电流断相时对电动机的保护；

2）当发生电源断相且电动机同时又过载的保护；

3）电动机堵转保护；

4）PTC 热敏电阻对电动机定子线圈过热保护；

5）电动机发生漏电和接地故障的保护。

归纳起来就是：过载保护、过热保护、外部故障保护、堵转保护、相序保护、断相保护、相不平衡保护、欠电压和过电压保护、欠功率保护、接地或漏电保护等。

（1）电动机的热过载保护

我们来看图 6-22 所示的电动机发热曲线。

当电动机起动后，电动机的温升持续增高。若电动机长时间地过载，则电动机的发热将不断趋近于最大允许值。电动机进入正常运行状态后，电动机的温升将稳定在运行状态；当电动机停机后，电动机的温升将不断降低到零，此时电动机的温度与环境温度相等。

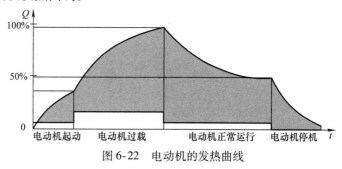

图 6-22　电动机的发热曲线

电动机的温升可依据工作电流与热容量关系曲线计算获得，也可通过埋入电动机定子绕组中的 PTC 热敏电阻直接测量获得。

电动机热过载保护模式有两种，其一标准型，其二是防爆型 EExe。普通三相异步电动机选用标准型热保护，通过调整 t_6 曲线时间来设定不同的保护等级，而防爆电机则需要设定防爆电机的专用参数 I_a/I_n（堵转电流/额定电流）和 t_e（堵转电流允许运行时间）来决定热过载保护参数。

在图 6-23 中，I_s 是起动电流，TFLC 是满载电流，所以横坐标就是起动电流与满载工作电流的比值。图中的纵坐标是电动机的起动时间。

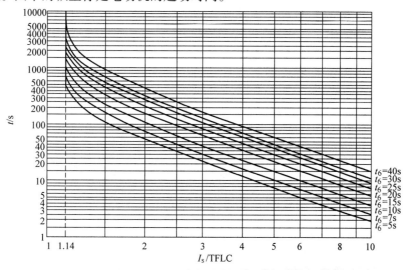

图 6-23　电动机冷态下起动时的 t_6 热过载保护特性曲线

我们来看从下往上第 3 条曲线，该曲线是 $t_6 = 10s$。若电动机起动电流比是 6 倍，则对应的起动时间是 10s。我们由此知道该电机工作于重载起动和运行状态。

电动机的最大热容值用百分比表示。在环境温度为 40℃ 时，当电动机在冷态下以 6 倍额定电流运行 t_6 曲线一段时间后，热容值将达到最大值（即 100%）。

电动机热过载保护参数见表 6-15。

表 6-15 电动机的热过载保护参数

序号	项目	内容	
1	堵转电流 I_a 与额定电流 I_n 之比 防爆电机参数设定	设定范围	1.2 ~ 8
		默认值	5
2	热过载保护 t_6 曲线	设定范围	1 ~ 250s
		默认值	5s
3	冷却系数	设定范围	1 ~ 10
		默认值	1
4	报警值	设定范围	0 ~ 100%
		默认值	90%
5	热过载脱扣值	设定范围	60% ~ 100%
		默认值	100%
6	热过载脱扣复位	设定范围	60% ~ 100%
		默认值	50%
7	环境温度	设定范围	0 ~ 80℃
		默认值	40℃

注：堵转电流 I_a 与额定电流 I_n 之比：用于防爆电机的堵转参数设定，对于一般的电动机此项设定可以忽略。

热过载保护 t_6 曲线：t_6 曲线是电动机热过载保护功能的基本参数。t_6 曲线的意义在于，曲线给出了冷态下的电动机以 6 倍额定电流允许运行的时间。

电动机在起动过程中通常会出现短时过载现象。若电动机是从冷态起动的，则允许电动机起动两次；若电动机是从热态起动的，则只允许电动机起动一次。在实际应用中，一般都选择电动机从冷态起动。

电动机综合保护装置就是根据 t_6 曲线对电动机进行参数设定和保护的。

当电动机综合保护装置首次启用时，要将电动机的有关参数输入给综保装置，以便综保装置查找对应的 t_6 曲线。这些参数包括：

1）电动机起动电流倍数即 I_s/I_n；

2）冷态下最大起动时间；

3）热态下最大起动时间；

4）电动机的环境温度。

例如，若电动机的功率是 110kW，其对应的热过载保护参数基本信息是：

定义	参数
电动机起动电流倍数，即 I_s/I_n	7.5
冷态下最大起动时间	30s
热态下最大起动时间	15s
电动机环境温度	40℃

当电动机起动时，电动机综合保护装置就根据基本参数形成的 t_6 曲线实施保护，若电动机起动超时将产生脱扣信息驱动交流接触器跳闸。

由此可知，t_6 曲线的参数设定尤为重要，在实际运行中，往往要对电动机的起动参数略作调整。

若电动机需要在热态下起动，则 t_6 曲线要采用热态参数。电动机的热态 t_6 曲线如图 6-24 所示。

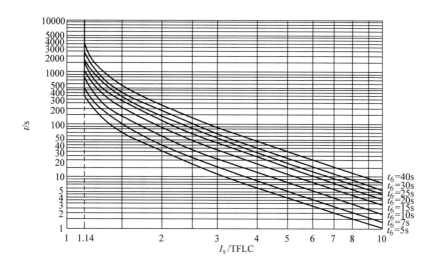

图 6-24　电动机热态下起动时的 t_6 热过载保护特性曲线

1）冷却系数：每台电动机的热容值都不相同，并且运行状态的电动机由于环境温度不同显然其温升和冷却时间不尽相同，一般冷却时间大约是升温时间的 4 倍。

在实际使用中，电动机综保装置将根据电动机的冷却状态决定是否允许电动机再次起动。冷却系数通常在 4 ~ 8 之间选择，也可选用电动机制造商提供的参数。

2）报警值：当电动机的热容值达到告警值时，电动机综保装置将发出热过载告警信息；当电动机的热容值下降到低于告警值时，电动机综保装置的热过载告警信息将复位。

3）热过载保护脱扣值：当电动机的热容值达到脱扣值时，电动机综保装置将发出脱扣命令使得交流接触器分闸，同时将"热过载脱扣信息"置位。

4）热过载保护脱扣复位值：当电动机被停机后，热容值也将随之下降。当热容值下降到复位值以下时，电动机综保装置才允许热过载保护脱扣器复位，此时电动机被允许正常起动运行。

5）环境温度：电动机运行的环境温度的最大值通常是 40℃。如果环境温度超过 40℃，则电动机需要降容使用。

电动机综合保护装置在发现环境温度超过设定值时，会根据设定的温度自动降低电动机输出功率的等级。表 6-16 是环境温度与电动机最大电流之间的关系。

表 6-16　环境温度与电动机最大电流之间的关系

环境温度℃	40	45	50	55	60	65	70	75	80
电动机工作电流最大值降容比	1.00	0.96	0.92	0.87	0.82	0.74	0.65	0.58	0.50

电动机综合保护装置在检测了环境温度后，根据上表中的降容比监测电动机，若在某环境温度下发现电动机的工作电流超过对应值，则将发出告警信息和实施脱扣操作。

（2）电动机的堵转保护

堵转保护是防止电动机在运行中出现阻转矩异常加大，以至于电动机的转子出现运转堵塞，其直接结果就是电动机严重超负荷运行。

电动机堵转运行示意图如图6-25所示，从图中我们看到，电动机正常运行时出现了堵转，电动机电流急剧地增大到起动电流之上，电动机综合保护装置将根据电动机电流与额定电流的比值判断是否启动堵转保护脱扣。

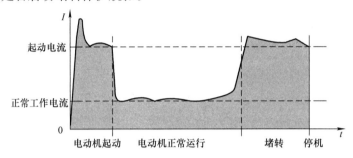

图 6-25　电动机堵转运行示意图

电动机综保装置的堵转保护参数见表6-17。

表 6-17　电动机综保装置的堵转保护参数

项目	内容	
堵转脱扣电流范围	设定范围	120% ~ 800%
	默认值	400%
脱扣时间	设定范围	0.0 ~ 25.0s
	默认值	0.5s

（3）断相保护

供电电源出现断相往往是由于熔断器熔断造成的，且电源断相后一般不会自行恢复。对于电动机来说，原来运行于三相交流电源供电状态，而断相后变为单相运行状态（注意：两相运行实质上就是单相运行状态），尽管电动机仍然能维持慢速运行，但此时的电流将非常大，往往在很短时间内就将电动机烧毁。

断相故障是电动机损毁的主要原因，因此断相保护也是电动机综保装置必须要实现的一项重要保护措施。

由于电源发生断相故障时不可能自行恢复，且此时剩余两条相线中的线电流非常大，但若依靠热过载保护脱扣对电动机执行断相保护，其速度往往跟不上，等到热过载保护脱扣器动作时电动机已经烧毁了，所以断相保护装置的脱扣时间比热脱扣的时间更短。在实际的应用中，一旦电动机综保装置检测到断相且同时电流不平衡度达到20%时，就立即执行断相保护操作，如图6-26所示。

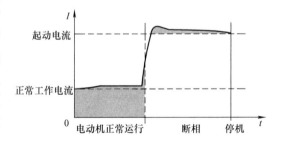

图 6-26　电动机的断相运行及保护

电动机综保装置的断相保护参数见表 6-18。

表 6-18　电动机综保装置的断相保护参数

项目	内容	
断相报警 最小线电流与最大线电流的比值	设定范围	10% ~ 90%
	默认值	80%
断相脱扣值 最小线电流与最大线电流的比值	设定范围	5% ~ 90%
	默认值	70%
断相脱扣时间	设定范围	0 ~ 60s
	默认值	10s

（4）三相不平衡电流保护

电动机的热损耗主要是由三相不平衡电流引起的。

当三相电流发生不平衡时会产生负序电流，负序电流的频率是基波频率的两倍，并且负序电流产生的反向旋转磁场会对电动机转子产生反向转矩。

当供电线路中发生轻微的三相不平衡时，因为电动机要维持正向输出转矩不变，于是电动机输出的正向转矩中会有一部分用来克服反向转矩，由此产生了电动机定子绕组的发热。

三相不平衡电流保护是根据流过电动机定子绕组的最小线电流和最大线电流的比值来判断是否启动三相不平衡保护，如图 6-27 所示。

在图 6-27 中，我们看到当第一次发生三相不平衡时启动了电动机综保装置的脱扣延时，但因为三相不平衡又返回到脱扣值以上使得脱扣操作得以解除；当三相不平衡第二次越过脱扣值后，因其迟迟不能返回到脱扣值以上，电动机综保装置在脱扣延时结束后执行脱扣操作使得电动机停机。电动机停机后再延迟一段时间，三相不平衡脱扣操作将被自动复位。

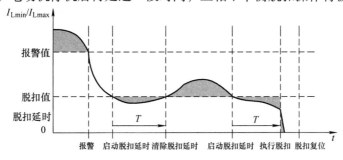

图 6-27　电动机的三相不平衡保护

电动机综保装置的三相不平衡保护参数见表 6-19。

表 6-19　电动机综保装置的三相不平衡保护参数

项目	内容	
报警 最小线电流与最大线电流的比值	设定范围	50% ~ 90%
	默认值	90%
脱扣值 最小线电流与最大线电流的比值	设定范围	50% ~ 90%
	默认值	85%
脱扣延迟时间	设定范围	0 ~ 60s
	默认值	10s

（5）电动机轻载和空载保护

电动机轻载和空载保护比较类似，都是根据电动机的最大电流 I_{Lmax} 与额定电流 I_n 的比值来判断的，如图6-28所示。电动机综保装置的轻载保护参数见表6-20，空载保护参数见表6-21。

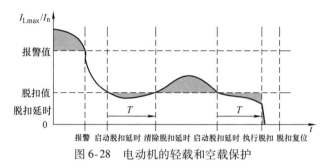

图6-28 电动机的轻载和空载保护

表6-20 电动机综保装置的轻载保护参数

项目	内容	
报警 最大线电流与额定电流的比值	设定范围	20% ~ 90%
	默认值	30%
脱扣值 最大线电流与额定电流的比值	设定范围	5% ~ 90%
	默认值	20%
脱扣延迟时间	设定范围	0 ~ 1800s
	默认值	10s

例如水泵机组因为泵体渗水使得机组进入轻载甚至空载，电动机的转速接近同步转速，水泵会因为空转而剧烈发热，继而因为防渗漏装置和润滑剂高温失效使得水泵出现损坏。

表6-21 电动机综保装置的空载保护参数

项目	内容	
报警 最大线电流与额定电流的比值	设定范围	5% ~ 50%
	默认值	20%
脱扣值 最大线电流与额定电流的比值	设定范围	5% ~ 50%
	默认值	15%
脱扣延迟时间	设定范围	0 ~ 1800s
	默认值	5s

（6）电动机的接地故障保护

当电动机出现相线碰壳的接地故障时，在TN系统中执行接地故障保护的是回路中的断路器。因为在TN系统中，接地故障被放大为短路故障，断路器的过电流保护装置启动了过流保护脱扣跳闸功能。

当TN系统中的电动机出现碰壳接地时，电动机的工作电流将出现三相电流不平衡现象，电动机综合保护装置外接的零序电流互感器二次绕组将出现感应零序电流 I_0，当零序电流越过告警值时电动机综合保护装置将发出告警信息；当零序电流越过脱扣值时，电动机综保装置将启动接地故障脱扣延迟判误。当延迟结束后零序电流仍然大于脱扣值，则电动机综合保护装置将启动脱扣操作，否则将解除接地故障脱扣操作，如图6-29所示。

电动机综保装置的接地故障保护参数见表6-22。

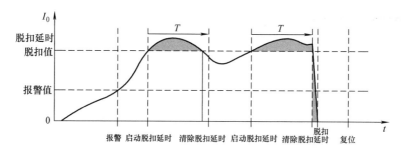

图 6-29　电动机的接地故障保护

表 6-22　电动机综保装置的接地故障保护参数

项目		内容
报警 零序电流	设定范围	100 ~ 3000mA（零序电流互感器一次侧电流为 1A） 500 ~ 15000mA（零序电流互感器一次侧电流为 5A）
	默认值	500mA
脱扣值 零序电流	设定范围	100 ~ 3000mA（零序电流互感器一次侧电流为 1A） 500 ~ 15000mA（零序电流互感器一次侧电流为 5A）
	默认值	800mA
脱扣延迟时间	设定范围	0.2 ~ 60s
	默认值	10s

一般来说，若接地故障的动作电流在 30 ~ 100mA，则被认为是高灵敏的具备保护人身安全的接地故障保护装置，100 ~ 2000mA 被认为是兼有保护人身安全和保护设备安全的接地故障保护装置，2000mA 以上被认为是保护设备的接地故障保护装置。

由此可知，电动机接地故障保护装置兼具有人身安全防护和设备防护，但以设备防护为主。

（7）电动机的欠电压保护

电动机的输出转矩 T 与电源电压 U_1 的关系见式（6-7）：

$$T = \frac{3pU_1^2 \dfrac{R_2}{S}}{2\pi f_1 \left[\left(r_1 + \dfrac{R_2}{S} \right)^2 + (X_1 + X_2)^2 \right]} \tag{6-7}$$

式（6-7）较复杂，但我们只需要注意到电动机的输出转矩 T 与电压 U_1 的平方成正比即可。

当电压略微偏低时，电动机为了维持输出转矩基本不变，必然要加大电动机定子绕组电流从而保持转矩。电动机定子绕组电流加大后的直接结果就是发热。

若电源电压降低的比较多，电动机已经无法维持正常的输出转矩，此时除了电动机转矩大幅跌落外，还伴随着电动机严重发热。此时必须对电动机实施欠电压保护。

若电源电压出现很短暂的失压，一般在 20ms 以下，我们把这种瞬间断电现象称为电源"闪断"。若闪断后驱动电动机的交流接触器仍然保持吸合状态，则由于电动机的转动惯性使得电力拖动系统不会受到太大的影响。

若电源电压持续大幅跌落，或低压电网出现失压，电动机综合保护装置将切断电动机的电源使得电动机停机；若电压恢复正常后且未出现断相等现象，则电动机综合保护装置允许电动机重新起动，也可执行自动重起动操作。电动机的欠电压保护如图6-30所示，电动机综保装置的欠电压保护参数见表6-23。

（8）电动机的自动重起动功能

当电压跌落时，如果电压跌落的时间超出欠电压保护的脱扣延迟时间，则电动机综合保护装置将使接触器脱扣跳闸，电动机停止运行。

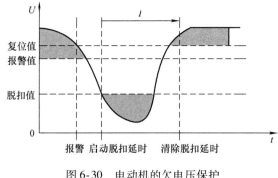

图6-30 电动机的欠电压保护

当电压恢复后，如果电压恢复的时间不超过电压跌落的最大时间，则电动机综合保护装置将启动自动重起动功能。

表6-23 电动机综保装置的欠电压保护参数

项目	内容	
报警	设定范围	50% ~ 100%
	默认值	80%
脱扣值	设定范围	50% ~ 100%
	默认值	65%
脱扣延迟时间	设定范围	0.2 ~ 5s
	默认值	1s

如果电压恢复的时间超过电压跌落的最大时间，则电动机综合保护装置将进入顺序起动延时，顺序起动延时结束后开始执行自动重起动功能。

电动机的自动重起动的执行过程如图6-31所示，电动机综保装置的电动机自动重起动参数见表6-24。

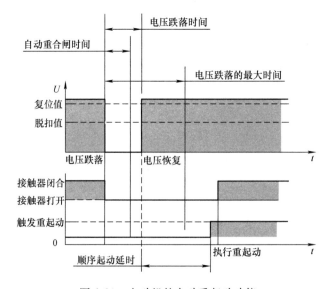

图6-31 电动机的自动重起动功能

表 6-24　电动机综保装置的电动机自动重起动参数

项目	内容	
最大自动重合闸时间	设定范围	100 ~ 1000ms
	默认值	200ms
最大电压跌落时间	设定范围	0 ~ 1200s
	默认值	5s
顺序起动时间	设定范围	0 ~ 1200s
	默认值	5s

当低压电网中有众多的电动机在电压恢复后需要重起动，由于电机起动及设备投运涉及工艺流程及过程控制，所以电动机的重起动功能最好在 DCS 的直接操作下行使分批起动，而不要简单地依靠电动机综合保护装置实现自动重起动功能。要实现这一点，依靠电动机综合保护装置的遥控功能即可，或者通过外部引线直接对电动机执行起动控制。

（9）ABB 的 M102 – M(P)

M102 – M(P) 是 ABB 的一款功能强大的电动机综合保护装置。M102 – M 支持 MODBUS 通信，而 M102 – P 则支持 PROFIBUS – DP 通信。本书中讨论的对象以 M102 – M 为主。

M102 – M 能够实现电动机的各种起动方式，能够对电动机执行各种综合保护，是一种多功能的电动机综保装置。

M102 – M(P) 能采集电动机回路的三相电压、电流、功率、电度等信息，还可以采集断路器和交流接触器的状态。同时，M102 – M 还能提供与电动机起动、运行和保护相关的各种参数以及控制时间信息。

M102 – M 应用于 MODBUS – RTU 总线，并且有两套独立的 RS485 总线接口；M102 – P 则用于 PROFIBUS – DP 总线。

M102 – M 的应用模式如图 6-32 所示。

图 6-32　M102 – M 的应用模式

6.4 ABB的框架断路器和塑壳断路器控制回路基本接线图

1. ABB的框架断路器Emax2的基本接线电路

图6-33所示为ABB的Emax2框架断路器基本接线电路。

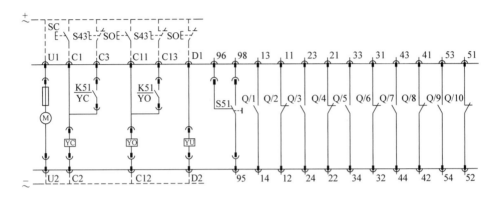

图6-33 Emax2系列断路器接线电路

图6-33中：

M——Emax2断路器的储能电动机；

YC——合闸线圈；

YO——分励线圈；

YU——失电压脱扣线圈；

S51——Emax2断路器的脱扣器脱扣后的报警信号辅助触点，只有在开关本体上按下复位按钮后S51触点才能返回；

Q/1～Q/10——Emax2断路器的第一组辅助触点；

K51/YC——PR122/P、PR123/P的遥控合闸控制触点；

K51/YO——PR122/P、PR123/P的遥控分闸控制触点。

图6-34所示为ABB的Emax2框架断路器的脱扣器辅助接线图，其中左图是PR121/P的脱扣器辅助线路图，右图是PR122/P和PR123/P的脱扣器辅助线路图。

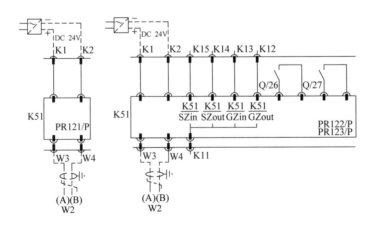

图6-34 Emax2系列断路器的脱扣器辅助接线图

图 6-34 中：

　　K51/SZin——接地故障 G 保护功能输入接口；

　　K51/SZout——接地故障 G 保护功能输出接口；

　　K51/GZin——方向性 D 保护功能的输入接口；

　　K51/GZout——方向性 D 保护功能的输出接口；

　　W3——RS485/MODBUS 通信接口，"A"表示 RS485 – 端；

　　W4——RS485/MODBUS 通信接口，"B"表示 RS485 + 端。

　　Emax2 断路器脱扣器 PR121/P、PR122/P 和 PR123/P 的工作电压均为 DC 24V。

2. ABB 的 S 系列和 TmaxXT 系列塑壳断路器基本电路

（1）ABB 的 S 系列塑壳断路器基本接线电路

　　虽然 ABB 的 S 系列断路器已经退市，考虑到其应用广泛，故本书仍然给出其基本接线电路。

　　ABB 的 S 系列断路器的电动操作机构分为 S1 ~ S2、S3 ~ S5 和 S6 ~ S7 三类，其中 S1 ~ S2 为手动操作。

　　图 6-35 所示为 S3 ~ S5 断路器的操作机构接线图和状态监视接线图。

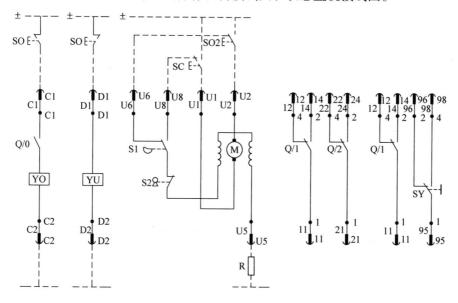

图 6-35　S3 ~ S5 断路器的接线图

图 6-35 中：

　　M——储能电动机（注意：储能电动机 M 是短时工作制的，不能长期处于带电工作状态）；

　　YO——分励脱扣线圈；

　　YU——失电压脱扣线圈；

　　SC——合闸按钮；

　　SO——分闸按钮；

　　Q/1 和 Q/2——断路器工作状态辅助触点；

　　SY——故障状态辅助触点，用于显示断路器在执行完过载保护、短延时保护、瞬时保护后的工作状态。

图 6-36 所示为 S6 ~ S7 断路器的操作机构接线图和状态监视接线图。

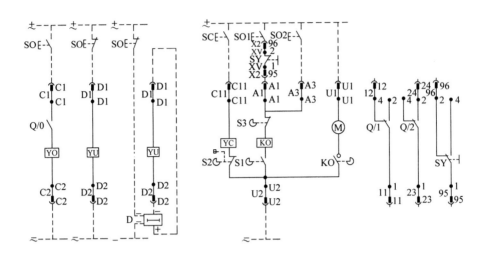

图 6-36　S6 ~ S7 断路器的接线图

图 6-36 中：

M——储能电动机（注意：储能电动机 M 是短时工作制的，不能长期处于带电工作状态）；

YC——合闸线圈；

YO——分励脱扣线圈；

YU——失电压脱扣线圈；

SC——合闸按钮；

SO——分闸按钮；

Q/1 和 Q/2——断路器状态辅助触点；

SY——故障状态辅助触点，用于显示断路器在执行完过载保护、短延时保护、瞬时保护后的工作状态。

（2）TmaxXT 断路器的基本电路

图 6-37 所示为 TmaxXT 系列断路器的接线图。

图 6-37 中：

SC——合闸按钮；

SO——分闸按钮；

YO——断路器的分闸可通过分励线圈；

YU——失电压线圈；

M——电动操作机构，断路器的远程合闸要用电动操作机构来实现，并且 TmaxXT 断路器的电动操作机构的辅助电源可使用交流或直流；

Q/1 ~ Q/3——3 对断路器状态辅助触头；

SY——1 对保护动作辅助触头。

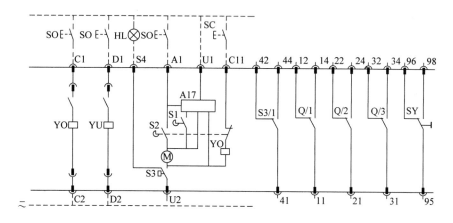

图 6-37　Tmax XT 系列塑壳断路器的接线图

6.5　用于低压成套开关设备备自投控制的 PLC 概述

图 6-38 所示的利用 PLC（可编程序控制器）实现低压配电系统的备自投操作中，a 和 b 都有市电与发电机互投，图 6-38a 通过 ATSE 互投，而图 6-38b 则直接用断路器实现互投。如果低压配电系统的负载均是馈电回路，则图 6-38a 是合适的；若低压配电系统中存在大量的电动机回路，且电动机需要配套自动重起动功能，这就需要低压配电系统具有倒闸功能，也即市电失压恢复时需要市电与发电机实现同期操作。这时，ATSE 是无能为力的，要利用备自投系统配套同期操作来实现。

对于低压成套开关设备内较复杂的备自投操作，需要采用基于母联的备自投系统，同时还需要执行市电与发电机互投切换操作。若用常规的各类继电器来构建控制电路，则系统的接线和控制方式会很复杂，这样会降低系统的可靠性，增加接线和维护工作量。这时，就要采用 PLC 来实现备自投操作。

采用 PLC 对低压成套开关设备实施电气逻辑控制有许多独特的优势。使用了 PLC 后，能大量减少辅助回路元器件的使用量，简化了电气线路，极大地提高了系统的可靠性。PLC 能够方便地设计和运行复杂的电气控制逻辑，还能将各种测控信息及时地传递给上位系统。

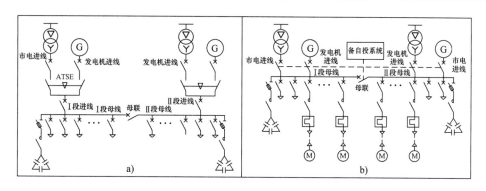

图 6-38　利用 PLC 实现低压配电系统的备自投操作

PLC 的可靠性远远高于常规的时间继电器、中间继电器等元件。其原因在于：PLC 的运算速度快，控制程序又短小精悍；PLC 的程序运行叫按从头至尾循环往复的方式执行程序文本，所以 PLC 具有极好的自纠错能力。

例如控制系统发出错误命令让接触器或者中间继电器执行闭合操作，由于接触器或者继电器的吸合时间为 15ms，而 PLC 的程序循环时间在 0.4ms 以下，控制程序循环返回后就能及时纠正，也因此采用 PLC 能极大地提高运行可靠性。

低压成套开关设备中的备自投控制相对简单。当采用 PLC 作为控制器时，虽然 PLC 的计算量不大但是实时测控量却很多，有些控制指令执行时间只有 10~20ms。这些特点正好符合中档 PLC 的工作特性。因此，低压成套开关设备中使用的 PLC 宜采用普通中档 PLC 为好。

中低档 PLC 的价格相对低廉，但它的可利用资源却十分丰富，足以胜任备自投控制工作。

6.5.1　ABB 公司的 AC500 系列 PLC 概述

1. AC500 系列 PLC 的结构

AC500 系列 PLC 由 CPU 模块、I/O 模块、通信模块和相应的底板模块组合而成。由于全系统均采用插接结构，使用者可以快速方便地对硬件实施扩展、升级、更新和维护。

图 6-39 所示为 AC500 系列 PLC 的组态模式。

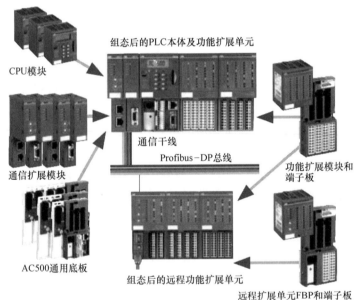

图 6-39　AC500 系列 PLC 的组态

图 6-39 的中上图是组态完毕的 PLC 本体及功能扩展单元，其中包括 CPU 模块、功能扩展模块、通信扩展模块等，各种模块都插在 AC500 的通用底板上。图 6-39 的下图是组套后的远程功能扩展单元。

图 6-40 所示为 AC500 的 CPU 模块外形。

AC500 的通用底板带有 2 个 RS485 的通信接口、1 个 RJ45 以太网接口。通过这些通信接口 AC500 可以与上位系统、编程控制器、人机界面以及现场层面各种仪器仪表和智能装置实施信息交换。

　　远程扩展单元 FBP 的底板上最多可接插 7 套各种功能扩展模块，其数量与 AC500 主机本体保持一致。组态后的远程功能扩展单元通过 FBP 接口与 PLC 本体的实现互联，通信规约为 Profibus – DP。PLC 本体通过 FBP 总线系统最多可连接 32 个远程功能扩展模块。

　　通信扩展模块支持包括 Profibus – DP、DeviceNet、CANbus 和 MODBUS 等通信协议。

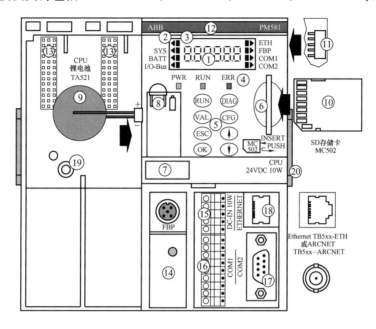

图 6-40　AC500 的 CPU 模块外形及功能

AC500 系列 CPU 模块的主要参数见表 6-25、表 6-26。

表 6-25　AC500 的 CPU 模块上的部件及底板上的部件

序号	CPU 上的部件	型号规格	用途
1	7 位程序段显示器	—	—
2	消息显示器	—	—
3	状态显示器	—	—
4	状态 LED 灯	—	—
5	控制按钮	—	—
6	程序 SD 存储卡插槽	—	—
7	标签	—	—
8	电池盒	—	—
9	电池	TA521	用于在断电条件下保存内存数据
10	SD 存储卡	MC502	128MB，用于存储用户程序和数据
11	外挂输入输出 IO 模块插槽	—	用于连接外挂的本地输入输出模块，最多可外挂 7 个模块
12	CPU 插槽和底板	TB521	带有 2 条功能扩展槽的 CPU 底板
13	功能扩展插槽	—	最多为 4 槽
14	FBP 通信扩展插口	—	—
15	24V 电源接线端子	—	—

（续）

序号	CPU 上的部件	型号规格	用途
16	COM1 通信接口	—	接线端子
17	COM2 通信接口	—	DB9
18	RJ45 以太网接口	—	以太网接口
19	插槽盖板	—	—
20	安装卡轨	—	—

表 6-26 部分 AC500 的部分 CPU 模块的性能

参数		AC500 的部分 CPU 模块型号		
		PM571	PM581 – ETH	PM591 – ETH
直流供电电压/V		24	24	24
内存总量/KB	SDRAM	4026	8192	32768
	Flash	1024	2048	8192
	SRAM	128	512	2048
程式容量/KB Flash EPROM 和 RAM		64	256	4096
数据内存/KB		21（包括 1KB 可保持内存）	288（包括 32KB 可保持内存）	3072（包括 512KB 可保持内存）
插入式 SD 卡容量/KB		128	128	128
1000 条指令的运行周期/ms	位变量	0.3	0.15	0.05
	字变量	0.3	0.15	0.05
	浮点运算	6	3	0.5
本地最大输入/输出点数	开关量输入	224	224	224
	开关量输出	168	168	168
	模拟量输入	112	112	112
	模拟量输出	112	112	112
最大分布式输入/输出点数		按总线的使用而定		
数据缓冲保存		电池		
集成通信接口 COM1	RS232/RS485	可选		
	接线方式	接线端子		
	通信协议	MODBUS、ASCII、CS31		
集成通信接口 COM2		可选		
		SUB – DB9		
		MODBUS、ASCII、CS31		
集成以太网接口连接方式		RJ45		
显示屏及 8 个功能键的功能		运行状态/停止状态、诊断		
定时器数量		无限制		
计数器数量		无限制		
编程语言		功能块 FBD、梯形图 LD、结构文本 ST 等 6 种		
认证		CE、GL、DNV、BV、RINA、LRS、CSA、UL		

图 6-41 所示为 AC500 的主机功能扩展单元和远程连接单元的接线图，注意图中的 FBP 总线。

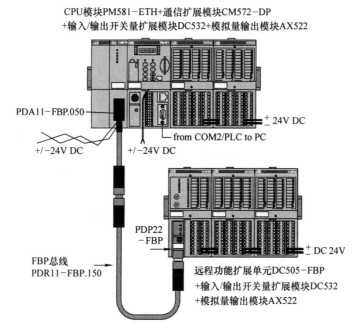

CPU模块PM581-ETH+通信扩展模块CM572-DP
+输入/输出开关量扩展模块DC532+模拟量输出模块AX522

PDA11-FBP.050

±24V DC

from COM2/PLC to PC

+/-24V DC   +/-24V DC

PDP22-FBP

± DC 24V

FBP总线
PDR11-FBP.150

远程功能扩展单元DC505-FBP
+输入/输出开关量扩展模块DC532
+模拟量输出模块AX522

图 6-41 AC500 的功能扩展和远程连接接线图

AC500 的主机单元和远程从站单元均具可扩展 7 个 I/O 模块，例如开关量输入 DI 模块、继电器输出 RO 模块等。如果 7 个 I/O 模块均为开关量输入 DI 模块，则开关量输入信息的最大采集量为 $7 \times 32 = 224$ 个。

AC500 主机可同时对 32 个远程功能扩展单元行使寻址和控制，若远程功能扩展单元也插入了开关量输入 DI 模块，则全系统可同时监视 $32 + 7 \times 120 = 26880$ 个外部开关量信息。

AC500 的部分开关量输入输出模块、模拟量输入输出模块、分布式接口模块和通信扩展模块见表 6-27 ~ 表 6-30。

表 6-27 AC500 的部分开关量输入输出功能扩展单元

参数		AC500 的开关量输入输出模块型号			
		DI524	DC532	DX522	DX531
直流供电电压/V		24			
开关量输入 DI 数量		32	16	8	8
开关量输出 DO 数量		—	—	8	4
开关量可设置 DC 数量		—	16	—	—
高速计数		2	2	2	
最大计数频率/kHz		50	50	50	
输出类型	晶体管	—	有	—	
	继电器	—		有	
模块总电流		—	8A	—	
短路/过载保护		—	有		
电压隔离		有			

表 6-28　AC500 的部分模拟量输入输出功能扩展单元

参数	AC500 的模拟量输入输出模块型号		
	AI523	AO532	AX522
直流供电电压/V	24		
模拟量输入通道数量	16	—	8
模拟量输入信号范围	0～10V； ±10V； 0.4～20mA； Pt100：−50～400℃ Pt1000：−50～400℃	—	0～10V； ±10V； 0.4～20mA； Pt100：−50～400℃ Pt1000：−50～400℃
模拟零输出通道数量	—	16	8
模拟量输出信号范围	—	±10V；0.4～20mA	±10V；0.4～20mA
短路/过载保护	有		
分辨率	12 位 + 标记位		
电压隔离	有		

表 6-29　AC500 的分布式接口模块

参数	AC500 的分布式 I/O 接口模块型号	
	DC505 – FBP	DC551
直流供电电压/V	24	
总线类型	Profibus – DP； CANopen； DeviceNet； MODBUS RTU	CS31
集成开关量输入输出数量	8DI，8DC	
短路/过载保护	有	
电压隔离	有	

表 6-30　AC500 的部分通信接口扩展模块

参数	AC500 的通信接口模块型号		
	CM572 – DP	CM574 – RS	CM577 – ETH
直流供电电压/V	24		
总线接口类型	Profibus – DP	RS485	Ethnet
集成通信接口数量	9 针 SUB – D	2×9 针 SUB – D	2 × RJ45
通信速率	12Mbit/s	最大 57.6kbit/s	10～100Mbit/s
通信协议	Profibus – DPVO	MODBUS – RTU	MODBUS – TCP
电压隔离	有		

若读者想仔细了解 ABB 的 AC500 系列 PLC，请参阅《可编程序控制器应用教程》（此

书系 ABB 编写和翻译，由机械工业出版社出版，ISBN 978 7 111 26071 4)。

2. AC500 系列 PLC 在低压成套开关设备进线和母联的备自投控制方面的应用

若进线和母联断路器安装在同一列低压开关柜中，可采用集中安装的 PLC 执行备自投操作；反之若进线和母联断路器安装在不同列的低压开关柜中，则采用分布式安装的 PLC 来执行进线和母联之间的备自投操作。

AC500 系列 PLC 用于低压备自投时的集中式配置方案和分布式配置方案见表 6-31。

表 6-31　用于低压备自投操作的 AC500 集中式安装配置方案及分布式配置方案

安装方式		数据交换方式及配置方案		
		与电力监控系统交换信息	模块间的信息交换总线方式	配置方案
集中式安装	方案一	通过 RS485 总线接口构建通信网络，数据链路层采用 MODBUS - RTU 通信协议交换信息	—	CPU：PM581 - ETH 底板：TB511 - ETH 本地输入输出模块：DC532 通信扩展模块：CM574 - RS
	方案二	不需要交换信息	—	CPU：PM571 底板：TB511 - ETH 本地输入输出模块：DC532
分布式安装	方案三	通过 RJ45 接口和以太网构建通信网络，网络层采用 MODBUS - TCP 通信协议交换信息	各部分分布式模块与主机的 CPU 模块之间用 Profibus - DP 构建网络及交换信息	CPU：PM581 - ETH 底板：TB521 - ETH 本地输入输出模块：DC532 分布式接口模块：DC505 - FBP 分布式输入输出模块：DC532 通信扩展模块：CM572 - DP 通信扩展模块：CM574 - RS
	方案四	通过 RJ45 接口以太网构建通信网络，网络层采用 MODBUS - TCP 通信协议交换信息	各部分分布式模块与主机模块 CPU 之间利用 CS31 总线交换信息	CPU：PM581 - ETH 底板：TB521 - ETH 本地输入输出模块：DC532 分布式接口模块：DC551 分布式输入输出模块：DC532 通信扩展模块：CM574 - RS

图 6-42 所示为 AC500 在分布式配置方案下的原理图。

(1) 关于图 6-42 中的进线回路

对于进线回路，需要输送给 PLC 的开关量包括断路器状态、断路器保护动作状态、低电压继电器状态、自动或手动操作方式、断路器储能和工作位置等十几个 DI 量。PLC 对进线回路的控制包括合闸操作和分闸操作共计 2 个 DO 量。这些量均可通过输入输出扩展模块 DC532 实现。

值得注意的是：DC532 的 DO 输出量其实是晶体管集电极电流，因此需要配套中间继电器将 DO 量转换为继电器 RL 量（Relay）。

因为进线回路的 DC532 是分布式的，所以需要配套分布式接口模块 DC505 - FBP。DC505 - FBP 一方面能直接接插 DC532，另一方面可通过 PDR11 接口和通信介质与主机相连

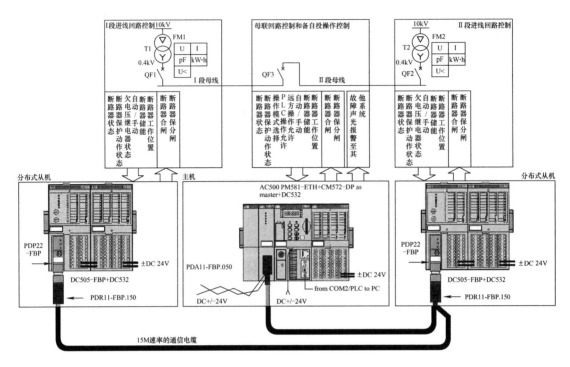

图 6-42   AC500 在分布式配置方案下的原理图

并且交换信息。

（2）关于图 6-42 的母联回路

对于母联回路，它除了需要输送给 PLC 包括断路器状态、断路器保护动作状态、自动或手动操作方式、断路器储能和工作位置等十几个 DI 量外，还需要输送自投操作模式、PLC 运行允许、远方运行允许等 DI 量；同时，母联回路不但需要输出断路器的合分闸操作 DO，还需要输出故障声光报警 DO 等参量。

由图 6-42 可见，母联的 DI 量和 DO 量均与 CPU 相接的 DC532 功能扩展模块相关。

（3）关于 AC500 主机与分布式远程功能扩展模块的连接

我们来看图 6-42 所示母联回路的 PLC 主机，它在 AC500 主机 PM581 - ETH 的底板插槽上插入了一只 CM572 - DP 通信扩展模块。其原因是母联回路的 PLC 主机在分布式 Profibus - DP通信链路中作为主站，而两进线回路的分布式接口 DC505 - FBP 均为从站，所以主机必须配套使用 CM572 - DP 通信扩展模块。

（4）关于 AC500 主机与进线回路的电力仪表的连接

从图 6-42 可见，低压进线回路均安装了电力仪表来测量三相电压、三相电流、功率因数和有功电度。为此，PLC 主机要设置 RS495/MODBUS 通信链路连接这两只电力仪表。在母联回路 PLC 主机底板插槽中插入了 RS485 的通信扩展模块 CM574 - RS 构建了 RS485 通信链路。

需要说明的是：CM574 - RS 只是构建了 RS485 物理层通信链路，而真正的数据交换要用数据链路层的 MODBUS - RTU 协议来实现。具体见本书的第 7 章相关内容。

（5）关于 AC500 主机与电力监控系统的连接

AC500 的主机 PM581 - ETH 具有以太网通信功能，在 PLC 的底板 TB521 - ETH 上有一个 RJ45 以太网接口。利用此接口，PM581 - ETH 可以实现与远方的电力监控系统进行数据交换，其通信协议为 MODBUS - TCP。

在图 6-42 中，PM581 - ETH 还可以利用 COM2 通信接口与电力监控系统（PLC TO PC）进行数据交换。利用 COM2 接口实现数据交换时，通信链路为 RS485 规约，而数据链路层的通信规约为 MODBUS - RTU。

6.5.2　IEC61131 标准中最常用的 PLC 图形化编程语言

1. 有关 IEC61131 标准系列和等同使用的 GB/T 15969 标准系列

有关可编程控制器 PLC 的国际电工标准是 IEC61131，等同使用的国家标准是 GB/T 15969。这些标准见表 6-32。

表 6-32　关于 PLC 编程语言的 IEC61131 标准

序号	标准编号	标准名称	说明
1	IEC61131 - 1：2003 GB/T 15969.1—2007	通用信息	定义 PLC 及其外围设备，人机界面 HMI 等
2	IEC61131 - 2：2003 GB/T 15969.2—2008	设备特性	规定 PLC 本体及外围设备的工作条件、结构特性、安全性及试验的一般要求、试验方法和步骤等
3	IEC61131 - 3：2003 GB/T 15969.3—2005	编程语言	规定 PLC 编程语言的语法和语义，规定编程语言的文本语言和图形语言，并描述了可编程控制器与第 1 部分规定的程序登陆、测试、监视和操作系统功能
4	IEC61131 - 4：2000 GB/T 15969.4—2007	用户导则	阐明除了 IEC61131 - 8 之外有关 PLC 的各种应用。例如系统分析、装置选择和系统维护
5	IEC61131 - 5：2000 GB/T 15969.5—2002	通信	规定 PLC 的通信范围。包括任何设备与作为服务器的 PLC 进行通信、PLC 为其他设备提供服务 PLC 的应用程序向其他设备请求服务时 PLC 的行为等
7	IEC61131 - 7：2000 GB/T 15969.7—2008	模糊控制编程	根据第 3 部分编程语言，为实现模糊控制的应用，提供了在不同编程系统间交换可移植模糊控制程序的可能性和方法
8	IEC61131 - 8：2001 GB/T 15969.8—2007	编程语言的应用和实现导则	为 PLC 编程语言提供应用导则，提供编程、组态、安装和维护指南

2. IEC61131 - 3 对 PLC 编程语言的若干定义

首先看 IEC61131 - 3 对 PLC 编程语言中的数据类型给出的定义，见表 6-33。

表 6-33　IEC61131 - 3 标准的数据类型

变量	数据类型	大小	值域	示例
位	BOOL	1 位	FALSE/TRUE（否/是）	—
	BYTE	8 位	8 位二进制数，1 个字节	—
	WORD	16 位	16 位二进制数，2 个字节	—
	DWORD	32 位	32 位二进制数，4 个字节	—

（续）

变量	数据类型	大小	值域	示例
整数	SINT	8 位	− 128 ~ 127	—
	INT	16 位	− 32768 ~ 32767	—
	DINT	32 位	− 2147483648 ~ 2147483647	—
时钟	TIME	—	—	4h: 3m: 34s: 568ms
时间	TIME_ OF_ DAY	—	—	23: 21: 17: 103
日期	—	—	—	2013 − 05 − 07
字符串	—	—	—	STRING （7） = Text

注：BOOL—位。常用于表达 DI 开关量；BYTE—字节。常用于表达简短数据或者 8 位 DI 开关量；WORD—字。常用于表达 AI 模拟量，例如电流、电压等等；DWORD—双字。常用于表达长数据或者电能量等。

3. IEC61131 − 3 对 PLC 编程语言定义的若干图形形式

IEC61131 对 PLC 编程语言定义了许多图形形式，用来解决编程语言的可视性问题。

我们知道，PLC 在编程时既可以采用文本形式的语言，也可采用梯形图。这两种编程语言中的梯形图几乎成为 PLC 编程的专用词。

由于计算机技术的发展，自动控制领域内不断涌现大量的现场总线元器件和智能装置，在这些智能装置中居于主导地位的就是 PLC。显见，PLC 已经从原先仅仅输入输出各种开关量的可编程控制器改变为处理各种信息管理和控制的通信管理中心。于是，梯形图已经无法胜任编程环境了。为此，IEC61131 − 3 中提出了编程语言的图形形式，用类似于逻辑图形的图形化语言代替梯形图。

值得注意的是，IEC61131 − 3 的图形化编程语言是通用语言，它适合于各种不同品牌的不同品种的 PLC，是全球所有 PLC 都必须支持的编程语言环境。

结合本书对低压成套开关设备中 PLC 控制程序的介绍，我们来看 IEC61131 − 3 中最常用的程序语言图形形式，见表6-34。

表 6-34　常用的 IEC61131 − 3 程序语言图形形式

序号	FBD 编程语言的图形形式	意义	说明
1	QF1_STATE	变量、常量或者线圈	
2	输入取反 / 输出取反	布尔功能求反	OUT = NOT （IN）
3	A — &/AND / B / C — OUT	布尔功能逻辑与	OUT = AND （A，B，NOT （C））

（续）

序号	FBD 编程语言的图形形式		意义	说明
4			布尔功能逻辑和	OUT = OR（A + B + NOT（C））
5			算术功能	
			+	OUT = ADD（A，B，C） OUT = A + B + C
			−	OUT = SUB（A，B，C） OUT = A − B − C
			*	OUT = MUL（A，B，C） OUT = A * B
			/	OUT = DIV（A，B） OUT = A/B
6			时间模块延时吸合	IN 为输入开关量，IN 由 0 变位为 1 时 TON 启动；PT 为时间模块的设定值；TIME 为减法计数器，其值从 PT 的设定值开始减至 0。当 TIME = 0 后输出 Q = 1
7			时间模块延时释放	IN 为输入开关量，IN 由变位为 0 时 TOF 启动，输出 Q = 1；PT 为时间模块的设定值；TIME 为减法计数器，其值从 PT 的设定值开始减至零。当 TIME = 0 后输出 Q = 0。
8			时间模块定宽脉冲发生器	IN 为输入开关量，IN 由 0 变位为 1 时 TP 启动，输出 Q = 1；PT 为时间模块的设定值；TIME 为减法计数器，其值从 PT 的设定值开始减至零。当 TIME = 0 后输出 Q = 0。 注意：延迟时间 T0 的长度在 TP 模块中是可设置的，设置完成后则被固定。

（续）

序号	FBD 编程语言的图形形式	意义	说明
9	=S	锁存	用于程序段锁存或者线圈锁存
10	=R	解锁	用于程序段解锁或者线圈解锁

凡本书中涉及的 PLC 的程序文本解释，均以表 6-29 的图形形式程序语言为主进行阐述。这样处理的最大好处是：读者可以将这些程序无缝地应用在任何一款品牌 PLC 上。

6.6 低压成套开关设备的控制原理分析

6.6.1 利用分立元件构建的两进线单母联控制线路原理分析

1. 一次系统分析

图 6-43 所示为手动操作模式下的两进线一母联之 Ⅰ 段进线主回路和辅助回路，从图中主回路可以见到 Ⅰ 段电力变压器 T_1、Ⅰ 段进线断路器 QF_1、电压采集和显示辅助回路、电流采集和显示辅助回路，还有无功功率补偿电流采集辅助回路。

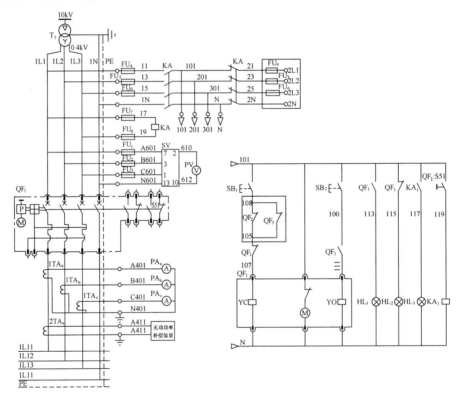

图 6-43 手动操作模式下的两进线一母联之 Ⅰ 段进线主回路和辅助回路

（1）电压采集回路

图 6-43 中电压采集回路的 SV 是电压换相开关，目的是可让电压表 PV 可分别显示 U_a、

U_b、U_c、U_{ab}、U_{bc}、U_{ca}。注意电压系统的线位号在电压换相开关左侧为 A601 ~ C601，在电压换相开关的右侧为 610、612。

（2）电流采集回路

电流采集回路中的电流互感器 $1TA_a$、$1TA_b$、$1TA_c$ 的二次侧线位号为 A401 ~ C401，电流表 PA_1 ~ PA_3 的右侧是电流汇总线，三相测量电流经此汇总线返回到电流互感器中。电流汇总线必须接地，避免电流互感器二次回路开路后产生的高压伤及人身。

电流采集回路中的电流互感器 $2TA_a$ 采集的 A 相电流信息送往无功功率自动补偿装置。无功功率自动补偿装置需要在 I 段母线上采集 I_a、U_b、U_c 三个参数，从中计算出三相功率因数等测控信息。

（3）电流互感器的安装位置

四套电流互感器安放在断路器与变压器之间或者断路器与母线之间均可，完全不影响测量结果。电流互感器放在断路器与母线之间比较便于维修。

（4）辅助回路工作电源

图 6-43 中的左侧输入线号是 1L1、1L2、1L3、1N，而右侧的输入线号是 2L1、2L2、2L3、2N。中间继电器 KA 的线圈接在 1L1 和 1L3 之间，当 I 段电力变压器工作正常时，继电器 KA 吸合，KA 的常开触点将工作电源 101、201、301 和 N 接至 I 段电力变压器低压侧；若 I 段电力变压器发生故障时，在 1L1 和 1L3 失压后继电器 KA 释放，KA 的常闭触头将工作电源 101、201、301 和 N 接至 II 段电力变压器低压侧。

在 TN – S 系统中因为 I、II 段母线的中性线不允许直接搭接，即使在辅助回路中也不允许直接搭接，因此 KA 必须采用 4 极的中间继电器。

2. 手动操作模式下的两进线单母联控制原理

（1） I 段进线断路器 QF1 的主回路和辅助回路

I 段进线断路器 QF1 的合闸逻辑是：

$$QF_{1YC} = SB_1 * \overline{QF_1} * (\overline{QF_2} + \overline{QF_3}) \tag{6-8}$$

式中　　QF_{1YC}——I 段进线断路器的合闸线圈；

　　　　SB_1——I 段进线断路器的合闸按钮；

QF_1、QF_2、QF_3——I 段进线断路器、II 段进线断路器、母联断路器。

I 段进线 QF1 的分闸逻辑是

$$QF_{1YO} = QF_1 * SB_2 \tag{6-9}$$

式中　QF_{1YO}——I 段进线断路器的分闸线圈；

　　　　SB_2——I 段进线断路器的分闸按钮。

执行断路器合闸的表达式 $SB_1 * \overline{QF_1} * (\overline{QF_2} + \overline{QF_3})$ 由 3 节串联电路构成，线位号从 103 到 107。串联电路之一的合闸按钮 SB_1 常开接点用于产生合闸信号，它是人机之间的交互操作点；串联电路之二的是 $\overline{QF_1}$ 辅助常闭接点，因为 $\overline{QF_1}$ 辅助触点在断路器闭合后等于 0，因而 $\overline{QF_1}$ 可用于防止 I 段进线断路器二次重合闸；串联电路之三是由 QF_2 和 QF_2 的常闭接点构建的并联电路，其用途是 QF_2 和 QF_3 对 QF_1 的合闸互锁。互锁逻辑表达式可参见第 4 章 4.1 节的式（4-3）。

执行断路器分闸的表达式 $QF_1 * SB_2$ 由 2 节串联电路构成，线位号从 109 到 111。串联电路之一的分闸按钮 SB_2 常开接点用于产生分闸信号，它是人机之间的交互操作点；串联电

路之二是 QF_1 的常开触点，此触点的用途是防止二次重分闸。

线位号 113 的 QF_1 常开接点和线位号 115 的 QF_1 常闭接点分别用于点燃合闸信号灯 HL_1 和分闸信号灯 HL_2。

故障辅助触点 QF_1：S51 接点反映了 Ⅰ 段进线断路器的过载和短路保护状态，并且需要多处使用，所以利用中间继电器 KA_1 进行触点数量扩展。在线位号 119 的 QF_1：S51 首先接通中间继电器 KA_1 的线圈，然后 KA_1 的常开接点在线位号 117 支路点燃故障信号灯 HL_3。

（2）Ⅱ 段进线断路器 QF_2 的主回路和辅助回路

Ⅱ 段进线断路器 QF_2 的主回路和辅助回路如图 6-44 所示。

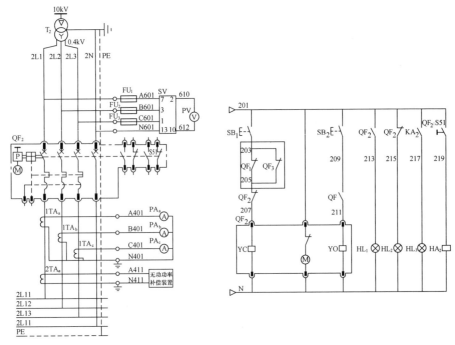

图 6-44　手动操作模式下的两进线单母联 Ⅱ 段进线主回路和辅助回路

Ⅱ 段进线 QF_2 的合闸逻辑是：

$$QF_{2YC} = SB_1 * \overline{QF_2} * (\overline{QF_1} + \overline{QF_3}) \tag{6-10}$$

Ⅱ 段进线 QF_2 的分闸逻辑是：

$$QF_{2YO} = QF_2 * SB_2 \tag{6-11}$$

QF_2 合闸公式中的互锁逻辑与 QF_1 的互锁逻辑略有不同：QF_2 合闸公式中的互锁逻辑是 $SB_1 * \overline{QF_2} * (\overline{QF_1} + \overline{QF_3})$，而 QF_2 分闸公式中的分闸条件是 $QF_2 * SB_2$。

（3）母联断路器的主回路和辅助回路

母联断路器 QF_3 的主回路和辅助回路如图 6-45 所示。

母联一般不配备电压采集辅助回路，其电流采集辅助回路工作原理与进线基本一致。

因为低压系统的接地形式为 TN-S，且进线断路器的保护为 L-S-I-G 四段，所以母联断路器采用四极开关，主母线也采用四极。

从图 6-45 中可见母联 QF_3 的合闸逻辑是：

$$QF_{3YC} = SB_1 * \overline{QF_3} * (\overline{QF_1} + \overline{QF_2}) * \overline{KA_1} * \overline{KA_2} \tag{6-12}$$

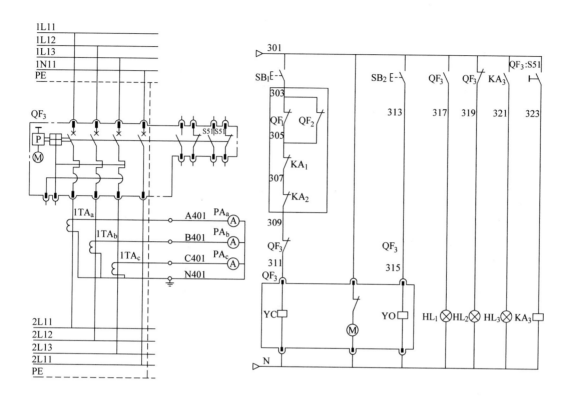

图 6-45　手动操作模式下的两进线单母联主回路和辅助回路

母联 QF_3 的分闸逻辑是：

$$QF_{3YO} = QF_3 * SB_2 \tag{6-13}$$

在母联的合闸逻辑中出现的 KA_1 和 KA_2 常闭触点代表了 QF_1 和 QF_2 的保护动作状态，其意义是：若两进线断路器因为母线上或负载侧发生保护动作而跳闸，则在故障触点未复位之前不允许母联执行闭合操作。

Emax 系列断路器中的 S51 辅助触点一旦动作后，若不在断路器的操作面板上执行复位操作则 S51 的动作状态就一直被保持。

线位号 317 的 QF_3 常开接点和线位号 319 的 QF_3 常闭触点分别用于点燃合闸信号灯 HL_1 和分闸信号灯 HL_2。

由于进线断路器的故障辅助触点 $QF_3/S51$ 接点往往需要多处使用，所以利用中间继电器 KA_3 进行扩展。在线位号 323 的 $QF_3/S51$ 首先接通中间继电器 KA_3 的线圈，然后 KA_3 的常开接点在线位号 321 支路点燃故障信号灯 HL_3。

（4）手动操作模式下的两进线单母联控制过程的过程函数总结（见表 6-35）

表 6-35　手动操作模式下的两进线单母联控制过程函数总结

Ⅰ段	合闸过程函数	$QF_{1YC} = SB_1 * \overline{QF_1} * (\overline{QF_2} + \overline{QF_3})$
进线断路器	分闸过程函数	$QF_{1YO} = QF_1 * SB_2$
Ⅱ段	合闸过程函数	$QF_{2YC} = SB_1 * \overline{QF_2} * (\overline{QF_1} + \overline{QF_3})$
进线断路器	分闸过程函数	$QF_{2YO} = QF_2 * SB_2$

（续）

母联断路器	合闸过程函数	$QF_{3YC} = SB_1 * \overline{QF_3} * (\overline{QF_1} + \overline{QF_2}) * \overline{KA_1} * \overline{KA_2}$
	分闸过程函数	$QF_{3YO} = QF_3 * SB_2$

表 6-35 中的三组过程函数对应的控制逻辑就是在第 4 章 4.1 节中的进线和母联之间的合闸互锁逻辑表达式（4-3），这里重复列写如下：

$$\begin{cases} QF_{1合闸} = \overline{QF_2} + \overline{QF_3} \\ QF_{2合闸} = \overline{QF_1} + \overline{QF_3} \\ QF_{3合闸} = \overline{QF_1} + \overline{QF_2} \end{cases}$$

通过过程函数我们能更清楚地理解合闸互锁逻辑表达式的意义。

3. 自动操作模式下的两进线单母联控制原理

（1）Ⅰ段进线主回路和Ⅱ段进线主回路的电压采集辅助回路

图 6-46 和图 6-47 分别是Ⅰ段进线断路器和Ⅱ段进线断路器在自动操作模式下的控制原理图，图中的可调下限低电压继电器 KV_1 和 KV_2 电气逻辑特性如下：

$$KV_1 = KV_2 = \begin{cases} 0 & \text{——欠电压或失电压} \\ 1 & \text{——电压正常时} \end{cases} \tag{6-14}$$

低电压继电器 KV_1 和 KV_2 均可调整电压参数的下限越限值。

当低压配电网的电压接近于低电压继电器的下限值时，某些低电压继电器的触头会出现抖动现象，触头抖动会严重地影响到控制的准确性和可靠性。为此，低电压继电器的出口接点往往要配套时间继电器进行延迟判误。

低电压继电器配套的时间继电器可按需求采用通电延时或者断电延时的产品规格。

（2）Ⅰ段和Ⅱ段进线断路器在自投手复操作模式下的工作原理

Ⅰ段进线断路器在自投手复模式下合闸的过程函数如下：

$$QF_{1YC} = SA_{1AUTO} * KT_2.TON(0 \to 1, t = 1) * \overline{QF_1} * (\overline{QF_2} + \overline{QF_3}) \tag{6-15}$$

式中　　　　　QF_{1YC}——Ⅰ段进线断路器的合闸线圈；

　　　　　SA_{1AUTO}——自动/手动操作模式选择开关拨在"自动操作模式"档位下；

$KT_2.TON(0 \to 1, t = 1)$——KT_2 是通电延时时间继电器，KT_2 的动合触点在得电后延迟 1s 闭合；

QF_1，QF_2，QF_3——Ⅰ段和Ⅱ段进线断路器及母联断路器及其辅助触点。

为了分析 KV_1 的动作过程，我们来看图 6-48。在图 6-48 中，当Ⅰ段进线电压正常时 $KV_1 = 1$，于是 KA_1 吸合，KA_1 吸合后启动了通电延时的时间继电器 KT_2，KT_2 用于消除低电压继电器电压临界点抖动现象，其动合触头在线圈得电 1s 后动作，即 $KT_2(0 \to 1, t = 1s)$。

令过程函数 f_{11} 中的 $SA_{1AUTO} = 1$ 表示选择开关 SA_1 拨在自动操作模式下有效。

KV_1 等于 1 后同时还驱动了断电延时的时间继电器 KT_1 的线圈，KT_1 的电气逻辑表达式是 $KT_1(1 \to 0, t = 1)$，其意义是当系统出现失压后 KT_1 的接点在延迟了 1s 后才释放。KT_1 与母联断路器的投退相关。

从式（6-15）我们看到，Ⅰ段进线断路器闭合的条件是Ⅰ段电压正常、延迟判误时间继电器 KT_2 已经闭合、两进线 QF_1、QF_2 和母联 QF_3 之间的互锁逻辑满足 QF_1 的闭合要求、QF_1 处于打开状态。这些条件都满足后 $QF_{1YC} = 1$，继而使得Ⅰ段进线断路器 QF_1 闭合。QF_1 闭合后其常闭触点 $\overline{QF_1}$ 打开，防止二次重合闸。

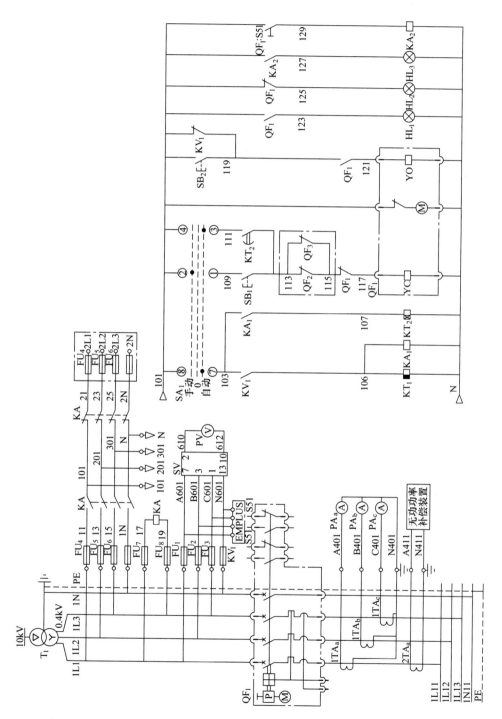

图 6-46　自动操作模式下的两进线单母联 I 段进线主回路和辅助回路

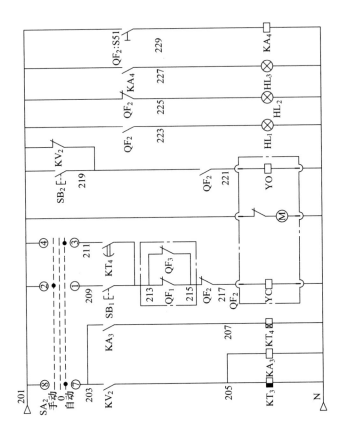

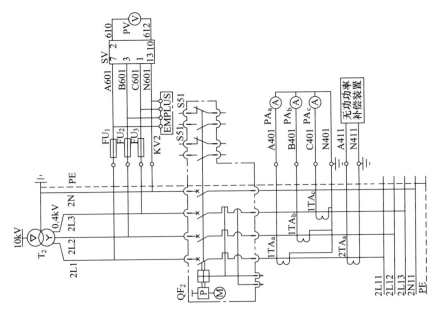

图 6-47　自动操作模式下的两进线单母母联 II 段进线主回路和辅助回路

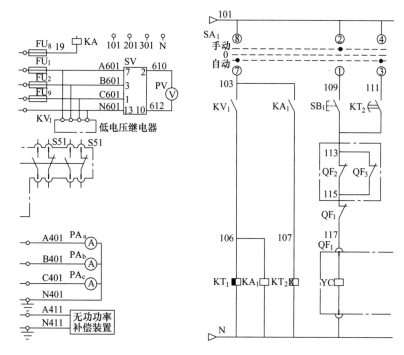

图 6-48　KV$_1$ 的动作过程

Ⅱ段进线断路器的自投手复操作模式原理与Ⅰ段进线断路器的自投手复操作模式原理类似，其合闸逻辑如下：

$$QF_{2YC} = SA_{2AUTO} * KT_4. TON(0 \to 1, t=1) * \overline{QF_2} * (\overline{QF_1} + \overline{QF_3}) \tag{6-16}$$

从式（6-16）中看出，与 QF$_1$ 的合闸逻辑相比 QF$_2$ 的合闸逻辑区别在于互锁逻辑更换为 $\overline{QF_1} + \overline{QF_3}$，合闸时间继电器更换为 KT$_4$，防止二次重合闸的辅助触点为 $\overline{QF_2}$。

KV$_2$ 等于 1 后还同时驱动了断电延时的时间继电器 KT$_3$ 的线圈，KT$_3$ 触点的电气逻辑关系是 KT$_3$(1 → 0, $t=1$)，其意义是当系统出现失压后 KT$_3$ 的触点在延迟了 1s 后才释放，也就相当于 KV$_2$ 的触点延迟了 1s 才释放。KT$_3$ 与母联断路器的投退相关。

Ⅰ段进线断路器和Ⅱ段进线断路器的自投手复操作模式下的分闸逻辑如下：

$$QF_{1YO} = SA_{1AUTO} * [SB_2 + \overline{KV_1}] * QF_1 \tag{6-17}$$

$$QF_{2YO} = SA_{2AUTO} * [SB_2 + \overline{KV_2}] * QF_2 \tag{6-18}$$

Ⅰ段和Ⅱ段进线断路器的自投手复操作模式下的分闸逻辑是明确：从式（6-17）和式（6-18）中我们看到，分闸按钮与低电压继电器动分接点是并联的，两者构成或逻辑关系，两者动作后都能使得断路器执行分闸操作。

（3）母联断路器在自投手复操作模式下的工作原理

母联断路器在自投手复操作模式下的控制原理如图 6-49 所示。

母联自投手复模式下的合闸过程函数 f_{31} 如下：

$$\begin{cases} QF_{3YC} = f_{31} = f_{31-1} * f_{31-2} * f_{31-3} * \overline{QF_3} \\ f_{31-1} = SA_{3HAND} * SB_1 * (\overline{QF_1} + \overline{QF_2}) + SA_{3AUTO} * (\overline{QF_1} * \overline{KT_1} + \overline{QF_2} * \overline{KT_3}) \\ f_{31-2} = \overline{KA_2} * \overline{KA_4} \\ f_{31-3} = \overline{KT_5} \end{cases} \tag{6-19}$$

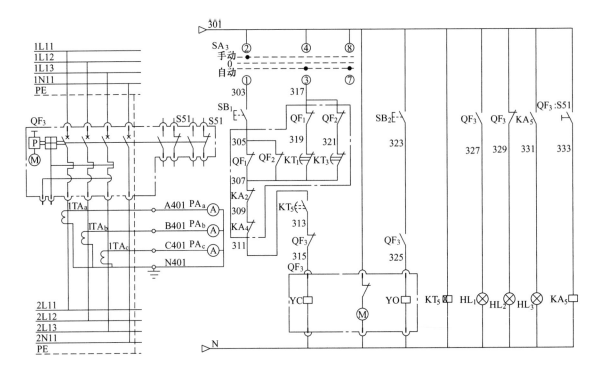

图6-49 自投手复操作模式下的两进线单母联之母联主回路和辅助回路

1）f_{31-1} 过程函数的意义：f_{31-1} 过程函数中包括两部分：手动操作部分和自动操作部分。两部分的切换通过选择开关得以实现。

当选择开关 SA_3 拨在手动操作时电气逻辑关系是：

$$SA_{3HAND} * SB_1 * (\overline{QF_1} + \overline{QF_2})$$

这是两进线断路器对母联断路器的电气互锁与手动合闸按钮的串联支路，且仅当 SA_3 选择开关拨在手动操作时有效。

当选择开关 SA_3 拨在自动操作时电气逻辑关系是：

$$SA_{3AUTO} * (\overline{QF_1} * \overline{KT_1} + \overline{QF_2} * \overline{KT_3})$$

$\overline{KT_1} = \overline{KV_1. TOF(1 \rightarrow 0, t=1)}$ 的意义是：I 段进线出现失压并延迟 1s 判误后故障仍然存在，以此证实 I 段进线确实出现低电压或失压。将 $\overline{QF_1} * \overline{KT_1}$ 串联后的逻辑表达式表示 I 段进线出现低电压同时断路器 QF_1 已经分断。注意：这里的 TOF 是断电延时时间继电器。

同理，$\overline{KT_3} = \overline{KV_2. TOF(1 \rightarrow 0, t=1)}$ 的意义是：II 段进线出现失压并延迟 1s 判误后故障仍然存在，以此证实 II 段进线确实出现低电压或失压。将 $\overline{QF_2} * \overline{KT_3}$ 串联后的逻辑表达式表示 II 段进线出现低电压同时断路器 QF_2 已经分断。

结论：f_{31-1} 过程函数的电气逻辑有效表示两进线中至少有 1 路进线出现失压同时进线断路器已经跳闸。如图 6-50 所示。

2）f_{31-2} 过程函数的意义：$\overline{KA_2}$ 有效表示 I 段进线断路器没有出现保护动作且未复位的故障状态，$\overline{KA_4}$ 有效表示 II 段进线断路器没有出现保护动作且未复位的故障状态，所以 $f_{31-2} = \overline{KA_2} * \overline{KA_4}$ 有效表示两进线断路器均正常，低压配电网两段母线均未出现过载、短路或者单相接地故障。

3）f_{31-3} 过程函数的意义：

$f_{31-3} = \overline{KT_5} = \overline{\text{Work Power}_{301}.\text{TON}(0 \to 1, t=1)}$ 有效表示辅助回路工作电源正常，且经过延迟 1s 判误确认。这里的 Work Power 是辅助回路的工作电源，见图 6-50 最上方的工作电源电路，它由 T1 电力变压器和 T2 电力变压器低压侧互投形成。

4）QF_3 的自投手复操作模式中 f_{31} 过程函数综合意义：$QF_{3YC} = f_{31} = f_{31-1} * f_{31-2} * f_{31-3} * \overline{QF_3}$ 的意义是

① 两进线断路器工作正常未出现保护动作；

② 两进线变压器出现欠电压或失电压；

③ 当选择开关 SA_3 选择手动操作模式 HAND 时 QF_3 的合闸按钮 SB_1 已经按下，或者 SA_3 选择自动操作模式 AUTO 时闭合 QF_3 的电气逻辑已经得到确认；

④ 母联断路器 QF_3 已经具备执行闭合操作的条件，即 $QF_{3YC} = 1$。

母联断路器自投手复模式下的分闸过程函数 f_{32} 如下：

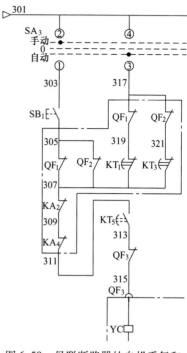

$$QF_{3YO} = f_{32} = SB_2 * QF_3 \qquad (6\text{-}20)$$

因为母联断路器采用手复的分闸操作模式，所以只要分闸按钮 SB_2 有效，且母联断路器 QF_3 处于闭合状态，则母联断路器在 f_{32} 过程函数中立即执行分闸操作。

**图 6-50　母联断路器的自投手复和
自投自复合闸电路**

（4）母联断路器在自投自复操作模式下的工作原理

母联断路器在自投自复操作模式下的控制原理见图 6-51。

对于母联断路器在自动模式下的 f_{31} 合闸过程函数，自投手复操作模式与自投自复操作模式原理是一样的，不一样的是 f_{32} 分闸过程函数。

f_{32} 分闸过程函数为

$$QF_{3YO} = f_{32} = SA_{3AUTO}(QF_1 * KA_2 + QF_2 * KA_4) * QF_3 \qquad (6\text{-}21)$$

f_{32} 分闸过程函数中的 KA_2 和 KA_4 分别是 QF_1 的保护动作继电器和 QF_2 的保护动作继电器。f_{32} 分闸过程函数的意义是：当选择开关 SA_3 拨在自动操作下两段进线断路器中至少有 1 套已经闭合且未出现保护动作，则 QF_3 立即执行分闸操作。

（5）有关自投手复操作模式和自投自复操作模式的总结

本节所讨论的自投操作模式和自复操作模式中，"自投"指的是进线断路器的自动投入，"自复"指的是进线断路器从故障状态下的自动恢复。

针对进线回路的自投操作存在的问题是：往往低压配电网在首次送电时出现的问题较多，需要由人工操作按步骤地合闸，而且每一步骤都要仔细确认运行参数及投切状态。针对进线回路的自投操作是不具备这种能力的。

针对母联回路的自投操作模式和自复操作模式则能满足以上要求。

例如针对母联回路的备自投系统在低压配电网首次送电时由人工操作到两进线闭合母联打开的运行模式，并将两进线闭合母联打开的运行模式作为标准工作模式；在标准工作模式下若某进线出现失压，则控制系统自动将失压的进线打开，然后投入母联；当该路进线电压

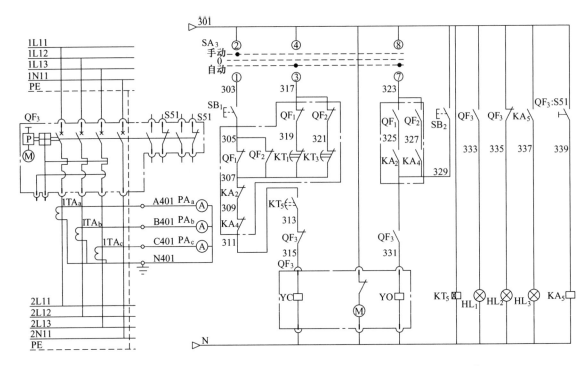

图 6-51　自投自复操作模式下的两进线一母联之母联主回路和辅助回路

恢复后，控制系统又自动将母联打开，然后投入对应的进线。

针对母联回路的备自投系统还能实现倒闸操作，即进线和母联均闭合，变压器处于并列运行状态。这些都是针对进线回路的备自投系统所不能实现的。

由于针对母联的备自投系统其控制逻辑相对复杂，因此需要用 PLC 执行测控任务。

6.6.2　利用 PLC 构建两进线单母联低压配电系统的控制原理和范例

图 6-52 所示为具有双路进线和单母联的低压配电系统。注意到变压器低压侧有采集低电压信号的标记。我们用此范例来构建 PLC 备自投系统。

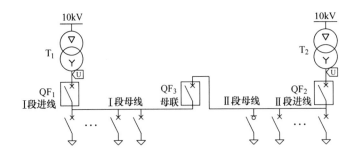

图 6-52　利用 PLC 实现备自投操作的低压配电范例系统

考虑到读者在实践中会配套任意型号的 PLC，随后的程序编程语言将用 IEC61131 - 3 通用图形形式来表述，以便读者使用和移植。关于 IEC61131 - 3 标准的通用 PLC 编程语言图形形式见本章的 6.5.2 节给出的相关描述。

1. 基于母联的低压进线、母联备自投控制原理概述

（1）范例系统的低电压测量

两套低压进线主回路均采用最通用的单相低电压继电器采集低电压信号。低电压继电器当电压正常时其动断辅助触头打开，发生欠电压或者失电压时动断辅助触头返回，即

$$\begin{cases} KV = 0，U \geqslant U_0，电压正常时 \\ KV = 1，U < U_0，出现欠电压或者失电压时 \end{cases}$$

值得注意的是，常规单相低电压继电器在动作临界点会发生触头抖动，若使用常规继电器构建控制系统需要配时间继电器；用 PLC 则需要在控制程序中配套防抖措施。

（2）低压配电系统的操作说明

1）低压配电系统首次送电。低压配电系统首次送电必须采用手动操作：手动操作两市电进线断路器合闸，母联断路器仍然保持分断状态，低压配电系统就此进入正常工作状态。

这里的手动操作并不是专指手动操作模式，也可在自动模式下利用控制按钮使得两市电进线断路器合闸。首次送电采用手动操作是必要的，这样能确保低压配电网的安全性。

2）低压备自投系统的操作模式。备自投系统操作模式有四种，即

$$\begin{cases} HH，手投手复操作模式 \\ HA，手投自复操作模式 \\ AH，自投手复操作模式 \\ AA，自投自复操作模式 \end{cases}$$

这里的"投"是指母联断路器，"复"是指进线断路器，也即针对母联的低压备自投操作系统。

● HH 操作模式

HH 操作模式即手动操作方式。在此操作模式下，所有断路器均由人工通过控制按钮实现合分闸。在 HH 模式下，若低压配电系统发生了失电压或欠电压，则对应的进线断路器会跳闸，但闭合母联断路器的操作为手动；当电压恢复后，分断母联断路器和投入对应的进线断路器也需要手动。

遥控也被归于 HH 操作模式中。

遥控是由远方的电力监控系统操控的。一般来说，就地控制的权限高于遥控的权限，因此在就地的控制面板上需要安装就地/远方选择开关以实现权限选择。在本范例中，认为遥控的权限高于就地控制。当遥控指令发出后，备自投程序会自动转向执行遥控命令而忽略就地控制命令。

● HA 操作模式

当出现失压时，在 HA 操作模式下备自投首先自动打开相应的进线开关，并且给出告警信息。投入母联开关的操作需要由人工实施，但当电压恢复后的打开母联闭合进线等操作是自动进行的。

在这里，我们再次看到基于进线的备自投和基于母联的备自投在"投"和"复"方面的区别。基于母联的备自投中的"投"指的是母联，"复"指的是进线；而基于进线的备自投的"投"指的是进线，"复"指的是母联。

一般地，基于进线的备自投适用于用继电器构建的控制系统，而基于母联的备自投适用于 PLC 构建的控制系统。

● AH 操作模式

当出现失压时，在 AH 模式下备自投首先自动打开相应的进线开关，接着自动投入母联。当电压恢复后，须要由人工执行打开母联闭合进线的操作。

● AA 操作模式

在 AA 操作模式下，一切都是自动的。当出现失压时，备自投程序首先让对应的进线断路器跳闸，再闭合母联断路器；当市电电压恢复后，备自投在确认电压正常后先分断母联断路器，再闭合进线断路器。

若市电发生了双路失电压或欠电压，则备自投将启动故障处理程序。故障程序在对电压信息延迟判误后分断两进线断路器，随后发出起动发电机的命令。当发电机的电压正常后，故障程序将闭合发电机进线断路器和母联断路器；当某路市电电压恢复后，故障程序将启动恢复程序：恢复程序首先分断发电机进线，再闭合对应的市电进线和母联断路器，最后发出停止发电机工作的命令。至此，系统从故障处理程序中返回到备自投程序中。

（3）低压系统的状态

低压系统的状态中隐含着互锁关系：即两进线和母联三者之间任何时刻只能闭合两台。例如 STATU4 为两进线闭合母联打开，STATU8 为两进线打开而母联闭合。于是 STATU4 就成为系统的最终工作状态，而 STATU8 则为非法状态。

备自投程序在本质上是引导电力系统通过断路器的投退切换从其他运行状态向最终运行状态 STATU4 逼近，直至系统进入 STATU4 为止。

图 6-52 所示低压配电系统共有 8 个可能状态，见表 6-36。

表 6-36　电力系统状态

配电系统的状态	市电进线 QF1	市电进线 QF2	母联 QF3	描述
STATU1	0	0	0	所有断路器均打开
STATU2	1	0	0	Ⅰ段市电进线单路闭合
STATU3	0	1	0	Ⅱ段市电进线单路闭合
STATU4	1	1	0	双路市电进线均闭合，系统最终运行态
STATU5	0	1	1	Ⅱ段市电进线和母联闭合
STATU6	1	0	1	Ⅰ段市电进线和母联闭合
STATU7	0	0	1	Ⅰ段进线和Ⅱ段进线均打开，母联闭合
STATU8	1	1	1	所有断路器均闭合，非法状态

注："0" 表示断路器处于打开状态，"1" 表示断路器处于闭合状态。

与用继电器构建的控制电路不同，备自投控制程序中用进线、母联的系统状态来决定断路器的投退关系及互锁关系，这也是备自投控制方式区别于常规继电器控制方式的最主要特征之一。

2. 备自投程序中的基本变量和模块

编程语言中的功能图块即 IEC 61131-3 标准中的编程语言图形形式。功能图块构建的编程语言将各种功能块连接起来实现所需控制功能，它来源于信号处理领域。功能图块编程语言的图形符号由功能、功能块和连接元素等构成。

我们来看一些简单的功能图块：

（1）开关量输入 DI 和延迟时间模块 TON

在程序中对于所有的开关量遥信输入值均作了 100ms 的防抖动延迟判误，以避免出现触点误动现象。延迟时间从 20ms 到 100ms 可调。

开关量输入和延迟时间模块 TON 如图 6-53 所示。

图 6-53 中，SB11_STATE 是合闸按钮的 DI 遥信量（开关量），接在 TON 模块的输入"IN"端口；SB11 为合闸按钮状态变量，接在 TON 模块的输出"Q"端口。从 SB11_STATE = 1 到 SB11 = 1 经历了 100ms 的延迟；TON 中的 T100 是延迟 100ms 的时间常数常量，T100 接在 TON 的"PT"接口上；最后 %MD001.01 为减法计数器变量，接在 TON 的"ET"接口。

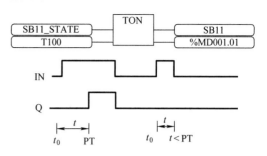

图 6-53 TON 延时模块和时序图

TON 相当于通电延时继电器，其中 t 的延时时间从 1ms（毫秒）到 1year（年），TON 的定义见本章 6.5.2 节。

我们从 TON 的时序图中可以看到：当输入信号 IN 有效的时长大于或者等于 t 时，输出 Q = 1，否则 Q = 0，即

$$\begin{cases} Q = 0, & T_{IN} < t \\ Q = 1, & T_{IN} \geq t \end{cases}$$

（2）OR 图块和 AND 图块

图 6-54 中 OR 为或图块，其输出为 2 输入变量的逻辑和；图中 AND 为与图块，其输出为 3 个输入变量的逻辑积。OR 模块和 AND 图块的输入个数是可以设定的。

图 6-54 中 AND 图块的输入端有小圆圈表示求反操作。例如图中 AND 图块的输出 Q 等于：

$$Q_{AND} = \overline{QF1} * \overline{LOCK} * (RL\_QF1\_AC + RL\_QF1\_RC)$$

OR 和 AND 的定义见 PLC 编程语言的 IEC 61131 – 3 标准。

（3）TP 定宽脉冲发生器图块

对于 PLC 的出口继电器来说，由于出口继电器的控制对象是断路器的合分闸电动操作机构，所以出口继电器的动作特征为时间宽度固定的单次脉冲动作方式。这里的时间宽度为断路器电动操作机构动作时间长度的 2 倍，一般为 150ms。

当 TP 是定宽脉冲发生器图块。当图 6-54 中 TP 的输入端（AND 的输出）有效时，TP 将输出脉宽为 150ms 的脉冲。

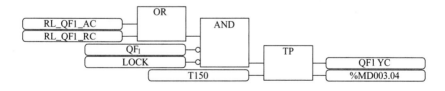

图 6-54 TP 脉冲输出模块

TP 图块的左下角"PT"接 150ms 延时时间常数常量，右下角为减法计数器，右上角即为 TP 图块的输出端口"Q"。我们看到驱动进线断路器 QF1 合闸线圈执行断路器闭合操作的出口继电器 QF1YC 其动作的维持时间是 150ms。

我们来看 TP 模块的时序图 6-55。结合图 6-54 和图 6-55 可以看出：当 TP 模块的输入

IN = 1 时，输出 Q 出现一个宽度为 PT 的脉冲，且脉冲有效期间与 IN 的状态无关。

TP 的定义见本章 6.5.2 节有关 IEC 61131 - 3 标准编程语言图形形式的说明。

在图 6-54 中，一旦 AND 输出有效，则 TP 就通过继电器输出变量 QF1YC 使得出口继电器产生 150ms 的合闸脉冲。

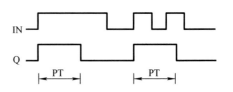

图 6-55　TP 定宽脉冲发生器图块的时序图

3. 范例系统的电气接线

图 6-56 所示为母联主回路和辅助回路，图 6-57 所示为 Ⅰ 段进线主回路和辅助回路。

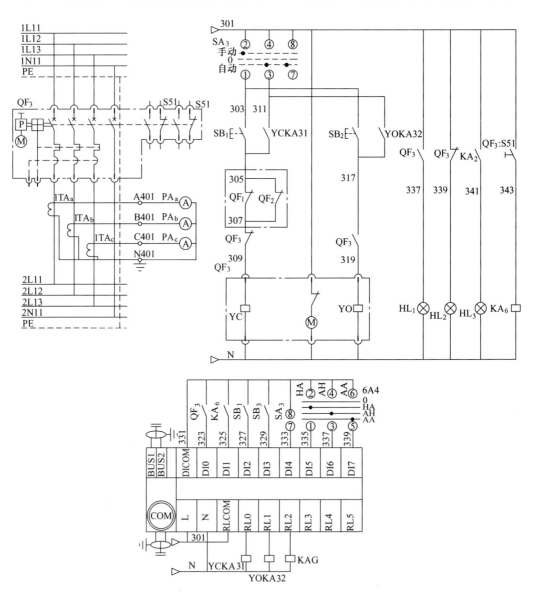

图 6-56　利用 PLC 实现测控的范例系统母联主回路和辅助回路

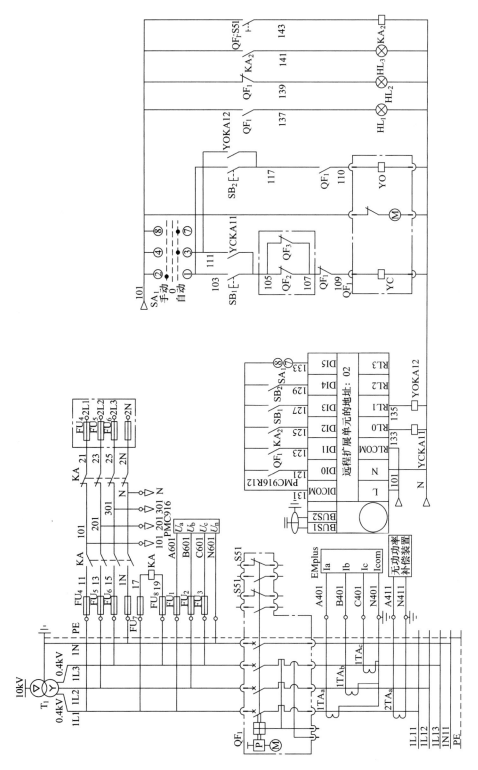

图 6-57　利用 PLC 实现测控的范例系统 I 段进线主回路和辅助回路

从图 6-56 中可以看到，PLC 的开关量输入信号从左至右分别为母联断路器的状态 QF3、母联断路器的保护动作状态 KA6、合闸按钮 SB1 和分闸按钮 SB2、自动/手动选择开关 SA3、HA 操作模式、AH 操作模式和 AA 操作模式。

图 6-56 中的出口继电器 YCKA31 和 YOKA32 用来对母联断路器实施合闸和分闸操作，出口继电器 KAG 专用于对发电机实施起动和停止操作。

从图 6-57 中可以看到，当Ⅰ段进线控制原理图中的选择开关 SA1 拨在手动档时，Ⅰ段进线 QF1 断路器的合分操作可通过合闸按钮 SB1 和分闸按钮 SB2 实现；当选择开关拨在自动档时，Ⅰ段进线 QF1 的合闸操作由中间继电器 YCKA11 执行，分闸操作由中间继电器 YOKA12 执行，而 YCKA11 及 YOKA12 均为 PLC 的出口继电器，它们的合分操作均由备自投程序安排和指挥。

注1：

对于 PLC 主机来说，查询和检索远程功能扩展单元要通过硬件地址来确定。Ⅰ段进线使用的远程功能扩展单元地址为 02，Ⅱ段进线使用的远程功能扩展单元地址为 03，发电机进线使用的远程功能扩展单元地址为 04，PLC 主机的地址为 62。

注2：

利用 PLC 实现对低压成套开关设备测控的要点是：

1）若被测控对象散布在低压配电所的不同地点，或者散布在不同的配电所中，为了避免大量的接线，可采用分布式远程功能扩展单元来采集和输出控制信息。远程单元与 PLC 主机之间通过通信电缆连接和交换信息。

2）PLC 读取数据是通过地址进行的。在 PLC 构成的系统中，任何一个功能模块，包括全部的开关量输入输出接口和模拟量的输入输出接口，都有明确的地址与其对应。见表 6-37。

表 6-37 范例系统的参量名称和地址

模块名称	地址	参量名称	地址
PLC 主机母联回路	62	母联断路器状态辅助触头 QF_3	I62.00
		母联断路器保护动作辅助触头 KA_6	I62.01
		合闸控制按钮 SB_1 触头	I62.02
		分闸控制按钮 SB_2 触头	I62.03
		母联断路器合闸继电器 YCKA31	O62.00
		母联断路器分闸继电器 YOKA32	O62.01
		发电机控制继电器 KAG	O62.02
1 号远程单元Ⅰ段进线	02	Ⅰ段进线低电压信号 EmplusRL1	I02.00
		Ⅰ段进线断路器状态辅助触头 QF_1	I02.01
		Ⅰ段进线断路器保护动作辅助触头 KA_2	I02.02
		合闸控制按钮 SB_1 触头	I02.03
		分闸控制按钮 SB_2 触头	I02.04
		手动/自动选择开关 SA_1	I02.05
		Ⅰ段进线断路器合闸继电器 YCKA11	O02.00
		Ⅰ段进线断路器分闸继电器 YOKA12	O02.01
		Ⅱ段进线低电压信号 EmplusRL1	I03.00

（续）

模块名称	地址	参量名称	地址
2号远程单元Ⅱ段进线	03	Ⅱ段进线断路器状态辅助触头 QF_1	I03.01
		Ⅱ段进线断路器保护动作辅助触头 KA_2	I03.02
		合闸控制按钮 SB_1 触头	I03.03
		分闸控制按钮 SB_2 触头	I03.04
		手动/自动选择开关 SA_2	I03.05
		Ⅱ段进线断路器合闸继电器 YCKA11	O03.00
		Ⅱ段进线断路器分闸继电器 YOKA12	O03.01

从表 6-37 中我们看出，PLC 测控体系中所有的输入输出开关量连同各种模块一起成为一个整体。系统内任何开关量发生变位，都会引起备自投程序发生相应的连锁反应。

我们来看图 6-58。图 6-58 反映了系统中各个模块之间的网络拓扑关系。

对于 AC500 系列 PLC，各个模块之间的通信符合 Profibus – DP 规约，通信速率可达 15Mbit/s。ABB 早期中档 PLC 系统间通信采用 RS485/MODBUS – RTU 规约，通信速率 19.2kbit/s，系统间数据交换也仅耗时 0.05ms 左右。

从图 6-58 中我们能看出分布式配置方案充分利用了现场总线技术，各种模块按需求分布在低压成套开关设备中，接线灵活，控制方便，大量减少了系统接线，提高了可靠性。

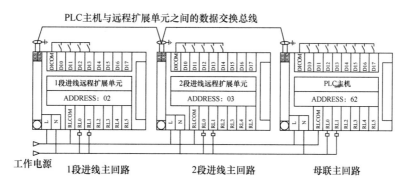

图 6-58　范例系统 PLC 主机与分布式远程扩展单元的网络拓扑关系

3）PLC 系统的工作电源

图 6-59 所示为辅助回路的电源供给简图，其中 T1 和 T2 为电力变压器，101/201/301/N 为辅助工作电源输出。PLC 的工作电源要确保有稳定的电能供给。若两路市电失压则工作电源也将出现失压，为此系统中配套了在线式 UPS 实现供电连续性。

4）PLC 的控制权限

通常现场的控制权限最高，就地控制的 PLC 次之，后台上位机系统的控制权限最低。因此，手动/自动/远控的选择开关放置在现场，由现场人员决定控制权限的操作层面。

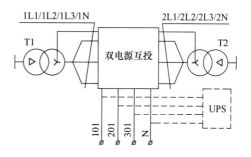

图 6-59　范例系统的辅助回路电源供给

4. PLC控制程序分析——范例系统的信息处理程序

输入开关量处理程序的用途是将范例系统中各个开关量转换为变量。

任何开关的触头在发生变位时，由于反弹作用，触头都会在闭合位置反复弹跳数次直至稳定，所以备自投的开关量输入处理程序中要用TON来消除抖动，如图6-60所示。

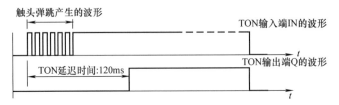

图6-60 用TON消除触头弹跳

范例系统的输入开关量处理程序如图6-61所示。

先看图6-61中Ⅰ段进线低电压信号采集程序段，其逻辑表达式如下：

$$INCOMING1_{LV} = \{[KV11_S. TON(0\to1, t=120ms)] \times [KV12_S. TON(0\to1, t=120ms)] \times$$
$$[KV13_S. TON(0\to1, t=120ms)]\}. TON(0\to1, t=1s)$$

式中　$KV11_S$、$KV12_S$、$KV13_S$——低电压继电器的三相动断触头变量；

$\qquad INCOMING1_{LV}$——Ⅰ段母线失电压信号变量，值为1表示欠电压。

各相低电压继电器的线圈电压正常时其动断触头打开，只有当发生低电压并且延迟120ms后TON的输出才为1；当三相都出现低电压后，与逻辑AND的输出为1，经过右侧的TON图块延迟1s后，得到Ⅰ段母线失压信号变量$INCOMING1_{LV}=1$。

注：若希望任意相在出现低电压后都能使$INCOMING1LV=1$，则只需将$KV11_S$、$KV12_S$、$KV13_S$改变为动合触头即可。

类似地，Ⅱ段进线低电压信号对应的逻辑表达式如下：

$$INCOMING2_{LV} = \{[KV21_S. TON(0\to1, t=120ms)] \times [KV22_S. TON(0\to1, t=120ms)] \times$$
$$[KV23_S. TON(0\to1, t=120ms)]\}. TON(0\to1, t=1s)$$

式中　$KV21_S$、$KV22_S$、$KV23_S$——低电压继电器的三相动断触头变量；

$\qquad INCOMING2_{LV}$——Ⅱ段母线失电压信号变量，值为1表示欠电压。

Ⅰ段进线断路器的状态及保护动作状态对应的逻辑关系如下：

$$\begin{cases} QF1 = QF1_S. TON(0\to1, t=120ms) \\ QF1_F = QF1_{F.S}. TON(0\to1, t=120ms) \end{cases}$$

Ⅰ段进线断路器的状态变量QF1系由其开关量$QF1_S$经过延迟120ms防抖处理后得到的。Ⅰ短路断路器的保护动作状态变量$QF1_F$也是采用相同的方法得到的。

类似地，Ⅱ段进线断路器和母联断路器的状态及保护动作状态对应的逻辑关系如下：

$$\begin{cases} QF2 = QF2_S. TON(0\to1, t=120ms) \\ QF2_F = QF2_{F.S}. TON(0\to1, t=120ms) \\ QF3 = QF3_S. TON(0\to1, t=120ms) \\ QF3_F = QF3_{F.S}. TON(0\to1, t=120ms) \end{cases}$$

Ⅰ段进线断路器的合闸按钮状态变量SB11和分闸按钮状态变量SB12对应的逻辑关系如下：

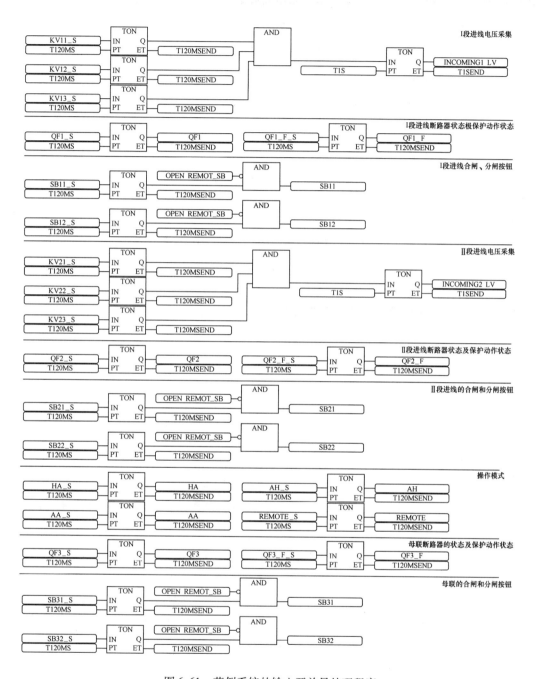

图 6-61　范例系统的输入开关量处理程序

$$\begin{cases} SB11 = SB11_S. \, TON(0 \rightarrow 1, t = 120ms) \times \overline{OPEN_{REMOT.\,SB}} \\ SB12 = SB12_S. \, TON(0 \rightarrow 1, t = 120ms) \times \overline{OPEN_{REMOT.\,SB}} \end{cases}$$

这里的 $OPEN_{REMOT.\,SB}$ 就是遥控变量，它是远方的电力监控系统通过现场总线对它直接置位获得的。平时常态下 $OPEN_{REMOT.\,SB} = 0$，故需要取反。

从控制的观点来看，$OPEN_{REMOT.\,SB}$ 相当于远方后台对各台断路器的合、分闸按钮进行使能闭锁，使得人工操作失效，体现出遥控操作的权限高于就地操作的权限。

Ⅱ段进线断路器及母联断路器的合、分闸按钮状态变量对应的逻辑关系如下：

$$\begin{cases} SB21 = SB21_S \cdot TON(0 \to 1, t = 120ms) \times \overline{OPEN_{REMOT.\,SB}} \\ SB22 = SB22_S \cdot TON(0 \to 1, t = 120ms) \times \overline{OPEN_{REMOT.\,SB}} \\ SB31 = SB31_S \cdot TON(0 \to 1, t = 120ms) \times \overline{OPEN_{REMOT.\,SB}} \\ SB32 = SB32_S \cdot TON(0 \to 1, t = 120ms) \times \overline{OPEN_{REMOT.\,SB}} \end{cases}$$

可见远方后台对各控制按钮的 $OPEN_{REMOT.\,SB}$ 闭锁逻辑是一致的，如图 6-61 所示。

图 6-61 中操作模式包括手投自复 HA 模式、自投手复 AH 模式和自投自复 AA 模式，但未包括手投手复 HH 模式。原因很简单，当 HA、AH 和 AA 均无效时，自然就是 HH 有效了。我们来看 HA、AH 和 AA 的逻辑表达式：

$$\begin{cases} HA = HA_S \cdot TON(0 \to 1, t = 120ms) \\ AH = AH_S \cdot TON(0 \to 1, t = 120ms) \\ AA = AA_S \cdot TON(0 \to 1, t = 120ms) \end{cases}$$

5. PLC 控制程序分析——范例系统的操作模式处理程序

范例系统的备自投模式有三种，如下：

备自投模式种类	模式变量	说明
手控方式（HAND）	手投手复 $LOCAL_{HA.\,MODE}$	手操按钮控制
自控方式（AUTO）	手投自复 $LOCAL_{HA.\,MODE}$	失压后手操按钮闭合母联断路器，恢复时自动操作母联打开，再闭合进线断路器
	自投手复 $LOCAL_{AH.\,MODE}$	失压自动闭合母联断路器，恢复时手动操作母联打开，再手动闭合进线断路器
	自投自复 $LOCAL_{AA.\,MODE}$	失压自动闭合母联断路器，恢复时自动操作母联打开，再自动闭合进线断路器
遥控方式（REMOTE）	遥控手投手复 $REMOTE_{HH.\,MODE}$	远方下达各断路器的合、分闸操作命令
	遥控自投自复 $REMOTE_{AA.\,MODE}$	备自投系统自动操作，但远方能随时干预

图 6-62 所示为范例系统的操作模式处理程序。

范例系统的操作模式逻辑表达式如下：

$$\begin{cases} LOCAL_{HA.\,MODE} = \overline{REMOTE} \times HA \\ LOCAL_{AH.\,MODE} = \overline{REMOTE} \times AH \\ LOCAL_{AA.\,MODE} = \overline{REMOTE} \times AA \\ LOCAL_{HH.\,MODE} = \overline{REMOTE} \times \overline{HA} \times \overline{AH} \times \overline{AA} \\ LOCAL_{AA.\,MODE} = REMOTE \times \overline{REMOTE_{ALLOW}} \\ LOCAL_{HH.\,MODE} = REMOTE \times REMOTE_{ALLOW} \end{cases}$$

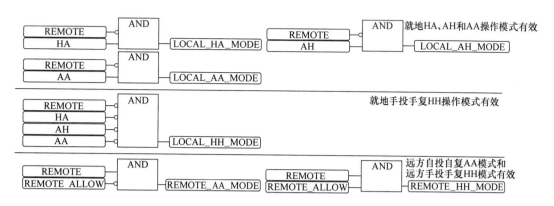

图 6-62　范例系统的操作模式处理程序

6. PLC 控制程序分析——范例系统的电力系统状态分析程序

由表 6-36 我们知道，范例系统三台断路器之间是通过电力系统状态建立互锁关系的。图 6-63 是对应的电力系统状态分析程序。

我们来看第一种状态变量 STATU1 的逻辑表达式：

$$\text{STATU1} = \overline{\text{QF1}} \times \overline{\text{QF2}} \times \overline{\text{QF3}}$$

显然，STATU1 对应于所有断路器均处于打开的状态。我们合并看看 8 种状态的逻辑表达式：

$$
\begin{cases}
\text{STATU1} = \overline{\text{QF1}} \times \overline{\text{QF2}} \times \overline{\text{QF3}}，\text{所有断路器都打开} \\
\text{STATU2} = \text{QF1} \times \overline{\text{QF2}} \times \overline{\text{QF3}}，\text{I 段进线断路器闭合，其他断路器打开} \\
\text{STATU3} = \overline{\text{QF1}} \times \text{QF2} \times \overline{\text{QF3}}，\text{II 段进线断路器闭合，其他断路器均打开} \\
\text{STATU4} = \text{QF1} \times \text{QF2} \times \overline{\text{QF3}}，\text{I 段和 II 段进线断路器闭合，母联打开} \\
\text{STATU5} = \overline{\text{QF1}} \times \text{QF2} \times \text{QF3}，\text{I 段进线断路器打开，II 段进线和母联断路器闭合} \\
\text{STATU6} = \text{QF1} \times \overline{\text{QF2}} \times \text{QF3}，\text{II 段进线断路器打开，I 段进线和母联断路器闭合} \\
\text{STATU7} = \overline{\text{QF1}} \times \overline{\text{QF2}} \times \text{QF3}，\text{I 段进线和 II 段进线断路器打开，母联断路器闭合} \\
\text{STATU8} = \text{QF1} \times \text{QF2} \times \text{QF3}，\text{所有断路器均闭合}
\end{cases}
$$

注意：STATU7 和 STATU8 属于非法状态。

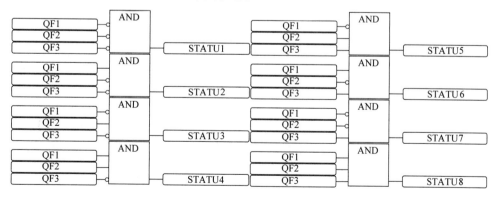

图 6-63　电力系统状态分析程序

7. PLC 控制程序分析——范例系统中就地手投手复操作进程和遥控操作进程

就地手投手复操作进程的程序见图 6-64 所示。

【程序入口】

图 6-64 的程序入口对应的逻辑表达式是

$$HH_{MODE} = LOCAL_{HH.MODE} + REMOTE_{HH.MODE}$$

式中　HH_{MODE}——手投手复操作模式入口控制字，转移指令；

$LOCAL_{HH.MODE}$——就地手投手复操作模式控制字；

$REMOTE_{HH.MODE}$——遥控手投手复操作模式控制字。

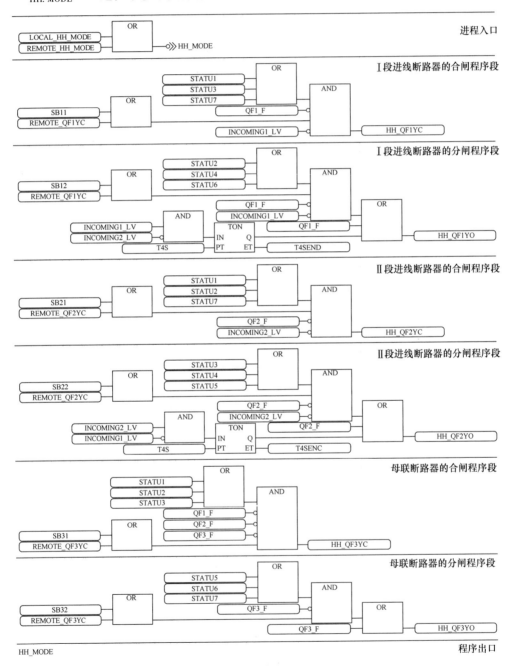

图 6-64　范例系统备自投的手投手复操作进程和遥控操作进程

这里的 HH_{MODE} 是 PLC 的转移指令。当 HH_{MODE} 的条件满足时，就执行（HH_{MODE} 入口——程序段——HH_{MODE} 出口）中间的程序段。如果条件不满足，就跳出本段进程。

我们看到，只要就地手投手复操作模式控制字 $LOCAL_{HH. MODE}$ 和遥控手投手复操作模式控制字 $REMOTE_{HH. MODE}$ 有效，并且未出现双路失电压，则备自投就进入就地手投手复操作进程中，反之则就跳出本进程。

【Ⅰ段进线断路器的合闸程序段】

图 6-64 中的Ⅰ段进线断路器 QF1 合闸程序段对应的逻辑表达式是：

$$HH_{QF1YC} = (STATU1 + STATU3 + STATU7) \times \overline{QF1_F} \times (SB11 + REMOTE_{QF1YC}) \times \overline{INCOMING1_{LV}}$$

式中　HH_{QF1YC}——执行 QF1 合闸的出口继电器驱动变量。

我们看到，使得 HH_{QF1YC} 有效的电力系统状态是 STATU1、STATU3 和 STATU7。STATU1 表示电力系统处于初始加电状态，尚未有任何断路器闭合；STATU3 表示系统中仅仅Ⅱ段进线断路器 QF2 已经闭合，其他所有断路器均处于打开状态；STATU7 表示只有母联闭合，进线均断开。

与此同时，QF1 不能出现保护动作也即 $QF1_F = 0$，Ⅰ段进线也不能出现失压也即 $INCOMING1_{LV} = 0$；另外，QF1 的合闸按钮已经按下 $SB11 = 1$，或者遥控操作命令字 $REMOTE_{QF1YC} = 1$。

当以上这些条件都满足后，QF1 合闸出口继电器驱动变量 $HH_{QF1YC} = 1$ 有效，HH_{QF1YC} 将驱使图 6-57 中的 YCKA11 中间继电器闭合从而让 QF1 断路器合闸。

【Ⅰ段进线断路器的分闸程序段】

图 6-64 中的Ⅰ段进线断路器 QF1 分闸程序段对应的逻辑表达式是

$$\begin{cases} HH_{QF1YO} = P1 + P2 + P3 \\ P1 = (STATU2 + STATU4 + STATU6) \times (SB12 + \overline{REMOTE_{QF1YC}}) \times \overline{QF1_F} \times \overline{INCOMING1_{LV}} \\ P2 = QF1_F \\ P3 = (INCOMING1_{LV} \times \overline{INCOMING2_{LV}}).TON(0 \to 1, t = 4s) \end{cases}$$

式中　HH_{QF1YC}——执行 QF1 分闸的出口继电器驱动变量。

我们看到要让 HHQF1YO 有效，必须让 P1、P2 和 P3 均有效也即 P1 = P2 = PE = 1。

先看 P1 中的电力系统状态：在 STATU2、STATU4 和 STATU6 下 QF1 均处于闭合状态；再看 P1 的操作项内容：其分闸按钮必须被按下 $SB12 = 1$，或者遥控操作命令字 $REMOTE_{QF1YC} = 1$ 有效；我们还看到 QF1 的保护未动作，而且Ⅰ段进线未出现失压现象。当这些条件都满足时，P1 = 1 有效。

P2 有效的条件是 QF1 未出现保护动作。

P3 有效的条件是Ⅰ段母线出现失电压，同时Ⅱ段母线电压正常，并且还需要延迟 4s 判误。

当以上这些条件都满足后，QF1 分闸出口继电器驱动变量 $HH_{QF1YO} = 1$ 有效，HH_{QF1YO} 将驱使图 6-57 中的 YOKA12 中间继电器闭合从而让 QF1 断路器分闸。

注意 P3 = 1 的条件，说明尽管 QF1 处于手投手复的工作模式下，但若系统中出现失压，则手投手复程序会自动延迟 4 秒后让断路器 QF1 执行跳闸。延迟时间在 1s 到 4s 间连续可调。

【Ⅱ段进线断路器 QF2 的合闸程序与分闸程序分析】

Ⅱ段进线断路器 QF2 的合分闸条件与 QF1 类似，故程序分析从略。

【母联断路器 QF3 的合闸和分闸条件及操作程序】

母联断路器 QF3 的合分闸条件与 QF1 类似，故程序分析从略。

8. PLC 控制程序分析——范例系统中就地自投自复操作进程

就地自投自复操作进程的程序见图 6-65 所示。

【程序入口】

图 6-65 所示的程序入口对应的逻辑表达式是：

$$AA_{MODE} = LOCAL_{AA.\,MODE} + REMOTE_{AA.\,MODE}$$

式中　AA_{MODE}——自投自复操作模式入口控制字，转移指令；

$LOCAL_{AA.\,MODE}$——就地自投自复操作模式控制字；

$REMOTE_{AA.\,MODE}$——遥控自投自复操作模式控制字。

这里的 AA_{MODE} 是 PLC 的转移指令。当 AA_{MODE} 的条件满足时，就执行（AA_{MODE} 入口——程序段——AA_{MODE} 出口）中间的程序段。如果条件不满足，就跳出本段进程。

我们看到，只要就地自投自复操作模式控制字 $LOCAL_{AA.\,MODE}$ 和遥控自投自复操作模式控制字 $REMOTE_{AA.\,MODE}$ 有效，并且未出现双路失压，则备自投就进入就地自投自复操作进程中，反之则就跳出本进程。

【Ⅰ段进线断路器 QF1 的合闸程序段】

图 6-65 的 Ⅰ段进线断路器 QF1 合闸程序段对应的逻辑表达式是

$$\begin{cases} AA_{QF1YC} = P1 + P2 \\ P1 = \overline{INCOMING1_{LV}} \times \overline{QF1_F} \times SB11 \times (STATU1 + STATU3) \\ P2 = (STATU3 \times \overline{INCOMING1_{LV}} \times \overline{QF1_F} \times LV_{FAULT}).TON(0 \to 1, t = 500ms) \end{cases}$$

式中　AA_{QF1YC}——执行 QF1 合闸的出口继电器驱动变量。

我们看到，使得 AA_{QF1YC} 有效只需 P1 = 1 或者 P2 = 1 即可。

我们先来看 P1：

P1 中的电力系统状态是 STATU1 和 STATU3。STATU1 表示电力系统处于初始加电状态，尚未有任何断路器闭合，而 STATU3 表示系统中仅仅 Ⅱ段进线断路器 QF2 闭合，其他所有断路器均处于打开状态。于是只要 QF1 未执行保护动作 $QF1_F = 0$，同时 Ⅰ段进线未出现失压也即 $INCOMING1_{LV} = 0$、若 QF1 的合闸按钮已经按下 SB11 = 1，则 P1 = 1。

可见，P1 的用途有两个，其一是系统首次上电时的手动操作断路器 QF1 合闸，其二是 QF2 先行闭合后再通过手动操作使得断路器 QF1 合闸。P1 体现了备自投在首次上电时的手动操作过程。

再看 P2：

P2 中逻辑与的条件有四个：STATU3 = 1、$INCOMING1_{LV} = 0$、$QF1_F = 0$ 和 $LV_{FAULT} = 1$，当这些条件都满足后 TON 被启动，延迟 500ms 后使得 P2 = 1。

P2 的用途是将因为失压故障而打开的 Ⅰ段进线断路器 QF1 在故障恢复后重新闭合。其中状态条件 STATU3 有效是因为执行 Ⅰ段母线供电接续的母联 QF3 已经断开，而失压故障记录 LV_{FAULT} 有效表示当前的操作程序 P2 正在执行失压后的恢复操作。

当 P1 = 1 或者 P2 = 1 后，QF1 的合闸出口继电器驱动变量 $AA_{QF1YC} = 1$，AA_{QF1YC} 有效将驱使图 6-57 中的 YCKA11 中间继电器得电闭合继而让 QF1 断路器执行合闸操作。

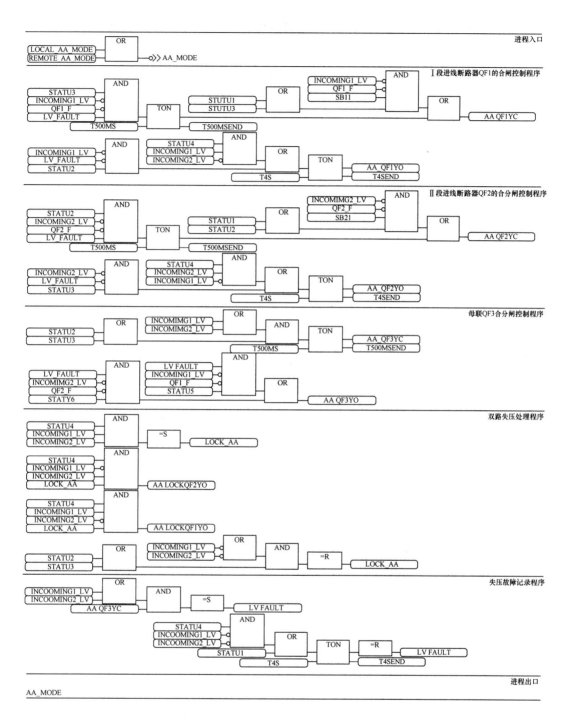

图 6-65　范例系统备自投的自投自复操作进程和遥控操作进程

在整个备自投程序中最重要的参数就是失压故障记录 LV_{FAULT}，失压故障记录 LV_{FAULT} 是否有效是区分低压配电系统处于正常工作状态还是失压备自投状态的标志。

【I 段进线断路器 QF1 的分闸程序段】

我们来看 QF1 的对应的分闸逻辑表达式：

$$\begin{cases} AA_{QF1YO} = (P3 + P4).\,TON(0 \to 1, t = 4s) \\ P3 = STATU4 \times INCOMING1_{LV} \times \overline{INCOMING2_{LV}} \\ P4 = INCOMING1_{LV} \times LV_{FAULT} \times STATU2 \end{cases}$$

式中　AA_{QF1YO}——执行 QF1 分闸的出口继电器驱动变量。

我们看到，要使得 AAQF1YO 有效，只要 P3 = 1 或者 P4 = 1 即可。

我们来看 P3：

P3 表征低压配电系统处于正常运行 STATU4 状态下，QF1 和 QF2 均闭合而母联 QF3 打开。当Ⅰ段进线出现了低电压 INCOMING1$_{LV}$ = 1 而Ⅱ段电压正常 INCOMNG2$_{LV}$ = 0 时，P3 = 1 有效。

我们再来看 P4：

P4 表征的是低压配电系统处于仅 QF1 闭合的 STATU2 状态下，失压故障记录 LV$_{FAULT}$ = 1 有效，这时Ⅰ段进线又出现了低电压 INCOMING1$_{LV}$ = 1，于是 P4 = 1 有效。

P4 有效对应的前期过程是：正常运行的低压配电系统Ⅱ段出现低电压，Ⅱ段进线 QF2 被备自投执行打开操作。QF2 打开后失压故障记录 LV$_{FAULT}$ = 1 有效，此时低压配电系统处于 STATU2 状态下。

当 P3 = 1 或者 P4 = 1 后，QF1 的分闸出口继电器驱动变量 AA_{QF1YO} = 1，AA_{QF1YO} 有效将驱使图 6-57 中的 YCKA12 中间继电器得电闭合继而让 QF1 断路器执行分闸操作。

TON 的延迟时间从 1s 到 4s 可调，这里选用 4s。QF1 的分闸时间选择长一些较好，可以缓冲躲避短时电压凹陷带来的冲击。

【Ⅱ段进线断路器 QF2 的合闸程序段和分闸程序段】

图 6-65 的Ⅱ段进线断路器 QF2 合闸程序段对应的逻辑表达式与 QF1 的合闸逻辑类似：

$$\begin{cases} AA_{QF2YC} = P1 + P2 \\ P1 = \overline{INCOMING2_{LV}} \times \overline{QF2_F} \times SB11 \times (STATU1 + STATU2) \\ P2 = (STATU2 \times \overline{INCOMING2_{LV}} \times \overline{QF2_F} \times LV_{FAULT}).\,TON(0 \to 1, t = 500ms) \end{cases}$$

式中　AA_{QF2YC}——执行 QF2 合闸的出口继电器驱动变量。

图 6-65 的Ⅱ段进线断路器 QF2 分闸程序段对应的逻辑表达式与 QF1 的分闸逻辑类似：

$$\begin{cases} AA_{QF2YO} = (P3 + P4).\,TON(0 \to 1, t = 4s) \\ P3 = STATU4 \times INCOMNG2_{LV} \times \overline{INCOMING1_{LV}} \\ P4 = INCOMING2_{LV} \times LV_{FAULT} \times STATU3 \end{cases}$$

式中　AA_{QF2YO}——执行 QF2 分闸的出口继电器驱动变量。

QF2 的合闸过程及分闸过程的表述因为与 QF1 雷同故从略。

【母联断路器 QF3 的合闸程序段和分闸程序段】

图 6-65 中的母联断路器 QF3 合闸程序段逻辑表达式如下：

$$AA_{QF3YC} = [(INCOMING1_{LV} + INCOMING2_{LV}) \times (STATU2 + STATU3)].\,TON(0 \to 1, t = 500ms)$$

式中　AA_{QF3YC}——执行 QF3 合闸的出口继电器驱动变量。

AA_{QF3YC} 有效的条件相对简单：Ⅰ段进线或者Ⅱ段进线出现失电压，低压配电系统处于单路供电状态 STATU2 或者 STATU3。经过 500ms 的延迟后，AA_{QF3YC} = 1。

当 AA_{QF3YC} = 1 后将驱使图 6-52 中的 YCKA31 中间继电器得电闭合继而让母联 QF3 断路器执行合闸操作。

图 6-65 中的母联断路器 QF3 分闸程序段逻辑表达式如下:

$$\begin{cases} AA_{QF3YO} = P5 + P6 \\ P5 = LV_{FAULT} \times \overline{INCOMING1_{LV}} \times \overline{QF1_F} \times STATU5 \\ P6 = LV_{FAULT} \times \overline{INCOMING2_{LV}} \times \overline{QF2_F} \times STATU6 \end{cases}$$

式中　AA_{QF3YO}——执行 QF3 分闸的出口继电器驱动变量。

AA_{QF3YO} 有效的条件是 P5 = 1 或者 P6 = 1。

我们来看 P5:

从 $LV_{FAULT} = 1$ 我们知道母联分断操作一定在失压故障处理的过程中出现;INCOMING1$_{LV}$ = 0 表示 I 段进线的电压已经恢复;QF1$_F$ = 0 表示 QF1 未实施短路和过载保护动作;STATU5 表示当前 QF2 和 QF3 闭合而 QF1 处于打开状态,也即当前系统处于 II 段母线带 I 段母线的工作状态。

再看 P6:

从 $LV_{FAULT} = 1$ 的意义同 P5;INCOMING2$_{LV}$ = 0 表示 II 段进线的电压已经恢复;QF2$_F$ = 0 表示 QF2 未实施短路和过载保护动作;STATU6 表示当前 QF1 和 QF3 闭合而 QF2 处于打开状态,也即当前系统处于 I 段母线带 II 段母线的工作状态。

当 $AA_{QF3YO} = 1$ 后将驱使图 6-56 中的 YOKA32 中间继电器得电闭合继而让母联 QF3 断路器执行分闸操作。

【双路失电压处理程序段】

图 6-65 的双路失压处理程序段中出现了表 6-34 的锁存"|= S|"图块和解锁"|= R|"图块。在这里的用途是对 LOCK$_{AA}$ 状态字实施锁存和解锁:

$$LOCK_{AA} = \begin{cases} \left(STAU4 \times \overline{INCOMING1_{LV}} \times \overline{INCOMING2_{LV}} \right). \ |= S| \ 锁存 \\ \left[\left(\overline{INCOMING1_{LV}} + \overline{INCOMMING2_{LV}} \right) \times \left(STATU2 + STATU3 \right) \right]. \ |= R| \ 解锁 \end{cases}$$

当低压配电系统运行在 STATU4 状态下时,若突然发生 I 段进线和 II 段进线双路同时失电压,则 LOCK$_{AA}$ 状态字会被置位并锁存;当低压配电系统中任意一路进线的电压已经恢复且对应的某段进线断路器已经闭合,则 LOCK$_{AA}$ 状态字被复位并解锁。

当正常工作状态 STATU4 下的低压配电系统突然出现双路失电压时,由于辅助回路电源也随之失去,所以断路器 QF1 和 QF2 仍然保持在闭合位置,当电源恢复后可能对维护人员存在安全隐患。为此,当某段电源恢复后,必须立即打开电压尚未恢复的另段进线断路器。

在备自投程序中对应的逻辑表达式如下:

$$\begin{cases} AA_{LOCKQF1YO} = STATU4 \times \overline{INCOMING2_{LV}} \times INCOMING1_{LV} \times LOCK_{AA} \\ AA_{LOCKQF2YO} = STATU4 \times \overline{INCOMING1_{LV}} \times INCOMING2_{LV} \times LOCK_{AA} \end{cases}$$

式中　$AA_{LOCKQF1YO}$——执行双路失压 QF1 分闸的出口继电器驱动变量;

$AA_{LOCKQF2YO}$——执行双路失压 QF2 分闸的出口继电器驱动变量。

【失压故障记录 LV$_{FAULT}$ 的置位和复位处理程序段】

失压故障记录 LV$_{FAULT}$ 的置位及复位也是用锁存"|= S|"图块和解锁"|= R|"来实现的。我们来看对应的逻辑表达式:

$$LV_{FAULT} = \begin{cases} \left[\left(INCOMING1_{LV} + INCOMING2_{LV} \right) \times AA_{QF3YC} \right]. \ |= S| \\ \left(STATU4 \times \overline{INCOMING1_{LV}} \times \overline{INCOMING2_{LV}} + STATU1 \right). \ TON(0 \rightarrow 1, t = 4s). \ |= R| \end{cases}$$

从上式中我们看到,当任意段进线出现失压并且母联投入后,$LV_{FAULT} = 1$ 并且被置位闭锁；当低压配电系统的状态为 STATU4 并且两段进线的电压都正常，或者低压配电系统的状态为 STATU1，LV$_{FAULT}$ 在延迟 4s 后被复位解锁。

失电压故障记录 LVFAULT 从低压配电系统出现失电压时被置位闭锁，一直延续到低压配电系统恢复到正常运行状态 STATU4 时才被复位解锁，这样就能区分出系统在首次送电前电压为零的状态与低压配电系统运行时的失电压状态，还能区分出手动上电投入进线断路器与备自投控制下投入进线断路器等两种不同的进程。

9. PLC 控制程序分析——范例系统中的出口继电器驱动程序

范例系统中的 PLC 出口继电器驱动程序见图 6-66。

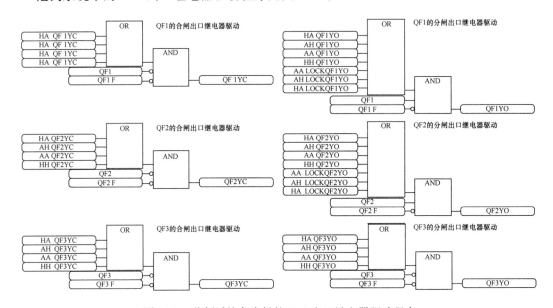

图 6-66　范例系统备自投的 PLC 出口继电器驱动程序

出口继电器驱动程序是 PLC 所必需的。因为 PLC 程序中禁止对出口继电器重复操作，故当程序中出现多路变量驱动出口继电器时，必须经由 OR 模块处理才能实现输出控制功能。

以下仅以 I 段进线断路器 QF1 的合分闸出口继电器驱动程序为例给予说明。

QF1 的合闸出口继电器驱动程序逻辑表达式如下：

$$QF1YC = (HA_{QF1YC} + AH_{QF1YC} + AA_{QF1YC} + HH_{QF1YC}) \times \overline{QF1} \times \overline{QF1_F}$$

式中　QF1YC——QF1 的合闸继电器，即 PLC 内部 RL1 继电器常开触点，RL1 的控制对象是图 6-57 的 YCKA11 中间继电器。

表达式括号内的就是各段程序的出口继电器驱动变量：

HA$_{QF1YC}$——手投自复出口继电器驱动变量；

AH$_{QF1YC}$——自投手复出口继电器驱动变量；

HH$_{QF1YC}$ 和 AA$_{QF1YC}$——已经讨论过的手投手复出口继电器驱动变量和自投自复出口继电器驱动变量。

由于操作模式的唯一性知道，以上这些出口继电器驱动变量的有效性也是唯一的。当某出口继电器驱动变量有效时，若 QF1 = 0 断路器处于打开状态，并且 QF1 未进行短路保护和过载保护即 QF1$_F$ = 0，则 QF1YC = 1。

Ⅰ段进线断路器动作后其状态 QF1 = 1，由逻辑表达式可知，必有 QF1YC = 0，也即 QF1 的合闸继电器返回。

QF1 的分闸出口继电器驱动程序逻辑表达式如下：

$$QF1YO = (HA_{QF1YO} + AH_{QF1YO} + AA_{QF1YO} + HH_{QF1YO} + AA_{LOCKQF1YO} +$$

$$AH_{LOCKQF1YO} + HA_{LOCKQF1YO}) \times QF1 \times \overline{QF1_F}$$

QF1 的分闸出口继电器逻辑表达式中的 $AA_{LOCKQF1YO}$ 就是就地自投自复程序中双路失压时的出口继电器驱动变量。另外，注意到本段程序中Ⅰ段进线断路器的状态，值为 QF1 = 1，也即断路器处于闭合状态。

6.6.3　馈电回路的控制原理

1. 由 ABB 的 S 系列 S1 ~ S2 断路器构建的馈电回路控制原理

图 6-67 所示为抽屉式馈电回路的主回路和辅助回路。其中断路器具有热磁式保护脱扣器，而断路器的辅助触头则有两对，分别是状态辅助触头和保护脱扣动作辅助触头。

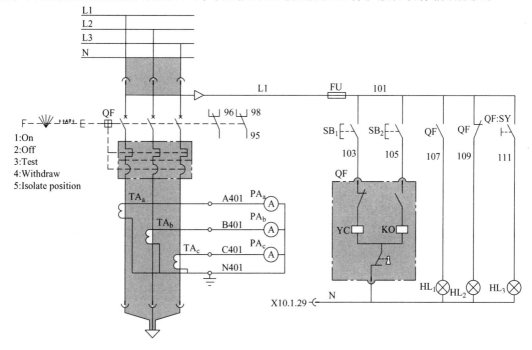

图 6-67　抽屉式馈电回路的主回路和辅助回路

（1）操作机构的 5 个位置

1）On/ Off：合闸位置/分闸位置。在 On 位置抽屉回路中的主回路断路器被合闸，主回路和辅助回路均进入工作状态；在 Off 位置抽屉回路中的主回路断路器被分闸，主回路停止工作处于待命状态。

2）Test：试验位置。在此位置抽屉回路中的主回路断路器被分闸，辅助回路被操作机构的辅助触头接通，操作者可对辅助回路实施功能测试。

功能测试的对象一般是接触器。用于输送电能的馈电主回路中一般都不安装交流接触器，因此试验位置无效；用于照明的馈电主回路中一般均安装了交流接触器，因而试验位置对照明馈电主回路有效。

3）Withdraw：抽出位置。在此位置抽屉回路的主回路和辅助回路均分断，使用者可将此抽屉回路从低压成套开关设备中整体抽出。

4）Isolate position：隔离位置。在此位置抽屉回路的主回路和辅助回路均分断，且抽屉的一次接插件动静触头之间的距离为30mm。隔离位置又被称为热备位置。

（2）馈电回路的计量表计

电流测量回路配备了3只电流表，分别由3套电流互感器驱动。线位号N401是电流的中性点，该点通过端子X10.1.19接地。

（3）馈电回路的控制原理

从断路器的电动操作机构的模式可以看出，断路器的型号属于S1～S2的类型，主回路额定电流不大于160A。

电路中的SB_1为合闸按钮，按下SB_1后YC线圈得电驱动断路器合闸，而电路中的SB_2为分闸按钮，按下SB_2后被将立即执行断路器分断操作。

断路器的辅助触头可在线位号107和109点处动作燃闭合闸号灯HL_1和分闸信号灯HL_2，其中HL_1对应于QF的常开辅助触头，HL_2对应于QF的常闭辅助触头。一般地，合闸运行信号灯为红色，分闸停止运行信号灯为绿色，故障信号灯为黄色或白色；合闸控制按钮为绿色，分闸控制按钮为红色。

线位号111的信号灯HL_3为故障指示，由QF的保护动作辅助触头驱动点燃。一旦QF_{SY}保护脱扣动作后，主触头和状态辅助触头将同时返回，而保护脱扣动作辅助触头QF_{SY}将闭合点燃HL_3。脱扣动作辅助触头QF_{SY}需要人工操作复位。

2. 由T系列断路器电动操作机构构建的馈电回路控制原理

图6-68所示为T断路器的控制原理图。

（1）断路器的合闸和分闸过程

当T断路器上电后，行程开关S_2指向M下端，M执行储能操作结束后，S_2打开。若107线上的合闸按钮SB_1被按下，则YC合闸线圈得电使得断路器闭合。断路器闭合后S_1动作使得断路器不能再次合闸。

当105线上的分闸控制按钮SB_2被按下后，电动操作机构对断路器执行分闸操作。

（2）断路器的辅助触头

从图6-68的主回路可以看出，断路器仅有一对状态辅助触点和保护动作辅助触头。

在辅助回路中有两处需要使用辅助触头：一处是线位号113～117的信号灯驱动电路，另一处是线位号125～129的外引触头。

辅助回路中的中间继电器KA1用于扩展断路器状态辅助触头的数量，中间继电器KA2用于扩展保护动作辅助触头的数量。

（3）信号灯的控制过程

电路中的3只信号灯HL_1、HL_2和HL_3的点燃过程与图6-67相同。

（4）电流测量回路和输出电流测量信号

从图6-68的主回路可以看出系统中测量用电流互感器TA_a、TA_b和TA_c，电流互感器用于驱动线位号A401～C401的电流测量表计。

（5）开关量测量信号

线位号125～129的外引辅助触头被送至外部需用之处。

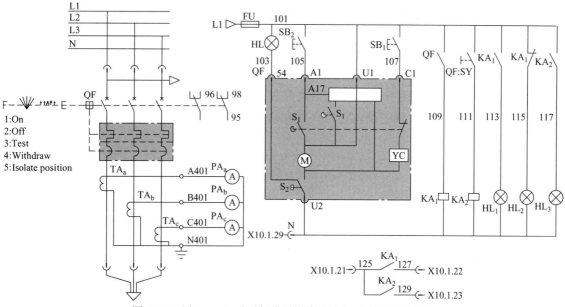

图 6-68　用 T1 ~ T6 系列断路器构建的馈电回路控制原理图

3. 远方监测馈电回路工作状态

图 6-69 所示为馈电回路中利用 FC610 采集开关量和电流量的方法。

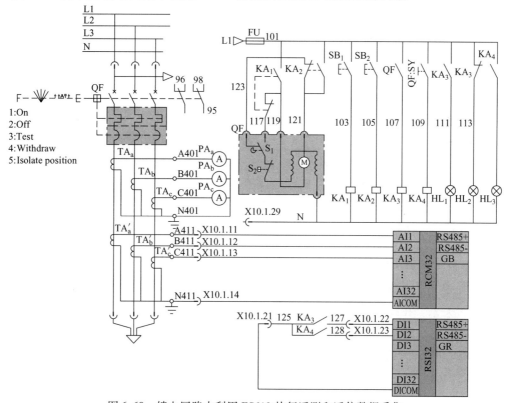

图 6-69　馈电回路中利用 FC610 执行遥测和遥信数据采集

图 6-69 表达了监视馈电回路的电流量的方法，以及监视馈电回路断路器工作状态即遥信量的方法。

6.6.4 低压成套开关设备中的电动机回路控制原理

1. 电动机回路中的控制关系

（1）连锁控制关系

电动机回路的控制属于一般的逻辑线路控制，我们来看看电动机控制电路的连锁控制和自保持，如图6-70所示。

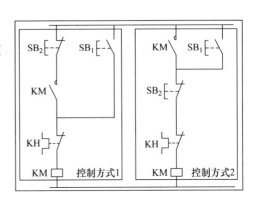

在图6-70中两种控制方式的逻辑表达式是：

$$KM_C = (\overline{SB_2} * KM + SB_1) * \overline{KH} \text{——控制方式1}$$

$$KM_C = (KM + SB_1) * \overline{SB_2} * \overline{KH} \text{——控制方式2}$$

$$(6\text{-}22)$$

图 6-70　连锁控制和自保持

式中　KM_C——接触器线圈；

KM——接触器触头；

SB_1——合闸按钮；

SB_2——分闸按钮；

KH——热继电器触头。

这两种方式都可实现接触器的合闸和分闸。我们从式（6-22）中看到控制方式1的SB_1和$\overline{SB_2}$是或逻辑的关系，而控制方式2的$\overline{SB_2}$与（$KM + SB_1$）是与逻辑关系。也就是说控制方式1中SB_1在控制上是优先的，而控制方式2中$\overline{SB_2}$是优先的。我们把前者称为开启优先方式，后者称为关断优先方式。这种优先方式其实质上对电路乃至于对生产机械构成了约束条件。只有全面地满足了约束条件的逻辑关系才最符合实际需求，这种相互制约的而又相互联系的控制被称为连锁控制。

（2）自锁和记忆

在式（6-22）中，我们看到控制方式2中当SB_1按下后，接触器线圈得电吸合，随后接触器的常开触头KM闭合维持电流的导通，此后与SB_1是否接通还是返回已经没有关系了。

我们把KM的常开接点称为自锁或者自保持接点。自锁或者自保持接点具有记忆功能，凡需要记忆的控制方式中，也一定会出现自锁环节。

要解除记忆只需要按下停止按钮SB_2即可。

（3）互锁关系

我们来看图6-71所示的互锁逻辑。

图6-71是可逆电动机回路，我们看到正转接触器KM_1和反转接触器KM_2的吸合存在互相制约的关系。在线位号117、119和N之间，我们看到接触器KM_1的线圈上串接了$\overline{KM_2}$，而KM_2的线圈上串接了$\overline{KM_1}$，也即在任何时刻，KM_1和KM_2中只能有一个可以吸合工作。它们之间的逻辑表达式见式（6-23）：

$$\begin{cases} KM_{1C} = \overline{KM_2} * f_1 \\ KM_{2C} = \overline{KM_1} * f_2 \end{cases} \tag{6-23}$$

式中　KM_{1C}、KM_{2C}——均为接触器线圈；

KM_1、KM_2——均为接触器触头；

f_1/f_2——对应的控制逻辑关系式。

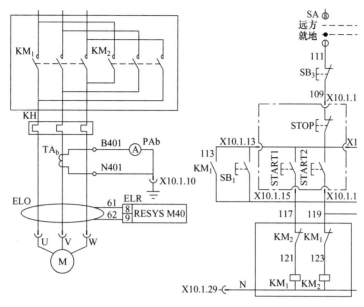

图 6-71　互锁逻辑

我们再次看到相互联系又相互制约的关系，这种关系被称为互锁关系。

在电动机回路的控制方式中广泛地应用了连锁控制功能、记忆功能和互锁控制功能，可以说电动机控制电路是上述三种功能的集大成者。

2. 电动机直接起动电路

我们首先看图 6-72 所示的电动机直接起动的控制原理图中的主回路：

在主回路中，电能从主母线中首先引入到单磁断路器 QF 中，再进入交流接触器 KM 和热继电器 KH，最后从一次端子接插件通过电缆引出到三相异步笼型电动机中。

在 MNS3.0 低压成套开关设备的抽屉回路中，断路器 QF 的操作机构有个 5 位置，即隔离位置、抽出位置、试验位置、停止位置和工作位置。

在图 6-72 的操作机构左上角绘出了试验位置微动开关 SW，SW 只有在试验位置时才能动作，其余位置均保持原有的打开状态。SW 的常开辅助触头接在线位号 101 和线位号 103 之间，与断路器 QF 的辅助触头并联。

当断路器操作机构手柄拨在工作位置时，交流接触器的线圈经由 101 线和 103 线之间的断路器 QF 动合辅助触头提供所需电能；当断路器操作机构手柄处于试验位置时微动开关 SW 触头闭合，交流接触器的线圈经由 101 线和 103 线之间的微动开关 SW 触头提供所需电能，操作者由此得以实现对接触器的通断能力做测试。值得注意的是：在试验位置时断路器的主触头和辅助触头均打开，电动机主回路因此而不带电。

图 6-72 中 ELR 是电流不平衡的测试和控制模块，其常闭辅助触头接在线位号 103 和线位号 105 之间。如果电动机在运行时发生电流不平衡则 ELR 的常闭触头将打开使得接触器分断，从而切断电动机的工作电源。

图 6-72 中 SA 是选择开关，当选择开关拨在"就地"档位时点 1 和点 2 被接通，当选择开关拨在"远方"档位时点 3 和点 4 被接通。

（1）"就地"档位的控制

我们来看 SA 拨在"就地"档位时的控制逻辑关系式：

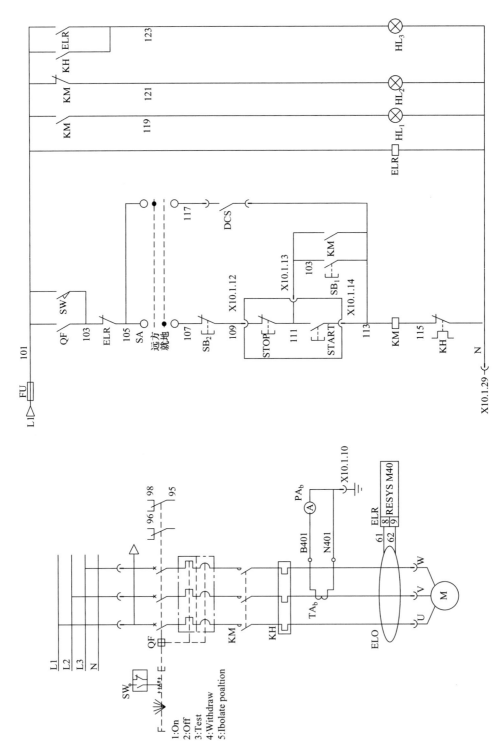

图 6-72 电动机直接起动的控制原理图

$$KM_C = (QF + SW) * \overline{ELR} * SA_{LOCAL} * \overline{SB_2} * \overline{STOP} * (START + SB_1 + KM) * \overline{KH} \quad (6\text{-}23)$$

式中　　KM_C——接触器线圈；

　　　　QF——断路器；

　　　　SW——试验位置微动开关；

　　　　ELR——电流不平衡控制模块；

　　　　SA——远方/就地选择开关；

　　SB_1/SB_2——起动按钮/停止按钮；

$START/STOP$——机旁起动按钮/机旁停止按钮；

　　　　KM——接触器；

　　　　KH——热继电器。

停止按钮 SB_2 位于图 6-72 中的线位号 107 和 109 之间，机旁停止按钮 STOP 位于线位号 109 和 111 之间，SB_1 起动按钮、START 机旁起动按钮和 KM 是交流接触器的自保触头均位于线位号 111 和 113 之间。

交流接触器的线圈 KM 位于图 6-72 中的线位号 113 和线位号 115 之间，而热继电器 KH 的常闭触头线位号 115 和 N 之间。

当起动按钮 SB_1 或者 START 按下后，交流接触器 KM 的线圈得电吸合，电动机进入起动状态。虽然当操作者松开起动按钮 SB_1/START 后其触头将返回，但因为交流接触器 KM 的自保触头具有记忆功能，所以交流接触器的线圈仍然能得到的电能供应。

按下 STOP/SB_2 停止按钮后接触器线圈失电而释放，电动机停止运转。

（2）"远方"档位的控制

我们再来看 SA 拨在"远方"档位时的控制逻辑关系式：

$$KM_C = (QF + SW) * \overline{ELR} * SA_{REMOTE} * DCS * \overline{KH} \quad (6\text{-}24)$$

式中　　DCS——远方控制触头。

DCS 触头位于图 6-72 中线位号 117 和线位号 113 之间。从逻辑关系式（6-24）中我们看出，DCS 控制方式不具有自锁记忆功能，因此"远方"控制点在电动机运行时控制时必须保持闭合状态。当 DCS 触头打开后，接触器线圈立即释放。一般地，"远方"控制模式与电力监控系统或过程控制系统配套使用。

（3）电动机过载保护

热继电器 KH 常闭辅助触头用于电动机过载的保护。常态下此触头保持闭合状态，当电动机过载且持续一段时间后，热继电器中的感热元件推动辅助触头变位继而使交流接触器分闸切断电动机的电源，实现电动机的过载保护。

（4）信号灯

图 6-72 中信号灯 HL_1 是电动机运行指示，信号灯 HL_2 是电动机停止指示，两则分别由 KM 的常开辅助触头和常闭辅助触头点燃。

信号灯 HL_3 是故障指示，其点燃条件有两条，即热继电器动作或 ELR 接地故障动作。

（5）辅助回路的工作电源

图 6-72 中辅助回路工作电源采集自抽屉一次接插件的 L1 相，因此辅助回路的工作电源来自低压成套开关设备的主母线。这意味着若主母线失电则整段母线上电动机回路所有交流接触器均跳闸，交流接触器跳闸的时间大致为 10～30ms。

若要防止此现象发生，则辅助回路工作电源可脱离主母线独立集中供电，也可配套 UPS

保持稳定可靠的电能供应。

有时独立集中供电还配套隔离变压器,以便消除电源上的尖峰脉冲电流和浪涌电流。

（6）电流测量回路

从图 6-72 中的主回路中可以看到电动机工作电流测量回路,电流互感器和电流表分别接在线位号是 B401 和 N401 的两侧,其中 N401 还通过端子 X10:1:19 保护接地。因为电动机属于三相平衡负载,所以只需要测量单相电流就可以了。

用于电动机回路的电流互感器过载倍数必须达到 8 倍,以适应电动机起动电流的冲击。

图 6-72 也可用于使用单磁 MO325 断路器的小功率电动机直接起动电路中。

3. 电动机正反转起动电路

将三相异步电动机的定子绕组所接的三相电源任意两条电源线对调,则旋转磁场将反向,电动机转子的旋转方向也将反向。

图 6-73 所示为正反转直接起动的控制原理图。

我们首先来看正反转直接起动的控制逻辑关系式:

$$
\begin{cases}
f_1 = (QF + SW) * \overline{ELR} * \overline{KH} \\
KM_{1C} = f_1 * SA_{LOCAL} * \overline{SB_3} * \overline{STOP} * (START1 + SB_1 + KM_1) * \overline{KM_2} \\
KM_{2C} = f_1 * SA_{LOCAL} * \overline{SB_3} * \overline{STOP} * (START2 + SB_2 + KM_2) * \overline{KM_1} \\
KM_{1C} = f_1 * SA_{REMOTE} * DCS_{RSB1} * \overline{KM_2} \\
KM_{2C} = f_1 * SA_{REMOTE} * DCS_{RSB2} * \overline{KM_1}
\end{cases} \tag{6-25}
$$

式中 　　　　KM_{1C}/KM_{2C}——正转交流接触器线圈/反转交流接触器线圈;

　　　　　　　　　QF——断路器;

　　　　　　　　　SW——试验位置微动开关;

　　　　　　　　ELR——电流不平衡控制模块;

　　　　　　　　　SA——远方/就地选择开关;

　　　$SB_1/SB_2/SB_3$——正转起动按钮/反转起动按钮/停止按钮;

$START1/START2/STOP$——机旁正转起动按钮/机旁反转起动按钮/机旁停止按钮;

　DCS_{RSB1}/DCS_{RSB2}——远方正转控制/远方反转控制;

　　　　　KM_1/KM_2——正转交流接触器/反转交流接触器;

　　　　　　　　　KH——热继电器。

从式（6-25）中,我们看到了在就地控制中有自保持触头 KM_1 和 KM_2,有互锁触头 $\overline{KM_1}$ 和 $\overline{KM_2}$,但在远方控制中有互锁触头 $\overline{KM_1}$ 和 $\overline{KM_2}$ 却没有自保持触头,所以在就地控制方式中具备自保持功能和互锁功能,但在远方控制中就只有互锁功能了。

我们来看图 6-73 中的一次回路,交流接触器 KM_1 和 KM_2 的一次接线输入端相序未发生变化,但在 KM_1 和 KM_2 的输出端相序发生了变化,其中 L1 相与 L3 相互相对调,由此实现了电动机的正转和反转。

图 6-73 中线位号 113 和 117 之间是 KM_1 的起动按钮 SB_1、就地起动按钮 START1,还有 KM_1 的自保持触头;线位号 115 和 119 之间是 KM_2 的起动按钮 SB_2、就地起动按钮 START2,还有 KM_2 的自保持触头。这些接线都与直接起动电路类似。

从线位号 117 到 N 之间串接了 KM_2 常闭触头和 KM_1 的线圈,其中 KM_2 常闭触头就是 KM_2 对 KM_1 的合闸互锁触头;类似地,从线位号 119 到 N 之间串接了 KM_1 常闭触头和 KM_2

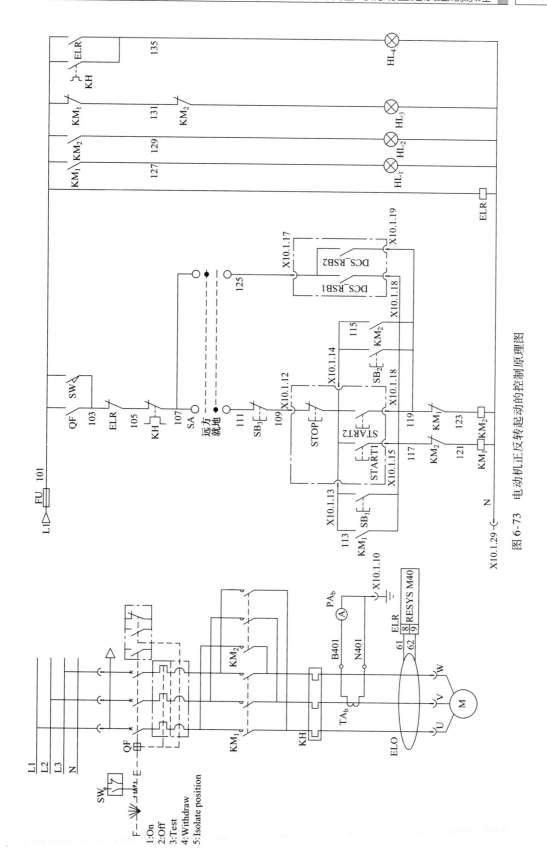

图 6-73　电动机正反转起动的控制原理图

的线圈，其中 KM_1 常闭触头就是 KM_1 对 KM_2 的合闸互锁触头。

接在线位号 109 到 111 之间的 SB_3 是停止按钮。因为停止按钮 SB_3 只有 1 个，所以电动机要转换旋转方向时必须首先停机，然后才能反方向起动。

接在线位号 103 到 111 之间的是三相不平衡继电器的常闭辅助触头 ELR、热继电器的常闭辅助触头 KH，以及选择开关 SA 的"就地"位置点 1 和点 2。选择开关 SA 的"远方"位置点 3 和点 4 在线位号 107 到 125 之间。

图 6-73 的信号灯指示回路中，HL_1 受控于 KM_1 辅助常开触头，指示出电动机正处于正转运行；HL_2 受控于 KM_2 辅助常开触头，指示出电动机正处于反转运行；HL_3 同时受控于 KM_1 的常闭辅助触头和 KM_2 的常闭辅助触头，指示出电动机停止运行；HL_4 受控于热继电器 KH 或不平衡电流继电器 ELR，当两者之一在切断电动机电源的同时将 HL_4 信号灯点燃，指示当前系统中发生了故障。

与图 6-72 中的 QF 和 SW 之间的关系一样，图 6-73 中的 SW 也是用于断路器操作手柄处于试验位置时接通辅助回路，以便进行接触器吸合状态的试验。在试验位置上短路 QF 没有闭合，因此电动机正反转控制主回路中不带电。

4. 电动机丫 – △ 起动电路

电动机丫 – △（星 – 三角）起动的控制原理图如图 6-74 所示。

图 6-74 中 KM_1 是主控和过载保护接触器，KM_2 是三角运行接触器，KM_3 是星形起动接触器。

当电动机刚起动时，首先 KM_1 先闭合，接着 KM_3 再闭合，此时电动机处于丫起动状态；KM_1 在闭合时又启动了时间继电器 KT，当电动机在丫状态下运行到达预设时间后，KT 将丫起动接触器 KM_3 打开，△运行接触器 KM_2 合闸投运。KM_3 与 KM_2 之间设置了互锁关系。

在图 6-74 中，可以看到电动机丫 – △起动主回路的测量回路、过载保护和电流不平衡保护与正反转直接起动电路类似。

我们来看图 6-74 中的电动机丫 – △起动的就地控制逻辑关系式：

$$\begin{cases} f_1 = (QF + SW) * \overline{SB_2} * \overline{STOP} * (START1 + SB_1 + KM_1) * \overline{KH} * \overline{ELR} \\ KM_{1C} = f_1 * SA_{LOCAL} \\ KM_{2C} = f_1 * SA_{LOCAL} * \left[KT.TON(0 \rightarrow 1, t = 1s) + KM_2 \right] * \overline{KM_3} \\ KM_{3C} = f_1 * SA_{LOCAL} * \overline{KT.TOF(0 \rightarrow 1, t = 1s)} * \overline{KM_2} \\ KT_C = f_1 * \overline{KM_2} \end{cases} \quad (6\text{-}26)$$

从式（6-26）中我们可以看出 KM_{1C} 的逻辑表达式中具有 KM_1 项，因此 KM_1 接触器具有自锁记忆功能；同理，KM_{2C} 的逻辑表达式中也具有 KM_2 项，因此 KM_2 接触器也具有自锁记忆功能。这一点我们可以从图 6-73 中清楚地看到。

从式（6-26）中我们可以看出 KM_{2C} 的逻辑表达式中有 $\overline{KM_3}$ 项，而 KM_{3C} 的逻辑表达式中有 $\overline{KM_2}$ 项，所以星接接触器 KM_3 与角接接触器具有互锁功能，两者互相排斥。

从式（6-26）中我们可以看出 KM_{3C} 的打开条件是：KT 延迟时间到后利用其常闭触头将星接接触器打开；我们还可以看出 KM_{2C} 的闭合条件是：KT 延迟时间到后利用其常开触头将角接接触器闭合。

我们来看图 6-74 中的电动机丫 – △起动的远方控制逻辑关系式：

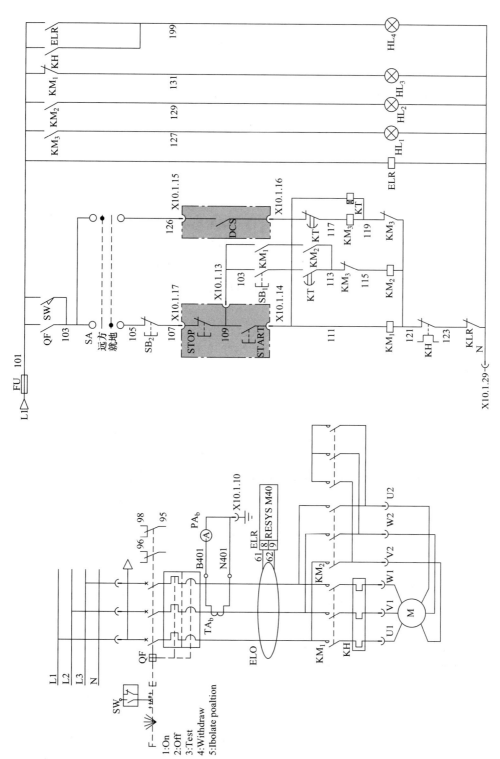

图 6-74　电动机星－三角起动的控制原理图

$$\begin{cases} f_2 = (QF + SW) * DCS * KH * ELR \\ KM_{1C} = f_2 * SA_{REMOTE} \\ KM_{2C} = f_2 * SA_{REMOTE} * \left[KT.TON(0\to1, t=1s) + KM_2 \right] * \overline{KM_3} \\ KM_{3C} = f_2 * SA_{REMOTE} * \overline{KT.TOF(0\to1, t=1s)} * \overline{KM_2} \\ KT_C = f_2 * \overline{KM_2} \end{cases} \tag{6-27}$$

从式（6-27）中可以看出，KM_{1C} 已经不再有自锁功能，它完全随着 DCS 远方触头的变位而闭合与打开；KM_{2C}、KM_{3C} 和 KT_C 则与就地操作模式下的逻辑表达式类似。

我们来仔细看看图 6-74 中各个接触器的工作过程：

当线位号 109 和 111 之间的起动按钮 SB_1 按下后，主接触器 KM_1 线圈得电，KM_1 闭合并对 SB_1 实施自保，线位号 111 和 119 之间的时间继电器 KT 线圈进入延时计时，同时星形起动接触器 KM_3 的线圈也得电闭合，电动机就此进入丫起动状态。

接在线位号 111 和 117 之间的 KT 得电延时打开辅助触头控制着 KM_3 接触器的线圈，接在线位号 111 和 113 之间的 KT 得电延时闭合辅助触头控制着 KM_2 接触器的线圈。当 KT 的延迟时间到达后，这一对辅助触头动作使得 KM_3 失电分断，而 KM_2 得电闭合同时利用自身的常开辅助触头实现自保，电动机就此进入△运行状态。

KM_2 线圈上串接了 KM_3 的常闭辅助触头，而 KM_3 线圈上串接了 KM_2 的常闭辅助触头，两者的辅助触头构成互锁关系。

线位号 119 和 121 之间的 KM_2 的常闭辅助触头打开后不但切除了 KM_3 的电源，也同时切除了时间继电器 KT 的电源，使得 KT 线圈不至于长时间地带电发生故障。

线位号 123 和 111 之间的是 DCS 的遥控触头。当操作模式选择开关 SA 拨在"远方"位时，过程控制系统 DCS 可直接操作电动机的起动和停止。

在图 6-74 的信号灯指示回路中，HL_1 受控于 KM_3 辅助常开触头，指示出电动机正处于星形起动运行；HL_2 受控于 KM_2 辅助常开触头，指示出电动机正处于三角形运行也就是正常运行状态；HL_3 同时受控于 KM_1 的常闭辅助触头，指示出电动机控制回路停止运行或者系统已经带电；HL_4 受控于热继电器 KH 或不平衡电流继电器 ELR，当两者之一在切断电动机电源的同时将 HL_4 信号灯点燃，指示当前系统中发生了故障。

5. 用 ABB 的 M102 – M（P）构建电动机控制电路

ABB 的电动机综合保护模块 M102 的具体说明可参见 6.3.4 节相关部分。表 6-38 ~ 表 6-41 是 M102 – M 的端子定义：

表 6-38　M102 的 X1 端子定义

编号	名称	定义	编号	名称	定义
X1：1	Limit1	位置开关量输入 1	X1：9	F＿Cc	触点 C 反馈
X1：2	Limit2	位置开关量输入 2	X1：10	PROG＿IN0	可编程开关量输入 0
X1：3	Start1	起动按钮输入 1	X1：11	PROG＿IN1	可编程开关量输入 1
X1：4	Start2	起动按钮输入 2	X1：12	PROG＿IN2	可编程开关量输入 2
X1：5	Stop	停止按钮	X1：13	MCB	主开关辅助触点输入
X1：6	LOC/R	本地/远程选择输入	X1：14	PTCA	PTC 输入 A
X1：7	F＿Ca	触点 B 反馈	X1：15	PTCB	PTC 输入 B
X1：8	F＿Cb	触点 B 反馈	X1：16	PTCC	PTC 输入 C

表 6-39　M102 的 X2 端子定义

编号	名称	定义	编号	名称	定义
X2：1	RS485 B	操作面板 RS485 接口	X2：4	SHIELD	RS485 屏蔽层
X2：2	RS485 A	操作面板 RS485 接口	X2：5	Vcc	操作面板电源
X2：3	SHIELD	RS485 屏蔽层	—	—	—

表 6-40　M102 的 X3 端子定义

编号	名称	定义	编号	名称	定义
X3：1	2A	2#RS485A	X3：8	N	中性线输入
X3：2	2B	2#RS485B	X3：9	Vc	C 相电压输入
X3：3	SHIELD	RS485 屏蔽层	X3：10	NC	无定义
X3：4	1A	1#RS485A	X3：11	Vb	B 相电压输入
X3：5	1B	1#RS485B	X3：12	NC	无定义
X3：6	Ioa	漏电电流输入 A	X3：13	Va	A 相电压输入
X3：7	Iob	漏电电流输入 B	—	—	—

表 6-41　M102 的 X4 端子定义

编号	名称	定义	编号	名称	定义
X4：1	GR1 _ A	可编程输出端口 1A	X4：8	CCB	继电器控制 B
X4：2	GR1 _ B	可编程输出端口 1B	X4：9	CCC	继电器控制 C
X4：3	GR1 _ C	可编程输出端口 1C	X4：10	GND	电源 24Vdc －
X4：4	GR2 _ A	可编程输出端口 2A	X4：11	24V	电源 24Vdc ＋
X4：5	GR2 _ B	可编程输出端口 2B	X4：12	GROUND	保护地
X4：6	CCLI	继电器控制电源输入	—	—	—
X4：7	CCA	继电器控制 A	—	—	—

M102 - M 的接线如图 6-75 所示。

用 M102 - M 构建的电动机直接起动接线图如图 6-76 所示，用 M102 - M 构建的电动机正反转起动接线见图 6-77，用 M102 - M 构建的电动机丫 - △起动接线如图 6-78 所示。

（1）关于 PTC 的接线

PTC 是埋在电动机定子绕组中的热敏电阻，用来测量电动机定子绕组的温度。若电动机未连接 PTC 电阻，则 M102 - M 的 X1：14 ～ X1：16 要短接。

（2）关于 KM（L）和 KM（N）工作电源

工作电源可来自母线，也可来自专门配套的互投电源。

工作电源首先接入 STOP1 急停按钮。急停按钮下部的 QF 是断路器辅助触头，与 QF 并接的 SW 是断路器操作机构的试验位置触头；选择开关 SA 决定了电动机的操作模式。

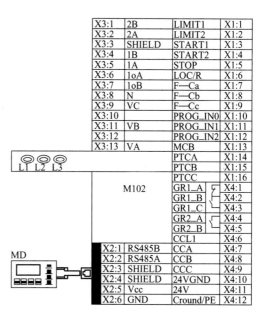

图 6-75　M102 - M 的接线图

因为断路器的辅助触头状态反馈、合闸和分闸控制按钮的状态反馈、交流接触器的状态反馈等信号均接在 DC 24V 回路，所以 SA 选择了"手动"模式时必须接通上述电源通道，同时还要接通了交流接触器的工作电源通道，而当 SA 选择了"远方"模式时则仅仅接通交流接触器的工作电源通道即可。

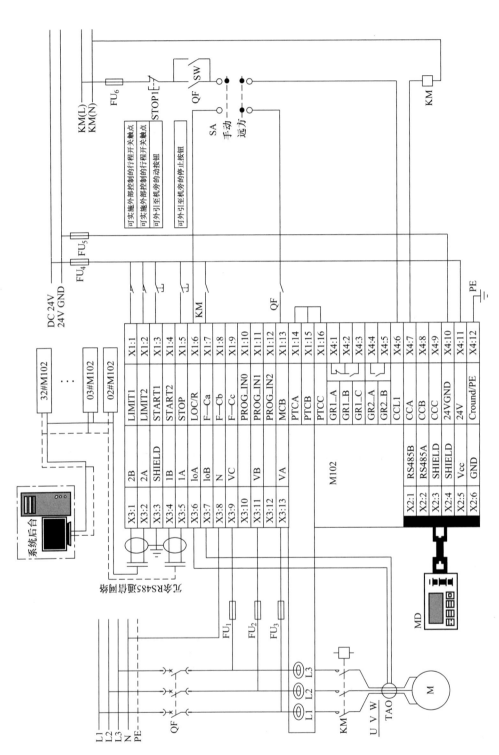

图 6-76 M102 - M 构建的电动机直接起动接线图

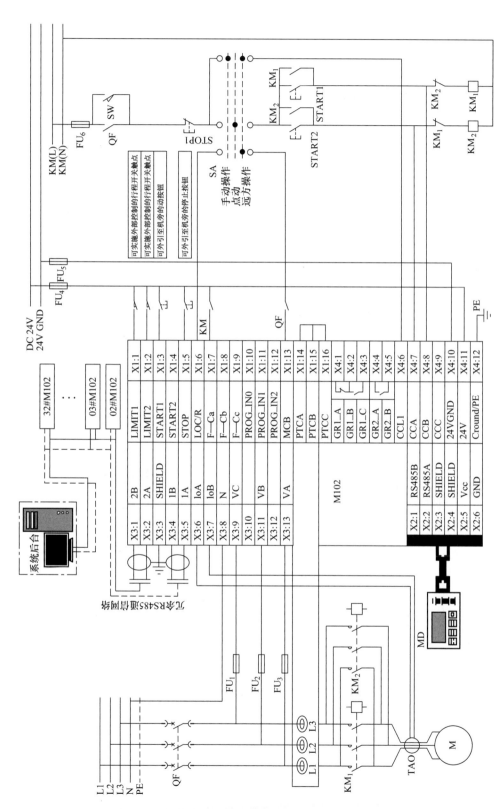

图 6-77　M102－M 构建的电动机正反转起动接线图

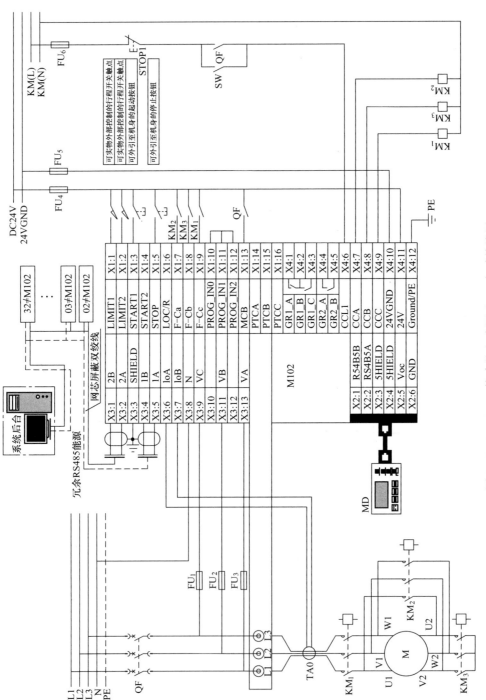

图 6-78 M102 – M 构建的电动机 Y – △ 起动接线图

（3）关于操作面板 HD

HD 与 M102 – M 之间的连接符合 RS485 规约，采用专用的电缆连接。

用户可在 HD 面板上操作电动机起动与停止，还可查阅电动机的工作电流等信息。

（4）关于 M102 – M 的电流输入互感器

M102 – M 的电流输入互感器最大测量值为 63A，若大于 63A 则需要外接电流互感器。外接电流互感器的过载倍数必须在 8 倍以上。

（5）关于 M102 – M 的双 RS485 通信接口

从图 6-76 ~ 图 6-78 中可以见到 M102 – M 上独立的双套 RS485 通信接口的特殊用途：M102 – M 可以在 2 条不同的串行链路中同时向两处上位系统发送信息，或者与一套上位系统实现冗余通信功能。

独立的双套 RS485 接口也是 ABB 的 M102 – M 区别于其他品牌 MCU 模块的特征。

6.6.5　无功功率自动补偿控制原理

MNS3.0 无功功率补偿的控制原理如图 6-79 所示。

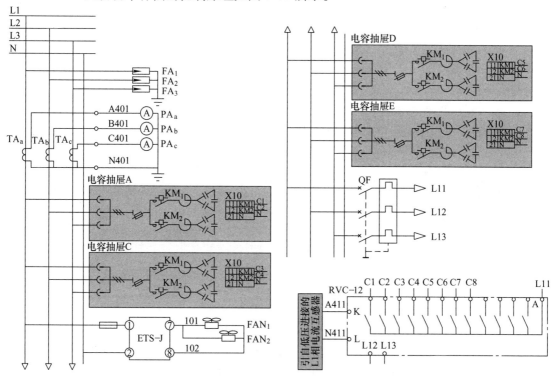

图 6-79　MNS3.0 无功功率补偿的控制原理

从图 6-79 中可以看到，无功功率自动补偿控制装置 RVC 的两路电压信号 L12 和 L13 来自 MNS3.0 低压成套开关设备的主母线，而电流信号则来自进线主回路专门配置的 L1 相电流互感器二次回路。

从无功功率自动补偿控制装置 RVC 的端子 X12：11 到 X12：26 为 12 路继电器输出点，用于控制各个电容抽屉中的切换电容器接触器的合分。

以图 6-79 中的 MODUL B 电容抽屉为例，RVC 的端子 X12：11 和 X12：12 接在本抽屉的控制点 C1 和 C2 上，实现对本抽屉中补偿电容的投切。

图6-79中的ETS-J是控制电容柜排风风扇的控制器。当电容柜内温度升高越限时，排风风扇将自动起动实现排风散热。

从图6-79中还可以看到电容柜内还配置了电流测量回路，用于测量和监视电容柜中电容器的总充放电数值。

6.7 经验分享与知识扩展

主题：电气制图

论述正文：

电气制图与机械制图有很大的不同。电气制图并不强调线条构图尺寸的准确性，但却强调图形位置的准确性及重复性，这和电气图形元器件图符大量重复使用有关。

为了让所绘制的图纸内容总体外观能做到布局合理，线条横平竖直，在绘制电气图时就要利用 AutoCAD 的各项制图功能和图块功能。

我们看图6-80所示的范例图。

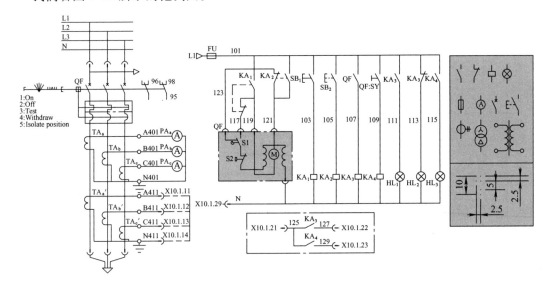

图6-80 范例图

在图6-80中，所有的点、线和图块都是以2.5为尺寸基数绘制的：细线线宽是0.25，粗线线宽是0.5或者1；图块的尺寸是以2.5基数绘制的；图中的"栅格"和"捕捉"是以1.25为基数确定的。这样绘制出来的图纸自然就横平竖直了。

2.5这个基数是电气绘图标准中的最基本单位，也是国际标准确定的制图规范之一。

AutoCAD 有许多很好的功能，例如我们可以采用属性块来制作需要填写文字的图符，还可以利用属性块来填写材料表；利用 AutoCAD 与 EXCEL 的关联特性，可以自动生成元器件的材料清单。

对于低压成套开关设备的制造厂来说，生产低压开关柜需要绘制单线图、结构图、控制原理图和接线图。这些图可以通过 AutoCAD 的 VBA 来实现，只要绘制好系统单线图，其他图纸就可以按标准方案自动给出，再略加修改即可使用。

对于现代专业开关柜生产厂家来说，电气制图是生产管理系统的一部分。通过规范的电气图绘制过程，能实现物料统计和管理、项目管理、成本和资源控制等。当然，要实现这一点，需要生产厂家配套完善的现代科学管理系统。

这里会出现一个很有趣的现象：从 AutoCAD 版本号就能推测出设计部门和生产厂家的规模：电气图纸所使用的 AutoCAD 版本较低，说明出图的设计部门和生产厂家的规模较大，技术水平较高，反之，则说明设计部门和生产厂家的技术水准较低。这是显然的，管理系统的升级对于具体单位来说是一件需要投入大量人力、物力和费用的工作，它不可能与 AutoCAD 同步升级。

第7章

低压成套开关设备中的测控和信息交换

本章 PPT

7.1 低压成套开关设备中的遥测、遥信、遥控和遥调

在电力监控的行业术语中，称采集开关量为"遥信"，称采集电流、电压等模拟量为"遥测"，对断路器或其他电气设备实施远方控制称为遥控，而对断路器等电器设备的控制参数实施远距离调整称为"遥调"。

在图 7-1 中，低压进线回路需要就地显示包括电压、电流、功率、功率因数、频率和谐波含量等各种模拟量，还需要显示断路器状态和保护动作状态等开关量，这些模拟量和开关量还需要送往电力监控系统。图中配套使用了 ABB 的 FC610 全电量电力测控仪表执行以上各项操作任务。

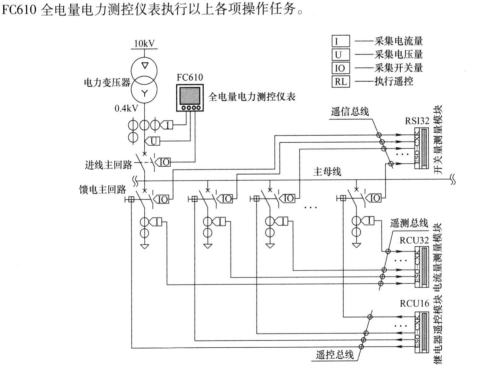

图 7-1　低压成套开关设备中的遥测、遥信和遥控

在图 7-1 中，除了用电流表显示馈电回路的电流外，还需要采集回路中的电流，需要采集断路器的状态和保护动作状态开关量，还需要对馈电回路的断路器执行遥控合闸和分闸遥控操作。由于馈电回路数量众多，因此需要一种能实现多点遥测、遥信和遥控的装置。

如图 7-2 所示，操作者在人机界面（Human Machine Interface，HMI）和通信管理机（Communication Control Unit，CCU）中通过 RS485 总线对三台断路器 $QF_1 \sim QF_3$ 的脱扣器中的动作参数 L－S－I－G 实施调整，这种操作过程被称为遥调。

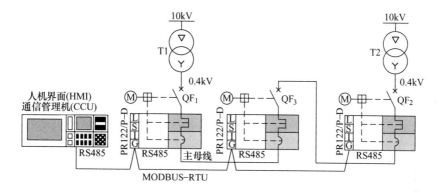

图 7-2　操作者在人机界面和通信管理机中通过总线遥调断路器的保护参数

在低压成套开关设备中，遥信、遥测、遥控和遥调是电力监控系统的最基本操作，这些操作既可以通过断路器本体的通信系统完成，也可以通过 PLC 或电力仪器仪表来完成。

7.2　数据通信概述

1. 数据通信的条件

请设想两个人在进行电话通信，那么这两个人需要具备哪些条件呢？如图 7-3 所示。

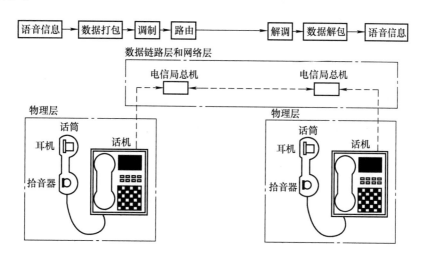

图 7-3　话机的通信模型

首先通信双方必须要有终端通信设备，即电话机；第二是要具备通信线路即通信介质；第三是电信部分要为通信双方的通信信息提供信息打包、放大、调制载波、解调拆包发送等一系列操作。

我们在使用话机通话时既能听也能说，这种工作模式称为双向通信工作制，简称为"双工作制"；若在我们使用话机时只能说而不能听，或者只能听而不能说，这种工作模式称为单向通信工作制，简称为"单工作制"。

有了话机及通信线路是不是就能通话了呢？不能，话机及通信线路只是为通信双方建立了一个物理基础，要实现通话还必须要有更高层的管理和控制系统进行操作和支持。

当我们说话的声音被话机的拾音器拾取后，在电信局的总机中被打成一个语音数据包，语音数据包被调制成高频电信号或光信号，按照路由器指定的路线顺着高速宽带通信电缆和光缆向对方所在位置发送过去，对方的总机接收到数据包后，首先将高频信号解调还原为低频信号，接着将语音信息按话机号码发送到对应的话机耳机中。通过类似的过程，通信双方才能建立起有效的通信过程。

我们对这个过程总结如下：

（1）物理层设备

即话机、线路接口、线路连接方式和音频数据传输方式。

（2）高层系统的控制和管理

即通信网的控制和管理，其中包括数据变换、打包和调制，还有网络管理和路由传输，以及数据解调、解包变换和话机号码查询检索等一系列过程。

（3）物理层的作用

物理层的作用是为高层系统建立起一条无故障的通信链路，而高层系统则在这条无故障的通信链路上实现各种操作与控制。

（4）通信双方必须使用相同的语言

通信双方必须使用相同的语言，否则通信双方无法理解对方的通话内容。

这里所指的语言不但包括通信双方的人员信息交换，还包括设备层面在信息交换时所采用的机器设备通信语言。

（5）数据传输和通话双方的工作制类型

即双工作制或者单工作制的数据传输方式。

2. 数据格式

与语音通信类似，我们把数据通信中的物理层设备和通信线路统称为物理层规约，其中包括机械设备、通信介质、数据传输编码方式和单/双工作制等内容；我们把数据打包和解包的控制操作叫作数据链路层协议；我们把通信网络的管理和路由控制叫作网络层协议。

注意：数据通信和传输的物理层协议中不但规定了通信双方的接口机械外形，还规定了接口的电气接线和字节编码规则。最重要的是：物理层协议还为建立通信链路给出了有效的方法和限制条件。

在数据通信中，信息的格式包括位数据格式、字节数据格式、字数据格式、双字数据格式四种，见表 7-1。

表 7-1　信息格式

数据格式	位格式	长度	最大值
位数据	b	1 位	1
字节	$b_7 b_6 b_5 b_4 b_3 b_2 b_1 b_0$	8 位	$2^0 + 2^1 + 2^2 + 2^3 + 2^4 + 2^5 + 2^6 + 2^7 = 255$
字	$b_{15} b_{14} b_{13} \cdots b_4 b_3 b_2 b_1 b_0$	16 位	$2^0 + 2^1 + 2^2 + \cdots + 2^{15} = 65535$
双字	$b_{31} b_{30} b_{29} \cdots b_4 b_3 b_2 b_1 b_0$	32 位	$2^0 + 2^1 + 2^2 + \cdots + 2^{31} = 4294967295$

由表 7-1 中可以看到，信息格式都采用二进制数，其中包括 1 位二进制数的位数据格式、8 位二进制数的字节格式、16 位二进制数的字格式和 32 位二进制数的双字格式。

在电力系统中，各种电参量与数据格式的关系如下：

（1）开关量数据

开关量数据一般采用位数据格式来表达，其中数值不是 0 就是 1。

（2）短数据

短数据一般采用字节数据格式来表达，其中的数值范围是 0 ~ 255。短数据可用于表达不超过 256 的各种计算数值，以及状态参量和开关量个数等。

（3）模拟量数据

普通的模拟量数据采用字数据格式来表达，其数据范围是 0 ~ 65535，或者 −32768 ~ 32767。一般的模拟量例如电压、电流、频率等常常采用字的形式来表达，例如 315V 的电压可写为 100111011B，而 1618A 的电流可写为 11001010010B，其中 "B" 是二进制数后缀。

显然二进制数看起来十分费力，为了便于阅读，一般模拟量可以采用十六进制数来表达。十进制数、十六进制数和二进制数的关系见表 7-2。

表 7-2　十进制、十六进制和二进制数代码表

十进制数值	十六进制数值	二进制数值	十进制数值	十六进制数值	二进制数值
0	00H	0000B	8	08H	1000B
1	01H	0001B	9	09H	1001B
2	02H	0010B	10	0AH	1010B
3	03H	0011B	11	0BH	1011B
4	04H	0100B	12	0CH	1100B
5	05H	0101B	13	0DH	1101B
6	06H	0110B	14	0EH	1110B
7	07H	0111B	15	0FH	1111B

例如 315V 的电压可以写为 13BH，而 1618A 的电流可以写为 652H，其中 "H" 是十六进制数后缀。显然，十六进制数比二进制数精简了许多。

二进制数与十六进制数的转换十分便利，举例如下：

对于二进制数 11001010010B，将数据从右向左每隔四位就分段，即：110 0101 0010B；接着查表 7-2，将每段数据写成十六进制数并添加后缀 H 即可。于是本例中的二进制数转换为：110 0101 0010B = 652H。

我们常常用 "字" 来表达开关量，一个字长是 16 位二进制数，若每一位代表一个开关量，则一个字可以表达 16 个开关量状态。

例如，某 PLC 的保持寄存器 48512 中保存的数据见表 7-3。

表 7-3　某 PLC 的保持寄存器 48512 中保存的数据

位编码	开关量	定义	值
b15	QF_1	1 段进线断路器状态，$QF_1 = 1$ 表示合闸	1
b14	QF1 − F	1 段进线断路器保护动作状态，QF1 − F = 1 表示保护动作	0
b13	QF_2	2 段进线断路器状态	1
b12	QF2 − F	2 段进线断路器保护动作状态	0
b11	QF_3	母联断路器状态	0

（续）

位编码	开关量	定义	值
b10	QF3 – F	母联断路器保护动作状态	0
b9	QF₄	1 段三级负荷总开关断路器状态	1
b8	QF4 – F	1 段三级负荷总开关断路器保护动作状态	0
b7	QF₅	2 段三级负荷总开关断路器状态	1
b6	QF5 – F	2 段三级负荷总开关断路器保护动作状态	0
b5	SA1 – 1	自投自复操作模式	1
b4	SA2 – 3	自投手复操作模式	0
b3	SA4 – 5	手投自复操作模式	0
b2	INCOMING1 _ LV	1 段进线失电压信号	0
b1	INCOMING2 _ LV	2 段进线失电压信号	0
b0	AUTO	自动操作模式，AUTO =0 表示 PLC 退出	1

表中的值可写成二进制数：1010001010100001B，写成十六进制数：A2A1H，写成十进制数是：41633。由此可以看出，一个字可以同时表达出 16 个开关量的状态信息。

一个无符号字的十进制数据长度范围是 0 ~65535，有符号时是 – 32768 ~32767。

（4）较长的模拟量数据

较长的模拟量可以采用双字来表达，例如电度参量、功率参量等。

3. RS232 和 RS485 通信接口及其规约

国际标准化组织为数据通信建立了七层模型，即 ISO/OSI 七层网络协议模型。物理层协议是 ISO/OSI 七层网络协议中的最底层协议，是连接两个物理设备并为链路层提供透明位流传输所必须遵循的规则。物理层协议又称为通信接口协议。

物理层涉及通信在信道上传输的原始比特流，必须保证一方发出"1"时，另一方接收到的是"1"而不是"0"。物理层为建立、维护和释放数据链路实体之间二进制比特传输的物理连接提供机械的、电气的、功能的和规范的特性标准。物理连接可以通过中继系统，允许进行全双工或半双工的二进制比特流传输。

全双工通信构型中有两条通信信道，通信双方在进行全双工通信时可以实现同时的"讲"和"听"。RS232 接口能实现全双工通信机制。RS232 接口规约中有两条通信信道，主站通过其中一条信道发布命令给从站，而从站则从另外一条信道将响应发还给主站。图 7-4 所示为点到点和点到多点的数据传输构型。

 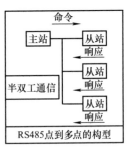

图 7-4　点到点和点到多点的数据传输构型

虽然 RS232 能实现全双工通信，但不能实现点到多点的信息交换，而且通信距离最长仅仅只有 15m，最大数据传输速率只有 20kbit/s，且不平衡电气接口使得串扰较大。

半双工通信构型中只有一条通信信道，所以通信双方必须遵守防止碰撞的约定机制。通信首先由主站发起，主站占用通信信道以广播或者行动命令的形式对所有从站发布命令，接着退出占用通信信道将自己转为"听"。这个过程被称为主站对从站的"命令";由于广播或者行动命令是发给所有从站的,符合应答地址条件的从站将占用通信信道传递主站所需信息,信息发送完毕后从站自动转为"听",退出通信信道的占用。这个过程被称为从站对主站的"响应"。

半双工通信构行虽然不能实现全双工通信,但能实现多点通信,通信距离也加大到1200m,且采用平衡接口使得串扰大幅度地降低。

RS232 是点到点的构型,其接线如图 7-5 所示。

在图 7-5 中,RxD 是信息接收引脚,TxD 是信息发送引脚,我们看到通信双方的

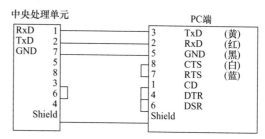

图 7-5 用于 PLC 点到点的 RS232 通信电缆接线

引脚是交叉的,即控制中心 Central unit 的 RxD 对应于 PC 端的 TxD,而中央处理单元的 TxD 对应于 PC 端的 RxD,双方构成了全双工通信模式。

在图 7-6 中,接口中的第 2 引脚 TxD 变为差分输出的 D1 − ,RS232 接口中的第 7 引脚 GND 变为差分输出的 D1 + ,由此构成了 RS485 通信接口。RS485 接口只能实现单向通信,即半双工通信。

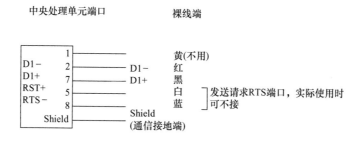

图 7-6 用于 PLC 的点到多点的 RS485 通信电缆接线

RS485 采用差分电路,极大地增强了抵抗共模干扰的能力,因此 RS485 接口相对 RS232 接口既增强了抗干扰能力,又加大了通信距离。

对于 PLC,其通信接口既可以设置为 RS232,也可以设置为 RS485。如图 7-7 所示。

图 7-7 中:

L + ——24V 电源正端;

M——24V 电源负端;

FE——电源或者装置的接地端;

Term——RS485 的使能端口;

RxD/TxD − P——RS485 的接收数据/传输数据
　　　　　　　　正端口(P 端口);

RxD/TxD − N——RS485 的接收数据/传输数据负端口(N 端口)

Term. N——RS485 的 N 端口;

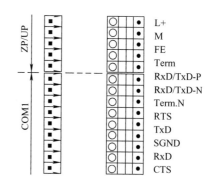

图 7-7 AC500 系列 PLC 的 COM1 通信接口

RTS——RS232 请求发送（输出端）；

TxD——RS232 发送数据（输出端）；

SGND——信号地；

RxD——RS232 接收数据（输入端）；

CTS——RS232 发送清除（输入端）。

对照图7-5 和图7-6，我们可以看出 AC500 系列 PLC 的 COM1 通信接口可根据需要设置为 RS232 接口或者 RS485 接口。

RS485 通信接口的特点见表7-4。

表7-4　RS485 通信接口的特点

标准	EIA/TIA – 485 标准	
OSI 模型中的层级别	OSI 模型的第一层，即物理层	
拓扑结构	属于 2 线式链状总线	
链路接线	主站和从站在总线链路按菊花瓣的方法接线，总线的两端需要加装 120Ω 的终端电阻；通信介质采用屏蔽双绞线，屏蔽层又作为公共线	
总线占用	任何时刻只有一个驱动器有权占用总线发送信息	
总线电压工作电压	+5 ~ +24V	
主站和从站的数量	在链路中主站只能有一个，而从站的数量在无中继的情况下最多接 32 个。在实际的工程中总线上一般挂接了 25 个子站	
总线的通信速率	2400bit/s ~ 750kbit/s，一般默认为 9600bit/s 和 19200bit/s	
总线长度	9600 ~ 19200bit/s 通信速率下为 1200m	
字节传输格式	起始位 + 数据位 + 奇偶校验位 + 停止位 = 11 位，其中： 起始位为 1 位 数据位为 8 位 奇偶校验位为 1 位，若无校验则为 0 位 停止位为 1 位，若无校验则为 2 位	
每字节传输的大致时间	每字节的传输时间	通信速率
	1.15ms/bit	9600bit/s
	0.573ms/bit	19200bit/s

根据以上原则，在 MNS3.0 低压成套开关设备中建立的信息交换 RS485 串行通信链路如图7-8 所示。

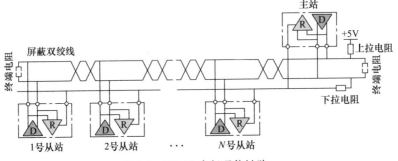

图7-8　RS485 串行通信链路

我们想象这些子站就是各种测控仪表和断路器通信接口，根据物理层 RS485 通信接口规约的组建规则，我们总结如下：

1）RS485 串行通信链路必须是有始有终的，这就决定了链路中只能有 1 个主站。

2）RS485 串行通信链路从起始端连接到某子站，再连接到下一个子站，通信链路在任意子站只有单路的引入和引出，即引入和引出必须是唯一的，也就是菊花瓣的接线方法。

3）每条 RS485 串行通信链路可连接最多 32 套子站，一般按 15～20 套子站安排。

4）RS485 串行通信链路中的字节传输规则和通信速率见表 7-4。

图 7-9 所示为 M102 - M 的通信接口，其中 1A/1B 和 2A/2B 是 RS485 通信接口，其中 B 对应于 RS485 +，而 A 对应于 RS485 -。

M102 - M 具有两套独立的 RS485 接口，可以分别接到两条相互之间完全独立的 RS485 串行通信链路中。

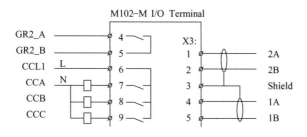

图 7-9　M102 - M 的 RS485 通信接口

图 7-10 所示的通信管理机中共插接了 4 套 RS485 串行通信链路主站接口，分别驱动 4 条 RS485/MODBUS 串行通信链路，每条链路都连接了 25 个从站设备。作为主机的 CCU 通信管理机可在 4 条串行通信链路中各自独立地与从站交换信息。

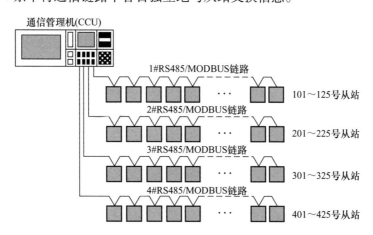

图 7-10　在 MNS3.0 低压成套开关设备中建立的信息交换串行通信链路

需要指出的是，决定通信链路拓扑结构的是物理层协议和规约，而不是 MODBUS 规约。在图 7-10 中之所以会出现 RS485/MODBUS 链路字样，是因为网络中需要指出数据交换的格式是 MODBUS 规约。事实上，PROFIBUS - DP、DEVICE NET、CANOPEN 和 CS31 总线的物理层均采用 RS485 规约。

4. 数据链路层和 MODBUS 通信规约

物理层为通信双方定义了字节书写模式，铺就和建立了传输信息的介质通道。数据链路层就用字节构建出各种通信语句，通信语句又被称为信息帧，简称为"帧"。

数据链路层是 OSI 参考模型的第二层，它介于物理层和网络层之间，是 OSI 模型中非常重要的一层。设立数据链路层的主要目的是将一条原始的、有差错的物理线路变为对网络层无差错的数据链路。为了实现这个目的，数据链路层必须执行链路管理、帧传输、流量控制、差错控制等功能。

数据链路层所关心的主要是物理地址、网络拓扑结构、线路选择和规划等。

物理连接和数据链路连接是有区别的：数据链路连接是建立在物理连接之上，一个物理连接生存期间允许有多个数据链路生存期，并且数据链路释放后物理连接不一定要释放。

数据链路层依靠物理层的服务来传输帧，实现数据链路的建立、数据传输、数据链路释放以及信息帧的发送过程流量控制和差错控制等功能，为网络层提供可靠的结点与结点间帧传输服务。

数据链路层通信协议和帧如图 7-11 所示。

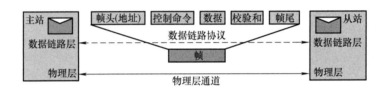

图 7-11 数据链路层通信协议和帧

在图 7-11 中，我们可以看到物理层已经为通信双方建立了通信通道，于是主站和从站之间的信息发送就靠数据链路层的通信协议——帧来完成的。

帧由帧头、控制命令、数据、校验和及帧尾构成。当主站向从站下达命令时需要发送命令信息帧，而从站向主站交换信息时也以信息帧的形式发送数据。

MODBUS 通信协议是一种工作在数据链路层上的一种通信规约。

MODBUS 通信协议需要解决的问题是：

（1）链路管理

由于通信链路只有一条，因此通信双方必须解决通信链路的占用问题。链路管理为通信双方建立链路联结、维持和终止数据传输给出具体操作协议和执行标准。

（2）装帧和同步

数据链路层的数据传输以帧为单位，帧被称为数据链路协议的数据单元。数据链路层负责帧在计算机之间无差错地传递。

数据链路层需要解决帧的破坏、丢失和重复的等问题，要防止高速的信息发送方的大量数据把低速接收方"淹没"，也即流量控制调节问题。

数据链路层还需要解决发送方的命令帧与接收方的响应帧竞争线路的问题。

信息帧还可以对帧本身进行打包。为了确保相邻两结点之间无差错传送，数据链路层有时还对数据包实施分组后另加一层封装构成信息帧。

数据包每经过网络中的一个结点都要完成帧的拆卸和重新组装：在验证上一条链路无差

错传送之后，拆去包装取出数据包，再加上新的帧头和帧尾构成新帧后往下一个结点传送数据。

帧的打包方式有 4 种：

1）字符计数法。在帧的开头约定一个固定长度的字段来标明该帧的字符个数。接收方可以根据该字段的值来确定帧尾和帧头。

2）首尾界符法。在帧的起始和结束位置分别用开始和结束字符标记。

3）首尾标志法。在帧开始和结束处，分别用一位特殊组合信息来标志帧的开始和结束。

4）物理层编码违例法。在帧的开始和结束处分别用非法编码系列作为标志。

（3）寻址

通信链路上存在多套从站，因此通信协议必须解决多从站的访问问题。

（4）纠错

速度匹配问题和差错控制，包括传输中的差错检测和纠正。

常用的检错码有两类：奇偶校验码和循环冗余码。奇偶校验码是最常见的一种检错码，虽然很简单，但检错能力较差，只能用于一般通信要求低的场合。MODBUS 使用的是 CRC 检错码属于循环冗余码。CRC 验错方法说明见图 7-12。

CRC（Cyclie Redundancy Code，循环冗余校验码）检错方法是将要发送的数据比特序列当作一个多项式 $f(x)$ 的系数，在发送方用约定的生成多项式 $G(x)$ 去除，求得一个余数多项式 $R(x)$，将余数多项式加在数据多项式的后边一同发送给接收端；接收端用同样的生成多项式 $G(x)$ 去

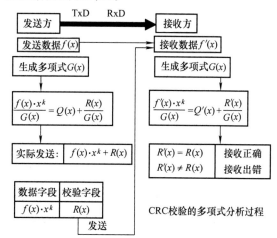

图 7-12　CRC 验错方法的说明

除接收端数据多项式 $f'(x)$，得到余数多项式 $R'(x)$；若 $R'(x) = R(x)$ 表示传输无差错，反之表示有差错并要求发送端重发数据，直至正确为止。

在 MODBUS 通信协议中使用 CRC16 = X16 + X15 + X2 +1 作为生成多项式。

CRC 码检错能力强，实现容易，是目前应用最广泛的检错码编码方法之一。

数据链路层的相关设备是：网络接口卡及其驱动程序、网桥、二层交换机等。

通信只能由主站主动发起并传送给从站。若主站发出的是广播命令，则从站不给予任何回应；若主站发出的是行动命令，则从站必须给予回应。从站的回应中包括描述命令执行域信息、数据表以及错误检验域信息；若从站不能执行该命令，则从站将建立错误消息并作为回应发送回去。

自主站发至从站的信息报文称为命令或下行通信帧，而自从站发至主站的信息报文则称为响应或上行通信帧。

5. 数据链路层 MODBUS 通信规约的定义

（1）MODBUS 通信的两种数据传输方式：ASCII 和 RTU 模式

当数据代码采用 ASCII 数据传输方式时被称为 MODBUS – ASCII。

当数据代码采用 RTU（远程终端单元）数据传输方式时被称为 MODBUS - RTU。在以 RTU 数据传输方式下，1 个 8bit 的字节由 2 个 4bit 的十六进制字符构成。

若无特别说明，在本书中所描述的通信协议均为 MODBUS - RTU。

（2）MODBUS - RTU 在发送 1 个字节时其中的位分布

MODBUS - RTU 在发送字节时是利用物理层来传输的，因此字节的位分布其实是物理层的位传输协议。字节传输的位分布规则如下：

一个字节中包括 1 位起始位；8 位数据位；1 位奇偶校验位，若选择无校验则无本位；1 位停止位，若无奇偶校验则为 2 位停止位（多数情况下仍然采用 1 位停止位）。可见在链路上每发送一个字节需要传输 10 位或者 11 位二进制数据。

若某链路数据传输的速率为 9600bit/s，若每个字节有 10 位，则每秒钟此链路可传输 960 个字节数据。

（3）在 MODBUS - RTU 模式下，错误校验码采用 CRC16 模式

（4）MODBUS - RTU 的消息帧结构

MODBUS - RTU 的消息帧结构见表 7-5。

表 7-5　MODBUS - RTU 的消息帧结构

起始位	地址域	功能域或命令代码域	数据域	CRC 校验域	停止位
T1 - T2 - T3 - T4	8bit	8bit	N 个 8bit	16bit	T1 - T2 - T3 - T4

在表 7-5 中：

1）地址域：指从站的 ID 地址。当主站向某从站发送消息时将该从站的地址放入消息帧的地址域中；当从站发送回应消息时，将自己的地址放入消息帧的地址域中以便主站知道哪个从站作了回应。

地址 0 为广播命令。当 MODBUS 网络为更复杂的网络时，广播命令可能会取消或以其他形式取代。

从站地址的范围为 1 ~ 247（十进制），但为了与 RS232C/RS485 接口配合一般选择为 1 ~ 32。

2）功能域：指主站发布的 MODBUS 功能命令。MODBUS 功能命令以 Modicon 公司的解释为行业标准。表 7-6 为 Modicon 公司对 MODBUS 功能命令的解释。

表 7-6　主站发布的 MODBUS 功能命令行规（摘自《Modicon Modbus Protocol Reference Guide（Modicon 公司的 MODBUS 通信协议指南）》）

命令	主站信息帧结构	从站信息帧接口
01/0X01H 命令 注 1	"从站地址" + "功能码 = 01H" + "起始地址高字节" + "起始地址低字节" + "线圈数量高字节" + "线圈数量低字节" + "CRC16 校验码低字节" + "CRC16 校验码高字节"	"从站地址" + "功能码 = 01H" + "字节数量" + "状态字（线圈 27 - 20）" + "状态字（线圈 35 - 28）" + "状态字（线圈 43 - 36）" + "状态字（线圈 51 - 44）" + "状态字（线圈 58 - 52）" + "CRC16 校验码低字节" + "CRC16 校验码高字节"

（续）

命令	主站信息帧结构	从站信息帧接口
02/0X02H 命令	"从站地址" + "功能码 = 02H" + "起始地址高字节" + "起始地址低字节" + "点数量高字节" + "点数量低字节" + "CRC16 校验码低字节" + "CRC16 校验码高字节"	"从站地址" + "功能码 = 02H" + "字节数量" + "状态字" + "状态字" + … + "状态字" + "CRC16 校验码低字节" + "CRC16 校验码高字节"
03/0X03H 命令	"从站地址" + "功能码 = 03H" + "寄存器地址高字节" + "寄存器地址低字节" + "寄存器数量高字节" + "寄存器数量低字节" + "CRC16 校验码低字节" + "CRC16 校验码高字节"	"从站地址" + "功能码 = 03H" + "状态字高字节" + "状态字低字节" + "状态字高字节" + "状态字低字节" + … + "状态字高字节" + "状态字低字节" + "CRC16 校验码低字节" + "CRC16 校验码高字节"
05/0X05H 命令	"从站地址" + "功能码 = 05H" + "线圈地址高字节" + "线圈地址低字节" + "线圈状态字高字节" + "线圈状态字低字节" + "CRC16 校验码低字节" + "CRC16 校验码高字节"	"从站地址" + "功能码 = 05H" + "线圈地址高字节" + "线圈地址低字节" + "线圈状态字高字节" + "线圈状态字低字节" + "CRC16 校验码低字节" + "CRC16 校验码高字节"
06/0X06H 命令	"从站地址" + "功能码 = 06H" + "寄存器地址高字节" + "寄存器地址低字节" + "数据状态字高字节" + "数据状态字低字节" + "CRC16 校验码低字节" + "CRC16 校验码高字节"	"从站地址" + "功能码 = 06H" + "寄存器地址高字节" + "寄存器地址低字节" + "数据状态字高字节" + "数据状态字低字节" + "CRC16 校验码低字节" + "CRC16 校验码高字节"
15/0X0FH 命令	"从站地址" + "命令码 = 0FH" + "线圈地址高字节" + "线圈地址低字节" + "线圈数量高字节" + "线圈数量低字节" + "字节数量" + "线圈状态高字节（继电器 = RL8 – RL1）" + "线圈状态低字节（继电器 = RL16 – RL9）" + "CRC16 校验码低字节" + "CRC16 校验码高字节"	"从站地址" + "命令码 = 0FH" + "线圈地址高字节" + "线圈地址低字节" + "线圈数量高字节" + "线圈数量低字节" + "CRC16 校验码低字节" + "CRC16 校验码高字节"
16/0X10H 命令	"从站地址" + "命令码 = 10H" + "寄存器起始地址高字节" + "寄存器起始地址低字节" + "寄存器数量高字节" + "寄存器数量低字节" + "所有需要操作的寄存器字节总数量" + "第 1 寄存器内容高字节" + "第 1 寄存器内容低字节" + "第 2 寄存器内容高字节" + "第 2 寄存器内容低字节" + … + "CRC16 校验码低字节" + "CRC16 校验码高字节"	"从站地址" + "命令码 = 10H" + "所有需要操作的寄存器字节总数量" + "寄存器数量高字节" + "寄存器数量低字节" + "CRC16 校验码低字节" + "CRC16 校验码高字节"

注：1. 请注意线圈的排列次序：在数据区中线圈组对应的字节按从小到大排列，而在某个字节中的线圈按从大到小排列。

2. 若从站对主站发布的命令有异议，则从站将功能域的最高位置 1 作为回应消息的功能域。例如若主站发布的命令代码是 03H 即二进制 00000011B，则从站回应的异议功能代码是 83H 即二进制 10000011B。

3）数据域：数据区。数据域的集合是由若干组 2 位十六进制数构成的，其中包括寄存器地址、要处理项的数目和域中实际数据字节数。表 7-7 列出了 0X03H 命令和 0X10H 命令的数据域结构。

表7-7 03H 命令和10H 命令的数据域的结构

命令域	数据域的结构
0X03H	寄存器地址高字节 + 寄存器地址低字节 + 寄存器数量高字节 + 寄存器数量低字节
0X10H	寄存器地址高字节 + 寄存器地址低字节 + 寄存器数量高字节 + 寄存器数量低字节 + 字节数量 + 第1寄存器数值 + 第2寄存器数值 + … + 第 N 寄存器数值

4）MODBUS 通信协议中对寄存器地址的编码（见表7-8）。

表7-8 寄存器地址的编码表

寄存器地址范围十进制	功能	主站信息帧中的地址	
		十进制	十六进制
0XXXX 基址	数字量输出区	0000 ~ 9999	0000 ~ 270FH
1XXXX 基址	数字量输入区	10000 ~ 19999	2710 ~ 4E1FH
2XXXX 基址	预留区	20000 ~ 29999	4E20 ~ 752FH
3XXXX 基址	输入寄存器区	30000 ~ 39999	7530 ~ 9C3FH
4XXXX 基址	保持寄存器区	40000 ~ 49999	9C40 ~ C34FH

注：当主站需要读从站中某寄存器中数据，则从站返回的消息帧中数据所在真实寄存器地址为返回地址减1。

我们来看图7-13 所示的 ModScan32 界面中读取保持寄存器数值的命令及操作：

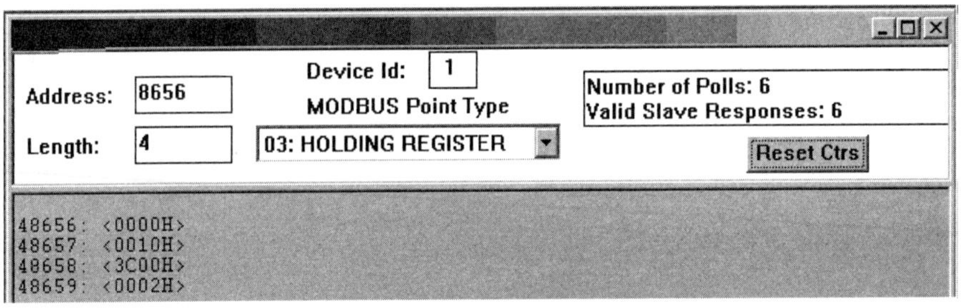

图7-13 ModScan32 界面中读取保持寄存器数值的命令及操作

在图7-13 从站返回的消息帧中：

报文的命令项：0X03H，其用途是：HOLDING REGISTER，即读保持寄存器的值；

被读取的保持寄存器地址：48656；

保持寄存器中的数值是：0010H，3C00H，0002H 和0000H；

在返回数据界面中填写的实际保持寄存器地址：8656；

被读取的连续保持寄存器数量：4。

从 ModScan32 界面中可见返回的数据0010H 出现在48657 寄存器中，因此要将保存寄存器的地址减1。

数据域的长度没有限制，但信息帧总长度不得超过256个字节。

5）CRC 校验域：CRC16 校验。

CRC 校验通过对信息帧的［地址 + 功能域 + 数据域］实施以 CRC16 为除数的不借位除法操作，得到的商作为 CRC 校验码随同［地址 + 功能域 + 数据域］构成完整信息帧发送给对方，对方在接到报文后再次进行 CRC16 不借位操作，若 2 套 CRC 校验码相同则确认报文正确，否则将要求对方重新发报文。

例如：若 MODBUS 从站的地址为 01H，功能域为 03H 读寄存器命令，保持寄存器的首地为 48656 即 21D0H，被读寄存器的数量为 4 即 0004H，则 CRC 校验码具体数值如图 7-14 所示为 "4FCC"，于是完整的主站信息帧为：01 03 21 D0 00 04 4F CC。

图 7-14　CRC 校验码

图 7-14 中寄存器的地址为：48656，实际十进制地址为：8656，换算为十六进制地址为：21D0H。

MODBUS 网络的通信速率与通信双方的通信介质长度有关。通信速率与通信介质长度之间的关系见表 7-9。注意该表的数值仅供参考。

表 7-9　通信速率与通信介质的长度之间的关系

速率/(bit/s)	参考距离/m	速率/(bit/s)	参考距离/m
2400	1200	38400	1000
4800	1200	57600	800
9600	1200	75000	800
19200	1200	76800	800
33600	1000	115200	600

若 MODBUS 网络的通信速率确定后，则发送信息帧所需时间可以计算出来。计算方法如下：

以通信速率为 9600bit/s 为例。若按 MODBUS – RTU 发送 1 个字节为 11 位（1 位起始位 +8 位数据位 +1 位校验位 +1 位停止位）来计算则需时 1.15ms。

按前例的信息帧（010321D000044FCC）来计算，总共需要发送 8 个字节，于是发送的时间为 1.15×8 = 9.2ms。考虑到传输延迟，故上述传输时间可按 10ms 来计算。

6. 测控设备和电力仪表的数据定义表

任何一种测控装置或电力仪表若支持 RS485 串行链路的数字通信，则该测控装置或电力仪表中一定会开辟一些专用的内存数据区，用于保存各种信息。例如：测控装置或电力仪表的开关量输入量位信息，模拟量输入的字信息，模拟量输出的字信息，参数设置的字信息，继电器量输出的位信息或字信息。

数据定义表就是存放这些数据的内存区域按地址、数据类型和功能定义顺序编制而成的表。

例如 ABB 的 IM 多功能电力仪表，该表计采集了包括三相电压和三相电流在内的各种模拟量数据，还采集了各种开关量。我们来看 IM 数据定义表的重要数据区，见表 7-10。

表 7-10 **IM 多功能电力仪表的数据区**（支持功能码 03 、04 读取）

地址	类型	数据定义	寄存器
40100		线电压 U_{ab}	1
40101		线电压 U_{bc}	1
40102		线电压 U_{ca}	1
40103		线电压平均值 $U_{L-L} \cdot Avg$	1
40104		相电压 U_{an}	1
40105		相电压 U_{bn}	1
40106		相电压 U_{cn}	1
40107		相电压平均值 $U_{L-N} \cdot Avg$	1
40108		电流 I_a	1
40109		电流 I_b	1
40110		电流 I_c	1
40111		三相电流平均值 I_{Avg}	1
40112		零序电流 I_0	1
40113		总频率 F	1
40115	RO	总功率因数 PF	1
40116		总有功功率（kW）	1
40117		总无功功率（kvar）	1
40118		总视在功率（kV·A）	1
40119		A 相功率因数 PF	1
40120		B 相功率因数 PF	1
40121		C 相功率因数 PF	1
40122		A 相有功功率（kW）	1
40123		B 相有功功率（kW）	1
40124		C 相有功功率（kW）	1
40125		A 相无功功率（kvar）	1
40126		B 相无功功率（kvar）	1
40127		C 相无功功率（kvar）	1
40128		A 相视在功率（kV·A）	1
40129		B 相视在功率（kV·A）	1
40130		C 相视在功率（kV·A）	1

注: 1. 三相三线制时地址 40104 ~ 40107，40119 ~ 40130 中的数据无效皆为 0。

2. 以上数据（A_i）与实际值之间的对应关系为:

参量	对应关系	说明	单位
电压	$U = (A_i/10) \times (PT1/PT2)$	A_i 为无符号整数	V
电流	$I = (A_i/1000) \times (CT1/CT2)$		A
零序电流	$I_n = (A_i/1000) \times (CT01/CT02)$	A_i 为无符号整数	A
有功功率	$P = A_i \times (PT1/PT2) \times (CT1/CT2)$	A_i 为有符号整数	W
无功功率	$Q = A_i \times (PT1/PT2) \times (CT1/CT2)$	A_i 为有符号整数	var
视在功率	$S = A_i \times (PT1/PT2) \times (CT1/CT2)$	A_i 为无符号整数	V·A
功率因数	$PF = A_i/1000$	A_i 为有符号整数	无单位
频率	$F = A_i/100$	A_i 为无符号整数	Hz

在以上数据定义表，即表 7-11 和表 7-12 中，保持寄存器既有遥信开关量，也有遥测模拟量，还有继电器遥控控制量。另外，RW 是可读可写（Read and Write）的缩写，RO 是只读（Read Only）的缩写。

表 7-11　IM 多功能表继电器操作地址表（支持功能码 01 读取和 05 遥控）

地址	类型	名称	寄存器
00010	RW	继电器控制接点 RL1	1
00011	RW	继电器控制接点 RL2	1

表 7-12　IM 多功能表数字量地址表（支持功能码 02 读取）

地址	类型	名称	寄存器
10100	RO	DI1	1
10101	RO	DI2	1
10102	RO	DI3	1
10103	RO	DI4	1

7. MODBUS 的网络层协议

网络层是 OSI 模型的第三层，同时也是通信子网的最高层，它是主机与通信网络的接口。网络层协议以数据链路层提供的无差错传输为基础，向高层（传输层）提供两个主机之间的数据传输服务。网络层的任务是将源主机发出的分组信息经过各种途径送至宿主机并解决由此引起的路径选择、拥塞控制及死锁等问题。

网络层涉及的基本技术有网络中的数据交换技术、路由选择技术、路由控制技术和流量控制以及差错控制策略，如图 7-15 所示。

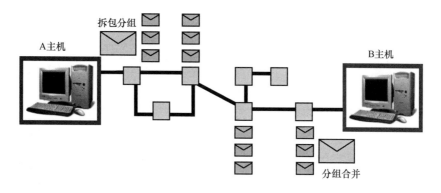

图 7-15　网络层数据传输的分组、路由和合并

工作在网络层上的 MODBUS 通信协议是 MODBUS – TCP。

8. RS485 物理层规约和 MODBUS 数据链路层协议的应用举例

图 7-16 所示为 MODBUS 应用举例，在图 7-16 中，1#RS485 和 2#RS485 串行链路的物理层规约是 RS485，数据链路层的通信协议是 MODBUS – RTU；从通信管理机 CCU 到人机界面 HMI 之间的物理层规约是 RS232，通信协议是 MODBUS – RTU；从通信管理机 CCU 到电力监控系统计算机之间的接口规约是网络层 RJ45，通信协议是符合 TCP/IP 规约要求的 MODBUS – TCP。

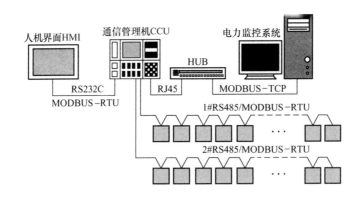

图 7-16 MODBUS 应用举例

在图 7-16 中，我们看到了 MODBUS 协议应用在 2 个层面，即数据链路层和网络层。

注意其中数据链路层使用 MODBUS – RTU 协议，而网络层使用 MODBUS – TCP 协议；一个是应用在串行通信链路上的通信协议，一个是应用在以太网上的协议，请读者务必明确两者之间的区别和联系。两者的主要区别见表 7-13。

表 7-13   MODBUS – RTU 与 MODBUS – TCP 的区别

通信方式	MODBUS – RTU	MODBUS – TCP
ISO/OSI 模型层面	物理层和数据链路层	网络层
地址域	ID 地址 应用在串行通信链路上的子站设备地址，用以将各个子站区分开来	IP 地址，应用在 TCP/IP 以太网上的子站设备地址，用以将各个子站区分开来
地址域范围	1 ~ 255：虽然地址可以从 1 一直编码到 255，但链路中可寻址的子站数量最多不得超过 32 个	1 ~ 255：地址可以从 1 一直编码到 255
通信接口	RS232、RS485 和 RS422	RJ45
主从关系	有主从关系：通信必须从主站发起。子站只能回应主站的访问操作而不能主动发布信息	有主从关系：通信必须从主站发起。子站只能回应主站的访问操作而不能主动发布信息
通信速率	9600bit/s 和 19200bit/s，最快可达 750kbit/s	10 ~ 100Mbit/s

7.3 利用 MODBUS – RTU 通信协议读写测控仪表数据

7.3.1   读写 IM 多功能电力仪表数据的方法

1. IM 多功能电力仪表的 MODBUS – RTU 通信协议摘录

IM 多功能电力仪表的 MODBUS – RTU 通信协议摘录见表 7-10 ~ 表 7-12。

2. 利用 MODBUS – RTU 通信协议对 IM 执行读操作范例

若 IM 的 ID 地址为 01，主站采用 03H 命令读取 IM 仪表中的三相线电压数据，数据区寄存器地址为 40100、40101 和 40102，见表 7-10。我们求得：40100 – 40000 = 100 = 0064H（十六进制数），被读取寄存器总的数量为 3 个，写成十六进制数为 0003H，于是主站发送的 MODBUS – RTU 信息帧为

01 03 00 64 00 03 44 14

其中，"01"为 ID 地址；"03"为 MODBUS – RTU 的读寄存器命令；"00 64"为 42000 的十六进制地址，注意：实际地址为 2000 而不是 42000；"00 03"为连续读 03H = 3 个寄存器；"44 14"为"01 03 00 64 00 03"的 CRC 校验码。

这样当 01 号从站 IM 多功能电力仪表返回信息后，主站可读取 IM 保存在数据区中的三相线电压内容。

IM 多功能电力仪表的 ID 地址可在仪表面板上用按键设定，地址范围为 001 ~ 255。

7.3.2　读写电动机综合保护装置 M102 – M 通信数据的方法

1. M102 – M 的数据定义表摘录

M102 – M 的数据定义表重要数据区摘录见表 7-14。

表 7-14　M102 – M 的重要数据区

十六进制地址	描述	单位	数据格式
0050	电机状态	—	F8
0051	A 相电流	% FLC	无符号整型
0052	开关量输入状态	—	F9
0053	告警标记 1	—	F1
0054	告警标记 2	—	F2
0055	脱扣触发状态标记 1	—	F3
0056	脱扣触发状态标记 2	—	F4
0057	起动原因	—	F10
0058	停机原因	—	F5
0059	过负荷脱扣时间	s	无符号整型
005A	热容值	%	无符号整型
005B	预置 A 相脱扣电流	% FLC	无符号整型
005C	预置 B 相脱扣电流	% FLC	无符号整型
005D	预置 C 相脱扣电流	% FLC	无符号整型
005E	预置接地故障脱扣电流	mA	无符号整型
005F	功率因数	×0.01	无符号整型
0060	功率	0.1kW	无符号整型
0061	能耗（高位）	kW·h	无符号整型
0062	能耗（低位）		
0063	A 相电压	V	无符号整型
0064	B 相电压	V	无符号整型
0065	C 相电压	V	无符号整型
0066	运行时间	h	无符号整型
0067	停机时间	h	无符号整型
0068	起动次数	—	无符号长整型

在表 7-14 中，数据格式 F1 ~ F10 对应关系见表 7-15。

表 7-15　数据格式中 F1～F10 对应的关系

格式代码	描述	位屏蔽	格式代码	描述	位屏蔽
F1	告警状态标志 1	FFFF	F5	停机原因	FFFF
	热容值	0001		机旁停机（RCU）	0001
	过载	0002		I/O 输入停机	0002[1]
	断相	0004		MD2 或 MD3 停机	0004
	三相不平衡	0008		总线控制	0008
	轻载	0010		可编程输入 0 停机	0010
	空载	0020		可编程输入 1 停机	0020
	接地故障	0040		可编程输入 2 停机	0040
	PTC	0080		位置开关 1 输入停机	0080
	欠电压	0100		位置开关 2 输入停机	0100
	自动重合闸	0200		紧急停机	0200
F2	告警状态标志 2	FFFF	F8	电动机状态	FFFF
	接触器触点反馈	0001		正转（CW）	0001
	—	—		反转（CCW）	0002
	触头熔焊	0004		告警	0004
	—	—		脱扣	0008
	起动失败	0010	F9	开关量输入状态	FFFF
	停机失败	0020		触点 A	0001
	起动限制	0040		触点 B	0002
	串行通信	0080		触点 C	0004
	运行时间	0100		—	—
	起动次数	0200		停机 I/O	0010
	可编程输入 0	0400		起动 1 I/O	0020
	可编程输入 1	0800		起动 2 I/O	0040
	可编程输入 2	1000		位置开关 1	0080
F3	脱扣状态标志 1	FFFF		位置开关 2	0100
	热过载	0001		主开关状态	0200
	堵转	0002		现场/远程开关	0400
	断相	0004		可编程输入 0	0800
	三相不平衡	0008		可编程输入 1	1000
	轻载	0010		可编程输入 2	2000
	空载	0020	F10	起动原因	FFFF
	接地故障	0040		机旁控制盒起动	0001
	PTC	0080		起动"I/O"输入	0002
	欠电压	0100		面板起动	0004
F4	脱扣状态标志 2	FFFF		总线控制起动	0008
	接触器触点反馈	0001		可编程输入 0 起动	0010
	—	—		可编程输入 1 起动	0020
	可编程输入 0	0004		可编程输入 2 起动	0040
	可编程输入 1	0008		总线起动	0080
	可编程输入 2	0010			
	串行通信失败	0020			
	起动限制	0040			
	触点反馈	0080			

2. 利用 MODBUS – RTU 通信协议对 M102 – M 执行读写操作范例

从表 7-18 中我们看到，重要数据区的数据共 25 条，我们用 0X03H 命令来读取这些数据。若设 M102 – M 的 ID 地址是 01，则主站的下行通信帧为 0103005000198411。

7.4　为低压成套开关设备构建测控及信息交换网络

7.4.1　利用 PLC 建立测控链路的方法

1. 建立上行和下行通信链路

通过 ABB 的 AC31 系列 PLC 主机 07KR51 的 4 套通信接口建立智能装置的通信链路如图 7-17 所示。

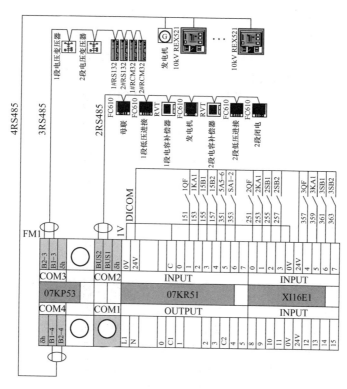

图 7-17　07KR51 的通信链路

从图 7-17 中可见，由 PLC 的 COM2 主站通信接口组成的下行 2RS485/MODBUS 通信链路连接的对象包括 5 台 ABB 的多功能测控仪表 FC610 和 2 台 ABB 的 RVT 无功功率自动补偿器。

由 PLC 的 COM3 主站通信接口组成的下行 3RS485/MODBUS 通信链路连接对象为电力变压器、遥测 RCM32 和遥信 RSI32 等装置。

由 PLC 的 COM4 主站通信接口组成的下行 4RS485/MODBUS 通信链路连接对象为发电机和 10kV 继保装置。

2. PLC：07KR51 下行通信接口读写数据的设定和操作

对于图 7-17 中下行的 COM2 通信接口，在 07KR51 的程序中需要做如下设定工作：

1）将 COM2 接口定义为 RS485 接口和 MODBUS 的主站。

2）将 COM2 接口的通信速率定义为通信双方均认可的数值，例如 9600bit/s。

3）定义 COM2 接口 MODBUS - RTU 通信帧中的工作位、停止位、奇偶校验方式等参数。

4）定义 COM2 接口 MODBUS - RTU 通信的循环方式。

5）定义 COM2 接口链路中各从站被读取的寄存器地址和寄存器数量。

这些设定的程序如图 7-18 所示，其中的模块与国际电工委员会关于 PLC 编程语言的国际标准 IEC 61131 - 3 完全一致。

图 7-18 中右上角的模块 SINIT 用途是对 COM2 接口物理层的字节传输进行定义。SINIT 模块的意义解释如图 7-19 所示。

图 7-19 中：

FREI——SINIT 模块的使能允许开关，"TRUE" 代表允许 SINIT 模块工作；

SSK——指定通信接口，"COM2" 表示 SINIT 指定接口是 COM2；

BAUD——给定通信速率，"BAUD9600" 表示与从站的通信速率为 9600bit/s；

STOP——指定物理层字节传输的停止位长度，"STOP _ 1" 表示停止位为 1 位；

ZL——指定物理层字节传输中数据位的长度，"WORK _ 8" 表示数据位为 8 位。

由此可以看出，SINIT 模块定义了物理层接口的字节数据传输格式。SINIT 模块符合 PLC 编程语言的 IEC 61131 - 3 标准，很容易移植和应用到其他 PLC 中去。

图 7-18 中还有一个模块是 MODMASTK，其用途是对数据链路层的 MODBUS 通信帧进行定义。对 MODMASTK 模块的意义和解释如图 7-20 所示。

图 7-20 中：

FREI——MODMASTK 模块的使能允许开关；

COM——指定通信接口，"COM2" 表示指定接口是 COM2；

SLAV——给指定从站的 ID 地址，"SLAVE01" 表示从站的地址是 01；

FCT——指定通信帧的命令项，"FUNCTION _ 04" 表示功能码是 0X04H，即读寄存器中的内容；

TIME——指定主站等待从站返回数据的时间，"TIME100MS" 表示等待 100ms；

ADDR——指定从站寄存器地址，"ADDRESS30000" 表示寄存器地址是 30000；

DATA——指定 PLC 中数据存放的地址，"MW02000 _ 8512" 表示在 PLC 中数据存放在寄存器 MW020.00 中，MODBUS 地址是 48512；

RDY——本模块操作完毕后的输出开关量。MODMASTK 读数据时 RDY = 0，读完后 RDY = 1。RDY 常常用于启动下一级 MODMASTK 模块；

ERR——表示出错开关量；

ERN——表示错误编码。

由此可见，MODMASTK 模块定义了 MODBUS - RTU 的信息帧格式，以及待获取数据的存放位置和已读取数据的存放位置。与 SINIT 模块类似，MODMASTK 模块也符合 PLC 编程语言的 IEC 61131 - 3 标准，很容易移植和应用到其他 PLC 中去。

图 7-18 中有 7 个 MODMASTK 模块，分别对应于 7 台仪表。其中第 1 个模块的 RDY 是 START1，START1 又作为第 2 个模块的使能允许开关，如此周而复始地延续到第 7 个模块，而第 7 个模块的 RDY 输出 START7 又作为第 1 个模块的使能允许开关。这样一来，这 7 个

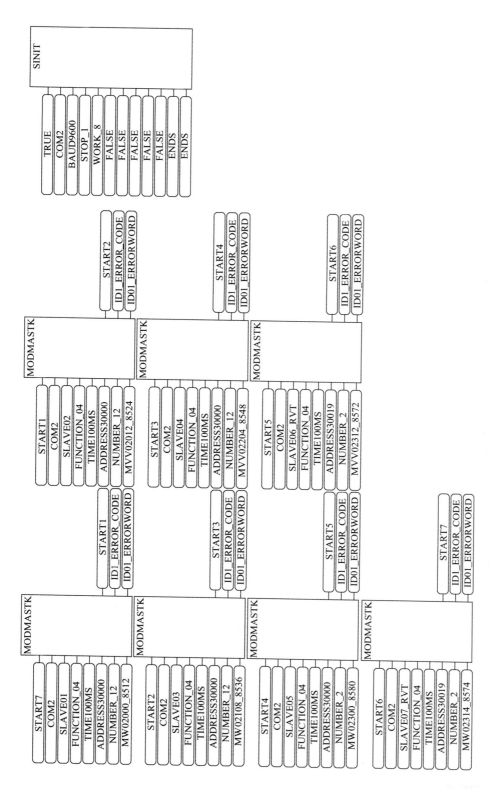

图 7-18　07KR51 的 RS485/MODBUS – RTU 通信链路管理程序

MODMASTK 就依次自动循环往复地执行往链路中的各个从站中读取数据的操作。

3. PLC：07KR51 上行通信接口的设定和操作

当上位系统与 07KR51 交换信息时，PLC 的对应通信接口必须设置为链路中的从站。在图 7-17 中，PLC 的 COM1 接口被设置为从站接口。

将 07KR51 的 COM1 接口设置为从站后，因为 COM1 接口需要回应上位系统发送的读写信息，这需要用 SINIT 模块设定物理层协议，但不需要 MODMASTK 模块，如图 7-21 所示。

在图 7-21 中，SINIT 定义了 07KR51 的 COM1 接口，其通信速率为 19200bit/s。COM1 通信接口的 ID

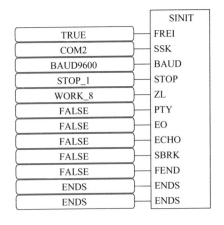

图 7-19　SINIT 模块的意义和解释

地址需要利用编程软件在 CONFIGURATION 中设定。设定完毕后，PLC 的内存对上位机完全开放。

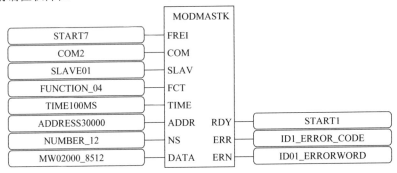

图 7-20　MODMASTK 模块的意义和解释

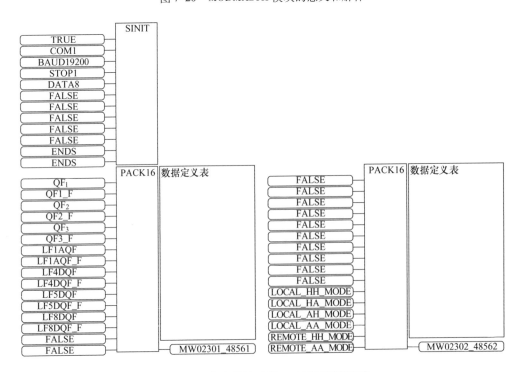

图 7-21　作为从站时的 07KR51 通信管理

因为上位系统并没有直接读取现场的数据，现场数据是通过 PLC 来转发给上位系统的，所以 PLC 在低压成套开关设备中被称为通信管理机。

作为通信管理机，PLC 需要将已经获取的现场进行处理和打包，同时放置到某固定位地址的寄存器组中。

在图 7-21 中，我们看到在 PACK16 模块的左侧有 16 个开关量信息，例如 I 段进线断路器 QF_1 和 II 段进线断路器 QF_2 的状态信息等。PACK16 模块将这 16 个信息编写组合成为 1 个字，并且保存在寄存器 48561 中。这样处理后，上位系统从寄存器 48561 中能获知低压成套开关设备两段进线断路器、母联断路器、若干馈电断路器的状态和保护动作状态信息。

寄存器中既可以存放开关量，也可以存放模拟量，还可以存放遥控控制量。若将类似寄存器 48561 的寄存器组合区域编制成表，则这张寄存器表就被称为 PLC 的数据定义表。

对于具体的工程来说，我们要将已经打包好的现场数据，即数据定义表，有时也称为数据点表，将数据定义表的文本完整地交给上位系统的工程人员，以便上位系统来 PLC 中读取数据。

在图 7-21 中，数据定义表就由寄存器组合 48561 和 48562 共同构成。我们可以从图 7-21 中两套 PACK16 右侧的寄存器名称中看到具体的地址。

7.4.2 利用 ABB 的人机界面建立测控链路的方法

1. ABB 的人机界面

ABB 的人机界面（HMI）如图 7-22 所示，在低压成套开关设备中可作为测控中心和通信管理机，它能够与现场层面的各种智能表计和测控装置进行数据交换，还能将各种测控数据、参数集中地显示在液晶屏上。操作者可以在界面上执行数据处理和遥控。

HMI 具有多种通信接口和网络接口，可实现与上位的电力监控系统进行数据交换。

图 7-22 ABB 的人机界面

ABB 的 HMI 主要技术数据如下：

工作电源：AC85V ~ 265V 或 DC85 ~ 265V

功率消耗：30W

系统配置：CPU：32 位 100MHz

RAM：32MB

通信接口：RS232：2 个；RS485：8 个

10/100M 以太网 RJ45 接口：1 个

并行接口：1 个；PS/2 接口：2 个；VGA 接口：1 个；USB 接口：2 个

通信速率：　　　　　　　　　9.6 ~ 57.6kbit/s

响应时间：　　　　　　　　　20ms

数据合格率：遥信合格率：　　大于 99.9%

遥测合格率：　　大于 99.9%

遥控正确率：　　100%

电源和电磁兼容：　　　　　　IEC 60870 - 2 - 1

环境条件：　　　　　　　　　IEC 60870 - 2 - 2

基本远动任务配套标准：　　　IEC 60870 - 5 - 101

静电放电抗扰性试验： IEC 61000 - 4 - 2

电快速瞬变脉冲群抗扰性试验： IEC 61000 - 4 - 4

浪涌抗扰性试验： IEC 61000 - 4 - 5

在低压成套开关设备中，人机界面 HMI 与 PLC 均可实现通信管理机的任务。人机界面 HMI 因为具有可视性，故其友好性优于 PLC。

ABB 的人机界面 HMI 所使用的通信协议为 MODBUS - RTU 和 MODBUS - TCP。

2. 利用 ABB 的人机界面建立现场测控链路的方法

若只是从 HMI 建立现场层面的信息交换链路来看，它与 PLC 并没有很大的区别，如图 7-23 所示。

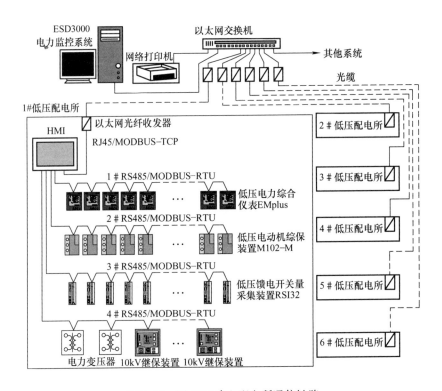

图 7-23 用 HMI 建立配电所通信链路

因为 HMI 具有 8 套 RS485 接口，所以用 HMI 建立配电所的通信链路更为方便，容量也比 PLC 大得多。最具有优势的是：HMI 上可放入被连接配电所的系统图和其他网络拓扑图，甚至控制原理图等，所以对用户来说，使用 HMI 比 PLC 更为方便。

图 7-23 中，之所以在网络层采用光缆，是因为以太网若只使用一般的网线，它的传输距离仅仅只有 100m，但使用多模光缆后，它的传输距离可达 1.5km，而使用单模光缆后，传输距离可达 20km。所以在厂际范围内，一般都是用光缆作为以太网上的数据传输介质。

7.5 在低压进线主回路中交换信息的范例

图 7-24 所示为低压配电网 I 段进线的控制原理图及其数据交换链路。

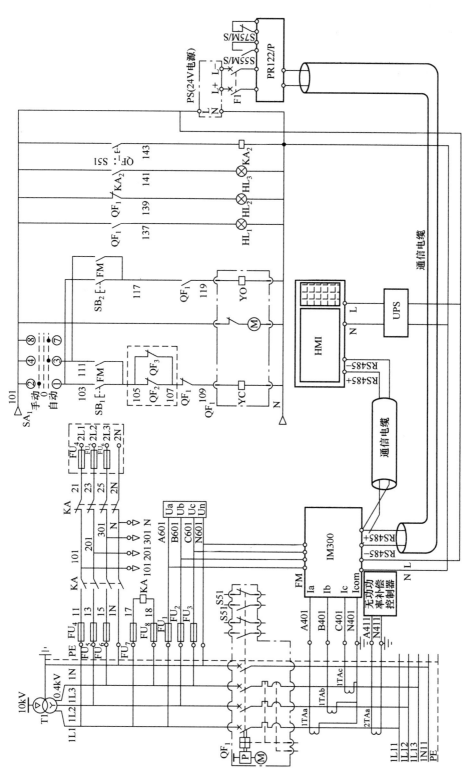

图 7-24　低压进线回路的通信范例图

我们看到图 7-24 中安装了 ABB 的多功能电力仪表 IM300，并且电力仪表 IM300 和断路器脱扣器 PR122/P 均通过 RS485 接口与人机界面 HMI 交换信息。

图 7-25 所示为 Emax2 断路器样本中有关 PR120 脱扣器通信扩展单元 PR120/D – M 的接线。

图 7-25 亦适用于 PR120 序列的 PR122/P 和 PR123/P 脱扣器模块。

通过这个通信接口，电力监控系统能获取大量的信息。我们来看 Emax2 断路器 PR120、PR122/P 和 PR123/P 脱扣器的通信协议表，见表 7-16。

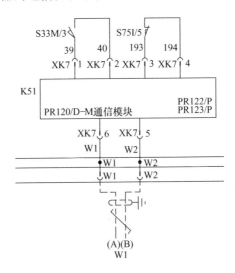

图 7-25　Emax2 断路器的通信模块 PR120/D – M

表 7-16　Emax2 断路器 PR120、PR122/P 和 PR123/P 脱扣器的通信协议表

描述	类型	寄存器地址	寄存器位号	状态描述
断路器保护动作	DI	30101	2	1 = 保护动作
断路器连接位置	DI	30101	3	0 = 试验位置，1 = 连接位置
断路器打开/闭合	DI	30101	4	0 = 打开，1 = 闭合
断路器连接位置/隔离位置	DI	30101	5	0 = 隔离位置，1 = 连接位置
断路器储能弹簧到位	DI	30101	7	1 = 储能弹簧到位
断路器本地操作/远方操作	DI	30101	9	0 = 本地，1 = 远方
谐波量畸变大于 2.3	DI	30103	0	1 = 谐波量畸变大于 2.3
断路器触点磨损保护启动	DI	30103	1	1 = 断路器触点磨损保护启动
断路器触点磨损告警	DI	30103	2	1 = 断路器触点磨损告警
断路器 L 过电流保护启动	DI	30103	3	1 = 断路器 L 过电流保护启动
断路器 L 过电流保护定时	DI	30103	4	1 = 断路器 L 保护过电流定时
断路器 S1 保护定时	DI	30103	5	1 = 断路器 S1 保护过电流定时
断路器 S2 保护定时	DI	30103	6	1 = 断路器 S2 保护过电流定时
断路器 G 保护定时	DI	30103	7	1 = 断路器 G 保护定时
断路器 G 保护告警	DI	30103	8	1 = 断路器 G 保护告警
最大电流	AI	30200	—	
		30201	—	
最大单相电流	AI	30202	—	

（续）

描述	类型	寄存器地址	寄存器位号	状态描述
L1 相电流	AI	30203	—	—
		30204	—	—
L2 相电流	AI	30205	—	—
		30206	—	—
L3 相电流	AI	30207	—	—
		30208	—	—
N 电流	AI	30209	—	—
		30210	—	—
接地电流	AI	30211	—	—
		30212	—	—
漏电电流	AI	30213	—	—
		30214	—	—
L1 相电压	AI	30215	—	—
L2 相电压	AI	30216	—	—
L3 相电压	AI	30217	—	—
残压	AI	30218	—	—
L1 – L2 线电压	AI	30219	—	—
L2 – L3 线电压	AI	30220	—	—
L3 – L1 线电压	AI	30221	—	—
总谐波分量	AI	30600	—	—
1 次谐波分量	AI	30601	—	—
40 次谐波分量	AI	30640	—	—
控制命令（使用 MODBUS 的 0X10H 命令）	AO	00000	控制参数	ACB 断路器分闸
				ACB 断路器合闸
				ACB 断路器复位
				开启波形记录（故障录波）
				关闭波形记录

1. 有关通信电缆的接地方式

在图 7-24 中，我们看到从 PR122/P 中的 RS485 通信接口引出的通信电缆，并未直接接到 HMI 的通信接口中，而是先接到 IM300，然后再引至 HMI 的通信接口中。这样做是必需的，通信电缆与一般的线路不同，链路上的所有站点必须逐个地进行连接，不得接成并联的方式。这种接法被形象地称为"菊花瓣"连接方式。

在图 7-24 中，我们看到通信电缆的屏蔽层在某端被接地（PR122/P 侧和 HMI 侧），另一端没有接地。这也是必需的：通信电缆只能单端接地，避免两端接地后因为地电位差引起的地电流干扰。

一般地，通信电缆的接地点可放在主站，或者放在通信电缆的前端。如图 7-24 中断路器脱扣器 PR122/P 侧的通信电缆处于前端，故此处通信电缆的屏蔽层接地；HMI 是主站，所以从 HMI 的所有通信接口中引出的通信电缆屏蔽层均接地。

2. 有关通信管理机的工作电源

我们从图 7-24 中看到，人机界面 HMI 的工作电源配套了 UPS，这样可以避免通信系统因为电源失电压而造成系统控制紊乱。

对于具有 PLC 备自投的系统，以及有通信管理机的系统，最好采用 UPS 把断路器的工作电源、通信管理机工作电源和测控仪表工作电源都纳入供电范围之内。

在接工作电源时需要注意到 TN – S 系统中两套电源的中性点不得短接在一起，所以图中我们看到执行电源切换的中间继电器 KA 是四极的。

3. 有关低电压信号的问题

我们从图 7-24 中看到，IM300（代码符号是 FM）的出口继电器与电压关联起来作为低电压信号报警输出，其控制点 FM 被接到线位号 103 和 106 之间，以此取代了低电压继电器。

设低电压动作点为 U_d，且有 $0 \leqslant U_d \leqslant U$，于是返回系数 K_d 被定义为

$$K_d = \frac{U_d}{U} \times 100\%$$

对于低电压继电器，返回系数 K_d 一般为 50% ~ 70%，且不可调；对于电力仪表，返回系数可达为 1% ~ 99%，且任意可调，极大地方便了现场使用。

4. 有关通信信息交换

我们看表 7-16 断路器脱扣器 PR120/D – M 的通信协议，其中 DI 和 AI 的寄存器地址均为 3XXXX 类的数据，根据 MODBUS 行规，必须用 0X04H 命令去读取数据；

再看 IM300 的通信协议，我们发现它的 DI 和 AI 寄存器地址均为 4XXXX 类数据，根据 MODBUS 行规，必须用 0X03H 命令去读取数据。

我们可以从表 7-6 中看到 MODBUS 下的 0X03H 命令报文格式。注意，读取数据亦可以用 0X04H 命令报文格式。

5. Emax2 断路器脱扣器 PR122/P 的数据交换报文格式

读模拟量：

设 PR122 的 ID 地址为 01，若需要读取 L1 相的电压，则下行命令帧如下：

01 04 00 D7 00 01 81 F2

遥控合闸操作：

设 PR122 的 ID 地址为 02，若需要对断路器进行合闸操作，则下行命令帧如下：

02 10 00 00 00 02 04 00 09 00 00 2C E9

故障录波操作：

设 PR122 的 ID 地址为 10，若需要对 L2 相的电压进行波形记录，则下行命令帧如下：

0A 10 00 00 00 02 04 00 00 00 02 57 4A

7.6　经验分享与知识扩展

主题：通信电缆屏蔽层上的电压是如何出现的

论述正文：

我们看图 7-26。

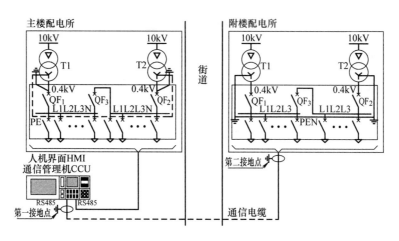

图 7-26 连接两配电所的通信电缆

图 7-26 所示为位于市内繁华街道上的两座配电所，左边的是主楼配电所，右边的是附楼配电所，电力监控系统安放在主楼中控室。主楼配电所是 TN – S 系统，附楼配电所是 TN – C 系统。附楼变电所内的各种中压和低压电网参数汇总到通信管理机中再通过串行链路送到主楼控制室。主楼和附楼之间的通信电缆长度为 400m，为整根的四芯屏蔽通信电缆，型号为 RVVP – 4X0.75，通过穿过街道的管道敷设。

使用时用户总是反映通信数据紊乱，最后将通信管理机和监控主机的串口通信插卡给烧毁了。

现场检查发现通信电缆的屏蔽层分别在主楼配电所和附楼配电所内接地，屏蔽层上的电压居然有 60V。检查还发现通信管理机和 PC 的串口卡都完好，没有任何质量问题。

那么这个电压是如何产生的呢？

检查后发现这条跨街的电缆管道中还穿入一根自来水管，是管径为 100mm 的镀锌管。安装队将这根自来水管一端接附楼的中性线 N，而另一端接附楼的 PEN 线，于是在自来水管中流过两座配电所等电位联结电位差引起的电流。

刚刚安装完时自来水管导通良好，因此通信电缆没有发生问题。随着时间的推移，自来水管的导电性变差，最后不通电了，于是通信电缆的屏蔽层成了中性线和 PEN 线之间的连接通道，最后就发生了上述的问题。

现场处理时将通信电缆改为单边接地，取消两边等电位联结之间的关联。整改后系统恢复正常。

结论：

1）通信电缆必须单点接地；

2）禁止使用自来水管作为接地极的通道。

第8章

智能型低压成套开关设备和变电站自动化

本章 PPT

本章的内容与低压成套开关设备的电力监控相关。本章中提出了两种监控方案，即 PCC 开关柜电力监控方案和 MCC 开关柜电力监控方案，两者各有自己的特点。本章还简略地介绍了 ABB 的 ESD3000 变电站监控系统。

8.1 智能型低压成套开关设备概述

1. 智能型低压成套开关设备的主要功能

（1）广泛地使用微机数字继保装置和电气逻辑控制设备

在低压成套开关设备中广泛地使用微机数字继保装置和电气逻辑控制设备后，全系统的各种信息在测控管理中心得到统一。测控管理中心能透明地获取全系统的运作状况信息，能准确、及时和快速地执行低压电器的运行投退操作及故障投退操作，进而大幅度地提高了低压成套开关设备工作的可靠性。

微机数字继保装置和电气逻辑控制设备的发展离不开半导体微电子技术的发展，也离不开计算机技术的发展。可以认为微机数字继保装置和电气逻辑控制设备的技术进步是当今电器工业核心技术的浓缩，也是 ABB 在低压电器方面最新科技集中的体现。

（2）实现信息交换的总线化和网络化

信息交换总线化是一项基础性工作。以低压成套开关设备的信息交换总线化为起点，进一步实现数据交换网络化。

在 ABB 最新的 MCC（Motor Control Center，电动机控制中心）低压成套开关设备MNS – is 中，网络技术甚至涵盖了模拟量和数字量数据的采集、变送和交换、处理、信息综合管理和测控等各方面。

（3）实现远程测量、远程调节、远程控制和远程信息查询等功能

远程测量包括"遥测""遥信""遥调"三遥操作，并确保将采集到的各种数字量信息通过现场总线传输给 DCS（Distributed Control System，分布式控制系统）、SCADA（Supervisory Control And Data Acquisition，数据采集与视频监控）和 BA（Building Automation，楼宇自动化）等上位系统。

远程调节则包括对各子站执行上传、下载各种设定值、保护参数和特性曲线等操作。

远程控制即"遥控"功能，包括远距离对断路器执行合闸、分闸操作，远距离执行起动、停止（电动机控制回路）等操作。

2. 智能型低压成套开关设备按类型分类

低压成套开关设备包括两种类型，其一是 PCC（Power Control Center，动力配电中心）类型的低压成套开关设备，其二是 MCC（Motor Control Center，电动机配电中心）类型的低压成套开关设备。

（1）PCC（动力配电中心）型的智能型低压成套开关设备其主要特征

PCC 型低压成套开关设备以受电和馈电为主，并且采用多路进线互投（备用电源自动投退，简称为"备自投"）确保馈电的连续性和稳定性。

广泛使用各型智能装置，包括智能型断路器脱扣装置和智能仪表（Feeder Control Unit，FCU）等。智能装置与控制管理中心（Control Center Unit，CCU）之间采用高可靠的信息交换管理技术。

通信管理中心（CCU）与 SCADA 系统之间采用高可靠性的快速的信息交换技术。

（2）电动机控制中心类型的智能型低压成套开关设备其主要特征

MCC 型低压成套开关设备以电动机主回路为主，各个电动机主回路配套 MCU（Motor Control Unit，电动机控制单元）执行对电动机的起动、运行、测量和监视任务。

MCU 与控制管理中心（CCU）之间采用现场总线技术交换信息。操作人员可在工程师工作站 ECU 或 CCU 上通过总线系统对 MCU 下达电动机的操作命令、调整电动机的保护参数、读取电动机的运行参数和电参量信息。

MCC 型低压成套开关设备中建立了高可靠高稳定性的总线系统，能与过程控制系统 DCS 实现双向信息交换和执行遥控命令。

（3）PCC 型与 MCC 型低压成套开关设备在控制体系和网络结构方面的区别

PCC 型低压成套开关设备中的自动化主要是备自投操作和馈电回路的测控，同时配套通信管理中心；MCC 型低压成套开关设备中自动化的内容是电动机测控和操作，同时配套通信和测控管理中心。

PCC 型低压成套开关设备中的通信网络一般为非冗余系统，而 MCC 型低压成套开关设备中的通信网络一般为冗余系统。

3. 关于 ABB 的 ESD3000 变电站监控系统

ABB 的 ESD3000 变电站监控系统是一套利用计算机网络控制技术对变电站进行测控和监视的软、硬件体系。

ESD3000 监控系统监控对象包括变电站内 110kV 及以下电压等级的高压开关设备、中压开关设备、变压器以及低压配电网电器设备，实现厂际电力系统的综合自动化管理，有效提高了电力系统运行的稳定性及可靠性，提高了工业生产运行的效率及品质，是工业生产信息化、自动化管理的重要组成部分。ESD3000 系统具有开放的通信管理功能，可兼容 ABB 公司各类智能化装置及具有标准通信协议的其他制造商的智能化产品，可提供标准接口与外部计算机系统连接。

ESD3000 系统通过开关量采集、模拟量采集、远程控制、电能质量综合监测装置及 ABB 中高压继保装置构造出功能完善的变电站综合自动化系统。对于低压电网中的 PC 和 MCC 低压成套开关设备，ESD3000 很容易组态为电力监控工作站或者是工程师工作站。

图 8-1 所示为一个典型的以输配电设备及电动机控制中心组成的系统——ESD3000 变电站监控系统网络结构。其中各种电器设备的测控信息经现场总线连接至前端机 CMMI 或者 PLC 中，再经由网络通信接口与 ESD3000 工作站交换信息实现系统集中监控；也可通过

CMMI 接口直接与 DCS 系统、BA 系统或其他电网自动化系统等连接。图 8-2 所示为 ESD3000 变电站监控系统主页。

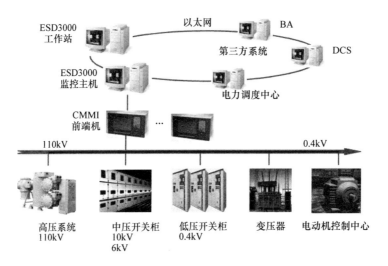

图 8-1 ESD3000 变电站监控系统网络结构

图 8-2 ESD3000 变电站监控系统主页

ESD3000 变电站监控系统对各种中、低压电动机的测控和保护引入智能化操作,全面地配合过程控制 DCS 完成生产过程自动化,为用户实现全面质量管理构建了基本的技术基础平台和发展空间。

ESD3000 变电站监控系统支持智能化和自动化操作的总集控站方案，支持与用户的 MIS（Management Information System，管理信息系统）、DCS 和 BAS 联网，支持信息共享和网络开放，支持 OPC 方式的信息交换，对提高用户的电网管理自动化水平具有很现实的意义。

ESD3000 变电站监控系统有两个工作层面，即站级层和现场设备层。站级层包括计算机主机和从机、网络集线器、工控机、显示器、打印机等，现场设备层包括各种变送器、各种继保装置、各种 RTU（Remote Terminal Unit，远程终端单元）信号采集装置。

ESD3000 变电站监控系统可实现如下管理工作：

（1）能量管理工作

1）对电能的消耗进行合理的统筹安排，电能质量的管理和监控。

2）当消耗能量超过供电能力时进行合理的抛负荷操作；当供电能力恢复时也进行相应的投负荷工作。

3）在灾害状态下，确保重要负荷供电保障。

4）低压进线和母联之间、市电供电和发电机机组之间的自动控制。

5）照明线路的管理和控制。

ESD3000 的能量管理系统具有极好的实时性。ESD3000 的数据库能对电网内的所有操作事件进行长达两年的连续记录，能自动生成各种报表和操作文件。

（2）对低压配电网进行实时监控管理

1）PCC 型低压成套开关设备。

遥测量：电流、电压、功率因数、频率、有功和无功功率、有功和无功电度。

遥控量：断路器合闸和分闸、报警、过电压和欠电压、电流过载保护。

遥信量：断路器状态和故障状态。

2）MCC 型低压成套开关设备。

电动机起动方式：直接、可逆、星 - 三角、软起动和双速。

电动机保护方式：过载、断相、相不平衡、过电压和欠电压。

电动机监视内容：漏电流、有功和无功电度、功率因数、温度等。

（3）图纸和资料管理

ESD3000 系统能够对所属电网内的技术资料和元器件表进行管理，使用者能够方便地浏览系统内全部图纸和技术参数。

系统内的图纸资料均为 AUTOCAD 格式或者 ADOBE/PDF 格式。ESD3000 在提供图纸的同时，还提供了电气制图图元和图形库文件。

（4）对 0.4 ～ 110kV 系统的监控和管理

在 ESD3000 系统中，继保装置对变电站的设备进行保护操作和自动控制；而后台系统对全系统进行参数监视和控制管理。这些监控功能包括：

1）系统具备 SCADA 监控功能，包括数据采集和处理、事故处理/事故追忆/事件顺序 SOE、遥控子系统、模拟屏系统控制、系统时钟和对时功能等。

2）历史数据和报表打印输出。

3）网络与互连通信，可实现逻辑定义的应用互连通信、系统及网络通信功能、集控中心系统、转发通信系统。

4）智能化调度操作票及其预演系统，可自动生成综合命令操作票、智能生成逐项命令操作票、模拟演示、典型操作票自定义维护。

5）电网应用软件包括电力网络结线分析、实时状态分析、短期负荷预测、电网操作逻辑分析及设置系统。

6）系统能对故障定位，以及故障隔离、故障录波及录波分析应用软件。

7）系统操作分为3级操作权限管理。

ESD3000的信息交换方式包括：

1）通过通信接口直接连通；

2）通过以太网连通，也可通过以太网光纤收发器连通；

3）数据交换可采用OPC方式。

ESE3000的信息交换通信协议包括：TCP/IP、MODBUS – RTU 和 MODBUS – TCP、IEC 60870 – 5 – 103、DL451 – 91、Profibus – DP 和 DeviceNet 等。

ESD3000的主要界面如图8-3和图8-4所示。

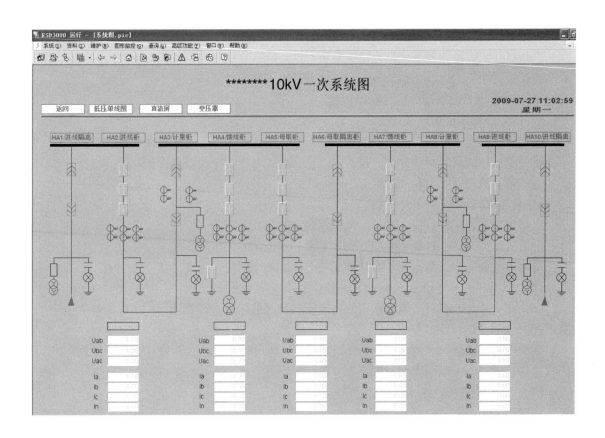

图8-3　ESD3000 中的中压 10kV 系统监控界面

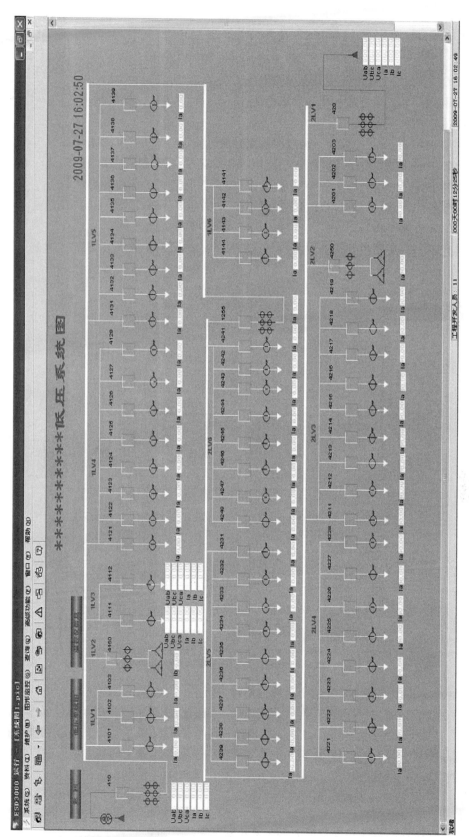

图 8-4　ESD3000 中的低压 0.4kV 系统监控界面

8.2 设计组建 PCC 型 MNS3.0 智能化低压成套开关设备

组建 PCC 型 MNS3.0 智能化低压成套开关设备的要点是

1）采用 PLC 实现备自投控制，大幅度地简化系统的接线，提高控制水平和可靠性；

2）利用 ABB 的分布式遥信、遥测和遥控模块采集馈电回路的测控信息；

3）重要主回路电参量采集利用多功能仪表，提高了测量精度和实时性；

4）重要主回路的控制和参数整定总线化，提高控制的实时性和准确性；

5）组建通信管理系统对全系统现场总线通信网络实施控制管理；

6）组建人机操作和对话界面；实现人机之间的对话功能；

7）通过以太网实现与上位电力监控系统之间的信息交换，实现变电站（所）无人值守或少人值班。

图 8-5 所示为 PCC 型 MNS3.0 低压成套开关设备的范例。

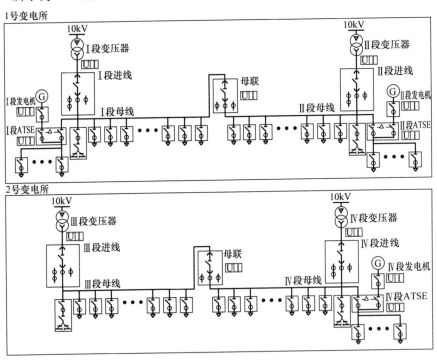

图 8-5　PCC 型 MNS3.0 低压成套开关设备的范例

以下针对图 8-5 的范例系统给出具体的设计要点。

在范例系统图 8-5 中有两座变电所，变电所均为两路低压市电进线和单母联的低压电网结线方式，接地形式为 TN‒S。1 号变电所内两段母线上都配备了自备发电机，发电机电源与市电电源之间的切换通过 ATSE 自动操作，ATSE 的出口是紧急母线；2 号变电所内仅在第Ⅳ段母线上配备了发电机，同样也通过 ATSE 在市电电源与发电机电源之间切换。

因为是 ATSE 位于一级配电系统，考虑到分断能力的要求，故采用 CB 级的 ATSE。

● 进线、母联和发电机进线之间的备自投操作均采用高可靠性的 PLC，型号为 AC500。对 AC500 系列 PLC 的简要描述见第 6 章 6.5.2 节。

● 两市电进线配备多功能电力仪表 FC610 或者 IM300，用以采集包括电压、电流、有功和无功功率、功率因数、有功和无功电度、频率、谐波等测量；母联、发电机进线和 AT-SE 出线端配备 FC610 多功能电力仪表采集包括电压、电流等电参量。FC610 和 IM300 多功能电力仪表具有 RS485 通信接口，能以 MODBUS - RTU 通信协议与上位系统交换信息。

● 进线断路器、母联断路器和发电机进线的 4 极断路器均采用 Emax2，配备 PR122/P 保护脱扣器。

● 进线断路器所配 PR122/P 电子式脱扣器具备 L - S - I - G 四段保护参数；母联和发电机进线断路器所配 PR122/P 电子式脱扣器具备 L - S - I 三段保护参数。PR122/P 能够通过脱扣器向上位系统发送如下信息：

断路器位置（插入、抽出）；

开关状态（合、分）；

保护参数的设定值；

断路器的过载长延时线路保护 L 脱扣器、短路延时线路保护 S 脱扣器、短路瞬时线路保护 I 脱扣器和接地故障线路保护 G 脱扣器的动作告警及动作实时记录；

断路器总操作次数和总脱扣次数；

断路器触头磨损状况。

● 当现场层面将远方超控设置为 AUTO（自动）模式时，上位电力监控系统能向断路器下达如下操作命令和信息：

断路器合闸/分闸；

设定动作曲线及保护门限值。

● CB 级的 ATSE 开关控制器能将工作状况通过现场总线发送给上位系统。

根据图 8-5，得到的 MNS3.0 低压成套开关设备辅助回路的设计方案见表 8-1。

表 8-1　范例 PCC 型 MNS3.0 低压成套开关设备辅助回路的设计方案

序号	名称	型号及规格		用途
1	备自投 PLC	主机	PLC 主机：PM581 - ETH PLC 底板、电池和存储器：TB541、TA521、MC502 PLC 开关量输入输出扩展单元：DC532 PLC 开关量输入输出扩展单元底板： PLC 通信扩展单元：CM572 - DP PLC 通信扩展单元：CM574 - RS	执行备自投任务
		分布式扩展单元	分布式接口模块：DC505 - FBP 开关量输入输出扩展单元：DC532 开关量输入输出扩展单元底板	
2	电力测控仪表	FC610 或者 IM300		进线主回路的电参量测量、母联、发电机进线及 ATS 出线端电参量测量
3	市电进线断路器的保护脱扣器	Emax2 的 PR122 + PR120/D - M		断路器的测量和通信
4	ATSE 测控单元	DPT/TE		自动双投开关控制单元
5	采集馈电断路器的状态	FC610 + MB551		所有馈电断路器的合分闸状态及保护动作状态

（续）

序号	名称	型号及规格	用途
6	采集馈电主回路的工作电流	FC610	所有馈电主回路的三相电流
7	辅助回路工作电源	UPS + 双路电源互投操作	工作电源的供电范围不包括馈电回路
8	通信管理机	PLC 主机：PM581 - ETH PLC 底板、电池和存储器：TB541、TA521、MC502 PLC 通信扩展单元：CM574 - RS PLC 通信扩展单元：CM577 - ETH	CCU 的通信管理中心
9	人机界面	CP450T - ETH	CCU 的人机对话单元

1. 备自投系统和全系统网络连接方案

备自投是 PCC 型 MNS3.0 低压成套开关设备中自动控制的核心，采用 AC500 的 PM581 - ETH 配套分布式远程扩展单元 DC505 来实现测控任务，如图 8-6 所示。

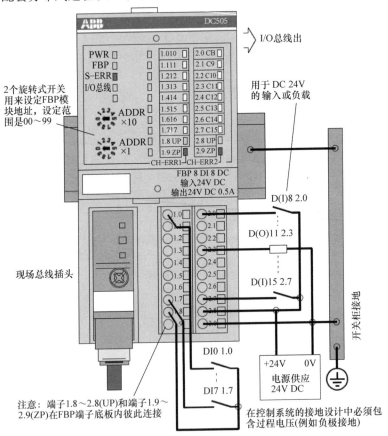

图 8-6 AC500 样本中的 DC505 接线图

DC505 中编号 1.0 ~ 1.7 是 8 套 DI 输入端子，编号 2.0 ~ 2.7 是 8 套输入/输出端子，也即可自定义的功能端子。图 8-6 中我们看到 DC505 的 1.0 ~ 1.9 均为输入端子，2.0 ~ 2.2 也为输入端子，2.3 ~ 2.6 为搭接了 24V 继电器线圈的输出端子，2.7 为输入端子。

对于一般的低压进线回路，其输入开关量和输出开关量见表 8-2。

表 8-2 低压进线回路的输入开关量和输出开关量

序号	DI 量	意义
1	FC610RL1	电力仪表 FC610 输出的欠电压报警触点
2	QF₁	低压进线断路器 QF₁ 工作状态辅助触点
3	KA₂	低压进线断路器 QF₁ 保护动作状态辅助触点
4	SB₁	低压进线断路器 QF₁ 手动合闸按钮
5	SB₂	低压进线断路器 QF₁ 手动分闸按钮
6	SA₁	低压进线断路器的手动操作/自动操作选择开关
7	YCKA11	低压进线断路器的合闸继电器线圈
8	YOKA11	低压进线断路器的分闸继电器线圈

与表 8-2 对应的低压进线回路控制原理图如图 8-7 所示。

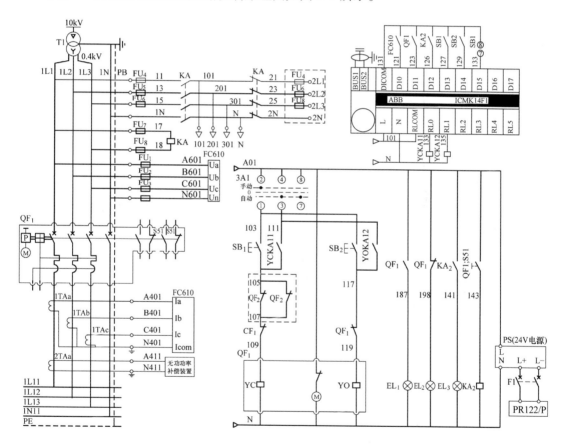

图 8-7　低压进线回路控制原理图

从图 8-7 中可以看到，在进线断路器输入输出参量较少的情况下，仅仅依靠 DC505 就足以实现有效的测控了。

图 8-7 中的 FC610 或者 IM300 多功能电力仪表的通信信息直接引到 PCC 低压成套开关设备的控制中心 CCU 中，而 DC505 的通信信息则连接到 PLC 主机 FBP 接口中。

由于市电进线和各段母线发电机进线相对简单，可以用与 PM581 类似的中高档 PLC 作为通信管理中心和数据管控主机，配套相对简单的中低档 PLC 来执行现场断路器的操控任务。

图 8-8 是全系统的配置方案图，其中通信管理机用 ABB 的中高档 PLC——PM581 担任，现场操控则用中低档 PLC——07KR51 担任。这样配置，全系统的可靠性和稳定性很高，从测控仪表中读取配电网电参量数据的实时性会快很多。

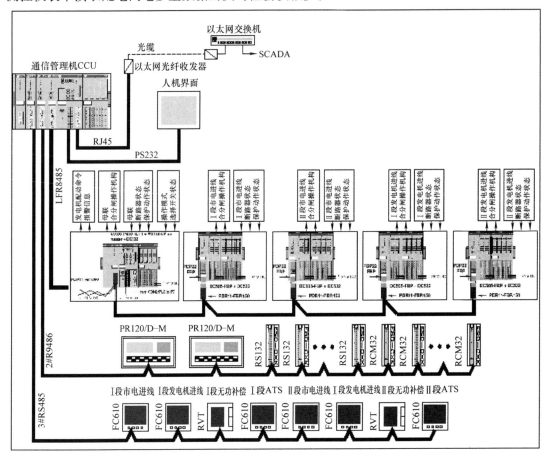

图 8-8　PCC 型 MNS3.0 范例系统电力监控系统配置方案

备自投的 PLC 主机和两进线回路的 PLC 分布式远程测控模块如图 8-9 所示。

备自投的主机系统和分布式远程测控模块的配置方案见表 8-1。主机的 CM572 – DP 用途就是构建分布式测控和信息交换链路。

我们看到图 8-9 中备自投主机通过 COM2 接口以 RS485/ MODBUS – RTU 协议与 CCU 的主机交换信息，两者的通信介质编号为 1#RS485。

控制管理中心 CCU 主机插入了 3 套 CM574 – RS 模块，其用途就是与现场层面的备自投主机、电力仪表、断路器、无功功率补偿装置、低压馈电监控模块、ATSE 开关、电力变压器温控仪、中压继保装置灯电力设备交换信息。

当所有的信息都汇总到 CCU 主机内存中后，CCU 主机将这些数据打包后分别发送给人机界面 HMI 和电力监控 SCADA 系统 ESD3000 主机。

CCU 主机与 HMI 之间的信息交换通过 CCU 的 COM2 接口进行，CCU 的 COM2 接口被设置为 RS232，其数据交换协议为 MODBUS – RTU。

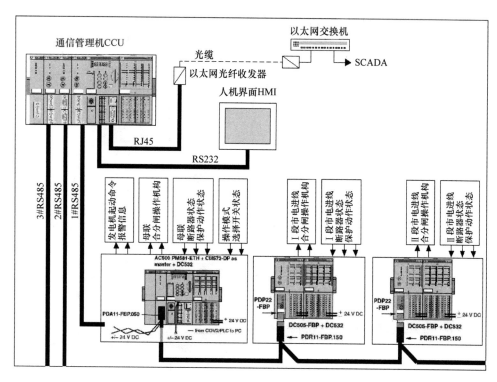

图 8-9　备自投 PLC 主机和 CCU 主机

CCU 主机与 SCADA 之间的信息交换通过以太网进行。在 CCU 主机上默认配套了 RJ45 以太网接口。由于以太网上数据传输的最大距离是 100m，因此 CCU 与 ESD3000 主机之间配套了光纤收发器，其间采用多模光缆（传输距离小于或 1.5km）或者单模光缆（传输距离小于或等于 15km）。

在光纤收发器的 SCADA 系统侧配套了以太网交换机或者集线器，ESD3000 的主机通过网线连接到以太网交换机上。CCU 与 ESD3000 主机之间的通信协议采用 MODBUS – TCP。

需要说明的是：

备自投需要对两市电进线和母线的电压进行监视。在一般的低压成套开关设备中，电压监视采用低电压继电器配套完成。在本设计方案中低电压信号可以从智能仪表中获取。

通过信息交换方式获取的电压信息是实时的也是最完整的，并且很容易实现全范围的电压越限点参数整定和低电压越限的控制逻辑处理。

若进线回路采用配接低电压继电器采集电压信息的方法，则将低电压继电器的辅助触点接至 DC505 模块的 DI 接口中。

2. 通信连接和信息交换

我们看图 8-10 所示的信息交换网络上的测控仪表和智能装置：

CCU 的 3#RS485 总线链路连接的对象是低压成套开关设备中的多功能电力仪表 FC610 或者 IM300，以及自动补偿器 RVT，其通信规约为 RS485/MODBUS – RTU；

CCU 的 2#RS485 总线连链路连接的对象是低压进线断路器 Emax2 脱扣器通信单元 PR120/D – M。

CCU 的 1#RS485 总线连接 PLC 系统。

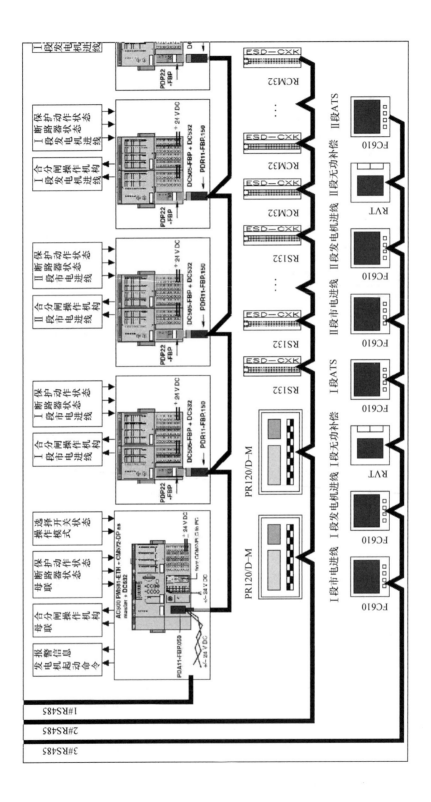

图 8-10 信息交换网络上的测控仪表和智能装置

这些装置的通信速率一般为 19.2kbit/s。我们看到通信链路是按照菊花瓣的方式相连接的，CCU 在通信链路上依次循环地读取数据。通信链路的首尾都要配套 120Ω 终端电阻。

3. 通信速率与数据循环存取之间的关系

图 8-11 所示为数据自从站发送到主站接收所经历的过程：图中从站 1 到从站 n 建立了读写循环过程。主站读数据的过程包括主站发布命令、从站数据组织、数据传送、主站数据保存的全过程，还需要考虑到 n 个从站之间的循环。

为了提高信息交换的速度，必须选择合适的通信速率，且要仔细核对链路中从站数量及程序循环存取数据的时间。需要注意的是：从站数量、MODBUS-RTU 信息帧的长度和从站循环时间三者与通信速率之间具有非常密切的关系，必须综合考虑才能获得较好的效果。

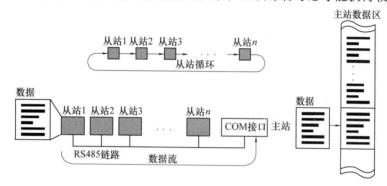

图 8-11　通信速率与从站数据循环存取之间的关系

4. 馈电回路的信息采集

馈电回路断路器的开关量包括断路器状态和保护动作状态，利用 FC610 的扩展模块来采集。

5. 控制管理中心（CCU）

注意到图 8-9 中控制管理中心（CCU）由两部分构建而成：第一部分是执行通信管理机任务的 AC500 系列 PLC 主机 PM581-ETH，第二部分是人机界面 CP450T-ETH 或者 HMI。

CCU 通信管理机 PM581-ETH 配备了多套 RS485 接口与现场设备交换信息，这些链路上的均采用 MODBUS-RTU 的读写规约。

CCU 通信管理机 PM581-ETH 的 COM2 串口连接到人机界面 CP450T-ETH。事实上，两者的信息交换也可通过以太网实现。

CCU 通信管理机 PM581-ETH 配备的 RJ45 接口连接了以太网光纤收发器，将以太网信号变换为光信号发送到信息接收端。信息接收端再利用以太网光纤收发器将信号换回电信号后送至以太网交换机，最后送到电力监控系统 SCADA。

在 PM581-ETH 的内存中，从现场各种测控模块中采集到的信息被打包整理存放在专用的数据区中，上位系统通过以太网在对应的数据区中读取所需内容。

在设计 PCC 型低压成套开关设备时，辅助回路的工作电源显得尤为重要。

当市电电源发生故障时，虽然发电机已经起动，但真正要等到电源供应至少也需要 5～10s 的时间。在这段时间里，CCU 和系统中的测控仪表会因为停电而无法正常工作，所有的现场总线系统将因此而瘫痪。因此，辅助电源一定要配套在线式 UPS 作为确保工作电源稳定的应急措施。

若选配的 UPS 容量足够时，最好将断路器的工作电源也一并纳入 UPS 的供电范围之内，以便备自投系统对断路器的紧急操作。

8.3　设计组建 MCC 智能型 MNS3.0 低压成套开关设备

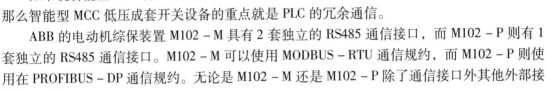

1. 范例设计方案概述

如果说智能型 PCC 低压成套开关设备的重点是 PLC 的备自投控制，那么智能型 MCC 低压成套开关设备的重点就是 PLC 的冗余通信。

ABB 的电动机综保装置 M102 – M 具有 2 套独立的 RS485 通信接口，而 M102 – P 则有 1 套独立的 RS485 通信接口。M102 – M 可以使用 MODBUS – RTU 通信规约，而 M102 – P 则使用在 PROFIBUS – DP 通信规约。无论是 M102 – M 还是 M102 – P 除了通信接口外其他外部接线是一致的。

图 8-12 所示为 MCC 型 MNS3.0 低压成套开关设备的范例方案。

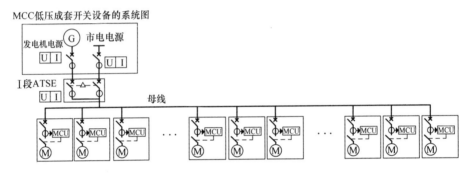

图 8-12　MCC 型 MNS3.0 低压成套开关设备范例方案

图 8-12 中 ATSE 的两路电源分别来自市电电源和发电机电源。系统图中所有的负载均为电动机主回路。

双电源切换开关 ATSE 的前端和后端均配备了多功能电力仪表 FC610，电动机均配套了综保装置 M102 – M。

与图 8-12 配套的现场总线网络结构如图 8-13 所示。

在 MCC 系统中，现场总线系统都需要进行冗余配置。冗余配置包括两方面的内容：

（1）设备冗余

设备冗余是指通信设备具有主从配置关系。例如在图 8-13 所配套的通信总线网络结构中，通信管理机 CCU 要有两套，既主用 CCU 和备用 CCU。

主设备的冗余分为两类，第一类为硬件冗余，即当主用 CPU 发生故障时，备用 CPU 立即无缝地切换投入，外部设备甚至都感觉不到 CPU 发生了切换。硬件冗余一般用在需要快速处理的场合，例如发电机的转子测控等；第二类为逻辑冗余，即当主设备发生故障时，从设备通过逻辑判断发现主设备出现异常，则从设备立即启动投运。主设备故障排除后将自动变更为从设备，而从设备则变为主设备。逻辑冗余一般应用在通信系统中，因为通信系统发生故障后并不需要从设备快速地切换投运。

图 8-13 所示的 MCC 系统网络结构中配套的主、从 CCU 配置关系为逻辑冗余方案。

（2）线路冗余

线路冗余是指通信线路的冗余配置，其目的是为了防止通信介质断裂或其他故障。

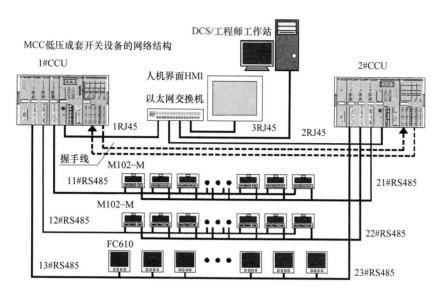

图 8-13　范例系统中的串行链路冗余通信

在图 8-13 中我们能看到通信线路的冗余配置。

2. 串行链路的通信分析

首先看图 8-13 中的 11#RS485 总线和 21#RS485 总线:

电动机综保装置 M102 - M 具有两套独立的 RS485 接口,其中 11#RS485 总线连接了 M102 - M 的第一套 RS485 通信接口上,而 21#RS485 总线则连接了各个 M102 - M 的第二套 RS485 通信接口上,11#RS485 总线和 21#RS485 总线两者之间完全没有关系,此类冗余关序属于硬件冗余的范畴。

再看 13#RS485 总线和 23#RS485 总线:

13#RS485 总线和 23#RS485 总线两端分别连接到两套 CCU 的通信扩展单元的对应端口上。平时,总线左侧的端口开启,右侧的端口被关闭而呈现高组态,整条总线事实上成为自左至右的单向通信链路;当左侧 CCU 的通信端口或者线路发生故障时,右侧的 CCU 通过 DI/DO 握手线侦测到对方出现异常,则立即开启本侧的通信端口,于是总线成为自右至左的单向通信链路。

当总线中间发生断裂,则总线两端的通信端口均开启,总线变成以断裂点分界的左右两支通信链路。

显然,13#RS485 总线和 23#RS485 总线中两端通信端口的开启和关闭与主从两套 CCU 通信端口工作与否有关,也与主从 CCU 通过 DI/DO 握手线侦测到的对方工作状态有关。因此,13#RS485 总线和 23#RS485 总线属于逻辑冗余。

通过分析可知:在系统中能够实现硬件冗余的从站必须具有两套独立的通信接口,而只具有单通信接口的从站只能构建出逻辑冗余。

3. 串行链路的扩展

在 CCU 组合中起到关键作用的是 PLC 主机 PM581 - ETH 配套的 RS485 冗余扩展通信接口 CM574 - RS。若需要连接的从站数量比较多,可以 CM574 - RS 的数量以扩大从站的接通能力。增加 CM574 - RS 的数量必须是偶数,以满足冗余的要求,而且每套 PLC 主机 PM581 - ETH 最多只能扩展 4 套 CM574 - RS。

若每侧 CCU 主机 PM581 - ETH 扩展了 4 套 CM574 - RS, 则可连接从站的最大数量为 25 × 4 = 100 套。

4. CCU 的通信分析

一般情况下, 1#CCU 为主用通信管理中心, 2#CCU 则作为备用通信管理中心。1#CCU 的内存中保存了所有从站的通信信息和数据, 2#CCU 定时将 1#CCU 内存中的数据复制到自己的内存中。

与串行链路的逻辑冗余类似, 1#CCU 和 2#CCU 之间通过以太网也随时侦测对方的工作状态, 一旦发现对方发生了故障则立即在自己的内存中设置故障的标志位, 如图 8-14 所示。

由于 CCU 与上位系统之间的通信采用以太网上的 MODBUS - TCP 协议, 且 2 套 CCU 均为 MODBUS 从站, 因此改变上位机与 CCU 之间的数据存取关系必须由上位机决定。上位机通过某台 CCU 内存中的故障标志位可以得知另外一台 CCU 的工作状况, 也可决定从哪一台 CCU 中获取现场信息。

显然, CCU 的冗余方式属于逻辑冗余。

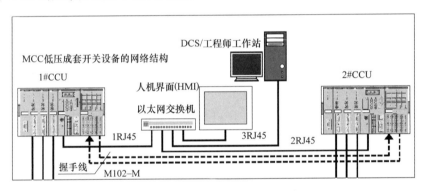

图 8-14　范例系统中的 1#CCU 和 2#CCU 数据交换方式

人机界面 CP450T - ETH 也连接到以太网上, 也按照上位机的方式从 CCU 中获取现场信息。人机界面也可采用 ABB 的 HMI。

5. 现场串行通信的速率分析

若设电动机综保装置 M102 - M 与 CCU 组合间串行链路数据交换的通信速率为 19.2kbit/s, 按若按照每条通信链路通道挂接 16 个 M102 - M, 且每个 M102 - M 信息帧的数据区为 20 个字, 则当 CCU 组合访问单个 M102 - M 需时 25.8ms。考虑到系统等待的时间, 则 CCU 组合遍历访问某通道内 16 个 M102 - M 需时不大于 0.6s。又因为 CCU 组合对 3 条 RS485 通道的信息交换是并行的, 即 3 个通道的数据交换可以同时进行, 所以 CCU 组合遍历访问 48 个 M102 - M 需时也不大于 0.6s。

每条通信链路上挂接的 M102 - M 数量上限是 25 个, 两套 CCU 组合的四条链路上总共可挂接 100 个 M102 - M, 此时通信遍历时间将增大到 0.79s。

因为 CCU 与电力监控系统之间的数据交换比 CCU 组合与 M102 - M 之间的数据交换快的多, 且两者之间没有任何关联, 所以系统中的数据交换的时间是由 CCU 组合遍历访问 M102 - M 来决定的。理论和实践都证明了当 CCU 组合与 M102 - M 之间的总线速率为 19.2kbit/s 时, CCU 组合访问全部 M102 - M 的时间不超过 0.6s。

8.4　设计组建 ABB 的 ESD3000 变电站监控系统

图 8-15 是以第 5 章 5.2 节的小型玻璃厂的低压配电网为设计蓝本配置的 ESD3000 变电站监控系统的网络拓扑结构。

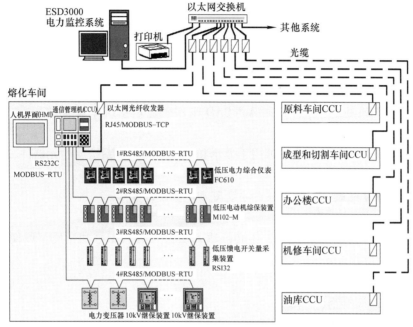

图 8-15　ESD3000 系统的网络拓扑结构

1. 变电所现场层面设备的配置方案及设计

以熔化车间为例。

熔化车间变电所内有若干台 10kV 中压开关柜，与中压开关柜配套了若干台 ABB 的中压继保装置 REF542Plus，通信协议为 RS485/MODBUS – RTU；变电所内配置了两台 ABB 的电力变压器，其温度控制仪采用 RS485/MODBUS – RTU 通信协议。

熔化车间变电所内还配套了直流屏等装置，其浮充电机也采用 RS485/MODBUS – RTU 协议。直流屏和的通信交换可接入 AC500，故图中未绘出其通信接线。

熔化车间的备自投系统采用 ABB 的 AC500 系列 PLC，在图中并入各个下级系统的 CCU 中。

低压系统配备了 ABB 的多功能电力仪表 FC610，还有 ABB 的电动机综合保护装置 M102 – M，馈电断路器状态和保护动作状态遥信信息采集配套 ABB 的 RSI32 开关量采集装置。

以上这些现场测控装置组成 4 条 RS485 通信链路，4 条通信链路均连接到主控通信管理机 CCU 中心单元中。

主控通信管理机（CCU）中心单元采用 ABB 公司的 AC500 系列 PLC 构成，同时配套 ABB 的人机界面 CP450T – ETH 作为人机对话单元。

从主控通信管理机（CCU）中心单元的 RJ45 以太网通信接口开始，通信介质更换为多模光缆。多模光缆的传输距离是 1.5km。光缆的两端都需要配光纤收发器和光缆终端接线盒。

2. 变电站监控层面设备的配置方案及设计

在变电站监控层面中配套以太网交换机，以及光纤收发器和光缆终端接线盒。

变电站监控层面配套一台 PC 和一台网络打印机。要求 PC 的配置较高，且稳定性要好，建议采用惠普电脑。

一般地，系统中最好配备 1 台 UPS 电源，以及声卡和针式打印机。声卡用于报警，而针式打印机则用于报警信息打印，避免网络激光打印机打印报警信息造成纸张浪费。

PC 内配套的软件包括：WINDOWS 系统软件、OFFICE 办公软件、数据库 SQL SERVER 软件，还有 ESD3000V2.1 单机版和 AutoCAD 软件。

ESD3000V2.1 就是监控软件，而 AutoCAD 则用于显示系统中保存的所有电力系统图、控制原理图和网络结构图。

OFFICE 办公软件中的 EXCEL 可用于显示和打印各级电力系统中的元器件和电力设备的型号、规格、数量和使用寿命等信息。

至此，ESD3000 的硬件系统和软件系统基本配置设计完毕。

3. 权限管理

最后，当使用 ESD3000 系统时，还必须输入操作人员的账号和密码，以便区分各人的操作权限。

8.5 经验分享与知识扩展

主题：国内某大型航空枢纽站电力监控系统 ESD3000V4.0 技术说明

论述正文：

1. 前端机通信组网功能

在变配电室现场控制站网络中居于中心地位的是前端机。前端机与输入输出端子、各种接口、电源 UPS 装置以及以太网光纤转换器等设备单独组屏。

前断机是现场层面通信协议转换和处理中心，它是现场总线通信网与局域网的连接网关，同时它还是现场各种智能器件的监视、调节、测控和配置管理中心。

由于各种智能元器件的内部功能寄存器定义和地址不尽相同，尽管采用的通信协议规约一致，但配置起来仍然存在一些困难。通过前端机的配置软件 CONFIG，使用者可以非常方便地为电力系统创建和配置现场总线系统，该系统均采用 RS485 的通信接口并且使用 MODBUS – RTU 通信规约。前端机的组网拓扑结构见图 8-16。

图 8-16 中的前端机在现场层面共连接了 6 套 RS485 通信总线，这 6 套 RS485 通信总线已经覆盖了全部现场设备。

前端机与现场层面的各种测控装置通过 RS485 接口组网，通信协议为 MODBUS – RTU。现场层面的通信介质采用普通的多芯屏蔽双绞线。当传输距离超过 100m 后，成对地配套多模光纤收发器传输信息，中间的传输介质也换为多模光缆。

从图 8-16 中我们看到：前端机与上位系统的通信接口是 RJ45，即以太网接口，通信协议采用 MODBUS – TCP。以太网的传输介质采用光缆，配备成对的以太网光纤收发器。

前端机可采用工业控制计算机或者大型 PLC，本例中采用具有 CPU 硬件冗余的 PLC 来

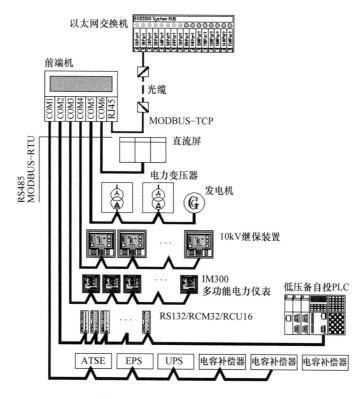

图 8-16 前端机的组网拓扑结构

担任前端机。

PLC 的接口配备是：12 套 RS485 接口，2 套 RJ45 接口，2 套 RS232 接口，1 套 VGA 接口和打印口，2 套 USB 接口。其中 RS485 接口已经使用了 6 套，剩余 6 套作为备用。

2. 配电网中主要测控仪表简要功能描述

（1）中压配电网的继保装置及电力仪表

中压配电网的继保装置采用 ABB 的 REF542PLUS。REF542PLUS 在测量电压、电流时其测量精度优于 0.1 级其他电参数的测量精度优于 0.2 级；可监测电压凹陷、电压不平衡度、频率变化、电压和电流的总谐波含量以及 2～63 次的各次谐波含量；具有稳态波形捕捉；每周波采样 128 点。

（2）低压配电网的电力仪表

低压配电网的电力仪表在测量电压、电流时其测量精度优于 0.05 级，其他电参数的测量精度优于 0.2 级；可监测小于 0.5 周波的瞬变；监测持续时间 >1min 的欠电压、过电压和中断；监测间歇出现的电压波动；监测稳态电压不平衡度、频率变化、电压和电流的总谐波含量以及 2～255 次的各次谐波含量、谐波功率等；电能质量监测满足 EN50160 标准，闪烁测量满足 IEC 61000 – 4 – 15 标准；采样频率不低于 5MHz；可瞬态监测 <2μs 的突变并捕获相应的波形。

低压主进和母联监控单元采用 ABB 公司的电力监测与控制装置 FC610 或者 IM300，其主要功能如下：

● 监视开关状态及故障报警，包括：断路器状态信号、故障跳闸信号、自动/手动状态信号、框架断路器电机储能及内部故障信号等。

● 监测三相电压、三相电流、中性线电流、有功功率、无功功率、功率因数、频率、有功电能、无功电能等、谐波总含量和 2~31 次谐波含量。

3. 对低压断路器实施远程测控方案简介

框架断路器低压出线监控单元采用 ABB 公司的电力监测与控制装置 FC610 或者 IM300，其主要功能如下：

● 监视开关状态及故障报警，包括：断路器状态信号、故障跳闸信号、自动/手动状态信号、框架断路器电机储能及内部故障信号等。

● 监测三相电压、单相或三相电流、中性线电流、有功功率、有功电能等。

● 监视开关状态及故障报警，包括：断路器状态信号、故障跳闸信号、自动/手动状态信号等。

● 监测单相或三相电流、中性线电流等。

● 实现遥控断路器分合闸。

4. 电力监控工程师工作站配置方案概述

电力监控工程师工作站的网络拓扑关系如图 8-17 所示。

在图 8-17 中，上部分为电力监控系统工程师工作站，下部分为变配电室现场控制站的前端机，两者通过光缆相连接。

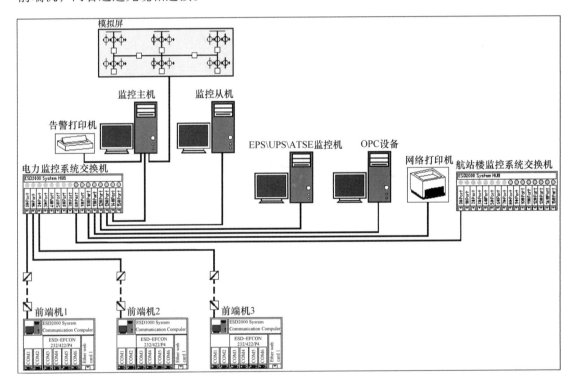

图 8-17 电力监控工程师工作站的网络拓扑关系

（1）监控主机、监控从机和 EPS/UPS/ATS 监控机

监控主机用于日常的电力系统运行监视和测控工作。监控主机还负责打印实时告警信息，以及驱动模拟屏显示配电网实时运作状况。

监控从机与监控主机同时工作，但监控从机不执行常态运行的测控任务，只有当主机出现问题后，监控从机才接替主机的测控工作任务。监控主机和监控从机的数据均保存在 SQL SEVER 数据库中。

- 监控主机内安装的软件包括：

操作系统：WINDOWSxxxxSERVER

办公软件：OFFICE 办公套装软件

电力监控软件：ESD3000V4.0

数据库软件：SQL SERVER

- 监控从机内安装的软件包括：

操作系统：WINDOWSxxxxSERVER

办公软件：OFFICE 办公套装软件

电力监控软件：ESD3000V4.0

数据库软件：SQL SERVER

- EPS/UPS/ATS 监控机内安装的软件包括：

操作系统：WINDOWSxxxxSERVER

办公软件：OFFICE 办公套装软件

电力监控软件：ESD3000V4.0

（2）主机与从机之间的关系及其功能

其中主机为常用机，通过其中安装的电力监控软件可以浏览电力系统单线图，可以对具有遥控功能的智能装置进行控制，还可以对具有可修改功能的电气参量和保护参量行使定值下发。主机中的数据库为系统主用数据库。模拟大屏中的显示数据从 ESD3000 主机发布。

主机数据库中的内容定时保存到从机数据库中，两者保持一对一的映射关系。平时从机处于监视主机运行的工作状态。当主机发生通信故障后，从机故障处理程序启动，故障处理程序将引导从机投入运行；当主机运行恢复正常后，故障处理程序将对主机数据库中的内容实施更新操作，然后由主机执行监控任务而从机退出运行状态。

EPS/UPS/ATS 监控机的任务是监控 EPS、UPS、ATS 等智能装置，其中的数据来自主机数据库或从机数据库。

（3）OPC 设备端服务器的软件配置

操作系统：WindowsxxxxServer

防火墙软件：常用防火墙软件

OPC SERVER：OPC SERVER 或 OPC SLAVE

WEB SERVER：WEB SERVER

从配置中可以看出，OPC/WEB 服务器的硬件配置比主机配置多了 1 块网卡。

因为 OPC 设备端服务器的功能是连接电力监控系统与航站楼地面管理系统信息通道和交换信息，所以其中第 1 网卡连接到电力监控系统以太网，第 2 网卡则连接到航站楼地面管理系统的以太网。

OPC 设备端服务器中的数据来自于主机或从机数据库中的事件记录数据库。

- 各个变配电室现场控制站中的 IPD – HMI 均通过电力监控系统的以太网与主机的实时数据库进行交换信息，两者之间的通信介质利用综合布线的光缆。以太网交换机安置在电力监控子系统工程师工作站。

- 电力总值班室安装 1 台 3kV·A 的在线式 UPS 电源，工作时间 2h。

- 主机驱动 1 台 EPSON1600KIII 宽行针式打印机，该打印机能随时执行逐行打印，但该机不具备网络打印机功能。
- 网络打印机为 EPSON 激光 A4 打印机。
- 模拟屏的驱动控制装置可从主机串口中获取显示数据。

5. 电力监控系统工程师工作站的功能概述

工程师工作站主机内安装了 ESD3000 电力监控软件. ESD3000 的主要界面功能如下：

1）ESD3000 入口界面：用于操作者输入口令、确认操作权限和进入其他工作界面。

2）ESD3000 单线图界面和系统图界面：该功能界面是 ESD3000 的主要工作界面，通过该界面操作者能够读各种状态量和电参量，能够发布遥控命令和发布参数变更命令，能够读报警信息和报警处理，还能启动操作票自动弹出程序及填写操作票进程。

3）地理图查询功能界面：从地理图功能界面中能够很快地查找某变电所的单线图和系统图。

4）智能装置的参数查询和定值下发界面。

5）报警信息界面：能够进行设定报警预警机制和报警处理策略。

6）日志界面：操作员能够读取日常工作记录、电参量记录、维护记录和故障记录等管理信息，这些记录的保存时间最短为 1 年，要增加记录时间可以加大硬盘容量或将记录保存在光盘上。

7）物料管理界面和图纸管理界面：该功能界面能够行使电力器件工作寿命预期与提示功能，操作者能够通过该界面查阅全系统图纸以及进行图纸资料的存档管理。

8）控制逻辑设定界面及操作权限管理界面：制定备投逻辑，制定操作票逻辑，由系统管理员设定操作员的操作权限及人事管理。

6. 现场控制站的专用控制电源

图 8-18 所示的现场控制站专用电源由电源输入端、滤波和浪涌保护、隔离变压器、UPS 电源以及开关电源组成。

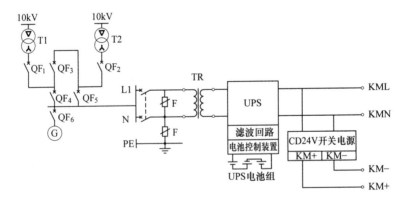

图 8-18　现场控制站的专用控制电源

本书中使用的基本电磁学参量

1. 常用的电学和磁学的量和单位（引用自 GB/T 3102.5—1993《电学和磁学的量和单位》）

序号	物理量名称	符号	单位名称	符号	说明
1	电流	I	安［培］	A	在交流电技术中，用 i 表示电流瞬时值，用 I 表示电流有效值
2	电荷量	Q	库［仑］	C	电荷也可使用符号 q，$1C = 1A \cdot s$
3	电位（电势）	V, φ	伏［特］	V	在交流电技术中，用 u、e 分别表示电位差（电压）、电动势的瞬时值，用 U、E 表示其有效值
4	电位差（电势差、电压）	U、(V)			
5	电动势	E			$1V = 1W/A$
6	电场强度	E	伏［特］每米	V/m	$1V/m = 1N/C$
7	电容	C	法拉	F	$1F = 1C/V$
8	介电常数（电容率）	ε	法［拉］每米	F/m	真空中介电常数用 ε_0 表示： $\varepsilon_0 = 8.854188 \times 10^{-12} F/m$ 对于 ε，IEC 给出的名称是"绝对介电常数（绝对电容率）"，ISO 和 IEC 还给出名称"介电常数"
9	相对介电常数（相对电容率）	ε_r			$1\varepsilon_r = 1\varepsilon/\varepsilon_0$
10	面积电流，电流密度	$J, j, (\delta)$	安［培］每平方米	A/m^2	在实际使用中一般用 A/mm^2
11	磁场强度	H	安［培］每米	A/m	—
12	磁通势，磁动势	F, F_m	安培	A	—
13	磁通密度，磁感应强度	B	特［斯拉］	T	$1T = 1N/(A \cdot m) = 1Wb/m^2$
14	磁通量	Φ	韦［伯］	Wb	$1Wb = 1V \cdot s$
15	自感	L	亨［利］	H	$1H = 1Wb/A = 1V \cdot s/A$
16	互感	M, L_{12}			自感和互感统称为电感
17	磁导率	μ	亨［利］每米	H/m	$\mu = B/H$ μ 又被称为绝对磁导率
18	真空磁导率	μ_0			$\mu_0 = 4\pi \times 10^{-7} H/m$

（续）

序号	物理量名称	符号	单位名称	符号	说明
19	相对磁导率	μ_r	—	—	$\mu_r = \mu/\mu_0$
20	电阻（直流）	R	欧［姆］	Ω	$1\Omega = 1V/A$
21	电导（直流）	G	西［门子］	S	$1S = 1A/V = 1\Omega^{-1}$
22	电阻（交流）	R	欧［姆］	Ω	阻抗的实部
23	电抗	X			阻抗的虚部
24	阻抗	Z			$Z = |Z|\,e^{j\varphi} = R + jX$
25	阻抗模，（阻抗）	$|Z|$			$|Z| = \sqrt{R^2 + X^2}$
26	电导（交流）	G	西［门子］	S	导纳的实部
27	电纳	B			导纳的虚部
28	导纳	Y			$Y = |Y|\,e^{-j\varphi} = G + jB = \dfrac{R - jX}{|Z|^2}$
29	导纳模，（导纳）	$|Y|$			$|Y| = \sqrt{G^2 + B^2}$
30	电阻率	ρ	欧姆米	$\Omega \cdot m$	$\rho = RA/L$
31	电导率	γ, σ	西门子每米	S/m	电化学中电导率用符号 κ
32	磁阻	R_m	每亨利	H^{-1}	$R_m = U_m/\Phi$
33	磁导	$\Lambda, (P)$	亨利	H	$\Lambda = 1/R_m$
34	绕组匝数	N	—	—	—
35	相数	m	—	—	—
36	频率	f, ν	赫兹	Hz	$1Hz = 1s^{-1}$
37	角频率	ω	弧度每秒	rad/s	$\omega = 2\pi f$
38	相位差	φ	弧度	rad	—
39	品质因数	Q	—	—	—
40	损耗因数	d	—	—	$d = 1/Q$
41	损耗角	δ	弧度	rad	$\delta = \arctan d$
42	功率，有功功率	P	瓦特	W	$P = S\lambda = S\cos\varphi$
43	无功功率	Q	乏	var	$Q = S\sqrt{1 - \lambda^2} = S\sin\varphi$
44	视在功率	S	伏安	$V \cdot A$	$S = \sqrt{P^2 + Q^2}$
45	功率因数	λ	—	—	—
46	有功电能	W	焦耳	J	$1kW \cdot h = 3.6MJ$
		—	瓦特小时	$kW \cdot h$	

2. 基本电磁学知识

序号	名词和术语	描述
1	电及电荷	电是能量的形式之一。当构成实物的原子中失去一部分电子时，物体就带正电荷；如果得到额外的电子，物体就带负电荷 电荷的物理量符号是"Q"，其SI单位为C（库仑）

（续）

序号	名词和术语	描述
2	电场和磁场	电荷的周围存在电场，电场对其他电荷能产生电场 在静止电荷周围产生的是静电场，而运动电荷周围除了有电场外，还存在磁场 电场和磁场相互依存，它们共同构成了电磁场 静电场可用电力线表达。电力线起始于正电荷，终止于负电荷。电力线上任意点的切线方向就是该点的电场强度方向，而垂直于该点电力线切线方向横截面中的电力线密度与该点电场强度值成正比 磁场是传递运动电荷或者电流之间相互作用的物理量。磁场由运动电荷或者电流产生，同时对其他运动电荷或者电流又产生力的作用。运动电荷及电流之间的相互作用是通过磁场或者电场来传递的，磁场是统一电磁场中的一部分 在铁磁体内部，磁力线从 S 极指向 N 极；在铁磁体外部，磁力线由 N 极指向 S 极。整个磁力线是一条无头无尾的闭合曲线 对于电磁线圈或者电磁铁的电流磁场，磁力线方向是按右手螺旋定则确定的；对于载流导体周围的磁场，磁力线是按右手螺旋定则确定的 磁力线任意点的切线方向，就是该点的磁通密度方向，磁通密度则由该点的磁力线疏密程度决定
3	电场强度	电场内某点的电场方向可用试验电荷在该点所受电场力的方向来确定，电场强度则用电场力与试验电荷的比值来确定 电场强度是矢量，用 $\vec{E}$ 表示，其 SI 单位为"伏/米"（V/m）
4	电位、电势差和电压	静电场中某点的电位等于单位正电荷在该点所具有的位能。理论中将无穷远点作为电位的零点，在电工学中则将地球表面作为电位零点。因此，某点的电位等于单位正电荷从该点移动到无穷远点或者大地时电场力对此正电荷所做的功 电位的符号为"V"，其 SI 单位为"伏"（V） 电压是指电路或者电场中两点之间的电位差（电势差）。在交流电路中，电压有瞬时值、平均值和有效值三个定义，交流电压的有效值通常称为电压 中压配电网的电压一般为 6kV 和 10kV，低压配电网的电压一般为 0.4kV 电压的符号为"U"，其 SI 单位为"伏"（V）
5	电流	电流指电荷的流动 在稳恒电路中，电流方向由电源正极指向电源负极；在电源中，电流方向则由负极指向正极 电工学中的电流与实际的电子流方向相反 电流还是电流强度的简称，它是单位时间内流过导体横截面的电荷量。电流的符号为"I"或者"i"（瞬时值）。其 SI 单位为"安"（A）
6	电动势	电动势指电源将正电荷由负极迁移至正极所作的功。电动势的符号为"E"，其 SI 单位为"伏"（V）

（续）

序号	名词和术语	描述
7	电阻和电阻率	电阻是表达物质阻碍电流通过能力的物理量。电阻的符号为"R"，其SI单位为"欧"（Ω） 电阻率是表达物质导电性能的物理量。电阻率越大，导电性能越差。电阻率的符号为"ρ"，其SI单位为"欧·米"（$\Omega \cdot m$）
8	电导和电导率	电导是表征物质导电性能的物理量。电导是电阻的倒数，物质的导电性能越好，其电导越大，而电阻越小 电导的符号为"G"，其SI单位为"西"（S）。且有 $$1S = 1\Omega^{-1}$$ 电导率为表征物质导电性能的物理量，又称为导电率。电导率是电阻率的倒数。电导率的符号为"γ"，其SI单位为"西/米"（S/m）
9	电感和感抗	当电流流过线圈时，线圈周围会产生磁场，磁场产生的自感磁通穿过线圈。若线圈的骨架为非导磁材料，则自感磁通与电流成正比关系：$\Psi = iL$，或者 $L = \Psi/i$。L 为线圈自感 自感又称为自感系数，其SI单位为"亨"（H），常用的单位为毫亨（mH） 在两个相互发生电磁感应的电路中，将其中之一某电路所交链的磁通去除以另一电路中感生电流，其值即为互感。其符号为"M"或者"L_{12}" 互感的SI单位为"亨"（H），常用单位是"毫亨"（mH） 自感和互感统称为电感，符号为"L"，SI单位为"亨"（H），常用的单位为"毫亨"（mH） 电感产生的感应电压 U_L 与流过电感的电流 i_L 有如下关系： $$U_L = -L\frac{di_L}{dt}$$ 当 i_L 为正弦波时，可以推导出感应电压 U_L 超前电流 i_L 为90° 在电路中，电感能够储存磁场能量，所以电感属于储能元件 电感与角频率的乘积被称为感抗。感抗的符号为"X_L"，且有 $$X_L = \omega L = 2\pi f L$$ 感抗的SI单位为"欧［姆］"（Ω）
10	电容和容抗	电容的两极板由于带电而引起电压变化，两极板所充电量与极间的电压之比即为电容。电容的符号是"C"，SI单位为"法拉"（F），常用的单位为"微法"（μF） 在电路中，电容能够储存电场能量，所以电容属于储能元件 电容与角频率乘积的倒数被称为容抗。容抗的符号为"X_C"，且有 $$X_C = \frac{1}{\omega C} = \frac{1}{2\pi f C}$$ 容抗的SI单位为"欧［姆］"（Ω）
11	电抗	感抗和容抗的统称为电抗，符号为"X"，且有 $X = X_L - X_C$。电抗的SI单位为"欧［姆］"（Ω）

（续）

序号	名词和术语	描述
12	阻抗与导纳	阻抗（复数阻抗）： 　　将电路的端电压除以流过电路的电流即为阻抗 Z，也即电阻 R 与电抗 X 的复数和。Z 被称为复数阻抗，简称为阻抗： $$Z = R + jX = R + j(X_L - X_C)$$ 　　或者 $$Z = |Z| \, e^{j\varphi} = |Z| \, e^{j(\varphi_u - \varphi_i)}$$ 式中　X_L——感抗 　　　　X_C——容抗 　　　　φ_u——电压相角 　　　　φ_i——电流相角 　　阻抗的 SI 单位为"欧［姆］"（Ω） 导纳（复数导纳）： 　　将流过电路的电流除以电路的端电压即为导纳 Y，也即电导 G 与电纳 B 的复数和。Y 被称为复数导纳，简称为导纳： $$Y = G + jB$$ 　　或者： $$Y = |Z| \, e^{-j\varphi} = |Y| \, e^{j(\varphi_u - \varphi_i)}$$ 式中　φ_u——电压相角 　　　　φ_i——电流相角 　　导纳的 SI 单位为"西［门子］"（S） 阻抗模： 　　将电路的端电压均方根值除以电流均方根值得到的商（标量）即为"阻抗模"。阻抗模的符号为"$|Z|$"： $$|Z| = \sqrt{R^2 + X^2}$$ 　　阻抗模的 SI 单位为"欧［姆］"（Ω） 导纳模： 　　将电路中的电流均方根值除以电压均方根值得到的商（标量）即为"导纳模"，简称为导纳。导纳模的符号为"$|Y|$"： $$|Y| = \sqrt{G^2 + B^2}$$ 　　导纳模的 SI 单位为"西［门子］"（S）
13	电磁感应	将带电体移近另一带电体，在另一带电体上感应出电压或者电流，这种现象被称为电磁感应。电磁感应包括自感和互感
14	磁通量 Φ、磁感应强度 $\vec{B}$ 和磁场强度 $\vec{H}$	磁通量： 　　磁通量是表达磁介质（或者真空）中磁场分布的物理量。对于存在磁场中某任意面积元，磁通量等于磁感应强度沿着该面积元法线方向的分量与面积的乘积 　　在电磁感应现象中，感生电动势的大小取决于磁通量的变化率 　　磁通量简称为磁通，符号为"Φ"，其 SI 单位为"韦［伯］"（Wb） 磁感应强度： 　　磁感应强度是反映磁场方向和磁场强度的物理量，它是矢量，用符号"$\vec{B}$"表示。磁感应强度可由磁场作用在电流元 Idl 上的力来定义，即：$d\vec{F} = Idl \times \vec{B}$

（续）

序号	名词和术语	描述
14	磁通量 Φ、磁感应强度 $\vec{B}$ 和磁场强度 $\vec{H}$	电流元所受的力 $d\vec{F}$ 垂直于 Idl 与 $\vec{B}$ 所在的平面，其方向按右手螺旋定则来确定 因为：$d\vec{F} = \|Idl\|\|\vec{B}\|\sin(B,\vec{idl})$，故磁感应强度 $\vec{B}$ 可由载流导体在磁场中所受到的力来确定 磁感应强度 $\vec{B}$ 的 SI 单位为"特［斯拉］"（T） 磁场强度： 　磁场强度是反映磁场方向和强度的物理量。磁场强度是矢量，符号是"$\vec{H}$"。磁场强度与产生磁场的电流强度成正比，与磁介质无关。$\vec{H}$ 与 $\vec{B}$ 的关系是：$\vec{H} = \dfrac{\vec{B}}{\mu}$，其中的 μ 是磁介质的磁导率 $\vec{H}$ 的 SI 单位为"安［培］每米"（A/m） 磁导率： 　磁导率是反映物质导磁性的参数，它是磁感应强度与磁场强度的比值，符号为"μ"，SI 单位为"亨［利］每米"（H/m）。真空中的磁导率为 $\mu_0 = 4\pi \times 10^{-7}\,\text{H/m}$ 相对磁导率： 　相对磁导率为某物质或者磁介质的磁导率与真空磁导率的比值，符号为"μ_r"，无单位
15	洛伦茨力	洛伦茨力指运动电荷或者电流在磁场中所受到的作用力。洛伦茨力的方向符合左手定则
16	磁路和磁损耗	磁路： 　磁路指给定区域内形成的磁通通路。磁路主要由磁性材料构成，例如变压器和电动机磁路中的矽钢片 磁动势： 　磁动势为磁场强度 $\vec{H}$ 对闭合路径的曲线积分： $$F = \oint \vec{H} \cdot d\vec{r}$$ 式中　$\vec{H}$——磁场强度 　　　$\vec{r}$——位移 　磁动势的符号为"F"，是标量 　磁动势还等于闭合路径交链的总电流。若线圈的匝数等于 N，线圈电流为 I，则该线圈的磁动势为 $$F = NI$$ 　此时磁动势的单位为"安［培］"（A） 磁阻和磁导： 　磁阻表征了磁路媒质阻碍磁通通过的能力。磁阻的值等于磁位差除以磁通。磁阻的符号是"R_m"，其 SI 单位为"每亨［利］"（H^{-1}） 　磁阻的倒数称为"磁导"，其符号为"Λ"，SI 单位为"亨［利］"（H） 磁化和磁化强度：

（续）

序号	名词和术语	描述
16	磁路和磁损耗	磁化指物体中感生磁化强度的现象 "磁化强度"是描述某种材料磁化程度的物理量。磁化强度与某种材料的体积有关 磁化电流： 　磁化电流是指用于产生磁场的电流 磁化曲线： 　磁化曲线用于描述某种材料磁通密度或者磁化强度与磁场强度函数关系的曲线 　当某种材料受到强度从零开始增大的磁场作用时，其对应的曲线被称为起始磁化曲线 　当某种材料受到交变的磁场作用时，对应的磁化曲线关于原点对称。此磁化曲线被称为磁滞迴线 磁损耗、磁滞损耗和涡流损耗： 　磁损耗指某种材料从交变磁场中吸收并以热的形式散发的功率 　磁损耗包括磁滞损耗和涡流损耗。磁损耗又被称为铁损 　磁滞损耗指由于磁滞现象引起的损耗，它主要指被铁磁材料吸收的功率 　若导体所在的空间中存在磁场，且此磁场随时间变化，于是导体中将产生自行闭合的感应电流，此电流被称为涡流。涡流损耗是指由于涡流而被导体吸收的功率

3. 电磁学的基本定律和定则

序号	名称	描述
1	库仑定律	在真空中，两个点电荷 q_1 和 q_2 之间的作用力 F 为 $$F = K\frac{q_1 q_2}{r^2}$$ 式中　K——比例系数 　　　　r——q_1 和 q_2 之间的距离 　力 F 的方向沿着 q_1 和 q_2 的连线。F 的性质与 q_1 和 q_2 有关，若 q_1 和 q_2 为同性电荷，则 F 为相斥；若 q_1 和 q_2 为异性电荷，则 F 为相吸
2	焦耳定律	电流在一段导体中产生的热量 Q 与电流 I 的二次方、导体电阻 R 和通电时间 t 三者的乘积成正比，即 $$Q = RI^2 t$$
3	楞次定律	闭合回路或者线圈中感生电流的方向总是要使感生电流所产生的磁场阻碍引起感生电流的磁通量变化
4	法拉第电磁感应定律	闭合回路或线圈中的感应电动势 e 的大小，与穿过闭合回路或者线圈的磁通量变化率 $d\Phi/dt$ 成正比。如果线圈的匝数为 N，则线圈的感应电动势为 $$e = -N\frac{d\Phi}{dt}$$ 式中的正负号反映感应电动势的方向 此式可理解为楞次定律的表达式

（续）

序号	名称	描述
5	左手定则和右手定则	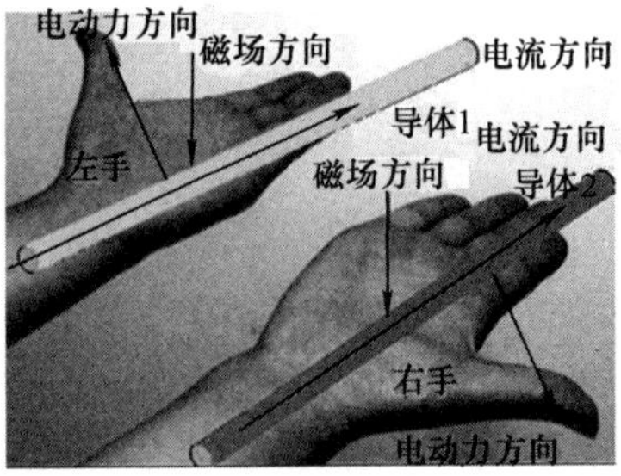 电动力方向　磁场方向　电流方向　导体1 电流方向　磁场方向　导体2　左手　右手　电动力方向
6	右手螺旋定则	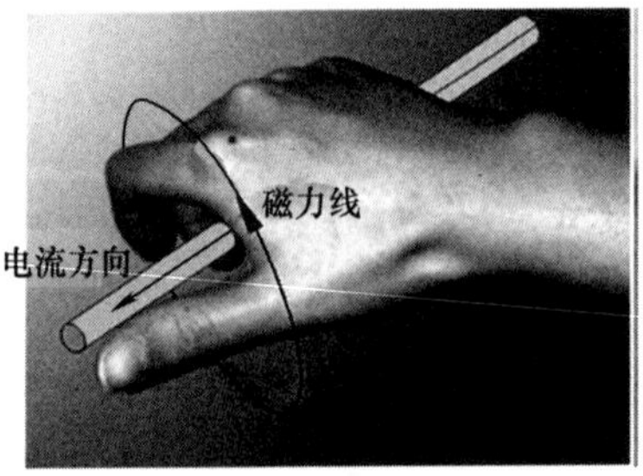 磁力线　电流方向

4. 电路的基本定律

序号	名称	描述
1	欧姆定律	流过一段电路的电流 I，等于此电路两端的电压与电路电阻或者阻抗之比 对于直流电路，有 $I = \dfrac{U}{R}$ 对于交流电路，有 $\begin{cases} \dot{I} = \dfrac{\dot{U}}{Z} \\ I = \dfrac{U}{\lvert Z \rvert} \end{cases}$
2	基尔霍夫电流定律 （基尔霍夫第一定律）	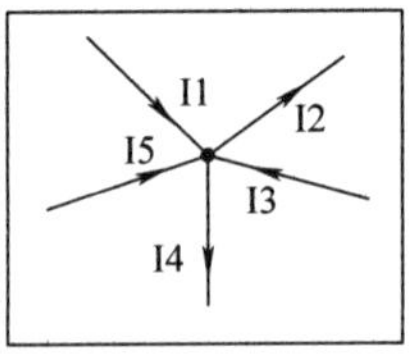 I1　I2　I5　I3　I4 对于电路中的任一节点，在任一瞬间，流入或者流出该节点的电流代数和恒等于零 对于直流电路：$\sum I = 0$ 对于交流电路：$\sum i = 0$ 图中，流入和流出节点的电流和 I_A 为 $$I_A = \sum_1^5 I_n = I_1 + I_2 + I_3 + I_4 + I_5 = 0$$

（续）

序号	名称	描述
3	基尔霍夫电压定律（基尔霍夫第二定律）	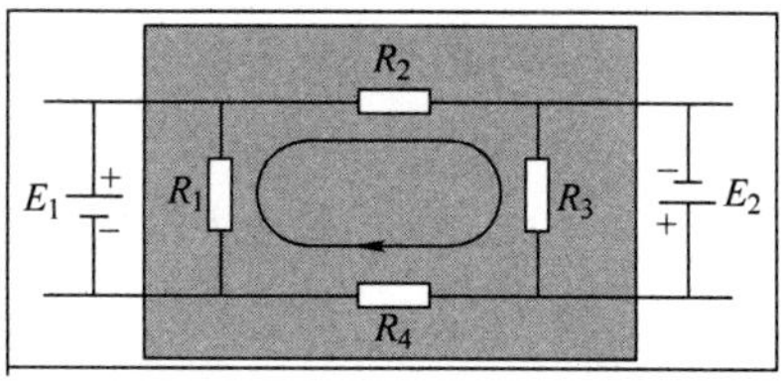 对于网络中的任一回路，在任一瞬间，回路中各段电压的代数和恒等于零 对于直流电路：$\sum U = 0$ 对于交流电路：$\sum u = 0$ 上图中，电阻 R_1、R_2、R_3 和 R_4 构成的网络中，其电压降代数和 U_A 为 $$U_A = \sum_{n=1}^{4} U_n = U_1 + U_2 + U_3 + U_4 = 0$$
4	电路的尺寸	设电路中流过的电流频率为 f，电流的波长 $\lambda = 1/f$。又知道电路的最大尺寸小于 $\lambda/4 = 1/4f$，则电路的尺寸相对于电流波长来说可视为一个点，于是基尔霍夫的电压定律和电流定律都将成立；反之，我们称此电路为大尺寸电路。大尺寸电路中基尔霍夫的电压定律和电流定律将不再成立

5. 磁路的基本定律

序号	名称	描述
1	磁路的欧姆定律	磁路的欧姆定律用于描述磁路中磁通与磁动势之间的关系： $$\Phi = \frac{IN}{R_m}$$ 式中 $R_m = \dfrac{L}{\mu S}$ L——磁路的长度 S——磁路的截面积 μ——磁路的磁导率 可以看出，磁路的欧姆定律与电路的欧姆定律类似
2	磁路的基尔霍夫第一定律	磁路的基尔霍夫第一定律描述的是磁通连续性原理，即穿过任一闭合面的磁通代数和为零： $$\sum \Phi = 0$$
3	磁路的基尔霍夫第二定律	磁路的基尔霍夫第二定律又称为安培环路定律，它描述的而是：沿任一闭合回路的所有各段磁压的代数和等于该回路中磁动势的代数和： $$\sum (HL) = \sum (IN)$$ 式中 H——磁场强度，$H = B/\mu$

6. 电阻计算方法

序号	名称	描述与说明
1	导体电阻	导体电阻表达式： $$R = \frac{L}{\gamma S} = \rho \frac{L}{S}$$ 式中 L——导体长度 　　S——导体截面积 　　γ——导体电导率 　　ρ——导体电阻率，$\rho = 1/\gamma$ <table><tr><th>材料</th><th>电导率</th><th>电阻率</th></tr><tr><td>铜</td><td>$53\mathrm{m}/(\Omega \cdot \mathrm{mm}^2)$</td><td>$0.019\Omega \cdot \mathrm{mm}^2/\mathrm{m}$</td></tr><tr><td>铝</td><td>$32\mathrm{m}/(\Omega \cdot \mathrm{mm}^2)$</td><td>$0.031\Omega \cdot \mathrm{mm}^2/\mathrm{m}$</td></tr><tr><td>铁</td><td>$7.52\mathrm{m}/(\Omega \cdot \mathrm{mm}^2)$</td><td>$0.133\Omega \cdot \mathrm{mm}^2/\mathrm{m}$</td></tr></table> 导体电阻温度变化换算式： $$R_2 = R_1[1 + \alpha(\theta_2 - \theta_1)]$$ 式中 R_1、R_2——导体在温度为 θ_1 和 θ_2 时的电阻（℃） 　　α——导体的电阻温度系数（1/℃） 　　θ_1、θ_2——温度（℃） <table><tr><th>材料</th><th>α 值</th></tr><tr><td>铜</td><td>0.0041/℃</td></tr><tr><td>铝</td><td>0.00423/℃</td></tr><tr><td>铁</td><td>0.00625/℃</td></tr></table>
2	有关电阻的计算	电阻串联 $$R_a = R_1 + R_2 + R_3 + \cdots + R_n$$ 电阻并联 $$\frac{1}{R_a} = \frac{1}{R_1} + \frac{1}{R_2} + \frac{1}{R_3} + \cdots + \frac{1}{R_n}$$ 当 $n = 2$ 时，有 $$R_a = \frac{R_1 R_2}{R_1 + R_2}$$ 若 $R_1 = R_2 = R_3 = \cdots\cdots = R_n$，则有 $$R_a = \frac{R_1}{n}$$ 电阻混联 $$R_a = R_1 + R_2 + \frac{R_3 R_4}{R_3 + R_4}$$

（续）

序号	名称	描述与说明
2	有关电阻的计算	电阻星形联结与三角形联结的等效转换 $Y \to \triangle$： $$\begin{cases} R_{12} = R_1 + R_2 + \dfrac{R_1 R_2}{R_3} \\ R_{23} = R_2 + R_3 + \dfrac{R_2 R_3}{R_1} \\ R_{31} = R_3 + R_2 + \dfrac{R_1 R_3}{R_{23}} \end{cases}$$ 若 $R_1 = R_2 = R_3$，则：$R_\triangle = 3R_Y$ $\triangle \to Y$： $$\begin{cases} R_1 = \dfrac{R_{12} R_{31}}{R_{12} + R_{23} + R_{31}} \\ R_2 = \dfrac{R_{23} R_{12}}{R_{12} + R_{23} + R_{31}} \\ R_3 = \dfrac{R_{31} R_{23}}{R_{12} + R_{23} + R_{31}} \end{cases}$$ 若 $R_{12} = R_{23} = R_{31}$，则：$R_Y = \dfrac{R_\triangle}{3}$
3	电感和感抗	电感 $$L = \frac{\Psi}{i} = \frac{N\Phi}{i}$$ 式中　L——电感量 　　　Ψ——线圈的磁链 　　　Φ——穿过线圈的磁通 　　　N——线圈的匝数 感抗 $$X_L = \omega L = 2\pi f L$$ 式中　X_L——感抗 　　　$\omega = 2\pi f$——电流角频率 　　　f——电流频率 　　　L——线圈电感

7. 平行载流导体互作用力

序号	名称	描述
1	全电流定律	

（续）

序号	名称	描述
1	全电流定律	磁场中沿着任意闭合路径的磁压（Hl）等于该闭合路径所包围区域电流的代数和： $$\oint H\mathrm{d}l = \sum I$$ 电流 I 的正负方向按右手螺旋定则确定。上图中流入纸面的电流为正，流出纸面的电流为负，即 $$\oint H\mathrm{d}l = I_1 - I_2$$ 上两式称为全电流定律
2	载流导体的磁场	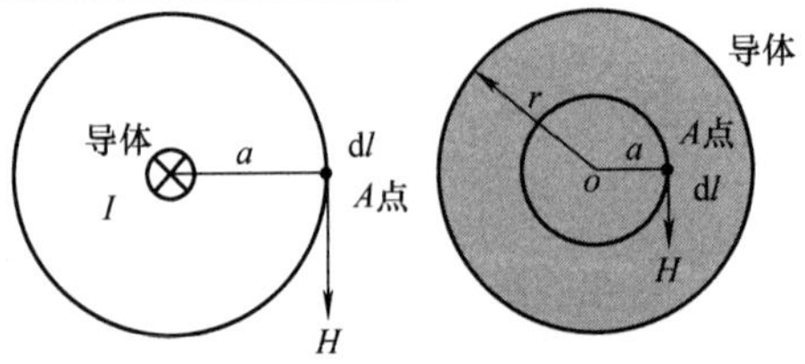 载流导体周围的磁场　　载流导体内部的磁场 • 载流导体周围的磁场 上图的左图是描述载流导体周围磁场的示意图。按照全电流定律，我们可以推得： $$\oint H\mathrm{d}l = H\oint \mathrm{d}l = H \times 2\pi a = I$$ 由此推得： $$H = \frac{I}{2\pi a}$$ $$B = \mu H = \frac{\mu I}{2\pi a}$$ • 载流导体内部的磁场 上图的右图是描述载流导体内部磁场的示意图。图中 r 是载流导体半径，且设电流 I 在导体内均匀分布。由此我们可以推得 A 点所在的圆所包围的电流为： $$I\frac{\pi a^2}{\pi r^2} = I\frac{a^2}{r^2}$$ 于是按全电流定律可得： $$\oint H\mathrm{d}l = H\oint \mathrm{d}l = H \times 2\pi a = I\frac{a^2}{r^2}$$ $$H = \frac{I\frac{a^2}{r^2}}{2\pi a} = \frac{Ia}{2\pi r^2}$$ $$B = \mu H = \frac{\mu Ia}{2\pi r^2}$$
3	两平行导体的电动作用力	下图中能看见两根平行导体1和导体2，导体2在导体1处产生的磁感应强度为 $$B = \frac{\mu_0 I_2}{2\pi a}$$ 因此导体1所受的电磁力大小为 $$F_1 = B_2 I_1 l_2 = \mu_0 \frac{I_1 I_2}{2\pi a} l_1$$ 同理，导体2所受的电磁力大小为 $$F_2 = B_1 I_1 l_2 = \mu_0 \frac{I_1 I_2}{2\pi a} l_2$$

（续）

序号	名称	描述
3	两平行导体的电动作用力	μ_0 为真空中和空气中的磁导率，$\mu_0 = 4\pi \times 10^{-7} \text{H/m}$。故在空气中两平行载流导体之间的作用力为 $$F_2 = 2I_1 I_2 \frac{l}{a} \times 10^{-7}$$ I_1 和 I_2 的单位为 A，a 和 l 的单位同为 m 或者 mm，F 的单位为 N　注意：在低压配电网中发生短路时，短路电流很大，其中短路电流的最大值即冲击短路电流峰值对低压成套开关设备的主母线产生极大的短路瞬时电动力。因此低压成套开关设备必须要通过型式试验来验证其抵御短路电流电动力的能力，这种能力所对应的最大电流值被称为低压成套开关设备的峰值耐受电流，同时也是低压成套开关设备的动稳定性

参 考 文 献

［1］尹天文. 低压电器技术手册［M］. 北京：机械工业出版社，2014.

［2］刘介才. 工厂供电［M］. 6 版. 北京：机械工业出版社，2015.

［3］中国标准出版社. 低压成套开关设备和控制设备标准汇编［M］. 2 版. 北京：中国标准出版社，2016.

［4］王建华，张国钢，闫静. 高压开关电器发展前沿技术［M］. 北京：机械工业出版社，2019.

［5］陆俭国，张乃宽，李奎. 低压电器的试验与检测［M］. 北京：中国电力出版社，2007.